中国水科学研究进展报告

Report on Advances in Water Science Research in China

2015 — 2016

左其亭　主编

中国水利水电出版社
www.waterpub.com.cn
·北京·

内 容 提 要

本书在全面收集2015—2016年有关水科学研究成果的基础上，系统展示这两年水科学的最新研究进展，为水科学研究提供基础性参考资料。该书是按照每两年发布一本水科学研究进展报告规划编撰的第三本中国水科学研究进展报告。全书共分13章，第1章首先阐述水科学的范畴及学科体系，介绍了本书的总体框架；其次重点对2015—2016年水科学研究进展总体情况进行介绍，是研究进展的综合报告；最后简要介绍水科学发展趋势与展望。第2章至第11章是对2015—2016年水科学10个分类的研究进展进行专题介绍，分别包括有关水文学、水资源、水环境、水安全、水工程、水经济、水法律、水文化、水信息、水教育共10个方面的研究进展，是研究进展专题报告。第12章介绍了2015—2016年水科学方面的学术著作情况。第13章对本书引用的文献进行统计分析。

本书是一本汇聚有关水科学研究最新进展的工具书，可供高等院校和科研院所科研人员开展相关研究时参考。

图书在版编目（C I P）数据

中国水科学研究进展报告. 2015-2016 / 左其亭主编
. -- 北京：中国水利水电出版社，2017.6
　ISBN 978-7-5170-5826-7

　Ⅰ．①中… Ⅱ．①左… Ⅲ．①水—科学研究—研究报
告—中国—2015-2016 Ⅳ．①P33

中国版本图书馆CIP数据核字（2017）第217405号

书　　名	中国水科学研究进展报告 2015—2016 ZHONGGUO SHUIKEXUE YANJIU JINZHAN BAOGAO 2015—2016
作　　者	左其亭　主编
出版发行	中国水利水电出版社 （北京市海淀区玉渊潭南路1号D座　100038） 网址：www.waterpub.com.cn E-mail：sales@waterpub.com.cn 电话：（010）68367658（发行部）
经　　售	北京科水图书销售中心（零售） 电话：（010）88383994、63202643、68545874 全国各地新华书店和相关出版物销售网点
排　　版	北京三原色工作室
印　　刷	北京瑞斯通印务发展有限公司
规　　格	184mm×260mm　　16开本　　28.5印张　　676千字
版　　次	2017年6月第1版　　2017年6月第1次印刷
印　　数	001—800册
定　　价	**128.00元**

《中国水科学研究进展报告2015—2016》

编 委 会

主编：左其亭

编委：（排名不分先后）

窦　明　韩宇平　胡德胜　王瑞平　王富强

宋　轩　宋孝忠　张金萍　贾兵强　甘　容

徐洪斌　马军霞　梁士奎　李冬锋　张修宇

凌敏华　陈　超　陶　洁　赵　衡　陈　豪

杜卫长

前　　言

　　水是人类赖以生存和发展不可缺少的一种宝贵资源，是经济社会发展的重要物质基础，也是生态系统的重要组成部分。然而，随着经济社会的发展，人类对水的需求不断增加，水问题越来越严重。但由于水问题的复杂性，涉及自然科学、社会科学的多个学科，目前还存在很多难以解决的问题，亟须加强更深层次的多学科交叉研究。

　　笔者曾在 2007 年年初把水科学表达为水文学、水资源、水环境、水安全、水工程、水经济、水法律、水文化、水信息、水教育等 10 个方面的集合。后来于 2011 年把研究与水有关的学科统称为水科学（Water Science）。具体来说，水科学是一个研究水的物理、化学、生物等特征，分布、运动、循环等规律，开发、利用、规划、管理与保护等方法的知识体系。为进一步总结水科学研究进展，凝练学科发展方向，指导水管理生产实践，自 2011 年起，计划每两年发布一本水科学研究进展报告，为水科学发展贡献一点微薄之力。《中国水科学研究进展报告 2011—2012》《中国水科学研究进展报告 2013—2014》已分别于 2013 年 6 月、2015 年 6 月正式出版，本书是基于前两本书的总体框架编撰的第三本中国水科学研究进展报告，系统展示 2015—2016 年水科学的最新研究进展。

　　由于收集资料的工作量特别大，再加上学科方向较多，特别邀请了多位不同研究方向的学者参与，各位参与者做了大量仔细的撰写工作。可以说，本书聚集了多位学者的智慧和心血，是集体智慧的结晶。本书包括 13 章，在各章中均注明其撰写人员及贡献，并拥有该章的著作权，文责也由该章作者承担。其中，第 1 章由左其亭撰写（所有编委人员参与），第 2 章由甘容、陶洁、凌敏华、杜卫长撰写，第 3 章由左其亭、马军霞、张修宇、杜卫长撰写，第 4 章由窦明、徐洪斌、陈豪撰写，第 5 章由王富强、赵衡撰写，第 6 章由张金萍撰写，第 7 章由韩宇平、梁士奎、肖恒撰写，第 8 章由胡德胜、朱艳丽、何翠敏撰写，第 9 章由王瑞平、贾兵强、陈超撰写，第 10 章由宋轩、李冬锋撰写，第 11 章由宋孝忠撰写，第 12 章由史树洁、王妍、杜卫长撰写，第 13 章由纪璎芯、郝林钢、王豪杰、王鑫撰写。全书由左其亭统稿。

第 1 章首先阐述了水科学的范畴及学科体系，介绍了本书的总体框架；其次重点对 2015—2016 年水科学研究进展总体情况进行介绍，是研究进展综合报告；最后简要介绍水科学发展趋势与展望。第 2 章至第 11 章是对 2015—2016 年水科学 10 个分类的研究进展专题介绍，分别包括水文学、水资源、水环境、水安全、水工程、水经济、水法律、水信息、水文化、水教育，是研究进展专题报告。第 12 章介绍了 2015—2016 年水科学方面的学术著作情况。第 13 章对本书引用的文献进行统计分析。

需要特别说明的是，为了保持研究报告的可比性和相对一致的编写风格，本书基本沿用《中国水科学研究进展报告 2011—2012》《中国水科学研究进展报告 2013—2014》（以下简称"前两本水科学研究进展报告"）的框架和格式；此外，为了保持本书的相对独立性，本书的前言、第 1 章基本是在前两本水科学研究进展报告的基础上修改而成；各个专题研究进展报告的概述内容也部分沿用了前两本水科学研究进展报告的内容，略显重复。

本书的每章内容都凝聚着作者的智慧和心血。在本书即将出版之际，衷心感谢各位作者对本书的支持和付出的努力！本书收集的资料是多个研究课题的工作基础，得到多个研究课题和研究计划的经费支持。向支持和关心作者研究工作的所有单位和个人表示衷心的感谢。感谢出版社同仁为本书出版付出的辛勤劳动。

由于本书追求的目标是全面介绍水科学的最新研究进展，非常不容易，再加上时间仓促，书中错误和缺点在所难免，欢迎广大读者不吝赐教。

左其亭

2017 年 5 月 1 日

目　　录

第1章 水科学学科体系及 2015—2016 研究进展综合报告

1.1 概述

1.1.1 背景及意义

水是人类生存和发展不可缺少的一种宝贵资源，也是所有生物生存不可缺少的物质基础。人类自一开始出现就与水打交道，不断积累对水的认识和用水经验。可以说，关于水知识的积累并形成相关学科的历史非常悠久，也无法准确说出其起源时间。至目前，关于水的学科、行业、理论方法及生产实践可以说是"五花八门"，这也符合人类不同阶段、不同层次、不同行业、不同观念、不同信仰对水的认识的多元化。"水科学"（Water Science）是最近 20 年来出现频率很高的一个词，已经渗透到社会、经济、生态、环境、资源利用等许多方面，也派生出许多新的学科或研究方向，成为学术研究和科技应用的热点。每年涌现出大量的理论研究和实践应用成果，也急需要对最新研究成果进行系统总结。

水科学的发展关乎国民经济发展、国计民生、水资源可持续利用、人体健康、生活水准甚至国家和地区安全，是一门应用性很强的学科。政府部门和广大科技人员对水的利用和管理也不断提出新的思路和观点，对水问题的治理和水资源管理也不断出现新的经验和成果。为了把先进理论、技术、方法和经验推广和应用，也急需要对最新研究成果和应用经验进行归纳总结。

此外，由于信息收集的限制，特别是工作量较大，在很多期刊论文、学位论文、研究报告、学术著作等撰写中，往往对最近几年的文献阐述不多，对最新成果关注不够，有时候会带来重复性工作，影响研究成果的创新性。因此，从这方面来讲，也急需要对最新研究成果进行及时的总结。

从以上论述可以看出，非常有必要对近期水科学研究进展进行全面总结，为进一步凝练学科发展方向和制定发展战略、指导水管理等生产实践奠定基础。正是基于这一考虑，自 2011 年起组织编撰《中国水科学研究进展报告》，计划每两年发布一本水科学研究进展报告，为水科学发展贡献一点微薄之力。《中国水科学研究进展报告 2011—2012》[1]已于2013 年 6 月正式出版，并得到广大水科学工作者的肯定，也收到一些很好的改进意见。2015年 6 月出版了第 2 本即《中国水科学研究进展报告 2013—2014》[2]。第 2 本基本沿用第 1本的框架和结构，增加了部分章节内容，使这一系列研究报告更加完善。部分学者认为，本系列报告不仅仅对最新研究成果进行了很好的总结，而且为推动学术界对中文期刊成果的重视做出了贡献。特别是科研考评过于追捧 SCI 论文的今天，非常有必要积极推动对中文期刊成果的重视和宣传。

本书是基于《中国水科学研究进展报告 2011—2012》和《中国水科学研究进展报告

2013—2014》（以下简称"前两本水科学研究进展报告"）的总体框架，编撰的第三本中国水科学研究进展报告，系统展示 2015—2016 年水科学的最新研究进展。

1.1.2　资料收集与分析过程

（1）对 2010 年以前有关水科学方面的书籍、期刊、报道等文献资料进行简单的梳理，总结水科学研究的主要内容框架和发展过程，为架构水科学研究进展报告内容体系奠定基础。

（2）前两本水科学研究进展报告已经对 2011—2014 年的分年度资料进行了系统收集和整理。在此基础上，本次撰写继续对 2015 年、2016 年资料进行分年度收集，资料主要来源：网络、期刊、著作、文献数据库（中国知识资源总库、万方数据库、中国科学引文数据库等）以及其他途径获得的公开信息。

（3）对收集到的各种资料进行分类整理，归纳总结。首先去掉重复发表、层次较低、内容没有新意的文献资料，再进行分类归纳。

（4）接着按照水科学分类体系，分组进行总结提炼，撰写各分类的研究进展专项报告。最后再汇总。

1.1.3　撰写思路及分工

（1）本书是一个全面反映水科学发展现状的文集，涉及的内容丰富，文献很多，编撰工作量比较大，特别是研究方向较多，一个人不可能对每个方向都很熟悉。基于这一状况，本书采用分方向、分内容撰写，再汇总的思路。因此，可以说，本书是编写团队的集体成果。

（2）大致的分工安排：本书由左其亭任主编，负责全书的框架制定、协调和对全书统稿工作；各章安排 1~2 名负责人，负责对本章内容的安排、协调和统稿工作；在各章中又有进一步的分工与合作。在每章的最后列出该章的撰写人员及分工。

1.1.4　本章主要内容介绍

本章是研究进展综合报告，也是对本书的主干内容的一个概括介绍，可以算作本书的绪论。主要内容包括以下几部分。

（1）对本书的背景及意义、编撰过程、编撰思路和分工情况以及撰写内容进行简单概述，以帮助读者了解本书的主要背景和过程。

（2）在文献分析的基础上，阐述水科学的范畴，介绍水科学学科体系，为本书对水科学的分方向撰写奠定基础。

（3）简单介绍本书采用的水科学方向及分章情况。

（4）分别对水科学 2015—2016 年研究进展进行综述。

（5）根据作者了解情况，阐述水科学发展趋势。

1.1.5　其他说明

为了保持研究报告的可比性和相对一致的编写风格，本书基本沿用《中国水科学研究进展报告 2011—2012》的框架和格式；此外，为了保持一本书的相对独立性，本书的前言、第 1 章基本是在前两本水科学研究进展报告的基础上修改而成，略显重复。各个专题研究进展报告的概述内容也部分沿用了前两本水科学研究进展报告的内容。

本章关于"水科学的范畴及学科体系"内容，主要参考较早文献[3]，并在文献[1]、文献[2]基础上修改，在文献[2]的基础上又进行修改完善而成。考虑到一本书的完整性和系列研究报告的一贯性，本节内容完整地保留下来，没有进行删减。本章关于"发展趋势与展望"内容，撰写框架主要参考较早文献[4]，并在文献[1]、文献[2]基础上修改，在文献[2]和本书后续章节提炼的基础上修改完善而成；1.4 节是对本书后续章节内容的概括和总结。

1.2 水科学的范畴及学科体系

1.2.1 历史回顾

2010 年 9 月 2 日，在中国学术文献网络出版总库中以"水科学"为词搜索，共搜索到 33848 条文献（个别文献有误），明确提出"水科学"一词的文献最早出现在 1980 年《工程勘察》第 5 期上，是在一则新闻报道（《国际水资源协会名誉主席周文德教授应邀来华讲学》）中明确提到"水科学"；1988 年张盛在《地球科学信息》第 2 期介绍了"1988 年国际水科学会议"；1990 年赵珂经在《水文》第 3 期《介绍国际水文计划第四阶段（IHP–IV）》一文中提到水科学问题。这些文献都提到"水科学"一词，但没有详细的论述。一直到 1990 年，《水科学进展》正式创刊，在其发刊词中，明确阐述了"水科学"的内容："水科学是关于水的知识体系。它研究水圈中各种现象及其发生发展的规律，研究水圈同地球其它圈层之间的关系和水与社会发展的关系，为不断改善人类生存环境和社会发展条件服务。"[5]《水科学进展》是第一个以"水科学"为主题的中文学术性期刊，"内容涉及与水有关的所有学科，包括大气科学、水文科学、海洋科学、地理科学、环境科学、水利科学、水力学、生态学，以及经济学、法学等社会科学中与水有关的学科"[5]。以"水科学"为关键词搜索，共搜索到 188 条文献，其中，第一篇全面阐述水科学产生过程和概念内涵的是陈家琦先生 1992 年发表的一篇文章[6]，其后文献主要是介绍水科学具体研究方法及应用的相关内容，很少专门界定"水科学"的概念和范畴。

目前，国内应用"水科学"一词非常多见。作者 2010 年 9 月 2 日在百度上以"水科学"为搜索词，共搜索到 91.5 万条，分类说明如下。

（1）以"水科学"为名成立的研究机构或单位。其中，第一个是北京师范大学水科学研究所（现改为研究院），最早由刘昌明院士于 2005 年成立。到目前国内已成立多个有关机构，例如，南京大学水科学系、清华大学水科学与工程研究所、郑州大学水科学研究中心、兰州大学水科学研究中心等。

（2）以"水科学"为名的研究生教育学位点。例如，大连理工大学"水科学与技术"硕士点。

（3）开展的水科学研究学术会议、网站、QQ 群等。例如，由郑州大学水科学研究中心发起并每年举办一届的"水科学发展论坛"，开办的"水科学网"（http：//www.waterscience.cn/）、"水科学"QQ 群，广泛开展水科学交叉研究和交流。

（4）其他运用，比如，在新疆建立的首家水主题展览馆——克拉玛依水科学展览馆。在国际上，据陈家琦先生的研究[6]，水科学（Water Science）一词曾见于早期文献，但其正式使用则是第二次世界大战后，在联合国教科文组织中成立了水科学司（Division of Water

Science），其业务内容包括水文学问题和水资源问题。此后也出现一些研究机构或高等院校院系以水科学命名，其中多数都是涉及水文学和水资源问题[6]。

由以上介绍可以看出，"水科学"一词应用非常广泛，已经成为一个很普通的词汇，甚至有时显得比较混乱。从学科发展的角度，有必要进一步界定"水科学"的范畴和学科体系。左其亭于 2011 年在文献[3]中，通过大量文献分析，在对水科学理解进行评述的基础上，定义水科学的概念及其研究范畴，总结水科学的学科体系。本节内容主要引自文献[3]，在文献[3]的基础上进行修改完善而成。

1.2.2　代表性观点评述

不同学者对"水科学"有不同的理解。这里，作者以具有代表性的几个文献，来介绍他们对"水科学"的理解。

（1）陈家琦先生于 1992 年在文献[6]中论述：水科学是以自然界的水为对象，研究其静态的分布和动态的变化过程，包括其物理学的、化学的和生物学的变化过程及其从宏观到微观的运动形式和变化规律等。因此，它是以地球上水圈为对象的科学，也包括水圈与气圈、水圈与岩石圈、水圈与生物圈的相互关系和相互作用，以及水在环境中与其他要素间的相互作用与影响、水与人类社会的关系等。陈先生对水科学的定义为：一切研究有关自然界水的科学（尽管到目前有关的科学或学科大多都已发展成为独立系统），或者说，对地球水圈的认识所形成的知识体系就是水科学，也包括水圈与地球上其他几个圈层的相互关系与相互作用的知识体系[6]。

（2）高宗军、张兆香于 2003 年在《水科学概论》一书中，阐述水科学内容包括水在自然界中的分布及存在形式、水的基本性质、水的运动变化规律、水与生命的关系以及水文学的基本内容[7]。该书从教学体系上系统阐述了水科学学科应该包括的知识体系和主要内容。

（3）《水科学进展》（2010 年）期刊对水科学的界定和解读。按照《水科学进展》征稿启事上说明，该期刊主要反映国内外在暴雨、洪水、干旱、水资源、水环境等领域中科学技术的最新成果、重要进展，当代水平和发展趋势，报道关于水圈研究的新事实、新概念、新理论和新方法，交流新的科研成果、技术经验和科技动态；涉及与水有关的所有学科，包括水文科学、大气科学、海洋科学、地质科学、地理科学、环境科学、水利科学和水力学、冰川学、生态学、水生生态学以及法学、经济学和管理科学中与水有关的内容。可见，水科学的界定范围非常广泛。

（4）2002 年出版发行的《汉英水科学词汇》，收集的词汇涉及气圈、水圈、地圈和生物圈，以及与水相关的现代科学技术各领域。其中，包括大气科学，水资源规划、管理及利用，水利工程，水文学，河流、湖泊治理与开发，湿地保护，海洋学，地球物理学，地质学，测量学，农业灌溉，林业，渔业，航运，市政给排水工程，水资源保护，水质监测，水质管理，水质评价，水质分析，废、污水处理技术，生态与环境保护[8]。可见，水科学涉及的学科和领域非常多。

（5）谭绩文等于 2010 年在《水科学概论》一书中，对水科学给出如下定义："水科学"是研究水家族成员（H_2O 与 H、O 同位素）与外界事物相联系的科学，即探索水起源、水分布、水的物理化学性质、生境特征、水循环形成机理，以及在全球水循环驱动下，再生水资源、水环境、水生态、水生命与人体健康等主要的自然和社会科学领域与范畴[9]。

（6）在国外，对 Water Science 的定义或阐述非常少，在很多词典和权威网站（包括大英百科全书、维基百科、sciencedirect、springerlink 等）都没有找到明确的定义。但国外一些网站、单位、期刊引用 Water Science 的地方非常多，与国内情况基本一致，包含的内容十分广泛。比如，国际水资源协会（IWA）在其期刊《Water Science and Technology》(《水科学与技术》）征稿启事上说明，水科学包括与水污染控制、水质管理有关的所有科学方面，具体包括：各种水污染处理方法，污染对河流、湖泊、地下水、海水的影响，中水利用，水政策、管理、战略等。

1.2.3 "水科学"的概念及范畴

从以上分析可以看出，对水科学的理解多种多样，涉及的研究范畴也很难界定清楚，涉及学科也很多。很多情况下也是随便使用，可能没有想到"一定要界定清楚"，甚至没有必要一定界定清楚。有时候可以笼统地应用"水科学"这一词汇，但作为一门学科，还是要进一步界定其概念、内涵和研究范围。

从研究内容来看，可以把水科学描述为，对"水"的开发、利用、规划、管理、保护、研究，涉及多个行业、多个区域、多个部门、多个学科、多个观念、多个理论、多个方法、多个政策、多个法规，是一个庞大的系统科学。我们不妨把研究与水有关的学科统称为水科学（Water Science）。具体来说，水科学是一门研究水的物理、化学、生物等特征，分布、运动、循环等规律，开发、利用、规划、管理与保护等方法的知识体系[3]。左其亭曾在 2007 年年初把水科学表达为水文学、水资源、水环境、水安全、水工程、水经济、水法律、水文化、水信息、水教育等十个方面、相互交叉的集合（水科学网，http://www.waterscience.cn/. 2007-02-01）。

1.2.4 水科学学科体系

在 2011 年我国教育部划分的学科体系中，最高级别是学科门类，共有 13 个：理学、工学、农学、医学、哲学、经济学、法学、教育学、文学、历史学、军事学、管理学、艺术。比学科门类低一级的学科称为学科类（又称一级学科），比学科类再低一级的学科称为专业（又称二级学科）。

从以上学科体系结构对比分析来看，水科学应该是一个跨多个学科门类的学科。比如：①研究水的物理化学特征、数学物理方程、数值分析、水文地理特征等内容，应该是理学范畴；②研究水资源开发、利用、保护，水资源配置与调度、水资源工程规划等内容属于水利工程学科，是工学范畴；③研究水土资源开发、利用、节水灌溉等内容，属于农学范畴；④研究水环境与人体健康关系与调控等健康医学研究，属于医学范畴；⑤研究水价值、水价、水市场与水交易、水利经济等内容，属于经济学范畴；⑥研究水法规、水政策宣传、水知识普及等内容，属于法学和教育学范畴；⑦研究水利发展史、河流生态环境历史演变、水文化考究等内容，属于历史学范畴；⑧研究水系统的优化分配、可持续管理等内容，属于管理学范畴。

由上述分析可见，水科学是一个跨越多个学科门类的学科，所研究的内容不可能完全隶属于某一个学科，应该根据不同方向隶属多个学科，同时需要多个学科交叉研究，才能解决水科学问题。比如，研究水资源可持续利用问题，不仅仅需要水利工程学科的知识，还需要经济学、管理学、理学、法学等知识，需要全社会共同努力。

如图1.1所示，作者把水科学描述成涉及9个学科门类（理学、工学、农学、医学、经济学、法学、教育学、历史学、管理学），包括相互交叉的10个方面，即水文学、水资源、水环境、水安全、水工程、水经济、水法律、水文化、水信息、水教育。

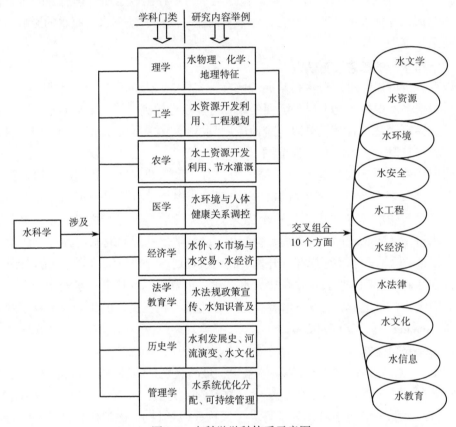

图1.1 水科学学科体系示意图

当然，10个方面的内容也有不同的侧重，也是相互交叉的。左其亭曾在2007年对这些内容作过简单介绍，文献[1]在此基础上进行了详细的归纳，介绍如下。

（1）"水文学"研究领域。水文学是地球科学的一个重要分支，它是一门研究地球上水的起源、存在、分布、循环和运动等变化规律，并运用这些规律为人类服务的知识体系。讨论的主要内容有：地球上水的起源、存在、循环、分布，水的物理、化学性质；水循环机理与模型；全球气候变化和人类活动影响下的水文效应与水文现象等。讨论的主要学科分支有：河流水文学、湖泊水文学、沼泽水文学、冰川水文学、海洋水文学、地下水文学、土壤水文学、大气水文学；水文测验学、水文调查、水文实验；水文学原理、水文预报、水文分析与计算、水文地理学、河流动力学；工程水文学、农业水文学、森林水文学、城市水文学；随机水文学、模糊水文学、灰色系统水文学、遥感水文学、同位素水文学；现代水文学。

（2）"水资源"研究领域。水资源学是在认识水资源特性、研究和解决日益突出的水资源问题的基础上，逐步形成的一门研究水资源形成、转化、运动规律及水资源合理开发利用基础理论并指导水资源业务（如水资源开发、利用、保护、规划、管理）的知识体系。主要讨论的内容有：水资源形成、转化、循环运动规律；水资源承载能力理论、水资源优化配置理论、水资源可持续利用理论；水资源开发、利用、评价、分析、配置、规划、管理、保护以及对水资源的规划、水价政策制定和行政管理等。

（3）"水环境"研究领域。这里讨论的水环境内容比较广泛，涵盖所有与水有关的环境学问题，但不包括环境治理工程的设计施工等内容，主要内容偏重于：水环境调查、监测与分析；水功能区划；水质模型与水环境预测；水环境评价；污染物总量控制及其分配；水资源保护规划；生态环境需水量，生态水文学；水污染防治和生态环境保护。

（4）"水安全"研究领域。水安全包括洪水、干旱、污染对生命和财产带来的安全威胁，讨论危害机理及安全调控。水安全不仅包括常指的洪水、干旱带来的安全问题，还包括由于污染问题带来的水环境变化，对人们身体健康带来的影响（包括环境流行病学、环境毒理学），具体来说，研究环境有害因素对人体健康的影响，研究生物地球化学性疾病，研究环境污染所导致的流行病及人群干预措施。

（5）"水工程"研究领域。这里所说的水工程，不等同于"水利工程"，不包括水利工程设计、施工内容，主要内容偏重于：水资源开发工程方案、河流治理工程方案选择；大型、跨流域或跨界（如省界、市界、县界等）河流的水利工程规划与论证；水利工程建设顺序；水利工程布置方案、可行性研究；水利工程调度、运行管理方案。

（6）"水经济"研究领域。运用经济学理论研究和解决水系统中的经济学问题，比如，研究水系统以最小的投入取得尽可能大的经济–社会–环境效益的分析和评价理论、模型、方法和应用；水利产业经济、科技和社会协调发展分析和判断模型、技术进步分析模型和水工程的财务型投入产出预测和规划模型；水电站（群）厂内经济运行方式和模式；水价及水市场理论，水利工程技术经济。

（7）"水法律"研究领域。解决水问题需要有法律法规作保障，特别现在是法治社会，应该坚持依法治水。这里主要偏重于研究：水政策和法律基本理论；自然资源法；环境的水权利（即生态环境作为法律主体的用水权利）；水权利体系及用水权制度；国际河流及其它跨界河流分水理论及法律基础。

（8）"水文化"研究领域。人们在研究水科学时，目光仅盯在现在和未来是不够的，需要把水系统变化纳入到历史的长河中，从历史发展的眼光来分析水利工程的作用和效果。主要研究内容包括：中国水利史，黄河文化及科技文明；历史水工程考究；水文化和水工程科学考察；生态环境变迁探索及治理途径，生态型河流水系建设；历史上水文化对后世的影响；人水关系的历史考究和启迪；从历史学的角度，看待水文化建设、水利工程规划、水土资源开发利用以及水管理政策和体制。

（9）"水信息"研究领域。现在是信息时代，水系统是一个复杂的巨系统，人们时刻在监测和了解水系统的各种信息，让更多的信息为人类服务。这是非常重要的工作基础，主要研究内容包括：利用 3S 技术（即地理信息系统、遥感、全球卫星定位系统）、计算机技术、水资源数据采集与传输技术、预测预报技术、数值模拟技术、数据库技术、科学计算可视化以及相关的流域数学模型，建立水管理信息系统，进行洪水预报、洪灾监测与评估、水利规划与管理，大型水利水电工程及跨流域调水工程对生态环境影响的监测与综合评价。

（10）"水教育"研究领域。水教育，就是通过多种途径对广大公众、中小学生、大学生、社会团体等不同人群所进行的节水、爱水、护水等水知识普及、水情教育、公众节水科普宣传以及水科学技术教育等。水教育的途径有三方面：一是面向水利高等院校、科技工作者和管理者所开展的水科学知识和水资源保护宣传教育；二是面向中小学生和少年儿童所开展的科普宣传和课外水知识学习教育；三是通过报纸、电视、网络、广播、标语、群众宣传等途径，向广大公众传播水法规、水政策、水科普知识、节水、爱水、护水的思想观念和做法等。水教育的内容有四方面：一是科学技术知识教育，主要面向水利高等院校、科技工作者和管理者；二是水法规、水政策的宣传，主要向全社会介绍我国实行的各种涉水的法规、政策；三是介绍节水、爱水、护水的思想观念和重要意义，让大家都能积极保护水资源；四是介绍简单的节水、科学用水小常识和科普知识。

节约水资源、保护水资源、加强水资源管理，关系到每一个人。公众是水资源管理执行人群中的一个重要部分，尽管每个人的作用没有水资源管理决策者那么大，但是，公众人群的数量很大，其综合作用是水资源管理的主流，只有绝大部分人群理解并参与水资源管理，才能保证水资源管理政策的实施，才能保证水资源可持续利用。"水教育"就是要加大与水有关的各种宣传教育，特别是向广大群众的水知识宣传，充分利用世界水日、中国水周宣传之际进行水知识普及与公众科普宣传；加强中小学水教育、水利高等教育等。

需要说明的是，这里所说的"水科学"与"水利工程"有所不同，它们不是包含和被包含的关系。水利工程学科中研究水的特征、规律、开发利用等"软"的部分，是水科学的一部分。具体来讲，水利工程中关于工程设计、施工部分内容不包括在本书定义的"水科学"中，因为这些内容不仅仅适用于水利工程，在其他行业也可以适用，比如，岩土工程、工程结构、道路桥梁。当然，水科学中关于水的物理、化学、生物等基础研究内容以及关于水的管理（包括水法律、水文化、水信息、水教育）又不包括在水利工程学科中。在国家自然科学基金申请指南中（参考 2006 年指南），把水利学科分为水科学与水管理、水利工程与海洋工程两大领域。可见，"水科学"与"水利工程"是有区别的。

1.3　本书采用的水科学体系及分章情况

根据以上论述，如图 1.1 所示，把水科学描述成相互交叉的 10 个方面，即水文学、水资源、水环境、水安全、水工程、水经济、水法律、水文化、水信息、水教育。本书采用水科学的这一学科体系框架，按照这 10 个方面分章做专项报告。

1.4 水科学 2015—2016 研究进展综述

1.4.1 水文学研究进展

（1）以研究对象分类的水文学方面。在河流水文学领域，研究者较多，研究内容较丰富，多数是河流泥沙、洪水预报与河流生态环境方面的研究，从总体来看，高水平论文不多。在水文学方面，河道与河床演变、河流水热动态与河流冰情、水系特征和流域特征方面的论文较少。在湖泊水文学领域，主要集中在湖泊生态系统方面的研究，其次是湖泊富营养化和湖泊水位与水量变化方面，而在湖泊化学、湖水热动态、湖水运动、湖水光学、湖泊沉积方面研究较少。在沼泽水文学研究方面，涉及湿地形成、发育与演化方面文献较多，涉及沼泽、湿地生态环境方面的研究较少。在冰川水文学方面，主要是基于遥感影像分析冰川进退变化及其对气候变化的响应，也有部分通过模型或物质平衡开展雪冰融水与径流的关系研究，创新性研究不多。河口海岸水文学方面，主要是通过实验和模型模拟河口泥沙运动、潮波或潮流运动，河口三角洲形成等方面的工作，创新性比较明显。在水文气象学领域，研究内容丰富，气候变化及气候变化对流域水循环的影响研究一直是热点，但多数仍采用已有的方法和模型，创新性成果较少。在地下水水文学方面，以地下水化学和运移研究为主，但研究内容集中于模拟分析方法，缺乏相关理论研究。**代表性成果有**：河流泥沙变化与模拟研究，河流生态健康评价，湖泊富营养化特征，湖泊水生态综合评价，湿地演化，冰川变化及其对气候变化的响应，三角洲堆积体形成与发展，气候变化对水文过程的影响，地下水水化学演变及地下水合理开发利用研究等。

（2）以应用范围分类的水文学方面。在工程水文学领域，产汇流基础理论突破性进展偏少，在水文模型、水文预报和洪水方面的研究较多，以应用为主，且信息技术在水文分析计算中的应用增加。在农业水文学方面，主要是土壤水盐的运移规律及试验模拟研究。城市水文学领域，城市化的水文效应涉及内容较为广泛，但不深入，城市雨洪的模拟和管理方面有一定突破。森林水文学方面，主要是通过试验和模拟来研究森林的水文效应，在不同类型的森林水文效应方面取得一些新认识。生态水文学领域，反映生态–水文过程及生态–水文系统评价的最新研究进展的文献较多，但研究深度和创新性不足。**代表性成果有**：水文模型研究及应用，水文预报研究，水文分析计算新技术，土壤水盐运移规律研究，城市雨洪资源利用及管理研究，不同类型的森林水文效应研究，生态–水文系统整体分析与评价研究等。

（3）以工作方式分类的水文学方面。水文测验领域，涉及水文测验方案设置研究的学术性论文文献不多；涉及水文测验数据处理研究的文献较多，但高水平论文不多。水文调查方面，主要是暴雨洪水的调查和分析，一般性文献很多，高水平文献不多，多数是定性分析和成因探讨。水文实验方面，涉及实验内容较为广泛，且出现一些新的研究内容。**代表性成果有**：水文安全监测设计，水文信息采集与处理，典型洪水调查及成因分析，土壤入渗湿润体的试验，产流过程模拟实验。

（4）以研究方法分类的水文学方面。在水文统计学领域，研究者较多，多数是在水文参数估计、洪水频率分析方面。在随机水文学领域，研究内容较丰富，多数为水文序列分析及水文模拟和预测方面研究成果，涉及地下水随机理论方法与应用方面的文献较少。在同位素水文学领域，涉及同位素技术在水文学中的应用成果较多，包括判断地下水来源、地下水污染源，分析地下水地表水相互作用关系，研究水文变化、水循环变化等。在数字水文学领域，多数为基于 DEM 的水文模拟和计算方面的研究成果，技术性和应用性研究成果较多，但具有创新的学术性成果不多，数字信息化方面的研究成为新的研究热点。遥感水文学领域，涉及遥感影像数据分析，基于遥感的水文模拟和计算等方面，技术性和应用性研究成果较多。**代表性成果有**：水文参数估计、洪水频率分析研究，水文序列分析，随机水文模拟和预测研究，基于同位素的水文变化研究，基于 DEM 的流域水文特征研究，基于 DEM 的水文模拟和计算研究，遥感影像数据分析，基于遥感的水文模拟和计算研究。

1.4.2 水资源研究进展

（1）在水资源理论方法研究方面，最近两年关于水资源新理论研究和应用的文献不多，能高屋建瓴地总结阐述水资源新理论、新思想的文献比较少；关于水资源可持续利用、水资源承载能力的研究一直是热点，最近两年也同样涌现出一大批研究成果，从总体来看，关于理论方法研究的成果较少，主要是技术方法的应用研究；在人水和谐理论方法及应用研究方面，最近两年理论方法成果不多，基于人水和谐的应用研究较多；关于水生态文明建设、最严格水资源管理、节水型社会建设、海绵城市建设的研究，成为新的研究热点，最近两年关于这方面的理论探讨不足，应用研究较多。**代表性成果有**：水资源消耗总量和强度双控理论方法、流域水质目标管理理论与方法；水资源可持续利用评价与综合调控；基于人水和谐理论的最严格水资源管理制度体系研究、水环境综合调控研究；水资源设计承载力、水资源动态承载力计算方法；水生态文明建设规划、水生态文明建设理论体系、水生态文明定量评价方法；最严格水资源管理制度理论体系、评价指标、保障体系；节水潜力计算及节水效果评价；海绵城市建设的水文问题，技术方法，规划设计及政策制度等。

（2）在水资源模型研究方面，最近两年专门研究水系统模型、水资源模型的文献较少，多数是与水循环结合，或基于分布式水文模型，开展的水资源转化关系模型研究；关于模型应用及相关内容的研究较多，一方面用于研究水资源形成转化规律，一方面应用于开展有关水资源评估、配置、规划、管理等。**代表性成果有**：流域水循环演变机理与水资源高效利用，"自然-社会"二元水循环理论，水循环综合模拟系统；地表水与地下水联合模拟，水资源复合系统仿真与模拟，"四水"转化关系模拟等。

（3）在水资源分析评价论证研究方面，研究者较多，研究内容丰富，每年涌现出大量的研究成果。最近两年关于水资源分析计算的学术性文献很多，但专门研究水资源分析计算方法的文献不多，理论方法研究进展不大，特别是高水平文献不多，多数是偏于应用，或单一方法的探讨或应用；关于水资源评价的学术性文献很多，但专门研究水资源评价理论方法的文献不多，多数是偏于应用或者是某一评价方法的探讨或应用，最近两年的变化特点是增加了云水资源的评价研究；关于最严格水资源管理"三条红线"的文献较多，但研究深度有限，某一方面的研究较多，综合性、理论方法研究仍较少；关于水资源论证的学术性文献较少，且研究深度有限，最近两年的明显特点是开展了规划水资源论证工作；

关于人水关系的研究有比较大的进展，特别是关于协调程度的研究较深入，提出了一些新的理论方法。**代表性成果有**：水资源量与可利用量计算，水资源开发利用效率评估，水资源利用率计算；水资源系统评价，水资源健康评价，水资源脆弱性及风险，云水资源利用与评价，水资源开发利用潜力计算；最严格水资源管理"三条红线"评价，控制方案研究；规划水资源论证，水资源论证后评估；水资源系统与经济社会系统协调程度，人水关系和谐辨识，人水关系作用机理、历史变迁分析。

（4）在水资源规划与管理研究方面，研究者较多，研究内容丰富，每年涌现出大量的研究成果。从最近两年情况看，关于水资源规划与管理的理论方法研究成果不算多，但应用成果较多，也出现一些新的情况，比如，与河长制关联的水资源规划与管理工作。关于水资源规划方面的文献较多，但主要以应用为主，学术性研究成果较少，水资源规划理论方法研究的文献更少；关于水资源管理的文献较多，但多数是有关水资源管理实际应用的文献，深入探讨水资源管理理论方法的成果不多。最近两年关于最严格水资源管理方面的高水平文献较少。自从2016年起，随着我国提出实行"河长制"，关于"河长制"方面的研究成果开始出现，成为一个新热点。**代表性成果有**：水资源系统规划体系、规划模型；水资源适应性管理，合同水资源管理，洪水资源管理，水资源管理优化计算方法，"河长制"相关研究，最严格水资源管理理论，水资源管理模式等。

（5）在水资源配置研究方面，涉及水资源配置的文献较多，其中反映水资源配置理论、方法与模型的最新研究进展的成果也不少，说明水资源配置理论、方法与模型研究比较丰富；反映水资源配置实例研究的成果也较多，主要是一些具体的应用实例的成果总结，以定量研究为主，涉及流域、区域不同尺度，出现多本有特色的专著；涉及水资源调控技术与决策系统研究的文献较多，主要包括水资源调控模型方法及技术，水资源监测、监控技术及应用，水资源调控与决策系统研发。**代表性成果有**：水资源优化配置、智能配置，联合调度模型，水资源优化调控，各种优化方法；流域/区域水量水质联合配置，不同尺度水资源配置实践；水资源调控技术，水资源监控能力，水资源调控与决策系统研发等。

（6）在气候变化下水资源研究方面，参与的研究者较多，研究内容丰富，每年涌现出大量的研究成果。最近两年涉及气候变化对水文循环影响研究的学术性文献开始增加，特别是有一些系统研究工作，当然，仍表现出从整体上研究气候变化对水文循环影响的内容较少；涉及气候变化对河川径流影响研究的学术性论文文献较多，部分论文水平较高，多数论文是重复性工作，水平一般，内容主要包括：气候变化对径流的影响、径流对气候变化的响应。**代表性成果有**：气候变化对水文过程的影响评估，气候变化影响下的流域水循环，水文对气候变化的响应研究，气候变化对河川径流影响，径流对气候变化的响应研究等。

（7）在水战略与水问题研究方面，一般性文献很多，但学术性文献不多，特别是，专门研究水战略或水问题的理论方法文献不多，多数是定性分析和政策探讨。关于水资源开发利用研究，有一些新的水战略思想和研究成果，特别是有几本代表性专著，新提出天河工程及云水资源开发的思路；关于河湖水系连通战略研究，及时配合水利部提出的河湖水系连通战略思想，做过一系列研究，发表一些成果，但学术性文献不多，基本与前几年相当；关于水利现代化研究，出现比较成熟的研究成果，出版过几本有代表性的专著，但学术论文水平仍较一般，且高水平文献不多；关于水问题的分析讨论、学术研究、对策制定等层出不穷，最近两年的成果情况与前几年基本相似，定性分析和政策探讨较多，专门研究水问题的理论方法文献不多。**代表性成果有**：水资源利用模式，用水结构演变与调控，天河工程，空中水资源利用，水资源开发利用路径；河湖水系连通理论体系，河湖水系调配格局，演变机理，评价方法；智慧水利或智慧水务，数字流域理论方法，信息化建设，云服务平台关键技术，水文气象灾害监测预警系统建设；水安全战略，水资源高效利用，水危机应对，关键水问题研究等。

1.4.3　水环境研究进展

（1）在水环境机理研究方面，最近两年国内研究者较多，每年涌现出大量的研究成果，但研究内容覆盖面广、研究方法差异较大。总体来看，涉及水化学反应机理研究和水质相态转化理论研究的文献较多，其中高水平成果也较多，说明这一直是水环境方面的研究热点，但研究工作关注的焦点和方法差异较大；在水质参数识别方面的研究成果较少，且大多是对以前方法的探讨，高水平成果也较少。**代表性成果有**：水污染物迁移转化示踪技术，湿地对污染物的暂态存储影响，闸控河段水质多相转化机理研究，污染物吸附解吸过程研究，底泥污染物释放规律研究等。

（2）在水环境调查、监测与分析研究方面，主要在水质、底泥和其中的生物这三方面展开研究。关于水质调查、监测、分析研究的研究成果较多，主要集中在地下水及饮用水的调查、分析方面，但主要还是基于原有方法或模型的应用或改进；近两年来，底泥、水生态的研究，作为一种新的研究方向，受到了研究人员的重点关注，在分析及应用方面提出了一些新的技术、方法。**代表性成果有**：湖库污染物现状研究，饮用水水源地水质评价，地下水水质评价及分析，地下水污染及其防治措施，水质监测及优化研究，底泥污染物的释放研究，底泥重金属污染特征，底泥污染控制与修复，水生态功能分区研究，水生态承载能力优化，水生态环境及生态补偿等。

（3）在水质模型与水环境预测研究方面，开展水质模型应用方面的研究人员较多，针对水质模型理论方法的研究相对较少，但也取得了一些创新性的研究成果；点源污染分析和预测方面的研究成果要少于非点源污染分析和预测方面的成果，总体来看，这两方面的理论方法研究成果少，应用研究多。**代表性成果有**：水质模型在水环境模拟中的应用进展，水质多相转化模型研究，热氧分布模型及分布特征模拟研究，点源污染排放及预测研究，面源污染或非点源污染负荷预测研究。

（4）在水环境评价研究方面，最近两年针对水体质量评价方法方面开展的研究比较多，但关于新的评价方法方面缺少理论方面的探索，其研究成果较少；关于水体环境其他介质（底泥、水生物）评价方法方面开展的研究不多，研究的成果主要还是基于对原有方法或模型的应用或改进；关于水环境影响评估的文献很少，仅有的研究成果也都是以实际工程为主。总体来看，这些方面的研究没有很大的进展。**代表性成果有**：基于区间型贝叶斯的湖泊水质评价模型，基于 DPA-BP 神经网络的地下水质综合评价，地表水环境质量综合评价方法研究与应用进展，河流重金属污染底泥的稳定化实验研究，厌氧条件下深谷型湖泊底泥覆盖效果研究，海河流域社会经济发展对河流水质的影响，气候变化对湖库水环境的潜在影响研究进展等。

（5）在污染物总量控制及其分配研究方面，应用性文章较多，理论方法研究成果少。总体来看，纳污能力方面的研究成果要多于水功能区划方面的成果；水环境容量计算方面的研究成果要多于水环境容量分配方面的成果。**代表性成果有**：纳污能力计算及应用研究，水功能区水环境健康风险阈值体系研究，入河污染物多目标总量分配模型研究，水环境容量分配研究。

（6）在水环境管理理论研究方面，针对水环境管理模型开展的研究较少，多是对模型的应用；针对水环境管理政策方面的研究则主要集中于排污权方面，这方面研究成果较多，但是高水平的文献资料较少；针对水环境风险评价或评估方面的研究成果较多，而水环境风险管理方面的研究成果较少。**代表性成果有**：水环境管理效率方法研究，农业面源污染防治政策体系研究，排污权分配模式及策略研究，水环境风险分区、评估及管理研究。

（7）在水生态理论方法研究方面，参与的研究者较多，研究内容丰富，每年涌现出大量的研究成果。总体来看，涉及生态水文过程研究方面的文献较多，高水平成果也很多，其中以陆地植被生态水文过程研究为主，近年来对水域生态过程的研究呈增多趋势；关于生态环境需水研究方面的文献很多，高水平研究成果也较多，研究成果在理论方法和应用实践方面都有一定的突破，反映了这仍是该领域的主流研究方向；在水生态理论应用研究方面的文献数量偏少，且研究内容相对分散，代表性成果不多，今后应进一步加强在理论应用方面的研究工作。**代表性成果有**：人类活动和气候变化下的生态水文效应研究，水文–生态响应关系研究，鱼类生长适宜性生境条件研究，生态环境需水计算方法研究，水生态系统保护阈值研究。

（8）在水污染治理技术研究方面，点源污染控制技术的研究一直是水污染治理技术的热点问题。涉及水污染治理技术方面的研究成果较多，总体来看，研究内容涵盖了活性污泥法水处理技术、生物膜法水处理技术、污水深度处理技术、脱氮除磷技术、高级氧化技术、膜技术以及生态处理技术等方面；关于面源污染控制技术方面的研究，其研究成果很少。面源的污染控制主要以农村面源为主，针对农村面源出现的问题，进行修复、控制，但创新成果很少。针对饮用水安全保障方面开展的研究较少，应作为今后的重点领域进行研究。代表性成果有：对活性污泥特性、生物膜反应器处理效果、生物膜特性、深度处理效果、脱氮除磷性能的研究，人工湿地系统、滤膜等的应用研究，势能增氧生态床等生物修复技术的处理效果，丹江口水库水源区农业面源污染研究及防治措施，臭氧对饮用水管网中溶解性有机物的影响等。

（9）在水生态保护与修复技术研究方面，研究者众多，相关学术文献的数量也很多，但高水平文献较少，且多数是定性分析和技术应用方面的的研究。涉及水生态调度方面的研究成果较多，反映了这是该领域的一个热点研究内容；关于水生态保护技术方面的研究成果较少，特别是高水平成果很少，但有关水生态补偿机制方面的研究在逐步增加，成为该领域的亮点；在城市生态水系规划研究方面最近两年涌现出了一些新的成果，特别是在水系连通理论研究方面创新性比较明显。**代表性成果有**：水利工程生态调度理论研究，水生态补偿理论研究，水生态系统保护与修复技术研究，水系连通理论方法研究，城市水景观规划理论研究。

1.4.4　水安全研究进展

（1）在水安全表征与评价研究方面，总的来看，水安全表征与评价的文献较多，多是一般性文献，具有创新性的文献仍然不多。研究内容的涉及面没有新的拓展和更新，主要还是集中在评价标准和评价方法的探讨等方面，评价方法多采用常用的熵权法、神经网络、层次分析法、小波分析等，也有部分文献是多种评价方法的综合。**代表性成果有**：城市供水安全评价，农业用水安全评价，海绵城市建设中的水安全评价，水安全分区研究，中国水安全建设，以及各种水安全评价方法等。

（2）在防洪安全和洪水风险管理方面，研究内容涉及洪水过程模拟、洪水预报、洪水调度、洪水风险分析、洪水资源化利用和防洪减灾等。由于防洪安全和洪水风险管理一直是水安全研究的重要组成部分，因此每年都有大量相关成果涌现。与前两年的研究成果相比，近两年的研究更加侧重洪水过程的精确模拟、洪水风险评估与风险管理、水文气象预报和防洪减灾管理等方面，尤其是洪水风险管理成果的不断涌现为区域防洪安全提供了重要科技支撑。**代表性成果有**：极端和大型洪水特征分析与计算，大型水利工程影响下的洪水过程模拟，极端洪水预报和城市洪水预报，考虑生态的梯级水库群调度，洪水风险分析及洪水风险图绘制，区域洪水资源利用和防洪减灾适应性管理等。

（3）在干旱的概念、内涵、成因、特征、评估和预警预报等方面，由于其涉及面广，每年都涌现出大量的研究成果。除了干旱特征分析和干旱评估以外，干旱形成机理、干旱预警预报一直是近几年干旱研究的热点和难点问题，但是仍旧缺乏创新性的研究成果；就农业干旱、气象干旱、水文干旱、生态干旱和社会经济干旱来讲，由于农业干旱成灾机理最为复杂、影响最大，农业干旱的相关研究文献也最多。**代表性成果有**：农业干旱形成机理研究，不同类型干旱表征指标体系研究，基于遥感技术的干旱监测，区域干旱风险评估及风险管理，干旱预警预报系统研发，干旱综合应对及防御技术等。

（4）水环境安全是水安全的重要组成部分，越来越受到管理人员、科研工作者和社会公众的关注，研究内容日趋丰富，这一部分文献增长较多，尤其是水污染预警、水污染防治等相关研究。同时，受最严格水资源管理考核制度的影响，以及人民群众对生态环境的关注和重视，引发了大家对水环境安全的认识和思考，也出现了一些新的研究内容和研究成果，但总体来看研究深度有限，理论研究进展不大，高水平研究文献不多，多数是偏于应用。**代表性成果有**：水环境安全阈值研究及生态风险分析，城市化与水环境安全耦合协调分析，水环境风险评估与预警平台总体设计及应用，水环境容量计算，地下水污染风险评估与防控修复研究，基于动态数据驱动的突发水污染事故仿真方法，基于不同需求的事故型水污染风险源评估研究，"水十条"影响下的水污染防治，南水北调中线干线水质安全应急调控等。

（5）随着气候变化和人类活动的影响，冰凌、泥石流、风暴潮和饮水安全等水安全研究内容越来越受到大家的关注。由于冰凌、泥石流、风暴潮、饮水安全具有明显的地区性特征，因此相关研究群体、研究区域和研究内容都相对集中；冰凌、泥石流、风暴潮和饮水安全的研究也仍以应用性、技术性内容为主，理论方法研究偏少，且缺乏系统性。**代表性成果有**：基于遥感技术的黄河凌情监测，基于 3G 网络的河道冰凌图像遥测系统设计与冰凌密度分析，基于流域演化的泥石流敏感性分析，西南地区泥石流区易灾人口脆弱性评估，泥石流的诱发降雨阈值，泥石流风险评估，风暴潮重现期计算，风暴潮灾害等级划分标准及适用性分析，风暴潮灾害脆弱性评价，农村饮水安全指标体系构建及评价等。

1.4.5 水工程研究进展

（1）水工程规划研究进展方面：该方面相关研究成果并不十分丰富，具体水工程规划方面的研究较为分散。在水资源开发利用实践中，主要集中于水生态环境工程、河流水系工程、城市引排水工程、供水工程的规划。总体看来，区域水系工程规划、水电站规划和供水工程规划有所涉猎，但主要以实际应用研究为主，重点研究规划内容中的具体技术方法，理论研究则较少；水生态环境工程规划减少，且学术上无太大创新，再生水工程和排水工程规划欠缺。**代表性成果有**：水环境系统规划、河流水系规划以及城市排水除涝规划等。

（2）在水工程运行模拟与方案选择研究进展方面：在目前的文献中，水工程运行模拟与方案选择研究成果较多，但多集中于水工程（如电站、水库、引排水工程等）及相应配套措施等水工程方面，且以构建模型和数值模拟研究为主，探讨模型在不同设置方案或参数下水工程的运行情况。总体来看，水工程运行模拟方面设计范围较广，既有单独水工程运行模拟，也有水工程联合运行模拟。但研究内容集中于模拟方法，多编写模拟软件或构建模拟模型解决实际应用问题，缺乏理论相关研究；水工程运行方案选择往往与水工程优化调度结合在一起，多针对具体实际工程运行调度问题，运行方案内容涉及面也较为多，创新性成果主要表现在具体的数值模拟方法上。**代表性成果有**：水电站数值模拟、排水管网优化模拟、水质仿真模拟、水电站运行方案、水库蓄水运行方案、水库联合调度运行方案、调水工程应急排水运行方案等。

（3）在水工程优化调度研究进展方面：近两年来，运用现代数学理论和方法解决调度中出现的实际问题依然是当下研究的重点和热点。在目前的研究中，水工程优化调度围绕优化调度的技术方法与模型构建开展，特别是以三峡水库为代表，研究成果居多。总体看来，水工程优化调度研究对象仍以具体工程实践应用为主，创新性主要体现在现代数学方法与数值模拟在水工程优化调度上的应用。水库生态调度更加侧重水质研究，特别是水库水华发生机理和模拟；水电调度依然集中于各类寻优过程的求解；而在泥沙调度方面的研究量有所减少，且并无较大创新点呈现；水量调度与水库群调度研究中，理论方法研究较少，模型与方法研究较多，特别是运用现代各类数学方法解决寻优技术难题得以局部突破，创新性显著；水工程调度图和调度规则研究增加，但往往和工程与水库或电站优化调度相结合，在寻优过程中得以实现。**代表性成果有**：水库生态调度模型、水电联合优化调度、水电站群优化调度技术与模型构建、水电优化调度模型求解技术、水库水沙联合优化调度多目标决策模型与求解、水库多水源联合调度、复杂水库群优化调度建模与求解、闸坝群调度运行方式、水库调度规则确定与调度图绘制等。

（4）在水工程影响及论证研究进展方面：水工程影响及论证研究内容丰富，成果众多，随着研究的深入和对问题认识的深化，水工程影响及论证研究不断扩展。特别是在对水文情势的研究方面，既有机理性研究，又有实践验证，取得了一定的创新性成果，研究内容也拓展到将对水动力、地下水以及其他具体水文要素的研究；在对水生态环境的影响研究方面，理论研究虽有，但更多的是集中构建模拟模型分析水工程对水生态的定量化影响；对水资源工作论证方面的文献并不显著，主要针对工程具体建设内容展开；对水文地质的影响和对河道通航的影响研究方面，采用机理性分析和实践应用相结合。但总体来说，理论研究偏少，数据分析和模拟计算是相关研究的重点。**代表性成果有**：水库及水电站对河流水文情势的影响、水库对河流水动力条件的影响，水库运行调度对河流泥沙的影响、水库运行调度对生态环境的影响、三峡库区水文情势变化对岸坡稳定性的影响机制、水库及水电站对河道通航条件的影响、水资源论证实践分析等。

（5）在水工程管理研究进展方面：研究成果也较多，研究内容也十分广泛，但总体来说，研究内容相对较软，系统性和规范性不强，往往集中于经验介绍式的泛泛陈述，缺乏创新性研究成果。总体来看，水信息管理系统多集中于软件设计，研究深度不够，缺乏创新性科研成果；水环境管理研究成果较为丰富，有一定创新性；水库移民管理与措施方面研究类似，相关内容都不多，学上并无太大创新，所发期刊水平一般；农村水利工程管理也以理论探讨为主，所发期刊水平不高；城市水务工程和供水工程方面的研究也多于前者类似。**代表性成果有**：水电工程预警系统研究，水利工程信息系统建设，水库移民补偿措施与安置效果评价、水环境管理与应急调度策略、防洪影响评价决策辅助系统、农村供水信息管理系统构建等。

1.4.6　水经济研究进展

（1）在水资源-社会-经济-生态环境整体分析研究方面，主要集中在水资源同经济社会发展之间的关系辨识方面，偏重水资源同经济社会协同发展方面的研究；研究方法较多为区域水生态安全的评估、水资源与水环境承载力方面；涉及实践研究的成果主要集中在最严格水资源管理制度的落实、水生态文明建设方面。**代表性成果有**：水资源与经济社会发展关系及评价研究、水生态安全评估、区域水资源承载能力研究、最严格水资源管理、水生态文明建设等。

（2）在水资源价值研究方面，主要包括水资源价值理论研究和水价理论及实践两部分。涉及水资源价值理论方面的文献较少，主要关注水生态系统的生态服务价值方面；涉及水价理论及实践方面的文献增多，研究领域包括农业水价和城市居民生活水价的制定方法、改革建议及措施等。**代表性成果有**：水资源价值评价模型，水资源系统的生态价值研究，阶梯水价政策的制定，应用实践等。

（3）在水权及水市场研究方面，学术性文献较为丰富，研究者存在不同的学科背景，涉及了水利工程学科、经济学科、管理学科等。总体来看，涉及水权研究的文献较多，但主要集中在水权的分配问题方面，水权转让和交易的应用实践文献增多；涉及水市场研究的文献较多，成果多集中在理论探讨层面，实践研究较少。**代表性成果有**：水权的法律保障，水资源市场化制度设计，水权交易及市场化研究等。

（4）在水利工程经济研究方面，高水平学术性文献不多，这可能和我国在这一领域相对比较成熟有关。最近两年出现一些涉及水利工程生态环境经济评价研究的文献，但创新性理论方法研究较少。**代表性成果有**：水利工程运行调度对生态系统的影响。

（5）在水利投融资及产权制度改革研究方面，学术性文献不多。近两年，创新性理论成果相对较少，且研究成果实际应用过程中还存在诸多挑战。**代表性成果有**：水利投融资模式研究及应用实践，农村小型水利工程产权制度改革理论等。

（6）在虚拟水与社会水循环研究方面，参与的研究者较多，研究内容丰富。在虚拟水计算实证研究方面，研究成果主要集中在农业虚拟水计算和产业结构与区域虚拟水的关系研究；在虚拟水贸易和虚拟水战略研究方面，成果集中在虚拟水贸易测算、影响因素分析以及对区域经济社会的影响；在水足迹方面，在区域、行业水足迹计算及应用方面涌现出许多成果。**代表性成果有**：农作物虚拟水计算分析，虚拟水与区域产业结构分析，虚拟水贸易驱动因素、经济社会影响分析，水足迹区域差异分析，基于水足迹理论的水资源评价等。

1.4.7　水法律研究进展

（1）在流域管理法律制度研究方面，研究者较多，研究内容丰富，每年涌现出大量的研究成果。随着水资源对经济社会持续发展和生态环境可持续保护的制约作用不断突显，学者对流域管理的研究进一步深入，不断开辟新的研究领域，探索流域治理的新模式，出现了一些关于流域管理的政策法律类学术研究成果。内容上表现出两个明显特征：一是注重从国际视野考察流域管理法律制度；二是国内许多学者在研究流域管理时，越来越多地着眼于具体流域的特殊性。此外，对流域管理中的地方政府合作机制、市场机制和公众参与的探索较有新意。总体上看，近两年的实践研究较多，不过对流域法律治理基础理论研究较少而且深度有限。**代表性成果有**：关于完善珠江流域水法规体系建设的建议，中国流域水管理立法思考，基于利益相关者共生的跨界流域综合管理研究——以赤水河流域为例，国际流域管理模式分析以及对我国流域管理的启示，京津冀协同发展中的流域管理问题与对策建议，我国流域管理公众参与机制初探等。

（2）水权制度研究一直是研究的重点和热点内容，研究者较多，研究内容丰富，每年都有大量的研究成果涌现。近两年对水权制度的研究依然以对水权交易研究为主，包括水权交易市场、水权交易规则、水权交易法律规制以及水权交易实践。这种对水权交易理论与实践研究的深入，突显了水的稀缺性和重要性，需要通过水权交易来达到节约用水以及实现水资源向高效益用水主体转移的目的。但是总体上看，对水权制度相关问题的研究视野较窄，大多数成果比较空洞、可操作性不强，缺乏创新性。对水产权及其分配模式、交易制度的研究较多，有着更宏观视野的对涉水权利（权力）的基本范畴和基础理论的研究较少；遵循政府现行水权交易思路的实践研究较多，有理论高度和深度且能引领水权相关制度建设的成果较少。**代表性成果有**：中国水权与土地使用权关系探微，完善水权水市场建设法制保障探讨，我国水权的法律基础解读与现状研究，水权制度框架设计构想，黄河流域水权交易潜在风险规避路径研究，水权交易对生态环境影响研究进展，我国水权取得之优先位序规则的立法建构，关于培育水权交易市场的思考和建议等。

（3）在水环境保护法律制度研究方面，出现了许多从不同角度进行研究的学术成果。

有对农村水污染防治基本理论的研究，也有对水资源保护体系的探索；有对水污染现状的剖析，也有对水环境治理趋势的预测；有基础理论的研究，也有制度建设的设想；有经济手段、行政手段的研究，也有刑事手段的探索。近两年的研究在以下三个方面值得关注：①研究体现了人水和谐的思想；②在水污染治理中侧重于跨流域污染治理；③在水环境保护中出现了对政府法律责任的研究。总的来讲，研究内容丰富，研究视角新颖，研究有重点有突破。**代表性成果有**：基于人水和谐调控的水环境综合治理体系研究，《水污染防治法》修订中加强经济政策手段的思考，跨界流域污染防治——基于合作博弈的视角，我国湖泊富营养化治理历程及策略，水资源保护中政府法律责任的完善，以水污染为基点探讨污染环境罪的刑法规制，水环境治理"河长制"的悖论及其化解，国内外流域水环境模型法规化建设现状和对比研究等。

（4）在生态环境用水政策法律研究方面，参与的学者较少，成果不多，但是质量较高，有些具有重大创新价值。关于生态环境用水管理的政策法律研究是进入 21 世纪后的一个新兴研究领域，只有极少数学者关注和注意到生态环境用水的重要性，从而进行了一定程度的研究。生态环境用水是一个涉及自然和科学规律、关系到国家现代化建设中战略和前瞻性、事关全局成败的重大理论和实践问题，从法律和政策角度研究生态环境用水保障问题有着重大的理论和实践意义。**代表性成果有**：我国生态系统保护机制研究——基于水资源可再生能力的视角，水生态文明建设理论体系研究，论我国生态用水保障制度的完善，我国生态环境用水法律保护的问题与对策——基于社会公共利益的视角，我国再生水利用法律制度的完善——基于生态安全的视角等。

（5）在涉水生态补偿机制研究方面，参与的学者较多，研究内容丰富，每年有大量的学术成果，既有关于生态补偿的理论研究，也有示范研究，还有实证研究。近两年的研究在以下三个方面表现突出：①在关于生态补偿的性质研究方面，有学者认为生态补偿是一个开放的概念，各种补偿形式可以在民事领域和行政领域实现，既可以是国内主体间的补偿，也可以是国际主体间的补偿，其补偿方式的多样性决定了其法律性质的宽泛性；②在生态补偿的具体操作中，出现了关于生态补偿中协同治理的文献，这些研究成果的产生进一步表明了生态问题无界限，需要协同治理；③出现了一些关于生态补偿立法和生态补偿法律机制研究的文献，注重从立法层面完善生态补偿管理体制、补偿标准、补偿方式等。**代表性成果有**：我国水生态补偿机制的现状、问题及对策，论生态补偿的法律性质，流域生态补偿研究进展，京津冀协同发展中流域生态补偿的法律制度供给，流域生态补偿法律关系主体研究——以汉水流域为例，对政府主导跨流域调水生态补偿的思考，基于水排污权交易的流域生态补偿研究等。

（6）在水事纠纷处理机制研究方面，这两年参与的研究者仍然很少，研究内容不丰富，学术成果有限。但是，从研究的内容来看，在水事纠纷具体处理和解决机制方面有了一定的突破，加强了对水事纠纷解决机制的一般程序探讨，认为水事矛盾频发的现实以及行政调处的"政府失灵"使得司法审判成为水事纠纷解决机制新的途径。基于对水事纠纷解决机制的研究，还出现了水事纠纷行政公益诉讼制度的研究。**代表性成果有**：水事纠纷解决机制一般程序探讨，流域跨界污染纠纷怎么调处，行政跨界水污染治理中的利益协调探讨——以渭河流域为例，农业水权纠纷及其解决机制研究，在水事纠纷视角下研究农村用水纠纷解决机制等。

（7）在外国水法研究方面，随着世界水资源问题逐渐普遍化，许多国家关注并运用法律、政策、技术等途径应对水问题，取得了较好成效。他山之石，可以攻玉。我国学者十分重视对外国水法的研究，不仅表现在参与研究的学者多，研究内容丰富，而且总体水平较高，综合性和可操作性较强。从研究的范围来看，近两年的文献既有对美国、澳大利亚、日本和欧盟的研究，还有对韩国、蒙古国、俄罗斯等国家的研究。扩大研究范围，意味着开阔了视野，一定程度上降低了研究成果的片面性。从研究的领域来看，涉及对页岩气开发中水污染的防治、水环境保护中的融资问题、河湖生态用水量的研究等，不断填补我国生态环境用水方面研究的不足和薄弱部分。**代表性成果有**：中美水质管理制度的比较研究，澳大利亚河湖生态用水量的确定及其启示，我国页岩气开发水污染防治法制研究——对美国相关法制的借鉴，法国湖泊水环境保护与水污染治理，蒙古湖泊水环境保护及管理，俄罗斯湖泊水环境污染治理与保护管理，国外流域综合管理模式对我国河湖管理模式的借鉴，美国水权制度和水权金融特点总结及对我国的借鉴，欧盟水框架指令对我国水环境保护与修复的启示等。

（8）国际水法是水法律研究中的重要内容，也是水科学研究的一个重要方向。近两年来，我国学者主要是从跨境河流的水资源分配、水生态保护和跨境河流的管理合作、国际水法对我国的影响及应对措施等方面，对国际水法的相关理论和实践进行了研究，取得了一些研究成果。特别需要强调的是有学者注意到了国际流域生态系统法律性质的理论探讨，体现了国际流域生态系统具有的重要经济价值和生态价值。另外，随着"一带一路"战略的推进，也产生了关于丝绸之路经济带跨界水资源利用的国际合作研究。这对保障我国水资源安全、加强水资源开发利用的国际合作具有重要意义。总体上讲，近两年国际水法方面的研究，虽然数量不多，但是研究较为深入，既有从单一视角进行研究，也有从综合视角进行研究。**代表性成果有**：我国三条重要国际河流沿岸国之考证，国际流域生态系统法律性质的理论探讨，我国开发境内恒河流域的国际水法问题，我国与周边国家水资源合作开发的法律制度研究，丝绸之路经济带跨界水资源利用的国际合作研究——基于中亚区域国际水法理论实践困境的反思，国际流域生态受益方补偿的困局与破解，国际水条约对我国西南国际河流开发保护的影响，刍议第三方在跨界水争端解决中的实践与作用等。

（9）近年来关于水资源其他方面的研究不断深入、扩展，研究内容丰富，理念新颖。既有针对最严格水资源管理制度的继续深入研究，同时也出现了一批关于其他方面且具有较高理论意义和实践意义的学术成果。一是左其亭教授团队在完成国家社科基金重大项目的过程中，产生了许多高质量有价值的交叉学科研究成果，结项成果《最严格水资源管理制度研究——基于人水和谐视角》是一项集大成的研究成果。二是胡德胜教授等从能-水关联的视角分析能源与水资源在人类生存和发展中的重要性以及在水资源短缺和能源匮乏的大背景下的能—水问题，为我国能源系统、水资源系统、能—水关联的和谐发展提出了建设性的指导。**代表性成果有**：《最严格水资源管理制度研究——基于人水和谐视角》一书中第三篇和第四篇关于水法律的研究，能—水关联的和谐论解读及和谐发展途径，能

–水关联及我国能源和水资源政策法律的完善，页岩气开发中的水资源法律与政策研究，关于最严格水资源管理制度的再思考，关于改进我国水资源区分类体系的探讨——基于水资源管理范围演进的视角，我国水资源资产管理制度建设的探讨，我国地下水一体化管理理论及法律制度研究等。

1.4.8　水文化研究进展

（1）在水文化遗产研究方面，近两年学界在从水利工程遗产、水文化遗产保护与开发、水文化非物质文化遗产传承等方面取得相关成果。从总体来看，关于理论性、标志性研究的成果较少，主要是物质文化遗产调查和非物质文化遗产传承方面的研究。**代表性成果有**：灌工程遗产特性、价值及其保护策略探讨——以丽水通济堰为例，都江堰灌区节水改造与灌区现代化建设思路探讨，论水文化遗产与水文化创意设计，河南水文化遗产的价值及其开发利用，文化遗产的再生产：杭州西湖文化景观世界遗产保护的市民参与，浅谈隋唐大运河的历史价值和现实意义，北京水文化遗产的时空分布特征研究，水利工程文化遗产的保护与开发探讨——以京杭运河德州段为例等。

（2）在水文化理论方面，近年来水文化理论研究队伍逐渐在壮大，研究成果涉及水文化概念、水文化资源数据库、水生态文明、国外水文化、少数民族水文化、水文学、城市水文化、水文化社会学等方面的研究。从总体来看，上述研究成果仅限于水文化微观研究，对于原创性与基础性理论研究略显不足，研究手段和研究方法略显陈旧。**代表性成果有**：对构建水文化理论体系的初步思考，漫谈水文化内涵，基于生态文明理念下的水文化建设框架构建，中原水文化资源数据库建设概述，黔东南苗侗水文化及其现代价值研究，国际视域下的中国水文化建设，基于水生态文明视角的都江堰水文化内涵与启示，彝族水神话创世与灭世母题生态叙事，应重视中国治水历史深层次经验教训研究，水文化研究与水文化建设发展综述，柬埔寨民俗中的水文化研究，气候变化视野下的中国城市发展与城市水文化，环境治理背景下的水文化社会学探究，水生态文明建设规划理论与实践，中华水文化书系。

（3）在水文化传播方面，相比之前已有较大发展，主要表现在"互联网＋"与新媒体融合展示、水情教育、高校思想政治教育等方面，但仅仅局限于传播手段和学校教育，创新性的并且能够被广大人民民众喜闻乐见的传播媒介和手段还鲜见，出现"传而不播"和"自娱自乐"现象。**代表性成果有**："5W"模式视角下的中华水文化传播策略研究，价值契合与有效融入：水文化在水利院校思想政治教育中的运用，论水文化普适性教育面临的形势与任务，美国中小学水教育对我国水文化教育的启发——以"全球水供给课程"教育项目为例，水文化在水环境设计教学中的应用，用教育的情怀涵养生命——浅谈在低年级思品教学中渗透"珠水文化·涵养教育"，在高中生中开展水文化教育的探讨——以滨江城市宜昌为例，新媒体环境下水利院校水文化教育传播的现状研究，水文化在水利高职院校的育人功能分析。

（4）在旅游水文化研究方面，学术界主要围绕"水利旅游"主题，内容涉及在水文化旅游开发、生态旅游、水上旅游等方面，但是，对于旅游水文化的理论研究成果较少，对于工程水文化旅游内涵和价值认知不足。旅游水文化开发还仅仅限于感性认识和初步研究，标志性的理论研究成果还很少见。**代表性成果有**：基于水利旅游的水文化探析，水文化视角的梯田旅游可持续发展路径——以红河哈尼梯田为例，以自行车运动为载体的水文化体育旅游资源开发分析——以南京秦淮河观光带为例，试论水文化与长江中游黄金旅游带建设，关于发展低碳绿色水上旅游的思考，基于市域旅游产业分析的常州水旅游可持续发展研究，湖州水文化建设与生态旅游开发研究，基于水利旅游的水文化功能及开发。

（5）在地域水文化研究方面，主要涉及行政区和流域中，水与政治、水与经济、水与社会、水与城市等多方面内容，包含与水相关的水事活动相关的内容。研究成果主要是以流域和行政区为主要对象的微观水文化研究，对地域水文化研究对象、研究任务和学科性质还没有论及。**代表性成果有**：青岛水文文化的特点与建设规律，以水文化推动城市建设新提升——以江苏省泰州市为例，水工程与水文化的融合与发展——以太浦闸为例，浙江五水文化论，河南农业水文化传承与创新研究，黔东南苗族水文化研究。

1.4.9 水信息研究进展

（1）在基于遥感的水信息研究方面，研究者较多，研究成果也较为丰富，内容包括土壤水分反演，水体边线及变化研究，湿地监测，植被含水量计算以及水环境监测等多个方面。其中土壤水分遥感反演方面的研究最为丰富，主题涉及不同传感器监测土壤水分机理的研究、不同电磁波谱（可见光、红外、微波等）信号与土壤水分关系探讨、土壤水分反演模型构建与改进以及经典反演模型应用等多个方面；利用遥感数据提取水体信息研究也呈现多样化的局面，既有不同遥感数据快速与自动化提取方法的理论研究，也有利用多时相遥感数据监测水边线变化的应用研究；湿地遥感的文献主要是利用多时相遥感数据进行湿地变化监测和生态系统评估等方面的应用研究；利用遥感监测植被含水量和水环境方面的文献也呈现一定增长。**代表性成果有**：不同波段雷达数据的土壤水分反演理论研究与模型构建，不同遥感数据水体信息自动化提取方法研究等。

（2）在基于传感器的水信息研究方面，主要集中在水位、水环境与水生态监测以及基于传感器网络构建精准灌溉系统等方面。**代表性成果有**：球混式精准灌溉系统设计等。

（3）在基于GIS的水信息研究方面，一般性文献很多，主要是利用是GIS的空间分析技术对水信息数据进行分析和信息发现。主要内容涉及利用地理信息技术进行水信息建模与数据挖掘、山洪灾害风险风险分析、水资源评价、水生态与水环境研究等方面。**代表性成果有**：土地利用变化对水环境的影响研究，湿地水环境功能评估，生态系统功能分区与健康评估等。

（4）在基于GIS的水信息系统开发方面，主要是利用GIS等技术开发水信息管理系统，内容涉及：洪水预报系统开发与应用、水资源及水环境管理信息系统设计与应用等方面。**代表性成果有**：不同流域水环境管理系统的设计，风险评估与预警系统的设计与应用等。

（5）在数字水利方面，主要涉及数字水利基础理论与应用系统研发方面，内容以应用系统开发为主。**代表性成果有**：基于ISM的方法的水利信息化影响因素分析以及基于三层架构的水资源应急系统建设等。

1.4.10　水教育研究进展

（1）在水利高等教育发展史研究方面，20 世纪 60 年代起，以姚汉源为代表的中国水利史研究者曾经有所涉及，其后长时间无人问津，近年以华北水利水电大学宋孝忠、山东大学袁博、河海大学刘学坤等为代表的一批学人，深刻认识到水利高等教育史研究的重要意义，开始以此为研究方向，集结学术力量，在浩如烟海的资料中进行收集、整理，取得了一些初步研究成果。**代表性成果有**：我国水利高等教育的百年发展史研究，我国水利特色高校德育的百年历史考察，民国初年壬子癸丑学制下的水利教育等。

（2）在水利高等教育理论研究方面，研究基础依然薄弱、研究团队集聚没有大的进展，研究范围、研究内容、研究方法也少有亮点，与水利高等教育整体规模和发展需要不相适应。从总体看，有价值、有创新的水利高等教育理论研究成果比较有限。值得关注的是，以郑州大学左其亭教授为主的学术团队，其研究领域已扩展到新时期水利高等教育理论研究方面并取得了一定的研究成果。**代表性成果有**：中国水利高等教育未来发展方向探讨，建设水利特色研究型大学的基本问题，国际工程教育认证背景下水利水电工程专业发展研究等。

（3）在水利高等教育教学研究方面，当前高等水利教学研究涉及课程建设、专业建设、教学方法、实践教学等诸多方面，是水利高等教育研究的一个重要方面，参与者主要是教学一线的专业课教师，因此研究基本上是具体课程教学经验的总结，从整体看缺乏理论深度，急需提高研究的水平和研究的质量，实现水利专业教学理论的升华。**代表性成果有**：水利水电工程专业本科教育实践教学体系建设，开放教育水利专业工程实践教学模式研究，水利工程类本科生毕业设计教学改革探讨，卓越水利人才培养实践教学体系构建研究等。

（4）在水利职业教育理论研究方面，这是近年来研究的一个热点，水利职业教育的理论研究基本立足于时代的发展，聚焦水利职业教育实践，对促进水利职业教育发展具有一定作用。但高质量水利职业教育理论研究队伍较少，有深度、标志性的研究成果还不够多，对职业教育实践的指导作用不够鲜明，理论与实践的结合有待加强。**代表性成果有**：水利职业教育改革发展研究，推进高职教育与区域经济深度融合研究，现代水利职业教育体系建设研究等。

（5）在水利职业教学研究方面，近年来在中国水利教育协会的大力推动下，水利行业教学大赛、水利行业技能大赛、水利职业教育专业评估、水利规划教材建设等方面开展得有声有色，有力地推动了水利职业教学研究，取得了多项成果获国家级教学成果奖。从总体看，与水利高等教育研究一样，也是存在理论研究薄弱、教学研究"繁荣"的现象，提高水利职业教学研究质量已成为水利职业教育发展的重要因素。**代表性成果有**：基于理实一体化的高职水利工程施工课程教学改革探索、基于高职水利人才培养需求视角下水工建筑物课程教学研究、社会需求分析视角下高职水利行业英语课程教学改革探析等。

（6）水利继续教育研究方面，水利职工培训仍然是水利继续教育研究的热点和重点，从终身教育、终身学习视角关于水利行业继续教育数字化学习资源建设和共享、推进水利专业技术人员职业资格认证等方面的研究也开始受到关注。**代表性成果有**：关于"互联网

+"视阈下水利网络教育培训可持续发展研究，贫困地区水利人才精准扶贫培训研究，生态视角下的反思性学习培训实证研究，水利行业继续教育数字化学习资源建设和共享研究，以水利类工程教育认证为契机推进水利专业技术人员职业资格认证等。

（7）在水情教育方面，由于《全国水情教育规划（2015—2020年）》的颁布实施，第一批国家水情教育基地的认定，水情教育研究开始受到高度关注且渐有成为研究热点的趋势，研究的起点较高，质量也较好。**代表性成果**有：水情教育国际经验与对我国的启示，水情教育研究的国际动态分析，大学生水情教育调查研究等。

1.5 水科学发展趋势与展望

随着经济社会飞速发展，科学技术日新月异，人类需要解决的水问题越来越迫切、越来越复杂，水科学研究面临着很好的发展机遇，必将快速发展。根据对目前水科学研究现状的分析，结合对未来学科发展走向的判断，参考文献[4]、文献[10]和文献[11]，本书作者在文献[2]中分方向对水科学发展趋势进行分析和展望。本书考虑最近两年的变化，对文献[2]此部分内容进一步梳理补充完善，大部分内容没有变化。

1.5.1 水文学发展趋势与展望

（1）水循环机理与模型研究。包括：城市、农田、植被等小尺度水循环微观机理、观测实验及循环过程研究，分布式水文模型的关键难点问题的突破，分布式水文模型与区域经济社会演变模型的耦合研究，水文–生态耦合模型，高强度环境变化下的水文模型研制、人水关系的作用机理及系统模拟等。

（2）水文气象站网优化布局与测报信息系统建设。包括：高精度、系统化水文气象监测设备研发，水文气象站网优化布局方法及更科学的统计计算方法，水文气象测报新方法，洪水预报、洪灾监测与评估，一体化水管理信息系统建设与应用等。

（3）雨情汛情旱情监测预警预报方法与模型研究。包括：雨情汛情旱情监测方法、设备研发，更精准的雨情汛情旱情预报新方法，预报模型研制与系统开发等。

（4）气候变化和人类活动影响下的水文效应研究。包括：人类活动对水系统的影响作用分析，气候变化对水系统、水生态的影响作用分析，气候变化和人类活动对水系统影响作用大小和比例的度量，变化环境下水资源脆弱性评价和适应性调控，水资源系统的恢复性，气候变化下的水资源承载力和水安全，应对气候变化的水资源管理等。这些是最近几年的研究热点，也将继续是今后一些年的研究方向。

（5）适应最严格水资源管理制度的水文学研究。包括：适应最严格水资源管理新需求的自动监测和实时调控，地表水与地下水、取水与排水、水量与水质、总量与效率一体化监控体系，突发水污染、水生态事件水文应急监测，防汛抗旱的水文及相关信息监视与预警，水文及水利信息化建设等。

（6）面向智慧水利（或智慧水务）建设的水文学研究。包括：基于现代信息通讯技术的水系统快速监测与数据传输，水系统监测自动化系统等。

（7）海绵城市建设的水文学研究。**包括**：海绵城市建设水文效应，城市高强度人类活动区水循环机理和模型、城市水文分析与计算、洪水计算、城市小尺度或微观尺度水系统模拟、高精度水文预报、生态水文过程和模型等。这将是新的研究方向和研究热点。

1.5.2　水资源发展趋势与展望

（1）水资源形成、转化、循环运动规律研究。包括：社会水循环、自然水循环的实验观测、过程机理、定量描述及耦合模拟方法，土地利用/覆被发生剧烈变化下的水资源转化规律的认识、模拟及评价方法，水系统结构、模拟及应用，气候变化和人类活动共同影响下水资源系统演变过程及应对机理研究等。

（2）水资源高效利用关键技术研究。包括：水资源高效利用指标确定方法及评估体系，工程措施和非工程措施的实施方案，风险因素分析与调控，用水总量控制方法，饮水安全保障关键技术方法，农业用水效率保障关键技术方法，生态高效用水技术，综合节水技术、节水型社会建设关键技术等。

（3）水资源优化配置理论及战略配置格局研究。包括：水资源优化配置理论方法及模型，水资源配置方案制定（包括社会发展规模控制、经济结构调整、用水分配方案、水资源保护措施），社会–经济–水资源–环境的协调发展目标的量化方法，水资源与经济社会发展和谐调控理论方法、调控模型，全国、区域、流域尺度最优化水资源战略配置格局研究，水战略研究等。

（4）水资源规划与管理方法研究。包括：多目标水资源规划和水能资源规划制定方法（统筹兼顾防洪、灌溉、供水、发电、航运等功能），水资源量与质的计算与评估，水资源功能的划分与协调，水资源的供需平衡分析与水量科学分配，水能资源的评估与供需分析，水能资源开发方案与论证，水能资源开发对河流健康的影响研究与对策，水资源保护与灾害防治规划，现代水资源管理模式，水资源适应性利用理论方法等。

（5）水资源承载能力和水资源可持续利用理论方法研究。包括：水与可持续发展关系研究，水资源承载能力量化研究方法，可持续发展量化研究方法，水资源与经济社会协调发展理论及量化研究方法、管理模型、方案制定，气候变化和人类活动下水资源动态承载能力计算与适应性对策研究等。

（6）人水和谐理论方法及应用研究。包括：人水和谐量化研究方法体系（包括研究框架、量化准则、指标体系、量化方法、调控模型等），水资源与经济社会和谐发展定量研究，和谐论理论方法及应用，民生水利思想及应用，基于人水和谐思想的水资源管理、水环境综合治理研究等。

（7）最严格水资源管理理论方法及应用研究。包括：水资源开发利用控制红线确定方法，用水效率控制红线确定方法，水功能区限制纳污红线确定方法，最严格水资源管理制度理论体系，三条红线控制指标合理分配方法及考核制度等。

（8）适应生态文明建设的水资源保障体系研究。包括：充分考虑生态保护的水资源优化配置技术、水资源合理分配与调度技术、水利工程优化布局与规划建设关键技术，生态需水保障技术，河流健康保障技术，防洪抗旱减灾自动监测、会商与体系建设，水资源安全保障体系建设，水资源开发利用自动监控、实时传输、会商决策技术等。

（9）河湖水系连通理论方法及应用研究。包括：河湖水系连通的概念、内涵、驱动因素、构成要素、机理分析，河湖水系连通分类体系及判别指标，河湖水系连通理论体系，河湖水系连通的问题识别、功能分析、适应性分析、方案设计、运行管理、效果评价，河湖水系连通规划方法，河湖水系连通应用实践等。

（10）支撑智慧水利（或智慧水务）发展的水利现代化和水资源技术方法研究。包括：水利现代化建设体系，水资源快速监测、传输、储存及运行计算，水资源和谐调控模型、调控方案快速生成与评估、决策系统研发等。

（11）支撑海绵城市建设的水资源保障体系研究。包括：城市水资源合理开发、高效利用和有效保护的基础科学问题，海绵城市建设引起的水资源变化规律与水系统模型，水资源高效利用途径、非常规水利用，城市区最严格水资源管理、人水和谐调控、水资源优化配置等。

（12）继续探索水资源研究的新理论、新方法。研究水资源必然要涉及社会科学、自然科学以及工程技术科学。水资源与气候资源、生物资源、土地资源、地下资源（指矿产资源）有着千丝万缕的联系。所以，研究水资源问题，必然会联系到其他资源、其他学科，不断引进新的理论、方法，总结探索水资源研究的新理论、新方法，是促进水资源研究发展的重要基础。包括：关于水资源的多学科交叉研究，水资源社会学研究，水资源开发利用的工程技术应用，水资源气候资源联合利用方法，水资源-生物资源开发利用方法，水土资源优化配置与利用方法，受水制约或影响的其他资源规划利用方法，以及数学与系统科学、管理科学、计算机科学、遥感等新技术在水资源研究中的应用等。

1.5.3 水环境发展趋势与展望

（1）水环境机理、水质模型与水环境评价、预测研究。包括：水污染机理及水质迁移规律研究，水环境多介质模型，复杂水域的三维水质迁移转化模型，考虑人类活动的水环境变化预测模型，水质模型与分布式水文模型的耦合，面源污染预测模型，基于不确定性理论的水环境评价方法，水环境影响评价方法，突发水污染的预警预报和应急管理等。

（2）水资源保护和河湖健康保障体系建设关键技术研究。包括：水资源保护理论方法与实施技术，河湖健康理论方法与实施技术，河湖健康概念、内涵、评估指标，河湖健康保障体系，污染源识别，水环境风险管理理论方法，工程措施和非工程措施的实施效果评估，水资源保护规划、工程建设技术等。

（3）水生态保护与修复理论方法及应用研究。包括：水生态调查、监测与分析，水生态功能评价，水生态健康评价，生态水文模型，水生态承载能力，生态环境需水理论方法，水生态调度模型，生态对水文变化的响应机制，水生态保护技术，水土保持规划，水土保持工程建设，水土保持监测、评估与控制技术，水生态保护监测预警和监督管理，水生态补偿机制等。

（4）水污染总量控制理论方法及应用研究。包括：水功能区划定，水体动态纳污能力计算方法，水环境容量分配方法，水利工程防污联合调度理论方法，水污染物总量控制和谐分配方法，流域初始排污权分配理论方法，排污权市场交易理论方法等。

（5）水污染治理技术及应用研究。包括：点源污染治理技术，面源污染治理技术，内源污染治理技术，饮用水水源地保护技术，重金属污染防治技术，有毒有机污染防治技术，富营养化污染防治技术，生物污水处理技术，化学水处理技术等。

（6）支撑水生态文明建设的水环境综合治理研究。包括：水环境综合治理体系构建，水工程建设中的生态保护规划与建设技术，水生态文明建设保障体系，水生态文明建设水平评估监控与快速判别和决策系统研发等。

（7）海绵城市建设的面源污染机理及治理技术研究。包括：海绵城市建设引起的水环境变化机理与水质模型，海绵城市建设的水环境效应、水环境调查和评价、污染物总量控制及其分配、水污染防治、水生态保护与修复、生态需水量计算与保障等。

1.5.4 水安全发展趋势与展望

（1）防洪抗旱减灾体系建设关键技术研究。包括：防洪抗旱减灾自动监测及会商模型和系统，防洪体系安全评估，洪水资源化利用途径，抗旱应急水源选择方法，防洪抗旱协同调度方法，流域尺度防洪、抗旱、兴利相结合水资源统一调度系统，复杂水库群多目标优化调度，干旱形成机理、干旱预警预报理论方法，旱灾风险分析与减灾决策，旱灾适应性管理和调控技术等。

（2）环境污染、冰凌、泥石流、风暴潮等带来的水安全研究。包括：重大水污染事故的预警预报与控制，环境对人体健康的影响作用机理及评估方法，冰凌、泥石流、风暴潮等形成机理和预警预报理论方法等。

（3）水安全评估指标、风险分析及调控对策研究。包括：水安全发展目标及评估指标，水安全测算方法和评估方法，水安全风险分析与风险管理，水安全与新农村建设、小康社会建设、和谐社会建设的关系，农村饮水安全及用水保障问题，水安全保障体系建设与调控对策，保障水安全的关键问题和技术方法（如供水、水处理、水环境）等。

（4）分类水安全保障技术及应用研究。包括：先进的农业灌溉节水技术、工业生产节水技术、生活节水技术、输水管网漏损监测与智能控制技术、污废水再生回用技术研发，节水型社会建设方案的规划、设计、实施方案论证，水安全保障自动监控与精确管理系统研发等。

（5）海绵城市建设中水安全保障能力建设研究。包括：城市洪水、干旱、污染的危害机理及安全调控、水安全保障能力提升建设技术等。

1.5.5 水工程发展趋势与展望

（1）水工程方案优化选择和规划论证研究。包括：水资源开发工程方案、河流治理工程方案选择，大型、跨流域或跨区域河流的水利工程规划与论证，水利工程建设顺序，水利工程布置方案、可行性研究，水利工程调度、运行管理方案优化选择和规划论证等。水工程主要包括农田水利工程、抗旱应急水源工程、集中供水工程、农村饮水安全工程、骨干水源工程、水资源配置工程、防洪控制性水利枢纽工程、城市防洪排涝工程、城市给排水工程、海堤工程、跨界河流整治工程、河湖水系连通工程、水土保持工程、生态保护工程、节水工程等。

（2）水工程规划建设和管理体制和制度研究。包括：各种水工程规划、建设、调度、运行管理、运行机制和管理体制、制度改革等。急需要研究适应生态文明建设的各种水工程规划、设计、建设、管理的技术标准、政策制度等。

（3）适应生态水利的工程建设技术及应用。包括：各种水工程建设的生态保护标准、建设技术，水工程建设中生态保护措施选择及应用等。

（4）适应智慧水利（或智慧水务）建设的水工程规划设计与建设管理研究。包括：水工程建设配套的自动监控、远程控制、自动供水等面向订单式服务、水管理精准投递的工程建设等。

（5）海绵城市建设中水工程研究。包括：与海绵城市建设相联系的河流治理工程、雨水收集与利用工程、污水收集处理和回用工程、河湖水系连通工程等方案论证、工程建设顺序、工程调度、运行管理等。

1.5.6　水经济发展趋势与展望

（1）水资源与经济社会发展耦合关系及量化研究。包括：水资源与经济社会互馈机制认知及表述，水资源与经济社会发展和谐平衡点量化优选、和谐程度评估，水资源开发利用的综合评价、经济效益分析以及经济学研究，水利工程生态经济评价等。

（2）水资源价值理论及水价制定研究。包括：水价值核算理论，水价值损失模型及核算体系，水价体系构成及水价制定方法，两部制水价，超额累进加价制度，阶梯式水价制度研究等。

（3）初始水权分配与水市场研究。包括：初始水权分配模型、影响因素、效果评价，水市场的构建与运行，水市场管理，水资源产权制度，水资源资产确权登记、用途管制、有偿使用制度研究等。

（4）水利投入稳定增长及长效机制研究。包括：公共财政对水利投入方式、比例和管理办法，专项水利资金管理办法和评估体系，水利投资项目遴选和资金监督管理，水利投融资理论与模式，金融机构对水利信贷资金投放方式、融资形式和风险分析，洪水保险，水利投融资渠道等。

（5）社会水循环与虚拟水研究。包括：虚拟水转化运移基本理论方法，基于虚拟水的水资源管理研究，虚拟水贸易和虚拟水战略研究，社会水循环结构、模式、通量核算，社会水循环与自然水循环耦合研究，虚拟水与社会水循环的耦合研究等。

（6）支撑生态文明建设和智慧水利建设的水资源经济措施及保障体系研究。包括：水资源经济学研究，水价调控策略研究，水资源安全保障体系建设等。

（7）海绵城市建设的水经济研究。包括：水资源–经济–社会–生态环境综合效益的评估，投融资途径、经济分析，财务型投入产出模型，经济运行方式和模式，水价水权及水市场等。

1.5.7　水法律发展趋势与展望

（1）水法规体系和生态环境用水的法律基础研究。包括：水政策和法律基本理论，水法规体系，水权体系及用水权制度，跨界河流分水理论及法律基础，生态环境用水的法律基础和法律保障，重点领域（水资源配置、节约保护、防汛抗旱、农村水利、水土保持、流域管理等）的法律法规建设，重点问题（水资源论证、取水许可、水工程建设规划同意书、洪水影响评价、水土保持方案、矿业用水排水、饮用水安全等）的制度建设等。

（2）水权制度、排污权制度、水生态补偿机制研究。包括：可交易水权制度构建及立法选择，最严格水资源管理的水权制度及法律基础研究，排放权交易方法及制度建设，跨流域调水生态补偿制度研究，流域水生态补偿机制研究，水生态补偿财政转移支付制度研究等。

（3）有利于水利科学发展的制度体系建设研究。包括：水利科学发展的制度体系内涵、框架（包括最严格水资源管理制度、水利投入稳定增长机制、水资源节约和合理配置的水价形成机制、水利工程良性运行机制），制度体系评估系统，制度体系支撑系统及保障机制，制度体系对水利科学发展作用分析及调控等。

（4）水资源管理制度、体制和考核制度研究。包括：流域管理体制及综合治理模式研究，水资源保护法律体系、水资源管理制度体系，最严格水资源管理制度，水资源管理体制，流域管理与区域管理相结合管理模式，流域生态补偿制度，城乡水资源统一管理制度，水资源管理工作机制，水资源保护和水污染防治协调机制，水事纠纷协调机制及和谐处置途径研究，水资源管理责任和考核制度，水资源开发利用、节约保护考核指标及综合考核方法等。

（5）适应生态水利建设、智慧水利建设的法律政策制度研究。包括：水生态文明制度建设与发展思路，适应最严格水资源管理的法律体系，构建最严格水资源管理制度体系，保障生态水利建设和智慧水利建设的法律政策制度体系研究等。

（6）海绵城市建设的水法律研究。包括：城市涉水政策和法律制定，水权制度，生态需水保障制度，涉水生态补偿机制，水事纠纷处理机制等。

1.5.8　水文化发展趋势与展望

（1）对水文化物质遗产、非物质遗产的挖掘和相关问题的研究。包括：不同地区、流域、典型工程的历史水工程考究，水文化和水工程科学考察，生态环境变迁探索及治理途径研究，人水关系的历史考究和科学调控等。

（2）水文化教育和传播的实践与研究。包括：水文化教育体系、多途径教育内容、方式挖掘、平台构建，水文化传承方法，水文化与中华文化的关系等。

（3）基于水文化视野的人水关系和水战略水工程布局研究。包括：基于历史视角的水系统变化研究，基于历史发展的水利工程作用和效果分析，水文化建设、水利工程规划、水土资源开发利用以及水管理政策和体制的历史学分析，人水关系的历史演变趋势和启迪。

（4）水文化传承创新与水生态文明建设研究。包括：现代水利工程研究中水文化分析方法，水利工程建设中文化元素的融入方法，水文化体系构建，基于水文化视角的水生态文明建设理论及途径，水生态文明判别标准及建设方向选择等。

（5）海绵城市建设中水文化研究。包括：海绵城市建设文化传承、工程建设文化底蕴挖掘、生态文明建设、水文化旅游等。

1.5.9　水信息发展趋势与展望

（1）水信息技术的发展及应用。包括：地理信息系统、遥感、全球卫星定位系统（即3S 技术）、计算机技术、水资源数据采集与传输技术、远程自动监控技术、通信技术、预测预报技术、数值模拟技术、数据库技术、科学计算可视化技术以及这些技术在水科学中的应用，比如，建立水管理信息系统、进行洪水预报、洪灾监测与评估等。

（2）数字流域研究。包括：数字流域构建方法、内容体系、技术方法，数字流域应用，宏观资源利用与开发决策快速生成等。

（3）水利信息化建设规划、技术方法及应用。包括：水资源管理信息系统，水文预报分析预警系统，河湖水系生态环境监测监控系统，防洪抗旱决策指挥和突发性涉水事件应急管理系统、水利现代化规划与应用等。

（4）智慧水利（或智慧水务）研究。包括：信息通讯技术和网络空间虚拟技术应用研究，构建"物理水网、虚拟水网、调度水网"于一体的水联网，实现软件系统高度融合；水系统快速监测、大数据传输与存储技术，实现水系统监测自动化、资料数据化，构建水系统"立体感知体系"，为智慧水利提供数字化信息源；复杂水系统模拟及人水关系调控模型集成，实现人水关系调控模型定量化，并基于大数据和云技术进行快速计算，构建智慧水利的"模块集成系统"；智慧水决策和水调度快速生成与执行系统，实现管理信息化、决策智能化，构建智慧水利的"决策与服务体系"，随时为客服提供个性化订单式服务，实现水管理精准投递。

（5）海绵城市建设中水信息研究。包括：海绵城市信息管理、智慧城市建设、水系统数据采集模拟与预报、洪灾监测与预警等。

1.5.10　水教育发展趋势与展望

（1）适应新形势的水利高等教育研究。包括：适应不断发展的新形势下的大专院校、中等职业学校水利类专业建设，水利高等教育体制改革、课程体系构建及教学方式方法改进，人才引进、培养、选拔以及评价、流动、激励机制完善，水利高等教育发展史研究及其对现代水利教育的启示等。

（2）水情教育体系构建。包括：与水有关的各种宣传、教育、技术培训、科技创新等水情教育体系构建，水危机认识，以提高全民水患意识、节水意识、水资源保护意识。

（3）水利科技创新体系构建。包括：健全水利科技创新体系，强化基础条件平台建设，加强基础研究和技术研发，加大技术引进和推广应用力度，加强水利国际交流与合作，以提高水科学支持能力、水管理队伍整体水平。

（4）水文化宣传与水教育结合途径。包括：水文化宣传，把水文化知识融入普通百姓生活中，在水利工程建设中融入更多的水文化元素，对水利职工进行水文化脱岗轮训。

（5）面向公众宣传。包括：水法规、水政策宣传，水知识普及与公众科普宣传，中小学水教育、教师培训、国际交流等。

参考文献

[1]　左其亭. 中国水科学研究进展报告 2011—2012[M]. 北京：中国水利水电出版社，2013.

[2]　左其亭. 中国水科学研究进展报告 2013—2014[M]. 北京：中国水利水电出版社，2015.

[3]　左其亭. 水科学的学科体系及研究框架探讨[J].南水北调与水利科技，2011，9（1）：113–117.

[4]　左其亭，张保祥，王宗志，等. 2011 年中央一号文件对水科学研究的启示与讨论[J].南水北调与水利

科技，2011，9（5）：68–73.

[5]　《水科学进展》编辑部. 发刊词[J]. 水科学进展，1990，1（1）：1.

[6]　陈家琦. 水科学的内涵及其发展动力[J]. 水科学进展，1992，3（4）：241–245.

[7]　高宗军，张兆香. 水科学概论[M].北京：海洋出版社，2003.

[8]　吴志才，丁根宏. 汉英水科学词汇[M].北京：科学出版社，2002.

[9]　谭绩文，沈永平，张发旺，等. 水科学概论[M].北京：科学出版社，2010.

[10]　左其亭. 中国水利发展阶段及未来"水利 4.0"战略构想[J].水电能源科学，2015，33（4）：1–5.

[11]　左其亭. 我国海绵城市建设中的水科学难题[J]. 水资源保护，2016，32(4)：21–26.

本章撰写人员及分工

本章撰写人员名单：左其亭负责；参加人：甘容、窦明、王富强、张金萍、韩宇平、胡德胜、王瑞平、宋轩、宋孝忠、贾兵强（按第 1.4 节内容顺序排名，排名不分先后）。具体分工如下：

节　名	作　者	说　明
负责统稿 1.1 概述 1.2 水科学的范畴及学科体系 1.3 本书采用的水科学体系及分章情况	左其亭	
1.4 水科学 2015—2016 研究进展综述	甘容、左其亭、窦明、王富强、张金萍、韩宇平、胡德胜、王瑞平、宋轩、宋孝忠、贾兵强	注:按照撰写的各章内容顺序排列,排名不分先后
1.5 水科学发展趋势与展望	左其亭	

第2章　水文学研究进展报告

2.1　概述

2.1.1　背景与意义

（1）水文学是地球科学的一个分支，是水资源研究和开发、利用、保护的重要理论依据和技术支撑，也是水科学的重要基础内容。水文学主要是研究地球上水的起源、存在、分布、循环运动等变化规律（包括水资源的转化规律），既包括水资源的基础研究内容，也包括为水资源的应用服务内容。

（2）人多水少、水资源时空分布不均是我国的基本国情和水情，水资源短缺、水污染严重、水生态恶化等问题十分突出，已成为制约经济社会可持续发展的主要瓶颈。水文学是水资源的学科基础。在有关水资源的开发利用中，大部分基础工作都要用到水文学的有关知识。水资源开发利用推动水文学的发展，在水资源开发利用中，特别是现阶段我国复杂的水资源问题，针对一些新形势下的新问题，要从技术上解决他们，都需要坚实的水文学基础。

（3）水文学具有悠久的发展历史，是人类从利用水资源开始，并伴随着人类水事活动而发展的一门古老学科。同时，又是一个伴随着新技术、新理论、新方法出现不断演变和发展的与时俱进的学科。由于客观世界的复杂性、广泛存在的不确定性以及人类认识上的局限性，水文学仍有许多难点问题（如不确定性问题、非线性问题、尺度问题等）在理论上和实际应用上未能很好解决。因此，水文学也像其他发展中的学科一样，一直在不断发展之中。特别是随着现代科学技术的发展，以前没有发现的问题现在发现了，以前没有解决的问题现在在逐步解决，使得水文学不断发展、不断壮大。

2.1.2　标志性成果或事件

（1）2015年2月水利部水文局转发《财政部、住房城乡建设部、水利部关于开展中央财政支持海绵城市试点工作的通知》（水文资〔2015〕18号），要求各地报送城市水文试点城市。截至7月初，共有30个省（区、直辖市）报送了54个试点城市。

（2）2015年3月，水利部批准《水文自动测报系统技术规范》（SL 61—2015）为水利行业标准，进一步规范统一了水文自动测报的技术要求。

（3）2015年4月，全国首次水文应急测报演练在重庆成功举行，实地演练了响应、监测、分析及保障等4项12个科目，首次使用无人机监测、三维激光测图、喷泵式冲锋舟紧急运送等高新技术。

（4）2015年5月，水利部办公厅根据《国务院关于取消和调整一批行政审批项目等事项的决定》（国发〔2015〕11号），取消水文、水资源调查评价机构资质认定行政许可。

（5）2015 年 6 月，水利部颁发外国组织或个人在华从事水文活动的审批事项服务指南，明确"外国组织或个人在华从事水文活动的审批"在水利部行政审批受理中心受理。

（6）2015 年 8 月，水利部印发《关于加强水文计量管理工作的通知》，目的是加强各级水利部门水文计量管理工作，至 2020 年基本建成完善的水文计量管理体制和机制。

（7）2015 年 8 月，第十三届中国水论坛会议在水文学方面的研究汇集了水循环演变及驱动机制、流域水文过程、地下水动态与演变机理、降水和农业耗水以及地下水补给过程、水文研究新方法和新技术等方面的内容。

（8）截至 2015 年年底，全国已有 26 个省（自治区、直辖市）出台水文条例或管理办法，水文法规体系不断推进，行业管理进一步强化。

（9）2016 年 1 月，水利部为贯彻落实《国务院办公厅关于印发精简审批事项规范中介服务实行企业投资项目网上并联核准制度的工作方案的通知》（国办发〔2014〕59 号）精神，将水利部涉水项目前置审批事项"国家基本水文测站上下游建设影响水文监测工程审批"，整合为"洪水影响评价审批"，实行并联办理。

（10）2016 年 5 月，全国水文体制机制改革创新工作座谈会在重庆璧山召开，进一步推动管理体制改革和基层水文体系建设。

（11）2016 年 8 月，第十四届中国水论坛会议在水文学方面的研究汇集了变化环境下水循环演变机理、流域（湿地等）生态水文过程、地下水–地表水转化机理与模拟、地下水演化规律、极端水文气候与水循环演变等方面的内容。

（12）2016 年 11 月，经国务院同意，水利部、国土资源部联合印发了《水流产权确权试点方案》。

（13）2016 年 12 月，中共中央办公厅、国务院办公厅印发了《关于全面推行河长制的意见》，并发出通知，要求各地区各部门结合实际认真贯彻落实。

2.1.3　本章主要内容介绍

本章是有关水文学研究进展的专题报告，主要内容包括以下几部分。

（1）以研究对象分类的水文学研究进展，包括河流水文学研究进展、湖泊水文学研究进展、沼泽水文学研究进展、冰川水文学究进展、河口海岸水文学研究进展、水文气象学研究进展和地下水水文学研究进展。

（2）以应用范围分类的水文学研究进展，包括工程水文学、农业水文学、城市水文学、森林水文学和生态水文学。

（3）水文学工作方式研究进展，包括水文测验学、水文调查学和水文实验学。

（4）水文学研究方法研究进展，包括水文统计学、随机水文学、同位素水文学、数字水文学和遥感水文学。

2.1.4　有关说明

本章是在《中国水科学研究进展报告 2013—2014》[1]（2015 年 6 月出版）的基础上，在广泛阅读 2015—2016 年相关文献的基础上，系统介绍有关水文学的研究进展。因为相关文献很多，本书只列举最近两年有代表性的文献，且所引用的文献均列入参考文献中。

2.2 以研究对象分类的水文学研究进展

早期的水文科学主要研究河流、湖泊、沼泽、冰川和积雪，以后慢慢扩展到地下水、大气中的水和海岸中的水。传统的水文科学是按研究对象划分分支学科的，主要有：河流水文学、湖泊水文学、沼泽水文学、冰川水文学、河口海岸水文学、水文气象学和地下水水文学等。芮孝芳认为水文时间序列年际演变、降雨空间分布及动态变化、水文现象与下垫面的关系、优先流、坡面流、水文尺度转换、水文模型的"异参同效"、水文非线性等问题是当前面临的主要水文学前沿科学问题[2]。

2.2.1 河流水文学研究进展

河流水文学也称河川水文学，研究河流的自然地理特征、河流的补给、径流形成和变化规律、河流的水温和冰情、河流泥沙运动和河床演变、河水的化学成分、河流与环境的关系等。主要研究成果涉及水系特征和流域特征研究、河流水热动态与河流冰情研究、河道演变或河床演变研究以及河流水质、泥沙、洪水、产流与汇流研究等方面。

（1）在水系特征和流域特征方面。水系和流域特征是研究河流水文的基础。流域和水系特征是流域水文建模的主要参数，是水文模型分析的基础数据，因此流域和水系特征的提取一直是水文科学研究的热点，在数字水文学里有专门介绍。李巧玲等采用相似性指标、相对均方根误差和地形指数分布曲线综合定量评价半湿润半干旱地区 5 个流域的下垫面条件[3]。李志威等提出冲积河群的概念并给出其定义、特征和分布，以期在这个新框架下促进复杂辫状河道和弯曲河道形成与演变的深入研究[4]。王跃峰等分析了近 50 年太湖流域武澄锡虞地区的水系演变与河网调蓄能力变化[5]。邓晓军等通过构建定量描述河流水系变化特征的指标体系，对嘉兴市河流水系的时空变化特征及其与城市化的关系进行研究[6]。

（2）在河流水热动态与河流冰情方面。河流在特定气候、气象、地形和水力条件下，会使水流出现与畅流期截然不同的水文现象，研究河流冰情变化规律，对防御冰害和工程安全有重要意义。李汗青等以 2012—2013 年度黄河头道拐断面冰封期冰水中多氯联苯的实测值为依据，剖析该断面在冰封期多氯联苯含量分布特征，并进行来源分析[7]。杨伟等对粗砂土在不同水位条件下流动与传热情况进行研究[8]。邓云等采用纵向一维水温模型模拟分析了三峡工程对宜昌至监利 300 km 河道水温的影响[9]。陈刚等分析了河道冰封期，冰盖下矩形河道的综合糙率[10]。石慧强等研究了水塘静水冰生消过程及冰盖演变的原型试验[11]。李超等基于遥感数据进行了河冰过程解译及分析[12]。李红芳等在黄河内蒙古段 2013 年度冬季流凌至封河期间冰情观测的基础上，对三湖河口弯道处冰凌动力特性进行了数值模拟[13]。

（3）在河流水质方面。盛海燕等探讨了新安江水库水质演变规律及其与水文气象因子之间的关系[14]。赵磊等在暴雨管理模型参数敏感性分析、模型率定的基础上，对明通河流域进行了降雨径流水量水质模拟[15]。李慧等采用基于指标变换值的模糊物元模型对黑河流域 2013 年的水质进行评价，并与传统的单因子评价法和灰色关联分析法评价结果进行对比[16]。王月敏等提出一种改进的基于模糊模式识别理论的 6 级水质评价模型[17]。肖捷颖等通过对塔里木河流域地表水主要离子浓度及矿化度的检测，分析其水化学空间特征及控制因素[18]。王晓艳等分析了天山哈密榆树沟流域夏季洪水期河水水化学特征及其成因[19]。韦虹等对卡依尔特斯河融雪期径流中水化学特征其控制因素等进行了分析[20]。于会彬等应用三维荧光技术和多元统计方法，分析城镇化河流水溶性有机物组成结构特征，研究其与河水水质的相关性[21]。胡尊芳等评价了东平湖枯丰水期水质健康风险[22]。窦明等建立了具有一定物理机制的闸控河段水质多相转化模型，开展在不同水闸调度情景下的水质浓度数值模拟[23]。刘伟等对拉林河及其主要控制节点的水质时空变化特征进行了系统分析，研究了区域污染物的主要来源[24]。孟伟等在《流域水质目标管理理论与方法学导论》中提出了我国流域水质目标管理模式，阐述了以水生态系统健康保护为目标的流域水质目标管理的关键技术及其管理原则[25]。

（4）在河流泥沙方面。陈斌等分析了潮流、余流、潮流底应力及底质类型对含沙量变化的影响，并运用物质通量分析方法，探讨了莱州湾悬浮泥沙的输运机制[26]。王增辉等建立了基于库区不规则断面的一维非恒定异重流数学模型，并采用明流与异重流水沙输移模型交替运算的两步模式[27]。夏军强等采用浑水控制方程，建立了基于耦合解法的一维非恒定非均匀水沙数学模型[28]。吴保生等基于多沙河流"多来多排"输沙基本公式，建立了考虑上站来沙量、前期累计淤积量、临界输沙水量及干支流泥沙粒径影响的输沙量一般表达式[29]。刘明堂等提出了采用电容式差压法来测量黄河含沙量，建立了基于 RBF 神经网络的含沙量测量的数学模型[30]。毛世民等试用"年递减因数"修正含沙量与径流量乘幂相关的模式，应用于淮河两个主要水文站，取得含沙量计算值与实测值符合较好的效果[31]。鲁海燕等通过建立涌潮作用下的二维泥沙数学模型，验证了钱塘江尖山河段两种不同河势下的水文资料，并应用模拟结果分析了水沙的异同点[32]。李振青等提出了泥沙模型中设计频率水文年所要模拟沙质泥沙部分的处理方法与途径，即床沙质的输沙率过程采用流量输沙率关系推求设计洪水对应的沙量过[33]。刘朋分析山区河道采砂对河床演变的影响[34]。李晓宇等分析了黄河主要产沙区近年降雨及下垫面变化对入黄沙量的影响[35]。马睿依照河流动力学原理，通过引入水流挟沙力，建立了不同水沙条件下典型河段冲淤量预估方法[36]。颜明等分析泾河流域径流和泥沙的尺度效应，并通过突变检测确定突变时间点，对比突变前后水沙尺度效应的变化[37]。王强等研究来沙条件变化对河床形态及推移质运动的影响[38]。程同福用数理统计方法分析该河流悬移质输沙量沿程变化、输沙模数区域分布、含沙量的时空分布及水沙变化规律[39]。林秀芝采用多元回归和偏相关分析等方法，分析了不同时期干支流水沙对黄河内蒙古三湖河口至头道拐河段冲淤量的贡献率[40]。费祥俊利用黄河下游泥沙特性可将水流挟沙力转换成下游河道输沙平衡关系，进而推出河槽形态及河型与来水来沙的定量关系[41]。

（5）在河道演变或河床演变方面。江恩慧等结合概化模型试验，对"揭河底"冲刷期河道断面形态调整过程及洪水位变化情况进行了深入研究[42]。李洁等确定了黄河下游断面平滩河宽的调整过程，分析了影响滩岸崩退过程的不同因素，分别建立了游荡段水文断面及淤积断面滩岸累计崩退宽度与前期 5 年平均汛期水流冲刷强度之间的经验关系[43]。解哲辉等探讨了游荡性河流演变规律研究进展及其河型归属[44]。梅艳国等估算黄河临海 4 个亚河段在不同时段的河岸侧向侵蚀/加积面积以及全河段的河道平均萎缩速率[45]。贾旭等利用目视解译法提取黄河乌兰布和沙漠段近 40 年夏季河道演变特征值，对比分析两岸河道演变特征并分析其变化原因[46]。刘飞等采用非均匀沙进行水槽概化试验，在恒定的来水来沙、河床比降和出口侵蚀基准面不变的条件下，研究水流泥沙进入浅水层初期的河槽形态演替变化规律[47]。朱勇辉等分析了三峡工程运用以来沙市河段的河道冲淤演变特点及演变趋势[48]。李志威等对近几十年青藏高原河流演变的研究进展进行较系统的分析和总结[49]。赵水霞等对不同年份 129 个测量断面的河道平面摆动及河槽宽度变化进行了分析[50]。吴保生等在《河床演变的滞后响应理论与应用》一书中提出了河床演变的滞后响应理论和模型，存在通用积分、单步解析、多步递推三种模式，适用于模拟不同条件下的河流非平衡演变过程[51]。

（6）在洪水方面。张灿等综述了湖泊沉积物识别古洪水的方法以及古洪水与环境的耦合机制[52]。胡贵明等通过 OSL 测年和地层对比，确定伊洛河流域地层记录了四期五次特大洪水事件，采用古洪水水文学方法恢复洪峰水位，并采用比降-面积法计算出古洪水和历史洪水事件的洪峰流量[53]。薛小燕等研究河道糙率系数在比降-面积法和 HEC-RAS 模型中对古洪水流量计算结果的影响[54]。赵明雨等依据水动力学原理建立了河道与泛区衔接计算的洪水演进数学模型[55]。王忠静等提出采用不同频率设计洪水进行不同汛限水位条件下的洪水调节计算，并结合水库的经济与生态供水目标进行长系列用水调度模拟和供水效益分析，综合确定风险适度性的方法[56]。苑希民等借鉴全二维气相色谱理论提出全二维水动力模型概念，建立了模拟河道和灌区洪水演进的漫溃堤洪水联算全二维水动力模型[57]。徐兴亚等建立了基于粒子滤波数据同化算法的河道洪水实时概率预报模型[58]。王宗志等推导了考虑河道下渗的圣维南方程组，采用 Preissmann 四点隐式差分和模块化建模技术，耦合河道汊点、闸坝群联合调度、蓄滞洪区吞吐洪水等计算模块，并遴选霍顿下渗公式为河道下渗模拟方法，构建了考虑河道下渗的河网洪水模拟模型[59]。黄粤等运用广义极值分布（GEV）对标准化的最大日流量序列进行拟合，分析洪水频率的变化特征[60]。司伟等提出了一种基于降雨系统响应曲线洪水预报误差修正方法[61]。

（7）在产流与汇流方面。刘昌明等重点阐述国内自主研发的水循环综合模拟系统（HIMS）降雨产流模型的新发展[62]。刘梅冰等采用线性相关分析，对不同降雨条件下的产流与氮素流失的相关性进行研究[63]。郭生练等基于 Budyko 水热耦合平衡假设，推导了年径流变化的计算公式，分析了长江流域多年平均潜在蒸发量、降水量、干旱指数和敏感性参数的空间变化规律[64]。朱磊等从物理机制上对土壤水和地表水进行耦合，将二维平面地表水模型叠置在土壤水模型的顶部，对土壤水、地表水模型进行相同的空间和时间离散，在模型的计算过程中通过达西流关系对两者之间的水量交换进行计算（双层结点法耦合）或整合离散方程的整体法进行耦合[65]。穆文彬等采用人工模拟降雨的方法，进行了不同坡度和前期土壤含水率条件下的降雨产流试验[66]。赵刚等研究了快速城市化对产汇流的影响[67]。

（8）在河流生态环境方面。戴会超提出了河道型水库富营养化及水华调控的系统研究方法，重点探讨了水利水电工程影响下的河道型水库富营养化及水华监测、模拟及调控方法及关键技术[68]。潘扎荣等构建了适合于快速评估流域尺度河道内生态需水保障程度时空特征的方法[69]。陈俊贤等借助生态学及生态系统健康评价理论，分析了河流生态系统健康影响因子，并构建了河流生态系统健康评价指标体系[70]。左其亭构建水生态健康评价指标体系和健康评价标准体系；运用水生态健康综合指数法和水体水质综合污染指数对河流水生态健康状况进行评价[71]。彭月等构建了生态安全评价体系，并对生态安全的主要影响因素进行了探讨[72]。徐伟等提出了基于长系列降水径流资料分析的改进 7Q10 法最小生态流量的计算[73]。王洪杨从水质净化、生态河堤建设、多自然型河流建设以及流域综合管理等方面，探讨河流的生态治理并为其提供相应的参考[74]。顾西辉等基于多水文改变指标评价东江流域河流流态变化及其对生物多样性的影响[75]。左其亭等监测河流水质指标在不同调控方式下的空间变化，并调查水生态指标，探析长期和短期的调控干扰对河流水生态环境的影响特征[76]。翟晶等研究了于协调发展度的河流健康评价方法[77]。

2.2.2　湖泊水文学研究进展

从研究对象来看，湖泊水文学包括湖泊水位与水量变化、湖水热动态、湖水运动、湖泊水化学、湖泊富营养化、湖泊沉积以及湖泊生态系统等方面。其中，湖泊富营养化、湖泊生态系统是研究热点，取得研究成果较多，而在其他研究方面研究成果则较少。

（1）在湖泊水位与水量变化方面。淦峰等构建了湖泊生态水位的计算方法[78]。段水强等分析了黄河源区湖泊变化特征及成因[79]。罗京等分析了热喀斯特湖塘演化过程[80]。张娜等采用一元回归方程和 Spearman 分析法分析了 1991—2009 年呼伦湖地区的气象资料和水域面积和水位的变化[81]。刘美萍等分析查干淖尔湖近 50 年的湖泊水量、面积/水位波动及其原因[82]。何征等研究了近30年洞庭湖季节性水情变化及其对江湖水量交换变化的响应[83]。师宝寿等对堰塞湖水位及出流变化规律进行分析，并据此制定相应排险处理措施[84]。韩淑新等分析了湖水位变化对洪泽湖水质变化规律的影响[85]。阿布都米吉提·阿布力克木等研究了基于多源空间数据的塔里木河下游湖泊变化[86]。王宇等分析长时段内赛里木湖湖泊面积的时空变化特征，并探讨湖泊面积对气候变化的响应[87]。王磊之等揭示了导致太湖年内最高水位、最低水位及年平均水位三者发生阶段性变化的控制性因素[88]。苏向明等以 GIS 工具对湖泊分析获取湖面变化信息，探讨支流径流变化对艾比湖面积变化的影响[89]。李畅游等在《呼伦湖水量动态演化特征及水文数值模拟研究》中进行了小波理论水文序列复杂性分析，混沌理论的水文时间序列预测分析，水面变化及水深反演模型等研究[90]。

（2）在湖水热动态及湖泊冰情方面。张运林从多方面详细综述了气候变暖对湖泊热力及溶解氧分层影响的研究进展[91]。勾鹏等基于 MODIS 多光谱反射率产品数据监测了 2000—2013 年纳木错湖冰冻融日期，并结合多个气象站点的等气象数据和实测湖面温度、湖面辐射亮温分析验证了湖冰变化的原因[92]。姚晓军利用 RS 和 GIS 技术综合分析可可西里地区主要湖泊冰情变化特征及其影响因素[93]。杨芳等观测冰厚并对冰芯晶体结构、气泡含量、污染物浓度，探究富营养化浅水湖泊季节性冰盖污染物分布规律[94]。李卫平在《典型湖泊水环境污染与水文模拟研究》中，研究了低温及冰封条件下湖泊营养盐的分布规律及冰生长过程中污染物的迁移机理，内蒙古典型湖泊沉积物中生源要素的地球化学循环等[95]。

（3）在湖水运动方面。丁宏伟等探讨了巴丹吉林沙漠湖泊水的补给来源及补给模式[96]。赖格英等基于 EFDC 模型构建了鄱阳湖水动力的二维模型，探讨了鄱阳湖水利枢纽工程运行调度方案对湖泊水文水动力的可能影响[97]。范成新从湖泛的感官特征与描述、缺氧与污染效应、湖泛形成的物质和气象条件，以及微生物和底泥作用等方面，进行了系统综述，总结出湖泛发生条件与生消过程[98]。仲志余等分析了洞庭湖江湖关系变化趋势和鄱阳湖枯水变化情势及其影响，结合湖区经济社会发展和生态环境保护对水利的要求，研究了两湖水量优化调控总体思路，提出了优化调控两湖水量的工程措施[99]。丛振涛等基于湿周法，总结维持东洞庭湖湖泊功能的适宜水位范围[100]。

（4）在湖泊水化学方面。李皎等分析了柯鲁克湖总溶解固体、pH 值、硬度及化学成分，与入湖河流性质进行对比，探讨了湖水的物质来源及影响因素[101]。吴庆乐等综合分析了太湖西部入湖河流与湖区水体及其沉积物的无机氮形态与同位素特征，识别了太湖西部上游区氮污染来源及转化途径的生物化学作用机制[102]。李鹤等研究了青藏高原湖泊小流域水体离子组成特征及来源[103]。杜彦良等研究近 10 年鄱阳湖流域、江湖水文情势变化条件下，湖区的水动力和水质发生的变化[104]。文新宇等探讨了泸沽湖水体水化学性质的季节性分层特征[105]。熊剑等利用湖泊水质单因子评价和综合营养状态指数对洞庭湖水质营养状况变化趋势进行评价分析[106]。陈雪霜等利用紫外–可见和三维荧光光谱，并结合湖区周边生态系统分析，讨论了长寿湖水体中 CDOM 的组成、来源和空间分布特征[107]。岳佳佳等建立了水质参数与卫星波段的多元线性回归模型、BP 神经网络模型和 RBF 神经网络模型，并运用可靠模型对整个湖体的 COD、NH3–N、TN、TP 指标进行反演[108]。胡尊芳等构建了基于云模型的东平湖枯水期地下水水质评价[109]。高伟等评估了鄱阳湖流域 1949—2013 年人类活动导致的氮磷输入量，构建了人为氮磷输入与湖泊氮磷浓度的响应模型[110]。

（5）在湖泊富营养化方面，主要关注的是湖泊营养化监测与评价、防治等问题。戴国飞等分析了江西柘林湖富营养化现状与藻类时空分布特征[111]。孔祥虹等研究了长江下游湖泊主要水生植物分布状况及水环境因子对水生植物分布的影响[112]。刘晓旭等对内蒙古高原的达里诺尔湖在冰封期湖水不同相态下总氮、总磷浓度以及氢、氧同位素比值的分布特征和定量关系进行初步研究[113]。金颖薇等对太湖水华期水体营养盐进行了空间分异特征分析及赋存量估算，探讨了大型浅水湖泊不同生态类型湖区水华与营养盐的相关关系及样点设置的代表性[114]。陶建霜等揭示了阳宗海硅藻群落对湖泊富营养化和砷污染的长期响应特征，并识别了不同时期的主要环境压力与其驱动强度[115]。王乃姗等采用地积累指数法和潜在生态风险指数法进行衡水湖湿地汞污染的生态风险评价[116]。魏星瑶等分析了营养盐、温度、流速等因子对殷村港富营养化水平的影响[117]。吴廷宽等探讨湖泊水质高光谱反射率与水质参数浓度之间的定量关系，并采用综合营养状态指数法（TLI）对百花湖富营养化进行评价[118]。

（6）在湖泊沉积方面。于志同等分析无机碳及其碳、氧稳定同位素的含量和空间分布特征，探讨该湖表层沉积物无机碳的空间变化影响因素[119]。郭伟等探讨了查干湖自然和人为连通水体的沉积物组成和分布特征[120]。刘雯瑾等通过对黄河中游进行古洪水沉积学研究和水文学研究，为超长尺度水文学提供数据基础[121]。梁洁等利用 L_9（3–4）正交实验方案，对青藏高原中部典型半对流型湖泊和双季对流型湖泊表层沉积物进行对比研究，选择适用于青藏高原湖泊沉积色素的提取和分析方法[122]。陈京等结合沉积物中有机指标的环境意义的探讨，揭示了新疆赛里木湖湖泊沉积物中有机质所蕴含的环境信息[123]。于革等在《郑州地区湖泊水系沉积与环境演化研究》中研究了郑州地区典型古湖泊、古水系形成演化的特征、过程和空间分布，分析了其演变的动力机制[124]。

（7）在湖泊生态系统方面，主要关注的是湖泊生态系统评价。王群等从脆弱性、应对能力两大层面以及社会、经济、生态三大子系统入手，建立旅游地社会–生态系统恢复力测度指标体系，运用集对分析法，测度千岛湖旅游地社会–生态系统恢复力，甄别影响恢复力的主要因子[125]。刘慧丽等通过对柘林湖的形成及湖泊水系生态环境演变进行探讨，分析近 30 年来鄱阳湖流域湖水生生态环境的变化及其关键驱动力因子[126]。宋辛辛等构建自 20 世纪 50 年代以来洪湖主要优势沉水植物群落的群落分布图并计算其面积[127]。姜治兵等通过建立耦合的盐分交换分析模型和三维数值模型，模拟计算了海水逐级入侵各级闸室并向上游淡水水域输运的过程[128]。黄可等从点源、面源、底泥、生态需水量、水质及水生态 6 方面详细分析相关治理技术指导不同类型入滇河流治理的适应性与可行性[129]。张萍等构建了包含生态基流满足程度、水功能区水质达标率、湖库富营养化指数、纵向连通性、重要湿地保留率及鱼类生境等 6 个指标构成的河湖水生态综合评价体系[130]。

2.2.3　沼泽水文学研究进展

沼泽水文学主要研究湿地或沼泽的形成、发育与演化以及湿地或沼泽的生态环境等内容，涉及湿地或沼泽的径流、水的物理化学性质，以及沼泽对河流和湖泊的补给、沼泽改良等。以下仅列举有代表性的文献以供参考。

（1）在湿地形成、发育与演化方面。李建国等研究 1977—2014 年江苏中部滩涂湿地演化与围垦空间演变的规律[131]。殷书柏等探讨了形成湿地的"淹埋深–历时–频率"阈值研究进展[132]。王富强等系统分析湿地面积、湿地重心和南北区域湿地类型的动态变化进特征[133]。殷书柏等根据土壤学、植物生态学、系统论、地理系统学说以及反演理论等的相关原理，系统分析了湿地阈值确定的理论和方法[134]。魏俊奇采用电磁感应、地统计学半变异函数和 Kriging 空间插值方法研究小泊湖退化湿地土壤盐分的空间分布[135]。毛德华等探讨了年中国东北地区湿地生态系统格局演变遥感监测[136]。赵小萱等利用综合指数法对黄河三角洲湿地 4 个区域进行了湿地退化评价[137]。陈燕芬等研究了基于 MODIS 时间序列数据的洞庭湖湿地动态监测[138]。卢晓宁等分析了黄河三角洲湿地景观演变及驱动因素[139]。

（2）在沼泽或湿地生态环境方面。谭胤静等探讨了鄱阳湖水文过程对湿地生物的节制作用[140]。冯文娟等系统探讨了地下水位埋深对鄱阳湖典型湿地植物灰化薹草生长与种群演变的影响[141]。侯军等建立湿地干旱评价指数对呼伦湖湿地进行干旱评价[142]。周晨霓等分析了西藏江夏湿地水体水化学特征和主要离子时空变化规律，探讨了主要离子的初步来源，并对湿地不同季节水体灌溉效用进行了评价[143]。刘吉平等采用网格分析法研究景观指数的时空分异规律，并分析小三江平原不同时期人为干扰度对景观格局指数的影响[144]。周德民等在《三江平原洪河湿地景观变化过程及其水生态效应研究》中分析了自然沼泽湿地生态健康的时空变化特征，评价其健康状况转变过程，分析了洪河湿地景观变化过程中的水生态效应[145]。

2.2.4　冰川水文学究进展

冰川水文学主要研究成果涉及冰川形成与变化，冰川、积雪融化与径流关系，气候变化对冰川的影响等方面。其中，冰川、积雪融化与径流的关系研究一直是研究热点，气候变化对冰川的影响研究是新的热点，研究的成果越来越深入。

（1）冰川形成与变化方面。怀保娟等分析了萨吾尔山地区冰川变化特征[146]。樊晓兵等基于多源数据分析了近 50 年玛纳斯河流域冰川变化[147]。冯童等基于第一、第二次中国冰川编目数据探讨了 1968—2009 年叶尔羌河流域冰川变化[148]。王欣等基于 SAR 影像分析了喜马拉雅山珠穆朗玛峰地区冰川运动速度特征及其影响因素[149]。张威等对主谷内不同地段不同期次的冰碛物进行电子自旋共振测年，研究发生在主谷内的古冰川作用系列、规模及演化过程[150]。杜建括等基于 2008—2013 年共 5 个物质平衡年观测数据，对玉龙雪山规模最大的白水 1 号冰川物质平衡特征进行分析[151]。何毅等探讨了 1972—2013 年东天山博格达峰地区冰川变化[152]。张建国等详细分析了格拉丹东区域冰川面积、冰川冰缘线、湖泊面积等变化特征[153]。姚盼等探讨了冰川槽谷横剖面定量化研究方法及其影响因素[154]。许艾文等通过遥感图像计算机辅助分类和目视解译等方法提取了不同时期乔戈里峰北坡的冰川边界，并分析了乔戈里峰北坡冰川 1978—2014 年的进退变化[155]，采用同样的方法分析了喀喇昆仑山克勒青河流域冰川的进退变化[156]。

（2）冰川、积雪融化与径流关系方面。王宏等基于 EFDC 模型，建立冰雪消融期松花江哈尔滨市段二维河流数值水动力模型[157]。王晓蕾等利用分布式水文模型模拟阿姆河 1951—2005 年的产流过程，分析雪、冰融水年内分布和年际变化特征以及气候变化的影响[158]。鞠建廷等通过藏东南外流区第二大湖泊然乌湖监测的系统设计，研究了湖泊对冰川的响应程度[159]。丁永建等论述了两极地区冰冻圈对大洋输入淡水的影响，阐释了冰冻圈与大洋热盐环流的关系，讨论了冰冻圈对海平面上升的贡献程度[160]。王宇涵等估计了黑盒上游融雪、冰川融化对径流的贡献，探讨了土壤冻融过程对径流变化的可能影响[161]。王晓蕾等用分布式水文模型识别天山库玛拉克河流域冰川融水对径流的贡献[162]。张晓鹏等分析了老虎沟冰川流域径流及径流温度的日变化过程和径流、径流温度与气温、降水之间的关系[163]。刘铸等分析了近期冰川表面径流系数变化的影响因素[164]。高黎明等建立了利用基于能量平衡的积雪模型[165]。商莉等分析了 2015 年夏季南疆地区高温冰雪洪水特征[166]。

（3）气候变化与冰川的影响方面。陈晨等基于遥感影像数据，研究近 20 年中国阿尔泰山区冰川湖泊对区域气候变化响应的时空特征[167]。孙业凤等通过野外考察、采样和室内采用 X-射线荧光光谱仪进行主量元素测试，探讨了以该剖面主元素氧化物为气候代用指标指示的腾格里沙漠沙漠南缘末次间冰期 5e 的古气候变化[168]。陈杰等结合周边气象资料进行冰川变化的原因分析[169]。陈百炼等利用贵州重冰区观测实验获取的大量连续覆冰过程数据，对导线覆冰重量及其气象条件逐小时演变特征进行了深入分析[170]。赵瑞等结合气象要素，分析冰川-湖泊变化对气候的响应[171]。王聪强等采用比值阈值和目视解译相结合的方法提取分析了唐古拉山东段布加岗日地区近 25 年来冰川现状及其变化，对比研究了四个时段的冰川变化特征及其对气候变化的响应[172]。王聪强等分析了唐古拉山中段冰川的面积、储量、坡向变化和重心移动规律，并采用空间插值分析法揭示研究区气候变化特点及与冰川变化的关系[173]。

2.2.5 河口海岸水文学研究进展

河口海岸水文学主要研究成果涉及河口泥沙运动与泥沙流、潮波或潮流、河口演变与河口三角洲形成、河口和滩涂生态系统等方面。其中河口泥沙运动与泥沙流研究集中在实验和模拟研究，潮波或潮流研究集中在潮波或潮流数学模拟及工程应用，河口演变与河口三角洲形成研究集中在基于大量的实测数据定性和定量分析河口演变和河口三角洲形成规律，河口和滩涂生态系统研究主要集中在生态系统影响分析及定量评估研究。

（1）河口泥沙运动与泥沙流方面。曹文洪等分析三峡水库运用后荆江和三口河道冲淤及分流变化规律[174]。何用等提出了河口涉水工程动力分区和防洪影响敏感水域区划，创建了基于防洪影响控制的涉水工程方案优化目标确定方法，提出了基于单宽流量概念的涉水工程阻水效应评估方法[175]。赵洪波等建立了水动力泥沙三维数学模型，对河口湾内水流、盐度、泥沙运动及河口湾港区淤积进行了模拟研究[176]。诸裕良等基于水流模型建立了泥沙模型，采用对称振荡流和波流相互作用两种情况下的泥沙实测数据验证了泥沙模型的正确性，讨论了不同分布规律的涡黏系数对于模型的影响[177]。郭超等分析了长江河口控制站徐六泾的悬沙絮凝特性，研究给出絮团粒径与有效密度及沉速的关系[178]。胡茂银等利用实测水沙资料，探讨了分流分沙对干流河道冲淤的影响机理，定量分析了三口分流分沙变化对荆江河道冲淤的贡献值[179]。

（2）潮波或潮流方面。孟云等通过数值模拟研究，探讨了渤海岸线地形变化对潮波系统和潮流性质的影响[180]。武雅洁等研究了径流对黄河口海域潮波传播的影响规律，分析了沿不同方向径流对潮波传播的影响范围[181]。张潮等分析了深圳河的潮流特性，并结合降雨径流资料，对上游洪水与潮流的叠加影响做了必要的分析[182]。汤任等基于非结构网格有限体积法，建立了长江口南支、南北港局部河段三维潮流数学模型[183]。李谊纯由统计学中的"偏度"的概念出发，推导了河口潮流不对称与推移质输沙之间的定量关系[184]。丁芮等基于高精度的水深和岸线资料，建立了覆盖珠江口及邻近海域的三维正压高分辨率潮波数值模型[185]。路川藤等基于非结构网格 FVM 方法建立大通至外海的大范围数学模型，复演长江口潮波传播过程[186]。陈敏建等以量能积累与阻抗交互作用过程为理论基础，分析推导了入海径流量、潮差、咸潮入侵范围三者构成的函数关系，构成一个三维度咸潮入侵扩散响应函数[187]。

（3）河口演变与河口三角洲形成方面。刘飞等通过概化水槽试验对水流泥沙从内陆河进入浅水湖泊后的三角洲堆积体形成发展过程进行研究[188]。王协康等采用水气两相流三维数值模型，对长江与嘉陵江交汇区水流运动进行深入研究，分析了交汇区域分离区、剪切层、流速场及螺旋度的变化特性[189]。吴小明等提出了下阶段开展深圳河河口综合治理的建议[190]。郑珊等研究了黄河口的演变特征，提出了河口河道水位和纵比降变化的概化模式，并采用滞后响应模型建立了河口河道同流量水位的计算方法[191]。韩曾萃等研究了河口水动力与河床形态关系[192]。

（4）河口和滩涂生态系统方面。潘存鸿等探讨了钱塘江河口水流–河床相互作用及对盐水入侵的影响[193]。申霞等综述了生态模型在河口管理中的应用研究[194]。张华提出了深圳河河口及新洲河河口湿地生态修复的思路，针对两河河口湿地管理现状及存在问题，提出两河河口湿地管理对策[195]。陈诗文等分析了西苕溪支流河口水质的时空变化特征及营养盐的输出通量，利用 PMF 源解析模型对其 10 条典型支流的污染源贡献进行了定量解析[196]。

张雷等研究了水体中不同形态氮、磷含量的季节和空间分布特征，并评价了水体潜在性富营养化程度[197]。李俊龙等探讨河口海湾间富营养化特征、差异性及主要原因[198]。

2.2.6 水文气象学研究进展

水文气象学主要研究成果涉及极端降雨、蒸散发、降水预测、旱涝分析、气候变化与水循环关系研究等方面。其中，极端降雨研究成果较多，主要集中在定性分析，蒸散发研究成果较多，主要集中在实验观测和定量计算方面；降水预测研究较多，但创新成果不多；旱涝分析研究多集中在对不同流域或区域尺度的旱涝灾害成因分析；气候变化与水循环关系研究是热点，研究成果较多。

（1）极端降雨研究方面。吴孝情等通过分析广义帕累托分布（GPD）的参数时变特性及其空间分布规律，探索珠江流域非平稳性极端降雨的时空变化特征及其成因[199]。宋桂英等从天气尺度系统、中尺度对流系统、热力动力条件、水汽来源等方面对比分析了两次典型极端降水事件[200]。杨蓉等采用线性趋势、Sen 斜率估计、Mann-Kendall 等方法分析昆明降水、气温和极端天气的变化特征与趋势[201]。高冰等采用百分位法定义阈值，识别极端降水事件[202]。邵月红等利用地区线性矩法进行站点极值降雨的频率分析[203]。武文博等基于世界气象组织定义的11个极端降水指数，分析了近52年中国极端降水事件的时空分布特征[204]。殷淑燕等在《历史时期以来汉江上游极端性气候水文事件及其社会影响研究》一书中分析了汉江上游历史时期以来极端性气候水文事件及其产生的社会影响[205]。

（2）蒸散发方面。童新等建立了半干旱沙地-草甸区水面蒸发与其显著影响因子间的多元非线性回归模型，并模拟计算了彭曼蒸发公式、道尔顿水汽运输理论蒸发公式中的风函数[206]。章诞武等采用 FAO-Penman 公式计算潜在蒸散发量，插值计算 10 km 网格日降水和潜在蒸发，进行水热季节性特征的变化分析[207]。赵捷等估算了黑河上中游流域 2000—2010 年潜在蒸散发，分析了 ETP 的时空变化特征及影响要素[208]。李愈哲等研究了草地管理利用方式转变对生态系统蒸散耗水的影响[209]。罗那那等采用 FAO 推荐的 Penman-Monteith 模型计算了参考作物蒸散量（ET_0），分析了 ET_0 时间变化特征及其对气象因子的敏感性[210]。马婷婷等基于水文、气象数据，运用水量平衡方程和蒸散互补相关理论，提出了改进的流域实际蒸散的通用模型[211]。

（3）降水预测方面。甄亿位等引入了随机森林算法，通过优选预报因子，分别构建了年、月降水预测模型[212]。丁星臣等提出了基于 GA 优化 AR-LSSVR 组合模型在区域降雨量预测中的应用[213]。余胜男等运用随机森林模型构建原则，在 74 项大气环流因子以及前期月降水中筛选模型预报因子，进行长期降水量预报，并将其与神经网络模型预报效果进行对比[214]。孟锦根等引入基于粒子群算法进行参数寻优的最小二乘支持向量机模型（PSO-LSSVM），构建考虑 7 年周期的年降水样本及考虑季节性特征的月降水样本，建立干旱区年、月尺度下的中长期降水预测模型[215]。吴裕珍等提出基于贝叶斯模式平均与标准化异常度的东江汛期降水预报模型[216]。

（4）旱涝分析方面。程先富等从致灾因子、孕灾环境、承灾体和防灾减灾能力 4 个方面建立评价指标体系，构建了 OWA-GIS 洪涝灾害风险评价模型[217]。那音太以标准化降水指数（SPI）作为干旱指标，分析了内蒙古东中西部年际干旱强度、干旱覆盖范围和干旱频率特征及其演变规律[218]。王璐璐等应用 Z 指数旱涝等级标准和区域旱涝指标分析环渤海地区旱涝灾害的时空响应特征[219]。韩晓敏等通过样条插值法、Mann-Kendall 检测及 Z 指数方法分析东北地区降水及旱涝时空演变特征[220]。曹永强等对黄淮海流域 3 种旱涝评价指数的周期、突变点、趋势性进行对比分析[221]。毕硕本等通过收集整理西北地区东部旱涝灾害历史文献资料，重新建立逐年旱涝等级序列[222]。罗岚心等选用标准降水指数（SPI）为旱涝指标，讨论珠江流域旱涝时空变化特征，研究与极端旱涝相关的大气环流成因[223]。慈晖等对比分析标准化降水指数、标准化降水蒸散发指数、自适应帕默尔指数及有效干旱指数的优缺点及其在各分区干湿监测过程中的适用性[224]。黄英等在《云南旱灾演变规律及风险评估》中介绍了云南干旱灾害的时空分布规律，旱灾风险定性、定量评估的方法步骤，云南旱灾风险评估指标体系构建和云南干旱区划、旱灾风险评估等[225]。

（5）气候变化与水循环关系方面。张核真等分析拉萨河流域降水、气温变化及其对径流量的影响[226]。刘洁等应用流域水文模型 HSPF 建立了东江流域的径流模拟模型，并结合日降雨随机模拟模型，分析了降雨的长期变化对流域径流的影响[227]。张晓晓等研究了白龙江上游水文气象要素的变化特征，并采用多元线性回归分析法探讨了气候变化和人类活动对径流变化的影响[228]。刘梅等与水土评价模型 SWAT 相耦合，分析了该流域水文水质对气候变化的响应[229]。贺瑞敏等通过模型参数移植技术，建立了全流域的径流模拟平台，分析了海河流域河川径流对气候变化的响应机理[230]。黄国如等预估气候变化情景下北江飞来峡水库极端入库洪水量[231]。吕继强等构建多变量 Copula 联合分布模型，分析流域内主要气象要素与径流的相互响应关系[232]。刘剑宇等构建气候变化和人类活动对径流变化影响定量评估模型，在 Penman–Monteith 潜在蒸发分析基础上，进一步分析气象因子对径流变化的弹性系数，量化气候变化和人类活动对径流变化的影响[233]。任立良等基于可变下渗容量模型定量分离气候变化和人类活动对径流衰减的贡献；采用标准化径流指数剖析水文干旱时空演变特征[234]。李斐等结合降水、气温等气象因素，分析了积雪面积对气象因素变化的响应程度[235]。帅红等在分析环境变化的基础上，定量分解不同时间尺度气候因素和人类活动对径流量变化影响的贡献率[236]。许月萍等在《气候变化对水文过程的影响评估及其不确定性》中介绍了气候变化对水文过程的影响评估及不确定性分析方法，分析评估了气候变化对钱塘江流域水文过程的影响，探讨了气候变化下极端水文事件发生的概率和强度变化趋势[237]。徐宗学等在《气候变化影响下的流域水循环》中阐述了气候变化背景下流域水循环问题[238]。

2.2.7　地下水水文学研究进展

地下水水文学主要研究成果涉及地下水的形成和运动、地下水化学、地下水合理开发与管理等方面。其中，地下水形成研究新成果不多；地下水运动研究成果较多，主要偏重于模型研究；地下水化学研究成果主要集中在水化学分析及其应用于补径排关系研究方面；地下水合理开发与管理研究成果相对较多，是关注的热点。以下仅列举几个有代表性的文献以供参考。

（1）地下水形成方面。袁瑞强等结合数学物理模型估算了非承压地下水的更新能力[239]。赵玮等综合应用水文地球化学指标和稳定同位素技术阐述了党河流域敦煌盆地地下水补给和演化规律[240]。许乃政等利用获得的钻孔剖面地层对比数据资料，沿水文径流剖面分层采集水样，通过识别地表水、各含水层地下水的环境同位素[δD、δ~（18）O、~3H、~（14）C]组成指纹特征，揭示了江苏洋口港地区地下水的形成演化规律[241]。白元等对塔里木河下游生态输水后两岸地下水位恢复状况进行分析[242]。顾晓敏等基于 TOUGH2 数值模拟软件的 EOS9 模块建立柴达木盆地典型剖面饱和-非饱和地下水流数值模型[243]。苗朝等通过现场调查和数值模拟等方法分析地下水渗流规律，并从地下水的物理作用和力学作用两方面研究其变形破坏机制[244]。

（2）地下水运动研究方面。李彩梅等基于 FEFLOW 和 GIS 技术，研究了矿区地下水动态模拟及预测[245]。闫峭等研究了地下水回灌过程中水文地质参数的反演[246]。吉磊等运用水量均衡法和 Mann-Kendall 突变检验法探讨了玛纳斯河下游灌区地下水埋深动态特征及成因[247]。陈添斐等阐述了巴丹吉林沙漠盐湖跃层对地下淡水排泄的指示作用[248]。薛英英等用归一化的各阶自相关系数计算权重，应用加权马尔可夫链构建了地下水动态预测模型[249]。赵珍伟等基于无条件稳定隐式差分格式，利用 Excel 开展了地下水流数值模拟[250]。史良胜建立了基于地下水位动态观测信息的一维饱和-非饱和水流集合卡尔曼滤波，通过虚拟数值实验检验了地下水位观测信息在非饱和水力参数估计和水分校正中的潜在价值[251]。薛晓飞等应用地下水模型系统 GMS 建立水文地质概念模型和数学模型，探讨截渗墙修建后对邻近区域地下水位的影响[252]。谢一凡等阐述了一种模拟非均质介质中地下水流运动的快速提升尺度法[253]。郑菲等采用地质统计方法生成渗透率随机场刻画非均质性，运用 T2VOC 模拟不同流速情形下 DNAPL 在均质/非均质介质中的运移分布，以评估地下水流速和非均质性对 DNAPL 运移的影响[254]。徐源蔚提出将集对分析与相似预测相结合，从同、异、反三方面定量刻画地下水位的当前样本与历史样本之间的相似性，建立了基于集对分析的地下水位相似预测模型[255]。李雪等综合利用数值模拟方法重现了平原区长时间尺度的不同空间尺度（全区、典型地段）下地下水位演变过程[256]。魏光辉等根据研究区多年地下水埋深观测数据，建立了基于自记忆方程的地下水埋深预测模型[257]。李元杰等基于 GMS，进行了巴彦淖尔市临河区地下水流场预[258]。李慧等分析了西安市区地下水水位动态变化特征，并以水文地质分区为单元，对水位动态的影响因素（降水和开采）进行了研究[259]。孙强等基于 ARDL 模型，预测滑坡地下水位的波动过程[260]。

（3）地下水化学方面。郑德凤建立基于三角模糊数的水质健康风险评价模型，对饮用水源地地下水中化学致癌物和非致癌污染物通过饮水途径、皮肤接触和呼吸途径所致健康危害的风险率进行了分析与计算[261]。邢立亭等运用 Piper 三线图、离子比例系数和数理统计等方法，系统地分析了鲁北浅层地下水的空间分布及水化学特征[262]。沈蔚等探讨了观测期间纳朵洞洞穴水水文地球化学季节变化及其对外界气候变化的响应[263]。崔素芳等利用 AquaChem 软件分析了肥城盆地主要离子的时空分布情况、总硬度和矿化度的变化趋势，揭示了近年来该区地下水水质变化规律并分析了水质变化驱动力[264]。甘蓉等根据博弈论的组合赋权思想对物元可拓模型进行改进，结合地下水质量标准建立了地下水质量综合评价模型[265]。李连香等在主成分分析的基础上，构造分层构权主成分分析评价法，并借助 ArcGIS 描述地下水水质区域差异性[266]。董海彪等运用对应分析方法，分析了吉林西部地下水化学特征随时间、空间的变化[267]。魏亚平利用 Piper 三线图及 NETPATH 水质演化模型，阐明了克拉玛干沙漠南部区域地下水化学特征[268]。陈盟等选取 10 种化学组分利用多元统计分析确定龙门峡南煤矿矿区范围内水化学过程[269]。麦麦提吐尔逊·艾则孜等采用相关分析法与主成分分析法，研究了新疆焉耆盆地地下水地球化学特征[270]。张博等针对确定性模型难以描述含水层非均质空间分布的问题，提出基于随机理论的地下水环境风险评价方法[271]。顾文龙等将污染源反演过程转化为贝叶斯推断过程，并与克里格替代模型相结合，提出了一种反演地下水污染源释放历史的新思路，同时针对求解过程中采用的 Metropolis 抽样算法提出改进方案[272]。

（4）地下水合理开发与管理方面。程玉菲等通过水位约束、水量约束、生态环境约束三个方面，建立相应的控制方程，对地下水资源的数量、质量、时空分布特征和开发利用条件作出科学全面的分析和估计[273]。邢译心等基于 VisualMODFLOW，阐述了尚志市水源地地下水资源预测与开采利用[274]。杨蕴等建立了海水入侵条件下地下水多目标模拟优化管理模型 SWT-NPTSGA[275]。刘革等建立区域浅层地下水多年调节计算模型，得到阜阳市浅层地下水安全开采系数与安全开采量[276]。宋健等提出了混合多目标遗传算法求解地下水污染修复管理模型[277]。王乃江等以地下水临界深度、漏斗区、超采区为评价指标，研究地下水开采的适宜性[278]。张光辉等提出灌溉农业的地下水保障能力相应概念和评价方法[279]。李海燕在《地下水利用》一书中介绍了地下水的赋存与运动规律，地下水开发利用规划设计，地下水资源管理与保护等[280]。戴长雷等在《地下水开发与利用》一书中分别介绍了各种区域地下水勘查技术及傍河取水技术与辐射井技术研究等[281]。

2.3　以应用范围分类的水文学研究进展

按照应用范围对水文学科进行分类，可以分为：工程水文学、农业水文学、森林水文学、城市水文学、环境水文学和生态水文学等。随着水文学学科发展，相应的学科之间交叉不断增强。

2.3.1　工程水文学

工程水文学研究水文学原理应用与工程实践的方法，为水利工程或其他有关工程的规划、设计、施工、运行管理提供水文依据。主要研究内容包括水文计算、水文预报和水利计算等。其中，理论研究成果主要集中在产、汇流理论，水文模型的构建和应用，以及水文预报方面，水文计算方面偏重于实践应用。以下仅列举有代表性的文献以供参考。

（1）产、汇流基本理论研究。甘永德等基于室内试验资料，建立了非稳定降雨条件下考虑空气阻力作用的 Green-Ampt 模型[282]。吴志伟等采用 Lu 模型来表示导热系数与饱和度的定量关系，据此建立了考虑参数非均质性的饱和–非饱和渗流场与周期性地温场的耦合模型[283]。贾洪彪等基于非饱和渗流理论，运用有限元渗流分析软件，模拟了降水作用下田家院子滑坡瞬态渗流场的变化，对滑坡进行了稳定性计算分析[284]。班玉龙等分析了土地利用格局对 SWMM 模型汇流模式选择及相应产流特征的影响[285]。申红彬等对当前坡面汇流计算方法的研究进展进行了较为系统的总结与分析，并对坡面汇流的非线性效应以及城市低影响开发中的雨水入渗与蓄积对坡面汇流的控制作用进行了简要分析[286]。芮孝芳引入随机理论，将流域上一场具有一定时空分布的降雨视作无穷多雨滴之集合，提出了一个确定流域汇流速度空间分布的方法[287]。王浩等从水循环的驱动力、结构、功能属性和演变效应等方面，对比分析了自然水循环和"自然-社会"二元水循环的不同特征，阐述了变化中的流域"自然-社会"二元水循环的基本原理[288]。车明轩等基于室内人工模拟降雨试验，研究不同降雨强度和坡度对紫色土坡面产流过程的影响[289]。刘杰等利用 ELE 岩石渗透仪对劈裂砂岩进行裂隙渗流试验，采用基于 CAD-ANSYS 接口程序、ANSYS 蒙皮技术，ArcGIS 联合建模计算劈裂面面积等方法，试验研究多因素影响下渗流规律[290]。谢哲芳等进行了人工模拟降雨试验，研究了 3 种水质对坡面产流、产沙过程的影响[291]。赵文举等在《工程水文学与水利计算》一书中介绍了水文循环及径流形成、水文观测与处理、水文统计、径流计算、设计洪水推求、产汇流计算，水文预报、兴利调节计算、防洪调节计算、水能计算等[292]。

（2）水文模型的研究及应用。穆艾塔尔·赛地等评价 HEC-HMS 分布式水文模型在干旱区资料稀缺内陆河流域洪水模拟预报中的适用性[293]。朱永楠等建立了适合于珠江流域的大尺度陆面水文耦合模式系统[294]。万蕙等改进并提出了多水源时变增益模型 TVGM[295]。程亮等建立了基于霍顿下渗公式的河道下渗模拟方法，并把下渗当做单位区间出流，与基于马斯京根康吉法天然河道洪水演进模型进行耦合，构建了强烈下渗条件下天然河道洪水演进模拟模型[296]。宋增芳等基于 SWAT 模型和 SUFI-2 算法进行了石羊河流域月径流分布式模拟[297]。赵安周等在 SWAT 分布式水文模型和 Palmer 干旱指数原理的基础上提出了干旱分析模型 SWAT-PDSI，对渭河流域干旱的时空演变规律和发生频率进行了分析[298]。包红军等基于 GIS 和 DEM 技术，构建基于 Holtan 产流的分布式水文模型（Grid-Holtan 模型）[299]。魏洁等应用 VIC 分布式水文模型，对流域未来径流过程进行预估[300]。崔素芳等分析 ArcHydro 与 ArcHydroGroundwater 水文数据模型的功能和优点，以及存在的问题和未来发展趋势[301]。周宏等采用适合于平原河网及城市区域产汇流模拟的水文水力模型——MIKE11 模型，将其中的 NAM 模型和 HD 模块进行耦合[302]。唐雄朋等探讨了如何建立分布式水文土壤植被模型 DHSVM，分析了 DHSVM 模型在高寒地区沱沱河流域的适用性[303]。王有恒等在白龙江流域武都站以上区域构建 HBV 水文模型，通过对区域日径流模拟研究，来评估模型在该区域的适用性[304]。张平等选择具有物理基础的水文模型-HYDRUS，开展模型参数和结构的不确定性研究[305]。尹振良等阐述水文模型法在估算冰川径流研究中的应用现状[306]。刘咏梅针对自草尾河引水入东洞庭湖的连通方案，建立了 DYNHYD 与 WASP 水质耦合模型[307]。朱炬明等比较了新安江模型、SWAT 模型和 BTOPMC 模型，三种不同结构的流域水文模型在双桥流域的应用效果[308]。陆垂裕等应用构建的分布式"河道-沉陷区-地下水"耦合模拟模型对沉陷区水循环状况进行了模拟，并对模拟结果进行了检验[309]。陆垂裕等在《面向对象模块化的水文模拟模型-MODCYCLE 设计与应用》一书中解析了水文/水循环模型的基础框架和建模理念，明晰了水文/水循环模型建模的要求和重点，介绍了水循环模型 MODCYCLE 的主要特点和计算原理[310]。李向新等在《HEC-HMS 水文建模系统原理・方法・应用》一书中从水文建模原理、方法与应用三个方面，讲述了美国陆军工程师团水文工程中心（HEC）开发的新一代水文建模计算机程序 HECHMS[311]。张静等在《变化环境下妫水河流域生态水文过程模拟》一书中运用 3 种水文模型（HSPF、SWAT 和 MIKE SHE）对妫水河流域进行模拟，并对水文模拟的不确定性以及人类活动和气候变化的影响进行了分析研究[312]。

（3）水文试验与模拟研究。王建群等采用 SWAT 模型方法对滁州花山水文实验流域进行了径流与氮素耦合模拟，探讨了流域土地利用对氮素输移的影响[313]。吴碧琼等以无径流观测资料的西充河流域（西充境内）为研究区、以相近的李子溪流域为参证流域，建立了 BTOPMC 模型进行流域水文相似性分析，并采用参数移植法模拟研究区径流过程[314]。邓珊珊等改进了河岸崩退过程的概化模型，耦合了坡脚冲刷、潜水位变化及河岸稳定性计算模块，并在稳定性分析中考虑了侧向水压力、孔隙水压力及非饱和土体基质吸力的作用[315]。王瑾杰等探索适用于流域尺度耦合降雨、积雪融水混合补给径流的 SCS 模型参数改进算法[316]。陈言菲等构建了 SWMM 模型，模拟了不同重现期下海绵城市改造措施和传统改造措施两种优化措施对雨水溢流的改善效果[317]。

（4）水文预报研究。刘恒采用预报预警模型技术、报汛及智能监测技术、预报预警系统平台技术、系统运行效率及野外安全保障技术等构建中小型水库防洪减灾预报预警系统平台[318]。李宝玲等将 R/S 分析与灰色系统理论相结合，提出了 R/S 灰色预测模型以预报河流年径流量[319]。朱冰等提出数据挖掘中的 T–S–K 模糊逻辑算法从大量数据中提取未知、可操作、有相关性的水文模式和关系用于水文预报，建立 T–S–K 模糊逻辑算法水文预报[320]。刘小龙等建立一个基于水文学与水力学方法相耦合的水情预报模型[321]。梁忠民等基于流域雨量站网布设的抽站法原理，推导以面雨量计算值为条件的面雨量真值的概率分布，结合确定性预报模型，展开洪水概率预报研究[322]。谭乔凤等比较了 ANN、ANFIS 和 AR 模型在日径流时间序列预测中的应用效果[323]。赵建世等以疏勒河上游为例，提出了一种适于非稳态条件下的新的中长期径流预报方法[324]。田野等对比分析了均生函数、马尔可夫链法在中长期洪水预报中的应用情况[325]。但灵芝等建立了临江站洪水过程 v-SVR 预报模型[326]。范杰等探讨了基于 GMS 和 NCC/GU–WG 的晋祠泉水位及流量预测[327]。王玉虎等构建了基于三水源新安江模型的董铺水库洪水预报模型[328]。李建林等将 Markov 预测与灰色 GM（1，2）预测相结合，提出了 GM（1，2）–Markov 中长期河流年径流量预测模型[329]。陈璐等基于 Copula 函数，提出了可以描述水文预报不确定性随时间演化特性的 CUE 模型，并通过该模型模拟了水文预报不确定性序列[330]。

（5）水文分析计算新技术。郭爱军等引入 Archimedean Copula 函数构建流域降雨–径流联合分布，诊断流域降雨–径流关系变异[331]。张洪波等提出基流还原与分项调查法相结合的改进方法进行地下水强扰动地区的径流还原计算[332]。杨开林提出了冰盖河渠恒定流的水深平均流速的横向分布准二维模型[333]。翟家齐等构建了一个新的水文干旱评估指标，结合分布式水循环模型、Copula 函数及统计检验等方法，形成了一套完整的水文干旱识别、评估及特征分析的基本框架[334]。谢平等以跳跃变异为例提出了基于极值同频率法的非一致性年径流过程设计方法[335]。王家彪等构建了以污染源位置和释放时间为参数的相关性优化模型，并利用微分进化算法实现了模型的求解[336]。韩鹏飞等利用 ABCD 模型预测流域水文对极端气候的响应[337]。熊斌等通过结合基流退水分析和广义回归模型，研究了基于基流退水过程的非一致性枯水频率分析方法[338]。

（6）典型洪水计算分析。尚晓三等将最大似然估计和叶斯方法耦合起来，进行考虑不定量历史洪水信息的洪水频率分析[339]。伍远康等以历年最大洪峰流量与不同时段雨强、流域面积、河长、河床比降为指标，建立区域回归方程，利用该回归方程计算各水文站历年最大洪峰流量[340]。刘章君等采用各分区洪水的联合概率密度函数值度量地区组成发生的相对可能性，基于 Copula 函数推导得到分区洪水归一化的概率密度函数，提出了设计洪水地区组成的区间估计方法[341]。廖力等在模糊聚类迭代模型的基础上，提出了一种不受时空分布影响的洪灾评估标准计算方法，在求解目标函数时，采用混沌文化进化算法进行了优化[342]。翁浩轩等在浅水方程中引入了建筑密度系数以反映建筑群对城市洪水运动的影响，并建立二维城市洪水数值模型[343]。石彬楠等研究了渭河上游天水东段全新世古洪水水文学恢复[344]。李帆等提出了 Copula 熵方法，并将其应用在三变量洪水频率计算中[345]。牛长喜等提出了基于 1 次实测流量的洪水过程流量推算方法[346]。顾文钰等介绍了四种典型非标准洪水过程，并分析了各自的洪水资源利用可行性及其安全与风险水平的差异[347]。王晓玲等提出了基于精细地形建模的溃坝洪水演进三维数值模拟[348]。孙映宏等以半分布式新安江模型、平原区水文模型、分洪区水动力模型以及一维河网模型模拟山区、平原区、分洪区以及河道的洪水过程，在卡尔曼滤波实时校正技术的支持下，建立流域水文—水力学耦合预报模型[349]。苑希民等采用有限体积法对网格进行离散求解，建立溃堤洪水和暴雨多源洪水耦合的数学模型[350]。

2.3.2 农业水文学

农业水文学研究土壤–植物–大气连续体系统中水文现象的基本规律，为农业合理用水、节水和灌溉提供科学依据。主要涉及的水文现象和研究内容包括降水–土壤水–地下水的相互转化，以及溶质在系统中的运移转化等。

（1）土壤水分运移转化规律研究。谢颂华等采用野外大型土壤入渗装置，对红壤坡面草地和裸地不同深度壤中流输出开展自然降雨–产流过程的观测试验，研究红壤坡地的壤中流输出特征[351]。邢旭光等探求不同土壤水分特征曲线拟合模型的适宜性以及离心机法测定过程中的土壤收缩特性[352]。王鹏飞等通过野外人工模拟降雨试验，研究玉米苗期紫色土坡耕地地表糙度的变化特征，并分析地表糙度对细沟侵蚀过程中产流及侵蚀产沙的影响[353]。杨长刚等在黄土高原半干旱雨养条件下，研究了不同覆膜方式对冬小麦土壤水分利用及产量的影响[354]。郭天文等采用田间定位试验探讨不同种植和施肥方式下春玉米土壤水分的动态变化和利用效率[355]。雷文娟等研究探讨了土壤水分的入渗过程和再分布过程在不同初始条件、边界条件影响下的信息熵演变特征[356]。吴庆华等结合试验监测，利用 Hydrus-1D 软件的双渗透模型进行土壤水入渗补给数值模拟[357]。霍轶珍等对比研究不同覆膜处理对土壤水热效应的影响[358]。杨永刚等通过对黄土高原丘陵沟壑区羊圈沟小流域降水、包气带 0~150cm 土壤水和绣线菊木质部水等样品的同位素进行测定，分析包气带土壤水运移过程[359]。张晨成等采用时间序列分析和经典统计学方法，分析了黄土区切沟对不同植被下土壤水分时空变异的影响[360]。毛威等开展了基于田间试验的土壤水分运动模型选择研究[361]。杨林林等基于 SIMDual_Kc 模型，模拟了豫北地区麦田土壤水分动态和棵间蒸发量[362]。于福亮等在《土壤水分动态变化与径流响应机理研究》一书中分析了不同下垫面条件下降雨产流变化规律,降雨条件下土壤水分实时动态演变过程以及土壤水分与降雨产流的响应关系与机理[363]。

（2）土壤水盐运移及相互作用研究。陈兵林等进行盐土直播棉试验,研究滨海棉田土壤盐分时空分布特征及对棉花产量品质的影响[364]。韩丙芳等研究膜上灌水条件下,有无地下水补给的情况下,玉米田土壤水盐变化的特征[365]。胡宏昌等开展了棉田实验结合 SHAW 模型模拟,探讨了非生育期冬春灌方式的盐分淋洗效果[366]。陆姣云等研究长期免耕和秸秆覆盖对轮作系统土壤质量的影响规律和机制[367]。魏兴琥等研究了酸雨对红色石灰土壤中 Ca~（2+）迁移及岩溶土壤生态系统的影响[368]。努尔麦麦提江·吾布里卡斯穆等利用实测和室内试验获得的数据,采用经典统计学和地质统计学方法,结合 GIS 技术,分析了新疆克里雅绿洲地下水埋深时空变化对土壤盐分分布的影响[369]。李新国等基于 RS/GIS,研究了博斯腾湖湖滨绿洲土壤盐渍化敏感性[370]。雷沛等通过对丹江口水库小流域雨季观测的降雨—径流农业小区试验数据,分析不同种植作物下农田地表产流规律[371]。赵文举等通过室内模拟试验,研究了不同覆盖模式下土壤水分入渗过程和水盐迁移特征[372]。贾瑞亮等利用室外土柱模拟试验开展了不同 TDS、不同包气带质地和不同潜水埋深的高盐度潜水蒸发条件下分层土壤盐分的监测工作,分析干旱区高盐度潜水蒸发条件下土壤积盐规律[373]。蒋静在《咸水灌溉对作物及土壤水盐环境影响研究》一书中介绍了咸水灌溉对农田土壤水盐变化规律的影响及基于 SWAP 模型的咸水灌溉模拟研究[374]。

2.3.3　城市水文学

城市水文学研究城市化的水文效应,为城市的给排水和防洪工程建设,以及生态环境改善提供水文依据。城市水文学的主要研究内容包括城市化的水文效应、城市雨洪资源管理等。以下仅列举有代表性的文献以供参考。

（1）城市化的水文效应研究。高晓薇等系统分析了城镇化与工业化进程中影响农业用水的主要因素[375]。陈菁等引入低影响开发理念,提出新型城镇化建设中的水系规划原则和方法[376]。杨龙等归纳了城市化对北京地区降水的影响研究进展[377]。栾清华等基于城市水循环内涵,从城市水循环系统中水量、水质、生态以及极端事件等四个维度,构建了基于关键绩效指标的城市水循环健康评价方法[378]。格屿等综述了城市径流雨水渗滤处理设施渗滤层改良研究进展[379]。窦明构建了两套指标体系用于描述城市水系连通形态和连通功能的变化情况,确定了满足郑州市未来城市发展功能定位的水系连通形态指标阈值区间[380]。鲁春霞等阐述了北京城市扩张过程中的供水格局演变[381]。秦嘉楠等研究了基于城市内涝点的防洪排涝模式[382]。吴海春构建了基于 PCSWMM 的海甸岛城市雨洪模型,对海甸岛现状排水能力进行评估[383]。

（2）城市雨洪资源利用及管理研究。王虹等采用 GIS 技术划分子流域并应用数值模拟方法,对流域城市化进程中不同蓄滞渗排与雨洪利用组合方案进行模拟及量化研究[384]。芮孝芳等提出了城市排水防涝工程规划、设计中的水文计算任务;讨论了城市设计暴雨所涉及的暴雨强度公式、设计暴雨雨型等问题以及由设计暴雨确定设计洪水的原理和方法[385]。潘兴瑶等基于 Mike 洪涝模拟平台的河道一维水动力学模型（MIKE11）,系统构建了北京市主要排洪河道清河流域洪涝模拟模型[386]。吴都等将 ANP 模型与 MEA 模型进行耦合建立城市防洪系统综合评价的 ANP-MEA 模型，并将其应用于宿迁市的防洪系统评价中[387]。扈海波从地表粗糙度、气溶胶及城市热岛等影响城市地区降水过程，以及城市地区土地利用和土地覆盖变化（LUCC）影响城市地表水文反应过程 2 个方面综合论述风险突增效应研究的进展及主要结论[388]。胡莎等提出了基于 SWMM 模型的山前平原城市水系排涝规划[389]。江浩等对现行城市排涝和城市排水相关设计暴雨规范进行分析，由此提出城市内涝综合设计暴雨计算与评判方法[390]。张建云等阐述了全球气候变化及城镇化对城市降水和极端暴雨的影响机制，并从流域产汇流角度分析了城镇化对洪水过程的影响[391]。付恒阳等评析了国内外近些年较为流行的 8 个基于绿色基础设施（GI）的城市雨水管理模型[392]。唐金忠在《城市内涝治理方略》一书中介绍了不占用河道、不占用绿地；自动蓄水、自动排放，构建了城市内涝治理的理论和方法[393]。潘绍财等在《城市河道综合整治工程设计实践》一书中阐述了城市河道综合整治工程设计中的断面选择、拦河建筑物设计、护坡护岸设计、植物措施和生态需水等设计要点，诠释了城市河道整治工程的设计理念[394]。

2.3.4 森林水文学

森林水文学研究森林水文效应、保水作用及水土流失的防治。森林的水文效应主要包括森林对降水的影响、林冠截留、林区蒸散发、林地土壤水动态和下渗过程、森林对径流形成机理的影响等。以下仅列举一些有代表性的文献以供参考。

（1）森林的水文效应研究。张淑兰等利用分布式流域生态水文模型模拟评价了森林覆盖率及其空间分布变化对流域年蒸散量、年产流量、年地下水补给量、年土壤深层渗漏量及日径流洪峰的影响[395]。张英虎等利用野外染色示踪与室内分析相结合的方法，定量分析森林生态系统林木根长密度和根系生物量在优先流区和基质流区的变化[396]。宋小帅等研究了辽河源典型森林类型的土壤水文效应[397]。陈倩等采用室内浸水法和环刀法，研究了河北太行山丘陵区 4 种林分林下枯落物和林地土壤的持水特性[398]。李愈哲等探讨了草地管理利用方式转变对生态系统蒸散耗水的影响[399]。丁程锋等在分析流域径流变化规律的基础上，使用 SWAT 模型确定不同丰枯年份云杉林变化对径流的影响[400]。吴珊珊等基于 MODIS 研究了长江源区植被 aNPP 的时空变化特征及其水文效应[401]。何志斌等系统阐述了干旱区山地森林生态水文的研究进展，辨析了森林斑块格局的形成与稳定机理、森林与流域产水量的关系以及森林生态水文对气候变化的响应[402]。余新晓等在《森林植被-土壤-大气连续体水分传输过程与机制》一书中研究了植被-土壤系统对降水的动态响应机制，揭示了植物水对各层土壤水变化的响应规律；定量区分了不同土层对森林植被生长所需水分的贡献，构建了森林植被对土壤水分利用的主要模式等[403]。

（2）不同区域和类型的森林水文效应研究。张淑兰等应用生态水文模型 SWIM 对上游景观尺度下的各植被类型水文效应进行了模拟，并进行了植被分布的水文格局影响分析[404]。牛勇等通过野外调查、室内试验等手段，研究分析了典型林分枯落物的水文效应[405]。何介南等研究了连栽两代杉木近熟林水文过程的营养动态特征[406]。郝振纯等提出林地的增加和草地的减少会降低汛期径流量以及最大月径流量，汛期径流系数随着林地面积的增加而减小[407]。汪星等采用中子仪定位观测方法，探讨了山地密植枣林 0~1000cm 土层范围的土壤水分特征变化规律[408]。李亚男等比较冀北山地天然次生杨桦林和人工落叶松林地上植被层（林冠层、凋落物）的水文调控功能[409]。王利等对浑河上游 5 种林型林下枯落物的现存量、持水能力、有效拦蓄量和土层的物理性质、土壤入渗性能等开展研究，并采用综合评价法对不同林型的水源涵养功能进行评价[410]。张栓堂等研究了冀北山地不同密度油松人工林的植被层、枯落物层和土壤层的水文效应[411]。盛思远等测定土壤含水量，利用直剪法测定土壤黏聚力和内摩擦角，分析同一种作物和不同作物的土壤剪切力与土壤含水量关系[412]。王会京等研究了太行山不同林型枯落物物持水性及生态水文效应[413]。宋亚倩等采用人工模拟降雨试验方法，定量研究黄土丘陵区四种多年生牧草不同生长阶段的坡面水沙调控效应及土壤水分转化特征[414]。曾建军等探讨云南省蒙自市菲白城市水源地 5 种主要森林类型林下枯落物的持水效应特征[415]。

2.3.5　生态水文学

生态水文学研究所有生命及无生命组成的交互关系中的水文过程、现象及特性的科学。生态水文的研究对象涉及江河生态系统、湖泊生态系统、湿地生态生态系统、森林生态系统和干旱区生态系统等，研究内容包括生态系统的特征分析，生态-水文过程及相互影响，以及水文生态系统的整体分析与评价等。

（1）生态系统特征分析研究。贾军梅等基于近 10 年来太湖生态系统的科学调查数据，综合运用生态学及经济学方法，对太湖生态系统的四大类功能和十一个亚类的服务价值进行了综合评估[416]。陈绍晴等综合考虑生态系统组分间的直接和间接作用，提出一种能实现全局风险模拟的生态信息网络模型[417]。陈求稳围绕水电开发的生态环境效应模拟与调控，重点论述生态水力学研究的发展现状、热点难点、工程应用及前沿展望[418]。余新晓等在《生态水文学前沿》一书中主要介绍了区域环境变化的水文生态响应、湿地生态系统水文生态过程、河流生态系统水文生态过程、森林植被对流域径流的影响等 10 个方面的内容，阐述了当今生态水文学的新方法、新技术等[419]。

（2）生态-水文过程及相互影响。邵东国等用河道流量反映河流的水文过程，河道水域面积反映河流生态系统的生物多样性，创新性地提出考虑河道水文生态特性的生态流量定值方法-水域面积法[420]。帅方敏等探讨了珠江东塔产卵场鲥繁殖的生态水文需求[421]。全元等研究了生态需水在输水工程生态影响评价中的应用[422]。王书敏等总结了近年来国内外应用生物滞留系统脱除降雨径流氮素的研究现状[423]。王娟分析了渭干河—库车河三角洲绿洲水文及生态特征[424]。徐涵等针对两种不同径流进水污染物浓度水平，对生态沟渠农田径流营养性污染物的截除效果开展了研究[425]。徐宗学等从当前水文科学研究的热点问题出发，总结了生态水文研究面临的主要问题及对生态水文模型的现实需求[426]。冯起在《黑河下游生态水需求与生态水量调控》一书中探讨了黑河下游天然植被生长与地下水位埋深的关系；计算了黑河下游目标年、分水前和现状年的生态需水量[427]。王根绪等在《寒区生态水文学理论与实践》一书中阐述了寒区大气-植被-积雪-土壤间的能水交换与传输过程，坡面尺度不同植被覆盖下的产流过程，以及集水单元流域产流过程[428]。

（3）生态-水文系统整体分析与评价。陈云飞等讨论了基于生态和谐理念的河道整治理念与方法，提出必须在考虑河流生态系统平衡的基础上，对河道进行适度的整治[429]。顾西辉等基于多水文改变指标评价东江流域河流流态变化及其对生物多样性的影响[430]。李志鹏等利用层次分析法从水环境、沉积环境和海洋生物多样性构建了浙北近海海域生态系统评价指标体系[431]。张雅洲基于遥感和地理信息系统技术选择干旱、洪涝和水体污染为生态风险源，用景观格局指数评价生态系统的地位和受体的易损性，并依据生态风险值的度量的原理，通过计算综合风险概率及生态综合损失度得到南四湖的生态风险值[432]。王秀英等分析自然条件下生境条件与标准推荐方法的差别，探讨针对水生态保护目标的河道内生态需水量综合确定的思路和方法[433]。刘登峰在《塔里木河下游河岸生态水文演化模型》一书中阐述了塔里木河下游河岸植被生态水文演化模型的原理和结构，分析了生态输水的生态水文效应，构建了概念性流域生态水文模型[434]。

2.4 以工作方式分类的水文学研究进展

2.4.1 水文测验

水文测验是系统收集和整理水文资料的各种技术工作的总称。狭义的水文测验指水文要素的观测，包括水位、流量、泥沙等，所得的水文资料是工程设计的基本依据。水文测验工作偏重实际应用，集中在水文测验方案的设置优化与水文测验数据处理，在基础理论研究方面略显薄弱。以下仅列举几个有代表性的文献以供参考。

（1）在水文测验方案设置方面。田次平等对高坝洲水文站安防、信息集成、服务器远程管理、水情信息管理等进行了设计[435]。鲍江等提出了一种基于图像处理技术的新水位线检测算法[436]。魏永强等提出了基于物联网模式的水库大坝安全监测智能机系统设计[437]。程建忠提出随着远传自动化水文测报仪器设备的投入和建设运行，测验方式可采用巡测、遥测的新模式[438]。马乐平等基于监控体系采集的地下水信息数据，利用最新 WebGIS 空间技术，开发了甘肃省地下水超采区动态监测系统[439]。

（2）在水文测验数据处理方面。陈晓楠等将人工神经网络应用于南水北调中线京石段滹沱河节制闸流量计率定中[440]。高士欣等采用 B/S 结构，完成了 SQLServer 和 Oracle 双数据库的表结构设计及应用程序开发、网站部署，建成了能实现"水文测验、水情报汛、资料整编、维护管理"功能的水文信息管理系统[441]。史铮铮等设计并构建了一个面向水文数据整合的实验模型[442]。曾楷等利用双缓存技术、水文数据动态加载技术和 AJAX 技术等技术方法，实现了高效性、可靠性的水文数据自动化服务系统[443]。张斌等分析了 LeicaTM50 观测数据预处理程序设计与开发[444]。朱俊等基于 VB.NET2010 程序语言，研发了专门用于水文测验原始资料处理并能与整编系统数据对接的水文资料测验应用系统[445]。于建华等在《水文信息采集与处理》一书中介绍了测站的布设、降水观测及数据处理、水面蒸发观测及数据处理、水位观测及数据处理、流量的测验、泥沙测验及数据处理、冰凌观测、误差理论与水文测验误差分析[446]。王俊等在《水文监测体系创新及关键技术研究》一书中阐述了通过水文测验方法和技术手段，构建适应新的水文测验管理体系的水文测验服务体系和技术支撑体系[447]。

2.4.2　水文调查

水文调查是指为了水文分析计算、水利规划、水文预报以及其它工农业生产部门的需要而进行的野外查勘、试验，并向有关部门搜集资料的工作，针对水文工作需要，主要内容为暴雨洪水调查。研究文献数量较少，主要集中在典型暴雨洪水的分析。

（1）崔强等对北京市怀柔区白河河流水文形态进行了 5 次实地调查，探讨了其生态修复模式[448]。冉大川等根据实地典型调查资料和实测水文资料，分析了泾河东川流域近期水沙变化对高强度人类活动的响应成因[449]。张启等探讨天然电场选频法在水文地质调查中的应用[450]。胡余忠等以山洪影响调查成果为基础，评价了昌江芦溪河段受洪水影响的程度，建立了水位预警指标体系和水文预报模型[451]。胡贵明对伊洛河流域进行水文学和沉积学野外调查，判定该剖面夹有五层洪水滞流沉积层[452]。樊明兰等运用大渡河干流泸定等站实测水文资料和大量历史洪水调查资料分析计算了坝址设计洪水[453]。董林垚等结合贵州省、云南省和湖南省县级山洪灾害调查评价过程实践经验，探讨了项目实施过程遇到的科学问题[454]。崔双科等采用现场调研和资料收集相结合的方法，利用单因子污染指数、综合污染指数和水质标识指数对秃尾河流域的不同监测断面和历年来水质的变化趋势进行了调查、分析计算[455]。

（2）师宝寿调查了昭通市昭阳区 2014 年 7 月 10 日洪水灾害，并对成因进行了分析[456]。魏艳红等对延河流域 2013 年 7 月连续暴雨下淤地坝毁坏情况进行了调查与评价[457]。冉大川等根据实测水文资料，从下垫面治理入手，对佳芦河流域 2012 年 7 月 27 日暴雨洪水进行了实地调查和成因分析[458]。韩勇等以 2013 年陕北富县“7·21”特大暴雨滑坡侵蚀灾害为对象，通过调查暴雨侵蚀区典型小流域植被条件及滑坡特征，测定滑坡壁不同土层的根系重量、土壤孔隙度、土壤容重等指标，研究子午岭林区暴雨滑坡侵蚀与植被根系的关系[459]。何挺依据东沟流域 2015 年 7 月暴雨洪水调查成果，分析了流域内洪水的来源组成，研究了暴雨和洪水的特征[460]。屈永平等开展了石棉县熊家沟“7·04”泥石流堵江调查与分析[461]。

2.4.3　水文实验

水文实验是水科学研究的重要组成部分，也是水文事业发展的基础性工作。水文实验主要探求在自然和人类活动影响条件下，水文循环过程中各种水文要素变化和转化规律，并对有关新理论、新方法、新仪器和新设备进行检验。

（1）邢立亭等通过室内雨水–咸水驱替试验，研究驱替过程中的含水介质渗透性变化特征，探讨内陆浅层咸水区水动力、水文地球化学过程对含水层渗透性变异影响[462]。赵堃等选取辽河流域昌图县玉米地试验田进行面源污染试验，对比分析了其在 2013 年丰水年和 2014 年平水年的面源污染流失规律[463]。唐凯等为减少蒸发造成的干旱区平原水库水量损失，进行了苯板覆盖水面消减蒸发的节水试验[464]。樊才睿等通过在呼伦贝尔沙质草原不同放牧制度草场进行人工模拟降雨试验，得到产流及产沙过程的变化特征[465]。马小玲等开展了多沙粗沙区细沟流水动力学试验研究[466]。黄伟等开展了泥沙起动过程中床面切应力与含沙量关系的试验研究[467]。康宏亮等采用室内人工模拟降雨方法，研究了陕北风沙区含砾石工程堆积体边坡的产流产沙过程[468]。何靖等开展了竖管地下灌溉粉质壤土入渗湿润体的试验研究[469]。孙晓旭进行了降水入渗中土柱出流水盐分变化试验研究[470]。

（2）王军等采用聚乙烯颗粒为天然冰模拟材料，对桥墩影响下的冰塞水位变化规律进行了探索性试验研究[471]。贾瑞亮等在新疆昌吉地下水均衡试验站开展了不同总溶解固体、不同包气带岩性和不同潜水埋深潜水蒸发量的监测工作，分析干旱区高盐度潜水蒸发规律[472]。李国敏等在弯道水槽中展开系列试验，研究水力冲刷过程中均质土岸坡冲刷崩塌输移与河床冲淤过程及其影响因素[473]。田培等在野外放水试验条件下，利用染色法和侵蚀针法分别观测坡面流速和侵蚀产沙空间变异性[474]。周小松等开展了稳定流、非稳定流抽水和干扰井抽水试验[475]。张维等建立原位坡地径流观测场，研究了不同雨型降雨事件下，紫色土坡地泥岩裂隙潜流中自然胶体的迁移规律[476]。施明新等采用变坡试验水槽，利用定床阻力冲刷试验系统研究坡面流平均流速与粗糙粒径、流量和坡度之间的关系[477]。米宏星等采用室内放水冲刷试验法在 12m 长土槽上进行细沟径流流速试验，研究在 5 个坡度和 3 个流量条件下黄土细沟径流流速沿坡长变化的规律[478]。陈仁升等在《寒区水文野外观测方法》一书中描述了寒区气象、冰川水文、积雪水文、冻土水文、寒漠带水文、高寒灌丛水文、森林水文、河川径流和地下水等的野外试验及观测方法[479]。

2.5　以研究方法分类的水文学研究进展

2.5.1　水文统计学

水文统计学主要研究成果涉及水文参数估计、水文频率分析、水文统计等方面。总体来看，相关研究成果较多，主要集中在水文参数估计方法及应用，水文频率计算方法及应用，水文统计计算及应用。以下仅列举几个有代表性的文献以供参考。

（1）在水文参数估计方面。曹飞凤等基于马尔可夫链蒙特卡罗方法的差分进化算法–DREAM 算法，研究了嘉陵江流域降雨径流模型的参数优选问题[480]。郝静等以采用正交试验法中的极差分析和方差分析两种方法分析参数对模拟结果的影响程度[481]。付翠等应用文中构造的单纯形–差分进化混合算法，分析了一维河流纵向离散和二维河流横向扩散两种情况下的水团示踪试验数据，识别了河流水质参数[482]。张昊等采用理论推导结合数据统计的方法研究该模型中的饱和导水率修正问题[483]。王晓峰等对比分析 2 种基于统计模型预测非饱和土渗透系数的方法[484]。胡诗松等从正偏序列与负偏序列的关系出发，提出了一种极大似然估计的负偏水文序列参数估计新方法[485]。

（2）在水文频率分析方面。姚梦婷等采用 Mann–Kendall 趋势检验、21 种分布函数和 P–Ⅲ分布，分析淮河流域极端径流的强度和频率特征[486]。孟彩侠等比较了 Excel、频率计算软件、集对分析三种拟合评价在水文频率计算中的应用[487]。俞超锋等基于 MATLAB 优化了 P–Ⅲ型频率曲线参数估算[488]。刘章君等基于 Copula–MonteCarlo 法研究了水库下游洪水概率分布[489]。马海波等通过对比矩法、权函数法、概率权重矩法、线性矩法、目估适线法、计算机优化适线法 6 种方法在柴石滩水文站水文频率的计算结果[490]。吴晶等提出基于 TFPW-MK-Pettitt 和 EEMD 的非一致性水文频率计算方法[491]。李丹等探讨了变参数 PDS/GP 模型及其在洪水频率分析中的应用[492]。陈璐等提出基于广义第二类 beta 分布的洪水频率分析[493]。

（3）在水文统计方面。邓康婕等利用趋势分析法和 ArcGIS 地统计分析模块，研究了灌区地下水埋深时空分布规律及变异特性[494]。刘海平等探讨了西藏尼洋河水环境特征多元统计分析[495]。阿不都沙拉木·加拉力丁等综合运用数学统计、三角组分图、Gibbs 图等方法，分析研究了吐鲁番市地表水化学特征的变化情况[496]。张乾将等统计学方法与水文模型相结合，分析土地利用变化对径流的影响[497]。冉大川等采用统计分析方法，通过构建非线性响应模型，辨识了水沙变化主导驱动因子，定量评估了多因子对黄河上游头道拐水沙变化的贡献率[498]。王贺佳等针对传统汛期分期方法中常用的数理统计法、模糊集合分析法存在的主观性强、指标单一化的缺点和不足，提出了利用 Fisher 最优分割法进行汛期分期[499]。卢燕宇等采用统计方法和水文模型建立了中小河流致洪临界雨量的分析方法流程，并进行了指标对比和效果检验[500]。

2.5.2　随机水文学

随机水文学主要研究成果涉及地下水随机理论方法与应用、径流随机分析与模拟、水文序列分析、随机水文模拟和预测等方面。总体来看，相关研究成果较多，主要集中在各种随机理论方法在水文学中的应用研究。以下仅列举几个有代表性的文献以供参考。

（1）在地下水随机理论方法与应用方面。赵丹等采用灰色系统理论将 GM（1，N）模型应用于兰村泉域岩溶地下水位埋深预测，并应用马尔可夫模型对输出结果进行残差修正[501]。李翊等通过训练好的 BP 人工神经网络智能识别水尺总量程，通过图像处理技术提取水尺刻度，最后利用水尺总量程和水尺刻度之间的数学关系计算出水位值[502]。张建锋等利用小波变换的多尺度分析特征，建立了小波–神经网络混合模型，并研究了其在地下水水位预测中的精度[503]。

（2）在径流随机分析与模拟方面。吴琼等利用全局寻优的果蝇算法优化选择支持向量机的惩罚参数和核参数，提出了基于果蝇算法优化支持向量机参数的 FOA-SVM 径流预测模型[504]。李文红提出了以幂函数法计算设计年径流均值的方法，并研究了幂函数法的模型建立、参数率定、模型检验与应用等方法[505]。包为民等根据因次分析方法，提出摩阻的导数表达结构，并差分形成水位流速双变量耦合演算模型[506]。李红霞等在深入分析余弦距离与欧氏距离异同的基础上，尝试将二者耦合作为相似度的技术指标，建立了基于耦合相似指标的最近邻法[507]。殷建等研究随机加权先验法进行 P-Ⅲ分布参数贝叶斯估计[508]。兰甜等在综合前人已有成果的基础上，提出了改进多元模糊均生函数时间序列预测模型[509]。郭巧玲为了提高河流径流预报精度，提出了 R/S 分析与灰色理论相结合的河川径流预测方法[510]。

（3）在水文序列分析方面。王远坤等基于样本熵理论，研究长江干流径流序列复杂性的空间分布及动态变化特征[511]。张应华等系统归纳总结了各个方法在应用过程中存在的问题及解决方案，并以黑河流域托勒气象站年平均气温为实例对比分析各方法计算结果的差异性，凝练出水文气象序列趋势分析与变异诊断的理论与方法系统体系[512]。冯文宏等利用滑动移除近似熵对泾河张家山站 1960—2001 年径流序列的变异点进行了分析[513]。张洪波等研究基于经验模态分解的非平稳水文序列预测[514]。冯平等采用水文变异诊断系统，分析其年最大洪峰流量序列的变化趋势及变异点，确定序列变异形式，并对非一致性洪峰流量序列进行还原修正[515]。黄凯等提出了基于非一致性水文序列的水库极限防洪风险复核分析方法[516]。

（4）在随机水文模拟和预测方面。赵文秀等采用随机森林模型筛选预报因子，利用筛选的预报因子作为 RBF 神经网络的输入层，利用 RBF 神经网络对 2000—2008 年每年 7 月的流量进行了"滚动式"预报[517]。马建琴等在分析灰色理论和遗传神经网络模型特点的基础上，构建了气象干旱的多尺度组合预测模型[518]。臧冬伟等提出了灰色关联分析法、遗传算法和 BP 神经网络相结合的需水预测模型[519]。崔东文等提出基于启发式算法的 PSO-SVR 和 GA-SVR 年径流预测模型[520]。朱双等提出基于灰色关联分析的模糊支持向量机预报方法[521]。刘登峰等研究了考虑矩阶数的最大熵方法及其在水文随机模拟中的应用[522]。郝建浩等构建了基于广义回归神经网络模型的径流预测模型[523]。郝丽娜等将离散小波变换（DWT）与广义回归神经网络（GRNN）耦合，建立了月径流预测模型[524]。吴晶等进行了基于随机森林模型的干旱预测研究[525]。王文圣等在《随机水文学（第三版）》一书中介绍了随机水文学的基本理论、分析方法、模拟技术和主要各种随机模型及其在水文与水资源、水环境系统中的实际应用[526]。

2.5.3 同位素水文学

同位素水文学主要研究成果涉及同位素技术在水文学中的广泛应用，包括判断地下水来源、地下水污染源，分析地下水地表水相互作用关系，研究水文变化、水循环变化等。研究成果多，应用非常广泛。

（1）在应用同位素水文学判断地下水来源、地下水污染源、分析地下水地表水相互作用关系应用方面。阮云峰等通过对黑河流域地下水的放射性同位素如氚（T）和 14C 的测定，对该流域浅层和深层地下水的年龄以及其更新速率进行了估算[527]。李瑞等结合硫同位素及氮氧同位素揭示里湖地下水水质的时空变化[528]。张志强等探究示踪试验在岩溶地下水通道研究中的应用[529]。王婧等研究了不同水文季节金水河中悬浮颗粒物 C 和 N 稳定同位素值、水体硝酸盐与铵盐含量及其 N 稳定同位素特征[530]。张翔等分析土壤水稳定同位素沿土壤剖面的变化规律、土壤水运动机制及其主要补给来源[531]。汪集旸等从降水径流、非饱和带水分运移、地下水来源及年龄测定、古洪水研究等方面回顾了同位素水文学研究的现状，并对同位素方法在水文学中的应用前景进行了展望[532]。孙芳强等采用环境同位素示踪技术研究旱区不同土地利用类型下的土壤水来源与运移机理[533]。程立平等通过长武黄土塬区不同土地利用方式下深剖面土壤水分的长期定位监测以及氢氧稳定同位素示踪技术的使用，分析了该区域土地利用变化对地下潜水补给的影响[534]。贺国平等分析了永定河冲积扇不同部位第四系地下水的水化学和氮、氧同位素特征，识别了地下水中 NO_3^- 的主要污染源，并定量评价了各种源的贡献[535]。靳书贺等采用环境同位素和水化学方法，开展霍城县平原区地下水循环模式研究[536]。王文祥等进行了基于环境同位素技术的张掖盆地地下水流动系统分析[537]。赵辉等应用氢氧同位素和水化学方法分析了挠力河流域地表水和地下水氢氧同位素特征和地表水与地下水的相互作用关系[538]。

（2）在应用同位素水文学研究水文变化方面。黄一民等研究了长沙大气水汽、降水中稳定同位素的变化特征以及它们的关系，不同水汽来源及输送强度变化对降水中同位素的影响[539]。宋梦媛等分析了典型冰川流域的氢氧同位素变化特征，并进行了初步的径流分割研究[540]。庞朔光等研究了流域降水稳定同位素的时空变化特征[541]。黄锦忠等系统搜集分析了七个地区多年大气降水的氢氧同位素数据资料，分析了我国西北地区大气降水的氢氧同位素时空分布特征，开展不同尺度水文循环研究和建立对比标准[542]。王贺等开展了黄土高原丘陵沟壑区流域不同水体氢氧同位素特征[543]。史晓宜等分析拉市海湖水的氢氧稳定同位素的空间变化及其影响因素，探讨典型温冰川区域湖泊的水文补给特征[544]。

（3）在应用同位素水文学研究水循环变化方面。靳晓刚等研究了基于氢氧稳定同位素的黄土高原云下二次蒸发效应[545]。李广等分析了不同水体中 δD、$\delta^{18}O$ 的变化特征及其水循环指示意义[546]。于靖等采用溴化锂（LiBr）作为保守性示踪剂进行野外现场示踪试验，结合一维溶质运移存储模型定量解析潜流交换特性[547]。陈曦等基于 4a 的降水样品采集，测定和分析了黄土塬区降水氢氧同位素的组成特征，进而分析了其水汽来源[548]。姚俊强等分析了大气降水、河水、地下水和积雪融水氢氧同位素变化特征及不同水体的 $\delta D\sim\delta^{18}O$ 关系，探讨了地表水对地下水的补给关系[549]。姚天次等分析了湘江流域岳麓山周边地区不同水体中稳定同位素的组成，揭示了不同水稳定同位素间的相互作用关系[550]。王彩霞等基于 2012—2013 年两个消融期在祁连山老虎沟冰川区连续 2a 采集的冰川融水径流、雪冰以及降水样品，分析探讨了冰川区水体介质中氢氧同位素和水化学要素在消融期的变化过程及特征[551]。

（4）在应用同位素水文学研究河流、湖泊水量水质变化方面。金彦香等通过分析更尕海轮藻碳酸盐结壳、软体动物壳体等碳氧同位素的季节变化，结合湖水溶解无机碳碳同位素和湖水氧同位素，探讨其与现代湖泊水体环境的关系[552]。詹泸成等对九江段长江干流、鄱阳湖地区河水、湖水进行了采样和氘氧稳定同位素分析，探讨三峡水库运行对鄱阳湖水量的影响[553]。黄一民等在洞庭湖流域内的长沙、汨罗、怀化对大气降水、地表水（河水）、地下水（泉水、井水）进行了取样，分析了流域内不同水体中稳定水同位素的变化特征以及它们之间的转化关系[554]。孙焰等分析了武汉市洪山区夏季 $PM_{(2.5)}$ 及其水溶性离子的浓度，并利用气相色谱/质谱（GC/MS）对 $PM_{(2.5)}$ 中多环芳烃（PAHs）浓度进行测定，探讨其污染来源及形成机制[555]。

（5）在应用同位素技术研究植物水文来源方面。张小娟等通过对元阳梯田水源区降水及其 4 种典型植被类型下 0~100cm 剖面土壤水进行采样和氢氧稳定同位素的分析测定，研究了该区不同深度层次上土壤水的稳定同位素特征[556]。刘树宝利用稳定同位素技术分析了黑河下游不同林龄胡杨的吸水深度和不同林龄胡杨的水分利用效率[557]。王小婷等探讨了季节和日尺度上的 $\delta1$, b 富集特征及其影响因素[558]。

2.5.4　数字水文学

数字水文学主要研究成果涉及基于 DEM 的流域水文特征分析、水文模拟和计算等方面。技术性和应用性研究成果较多，但具有创新的学术性成果不多。以下仅列举几个有代表性的文献以供参考。

（1）基于 DEM 的流域水文特征方面。李毅等以吉太曲流域 1：10000 数字地形图生成的 DEM 数据为基础，利用 ArcGIS10.0 中的 Hydrology 模块，采用 D8 算法确定水流流向，提取了流域有关水文信息[559]。彭培等针对从 DEM 中提取河流水系时出现的平行伪河道及河道裁弯取直现象，应用 AGREE 算法输入数字化真实河流水系对 DEM 进行调整[560]。赵斌滨等以 SRTM-DEM 数据为例，对统计单元计算模型的准确性和适用性进行了详细研究，提出了中国地势起伏度的最佳统计单元[561]。章玉霞等利用数字高程模型（DEM），基于水文站点坐标及水文站集水面积，提出了一种流域出口断面的自动识别方法[562]。黄平等研究了多源 DEM 数据的质量问题[563]。

（2）基于 DEM 的水文模拟和计算等方面。高玉芳等采用 HEC-HMS 模型，分析 2011年 6 月和 2011 年 8—9 月的两场降雨径流过程中，DEM 数据源和分辨率对水文模拟输出的影响[564]。曾向辉等研究一种改进的 DEM 数字水系简易提取方法[565]。刘畅等提出一种基于数字高程模型（DEM）提取河道断面地形数据的方法[566]。吴江等进行了 DEM 空间分辨率对 SWAT 模型水文模拟的敏感性研究[567]。于宴民等探讨了不同分辨率 DEM 的差异性及 DEM 分辨率对河流径流模拟精度的影响[568]。王正勇等开展了基于空间信息技术的六股河流域河网水系提取[569]。张潇戈等探讨了基于 DEM 祁连山南坡河网提取时集水面积阈值的确定[570]。

（3）数字信息化方面。钟登华阐述了数字大坝概念与其研究成果[571]。陈海兵等将 GPS-CORS 网技术联合数字测深仪应用于遥桥峪水库库容测量中，在三维设计软件 Civil3D 中构建了遥桥峪水库库区的三维地形曲面，通过二次开发实现了不同水位对应淹没面积及库容量的自动计算，且实现了库容曲线的自动绘制[572]。王昕等从气候系统观测资料、数值模拟资料、经济社会资料和土地利用资料等方面论述了全球气候变化的科学大数据的构成[573]。樊启祥等设计了基于数字流域的梯级水电工程管理系统的总体架构[574]。芮孝芳论述了"大数据"方法的特点和优势，讨论了水文学需要"大数据"方法的理由，以及获取水文大数据的技术支撑[575]。吴世勇等在《数字流域理论方法与实践——雅砻江流域数字化平台建设及示范应用》一书中研究了流域径流信息的数字化监测、预报以及优化调度，工程安全信息的数字化监测，分析、预警和管理[576]。

2.5.5 遥感水文学

遥感水文主要研究成果涉及遥感影像数据分析，基于遥感的水文模拟和计算等方面，技术性和应用性研究成果较多。

（1）遥感影像数据分析方面。杨树文等利用改进的阈值自动选取算法、数学形态学滤波及细化等算法，实现了水体的高精度自动提取[577]。陈鹏等对比分析了基于 FY3A/MERSI 影像的单波段阈值法、基于阈值的多波段谱间关系法和基于阈值的水体指数法几种常用水体提取方法的精度[578]。周旻曦等研究提出了一种双尺度转化下的模型与数据混合驱动的岛礁地貌遥感信息提取框架[579]。位贺杰等构建了由 NPP 子模型和 ET 子模型组成的 WUE 遥感估算模型[580]。徐涵秋等基于同日过空的 GF-1PMS1 和 ZY-3MUX 影像对，利用归一化植被指数 NDVI 对二者的植被观测能力进行对比[581]。牛增懿等基于先进的面向对象方法和最大似然法进行了盐渍化信息提取，并比较了两种方法的提取效果[582]。游炯等研究县域尺度农作物种植面积快速准确提取的方法[583]。张雨果等基于面向对象分类技术，建立了梯田信息的遥感提取规则，实现了梯田的自动提取[584]。李纪人回顾了随着水利事业发展与时俱进的水利遥感技术应用研究及其实际应用发展的历程[585]。冯炼在《大型通江湖泊水沙时空动态遥感研究——以鄱阳湖为例》一书中研究了湖面范围、水体混浊度、湖底地形、水量收支动态等要素的遥感获取方法，形成了一套高动态通江湖泊水沙时空动态遥感分析方法体系[586]。

（2）基于遥感的水文模拟和计算等方面。夏浩铭等系统介绍了遥感反演蒸散发时间尺度拓展方法，总结了每种方法的基本原理、优缺点、适用性和误差来源[587]。吴文挺等基于遥感与 GIS 技术，解译 6 个年份的围垦岸线[588]。杜育璋等提出了基于 Landsat-8 遥感数据和 PROSAIL 辐射传输模型反演叶面积指数[589]。拉巴等采用卫星影像人工数字化方法计算了位于青藏高原北部的普若岗日冰川和冰川流域的湖泊面积[590]。李净等进行了基于多源遥感数据集的近 30a 西北地区植被动态变化研究[591]。张震等利用 ASTER 立体数据监测了克拉牙依拉克冰川的冰川表面高程的变化[592]。王永前等致力于发展一个基于多源遥感数据的水汽反演物理统计算法，该算法还能有效解决有云情况下的水汽反演[593]。吕爱锋等开发了基于遥感的分布式水量平衡与传输模型[594]。岳胜如等研究了基于多波段 MOD 等 IS 遥感数据的乌审旗土壤含水量监测[595]。郭艺歌等探讨了利用光学遥感图像 HJ1B 和多极化 L 波段微波遥感数据 ALOS/PALSAR 建立森林生物量估算模型的方法[596]。王啸天等构建了基于干旱指数差异阈值的灌溉面积遥感监测模型[597]。刘元波等在《水文遥感》一书中概述了水文遥感的基本概念和发展过程及趋势，阐述了水文变量的物理基础、定量遥感反演方法、地面验证方法和反演产品及其应用案例[598]。

2.6　与 2013—2014 年进展对比分析

（1）以研究对象分类的水文学方面。在河流水文学领域，最近两年关于河流泥沙、洪水预报与河流生态环境方面研究增多，在河道研究与河床演变、河流水热动态与河流冰情、水系特征和流域特征方面的研究依然偏少。在湖泊水文学领域、沼泽水文学、冰川水文学和河口海岸水文学领域的研究仍然偏少。在水文气象学领域，近两年的研究集中在极端降水和气候变化与水循环关系方面，与前两年研究集中在蒸散发方面有所不同。在地下水水文学研究领域，近两年的研究仍以地下水化学和运移方面研究为主。

（2）以应用范围分类的水文学方面。在工程水文学领域，产汇流基础理论的研究和突破性进展仍然偏少，在水文模型应用、水文预报和洪水方面的研究较多，信息技术在水文分析计算中的应用增加。在农业水文方面的研究，研究内容变化不大。城市水文学领域，城市雨洪的模拟和管理研究增加。森林水文学的研究无较大变化。近两年生态水文学研究数量保持稳定，研究深度和创新性仍不足。

（3）水文学工作方式方面。水文测验在基础理论研究方面较少，水文测验数据处理方面研究成果增加。水文调查研究成果较多，依然偏重于暴雨洪水的调查和分析。水文实验近两年原型实验与观测研究成果略有增加。

（4）在以研究方法分类的水文学研究方面。在水文统计学领域，水文相关性分析的成果四年来一直较少，主要集中在水文参数估计、水文频率分析和水文统计方面。在随机水文学领域，随机水文模拟和预测方面研究成果增加，仍偏重于时间序列的分析，缺乏空间范围变化的研究。在同位素水文学领域，近两年利用同位素技术研究地表水与地下水污染的成果有所减少，其他应用方面保持稳定。在数字水文学领域，基于 DEM 的水文模拟和计算方面的成果有所减少，增加了数字信息化方面的研究进展介绍。增加了遥感水文学领域，包括遥感影像数据分析，基于遥感的水文模拟和计算等方面。

参考文献

[1] 左其亭.中国水科学研究进展报告 2013-2014[M].北京：中国水利水电出版社，2015.

[2] 芮孝芳.水文学前沿科学问题之我见[J].水利水电科技进展，2015（5）：95-102.

[3] 李巧玲，李致家，陈利者，等.半湿润半干旱流域降雨径流关系及下垫面相似性[J].河海大学学报（自然科学版），2015（2）：95-99.

[4] 李志威，余国安，徐梦珍，等.青藏高原河流演变研究进展[J].水科学进展，2016（4）：617-628.

[5] 王跃峰，许有鹏，张倩玉，等.太湖平原区河网结构变化对调蓄能力的影响[J].地理学报，2016（3）：449-458.

[6] 邓晓军，许有鹏，韩龙飞，等.城市化背景下嘉兴市河流水系的时空变化[J].地理学报，2016（1）：75-85.

[7] 李汗青，裴国霞，张琦，等.黄河头道拐段冰封期 PCBs 的分布特征及来源分析[J].中山大学学报（自然科学版），2015（2）：72-76，82.

[8] 杨伟，王赫宇，张树光.水位变化对粗砂土内流动与传热的影响[J].水动力学研究与进展（A 辑），2016（5）：608-614.

[9] 邓云，肖尧，脱友才，等.三峡工程对宜昌—监利河段水温情势的影响分析[J].水科学进展，2016（4）：551-560.

[10] 陈刚，张玉蓉，周密，等.冰盖下矩形河道的综合糙率[J].水科学进展，2016（2）：290-298.

[11] 石慧强，冀鸿兰.水塘静水冰生消过程及冰盖演变的原型试验[J].水利水电科技进展，2016（4）：25-30，88.

[12] 李超，李畅游，赵水霞，等.基于遥感数据的河冰过程解译及分析[J].水利水电科技进展，2016（3）：52-56.

[13] 李红芳，张生，李超，等.黄河内蒙古段弯道河冰过程与卡冰机理研究[J].干旱区资源与环境，2016（1）：107-112.

[14] 盛海燕，吴志旭，刘明亮，等.新安江水库近 10 年水质演变趋势及与水文气象因子的相关分析[J].环境科学学报，2015（1）：118-127.

[15] 赵磊，杨逢乐，袁国林，等.昆明市明通河流域降雨径流水量水质 SWMM 模型模拟[J].生态学报，2015（6）：1961-1972.

[16] 李慧，周轶成.基于模糊物元模型的黑河流域水质评价[J].人民黄河，2015（10）：78-80，85.

[17] 王月敏，孙秀玲，曹升乐，等.基于模糊模式识别理论的水质综合评价的改进[J].人民黄河，2015（11）：62-65，69.

[18] 肖捷颖，赵品，李卫红.塔里木河流域地表水水化学空间特征及控制因素研究[J].干旱区地理，2016（1）：33-40.

[19] 王晓艳，李忠勤，蒋缠文，等.天山哈密榆树沟流域夏季洪水期河水水化学特征及其成因[J].冰川冻土，

2016（5）：1385–1393.

[20] 韦虹，吴锦奎，沈永平，等.额尔齐斯河源区融雪期积雪与河流的水化学特征[J].环境科学，2016（4）：1345–1352.

[21] 于会彬，高红杰，宋永会，等.城镇化河流 DOM 组成结构及与水质相关性研究[J].环境科学学报，2016（2）：435–441.

[22] 胡尊芳，宋印胜，孙建峰，等.东平湖枯丰水期水质健康风险评价[J].水电能源科学，2016（9）：31–34.

[23] 窦明，米庆彬，李桂秋，等.闸控河段水质转化机制研究Ⅰ：模型研制[J].水利学报，2016（4）：527–536.

[24] 刘伟，何世军，乔倩倩，等.拉林河流域水质时空变化特征及原因浅析[J].中国水利，2016（1）：19–21.

[25] 孟伟，张远，李国刚，等. 流域水质目标管理理论与方法学导论[M]. 北京：科学出版社，2015.

[26] 陈斌，刘健，高飞.莱州湾悬沙输运机制研究[J].水科学进展，2015（6）：857–866.

[27] 王增辉，夏军强，李涛，等.水库异重流一维水沙耦合模型[J].水科学进展，2015（1）：74–82.

[28] 夏军强，张晓雷，邓珊珊，等.黄河下游高含沙洪水过程一维水沙耦合数学模型[J].水科学进展，2015（5）：686–697.

[29] 吴保生，刘可晶，申红彬，等.黄河内蒙古河段输沙量与淤积量计算方法[J].水科学进展，2015（3）：311–321.

[30] 刘明堂，张成才，田壮壮，等.基于 RBF 神经网络的黄河含沙量测量数据融合研究[J].水利水电技术，2015（1）：126–130.

[31] 毛世民，许浒.含沙量趋减的淮河水沙关系修正及河道整治方向的探讨[J].水利学报，2015（3）：373–378.

[32] 鲁海燕，何青，潘存鸿.钱塘江强涌潮河段水沙数值模拟[J].泥沙研究，2015（5）：24–30.

[33] 李振青，吴昌洪，李会云，等.三峡工程运行后长江中下游河道设计频率水文年泥沙模拟研究[J].长江科学院院报，2015（2）：11–13，19.

[34] 刘朋.山区河道采砂对河床演变影响分析[J].水科学与工程技术，2016（5）：15–17.

[35] 李晓宇，刘晓燕，李焯.黄河主要产沙区近年降雨及下垫面变化对入黄沙量的影响[J].水利学报，2016（10）：1253–1259，1268.

[36] 马睿，马良，张罗号，等.黄河流域典型沙质河段冲淤量预估方法及应用[J].水利学报，2016（10）：1277–1286.

[37] 颜明，郑明国，舒畅，等.泾河流域径流—泥沙的尺度效应研究[J].水土保持通报，2016（6）：184–188，194.

[38] 王强，聂锐华，范念念，等.来沙条件变化对河床形态及推移质运动的影响研究[J].四川大学学报（工程科学版），2016（S1）：20–24.

[39] 程同福.新疆玛纳斯河悬移质泥沙特性分析[J].人民长江，2016（S1）：63–65.

[40] 林秀芝，胡恬，苏林山，等.干支流水沙对黄河内蒙古河道冲淤量的贡献率[J].泥沙研究，2016（5）：8–13.

[41] 费祥俊.黄河下游来水来沙对河槽形态与河型的塑造作用[J].泥沙研究，2016（4）：9–14.

[42] 江恩慧，曹永涛，张清，等.黄河"揭河底"冲刷期河道形态调整规律[J].水科学进展，2015（4）：509–516.

[43] 李洁，夏军强，邓珊珊，等.近期黄河下游游荡段滩岸崩退过程及特点[J].水科学进展，2015（4）：517–525.

[44] 解哲辉，黄河清，周园园，等.游荡性河流演变规律研究进展及其河型归属探讨[J].地理科学进展，2016（7）：898–909.

[45] 梅艳国，王随继.1977 年以来黄河临河段河岸冲淤变化及河道萎缩速率[J].地理学报，2016（9）：

1509-1519.

[46] 贾旭, 高永, 李锦荣, 等.近40a黄河乌兰布和沙漠段河道演变特征[J].干旱区研究, 2016（4）: 905-911.

[47] 刘飞.水流泥沙进入浅水层初期的河槽形态演替规律[J].科学通报, 2016（36）: 3982-3992.

[48] 朱勇辉, 黄莉, 郭小虎, 等.三峡工程运用后长江中游沙市河段演变与治理思路[J].泥沙研究, 2016（3）: 31-37.

[49] 李志威, 余国安, 徐梦珍, 等.青藏高原河流演变研究进展[J].水科学进展, 2016（4）: 617-628.

[50] 赵水霞, 李畅游, 李超, 等.基于3S技术的黄河内蒙古段河道演变特性分析[J].水利水电科技进展, 2016（4）: 70-74.

[51] 吴保生, 郑珊.河床演变的滞后响应理论与应用[M].北京: 中国水利水电出版社, 2015.

[52] 张灿, 周爱锋, 张晓楠, 等.湖泊沉积记录的古洪水事件识别及与气候关系[J].地理科学进展, 2015（7）: 898-908.

[53] 胡贵明, 黄春长, 周亚利, 等.伊河龙门峡段全新世古洪水和历史洪水水文学重建[J].地理学报, 2015（7）: 1165-1176.

[54] 薛小燕, 查小春, 黄春长, 等.河道糙率系数变化对全新世古洪水流量计算的影响研究[J].干旱区地理, 2015（2）: 292-297.

[55] 赵明雨, 李大鸣.永定河泛区洪水演进特性的数值模拟[J].水电能源科学, 2015（8）: 46-49.

[56] 王忠静, 朱金峰, 尚文绣.洪水资源利用风险适度性分析[J].水科学进展, 2015（1）: 27-33.

[57] 苑希民, 田福昌, 王丽娜.漫溃堤洪水联算全二维水动力模型及应用[J].水科学进展, 2015（1）: 83-90.

[58] 徐兴亚, 方红卫, 张岳峰, 等.河道洪水实时概率预报模型与应用[J].水科学进展, 2015（3）: 356-364.

[59] 王宗志, 程亮, 王银堂, 等.高强度人类活动作用下考虑河道下渗的河网洪水模拟[J].水利学报, 2015（4）: 414-424.

[60] 黄粤, 陈曦, 刘铁, 等.基于GEV分布的天山开都河洪水频率特征分析[J].气候变化研究进展, 2016（1）: 37-44.

[61] 司伟, 余鸿慧, 包为民, 等.面平均雨量的系统响应曲线修正方法及其在富春江流域洪水预报中的应用[J].水力发电学报, 2016（1）: 38-45.

[62] 刘昌明, 李军, 王中根.水循环综合模拟系统的降雨产流模型研究[J].河海大学学报（自然科学版）, 2015（5）: 377-383.

[63] 刘梅冰, 陈兴伟, 陈莹.山美水库流域氮素流失的时间过程及影响因素[J].南水北调与水利科技, 2015（4）: 659-663.

[64] 郭生练, 郭家力, 侯雨坤, 等.基于Budyko假设预测长江流域未来径流量变化[J].水科学进展, 2015（2）: 151-160.

[65] 朱磊, 田军仓, 孙骁磊.基于全耦合的地表径流与土壤水分运动数值模拟[J].水科学进展, 2015（3）: 322-330.

[66] 穆文彬, 李义豪, 李传哲, 等.不同坡度和前期土壤含水率条件下裸地降雨产流试验研究[J].南水北调与水利科技, 2016（6）: 6-11.

[67] 赵刚, 史蓉, 庞博, 等.快速城市化对产汇流影响的研究：以凉水河流域为例[J].水力发电学报, 2016（5）: 55-64.

[68] 戴会超, 毛劲乔, 张培培, 等.河道型水库富营养化及水华调控方法和关键技术[J].水利水电技术, 2015（6）: 54-58, 66.

[69] 潘扎荣, 阮晓红.淮河流域河道内生态需水保障程度时空特征解析[J].水利学报, 2015（3）: 280-290.

[70] 陈俊贤, 蒋任飞, 陈艳.水库梯级开发的河流生态系统健康评价研究[J].水利学报, 2015（3）: 334-340.

[71] 左其亭，陈豪，张永勇.淮河中上游水生态健康影响因子及其健康评价[J].水利学报，2015（9）：1019-1027.

[72] 彭月，李昌晓，李健.2000—2012年宁夏黄河流域生态安全综合评价[J].资源科学，2015（12）：2480-2490.

[73] 徐伟，董增川，罗晓丽，等.基于改进7Q10法的滦河生态流量分析[J].河海大学学报（自然科学版），2016（5）：454-457.

[74] 王洪杨，张卫军.浅析河流治理与生态保护及修复[J].人民长江，2016（S1）：27-31.

[75] 顾西辉，张强，孔冬冬，等.基于多水文改变指标评价东江流域河流流态变化及其对生物多样性的影响[J].生态学报，2016（19）：6079-6090.

[76] 左其亭，刘静，窦明.闸坝调控对河流水生态环境影响特征分析[J].水科学进展，2016（3）：439-447.

[77] 翟晶，徐国宾，郭书英，等.基于协调发展度的河流健康评价方法研究[J].水利学报，2016（11）：1465-1471.

[78] 淦峰，唐琳，郭怀成，等.湖泊生态水位计算新方法与应用[J].湖泊科学，2015（5）：783-790.

[79] 段水强，范世雄，曹广超，等.1976—2014年黄河源区湖泊变化特征及成因分析[J].冰川冻土，2015（3）：745-756.

[80] 罗京，牛富俊，林战举，等.1969—2010年青藏高原北麓河盆地热喀斯特湖塘演化过程[J].科学通报，2015（9）：871.

[81] 张娜，乌力吉，刘松涛，等.呼伦湖地区气候变化特征及其对湖泊面积的影响[J].干旱区资源与环境，2015（7）：192-197.

[82] 刘美萍，哈斯，春喜.近50年来内蒙古查干淖尔湖水量变化及其成因分析[J].湖泊科学，2015（1）：141-149.

[83] 何征，万荣荣，戴雪，等.近30年洞庭湖季节性水情变化及其对江湖水量交换变化的响应[J].湖泊科学，2015（6）：991-996.

[84] 张毅，陈成忠，吴桂平，等.遥感影像空间分辨率变化对湖泊水体提取精度的影响[J].湖泊科学，2015（2）：335-342.

[85] 韩淑新，黄军，张磊.湖水位变化对洪泽湖水质变化规律的影响分析[J].水电能源科学，2015（1）：30-33.

[86] 阿布都米吉提•阿布力克木，阿里木江•卡斯木，艾里西尔•库尔班，等.基于多源空间数据的塔里木河下游湖泊变化研究[J].地理研究，2016（11）：2071-2090.

[87] 王宇，李均力，郭木加甫，等.1989—2014年赛里木湖水面面积的时序变化特征[J].干旱区地理，2016（4）：851-860.

[88] 王磊之，胡庆芳，胡艳，等.1954—2013年太湖水位特征要素变化及成因分析[J].河海大学学报（自然科学版），2016（1）：13-19.

[89] 苏向明，刘志辉，魏天锋，等.艾比湖面积变化及其径流特征变化的响应[J].水土保持研究，2016（3）：252-256.

[90] 李畅游，孙标，张生，等.呼伦湖水量动态演化特征及水文数值模拟研究[M].北京：科学出版社，2016.

[91] 张运林.气候变暖对湖泊热力及溶解氧分层影响研究进展[J].水科学进展，2015（1）：130-139.

[92] 勾鹏，叶庆华，魏秋方.2000—2013年西藏纳木错湖冰变化及其影响因素[J].地理科学进展，2015（10）：1241-1249.

[93] 姚晓军，李龙，赵军，等.近10年来可可西里地区主要湖泊冰情时空变化[J].地理学报，2015（7）：1114-1124.

[94] 杨芳，李畅游，史小红，等.乌梁素海冰封期湖泊冰盖组构特征对污染物分布的影响[J].湖泊科学，2016

（2）：455–462.

[95] 李卫平. 典型湖泊水环境污染与水文模拟研究[M]. 北京：中国水利水电出版社，2015.

[96] 丁宏伟，郭瑞，蓝永超，等.再论巴丹吉林沙漠湖泊水的补给来源、补给模式与高大沙山的形成机理[J].冰川冻土，2015（3）：783–792.

[97] 赖格英，王鹏，黄小兰，等.鄱阳湖水利枢纽工程对鄱阳湖水文水动力影响的模拟[J].湖泊科学，2015（1）：128–140.

[98] 范成新.太湖湖泛形成研究进展与展望[J].湖泊科学，2015（4）：553–566.

[99] 仲志余，余启辉.洞庭湖和鄱阳湖水量优化调控工程研究[J].人民长江，2015（19）：52–57.

[100] 丛振涛，李沁书，章诞武，等.维持东洞庭湖湖泊功能的河湖格局研究[J].水力发电学报，2016（4）：41–46.

[101] 李皎，李明慧，方小敏，等.柯鲁克湖水化学特征分析[J].干旱区地理，2015（1）：43–51.

[102] 吴庆乐，阮晓红，吴朝明，等.太湖西部河湖氮污染物来源及转化途径分析[J].环境科学学报，2015（12）：3883–3889.

[103] 李鹤，李军，刘小龙，等.青藏高原湖泊小流域水体离子组成特征及来源分析[J].环境科学，2015（2）：430–437.

[104] 杜彦良，周怀东，彭文启，等.近10年流域江湖关系变化作用下鄱阳湖水动力及水质特征模拟[J].环境科学学报，2015（5）：1274–1284.

[105] 文新宇，张虎才，常凤琴，等.泸沽湖水体垂直断面季节性分层[J].地球科学进展，2016（8）：858–869.

[106] 熊剑，喻方琴，田琪，等.近30年来洞庭湖水质营养状况演变特征分析[J].湖泊科学，2016（6）：1217–1225.

[107] 陈雪霜，江韬，卢松，等.典型水库型湖泊中CDOM吸收及荧光光谱变化特征：基于沿岸生态系统分析[J].环境科学，2016（11）：4168–4178.

[108] 岳佳佳，庞博，张艳君，等.基于神经网络的宽浅型湖泊水质反演研究[J].南水北调与水利科技，2016（2）：26–31.

[109] 胡尊芳，孙建峰，宋印胜，等.基于云模型的东平湖枯水期地下水水质评价[J].水资源保护，2016（5）：74–78.

[110] 高伟，高波，严长安，等.鄱阳湖流域人为氮磷输入演变及湖泊水环境响应[J].环境科学学报，2016（9）：3137–3145.

[111] 戴国飞，刘慧丽，张伟，等.江西柘林湖富营养化现状与藻类时空分布特征[J].湖泊科学，2015（2）：275–281.

[112] 孔祥虹，肖兰兰，苏豪杰，等.长江下游湖泊水生植物现状及与水环境因子的关系[J].湖泊科学，2015（3）：385–391.

[113] 刘晓旭，李畅游，李文宝，等.冰封期达里诺尔湖同位素与营养盐分布特征及关系的定量分析[J].湖泊科学，2015（6）：1159–1167.

[114] 金颖薇，朱广伟，许海，等.太湖水华期营养盐空间分异特征与赋存量估算[J].环境科学，2015（3）：936–945.

[115] 陶建霜，陈光杰，陈小林，等.阳宗海硅藻群落对水体污染和水文调控的长期响应模式[J].地理研究，2016（10）：1899–1911.

[116] 王乃姗，张曼胤，崔丽娟，等.河北衡水湖湿地汞污染现状及生态风险评价[J].环境科学，2016（5）：1754–1762.

[117] 魏星瑶，王超，王沛芳.基于AQUATOX模型的入湖河道富营养化模拟研究[J].水电能源科学，2016

（3）：44-48.

[118] 吴廷宽，贺中华，梁虹，等.基于高光谱技术的湖泊富营养化综合评价研究—以贵阳市百花湖为例[J].水文，2016（2）：28-34，72.

[119] 于志同，王秀君，赵成义，等.博斯腾湖表层沉积物无机碳及其稳定同位素空间异质性[J].湖泊科学，2015（2）：250-257.

[120] 郭伟，陈贺，庞靖鹏，等.查干湖连通水系的沉积物响应及特征[J].水利水电技术，2016（9）：80-84.

[121] 刘雯瑾，黄春长，庞奖励，等.黄河柳林滩段全新世古洪水滞流沉积物物源研究[J].水土保持学报，2016（2）：136-142.

[122] 梁洁，李栋，王明达，等.利用正交实验法优化青藏高原湖泊沉积色素提取与分析[J].中国科学：地球科学，2016（4）：497-511.

[123] 陈京，吉力力•阿不都外力，马龙.赛里木湖沉积物有机质变化特征及其环境信息[J].冰川冻土，2016（3）：761-768.

[124] 郑州市文物考古研究院，于革，等. 郑州地区湖泊水系沉积与环境演化研究[M]. 北京：科学出版社，2016.

[125] 王群，陆林，杨兴柱.千岛湖社会—生态系统恢复力测度与影响机理[J].地理学报，2015（5）：779-795.

[126] 刘慧丽，戴国飞，张伟，等.鄱阳湖流域大型湖库水生生态环境变化及驱动力分析——以柘林湖为例[J].湖泊科学，2015（2）：266-274.

[127] 宋辛辛，蔡晓斌，王智，等.1950s 以来洪湖主要优势沉水植物群落变化[J].湖泊科学，2016（4）：859-867.

[128] 姜治兵，杨青远.海水入侵淡水运河与湖泊的耦合数学模型研究[J].人民长江，2015（23）：60-63，94.

[129] 黄可，张先智，张恒明，等.滇池入湖河流治污新技术体系构建及案例分析[J].环境科学与技术，2016（7）：64-70.

[130] 张萍，高丽娜，孙翀，等.中国主要河湖水生态综合评价[J].水利学报，2016（1）：94-100.

[131] 李建国，濮励杰，徐彩瑶，等.1977—2014 年江苏中部滨海湿地演化与围垦空间演变趋势[J].地理学报，2015（1）：17-28.

[132] 殷书柏，沈方，李子田，等.形成湿地的"淹埋深–历时–频率"阈值研究进展[J].水科学进展，2015（4）：596-604.

[133] 王富强，王利娇，彭勃，等.水沙变异对黄河三角洲湿地面积演变的影响[J].南水北调与水利科技，2016（2）：1-5，25.

[134] 殷书柏，沈方，付波霖.湿地"淹埋深–历时–频率"阈值研究的理论和方法[J].水科学进展，2016（3）：476-484.

[135] 魏俊奇，李小雁，蒋志云，等.基于 EMI 的小泊湖退化湿地土壤盐分的空间分布[J].水土保持学报，2016（6）：284-288.

[136] 毛德华，王宗明，罗玲，等.1990—2013 年中国东北地区湿地生态系统格局演变遥感监测分析[J].自然资源学报，2016（8）：1253-1263.

[137] 赵小萱，韩美，于佳，等.基于遥感影像的黄河三角洲湿地退化研究[J].人民黄河，2016（4）：59-64.

[138] 陈燕芬，牛振国，胡胜杰，等.基于 MODIS 时间序列数据的洞庭湖湿地动态监测[J].水利学报，2016（9）：1093-1104.

[139] 卢晓宁，张静怡，洪佳，等.基于遥感影像的黄河三角洲湿地景观演变及驱动因素分析[J].农业工程学报，2016（S1）：214-223.

[140] 谭胤静，于一尊，丁建南，等.鄱阳湖水文过程对湿地生物的节制作用[J].湖泊科学，2015（6）：997-1003.

[141] 冯文娟，徐力刚，王晓龙，等.鄱阳湖洲滩湿地地下水位对灰化薹草种群的影响[J].生态学报，2016（16）：1-7.

[142] 侯军，刘小刚，严登华，等.呼伦湖湿地生态干旱评价[J].水利水电技术，2015（4）：22-25.

[143] 周晨霓，任德智，任毅华，等.西藏江夏湿地水化学变化规律及灌溉效用评价[J].水土保持学报，2015（6）：311-315.

[144] 刘吉平，董春月，盛连喜，等.1955—2010年小三江平原沼泽湿地景观格局变化及其对人为干扰的响应[J].地理科学，2016（6）：879-887.

[145] 周德民，高常军，等. 三江平原洪河湿地景观变化过程及其水生态效应研究[M]. 北京：中国环境科学出版社，2016.

[146] 怀保娟，李忠勤，王飞腾，等.1959—2013年中国境内萨吾尔山冰川变化特征[J].冰川冻土，2015（5）：1141-1149.

[147] 樊晓兵，彦立利，徐京华，等. 基于多源数据的近50a玛纳斯河流域冰川变化分析[J].冰川冻土，2015（5）：1188-1198.

[148] 冯童，刘时银，许君利，等. 1968—2009年叶尔羌河流域冰川变化——基于第一、二次中国冰川编目数据[J].冰川冻土，2015（1）：1-13.

[149] 王欣，刘琼欢，蒋亮虹，等. 基于SAR影像的喜马拉雅山珠穆朗玛峰地区冰川运动速度特征及其影响因素分析[J].冰川冻土，2015（3）：570-579.

[150] 张威，付延菁，刘蓓蓓，等. 阿尔泰山喀纳斯河谷晚第四纪冰川地貌演化过程[J].地理学报，2015（5）：739-750.

[151] 杜建括，何元庆，李双，等. 横断山区典型海洋型冰川物质平衡研究[J].地理学报，2015（9）：1415-1422.

[152] 何毅，杨太保，陈杰，等. 1972—2013年东天山博格达峰地区冰川变化遥感监测[J].地理科学，2015（7）：925-932.

[153] 张建国，刘玉梅，吕腾腾，等. 格拉丹东区域冰川变化研究[J].干旱区资源与环境，2015（12）：184-189.

[154] 姚盼，王杰. 冰川槽谷横剖面定量化研究方法及其影响因素[J].冰川冻土，2015（4）：1028-1040.

[155] 许艾文，杨太保，何毅，等. 近40年乔戈里峰北坡冰川与气候变化关系研究[J].水土保持研究，2016（4）：77-82.

[156] 许艾文，杨太保，王聪强，等. 1978—2015年喀喇昆仑山克勒青河流域冰川变化的遥感监测[J].地理科学进展，2016（7）：878-888.

[157] 王宏，刘硕，万鲁河，等. 冰雪消融期松花江哈尔滨段干流水动力模拟及其时空分布特征分析[J].冰川冻土，2015（5）：1275-1282.

[158] 王晓蕾，孙林，张宜清，等. 中亚阿姆河上游产流过程特征研究[J].地理科学进展，2015（3）：364-372.

[159] 鞠建廷，朱立平，黄磊，等. 基于监测的藏东南然乌湖现代过程：湖泊对冰川融水的响应程度[J].科学通报，2015（1）：16-30.

[160] 丁永建，张世强. 冰冻圈水循环在全球尺度的水文效应[J].科学通报，2015（7）：593-602.

[161] 王宇涵，杨大文，雷慧闽，等.冰冻圈水文过程对黑河上游径流的影响分析[J].水利学报，2015（9）：1064-1071.

[162] 王晓蕾，孙林，张宜清，等.用分布式水文模型识别流域冰川融水对径流的贡献——以天山库玛拉克河为例[J].资源科学，2015（3）：475-484.

[163] 张晓鹏，秦翔，吴锦奎，等.青藏高原东北部老虎沟流域强消融期冰川径流及其温度日变化特征研究[J].干旱区资源与环境，2016（10）：179-184.

[164] 刘铸，李忠勤. 近期冰川表面径流系数变化的影响因素——以天山乌鲁木齐河源1号冰川为例[J].地

球科学进展，2016（1）：103-112.

[165] 高黎明，张耀南，沈永平，等.基于能量平衡对额尔齐斯河流域融雪过程的研究[J].冰川冻土，2016（2）：323-331.

[166] 商莉，黄玉英，毛炜峄.2015 年夏季南疆地区高温冰雪洪水特征[J].冰川冻土，2016（2）：480-487.

[167] 陈晨，郑江华，刘永强，等.近 20 年中国阿尔泰山区冰川湖泊对区域气候变化响应的时空特征[J].地理研究，2015（2）：270-284.

[168] 孙业凤，温小浩，李保生，等.腾格里沙漠南缘土门剖面末次间冰期 5e 的主量元素特征及其记录的古气候[J].干旱区地理，2015（6）：1151-1160.

[169] 陈杰，杨太保，冀琴，等.1976—2014 年爬努河流域冰川变化对气候变化的响应[J].干旱区资源与环境，2015（9）：171-175.

[170] 陈百炼，胡欣欣，陈林，等.导线覆冰自动观测实验与覆冰过程分析[J].冰川冻土，2016（1）：129-139.

[171] 赵瑞，叶庆华，宗继彪.青藏高原南部佩枯错流域冰川-湖泊变化及其对气候的响应[J].干旱区资源与环境，2016（2）：147-152.

[172] 王聪强，杨太保，冀琴，等.1988—2013 年布加岗日地区冰川变化及其对气候变化的响应[J].水土保持研究，2016（4）：70-76.

[173] 王聪强，杨太保，冀琴，等.1990—2015 年唐古拉山中段冰川变化遥感监测[J].干旱区地理，2016（3）：504-512.

[174] 曹文洪，毛继新.三峡水库运用对荆江河道及三口分流影响研究[J].水利水电技术，2015（6）：67-71，78.

[175] 何用，何贞俊，徐峰俊，等.珠江河口大型涉水工程方案优化研究——以港珠澳大桥工程为例[J].泥沙研究，2015（3）：69-73.

[176] 赵洪波，张庆河，许婷.九龙江河口湾港区水沙运动数值模拟研究[J].泥沙研究，2015（4）：38-43.

[177] 诸裕良，徐秀枝，闫晓璐.波流耦合作用下紊流边界层水沙数学模型[J].水动力学研究与进展（A 辑），2016（4）：422-432.

[178] 郭超，何青，郭磊城.长江河口控制站泥沙絮凝特性研究[J].泥沙研究，2016（5）：60-65.

[179] 胡茂银，李义天，朱博渊，等.荆江三口分流分沙变化对干流河道冲淤的影响[J].泥沙研究，2016（4）：68-73.

[180] 孟云，娄安刚，刘亚飞，等.渤海岸线地形变化对潮波系统和潮流性质的影响[J].中国海洋大学学报（自然科学版），2015（12）：1-7，101.

[181] 武雅洁，张荃，梁丙臣.黄河入海径流对黄河口潮波传播的影响[J].中国水运（下半月），2015（12）：285-287，338.

[182] 张潮，王佳妮.深圳河潮流特性分析[J].水利水电技术，2015（2）：70-73，78.

[183] 汤任，宋双，葛天明，等.长江口局部河段三维潮流数值模拟研究[J].人民长江，2015（7）：80-83.

[184] 李谊纯，董德信，陈波.河口往复流中潮流不对称与推移质输沙的关系[J].海洋科学，2015（6）：99-103.

[185] 丁芮，陈学恩，曲念东.珠江口及邻近海域潮波数值模拟——Ⅰ 模型的建立和分析[J].中国海洋大学学报（自然科学版），2015（11）：1-9.

[186] 路川藤，罗小峰，韩玉芳.长江口洪水期潮波变形数值模拟研究[J].海洋工程，2015（1）：73-82.

[187] 陈敏建，胡雅杰，马静，等.长江口咸潮入侵扩散响应函数及初步应用[J].水科学进展，2016（6）：1-12.

[188] 刘飞，张小峰，邓安军.内陆河三角洲堆积体形成发展过程[J].水科学进展，2015（3）：378-387.

[189] 王协康，周苏芬，叶龙，等.长江与嘉陵江交汇区水流结构的数值模拟[J].水科学进展，2015（3）：

372–377.

[190] 吴小明，高时友，吴门伍.深圳河河口历史成因分析及综合整治建议[J].水利水电技术，2015（2）：87–91.

[191] 郑珊，谈广鸣，吴保生，等.利津水位对河口演变响应的计算方法[J].水利学报，2015（3）：315–325.

[192] 韩曾萃，唐子文，尤爱菊，等.河口水动力与河床形态关系的研究[J].水力发电学报，2015（4）：83–90.

[193] 潘存鸿，张舒羽，唐子文.钱塘江河口水流–河床相互作用及对盐水入侵的影响[J].水科学进展，2015（4）：535–542.

[194] 申霞，B.LarryLI.生态模型在河口管理中的应用研究综述[J].水科学进展，2015（5）：739–751.

[195] 张华.深圳河河口及新洲河河口湿地生态修复思路及管理对策[J].水利水电技术，2015（2）：14–18.

[196] 陈诗文，袁旭音，金晶，等.西苕溪支流河口水体营养盐的特征及源贡献分析[J].环境科学，2016（11）：4179–4186.

[197] 张雷，曹伟，马迎群，等.大辽河感潮河段及近岸河口氮、磷的分布及潜在性富营养化[J].环境科学，2016（5）：1677–1684.

[198] 李俊龙，郑丙辉，张铃松，等.中国主要河口海湾富营养化特征及差异分析[J].中国环境科学，2016（2）：506–516.

[199] 吴孝情，陈晓宏，唐亦汉，等.珠江流域非平稳性降雨极值时空变化特征及其成因[J].水利学报，2015（9）：1055–1063.

[200] 宋桂英，李孝泽，江靖，等.2013年夏季内蒙古干旱–半干旱区两次极端降水事件对比[J].干旱区研究，2016（4）：747–757.

[201] 杨蓉，王龙，申官正，等.昆明地区降水、气温及极端天气的长期变化趋势[J].南水北调与水利科技，2016（6）：45–49.

[202] 高冰，任依清.鄱阳湖流域1961—2010年极端降水变化分析[J].水利水电科技进展，2016（1）：31–35.

[203] 邵月红，吴俊梅，李敏.基于水文气象分区线性矩法的淮河流域极值降雨频率分析[J].水文，2016（6）：16–23.

[204] 武文博，游庆龙，王岱.基于均一化降水资料的中国极端降水特征分析[J].自然资源学报，2016（6）：1015–1026.

[205] 殷淑燕，等.历史时期以来汉江上游极端性气候水文事件及其社会影响研究[M].北京：科学出版社，2015.

[206] 童新，刘廷玺，杨大文，等.半干旱沙地–草甸区水面蒸发模拟及其影响因子辨识[J].干旱区地理，2015（1）：10–17.

[207] 章诞武，丛振涛，倪广恒.1956—2010年中国水热季节性特征分析[J].水科学进展，2015（4）：466–472.

[208] 赵捷，徐宗学，左德鹏.黑河上中游潜在蒸散发模拟及变化特征分析[J].水科学进展，2015（5）：614–623.

[209] 李愈哲，樊江文，胡中民，等.草地管理利用方式转变对生态系统蒸散耗水的影响[J].资源科学，2015（2）：342–350.

[210] 罗那那，巴特尔·巴克，吴燕锋.石河子地区参考作物蒸散量变化特征及气候因子的定量分析[J].水土保持研究，2016（5）：251–255，260.

[211] 马婷婷，邱新法，曾燕.全国二级流域实际蒸散分布式模型[J].水土保持通报，2016（2）：191–196.

[212] 甄亿位，郝敏，陆宝宏，等.基于随机森林的中长期降水量预测模型研究[J].水电能源科学，2015（6）：6–10.

[213] 丁星臣，徐淑琴，路豪杰，等.基于GA优化AR–LSSVR组合模型在区域降雨量预测中的应用研究[J].节水灌溉，2016（5）：81–84.

[214] 余胜男，陈元芳，顾圣华，等.随机森林在降水量长期预报中的应用[J].南水北调与水利科技，2016（1）：78-83.

[215] 孟锦根.基于 PSO-LSSVM 的干旱区中长期降水预测模型研究[J].长江科学院院报，2016（10）：36-40.

[216] 吴裕珍，冯志州，王大刚.基于贝叶斯模式平均与标准化异常度的东江汛期降水预报[J].中山大学学报（自然科学版），2016（6）：20-27.

[217] 程先富，郝丹丹.基于 OWA-GIS 的巢湖流域洪涝灾害风险评价[J].地理科学，2015（10）：1312-1317.

[218] 那音太.基于 SPI 指数的近 50a 内蒙古地区干旱特征分析[J].干旱区资源与环境，2015（5）：161-166.

[219] 王璐璐，延军平，李敏敏，等.气候暖干化背景下环渤海地区旱涝时空响应[J].水土保持通报，2015（2）：279-286.

[220] 韩晓敏，延军平.气候暖干化背景下东北地区旱涝时空演变特征[J].水土保持通报，2015（4）：314-318.

[221] 曹永强，刘佳佳，王学凤，等.黄淮海流域旱涝周期、突变点和趋势分析研究[J].干旱区地理，2016（2）：275-284.

[222] 毕硕本，钱育君，陈昌春，等.1470—1912 年西北东部地区旱涝等级重建序列的特征及对比分析[J].干旱区地理，2016（1）：12-21.

[223] 罗岚心，姜彤，孙赫敏，等.珠江流域旱涝变化及其与大气环流关系研究[J].干旱区资源与环境，2017（4）：142-147.

[224] 慈晖，张强，肖名忠.多种气象干旱指数在新疆干旱评价中的应用对比研究[J].中山大学学报（自然科学版），2016（2）：124-133.

[225] 黄英，段琪彩，梁忠民，等. 云南旱灾演变规律及风险评估[M]. 北京：中国水利水电出版社，2016.

[226] 张核真，卓玛，向飞，等. 1981—2013 年气候因子变化对西藏拉萨河径流的影响[J].冰川冻土，2015（5）：1304-1311.

[227] 刘洁，陈晓宏，许振成，等.降雨变化对东江流域径流的影响模拟分析[J].地理科学，2015（4）：483-490.

[228] 张晓晓，张钰，徐浩杰.1961—2010 年白龙江上游水文气象要素变化规律分析[J].干旱区资源与环境，2015（2）：172-178.

[229] 刘梅，吕军. 我国东部河流水文水质对气候变化响应的研究[J].环境科学学报，2015（1）：108-117.

[230] 贺瑞敏，张建云，鲍振鑫，等.海河流域河川径流对气候变化的响应机理[J].水科学进展，2015（1）：1-9.

[231] 黄国如，武传号，刘志雨，等.气候变化情景下北江飞来峡水库极端入库洪水预估[J].水科学进展，2015（1）：10-19.

[232] 吕继强，沈冰，李怀恩，等.径流对气候变化的响应研究——以黄河上游河源区为例[J].水力发电学报，2015（4）：191-198.

[233] 刘剑宇，张强，陈喜，等.气候变化和人类活动对中国地表水文过程影响定量研究[J].地理学报，2016（11）：1875-1885.

[234] 任立良，沈鸿仁，袁飞，等.变化环境下渭河流域水文干旱演变特征剖析[J].水科学进展，2016（4）：492-500.

[235] 李斐，刘苗苗，王水献. 2001—2013 年开都河流域上游积雪时空分布特征及其对气象因子的响应[J].资源科学，2016（6）：1160-1168.

[236] 帅红，李景保，何霞，等.环境变化下长江荆南三口径流变化特征检测与归因分析[J].水土保持学报，2016（1）：83-88.

[237] 许月萍，等. 气候变化对水文过程的影响评估及其不确定性[M]. 北京：科学出版社，2015.

[238] 徐宗学，刘浏，刘兆飞. 气候变化影响下的流域水循环[M]. 北京：科学出版社，2015.

[239] 袁瑞强，龙西亭，王鹏，等.白洋淀流域地下水更新速率[J].地理科学进展，2015（3）：381-388.

[240] 赵玮，马金珠，何建华.党河流域敦煌盆地地下水补给与演化研究[J].干旱区地理，2015(6)：1133-1141.

[241] 许乃政，刘红樱，魏峰，等.江苏洋口港地区地下水的环境同位素组成及其形成演化研究[J].环境科学学报，2015（12）：3862-3871.

[242] 白元，徐海量，张青青，等.基于地下水恢复的塔里木河下游生态需水量估算[J].生态学报，2015（3）：630-640.

[243] 顾晓敏，张戈，郝奇琛，等.基于 TOUGH2 的柴达木盆地诺木洪剖面地下水流模拟[J].干旱区地理，2016（3）：548-554.

[244] 苗朝，石胜伟，谢忠胜，等.红层缓倾岩质斜坡地下水作用机制及稳定性分析[J].人民长江，2016(18)：50-55.

[245] 李彩梅，杨永刚，秦作栋，等.基于 FEFLOW 和 GIS 技术的矿区地下水动态模拟及预测[J].干旱区地理，2015（2）：359-367.

[246] 闫峭，马聪，周维博.地下水回灌过程中水文地质参数的反演[J].灌溉排水学报，2015（7）：88-92.

[247] 吉磊，刘兵，何新林，等. 玛纳斯河下游灌区地下水埋深变化特征及成因分析[J].灌溉排水学报，2015（9）：59-65.

[248] 陈添斐，王旭升，胡晓农，等.巴丹吉林沙漠盐湖跃层对地下淡水排泄的指示作用[J].湖泊科学，2015（1）：183-189.

[249] 薛英英，张瑞麟.基于加权马尔可夫链的地下水动态预测[J].人民黄河，2015（8）：52-55.

[250] 赵珍伟，黄欢，曹艳芳，等.基于 Excel 的地下水流模型参数反演初探[J].人民长江，2015(S1)：169-171，175.

[251] 史良胜，张秋汝，宋雪航，等. 地下水位在非饱和水流数据同化中的应用[J].水科学进展，2015（3）：404-412.

[252] 薛晓飞，张永波.截渗墙对地下水影响的数学模型与评价[J].水力发电，2015（1）：15-17，30.

[253] 谢一凡，吴吉春，薛禹群，等.一种模拟非均质介质中地下水流运动的快速提升尺度法[J].水利学报，2015（8）：918-924，933.

[254] 郑菲，高燕维，施小清，等. 地下水流速及介质非均质性对重非水相流体运移的影响[J].水利学报，2015（8）：925-933.

[255] 徐源蔚，李祚泳，汪嘉杨.基于集对分析的相似模型在地下水位预测中的应用[J].水文，2015（6）：6-10.

[256] 李雪，张元，周鹏鹏，等.长时间尺度的京津冀平原区地下水动态模拟及演变特征[J].干旱区资源与环境，2017（3）：164-170.

[257] 魏光辉，马亮.基于自记忆方程的干旱区地下水水位动态模拟[J].节水灌溉，2016（3）：58-60，64.

[258] 李元杰，姜新慧，陈军，等.基于 GMS 的巴彦淖尔市临河区地下水流场预报[J].南水北调与水利科技，2016（4）：36-41，83.

[259] 李慧，周维博，马聪，等.西安市区地下水位动态特征与影响因素[J].南水北调与水利科技，2016（1）：149-154，160.

[260] 孙强，张泰丽，张沙莎，等.基于 ARDL 模型的滑坡地下水水位预测[J].水文地质工程地质，2016（2）：147-152.

[261] 郑德凤，赵锋霞，孙才志，等.考虑参数不确定性的地下饮用水源地水质健康风险评价[J].地理科学，2015（8）：1007-1013.

[262] 邢立亭，张凤娟，李常锁，等.鲁北平原浅层地下水水化学特征[J].灌溉排水学报，2015（6）：90-94.

[263] 沈蔚，王建力，王家录，等.贵州纳朵洞洞穴水水文地球化学变化特征及其环境意义[J].环境科学，2015（12）：4455-4463.

[264] 崔素芳，张保祥，范明元，等.肥城盆地地下水水化学演变规律研究[J].人民黄河，2015（3）：75-79.

[265] 甘蓉，宣昊，刘国东，等.基于博弈论综合权重的物元可拓模型在地下水质量评价中的应用[J].水电能源科学，2015（1）：39-42，90.

[266] 李连香，许迪，程先军，等.基于分层构权主成分分析的皖北地下水水质评价研究[J].资源科学，2015（1）：61-67.

[267] 董海彪，卢文喜，安永凯，等.基于对应分析法的吉林西部地下水化学特征时空演化研究[J].环境科学学报，2016（3）：820-826.

[268] 魏亚平，范敬龙，徐新文，等.塔克拉玛干沙漠南部地下水化学演化模拟[J].中国沙漠，2016（3）：798-804.

[269] 陈盟，吴勇，姚金钱.地下水主要离子水文地球化学过程与矿井突水水源识别[J].南水北调与水利科技，2016（3）：123-131.

[270] 麦麦提吐尔逊·艾则孜，米热古丽·艾尼瓦尔，麦尔丹·阿不拉，等.新疆焉耆盆地地下水地球化学特征[J].水土保持研究，2016（4）：263-268.

[271] 张博，李国秀，程品，等.基于随机理论的地下水环境风险评价[J].水科学进展，2016（1）：100-106.

[272] 顾文龙，卢文喜，张宇，等.基于贝叶斯推理与改进的 MCMC 方法反演地下水污染源释放历史[J].水利学报，2016（6）：772-779.

[273] 程玉菲，胡想全，李元红，等.党河灌区地下水动态及开采优化分析[J].人民黄河，2015（4）：140-144.

[274] 邢译心，鲍新华，吴永东，等.基于VisualMODFLOW 的尚志市水源地地下水资源预测与开采利用[J].水电能源科学，2015（2）：42-45，59.

[275] 杨蕴，吴剑锋，林锦，等.控制海水入侵的地下水多目标模拟优化管理模型[J].水科学进展，2015（4）：579-588.

[276] 刘革，刘波，季叶飞，等.阜阳市农灌区浅层地下水安全开采量评价[J].水利水电科技进展，2015（4）：70-74.

[277] 宋健，杨蕴，吴剑锋，等.混合多目标遗传算法求解地下水污染修复管理模型[J].环境科学学报，2016（9）：3428-3435.

[278] 王乃江，高佩玲，赵连东，等.鲁北平原引黄典型区地下水埋深时空变异规律及开采适宜性分析[J].节水灌溉，2016（6）：69-74.

[279] 张光辉，费宇红，王茜，等.灌溉农业的地下水保障能力评价方法研究——黄淮海平原为例[J].水利学报，2016（5）：608-615.

[280] 李海燕. 地下水利用[M]. 北京：中国水利水电出版社，2015.

[281] 戴长雷，付强，杜新强，等， 地下水开发与利用[M]. 北京：中国水利水电出版社，2015.

[282] 甘永德，贾仰文，王康，等.考虑空气阻力作用的分层土壤降雨入渗模型[J].水利学报，2015（2）：164-173.

[283] 吴志伟，宋汉周.基于 Lu 模型的浅部地温场与渗流场耦合研究[J].水利学报，2015（3）：326-333.

[284] 贾洪彪，徐勇，许琦，等.降水作用下非饱和土边坡稳定性研究[J].人民黄河，2016（6）：141-144.

[285] 班玉龙，孔繁花，尹海伟，等.土地利用格局对 SWMM 模型汇流模式选择及相应产流特征的影响[J].生态学报，2016（14）：4317-4326.

[286] 申红彬，徐宗学，张书函.流域坡面汇流研究现状述评[J].水科学进展，2016（3）：467-475.

[287] 芮孝芳.随机产汇流理论[J].水利水电科技进展，2016（5）：8-12，39.

[288] 王浩，贾仰文.变化中的流域"自然-社会"二元水循环理论与研究方法[J].水利学报，2016（10）：1219-1226.

[289] 车明轩，宫渊波，穆罕默德·纳伊姆·汉，等.人工模拟降雨条件下不同雨强、坡度对紫色土坡面产流的影响[J].水土保持通报，2016（4）：164-168.

[290] 刘杰，于振民，王瑞红，等.砂岩劈裂裂隙无充填多因素影响下渗流规律研究[J].水利学报，2016（1）：54-63.

[291] 谢哲芳，张光辉，刘如心，等.人工模拟降雨供水水质对坡面产流产沙的影响[J].水土保持学报，2016（6）：18-23.

[292] 赵文举，樊新建，范严伟. 工程水文学与水利计算[M]. 北京：中国水利水电出版社，2016.

[293] 穆艾塔尔·赛地，阿不都·沙拉木，丁建丽，等.HEC-HMS 水文模型在数据稀缺山区流域中的应用——以乌鲁木齐河流域为例[J].水土保持通报，2015（6）：140-143，148.

[294] 朱永楠，林朝晖，郝振纯.珠江流域大尺度陆面水文耦合模式的构建及应用[J].水文，2015（1）：14-19.

[295] 万蕙，夏军，张利平，等.淮河流域水文非线性多水源时变增益模型研究与应用[J].水文，2015（3）：14-19.

[296] 程亮，王宗志，胡四一，等.强烈下渗条件下天然河道洪水演进模拟方法[J].中国科学：地球科学，2015（2）：207-215.

[297] 宋增芳，曾建军，金彦兆，等.基于 SWAT 模型和 SUFI-2 算法的石羊河流域月径流分布式模拟[J].水土保持通报，2016（5）：172-177.

[298] 赵安周，刘宪锋，朱秀芳，等.基于 SWAT 模型的渭河流域干旱时空分布[J].地理科学进展，2015（9）：1156-1166.

[299] 包红军，王莉莉，李致家，等.基于 Holtan 产流的分布式水文模型[J].河海大学学报（自然科学版），2016（4）：340-346.

[300] 魏洁，畅建霞，陈磊.基于 VIC 模型的黄河上游未来径流变化分析[J].水力发电学报，2016（5）：65-74.

[301] 崔素芳，张保祥，崔峻岭，等. ArcHydro 与 ArcHydroGroundwater 水文数据模型研究综述[J].水利水电科技进展，2016（4）：89-94.

[302] 周宏，刘俊，刘鑫，等. MIKE11 模型在望虞河西控工程排涝计算中的应用[J].中国农村水利水电，2016（1）：39-43.

[303] 唐雄朋，吕海深，卞玉敏，等.DHSVM 模型在沱沱河流域的径流模拟适用性分析[J].中国农村水利水电，2016（6）：47-50.

[304] 王有恒，谭丹，景元书.HBV 水文预报模型在白龙江流域的应用研究[J].水土保持通报，2015（3）：218-221.

[305] 张平，夏军，邹磊，等.基于物理水文模型的不确定性分析[J].武汉大学学报（工学版），2016（4）：481-486.

[306] 尹振良，冯起，刘时银，等.水文模型在估算冰川径流研究中的应用现状[J].冰川冻土，2016（1）：248-258.

[307] 刘咏梅.DYNHYD 与 WASP 模型在复杂河网区的应用——以湖南省大通湖垸河湖连通为例[J].人民长江，2016（16）：14-19.

[308] 朱炬明，周买春.不同水文模型在双桥流域的应用比较[J].人民黄河，2016（4）：22-26.

[309] 陆垂裕，李慧，孙青言，等.分布式"河道-沉陷区-地下水"水循环耦合模型——Ⅱ：模型应用[J].水科学进展，2016（3）：366-376.

[310] 陆垂裕，等. 面向对象模块化的水文模拟模型-MODCYCLE 设计与应用[M]. 北京：科学出版社，2015.

[311] 李向新，和红强. HEC-HMS 水文建模系统原理•方法•应用[M]. 北京：中国水利水电出版社，2015.

[312] 张静，郭彬斌，郑震，等. 变化环境下妫水河流域生态水文过程模拟[M]. 北京：中国水利水电出版社，2015.

[313] 王建群，王洋，郭昆，等.滁州花山水文实验流域径流与氮素耦合模拟研究[J].水文，2015（1）：40-44，81.

[314] 吴碧琼，周理，黎小东，等. 基于 BTOPMC 的无资料区水文模拟及相似性分析[J].人民长江，2015（4）：21-25.

[315] 邓珊珊，夏军强，周美蓉，等.上荆江河岸崩退过程的概化模拟[J].科学通报，2016（33）：3606-3615，3517.

[316] 王瑾杰，丁建丽，张成，等. 基于 SCS 模型的新疆博尔塔拉河流域径流模拟[J].农业工程学报，2016（7）：129-135.

[317] 陈言菲，李翠梅，龙浩，等. 基于 SWMM 的海绵城市与传统措施下雨水系统优化改造模拟[J].水电能源科学，2016（11）：86-89.

[318] 刘恒.中小型水库防洪减灾预报预警关键技术研究[J].人民黄河，2015（7）：37-40.

[319] 李宝玲，李建林，昝明军，等.河流年径流量的 R/S 灰色预测[J].水文，2015（2）：44-48.

[320] 朱冰，赵兰兰，李萌.T-S-K 模糊逻辑算法在抚河水文预报中的应用[J].水文，2015（3）：53-58.

[321] 刘小龙，施勇，陈炼钢，等.基于水文学与水力学方法的雅砻江水情预报模型[J].水利水运工程学报，2015（2）：33-37.

[322] 梁忠民，蒋晓蕾，曹炎煦，等. 考虑降雨不确定性的洪水概率预报方法[J].河海大学学报（自然科学版），2016（1）：8-12.

[323] 谭乔凤，王旭，王浩，等.ANN、ANFIS 和 AR 模型在日径流时间序列预测中的应用比较[J].南水北调与水利科技，2016（6）：12-17，26.

[324] 赵建世，王君，赵铜铁钢.非稳态条件下的中长期径流耦合预报方法[J].南水北调与水利科技，2016（5）：7-12.

[325] 田野，解立强，梁策，等.均生函数、马尔可夫链法在中长期洪水预报中的应用[J].水科学与工程技术，2016（4）：34-36.

[326] 但灵芝，王建群，陈理想，等.ν-支持向量机洪水预报模型研究[J].水文，2016（2）：7-11.

[327] 范杰，贾振兴，郑秀清，等.基于 GMS 和 NCC/GU-WG 的晋祠泉水位及流量预测[J].水电能源科学，2016（8）：36-39，53.

[328] 王玉虎，周玉良，宗雪玮，等.新安江模型在董铺水库洪水预报中的应用研究[J].水电能源科学，2016（3）：55-60.

[329] 李建林，李志强，王心义，等.河流年径流量的 GM（1，2）-Markov 中长期预测模型[J].干旱区地理，2016（2）：240-245.

[330] 陈璐，卢韦伟，周建中，等.水文预报不确定性对水库防洪调度的影响分析[J].水利学报，2016（1）：77-84.

[331] 郭爱军，黄强，王义民，等.基于 ArchimedeanCopula 函数的流域降雨-径流关系变异分析[J].水力发电学报，2015（6）：7-13.

[332] 张洪波，陈克宇，俞奇骏，等.地下水强扰动地区的径流还原计算方法[J].水力发电学报，2015（11）：95-105.

[333] 杨开林.冰盖河渠水深平均流速的横向分布[J].水利学报，2015（3）：291-297.

[334] 翟家齐，蒋桂芹，裴源生，等.基于标准水资源指数（SWRI）的流域水文干旱评估——以海河北系

为例[J].水利学报，2015（6）：687-698.

[335] 谢平，张波，陈海健，等.基于极值同频率法的非一致性年径流过程设计方法——以跳跃变异为例[J].水利学报，2015（7）：828-835.

[336] 王家彪，雷晓辉，廖卫红，等.基于耦合概率密度方法的河渠突发水污染溯源[J].水利学报，2015（11）：1280-1289.

[337] 韩鹏飞，王旭升.利用 ABCD 模型预测流域水文对极端气候的响应[J].人民黄河，2016（11）：16-22.

[338] 熊斌，熊立华.基于基流退水过程的非一致性枯水频率分析[J].水利学报，2016（7）：873-883.

[339] 尚晓三，王栋.考虑不定量历史洪水的水文频率参数贝叶斯估计[J].水力发电学报，2015（10）：35-41.

[340] 伍远康，陶永格，刘福瑶.基于区域回归分析法的浙江省洪水计算分区[J].水利水电科技进展，2015（4）：39-43.

[341] 刘章君，郭生练，李天元，等.设计洪水地区组成的区间估计方法研究[J].水利学报，2015（5）：543-550.

[342] 廖力，周雪芹，邹强，等.基于模糊聚类迭代模型的洪灾评估标准计算方法[J].长江科学院院报，2015（2）：34-38.

[343] 翁浩轩，廖文景，梁旭，等.基于建筑密度系数的二维城市洪水数值模拟[J].长江科学院院报，2015（7）：22-28.

[344] 石彬楠，黄春长，庞奖励，等.渭河上游天水东段全新世古洪水水文学恢复研究[J].干旱区地理，2016（3）：573-581.

[345] 李帆，郑骞，张磊.Copula 熵方法及其在三变量洪水频率计算中的应用[J].河海大学学报（自然科学版），2016（5）：443-448.

[346] 牛长喜，邓清漪.基于 1 次实测流量的洪水过程流量推算方法[J].人民黄河，2016（12）：47-51.

[347] 顾文钰，李晓英，蒲楠楠.标准洪水过程在洪水资源利用中的应用[J].水电能源科学，2016（7）：45-48.

[348] 王晓玲，宋明瑞，周正印，等.基于精细地形建模的溃坝洪水演进三维数值模拟[J].水力发电学报，2016（4）：55-66.

[349] 孙映宏，姬战生，向小华，等.山前小流域水文—水力学耦合洪水预报研究[J].水利水电技术，2016（11）：9-13.

[350] 苑希民，李长跃，田福昌，等.多源洪水耦合模型在防洪保护区洪水分析中的应用[J].水利水运工程学报，2016（5）：16-22.

[351] 谢颂华，涂安国，莫明浩，等.自然降雨事件下红壤坡地壤中流产流过程特征分析[J].水科学进展，2015（4）：526-534.

[352] 邢旭光，赵文刚，马孝义，等.土壤水分特征曲线测定过程中土壤收缩特性研究[J].水利学报，2015（10）：1181-1188.

[353] 王鹏飞，郑子成，张锡洲.玉米苗期横垄坡面地表糙度的变化及其对细沟侵蚀的影响[J].水土保持学报，2015（2）：30-34.

[354] 杨长刚，柴守玺，常磊.半干旱雨养区不同覆膜方式对冬小麦土壤水分利用及产量的影响[J].生态学报，2015（8）：2676-2685.

[355] 郭天文，谢永春，张平良，等.不同种植和施肥方式对旱地春玉米土壤水分含量及其水分利用效率的影响[J].水土保持学报，2015（5）：231-238.

[356] 任彦秋，李涛，冷栋，等.干旱区葡萄园土壤含水率时空变异性研究[J].水力发电学报，2016（3）：47-55.

[357] 吴庆华，王贵玲，张家发，等.土壤水入渗补给数值模拟——以河北栾城为例[J].长江科学院院报，2016（4）：16-21

[358] 霍轶珍，郭彦芬，韩翠莲，等.不同覆膜处理对土壤水热效应及春玉米产量的影响[J].水土保持研究，2016（5）：124-128.

[359] 杨永刚，李国琴，焦文涛，等.黄土高原丘陵沟壑区包气带土壤水运移过程[J].水科学进展，2016（4）：529-534.

[360] 张晨成，邵明安，王云强，等.黄土区切沟对不同植被下土壤水分时空变异的影响[J].水科学进展，2016（5）：679-686.

[361] 毛威，朱焱，史良胜，等.基于田间试验的土壤水分运动模型选择[J].水科学进展，2016（2）：231-239.

[362] 杨林林，高阳，韩敏琦，等.基于 SIMDual_Kc 模型的豫北地区麦田土壤水分动态和棵间蒸发模拟[J].水土保持学报，2016（4）：147-153.

[363] 于福亮，李传哲，赵娜娜，等. 土壤水分动态变化与径流响应机理研究[M]. 北京：中国水利水电出版社，2015.

[364] 陈兵林，李建亮，张贺，等. 滨海棉田土壤盐分时空分布特征及对棉花产量品质的影响[J].水土保持学报，2015（4）：182-187.

[365] 韩丙芳，田军仓，杨金忠.膜上灌水对玉米田土壤水盐变化特征的影响[J].水土保持学报，2015（6）：252-257.

[366] 胡宏昌，田富强，张治，等. 干旱区膜下滴灌农田土壤盐分非生育期淋洗和多年动态[J].水利学报，2015（9）：1037-1046.

[367] 陆姣云，王振南，杨惠敏，等.10a 保护性耕作下轮作系统土壤碳氮磷生态化学计量特征[J].水土保持通报，2015（1）：96-101.

[368] 魏兴琥，何春燕，关共凑.酸雨对红色石灰土壤中 Ca^{2+} 迁移及岩溶土壤生态系统的影响[J].环境科学研究，2016（5）：737-745.

[369] 努尔麦麦提江·吾布里卡斯穆，塔西甫拉提·特依拜，阿不都拉·阿不力孜，等.克里雅绿洲地下水埋深时空变化对土壤盐分分布的影响[J].节水灌溉，2016（5）：23-27，32.

[370] 李新国，古丽克孜·吐拉克，赖宁.基于 RS/GIS 的博斯腾湖湖滨绿洲土壤盐渍化敏感性研究[J].水土保持研究，2016（1）：165-168.

[371] 雷沛，曾祉祥，张洪，等.丹江口水库农业径流小区土壤氮磷流失特征[J].水土保持学报，2016（3）：44-48.

[372] 赵文举，马宏，范严伟，等.不同覆盖模式下砂壤土水盐运移特征研究[J].水土保持学报，2016（3）：331-336.

[373] 贾瑞亮，周金龙，周殷竹，等.干旱区高盐度潜水蒸发条件下土壤积盐规律分析[J].水利学报，2016（2）：150-157.

[374] 蒋静. 咸水灌溉对作物及土壤水盐环境影响研究[M]. 北京：中国水利水电出版社，2015.

[375] 高晓薇，邵薇薇，刘学欣，等.城镇化与工业化进程对农业用水的影响[J].人民黄河，2015（7）：59-63.

[376] 陈菁，马隰龙.新型城镇化建设中基于低影响开发的水系规划[J].人民黄河，2015（8）：27-29，34.

[377] 杨龙，田富强，孙挺，等.城市化对北京地区降水的影响研究进展[J].水力发电学报，2015（1）：37-44.

[378] 栾清华，张海行，刘家宏，等.基于 KPI 的邯郸市水循环健康评价[J].水利水电技术，2015（10）：26-30.

[379] 格屿，李海燕，张晓然.城市径流雨水渗滤处理设施渗滤层改良研究进展[J].水利水电科技进展，2015（6）：96-104.

[380] 窦明，靳梦，张彦，等.基于城市水功能需求的水系连通指标阈值研究[J].水利学报，2015（9）：1089-1096.

[381] 鲁春霞，冯跃，孙艳芝，等.北京城市扩张过程中的供水格局演变[J].资源科学，2015（6）：1115-1123.

[382] 秦嘉楠, 延耀兴, 靳春蕾.基于城市内涝点的防洪排涝模式研究[J].人民黄河, 2016（4）: 30-33, 37.

[383] 吴海春, 黄国如.基于PCSWMM模型的城市内涝风险评估[J].水资源保护, 2016（5）: 11-16.

[384] 王虹, 李昌志, 程晓陶.流域城市化进程中雨洪综合管理量化关系分析[J].水利学报, 2015（3）: 271-279.

[385] 芮孝芳, 蒋成煜, 陈清锦.论城市排水防涝工程水文问题[J].水利水电科技进展, 2015（1）: 42-48.

[386] 潘兴瑶, 李其军, 陈建刚, 等. 城市地区流域洪水过程模拟: 以清河为例[J].水力发电学报, 2015（6）: 71-80.

[387] 吴都, 唐德善, 鹿情情.基于ANP-MEA模型的城市防洪系统综合评价[J].水电能源科学, 2015（5）: 37-41.

[388] 扈海波.城市暴雨积涝灾害风险突增效应研究进展[J].地理科学进展, 2016（9）: 1075-1086.

[389] 胡莎, 徐向阳, 周宏, 等. 基于SWMM模型的山前平原城市水系排涝规划[J].水电能源科学, 2016（10）: 106-109.

[390] 江浩, 江炎生, 郑治军, 等.城市内涝综合设计暴雨研究[J].水电能源科学, 2016（6）: 53-56.

[391] 张建云, 王银堂, 贺瑞敏, 等.中国城市洪涝问题及成因分析[J].水科学进展, 2016（4）: 485-491.

[392] 付恒阳, 李榜晏, 符锦.基于GI措施的城市雨水管理模型评析[J].长江科学院院报, 2016（8）: 11-17, 27.

[393] 唐金忠. 城市内涝治理方略[M]. 北京: 中国水利水电出版社, 2016.

[394] 潘绍财, 贺清录. 城市河道综合整治工程设计实践[M]. 北京: 中国水利水电出版社, 2016.

[395] 张淑兰, 于澎涛, 张海军, 等.泾河流域上游土石山区和黄土区森林覆盖率变化的水文影响模拟[J].生态学报, 2015（4）: 1068-1078.

[396] 张英虎, 牛健植, 朱蔚利, 等.森林生态系统林木根系对优先流的影响[J].生态学报, 2015（6）: 1788-1797.

[397] 宋小帅, 康峰峰, 韩海荣, 等.辽河源典型森林类型的土壤水文效应[J].水土保持通报, 2015（2）: 101-105.

[398] 陈倩, 周志立, 史琛媛, 等.河北太行山丘陵区不同林分类型枯落物与土壤持水效益[J].水土保持学报, 2015（5）: 206-211.

[399] 李愈哲, 樊江文, 胡中民, 等.草地管理利用方式转变对生态系统蒸散耗水的影响[J].资源科学, 2015（2）: 342-350.

[400] 丁程锋, 张绘芳, 高亚琪, 等.天山中部流域尺度森林变化水文响应定量分析——以乌鲁木齐河流域为例[J].自然资源学报, 2016（12）: 2034-2046.

[401] 吴珊珊, 姚治君, 姜丽光, 等.基于MODIS的长江源植被NPP时空变化特征及其水文效应[J].自然资源学报, 2016（1）: 39-51.

[402] 何志斌, 杜军, 陈龙飞, 等.干旱区山地森林生态水文研究进展[J].地球科学进展, 2016（10）: 1078-1089.

[403] 余新晓, 等. 森林植被-土壤-大气连续体水分传输过程与机制[M]. 北京: 科学出版社, 2016.

[404] 张淑兰, 张海军, 王彦辉, 等.泾河流域上游景观尺度植被类型对水文过程的影响[J].地理科学, 2015（2）: 231-237.

[405] 牛勇, 刘洪禄, 张志强.北京地区典型树种及非生物因子对枯落物水文效应的影响[J].农业工程学报, 2015（8）: 183-189.

[406] 何介南, 康文星, 王东, 等.连栽第1代和第2代杉木近熟林水文过程养分动态比较[J].生态学报, 2015（8）: 2581-2591.

[407] 郝振纯, 苏振宽. 土地利用变化对海河流域典型区域的径流影响[J].水科学进展, 2015（4）: 491-499.

[408] 汪星，周玉红，汪有科，等.黄土高原半干旱区山地密植枣林土壤水分特性研究[J].水利学报，2015（3）：263–270.

[409] 李亚男，李倩茹，许中旗，等. 冀北山地天然次生林与人工林地上植被层的水文调控功能[J].水土保持通报，2015（6）：230–234.

[410] 王利，于立忠，张金鑫，等. 浑河上游水源地不同林型水源涵养功能分析[J].水土保持学报，2015（3）：249–255.

[411] 张栓堂，石丽丽，曲世伟，等. 冀北山地人工油松林水文效应研究[J].南水北调与水利科技，2016（4）：117–122.

[412] 盛思远，刘彦辰，昝学龙，等.种植不同作物对土壤抗剪强度影响[J].南水北调与水利科技，2016（2）：44–48.

[413] 王会京，王红霞，谢宇光.太行山不同林型枯落物持水性及生态水文效应研究[J].水土保持研究，2016（6）：135–139，144.

[414] 宋亚倩，赵西宁，潘岱立，等.模拟降雨下草被坡面水沙调控效应及水分转化研究[J].水土保持研究，2016（5）：35–41.

[415] 曾建军，史正涛.城市水源地 5 种森林枯落物水文效应特征[J].水土保持通报，2016（1）：38–43.

[416] 贾军梅，罗维，杜婷婷，等.近 10 年太湖生态系统服务功能价值变化评估[J].生态学报，2015（7）.

[417] 陈绍晴，房德琳，陈彬.基于信息网络模型的生态风险评价[J].生态学报，2015（7）：2227–2233.

[418] 陈求稳.生态水力学及其在水利工程生态环境效应模拟调控中的应用[J].水利学报，2016（3）：413–423.

[419] 余新晓，等. 生态水文学前沿[M]. 北京：科学出版社，2015.

[420] 邵东国，穆贵玲，易淑珍，等.基于水域面积法的山区河流水电站下游生态流量定值研究[J].环境科学学报，2015（9）：2982–2988.

[421] 帅方敏，李新辉，李跃飞，等. 珠江东塔产卵场鲮繁殖的生态水文需求[J].生态学报，2016（19）：1–8.

[422] 全元，刘昕，王辰星，等.生态需水在输水工程生态影响评价中的应用[J].生态学报，2016（19）：1–7.

[423] 王书敏，何强，徐强，等.生物滞留系统去除地表径流中的氮素研究评述[J].水科学进展，2015（1）：140–150.

[424] 王娟，张飞，于海洋，等. 基于 LUCC 的渭干河—库车河三角洲绿洲水文及生态特征[J].水土保持研究，2016（2）：236–242，359.

[425] 徐涵，苏国军，袁永坤，等. 不同形式生态沟渠截除农田径流污染物效果分析[J].人民长江，2016（21）：9–14.

[426] 徐宗学，赵捷.生态水文模型开发和应用：回顾与展望[J].水利学报，2016（3）：346–354.

[427] 冯起. 黑河下游生态水需求与生态水量调控[M]. 北京：科学出版社，2015.

[428] 王根绪，张寅生，等. 寒区生态水文学理论与实践[M]. 北京：科学出版社，2016.

[429] 陈云飞，孙东坡，何胜男.河道整治工程对河流生态环境的影响与对策[J].人民黄河，2015（8）：35–38.

[430] 顾西辉，张强，孔冬冬，等. 基于多水文改变指标评价东江流域河流流态变化及其对生物多样性的影响[J].生态学报，2016（19）：1–11.

[431] 李志鹏，杜震洪，张丰，等.基于 GIS 的浙北近海海域生态系统健康评价[J].生态学报，2016（24）：1–11.

[432] 张雅洲，谢小平. 基于 RS 和 GIS 的南四湖生态风险评价[J].生态学报，2015（5）：1371–1377.

[433] 王秀英，白音包力皋，许凤冉. 基于水生态保护目标的河道内生态需水量研究[J]. 水利水电技术，2016

（2）：63–68，72.

[434] 刘登峰，田富强.塔里木河下游河岸生态水文演化模型[M].北京：科学出版社，2015.

[435] 田次平，张越，黄晶晶.高坝洲水文站远程在线监测系统的设计与实现[J].人民长江，2015（S1）：42–46.

[436] 鲍江，陶青川，张鹏.基于图像处理的水位线检测算法[J].水电能源科学，2015（4）：96–99，210.

[437] 魏永强，宋子龙，王祥.基于物联网模式的水库大坝安全监测智能机系统设计[J].水利水电技术，2015（10）：38–42.

[438] 程建忠.李桥水库水文站测验方式改革探索[J].甘肃水利水电技术，2016（1）：13–15.

[439] 马乐平，陈兴国.基于 WebGIS 的地下水超采区动态监测系统研究及设计[J].中国水利，2016（5）：37–38，61.

[440] 陈晓楠，段春青，靳燕国，等.人工神经网络在流量计率定中的应用[J].人民黄河，2015（3）：129–131.

[441] 高士欣，黄新平，张雄鹰.水文信息"测报整管"一体化系统设计与实现[J].人民长江，2015（S1）：20–23.

[442] 史铮铮，陈雅莉，张文，等.面向水文数据的自动化信息整合与分析[J].水文，2015（6）：42–49.

[443] 曾楷，陈雅莉，张文，等.基于工作流的水文数据自动化服务机制研究与实现[J].水文，2015（5）：46–53.

[444] 张斌，於浩，方涛，等.LeicaTM50 观测数据预处理程序设计与开发[J].人民长江，2016（S1）：107–109.

[445] 朱俊，尹炳槐.基于VB.NET2010 的水文资料测验应用系统[J].人民长江，2016（S1）：66–70.

[446] 于建华，杨胜勇.水文信息采集与处理[M].北京：中国水利水电出版社，2015.

[447] 王俊，熊明，等.水文监测体系创新及关键技术研究[M].北京：中国水利水电出版社，2015.

[448] 崔强，未林，王兵，等.京郊白河湾水文形态调查及生态修复模式探讨[J].中国水土保持，2015（12）：52–54.

[449] 冉大川，焦鹏，姚文艺，等.泾河东川近期水沙变化对高强度人类活动的响应[J].水土保持学报，2015（2）：23–29.

[450] 张启，杨天春，许德根，等.天然电场选频法在煤矿水文地质调查中的应用[J].矿业工程研究，2015（4）：39–42.

[451] 胡余忠，姚学斌，章彩霞，等.山洪影响调查评价与预警体系建设方法研究——以昌江芦溪河段为例[J].水文，2015（3）：20–25.

[452] 胡贵明，黄春长，周亚利，等.伊河龙门峡段全新世古洪水和历史洪水水文学重建[J].地理学报，2015（7）：1165–1176.

[453] 樊明兰，吴付华.大渡河长河坝水电站设计洪水分析[J].人民长江，2015（S2）：16–18.

[454] 董林垚，刘纪根，张平仓，等.山洪灾害调查评价过程实践问题刍议[J].中国水利，2015（13）：26–28.

[455] 崔双科，惠璠，郭雅妮，等.秃尾河流域水质调查与分析[J].水土保持研究，2016（4）：351–356.

[456] 师宝寿.昭通市昭阳区"2014·7·10"洪水灾害成因分析[J].人民珠江，2015（6）：128–130.

[457] 魏艳红，王志杰，何忠，等.延河流域2013 年7月连续暴雨下淤地坝毁坏情况调查与评价[J].水土保持通报，2015（3）：250–255.

[458] 冉大川，齐斌，肖培青，等.佳芦河流域特大暴雨洪水对下垫面治理的响应[J].水土保持研究，2015（6）：7–13.

[459] 韩勇，郑粉莉，徐锡蒙，等.子午岭林区浅层滑坡侵蚀与植被的关系——以富县"7·21"特大暴雨为例[J].生态学报，2016（15）：4635–4643.

[460] 何挺.东沟流域"2015·07"暴雨洪水特征分析[J].水科学与工程技术，2016（5）：29–32.

[461] 屈永平，唐川，卜祥航，等.石棉县熊家沟"7·04"泥石流堵江调查与分析[J].水利学报，2016（1）：

44–53.

[462] 邢立亭，王立艳，黄林显，等. 内陆浅层咸水区渗透性变异过程[J].科学通报，2015（11）：1048–1055.

[463] 赵堃，苏保林，管毓堂，等.不同降雨水平年条件下旱作玉米面源污染试验[J].南水北调与水利科技，2016（2）：15–20.

[464] 唐凯，何新林，姜海波，等. 干旱区平原水库消减水面蒸发试验研究[J].水利水电技术，2016（1）：12–16.

[465] 樊才睿，李畅游，孙标，等. 不同放牧制度草场产流产沙过程模拟试验[J].水土保持学报，2016（1）：47–53.

[466] 马小玲，张宽地，赵珂珂，等. 多沙粗沙区细沟流水动力学试验研究[J].泥沙研究，2016（5）：14–19.

[467] 黄伟，刘亚坤，吴华林，等. 泥沙起动过程中床面切应力与含沙量关系的试验研究[J].泥沙研究，2016（1）：63–67.

[468] 康宏亮，王文龙，薛智德，等. 陕北风沙区含砾石工程堆积体坡面产流产沙试验[J].水科学进展，2016（2）：256–265.

[469] 何靖，白丹，郭霖，等. 竖管地下灌溉粉质壤土入渗湿润体的试验研究[J].水土保持研究，2016（6）：69–72.

[470] 孙晓旭，丁克强，史公勋. 降水入渗过程中土柱出流水盐分变化试验研究[J].人民黄河，2017（1）：92–94，140.

[471] 王军，陈胖胖，杨青辉，等. 桥墩影响下冰塞水位变化规律的试验[J].水科学进展，2015（6）：867–873.

[472] 贾瑞亮，周金龙，高业新，等. 干旱区高盐度潜水蒸发规律初步分析[J].水科学进展，2015（1）：44–50.

[473] 田培，潘成忠，许新宜，等. 坡面流速及侵蚀产沙空间变异性试验[J].水科学进展，2015（2）：178–186.

[474] 李国敏，余明辉，陈曦，等. 均质土岸坡崩塌与河床冲淤交互过程试验[J].水科学进展，2015（1）：66–73.

[475] 周小松，张建山，杨晓鹏，等. 加勒比海海边某基坑工程抽水试验实施与分析[J].水利学报，2015（S1）：209–213.

[476] 张维，唐翔宇，鲜青松. 紫色土坡地泥岩裂隙潜流中的胶体迁移[J].水科学进展，2015（4）：543–549.

[477] 施明新，吴发启，田国成. 地表糙率对坡面流流速影响的试验研究[J].水力发电学报，2015（6）：117–124.

[478] 米宏星，陈晓燕，赵宇，等. 黄土坡面细沟径流流速的试验研究[J].水土保持学报，2015（1）：66–69，110.

[479] 陈仁升，等. 寒区水文野外观测方法[M]. 北京：科学出版社，2015.

[480] 曹飞凤，尹祖宏. 融合 MCMC 方法的差分进化算法在水文模型参数优选中的应用[J].南水北调与水利科技，2015（2）：202–205.

[481] 郝静，贾仰文，张永祥，等. 应用正交试验法分析地下水流模型参数灵敏度[J].人民黄河，2015（9）：66–68.

[482] 付翠，刘元会，郭建青，等. 识别河流水质模型参数的单纯形–差分进化混合算法[J].水力发电学报，2015（1）：125–130.

[483] 张昊，顾强康，张仁义. Mualem 模型中的饱和导水率修正研究[J].水土保持通报，2015（3）：168–171.

[484] 王晓峰，时红莲，唐志政，等. 基于统计模型的非饱和土渗透系数函数研究[J].长江科学院院报，2015（1）：102–105.

[485] 胡诗松，陈进，尹正杰. 基于极大似然法的负偏水文序列参数估计方法研究[J].长江科学院院报，2015（6）：116–119，126.

[486] 姚梦婷，高超，陆苗，等. 1959—2008 年淮河流域极端径流的强度和频率特征[J].地理研究，2015（8）：1535–1546.

[487] 孟彩侠，王平义，张晓伟，等. 三种拟合评价法计算水文频率的比较[J].南水北调与水利科技，2015（6）：

1036-1039.

[488] 俞超锋, 刘新成. 基于 MATLAB 的 P-Ⅲ型频率曲线参数估算的优化[J].人民黄河, 2015（8）: 24-26.

[489] 刘章君, 郭生练, 胡瑶, 等. 基于 Copula-MonteCarlo 法的水库下游洪水概率分布研究[J].水力发电, 2015（8）: 17-22.

[490] 马海波, 赵东亮, 祝薄丽. 几种水文频率曲线参数估计方法的比较[J].人民黄河, 2016（3）: 9-11, 14.

[491] 吴晶, 陈元芳, 顾圣华, 等. 基于 TFPW-MK-Pettitt 和 EEMD 的非一致性水文频率计算方法[J].水电能源科学, 2016（1）: 23-26, 169.

[492] 李丹, 郭生练, 尹家波. 变参数 PDS/GP 模型及其在洪水频率分析中的应用[J].水利学报, 2016（10）: 1269-1276.

[493] 陈璐, 何典灿, 周建中, 等. 基于广义第二类 beta 分布的洪水频率分析[J].水文, 2016（6）: 1-6.

[494] 邓康婕, 魏晓妹, 降亚楠, 等. 基于地统计学的泾惠渠灌区地下水位时空变异性研究[J].灌溉排水学报, 2015（3）: 75-80.

[495] 刘海平, 钟国辉, 叶少文, 等.西藏尼洋河水环境特征多元统计分析[J].湖泊科学, 2015（6）: 1187-1196.

[496] 阿不都沙拉木•加拉力丁, 王欣, 师芸宏. 吐鲁番市地表水水化学特征变化分析[J].环境科学学报, 2015（8）: 2481-2486.

[497] 张乾, 包为民, 杨小强, 等.基于统计学与新安江模型相结合的土地利用变化引起的径流响应分析方法[J].水电能源科学, 2015（7）: 12-15.

[498] 冉大川, 姚文艺, 申震洲, 等. 黄河头道拐水沙变化多元驱动因子贡献率分析[J].水科学进展, 2015（6）: 769-778.

[499] 王贺佳, 武鹏林. 基于 Fisher 最优分割法的汛期分期[J].人民黄河, 2015（8）: 30-34.

[500] 卢燕宇, 谢五三, 田红.基于水文模型与统计方法的中小河流致洪临界雨量分析[J].自然灾害学报, 2016（3）: 38-47.

[501] 赵丹, 张天菊, 臧红飞. 基于灰色马尔可夫链的兰村泉域地下水位预测[J].人民黄河, 2015（4）: 69-72.

[502] 李翊, 兰华勇, 严华. 基于图像处理和 BP 神经网络的水位识别研究[J].人民黄河, 2015（12）: 12-15.

[503] 张建锋, 刘见宝, 崔树军, 等. 小波-神经网络混合模型预测地下水水位[J].长江科学院院报, 2016（8）: 18-21.

[504] 吴琼, 陈志军. 基于果蝇优化算法的支持向量机径流预测[J].人民黄河, 2015（9）: 28-31.

[505] 李文红. 无资料地区计算年径流均值的幂函数算法[J].人民黄河, 2015（3）: 25-27.

[506] 包为民, 周俊伟, 江鹏, 等. 水位流速耦合演算模型研究[J].水科学进展, 2015（6）: 795-800.

[507] 李红霞, 何清燕, 彭辉, 等. 基于耦合相似指标的最近邻法在年径流预测中的应用[J].水科学进展, 2015（2）: 161-168.

[508] 殷建, 宋松柏. 基于随机加权先验的 P-Ⅲ分布参数贝叶斯估计[J].水文, 2015（3）: 1-7.

[509] 兰甜, 张洪波, 王斌, 等. 基于改进多元模糊均生函数的天然径流预测及其验证[J]. 水力发电学报, 2016（11）: 52-63.

[510] 郭巧玲, 韩振英, 苏宁, 等. R/S-GM（1, 1）组合模型在径流预测中的应用[J].水利水电科技进展, 2016（6）: 15-19, 68.

[511] 王远坤, 王栋. 基于样本熵理论的长江干流径流序列复杂性分析[J].河海大学学报（自然科学版）, 2015（3）: 203-207.

[512] 张应华, 宋献方. 水文气象序列趋势分析与变异诊断的方法及其对比[J].干旱区地理, 2015（4）: 652-665.

[513] 冯文宏, 董青竹, 韩志伟, 等. 基于滑动移除近似熵的泾河径流序列变异分析[J].人民黄河, 2015（7）:

31–33.

[514] 张洪波, 王斌, 兰甜, 等. 基于经验模态分解的非平稳水文序列预测研究[J].水力发电学报, 2015（12）: 42–53.

[515] 冯平, 黄凯. 水文序列非一致性对其参数估计不确定性影响研究[J].水利学报, 2015（10）: 1145–1154.

[516] 黄凯, 冯平. 基于非一致性水文序列的水库极限防洪风险复核分析[J].水力发电学报, 2016（1）: 28–37.

[517] 赵文秀, 张晓丽, 李国会. 基于随机森林和 RBF 神经网络的长期径流预报[J].人民黄河, 2015（2）: 10–12.

[518] 马建琴, 毕静静, 赵晓慎. 气象干旱组合预测模型研究及其应用[J].人民黄河, 2015（4）: 10–13.

[519] 臧冬伟, 陆宝宏, 朱从飞, 等. 基于灰色关联分析的 GA–BP 网络需水预测模型研究[J].水电能源科学, 2015（7）: 39–42.

[520] 崔东文, 金波. 基于改进的回归支持向量机模型及其在年径流预测中的应用[J].水力发电学报, 2015（2）: 7–14.

[521] 朱双, 周建中, 孟长青, 等. 基于灰色关联分析的模糊支持向量机方法在径流预报中的应用研究[J].水力发电学报, 2015（6）: 1–6.

[522] 刘登峰, 王栋, 王远坤. 考虑矩阶数的最大熵方法及其在水文随机模拟中的应用[J].水力发电学报, 2015（9）: 20–28.

[523] 郝建浩, 唐德善, 尹笋, 等. 基于广义回归神经网络模型的径流预测研究[J].水电能源科学, 2016（12）: 49–52.

[524] 郝丽娜, 粟晓玲, 黄巧玲. 基于小波广义回归神经网络耦合模型的月径流预测[J].水力发电学报, 2016（5）: 47–54.

[525] 吴晶, 陈元芳, 余胜男.基于随机森林模型的干旱预测研究[J].中国农村水利水电, 2016（11）: 17–22.

[526] 王文圣, 金菊良, 丁晶. 随机水文学（第三版）[M]. 北京: 中国水利水电出版社, 2016.

[527] 阮云峰, 赵良菊, 肖洪浪, 等. 黑河流域地下水同位素年龄及可更新能力研究[J].冰川冻土, 2015（3）: 767–782.

[528] 李瑞, 肖琼, 刘文, 等. 运用硫同位素、氮氧同位素示踪里湖地下河硫酸盐、硝酸盐来源[J].环境科学, 2015（8）: 2877–2886.

[529] 张志强, 张强, 班兆玉, 等. 基于示踪试验的岩溶管道及水力参数定量解析[J].人民长江, 2015（11）: 80–83.

[530] 王婧, 袁洁, 谭香, 等. 汉江上游金水河悬浮物及水体碳氮稳定同位素组成特征[J].生态学报, 2015（22）: 7338–7346.

[531] 张翔, 邓志民, 潘国艳, 等. 鄱阳湖湿地土壤水稳定同位素变化特征[J].生态学报, 2015（22）: 7580–7588.

[532] 汪集旸, 陈建生, 陆宝宏, 等. 同位素水文学的若干回顾与展望[J].河海大学学报（自然科学版）, 2015（5）: 406–413.

[533] 孙芳强, 尹立河, 马洪云, 等. 新疆三工河流域土壤水 δD 和 $\delta \sim (18) O$ 特征及其补给来源[J].干旱区地理, 2016（6）: 1298–1304.

[534] 程立平, 刘文兆, 李志, 等. 长武黄土塬区土地利用变化对潜水补给的影响[J].水科学进展, 2016（5）: 670–678.

[535] 贺国平, 刘培斌, 慕星, 等. 永定河冲洪积扇地下水中硝酸盐来源的同位素识别[J].水利学报, 2016（4）: 582–588.

[536] 靳书贺, 姜纪沂, 迟宝明, 等. 基于环境同位素与水化学的霍城县平原区地下水循环模式[J].水文地质工程地质, 2016（4）: 43–51.

[537] 王文祥, 安永会, 李文鹏, 等. 基于环境同位素技术的张掖盆地地下水流动系统分析[J].水文地质工程

地质，2016（2）：25-30.

[538] 赵辉，孟莹，董维红，等. 挠力河流域水体氢氧同位素与水化学特征[J].人民黄河，2017（1）：73-78.

[539] 黄一民，章新平，孙葭，等. 长沙大气水汽、降水中稳定同位素季节变化及与水汽输送关系[J].地理科学，2015（4）：498-506.

[540] 宋梦媛，李忠勤，金爽，等. 托木尔峰青冰滩72号冰川流域同位素特征及径流分割研究[J].干旱区资源与环境，2015（3）：156-160.

[541] 庞朔光，赵诗坤，文蓉，等. 海河流域大气降水中稳定同位素的时空变化[J].科学通报，2015（13）：1218-1226.

[542] 黄锦忠，谭红兵，王若安，等. 我国西北地区多年降水的氢氧同位素分布特征研究[J].水文，2015（1）：33-39，50.

[543] 王贺，李占斌，马波，等. 黄土高原丘陵沟壑区流域不同水体氢氧同位素特征——以纸坊沟流域为例[J].水土保持学报，2016（4）：85-90，135.

[544] 史晓宜，蒲焘，何元庆，等. 典型温冰川区湖泊的稳定同位素空间分布特征[J].环境科学，2016（5）：1685-1691.

[545] 靳晓刚，张明军，王圣杰，等. 基于氢氧稳定同位素的黄土高原云下二次蒸发效应[J].环境科学，2015（4）：1241-1248.

[546] 李广，章新平，张立峰，等. 长沙地区不同水体稳定同位素特征及其水循环指示意义[J].环境科学，2015（6）：2094-2101.

[547] 于靖，张华. 城市小型河流水动力弥散和潜流交换过程[J].水科学进展，2015（5）：714-721.

[548] 陈曦，李志，程立平，等. 黄土塬区大气降水的氢氧稳定同位素特征及水汽来源[J].生态学报，2016(1)：98-106.

[549] 姚俊强，刘志辉，郭小云，等. 呼图壁河流域水体氢氧稳定同位素特征及转化关系[J].中国沙漠，2016（5）：1443-1450.

[550] 姚天次，章新平，李广，等. 湘江流域岳麓山周边地区不同水体中氢氧稳定同位素特征及相互关系[J].自然资源学报，2016（7）：1198-1210.

[551] 王彩霞，张杰，董志文，等. 基于氢氧同位素和水化学的祁连山老虎沟冰川区径流过程分析[J].干旱区地理，2015（5）：927-935.

[552] 金彦香，强明瑞，刘英英，等. 共和盆地更尕海湖泊现代水环境与碳酸盐碳氧同位素组成变化[J].科学通报，2015（9）：847-856.

[553] 詹泸成，陈建生，黄德文，等. 长江干流九江段与鄱阳湖不同季节的同位素特征[J].水利学报，2016(11)：1380-1388.

[554] 黄一民，宋献方，章新平，等. 洞庭湖流域不同水体中同位素研究[J].地理科学，2016（8）：1252-1260.

[555] 孙焰，祁士华，张莉，等. 武汉市洪山区夏季PM_（2.5）浓度、水溶性离子与PAHs成分特征及来源分析[J].环境科学，2016（10）：3714-3722.

[556] 张小娟，宋维峰，吴锦奎，等. 元阳梯田水源区土壤水氢氧同位素特征[J].环境科学，2015(6)：2102-2108.

[557] 刘树宝，陈亚宁，陈亚鹏，等. 基于稳定同位素技术的黑河下游不同林龄胡杨的吸水深度研究[J].生态学报，2016（3）：729-739.

[558] 王小婷，温学发. 黑河中游春玉米叶片水 δD 和 δ~(18)O 的富集过程和影响因素[J].植物生态学报，2016（9）：912-924.

[559] 李毅，石豫川，王平，等. 基于DEM的吉太曲流域水文信息分析[J].人民黄河，2015（9）：32-34，37.

[560] 彭培，林爱文. 基于AGREE算法的河流水系提取[J].水电能源科学，2015（4）：27-29.

[561] 赵斌滨，程永锋，丁士君，等. 基于 SRTM-DEM 的我国地势起伏度统计单元研究[J].水利学报，2015（S1）：284-290.

[562] 章玉霞，姚成，李致家，等. 流域数字化过程中出口断面的自动识别方法研究[J].水力发电，2015（4）：12-14，65.

[563] 黄平，张行南，徐涛，等. 常用免费 DEM 数据质量分析[J].南水北调与水利科技，2016（2）：75-81.

[564] 高玉芳，陈耀登，蒋义芳，等. DEM 数据源及分辨率对 HEC-HMS 水文模拟的影响[J].水科学进展，2015（5）：624-630.

[565] 曾向辉，曲树国，冯杰. 一种改进的DEM数字水系简易提取方法研究[J].水利水电技术，2015（3）：17-21.

[566] 刘畅，辛小康，尹炜. 基于 DEM 的河道断面数据提取方法[J].人民长江，2015（S1）：9-11.

[567] 吴江，胡胜. DEM 分辨率对 SWAT 模型水文模拟的影响研究[J].灌溉排水学报，2016（11）：18-23.

[568] 于宴民，穆振侠. DEM 分辨率对喀什河流域径流模拟精度的影响[J].水电能源科学，2016（3）：19-23.

[569] 王正勇，杨胜梅，马琨，等. 基于空间信息技术的六股河流域河网水系提取[J].长江科学院院报，2016（11）：63-67.

[570] 张潇戈，曹广超，曹生奎. 基于 DEM 祁连山南坡河网提取时集水面积阈值的确定[J].中国农村水利水电，2016（1）：31-34，38.

[571] 钟登华，王飞，吴斌平，等. 从数字大坝到智慧大坝[J].水力发电学报，2015（10）：1-13.

[572] 陈海兵，尹欣，高铜祥，等.GPS 联合数字测深仪在水库库容测量中的应用研究[J].水利水电技术，2015（10）：43-46.

[573] 王昕，王国复，黄小猛. 科学大数据在全球气候变化研究中的应用[J].气候变化研究进展，2016（4）：313-321.

[574] 樊启祥，金和平，翁文林，等. 基于数字流域的梯级水电工程管理系统设计与应用实践[J].水力发电学报，2016（1）：136-145.

[575] 芮孝芳. 水文学与"大数据"[J].水利水电科技进展，2016（3）：1-4.

[576] 吴世勇，申满斌，熊开智. 数字流域理论方法与实践——雅砻江流域数字化平台建设及示范应用[M]. 郑州：黄河水利出版社，2016.

[577] 杨树文，李轶鲲，刘涛，等. 基于 SPOT5 影像自动提取水体的新方法[J].武汉大学学报（信息科学版），2015（3）：308-314.

[578] 陈鹏，张青，李倩. 基于 FY3A/MERSI 影像的几种常用水体提取方法的比较分析[J].干旱区地理，2015（4）：770-778.

[579] 周旻曦，刘永学，李满春，等. 多目标珊瑚岛礁地貌遥感信息提取方法——以西沙永乐环礁为例[J]. 地理研究，2015（4）：677-690.

[580] 位贺杰，张艳芳，董孝斌，等. 渭河流域植被 WUE 遥感估算及其时空特征[J].自然资源学报，2016（8）：1275-1288.

[581] 徐涵秋，刘智才，郭燕滨.GF-1PMS1 与 ZY-3MUX 传感器 NDVI 数据的对比分析[J].农业工程学报，2016（8）：148-154.

[582] 牛增懿，丁建丽，李艳华，等. 基于高分一号影像的土壤盐渍化信息提取方法[J].干旱区地理，2016（1）：171-181.

[583] 游炯，裴志远，王飞，等. 基于改进多元纹理信息模型和 GF-1 影像的县域冬小麦面积提取[J].农业工程学报，2016（13）：131-139.

[584] 张雨果，王飞，孙文义，等. 基于面向对象的 SPOT 卫星影像梯田信息提取研究[J].水土保持研究，2016（6）：345-351.

[585] 李纪人. 与时俱进的水利遥感[J]. 水利学报，2016（3）：436-442.

[586] 冯炼. 大型通江湖泊水沙时空动态遥感研究——以鄱阳湖为例[M]. 湖北：武汉大学出版社，2016.

[587] 夏浩铭，李爱农，赵伟，等. 遥感反演蒸散发时间尺度拓展方法研究进展[J]. 农业工程学报，2015（24）：162-173.

[588] 吴文挺，田波，周云轩，等. 中国海岸带围垦遥感分析[J]. 生态学报，2016（16）：5007-5016.

[589] 杜育璋，姜小光，张雨泽，等. 基于 Landsat-8 遥感数据和 PROSAIL 辐射传输模型反演叶面积指数[J]. 干旱区地理，2016（5）：1096-1103.

[590] 拉巴，格桑卓玛，拉巴卓玛，等. 1992—2014 年普若岗日冰川和流域湖泊面积变化及原因分析[J]. 干旱区地理，2016（4）：770-776.

[591] 李净，刘红兵，李龙，等. 基于多源遥感数据集的近 30a 西北地区植被动态变化研究[J]. 干旱区地理，2016（2）：387-394.

[592] 张震，刘时银，魏俊锋，等. 新疆帕米尔跃动冰川遥感监测研究[J]. 冰川冻土，2016（1）：11-20.

[593] 王永前，施建成，王皓，等. 基于多源遥感数据陆面大气水汽反演的物理统计算法研究[J]. 中国科学：地球科学，2016（1）：43-56.

[594] 吕爱锋，贾绍凤. 遥感驱动的分布式实际径流模拟研究[J]. 南水北调与水利科技，2016（3）：7-11.

[595] 岳胜如，李瑞平，邹春霞，等. 基于多波段 MODIS 遥感数据的乌审旗土壤含水量监测研究[J]. 水土保持通报，2016（2）：146-150.

[596] 郭艺歌，王新云，何杰，等. 基于多源遥感数据的森林生物量估算模型研究[J]. 人民长江，2016（3）：17-22.

[597] 王啸天，路京选. 基于垂直干旱指数（PDI）的灌区实际灌溉面积遥感监测方法[J]. 南水北调与水利科技，2016（3）：169-174，161.

[598] 刘元波，等. 水文遥感[M]. 北京：科学出版社，2016.

本章撰写人员及分工

本章撰写人员名单（按贡献排名）：甘容、陶洁、凌敏华、杜卫长。具体分工如下表。

节　名	作　者	单　位
负责统稿	甘容	郑州大学
2.1 概述		
2.2 以研究对象分类的水文学研究进展	凌敏华 甘容	郑州大学
2.3 以应用范围分类的水文学研究进展	陶洁	郑州大学
2.4 以工作方式分类的水文学研究进展	甘容	
2.5 以研究方法分类的水文学研究进展	甘容	郑州大学
2.6 与 2011—2012 年进展对比分析	杜卫长	黄河勘测规划设计有限公司

第 3 章　水资源研究进展报告

3.1　概述

3.1.1　背景与意义

（1）水资源是基础性的自然资源和战略性的经济资源，是一个国家综合国力的有机组成部分。水资源与粮食、石油资源并列为三大战略资源，水安全、粮食安全、能源安全并列为世界安全重要方面。2015 年 1 月在瑞士日内瓦召开的全球第 45 届达沃斯世界经济论坛，发布的《2015年全球风险报告》将水危机定为全球第一大风险因素。可见，水资源问题受到国际社会的高度重视。

（2）2011 年中央一号文件《中共中央、国务院关于加快水利改革发展的决定》指出"水是生命之源、生产之要、生态之基。兴水利、除水害，事关人类生存、经济发展、社会进步，历来是治国安邦的大事"。由于经济社会快速发展，水资源供需矛盾日益突出，水资源已成为制约我国国民经济发展的重大"瓶颈"。

（3）党的十八大报告提出"大力推进生态文明建设"，水利部提出加快推进水生态文明建设工作。水资源可持续利用，是经济社会可持续发展的根本前提，是生态文明建设的先决条件。实行最严格水资源管理制度是实现水资源可持续利用和推行水生态文明建设的具体抓手和制度保障。节水型社会建设是我国必须长期坚持的战略方针，是解决我国水问题的正确思路和优先选择。人水和谐思想是我国新时期提出的治水指导思想，水资源管理工作必须坚持人水和谐的原则。

（4）关于水资源方面的研究，已经成为 20 世纪 90 年代以来非常活跃的领域之一，相继出现大量的研究成果，提出很多理论方法和学术观点，极大地促进水资源的可持续利用和有效保护，同时，也带动水资源学的发展和经济社会可持续发展。因此，加强水资源研究，已成为支撑我国可持续发展的重要学科领域。

3.1.2　标志性成果或事件

（1）2015 年 3 月 22 日，第二十三届"世界水日"，第二十八届"中国水周"宣传活动。联合国确定的 2015 年"世界水日"宣传主题是"水与可持续发展"（Water and Sustainable Development），我国纪念"世界水日"和开展"中国水周"活动的宣传主题是"节约水资源，保障水安全"。

（2）2015 年 4 月，国务院发布《关于印发水污染防治行动计划的通知》（国发〔2015〕17号），即"水十条"，出重拳解决水污染问题。提出 238 项"硬措施"，除了 136 项改进强化措施、12 项研究探索性措施外，重点提出了 90 项改革创新措施，要求到 2020 年全国水环境质量得到阶段性改善。

（3）2015年7月，水利部发布《关于全面加强依法治水管水的实施意见》（水政法〔2015〕299号），提出全面加强依法治水管水，发挥法治在推动水利改革发展中的引领、规范和保障作用。

（4）2015年8月，水利部发布《关于印发推进海绵城市建设水利工作的指导意见的通知》（水规计〔2015〕321号），提出推进海绵城市建设水利工作的总体思路、主要任务和具体要求。

（5）2015年12月，水利部等七部委正式发布《全国水土保持规划（2015—2030年）》，这是我国水土流失防治进程中的一个重要里程碑，是今后一个时期我国水土保持工作的重要依据和发展蓝图。

（6）2016年1月，国务院办公厅印发《关于推进农业水价综合改革的意见》（国办发〔2016〕2号），对今后一个时期农业水价综合改革作出全面部署。

（7）2016年3月22日，第二十四届"世界水日"，第二十九届"中国水周"宣传活动。联合国确定的2015年"世界水日"宣传主题是"水与就业"（Water and Jobs），"中国水周"活动的宣传主题是"落实五大发展理念，推进最严格水资源管理"。

（8）2016年3月22日，中国水资源战略研究会成立大会暨全球水伙伴中国委员会第三届伙伴代表大会在京召开，选举产生了中国水资源战略研究会第一届理事会以及常务理事、副理事长、理事长。中国水资源战略研究会是全国性、学术性、非盈利性社会组织，旨在深入研究和研讨水资源领域的综合性、全局性、前瞻性问题，为推动水资源综合管理、保障水安全提供决策支撑。

（9）2016年4月11日，水利部发布了《水生态文明城市建设评价导则》，为评价水生态文明城市建设成效提供了技术标准，为在全国范围内创建水生态文明城市提供了重要的专业指导，为今后城市水利工作特别是城市水生态系统的保护和修复工作提供了指南。

（10）2016年4月25—26日，水利部在银川市召开2016年水资源管理工作座谈会，总结"十二五"水资源管理工作，安排部署"十三五"和2016年水资源管理重点工作。会议提出：抓紧完成水资源管理控制指标分解，实现2020年用水总量指标省市县三级行政区全覆盖；加快建立以县域为单元水资源承载能力监测预警机制；逐步完善节水政策制度体系，强化规划和建设项目水资源论证；不断强化水资源和水生态保护；做好水流产权确权试点工作；加快水价、水权制度改革和机制创新；大力提升水资源计量监控能力；严格实施水资源管理考核。

（11）2016年4月，水利部发布《关于印发水权交易管理暂行办法的通知》（水政法〔2016〕156号），对可交易水权的范围和类型、交易主体和期限、交易价格形成机制、交易平台运作规则等作出了具体的规定，对当前水权水市场建设中的热点问题作出了正面回答和规定。

（12）2016年6月28日，第一个国家级水权交易平台——中国水权交易所在京开业，以推动水权交易规范有序开展。开业活动中，宁夏回族自治区中宁县与京能集团的代表，河南省新密市与平顶山市的代表，北京市与河北省、山西省的代表，分别签署了水权交易协议。

（13）2016年6月，水利部发布《关于加强水资源用途管制的指导意见》（水资源〔2016〕234号），明确了加强水资源用途管制的重要性和紧迫性、总体要求、主要任务和保障措施，提出"优先保障城乡居民生活用水、确保生态基本用水、优化配置生产用水、严格水资源用途监管"的思路，是今后一段时间全面加强水资源用途管制的重要指导性文件。

（14）2016 年 7 月 20 日，国家水资源监控能力建设项目（2012—2014 年）在北京正式通过验收。建成了取用水、水功能区、大江大河省界断面等三大监控体系，水利部、流域和省等三级水资源监控管理信息平台，实现了对全国 75%以上河道外颁证取水许可水量的在线监测，80%以上国家重要江河湖泊水功能区的水质常规监测，重要地表水饮用水水源地水质基本在线监测，大江大河省界断面水质监测全覆盖。将继续实施国家水资源监控能力建设项目（2016—2018 年）。

（15）2016 年 10 月 18 日，水利部和发展改革委联合印发了《"十三五"水资源消耗总量和强度双控行动方案》。该方案提出：到 2020 年，水资源消耗总量和强度双控管理制度基本完善，双控措施有效落实，双控目标全面完成，初步实现城镇发展规模、人口规模、产业结构和布局等经济社会发展要素与水资源协调发展。各流域、各区域用水总量得到有效控制，地下水开发利用得到有效管控，严重超采区超采量得到有效退减，全国年用水总量控制在 6700 亿 m^3 以内。万元国内生产总值用水量、万元工业增加值用水量分别比 2015 年降低 23%和 20%；农业亩均灌溉用水量显著下降，农田灌溉水有效利用系数提高到 0.55 以上。

（16）2016 年 11 月 4 日，水利部、国土资源部印发《水流产权确权试点方案》通知，选择宁夏回族自治区、甘肃省疏勒河流域、丹江口水库等区域和流域开展水流产权确权试点，明确通过 2 年左右时间，探索水流产权确权的路径和方法，界定权利人的责权范围和内容，着力解决所有权边界模糊，使用权归属不清，水资源和水生态空间保护难、监管难等问题，为在全国开展水流产权确权积累经验。11 月 11 日，水利部、国土资源部在北京联合召开水流产权确权试点工作启动会。

（17）2016 年 11 月 10 日，水利部、发展改革委在北京联合召开全面实施水资源消耗总量和强度双控行动视频会议。会议指出：实施水资源消耗双控行动，全面节约和高效利用水资源，是破解我国水资源短缺瓶颈、确保水资源可持续利用的战略举措，是助推供给侧结构性改革、加快转变经济发展方式的有力抓手，是贯彻落实绿色发展理念、加快推进生态文明建设的内在要求，是创新水资源管理体制机制、提升水治理能力的重要途径，事关"五位一体"总体布局和"四个全面"战略布局，事关中华民族永续发展和国家长治久安。

3.1.3　本章主要内容介绍

本章是有关水资源研究进展的专题报告，主要内容包括以下几部分。

（1）对水资源研究的背景及意义、有关水资源 2015—2016 年标志性成果或事件、本章主要内容以及有关说明进行简单概述。

（2）本章从 3.2 节开始按照水资源内容进行归纳编排，主要内容包括：水资源理论方法研究进展、水资源模型研究进展、水资源分析评价论证研究进展、水资源规划与管理研究进展、水资源配置研究进展、气候变化下水资源研究进展、水战略与水问题研究进展。最后简要归纳 2015—2016 年进展与 2011—2014 年进展的对比分析结果。

3.1.4　有关说明

本章是在《中国水科学研究进展报告 2011—2012》[1]（2013 年 6 月出版）、《中国水科学研究进展报告 2013—2014》[2]（2015 年 6 月出版）的基础上，在广泛阅读 2015—2016 年相关文献的基础上，系统介绍 2015—2016 年有关水资源的研究进展。其中，本章的"背景与意义"、整体框架引自或参考《中国水科学研究进展报告 2011—2012》[1]《中国水科学研究进展报告 2013—

2014》[2]。另外，因为相关文献很多，本书只列举最近两年有代表性的文献，且所引用的文献均列入参考文献中。

3.2 水资源理论方法研究进展

水资源是经济社会发展的重要基础资源，水资源研究是水科学的一个重要学科方向，国内有大量的科研人员参与研究，每年不断涌现出大量的研究成果。其中水资源理论方法研究是其重要的基础，一方面，它是水资源基础研究不断深入的理论探讨；另一方面，它是水资源应用与时俱进、不断深入的经验总结和理论深化。

3.2.1 在水资源新理论总结与应用研究方面

水资源研究是一个传统研究方向，最近 2 年关于水资源新理论研究和应用的文献不多，说明一个新理论的提出确实不易，此外，能高屋建瓴地总结阐述水资源新理论、新思想的文献也比较少。以下仅列举几个有代表性的文献以供参考。

（1）吴普特等[3]提出了实体水–虚拟水耦合流动效应的基本理论框架，指出实体水–虚拟水耦合流动是现代环境下自然–经济–社会水资源系统呈现的新特征；论述了实体水–虚拟水耦合流动过程的路径结构，并针对其流动过程和状态表征提出了定量表达方程，初步构建了实体水–虚拟水耦合流动基本理论框架。

（2）王建华等[4]在承载力视域下，从双控行动的基本定位、评价标准、实现路径、科技需求等方面进行解析，提出水资源双控行动的根本目的是促进经济社会发展要素与水资源承载力相协调，衡量水资源双控行动实施成效的标准是区域水资源承载状况，实现双控行动目标的根本路径是水资源承载力的科学调控，并提出水资源承载力研究要解决的关键科学问题和关键技术。

（3）何大明等[5]回顾了国际河流水安全与水权益保障的研究进展，判识了存在的问题及面临的挑战。围绕创建全球变化下跨境水资源利益共享理论与方法体系研究目标，提出了需要解决的关键科学问题、技术瓶颈和创新思路，设置了主要研究目标与内容、总体方案与技术路线。

（4）陈似蓝等[6]以城市为重点，深入剖析了社会经济用水需求对水循环的干扰和驱动原理，通过类比物理学中的麦克斯韦方程组，初步定义了城市水资源需求场 —— "水场"的概念，提出了城市"水场"强度的计算公式。以海河流域 22 个主要城市为例，应用水场强度计算公式定量描述了海河流域的水场强度，分析了水资源的流动趋势。

（5）孟伟等在《流域水质目标管理理论与方法学导论》[7]中提出了我国流域水质目标管理模式，阐述了以水生态系统健康保护为目标的流域水质目标管理的关键技术及其管理原则。

3.2.2 在可持续发展与水资源可持续利用研究方面

关于可持续发展与水资源可持续利用方面的研究，一直以来都是研究的热点问题，也是水资源学科的基础研究内容，具有重要的理论及应用意义。最近两年也同样涌现出一大批研究成果，从总体来看，关于理论方法研究的成果较少，主要是应用研究成果。以下仅列举有代表性的文献以供参考。

（1）有一些关于水资源可持续利用评价方法讨论的文献，但文献较少，进展不大，多数是一些老方法或其他方法的应用。王壬等对比分析了两类共 7 种区域水资源可持续利用评价方法，进一步揭示不同评价方法的特点与应用效果[8]，石红等研究了基于生态网络分析的流域水资源可持续性评价方法[9]，陈继光等研究了基于灰面积关联决策的水资源可持续利用潜力评价方法[10]，梁晓龙等研究了基于 SVR 的指标规范值的水资源可持续利用评价模型[11]，魏光辉研究了基于熵权可拓物元模型的水资源可持续利用评价方法[12]，赵敏等研究了 TRIZ 理论在水资源可持续利用中的应用方法[13]，李桂君等在北京市研究了水–能源–粮食可持续发展系统动力学模型构建与仿真[14]。

（2）有关水资源可持续利用的应用研究成果较多，比如，陈午等在北京市所做的基于改进序关系法的水资源可持续利用评价[15]，凌红波等研究了吐鲁番地区水资源可持续利用评价[16]，苏茂林研究了黄河水资源管理制度建设与流域经济社会的可持续发展[17]，邝远华等研究了佛山市水资源可持续利用综合评价[18]，李俊晓等在泉州市研究了基于 AHP–模糊综合评价方法的水资源可持续利用评价[19]，靖娟等在鄂尔多斯市研究了基于能值的水资源生态经济系统可持续发展动态分析[20]，陈智举等在南京市应用水资源足迹模型对城市水资源持续利用研究[21]，王云丽研究了南水北调中线受水区水资源可持续利用评价[22]，李允洁等研究了浙江省水资源可持续利用分析[23]，谷红梅等研究了人民胜利渠灌区水资源可持续利用综合评价[24]，吕平毓等研究了重庆市水资源可持续利用评价[25]，万文华等研究了南水北调条件下北京市供水可持续评价[26]，赵锐等研究了乐山市区域水资源可持续利用评价[27]，吴全志等研究了贵州省水资源可持续利用分析[28]，杨泉等在襄阳市研究了基于水资源环境承载力理论下城市可持续发展[29]，刘占衍等研究了成安县基于可持续发展理念下的水资源开发利用[30]，辛昊林等研究了庆阳市水资源可持续利用发展[31]，邹君在《湖南生态水资源系统脆弱性评价及其可持续利用研究》一书中系统研究了湖南省水资源可持续利用问题[32]。

3.2.3　在人水和谐理论方法及应用研究方面

人水关系是当今世界水问题研究的热点，人水和谐是人与自然和谐相处的关键问题，也是新时期治水思路的本质要求。最近两年在人水和谐理论方法研究方面成果不多，基于人水和谐的应用研究较多。这里只介绍最近两年有代表性的几个文献资料。

（1）左其亭等[33]基于能–水关联规律，从和谐论理念、和谐论五要素及和谐度方程三个方面对能–水关联进行了解读，立足于可持续发展理念，探讨了能源系统、水资源系统、能–水关联的和谐发展途径，提出了具体的发展措施。

（2）王梅等[34]介绍了基于模糊物元的综合评价模型在区域人水和谐评价中的应用研究成果，张金鑫等[35]提出了基于云模型的流域人水和谐评价方法，宋庆林[36]分析了人与水的和谐关系，孟珍珠等[37]研究了和谐论在水资源承载力综合评价中的应用。

（3）宋一凡等[38]研究了二连浩特市水资源与经济社会和谐度评价，杨树红[39]研究了克里雅河流域水工程与水资源和谐状况。

3.2.4　在水资源承载能力研究方面

关于水资源承载能力的研究，一直以来都是研究的热点问题，也是保障经济社会可持续发展的基础研究内容，具有重要的理论及应用意义。最近两年也同样涌现出一大批理论研究、技术方法研究和应用研究的成果，从总体来看，关于理论方法研究的成果较少，主要是技术方法的应用研究。以下仅列举有代表性的文献以供参考。

（1）丁晶等[40]将"设计"的概念和思维融入到水资源承载力之中，提出水资源设计承载力的确切定义，并界定其内涵。根据设计的供水保证率和发展模式分别计算相应的可供水量和用水量，基于供用水平衡，推求出可承载的最大人口数量。

（2）左其亭等[41]在总结水资源承载力研究成果的基础上，阐述了水资源动态承载力的概念与内涵，提出了气候变化下水资源动态承载力计算的理论框架及基于预测–模拟–优化的控制目标反推模型计算方法（即 PSO–COIM 方法），并以我国最大内陆河塔里木河流域为典型实例，通过构建径流与气温、降水等气象因子的 ARIMAX 动态回归预测模型，分析计算 RCP8.5、RCP4.5 和 RCP2.6 三种气候情景下塔里木河流域未来不同水平年水资源动态承载力。

（3）周孝德等在《资源性缺水地区水环境承载力研究及应用》[42]一书中，针对我国北方资源性缺水地区普遍存在的问题，面向生态文明制度建设需求，以水资源、水环境科学技术领域内"资源环境承载能力评估预测"为突破点，综合考虑资源性缺水地区水资源数量与质量的关系，兼顾理论研究与实际应用，构建了区域水环境承载力量化模式。

（4）基于多种方法来研究水资源承载能力。比如，魏光辉等研究基于正态云模型的区域水资源承载力评价方法[43]，罗宇等研究基于 SD 模型的水资源承载力计算[44]，刘卉等研究了基于土壤水资源利用的农业水资源承载力[45]，焦露慧等研究了资源性缺水地区流域水环境承载力评价模型[46]，王建华等研究了基于动态试算反馈的水资源承载力评价方法[47]，王翠等研究了基于系统动力学的水资源承载力[48]，刘成刚研究了 PSR 模型在水资源承载力计算中的应用[49]，代涛等研究了基于集对分析法的水资源承载能力评价[50]，张晗等研究了基于最优赋权方法的水土资源承载力评价[51]，王丽等研究基于"五水共治"规划的水资源承载力评估[52]，程彦培等研究基于土地利用的水资源承载力评价方法[53]。

（5）此外，还有大量有关水资源承载能力的应用研究成果。比如，一些学者在淮河流域[54]、黑河中游[55]等流域尺度上的研究；在辽宁[56]、陕西[57][58]、江西[59]、云南[60][61]、辽宁[62]、广西[63]、湖北[64]、黑龙江[65]、浙江[66]、江苏[67]、新疆[68]等省级区域尺度上的研究；在阜阳市[69]、南通市[70]、南宁市[71][72]、佳木斯市[73]、海岛型城市[74]、徐州市[75]、成都市[76]、乌鲁木齐市[77]、博尔塔拉蒙古自治州[78]、南京市[79]、大连市[80]、延安市[81]、鄂尔多斯市[82]、莱州市[83]等市级区域尺度上的研究；在中原城市群[84][85]、滇中城市群[86]等城市群尺度上的研究；在天山北坡经济带[87]、广西北部湾经济区[88]、绥化市北林区[89]、大柳树灌区宁夏分区[90]、赣抚平原灌区[91]、黄土高原典型矿区[92]、喀斯特地区[93]、京津冀都市（规划）圈[94]、嵩明县[95]等其他区域尺度上的研究。

3.2.5 在水生态文明理念及其在水资源应用研究方面

2013 年 1 月，水利部印发了《关于加快推进水生态文明建设工作的意见》（水资源〔2013〕1 号文件），提出把生态文明理念融入到水资源开发、利用、治理、配置、节约、保护的各方面和水利规划、建设、管理的各环节，加快推进水生态文明建设。随后，从 2013 年开始，每年都涌现出一大批有关水生态文明概念、内涵、理论及应用研究的成果。最近 2 年又出现一些新的成果，以下仅列举有代表性的文献以供参考。

（1）王浩等在《水生态文明建设规划理论与实践》[96]一书中，阐述了水生态文明的概念、内涵、水生态文明建设的总体思路，提出了有防洪减灾体系、供水保障体系、水环境修复体系、水生态保护体系、水文化建设体系和水管理建设体系构成的水生态文明建设规划体系。

（2）左其亭等[97]从我国基本国情、水情出发，结合水生态文明现状，在对水生态文明概念、内涵和建设目标认真分析的基础上，提出了构建水生态文明建设理论体系的设想，并给出水生态文明建设理论体系的初步框架；阐述了理论体系的主要内容，包括水生态文明建设的思想体系、基本理论和技术方法等。

（3）石秋池等[98]从人水作用关系出发，介绍了中华水文化的历史及可传承的丰富遗产，结合目前相关工作的开展情况，提出了水生态文明建设的一些建议，比如水生态文明建设要主动作为、因地制宜、多部门联动、多规合一、积极创新及系统规划等。

（4）左其亭等[99]基于对水生态文明内涵的解读，提出水生态文明定量评价的五个准则（和谐发展、节约高效、生态保护、制度保障和文化传承）。以此为切入点，提出水生态文明定量评价方法体系，包括理论框架、指标体系、评价标准和评价方法。为了评价水生态文明阶段性目标的完成情况，提出水生态文明目标完成指数的计算方法。

（5）傅春等在《河湖健康与水生态文明实践》[100]一书中，总结和介绍了我国水生态文明建设的主要内容与试点建设的类型，阐述了河湖健康与水生态文明建设的评价指标，对比分析了我国南北地区水生态文明城市建设的评价标准。

（6）赵玉红等[101]利用数据包络线法（DEA）分析水生态文明城市建设过程中，资源投入对于水生态环境改善的影响程度。

（7）此外，还有结合实际开展的有关水生态文明建设的应用研究成果，比如，宋梦林等研究了河南省水生态文明建设试点城市生态系统健康评价[102]，郑大俊等研究了基于水生态文明视角的都江堰水文化[103]，李坚等研究了北京水生态文明建设评估与预测[104]。

3.2.6　在最严格水资源管理思想及理论研究方面

我国政府于 2009 年首次提出实施最严格水资源管理制度的构想，2011 年中央一号文件明确指出要"实行最严格的水资源管理制度"，2012 年 1 月国务院发布《关于实行最严格水资源管理制度的意见》（国发〔2012〕3 号文件），2013 年 1 月国务院办公厅发布《关于印发实行最严格水资源管理制度考核办法的通知》（国办发〔2013〕2 号文件）。从 2011 年开始，国内陆续有一些学者开展有关最严格水资源管理的研究，涌现一批研究成果，成为新的研究热点。总体来看，最近两年关于这方面的理论探讨不足，应用研究较多。以下仅列举有代表性的理论研究文献以供参考。

（1）左其亭等在《最严格水资源管理制度研究——基于人水和谐视角》[105]一书中，系统阐述了最严格水资源管理制度的技术标准体系、行政管理体系、政策法律体系。技术标准体系内容包括："三条红线"指标体系与评价标准，绩效评估方法和绩效考核保障措施体系；行政管理体系内容包括：取水许可审批机制、水权分配机制、水权交易机制、排污权交易机制；政策法律体系内容包括：水科学知识教育的法律规制、生态环境用水保障机制、"违法成本 > 守法成本"机制、水资源管理中的公众参与保障机制、政府责任机制等。

（2）很多学者针对最严格水资源管理制度相关内容开展了深入研究和讨论，比如，陈明忠等研究了最严格水资源管理制度相关政策体系[106]，左其亭研究了最严格水资源管理制度的保障体系[107]，于璐等研究了最严格水资源管理制度考核指标体系[108]，王慧敏等研究了最严格水资源管理过程中政府职能转变的困境及途径[109]、落实最严格水资源管理的适应性政策选择[110]，刘钢等研究了最严格水资源管理制度落实困境[111]，褚俊英等研究了水资源开发利用总量控制的理论、模式与路径[112]，韩春辉等研究了最严格水资源管理制度的政府责任机制[113]，左其亭对最严格水资源管理制度进行重新分析和讨论[114]。

（3）很多学者针对最严格水资源管理制度研究方法进行研究，比如，臧正等研究了水资源三条红线的动态刻画与综合评价方法[115]，张颖等研究了"三条红线"考核指标评分方法[116]，张凡等研究了基于综合协调度的最严格水资源管理制度实施效果评价方法[117]，王大洋等研究了基于综合权重可变模糊集的最严格水资源管理评价[118]。

（4）一些学者基于最严格水资源管理制度开展其他相关内容的研究，比如，胡德胜研究了最严格水资源管理制度视野下的水资源概念[119]，郝春沣等研究了最严格水资源管理"三条红线"约束下的煤炭消费总量控制[120]，刘志等研究了最严格水资源管理制度下的水资源利用效率评价[121]，王婷等研究了基于最严格水资源管理制度的初始水权分配[122]，马兴华等研究了基于最严格水资源管理的水资源优化配置[123]，杜栋等研究了最严格水资源管理制度下水资源协同管理机制[124]，贾铭洋研究了基于最严格水资源管理制度的水权交易模式及关键技术[125]，刘飞飞等研究了基于最严格水资源管理制度的水质型缺水地区节水型社会建设评价[126]。

（5）此外，开展了大量的应用研究，比如，王申芳等研究了珠江流域片省界缓冲区最严格水资源管理[127]，孟现勇等研究了新疆呼图壁河流域最严格水资源管理制度[128]，戚晓明等研究了蚌埠市最严格水资源管理制度[129]。

3.2.7 在节水潜力及节水型社会建设理论及应用研究方面

2002年2月，水利部印发了《关于开展节水型社会建设试点工作指导意见的通知》；2007年1月，国家发改委、水利部和建设部联合批复了《全国十一五节水型社会建设规划》。从2002年到2010年共分4批开展了100个国家级、200个省级节水型社会建设试点。从2002年前后开始，国内陆续有一些学者开展有关节水型社会建设的研究，涌现一批研究成果。总体来看，最近两年关于这方面的研究成果较少，应用实例较多，以下仅列举有代表性的理论研究文献以供参考。

（1）刘秀丽等[130]基于1999年、2002年和2007年全国和海河流域水利投入占用产出表，通过比较全国和海河流域分部门的用水效率，建立了分部门节水潜力的计算模型，计算了全国相对海河流域生产部门中分三次产业和分51部门及消费部门中居民部门的节水潜力。

（2）李战等[131]在实施最严格水资源管理制度试点建设的要求下，构建较为完善的节水型社会建设方案。

（3）毛建生等研究了基于关联函数的工业企业节水评估方法[132]，刘烨等研究了基于社会水文耦合模型的干旱区节水农业水土政策[133]，李存立等分析了不同厚度的浮板覆盖下干旱区平原水库节水效率[134]，王满兴等构建了鄂北地区水资源配置工程节水体系[135]，常跟应等研究了民勤县农民对石羊河流域节水政策及节水效果认知状况[136]。

3.2.8 在海绵城市、海绵流域建设理论及应用研究方面

2014年住房城乡建设部出台了《海绵城市建设技术指南——低影响开发雨水系统构建（试行）》，2015年国务院办公厅印发了《关于推进海绵城市建设的指导意见》，之后我国出现了海绵

城市建设的热潮，研究成果急剧增加，是最近 2 年新的研究增长点。以下仅列举有代表性的理论研究文献以供参考。

（1）张建云等[137]针对中国城镇化过程中面临的主要水问题，结合参与海绵城市试点建设评审、考察以及对国外海绵城市的调研情况，从城市水文过程的角度，系统解析了海绵城市的概念，就海绵城市建设的目标与指标、建设功能与发展方向、城市地下排蓄系统、建设管理体制等若干问题展开了讨论。

（2）左其亭[138]在总结我国海绵城市建设实践和相关研究成果的基础上，从水科学学科体系的 10 个方面（水文学、水资源、水环境、水安全、水工程、水经济、水法律、水文化、水信息、水教育），阐述水科学在海绵城市建设中的应用和海绵城市建设中可能遇到的 6 方面水科学难题：海绵城市建设水文效应与水系统模型、水资源高效利用机理及方案优选、面源污染物通过土壤渗滤消减机理及效应、"渗、蓄、滞"作用机理与城市雨洪计算、水安全风险管控及适应机制、水管理体系研究，并初步提出这些难题的解决途径。

（3）车伍等针对海绵城市建设指南进行了系列解读，内容包括基本概念与综合目标[139]、降雨径流总量控制目标区域划分[140]、城市径流总量控制指标[141]、城市雨洪调蓄系统的合理构建[142]。

（4）崔广柏等总结了海绵城市建设研究进展，并探讨几个关键问题[143]，胡庆芳等探讨了海绵城市建设的 5 点技术问题[144]，鞠茂森研究了海绵城市建设理念、技术和政策问题[145]，张亚梅等研究了海绵城市建设与城市水土保持[146]，胡灿伟基于海绵城市重构城市水生态[147]，陈逸峰研究了海绵城市水资源的一体化综合管理[148]，费振宇研究了海绵城市群建设理念与思路[149]。

（5）一些学者针对海绵城市的具体问题开展研究和讨论，比如，陈晓菲研究了海绵城市景观途径[150]，任心欣等研究了年径流总量控制率指标[151]，苏义敬等研究了下沉式绿地优化设计[152]，王俊岭等研究了透水铺装系统[153]，李兵研究了雨水渗蓄试验[154]，王峰研究了道路排水优化设计[155]，康丹等研究了年径流总量控制目标取值和分解[156]，宫永伟等研究了主要目标的验收考核办法[157]，陈小龙等研究了海绵城市规划系统的开发与应用[158]，顾正华研究了雨水雨能联合利用途径[159]。

（6）此外，开展了大量的应用研究工作，比如，在湖南省[160]、深圳市[161]、萍乡市[162]、永定河生态新区[163]等的应用成果。

3.3　水资源模型研究进展

本节所说的水资源模型包括各种有关描述水资源量和质的模型以及相延伸的更广泛的水系统模型。水资源模型是水资源学科研究的一类重要工具，常常被应用于水资源评价、规划、管理等研究工作和生产实践中。

3.3.1　在水资源形成转化与模型研究方面

总体来看，有关水资源形成转化与模型的研究人员较多，且最近两年出现一些有创新的学术性文献。专门研究水系统模型、水资源模型的文献较少，多数是与水循环结合，或基于分布式水文模型，开展的水资源转化关系模型研究。以下仅列举有代表性文献以供参考。

（1）王浩等[164]在简述二元水循环研究历程的基础上，从水循环的驱动力、结构、功能属性和演变效应等方面，对比分析了自然水循环和"自然-社会"二元水循环的不同特征，阐述了变化中的流域"自然-社会"二元水循环的基本原理，包括学科范式、科学问题、研究内容与研究方法等。

（2）王浩等在《海河流域水循环演变机理与水资源高效利用丛书（25分册）》[165]系列丛书中，研究了海河流域水资源问题诊断、"自然-人工"水循环模式与水资源系统演变机理、水循环演化驱动下的流域水生态与环境演变机理、海河流域水循环及其伴生过程综合模型系统构建、海河流域水资源系统评价及其演变规律研究、海河流域水生态与环境演变规律与评价、基于均衡理论的海河流域水循环综合调控模式、水资源利用效率评价方法与海河流域用水效率度量、海河流域农业高效用水原理与节水模式、海河流域城市节水减排机制与高效利用、海河流域水资源与环境综合管理与红线制定、海河流域"水资源-生态-环境"综合调控建议。

（3）刘昌明等[166]阐述了自主研发的水循环综合模拟系统（Hydro-Infomatic Modelling System, HIMS）降雨产流模型的新发展。

（4）杨涛等在《高寒江河源区水文多要素变化特征与模拟研究》[167]一书中，探讨了降水、蒸散发、径流以及冻土变化与陆面水储量变化的关系，揭示了源区冻土变化和蒸散发变化对径流过程的影响机制，并分析了前面提出的径流变化的主要影响因素及作用机理假设的合理性等。

（5）朱磊等研究了基于全耦合的地表径流与土壤水分运动数值模拟[168]，杨柳等研究了跨流域调水与受水区多水源联合供水模拟[169]，王娇娇等研究了社会水循环[170]，贾程程等研究了基于系统动力学方法的灌区库塘水资源系统模拟模型[171]。

3.3.2 在水系统与水资源模型应用及相关内容研究方面

水系统模型和水资源模型应用及相关内容的研究较多，主要包括两个方面：一方面是，用于研究水资源形成转化规律；另一方面是，应用于开展有关水资源评估、配置、规划、管理等。以下仅列举有代表性文献以供参考。

（1）在研究水资源形成转化规律方面，比如，刘锦等研究了淮河中游北岸地区"四水"转化关系[172]，吴亚丽等研究了基于"五水转化装置"的夏玉米耗水规律[173]，张正浩等研究了东江流域水利工程对流域地表水文过程影响模拟[174]，吴喜芳等研究了黄河源区植被覆盖度对气温和降水的响应关系[175]。

（2）在其他应用研究方面，比如，张多纯等研究了沙颍河流域地表水与地下水联合模拟[176]，杜湘红等研究了洞庭湖生态经济区水资源环境与社会经济系统耦合发展的仿真模拟[177]，张玲玲等研究了菏泽市"三条红线"约束下区域水资源复合系统仿真与模拟[178]。

3.4 水资源分析评价论证研究进展

水资源分析、评价、论证是水资源行业的主要基础工作内容，对正确认识水资源状况、存在的问题、水资源质量和数量以及人类活动取用水对水资源的影响等方面具有重要意义。因此，研究者较多，研究内容丰富，每年涌现出大量的研究成果[2]。特别是随着国家水资源管理制度的变化，对水资源分析、评价、论证提出更高的要求，出现一些新的研究内容，比如，最严格水资源管理"三条红线"分析计算。

3.4.1 在水资源分析计算方面

涉及"水资源分析计算"的学术性文献很多，主要内容涉及：①水资源量与可利用量计算和分析；②水资源需求量、用水量及开发利用分析计算；③水资源利用率和利用效率的计算和分析；④水资源综合分析等。总体来看，专门研究水资源分析计算方法的文献不多，理论方法研究进展不大，特别是高水平文献不多，多数是偏于应用，或单一方法的探讨或应用。以下仅列举有代表性文献以供参考。

（1）有关水资源量与可利用量计算和分析的成果多，但高水平文献不多，这里仅列举部分代表性文献。金新芽等以浙江省金华江流域为例，研究了地表水资源可利用量计算方法[179]，窦明等研究了中线调水对汉江下游水资源可利用量的影响[180]，柳长顺等研究了全国集体水资源量估算[181]，周琦等研究了可利用水资源量正逆向联合计算方法[182]，刘美萍等研究了近 50 年来内蒙古查干淖尔湖水量变化特征[183]，刘瑜等估算了天津市用于滨海河口生态补水的非常规水资源量[184]。

（2）有关水资源需求量、用水量及开发利用分析计算的文献很多，可以分为三大类：第一类是关于各行各业的需水的分析计算；第二类是关于用水相关的分析计算；第三类是关于水资源供需分析计算。①关于各行各业需水量分析计算的成果，比如，吴丽等研究了城市需水的智能预测方法[185]，杨皓翔等研究了基于加权灰色–马尔可夫链模型的城市需水预测[186]，段衍衍等研究了工业需水概率预测模型[187]，臧冬伟等研究了基于灰色关联分析的 GA–BP 网络需水预测模型[188]，陈超等研究了 1961—2012 年中国棉花需水量的变化特征[189]，鞠彬等研究了新洋港入海港道冲淤保港需水量[190]，王军涛等研究了基于 GIS 的引黄灌区用水需求预报系统[191]，黄国如等研究了基于系统动力学的海口市需水预测[192]，高齐圣等研究了中国水资源长期需求预测及地区差异性[193]。②关于用水量分析计算的成果，比如，金菊良等研究基于多智能体的城镇家庭用水量模拟预测[194]，金菊良等研究了山东省用水总量与用水结构动态关系[195]，杨中文等研究了用水变化动态结构分解分析模型[196]，刘洪波等研究了城市时用水量预测方法[197]，赵卫华研究了北京市居民家庭用水量影响因素[198]，温忠辉到研究了灌溉用水量核算方法[199]，以及孙婷等[200]、李烃等[201]研究了不同行业用水定额，赵恒山等[202]、张丛林等[203]、贾程程等[204]、葛通达等[205]、吴昊等[206]研究了不同地区用水结构特征。③关于水资源供需分析计算的成果，比如，洪倩研究了三次平衡理论在区域水资源供需平衡分析中的应用[207]，李传刚等研究了基于支持向量机的水资源短缺量预测模型[208]，曹林丽等[209]、王崴等[210]、张媚青[211]、孙炼[212]、陆思[213]、郝光玲[214]、陈燕飞[215]、分别研究了不同区域或流域的水资源供需分析。

（3）有关水资源利用率和利用效率的文献很多，这里仅列举部分代表性文献。①对灌溉水利用系数开展的研究，比如，俞双恩等研究了河网区灌溉水利用系数的尺度转换[216]，赵鹏涛等研究了南方河网灌区灌溉水利用系数[217]，张钦武等研究了灌区灌溉水利用系数计算方法[218]，贾玉慧等研究了灌溉水有效利用系数测量方法[219]，潘渝等测算了新疆灌溉水利用系数[220]，陆军计算了王石灌区渠道灌溉水利用系数[221]，王小军等研究了广东省灌溉水有效利用系数[222]，俞双恩等研究了稻作区田间水利用系数的测定方法[223]，王小军等研究了广东省灌溉水有效利用系数年度变化[224]。②在水资源利用效率研究方面，比如，白栩嘉等研究了基于改进 PSO–PP 模型的区域水资源利用效率评价[225]，杨丽英等研究了我国水资源利用效率评估方法[226]，陈午等评价了我国水资源利用效率[227]，赵晶等研究了我国高耗水工业用水效率评价[228]，鲍超等定量分析了河南省用水效率影响因素[229]，胡彪等分析了京津冀地区城市工业用水效率的时空差异性[230]，以及在不同区域或流域对水资源利用效率的分析研究，比如，曹雷等[231]、黄永江等[232]、钟磊等[233]、王洁萍等[234]、管新建等[235]、魏娜等[236]、蔡怡馨等[237]、张昆等[238]、朱兆珍等[239]、王震等[240]、张娜娜等[241]、张胜武等[242]、沈家耀等[243]所做的研究成果。③专门就灌溉水利用效率进行的研究，比如，魏子涵等研究了区域灌溉水利用效率测算方法[244]，操信春等分析了我国灌溉水资源利用效率的空间差异[245]，李浩鑫等研究了基于主成分分析和Copula函数的灌溉用水效率评价方法[246]，邵东国等研究了区域尺度灌溉用水效率考核指标计算方法[247]，以及屈忠义等[248]、刘晓菲等[249]、刘玉金等[250]对不同区域或灌区的研究。④在水资源高效利用研究方面，比如，周振民等[251]、游进军等[252]的研究成果。⑤在水资源开发利用分析方面，比如，律晓旭[253]、王妍[254]分别研究了永舒榆灌区、营口沿海地区的水资源利用问题，李斌等研究了基于生态功能的水资源三级区水资源开发利用率[255]。

（4）此外，还有一些有关水资源综合分析及其他相关方面的文献，这里仅列举部分代表性文献。吕素冰等研究了河南省水资源利用演变及边际效益[256]，魏寿煜等研究了基于基尼系数和洛伦兹曲线的重庆市水资源空间匹配关系[257]，檀菲菲等研究了京津冀能源消费碳排放与水资源消耗[258]，马育军等研究了北京市粮食作物种植结构调整对水资源节约利用的贡献[259]，杜鹏飞等研究了昆明市主城区生活污水排放量日间和日内排放规律[260]，陈威等研究了基于脱钩指数的中国水资源利用与经济增长的关系[261]。

3.4.2 在水资源评价方面

涉及水资源评价的学术性文献很多。总体来看，专门研究水资源评价理论方法的文献不多，多数是偏于应用或者是某一评价方法的探讨或应用；最近两年的变化特点是增加了云水资源的评价研究。以下仅列举有代表性文献以供参考。

（1）关于水资源系统评价，列举的代表性文献有：李祚泳等提出水资源系统评价的引力指数公式[262]，陈磊等研究了基于空间视角的水资源经济环境效率评价[263]，郑德凤等研究提出了基于可持续能力和协调状态的水资源系统评价方法[264]；潘争伟等在《水资源系统评价与预测的集对分析方法》[265]中，系统介绍了水资源系统评价方法，构建基于集对分析的水资源系统评价与预测的理论方法体系。

（2）关于水资源健康评价，列举的代表性文献有：左其亭等研究了淮河中上游水生态健康健康评价[266]，栾清华等研究了邯郸市水循环健康评价[267]。

（3）关于水质评价，列举的代表性文献有：胡雅杰等研究了太湖综合水质评价[268]，陆健刚等研究了苏南运河苏州段水环境容量及水质达标性计算[269]，杨研等建立了地表水环境质量模型评价体系[270]，高苏蒂等建立基于集对分析的河流水质综合指数评价模型[271]，王欣等评价了新疆吐鲁番市灌溉用水水质[272]，黄瑞等提出基于优化集对分析模型的水质综合评价方法[273]，叶章蕊等介绍了组合权重模糊联系度模型在水质评价中的应用[274]，吴光琼等评价了滇池流域水质[275]，孟锦根研究了基于功效系数法的水质综合评价[276]，侯炳江建立了基于组合赋权的水质综合评价云模型[277]，董金萍介绍了基于组合赋权的理想点法在水质综合评价中的应用[278]，付文艺研究了基于熵权–正态云模型的地下水水质综合评价[279]，花瑞祥等探讨了不同评价方法对水库水质评价的适应性[280]。

（4）关于水资源脆弱性及风险评价，列举的代表性文献有：李章平等评价了基于循环组合模型的洞庭湖流域水资源短缺风险[281]，马冬梅等评价了乌鲁木齐市水资源脆弱性[282]，郑德凤等研究了地下饮用水源地水质健康风险[283]，王生云研究了多重扰动水资源脆弱性耦合评价[284]，朱怡娟等评价了武汉城市圈水资源脆弱性[285]，张博等研究了地下水环境风险评价[286]，刘倩倩研究了淮河流域水资源脆弱性评价[287]，曹永强等总结了水资源系统脆弱性的评价方法[288]，陈岩总结了流域水资源脆弱性评价与适应性治理研究框架[289]，张凤太等研究了岩溶区地下水资源脆弱性评价[290]，马军霞提出了水质评价的和谐度方程（HDE）评价方法[291]，潘争伟等研究了水资源利用系统脆弱性机理与评价方法[292]，刘瑜洁等研究了京津冀水资源脆弱性评价[293]，罗慧萍等评价了泰州市第三自来水厂饮用水水源地水环境风险[294]。

（5）关于水资源效率评价，列举的代表性文献有：王丹丹等研究了广义水资源利用效率综合评价指数的时空分异特征[295]，谭雪等研究了新丝绸之路经济带水效率评估与差异性[296]，李恩宽等评价了黄河流域用水效率[297]。

（6）新出现关于云水资源评价和研究的文献，潘留杰等研究了1979—2012年夏季黄土高原空中云水资源时空分布特征[298]，常倬林等研究了宁夏空中云水资源特征及其增雨潜力[299]。

（7）此外，还有一些关于水资源评价其他方面的研究文献，比如，赵春红等研究了疏勒河流域灌区水资源开发利用潜力[300]，冯夏清等研究了乌裕尔河流域水资源评价[301]，覃换勋等研究了毕节朝营小流域喀斯特地区水资源评价[302]，王秀颖等研究了基于水资源生态足迹的浑河流域水资源利用评价[303]，祝稳等研究了基于水足迹理论的河南省水资源利用评价[304]。

3.4.3　在最严格水资源管理"三条红线"计算方面

在最近两年，最严格水资源管理制度的核心内容"三条红线"（即水资源开发利用红线、用水效率红线、水功能区限制纳污红线）的分析计算，继续是热点研究内容。但研究深度有限，某一方面的研究较多，综合性、理论方法研究仍较少。以下仅列举有代表性文献以供参考。

（1）在"三条红线"综合研究方面，比如，张志强等研究了基于人水和谐理念的"三条红线"评价[305]，代兴兰研究了最严格水资源管理评价的神经网络模型[306]。

（2）在"三条红线"用水总量控制研究方面，比如，张显成等研究了最严格水资源管理下用水总量统计问题[307]，王波研究了建立用水总量管理体系的若干问题[308]，刘正伟等[309]、何亚闻等[310]、刘扬等[311]、范晓香等[312]、于璐等[313]分别研究了不同流域、区域的用水总量控制指标分解、地下水位控制等相关内容。

（3）在"三条红线"用水效率研究方面，比如，冯俊华等研究了环境规制下的西部地区工业用水效率[314]，周鸿文等研究了黄河流域耗水系数评价指标体系[315]，张伟光等分析了我国用水定额特点及存在的问题[316]。

（4）在"三条红线"水污染物总量研究方面，比如，陈艳萍等研究了基于组合赋权的水污染物总量区域分配方法[317]，刘杰研究了基于最大加权信息熵模型的水污染物总量分配[318]，钟晓等研究了基于WASP水质模型与基尼系数的水污染物总量分配[319]。

（5）此外，还有关于水资源管理绩效的研究文献，比如，徐鸿研究提出一种区域水资源管理绩效评价模型并进行实证研究[320]。

3.4.4 在水资源论证研究方面

2002年5月1日起我国正式实行建设项目水资源论证制度，明确要求需要申请取水许可的建设项目，必须先对取用水资源进行专题论证。在开展建设项目水资源论证工作过程中，也不断发表一些研究成果。总体来看，最近两年有关的研究成果较少，且研究深度有限；最近两年研究进展的明显特点是开展了规划水资源论证工作。以下仅列举有代表性文献以供参考。

（1）最近两年关于规划水资源论证的文献较多，比如，王新才等探讨了规划水资源论证[321]，李美香等论述了规划水资源论证的重点内容[322]，王小军等总结了城市总体规划水资源论证工作的进展[323]，构建了城市总体规划水资源论证控制性指标框架体系[324]，研究了水资源管理控制指标约束下强化规划水资源论证工作思路[325]。

（2）关于水资源论证后评估研究方面，比如，王波[326]、王艳艳等[327]对水资源论证后评估有关问题的讨论。

（3）关于建设项目水资源论证的学术文献很少，代表性文献：王丽丽等对温泉项目水资源论证技术要点的研究[328]。

3.4.5 在人水关系及相互作用关系研究方面

人水系统（Human-water System）是以水循环为纽带，将人文系统与水系统联系在一起，组成的一个复杂大系统。人水关系可以简单地理解为"人文系统"与"水系统"之间的关系，也可以进一步定义为：人水关系是指"人"（指人文系统）与"水"（指水系统）之间复杂的相互作用关系。实际上，人们所面对的水问题的研究，宽泛一点来说，都是属于人水关系研究的一部分，人们所做的各项水利工作应该都是在协调或调控人水关系[2]。当然，不是把所有有关成果都列在这里，主要介绍直接涉及人水关系及相互作用机理研究方面的成果。从最近两年的成果来看，关于人水关系的研究有比较大的进展，特别是关于协调程度的研究较深入，提出了一些新的理论方法。以下仅列举有代表性文献以供参考。

（1）左其亭等系统研究了人水关系的定量研究问题，提出了和谐辨识方法和应用研究[329]，探讨了环境变化影响下人水关系研究的关键问题并提出其研究框架[330]，深入探讨了环境变化对人水系统影响的关键问题[331]。

（2）关于水资源系统与经济社会系统协调程度方面的研究较多，特别是一些理论方法的研究成果丰富，应用成果也较多。比如，郭唯等根据人水和谐量化方法，研究了河南省人口–水资源–经济和谐发展水平，并分析其时空变化特征[332]；党建华等构建了吐鲁番地区人口–经济–生态系统的评价指标体系，计算系统的综合评价指数及其耦合度和耦合协调度指数，从而得到其发展变化趋势以及耦合协调类别和类型[333]；杜忠潮等构建了关中—天水经济区城市群人口经济与资源环境系统的综合评价指标体系，定量测评该区发展指数及其耦合协调度，分析其时空差异性[334]；胡彪等建立了反映生态文明建设目标的经济–资源–环境（ERE）系统评价指标体系，构建了ERE系统协调发展评价模型，测算了天津市1998—2012年ERE系统的综合发展水平及协调发展度[335]；张凤太等构建了贵州省水资源–经济–生态环境–社会系统耦合评价指标体系，定量评价并分析其耦合协调特征[336]；夏菁等依据耦合协调度模型评价了四平市水资源环境与经济社会协调发展水平，并进行了时空差异性分析[337]；王延梅等利用主成分分析法计算了山东省水资源系统与社会经济生态系统的综合评价指数，采用距离协调度模型得到两个系统间的协调度值，并对两个系统的协调性进行了定量分析[338]；谢永红等构建了云南省水资源-社会-经济-环境评价指标体系，用综合指数法研究了区域水资源与社会经济发展的协调性[339]；贾程程等采用系统动力学方法构建了区域用水结构与国民经济协同演变模型，并利用该模型预测和分析了山东省用水结构与国民经济产业结构的协同演变路径及演变规律[340]；万晨等基于协同学基本原理，以集对分析中的联系度代替协同度，构建了水资源与社会经济系统协同评价模型，并对安徽省水资源与社会经济系统发展的协同情况进行分析[341]；张凤太等构建了贵州省水资源系统和经济社会系统耦合评价指标体系，综合评价了其耦合协调水平，并分析了其时空差异性[342]；童彦等构建了云南省水资源与经济社会发展协调度评价指标体系，定量计算不同时段水资源与经济社会发展的协调程度，并分析其空间格局特征与空间格局的变化特征[343]；李贺娟等通过基尼系数法和不平衡指数法对西北五省干旱地区水资源分布、配置与人口、GDP 以及耕地之间的时空匹配关系进行了研究[344]；伏吉芮等依据耦合协调度模型评价了吐鲁番地区 2001—2013 年水资源-经济-生态环境耦合协调发展状况[345]；王猛飞等通过计算各地区水资源与人口、GDP、农作物播种面积等经济发展要素的基尼系数，对黄河流域水资源分布、配置与经济发展要素匹配关系在时间上的演变规律进行研究[346]；贾丹等构建了辽宁省水资源合理配置评价指标体系，对优化配置方案实施后各市水资源与当地经济社会环境协调度进行了分析[347]；王浩等系统介绍了国家水资源与经济社会系统协同配置措施，实现水资源负荷均衡、空间均衡、代际均衡，使经济社会发展规模与水资源承载力相适应[348]；吴业鹏等构建了新疆水资源与经济社会协调发展指标体系，基于距离协调度对 2005—2013 年新疆水资源与经济社会协调发展度进行定量分析[349]；陆志翔等通过梳理近几十年来有关学者对西北干旱区典型内陆河流域——黑河流域过去 2000 年的水环境、人类活动、生态环境演变及其耦合研究等方面的成果，系统介绍黑河流域近两千年人-水-生态演变研究进展[350]。

（3）在单一方面研究人水关系的作用机制成果很多，这里列举代表性文献。比如，张树奎等研究了煤炭开采对水资源量影响[351]，高晓薇等研究了城镇化与工业化进程对农业用水的影响[352]，韩宇平等研究了河南省工业用水效率对社会经济指标的响应[353]，王孟研究了长江水资源保护与流域经济社会发展之间的关系[354]，李愈哲等研究了草地管理利用方式转变对生态系统蒸散耗水的影响[355]，孙艳芝等研究了北京城市发展与水资源利用之间的关系[356]，张陈俊等利用 1998—2012 年中国省际面板数据模型，整体和分组检验不同类别用水量与经济增长的关系[357]，赵娜等研究了橡胶林种植对纳板河水生态的影响[358]，汤秋鸿等系统分析总结了近年来人类用水活动对大尺度陆地水循环影响方面的研究进展，阐述灌溉、生活和工业用水、水库调节以及地下水利用等典型人类用水活动影响大尺度陆地水循环的过程与机制[359]，金淑婷等研究了石羊河流域水资源对武威市经济发展模式的影响[360]，王新敏等构建了敦煌城市发展和水资源利用潜力综合评价模型以及两系统间协调度模型，评价了敦煌城市发展与水资源利用潜力协调度[361]，关靖云等根据于田县各乡镇近 5 年的用水量数据和各人文因子的统计数据，运用 GIS 技术将用水量数据和人文因子数据空间化，通过逐像元统计分析了用水量和各人文因子空间分布的相关性[362]，常浩娟等研究了玛纳斯河流域用水效率与产业结构耦合协调情况[363]，李晓娟等利用相关分析法和回归分析法研究渭河陕西段径流量对经济用水的响应[364]，吴喜军等研究了陕北窟野河流域煤炭开采对水资源的影响[365]，史坤博等利用耦合协调度模型、灰色关联分析模型研究了武威市凉州区城市土地利用效益与城市化耦合协调发展关系[366]，罗巍等基于协同理论构建了中国供水-用水复合系统协同度模型，对供水系统、用水系统各自有序度及供水-用水复合系统协同度进行计算[367]，刘洁等运用熵权法构建了江苏省城镇化综合发展水平和水资源开发利用综合潜力评价指标体系，并进行响应度关系模型构建和相关性分析，阐述丰水区城镇化进程与水资源利用的关系[368]，吕素冰等利用SPSS分析了中原城市群及各地市2006-2013年城市化发展与用水量、用水效益和用水水平的相关性，以及耦合城市化水平与强相关指标之间的回归关系，揭示了中原城市群城市化与水资源利用量化关系[369]，赵恒山等研究了吐鲁番绿洲水资源利用与生态系统响应关系[370]，伏吉芮等构建了吐鲁番地区水资源使用量相关指标体系，运用主成分分析法和灰色关联度分析法分析了影响该地区水资源使用量的主要人文因素[371]。

（4）此外，还有一些相关的研究工作，比如，赵雪雁等分析了石羊河中下游农户对水资源紧缺的感知及适应策略，并利用经济计量模型分析了农户的水资源紧缺性感知对其适应策略选择的影响[372]；葛通达等依据水资源利用与产业结构间的作用关系特征，阐述了区域水资源利用主要驱动因素应包括用水强度因素、产业结构因素、经济水平因素、人口规模因素等，以及不同因素对水资源利用具有明显相异的影响效应[373]；陆志翔等回顾了水文学的发展历程，阐述了社会水文学的概念、内涵以及其与传统水文学、生态水文学和水文经济学等学科在研究内容、方法和理论等方面的异同点，介绍了社会水文学的研究进展[374]。

（5）孟万忠在《汾河流域人水关系的变迁》一书[375]中，介绍了汾河流域政区变迁与文明演变，流域文化空间解构和整合再生，流域城镇变迁与城镇化，流域聚落演变与古村落保护，流域经济发展与空间开发，流域人水关系变迁，流域水资源与水安全，流域生态环境变化及质量评估，流域自然灾害与防灾减灾。

（6）徐雪红在《太湖流域水资源保护与经济社会关系分析》一书[376]中，确定了流域水资源保护的内涵外延，分析了太湖流域水资源保护相关要素及影响因素，还分析了太湖功能特点与问题治理。

（7）许崇正等在《水资源保护与经济协调发展——淮河沿海支流通榆河》一书[377]中，构建了通榆河水质-水量调度模型，评价了水资源回用对水环境的影响，提出通榆河流域水资源环境与经济协调发展模型，并分析其应用结果，提出了相应的综合对策。

3.5 水资源规划与管理研究进展

水资源规划与管理是水资源工作的重要内容之一，也是水资源学科的重要研究领域之一。其研究内容丰富，每年都会涌现出一些研究成果，特别是随着国家水资源规划与管理制度的变化而出现一些新的研究内容，比如，满足最严格水资源管理制度、适应水生态文明建设、建设节水型社会的水资源规划与管理等。从最近两年情况看，关于水资源规划与管理的理论方法研究成果不算多，但应用成果较多，也出现一些新的情况，比如，与河长制关联的水资源规划与管理工作。

3.5.1　在水资源规划理论方法研究方面

涉及水资源规划方面的文献较多，但主要以应用为主，学术性研究成果较少，关于水资源规划理论方法研究方面的文献更少。以下仅列举有代表性文献以供参考。

（1）陈晓宏等在《变化环境下南方湿润区水资源系统规划体系研究》[378]一书中，提出了水资源可持续利用的分阶段目标，制定了流域和区域水资源配置格局及总量控制性指标，明确了重大水资源配置工程总体布局及管理措施，制定了重点领域和区域水资源可持续利用对策。

（2）孔祥铭等开发一种基于模糊条件风险价值的交互式两阶段随机规划模型，并应用于水资源系统规划[379]；开发一种交互式两阶段分位值优化（ITFO）模型，并将其应用于不确定条件下水资源系统规划问题[380]。

（3）刘辉等结合流域及区域水资源保护监测规划编制工作实践，针对水资源保护监测规划中的站网规划和能力建设规划这两项主要规划内容，从规划技术路线、内容、原则、现状调查分析和规划方案选择等方面，探讨了水资源保护监测规划编制过程中应重点考虑的内容。[381]

3.5.2　在水资源规划实践方面

关于水资源规划实践的文献较多，总体来看，介绍实践经验的文献占绝大多数，学术性成果较少，在学术上一般没有大的创新，所发的期刊水平也一般。以下仅列举有代表性文献以供参考。

（1）许杰玉等在系统分析水资源开发利用潜力的基础上，运用水资源供需平衡基本理论，研究了合肥市水资源可持续利用规划内容[382]。

（2）刘忠华根据山西省水资源分区、行政分区以及需水行业领域的水资源供需体系，构建了一个省级三层水资源调度框架（3-WRAF）；再根据实际情景，建立了基于 3-WRAF 的两阶段水资源调度模型（T-WRAP）；考虑在不同降水情景下，供水、需水、输水和经济收益等存在很强的随机和模糊不确定性，将 T-WRAP 转化为两阶段随机模糊水资源调度规划模型（TSF-WRAP），给出不同降水情景下山西省的水资源调度方案[383]。

（3）李锐等基于甘肃省下发的"三条红线"水资源管理控制指标提出了嘉峪关市城市总体规划（2012—2030）供水方案的修改意见，并对总体规划在各规划水平年的水资源保障能力进行分析研究[384]。

（4）刘大根在分析新时期水务发展环境与机遇、水安全形势与挑战的基础上，对"十三五"时期北京水务规划的编制及相关重大问题进行了深入思考，提出在编制总体思路上应坚持辩证思维、系统思维、立体思维和开放思维，同时对规划编制提出了五点建议，即促进"多规融合"、优化规划体系架构、突出水资源保护、注重新技术应用和加强规划前期研究[385]。

3.5.3　在水资源管理（含最严格水资源管理）理论方法研究方面

关于水资源管理的文献很多，但多数是有关水资源管理实际应用的文献，深入探讨水资源管理理论方法的成果不多。最近两年关于最严格水资源管理方面的高水平文献较少。自从 2006年起，随着我国提出实行"河长制"，关于"河长制"方面的研究成果开始出现。以下仅列举有代表性文献以供参考。

（1）在水资源适应性管理方面，曹建廷对水资源适应性管理的定义、原理、组成、条件和应用等方面进行了较系统的阐述，提出实施水资源适应性管理，需要相应政策、法律、财政、信息等保障[386]。李福林等在《黄河三角洲水资源适应性管理技术》[387]一书中，在水资源时空演变特征分析、水资源脆弱性评价、水资源承载力计算的基础上，提出黄河三角洲水资源的适应性管理模式。从开源、节流、生态环境保护等层面构建了水资源系统适应性管理技术体系，对水系联网、水资源优化配置与调度、农业综合节水、非常规水综合利用、水生态修复、水资源监测与评估等多项关键适应性技术进行深入研究，开发了面向三角洲地区水资源适应性管理的信息系统。

（2）在合同水资源管理方面，郑晓等按照最严格水资源管理制度要求，从我国国情实际出发，构建合同水资源管理模式；建议通过市场化和政府支持、水资源费支持、示范和认定、强化科技和计量工作等多种途径，促进合同水资源管理的发展[388]。郑通汉在《中国合同节水管理》一书[389]中，论述了我国节水事业发展的现状、合同节水管理的理论基础、顶层设计、实践探索、推行合同节水管理需要解决的重大理论与实践问题、政策建议等一系列推行合同节水管理的、促进节水服务产业发展的重大问题。

（3）在洪水资源管理方面，王忠静等提出采用不同频率设计洪水进行不同汛限水位条件下的洪水调节计算，并结合水库的经济与生态供水目标进行长系列用水调度模拟和供水效益分析，综合确定洪水资源利用风险适度性的方法[390]。王虹等针对城市化进程中流域尺度暴雨洪涝水文特征的变异及径流峰值与总量的增加，采用 GIS 技术划分子流域并应用数值模拟方法，对流域范围内不同蓄滞渗排与雨洪利用组合方案进行模拟分析及量化研究，为流域尺度雨洪综合优化管理决策提供参考[391]。

（4）在水资源管理计算方法方面，吴鸣等提出一种新型快速高效的谐振子遗传算法，构建了高效地下水优化管理模型[392]；张秀菊等从水资源突发事件的全过程出发，建立水资源应急管理能力评价指标体系，利用改进的熵权法和 G1 法计算指标权重，构建了基于最小偏差的组合权重评价模型，对江苏省某地区水资源应急管理能力进行综合性评价[393]；何维达等构建了北京市水资源一般均衡模型，比较研究北京市供水与用水政策对当地经济及水资源利用的影响[394]。

（5）关于水资源管理模式和认知方面，赵文杰等探讨了利益相关者视角下农村水资源管理模式，介绍了云南省克木村以村民自治为基础进行水资源管理的模式[395]；冯彦等基于河流健康及国际法，确定了河流健康和跨境水分配的关键指标：多年平均水量、最大取用水量和最小维持水量[396]；郭玲霞等以甘肃省高台县农户为对象，运用参与式调查数据，建立结构方程模型，分析农民对参与式水资源管理的认知和响应[397]；王艳通过 10 个水务行政诉讼案例，探求引发水务行政诉讼的行政行为类型及水务行政机关的败诉率，探讨了水务行政行为的法律适用问题和法律程序，分析当下我国水资源管理中呈现的特点[398]；何寿奎等分析用水户协会管理模式与多中心治理理论原则的耦合性，从自主治理的视角对典型用水户协会管理模式进行比较，分析各种管理模式存在的问题，从多中心治理角度提出完善用水协会多元决策机制和多中心治理结构等改进对策[399]。

（6）自从 2006 年起，关于"河长制"方面的研究成果开始出现，但理论研究成果少。姜斌总结了推进河长制的五大成效：促进掌握了主要河湖基本情况，促进加大了河湖整治力度，促进落实了河湖长效管理，促进形成了治河合力，促进改善了水环境[400]。于桓飞等从信息互联互通的角度探讨了传统河长制的升级管理模式和途径，并利用移动终端、移动互联、GIS、可视化等信息技术提出了基于河长制的河道保护动态监管模式，研发了河道保护管理系统[401]。

3.5.4　在水资源管理实践方面

在水资源管理实践方面的文献较多，多数是针对某一区域或流域水资源管理问题进行探讨和分析。总体来看，研究进展不大，水平一般，多数属于定性的分析和论述。以下仅列举有代表性文献以供参考。

（1）吴炳方等在《基于区域蒸散的北京市水资源管理》[402]一书中，论述了遥感模型建立、地面观测与验证、ET 成果应用三个方面的内容，展示了 ET 监测技术用于北京市耗水管理中的研究成果，并介绍了 GEF 项目中的北京市耗水监测系统目前的运行和应用情况等。

（2）许崇正等在《水资源保护与水质管理控制—淮河沿海支流通榆河》[403]一书中，构建了通榆河水质–水量调度模型，评价水资源回用对水环境的影响。

（3）关于最严格水资源管理方面的高水平文献较少。赵天力在分析河南省最严格水资源管理指标变化规律的基础上，基于 2011—2013 年水资源公报采用年尺度的水资源管理"三条红线"评价方法对河南省的最严格水资源管理进行了考核评价分析，并对达标情况进行分级[404]。何欣欣等针对陕西省水资源考核管理涉及面广、业务复杂、应用需求多变等特点，以综合集成服务平台为支撑，构建"省–市–县（区）"三级嵌套模式的陕西省最严格水资源考核管理系统[405]。

（4）另外，有大量的实例研究。比如，孙栋元等研究了干旱内陆河流域水资源管理模式[406]，周利平等研究了江西省 3949 个用水协会运行绩效及其影响因素[407]，王晓青构建了重庆市水资源管理综合评价体系[408]，王伟等编制了天津市宾馆酒店综合用水定额[409]，孙栋元等构建了基于 MIKE BASIN 的石羊河流域水资源管理模拟模型[410]，戴芹芹等研究了重庆堰塘—冲冲田系统对现代水资源管理的启示[411]，高雅玉等研究了改进风险决策及 NSGA–Ⅱ方法在马莲河流域水资源综合管理中的应用[412]，张洪波等研究了基于 ET 控制的平原区县域水资源管理[413]，乔西现总结了黄河水资源统一管理调度制度建设与实践[414]。

3.6　水资源配置研究进展

水资源配置是水资源规划、管理、调度的基础，是系统科学应用于水资源学研究中的重要方面，也是水资源学的一个重要分支。特别是定量化、最优化方法研究，在水资源分析、评价、论证、规划、管理、调度等工作中具有广泛的应用，每年涌现出大量的研究成果和应用实例。

3.6.1　在水资源配置理论、方法与模型研究方面

涉及水资源配置的文献较多，其中反映水资源配置理论、方法与模型的最新研究进展的成果也不少，说明水资源配置理论、方法与模型研究比较丰富。以下仅列举有代表性文献以供参考。

（1）王浩等[415]总结了国内水资源配置的主要发展历程，剖析了新形势下水资源配置的原则和需要解决的主要平衡关系，分析了最严格水资源管理制度下量、质、效三个层次对水资源配置的综合需求，对未来发展方向作了展望，指出：水资源配置需要在多维决策机制下基于高效目标和低碳模式开展，实现自然水循环和社会水循环双重目标体系下水资源从低效向高效转化的多维调控。

（2）齐学斌等[416]从灌区水资源管理政策、水资源循环转化规律、水资源优化配置模型与方法和水文生态 4 个方面，对国内外灌区水资源合理配置的研究现状进行了对比分析。分析认为国内灌区水资源配置主要存在 4 个方面的问题：水资源合理配置与保护政策落实不到位、水资源的统一管理机制不健全、水资源优化配置模型实用性不强和水资源优化配置基础条件较为薄弱。

（3）杨涛等在《变化环境下干旱区水文情势及水资源优化调配》[417]一书中，构建了适应气候变化的山区水库调节–平原水库反调节优化调度模型，研发了流域水库调度风险分析技术，完善了不确定条件下水库联合调度模型。

（4）王建华等在《苦咸水高含沙水利用与能源基地水资源配置关键技术及示范》[418]一书中，研究了能源基地分布式水资源配置理论方法，开发了面向用户的分布式水资源配置模型系统，应用于能源基地水土资源管理保护。

（5）郭文献等在《区域水资源优化调控理论与实践》[419]一书中，提出了区域水资源可持续利用评价指标体系与评价方法，构建了区域水资源合理配置模拟优化模型，提出了区域水资源合理配置方案。

（6）刘卫林等在《基于智能计算技术的水资源配置系统预测、评价与决策》一书[420]中，以水资源配置为主线，对混沌理论、前馈神经网络、支持向量机、遗传算法、粒子群算法、多目标粒子群算法及其混合系统等现代智能技术在水资源配置系统中的应用进行了研究和探索。

（7）在水资源配置方法研究方面的论文较多，比如：刘国良等研究了基于数据驱动的区域水资源智能配置[421]，李琳等研究了基于改进 NSGA–Ⅱ算法的水资源优化配置[422]，李睿环等研究了基于不确定性的渠系水资源优化配置[423]，秦宇等研究了径流资料缺乏地区水资源配置[424]，高亮等研究了区域多水源多用户水资源优化配置[425]，杜威漩研究了基于演化博弈的灌溉水资源优化配置[426]，付湘等研究了利益相关者的水资源配置博弈方法[427]，纪昌明等研究了基于泛函分析思想的动态规划算法及其在水库调度中的应用[428]，曾思栋等研究了分布式水资源配置模型 DTVGM–WEAR 的开发及应用[429]，邱庆泰等研究了基于可变集的区域水资源全要素配置方案评价方法[430]，吴丹等研究了基于需求导向的城市水资源优化配置模型[431]，付强等研究了基于区间多阶段随机规划模型的灌区多水源优化配置[432]，研究了考虑风险价值的不确定性水资源优化配置[433]，李晨洋等研究了基于区间两阶段模糊随机模型的灌区多水源优化配置[434]，粟晓玲等研究了耦合地下水模拟的渠井灌区水资源时空优化配置[435]，刘博等研究了基于 DP-PSO 算法的灌区农业水资源优化配置[436]，姜志娇等研究了基于"三条红线"及 SE–DEA 模型的水资源优化配置[437]，王彪等研究了考虑参数不确定的区域水资源配置鲁棒优化模型[438]，杨霄等研究了基于河湖水系连通的高原湖泊水资源优化模拟[439]，向龙等研究了基于节水优先的水资源配置模式[440]，熊雪珍等研究了基于改进 TOPSIS 法的水资源配置方案评价方法[441]，张凯等研究了基于萤火虫算法和熵权法的水资源优化配置[442]，李承红等研究了基于 WRMM 模型的水资源配置及方案优选方法[443]。

3.6.2 在水资源配置实例研究方面

涉及水资源配置实例研究的文献较多，主要是一些具体的应用实例的成果总结。总体开来看，以定量研究为主，涉及流域、区域不同尺度，出现多本有特色的专著。以下仅列举有代表性文献以供参考。

（1）代表性专著有：黄强等撰写的《塔里木内陆河流域水资源合理配置》[444]，赵建世等撰写的《黄淮海流域水资源配置模型研究》[445], 何新林等撰写的《准噶尔盆地南缘水资源合理配置及高效利用技术研究》[446], 李永中等撰写的《黑河流域张掖市水资源合理配置及水权交易效应研究》[447]等。

（2）在流域水资源配置上的实践成果, 比如, 何艳虎等研究了东江流域水资源优化配置报童模式[448], 孙甜等研究了面向生态的陕西省渭河流域水资源合理配置[449], 韩露等研究了基于总量控制的军塘湖流域农业水资源配置[450], 郭伟等研究了泗河流域水资源分配方案[451], 陈刚等研究了基于河湖生态健康的滇池流域水资源总体配置[452], 王煜等研究了黄河流域旱情监测与水资源调配技术框架[453], 韩群柱等研究了渭河流域基于水利供水网络结构的水资源配置模式[454], 杨献献等研究了面向生态的黑河中游模糊多目标水资源优化配置模型[455], 胡玉明等研究了岷江全流域水资源量化配置[456]。

（3）在行政区域水资源配置上的实践成果, 比如, 张一清等研究了能源"金三角"地区水资源优化配置[457], 马平森等研究了基于用水总量与效率控制的云南省水资源配置[458], 王文国等研究了基于文化粒子群算法的三亚市水资源优化配置[459], 陶子乐滔等研究了基于可信性规划的昆明市水资源优化配置模型[460], 张娜等研究了南水北调中线工程受水区二期需调水量预测[461], 韩雁等研究了柴达木盆地水资源供需配置规划[462], 宋丹丹等研究了江苏省南水北调受水区水资源配置[463], 龙胤慧等研究了基于水资源承载能力的达茂旗牧区用水方案优化[464], 杨晓丽等研究了基于地下水可持续利用的宁城县水资源优化配置[465], 高渐飞等研究了基于极度干旱的贵州喀斯特高原山地与峡谷水资源优化配置[466], 赵喜富等研究了济南市"五库连通工程"水资源优化配置[467], 王生鑫等研究了宁夏清水河城镇产业带水资源合理配置[468], 陈义忠等研究了丰台区水资源耦合配置模型[469], 刘艳民研究了承德市中心城区水资源优化及保护方案[470], 孙延芬研究了浑南新区水资源供需分析与合理配置[471], 陈南祥等研究了基于多目标遗传-蚁群算法的中牟县水资源优化配置[472], 张运凤等研究了基于最严格水资源管理制度的大功引黄灌区的水资源优化配置[473], 张宇等研究了基于模糊灰元的鄂尔多斯市水资源配置方案[474], 黄绪臣等研究了基于节水型社会建设背景下的鄂北地区水资源优化配置模型[475], 韩锐等研究了黄河下游地区多目标优化配水模型[476], 崔亮等研究了漳卫南灌区农业水资源优化配置[477], 张芮等研究了基于多目标模糊优化模型的兰州市水资源优化配置[478], 孔珂等研究了小开河灌区地表水沙及地下水联合优化配置模型[479], 张云苹等研究了基于大系统分解协调法的沾化县典型农业区水资源优化配置[480], 黄国如等研究了基于河湖水系连通的海口市水资源合理配置[481]。

3.6.3　在水资源调控技术与决策系统研究方面

在水资源分析评价、规划与配置的基础上, 需要一系列的具体措施来保障水资源科学合理利用。其中, 在复杂水资源系统管理上, 一般需要开展水资源调控与决策系统的应用。涉及水资源调控技术与决策系统研究的文献较多, 主要分 3 大类: ①水资源调控模型方法及技术; ②水资源监测、监控技术及应用; ③水资源调控与决策系统研发。以下仅列举有代表性文献以供参考。

（1）在水资源调控模型方法及技术研究方面, 又分3部分。①调控模型研究成果, 比如: 于冰等研究了城市供水系统多水源联合调度模型[482], 于森等研究了松花江流域水资源-水污染联合调控方案动态模拟模型[483], 白涛等研究了水库群水沙调控的单-多目标调度模型[484], 彭少明等研究了黄河典型河段水量水质一体化调配模型[485], 卢迪等研究了耦合长期预报的跨流域引水受水水库调度模型[486]，叶荣辉等研究了枯季咸潮期珠江河口水资源调度模型[487]，薛建民等研究了基于改进库群系统的多目标优化水量调度模型[488]，苏律文等研究了伊洛河流域水资源系统的优化调度模型[489]；②水资源调控方法研究成果，比如：李成振等研究了有外调水源的库群联合供水调度方法[490]，王金龙等研究了基于熵权模糊迭代法的生态友好型水库调度控泄方案模糊集对综合评价方法[491]，史振铜等研究了基于DPSA算法的"单库-单站"水资源优化调度方法[492]，史振铜等研究了南水北调东线江苏段库群水资源优化调度方法[493]，康艳等研究了渠井双灌区水资源统一调控的管理机制和方法[494]；③水资源调控技术及其他研究成果，比如：李慧等研究了基于地下水合理埋深的井渠结合灌区水资源联合调控[495]，解河海等研究了大藤峡水利枢纽水资源优化调度[496]，万芳等研究了大规模跨流域水库群供水优化调度[497]，王浩等研究了南水北调中线干线水质安全应急调控[498]。

（2）在水资源监测、监控技术及应用研究方面，突出了水资源监控能力建设，比如，金喜来等研究了国家水资源监控能力建设项目建设与管理[499]，王静等研究了基于模糊集对评价模型的云南省水资源监测能力评价[500]，郭峰讨论了塔里木河流域水资源监控能力建设问题[501]。此外，也有一些其他关于水资源监测、监控的文献，比如，朱长明等研究了近40年来博斯腾湖水资源遥感动态监测[502]，蒋蓉等研究了省界断面水资源监测站网建设[503]，郑国臣等研究了松辽流域水资源保护监控体系建设[504]。

（3）在水资源调控与决策系统研发方面，技术研发和应用成果较多。比如，谭君位等研发了实时灌溉预报与灌溉用水决策支持系统[505]，马彧等研发了水资源综合管理决策支持系统[506]，孙万光等研发了水库群供调水系统实时调度系统[507]，董玲燕等开发了基于GIS网络模型的水资源优化配置系统[508]，张政尧等开发了沿海围垦区水资源决策支持系统数据库[509]，刘丹等开发了长江流域水资源保护监控与管理信息平台[510]，陈序等开发了沿海围垦区水资源管理决策系统[511]，柴立等开发了区域水资源监控三维可视化仿真平台[512]，王莹等研发了蜻蛉河灌区水资源优化配置决策支持系统[513]。

（4）代表著作：李道西等在《北方井渠结合灌区地表水地下水联合调度研究与示范》一书[514]中，构建了灌区地表水地下水联合调度模型，研发了地表水地下水联合调度软件，并在石津灌区中应用。

3.7　气候变化下水资源研究进展

气候变化是目前国际上一个研究热点，也是应对气候变化带来的一系列问题的重要研究需求。在气候变化情形下，水资源如何变化，对科学评价水资源状况、分析水资源利用途径、有效应对气候变化、减少因环境变化带来的影响损失，都具有重要的意义。因此，目前参与的研究者较多，研究内容丰富，每年涌现出大量的研究成果。

3.7.1　在气候变化对水文循环影响研究方面

最近两年涉及气候变化对水文循环影响研究的学术性文献开始增加，特别是有一些系统研究工作，当然，仍表现出从整体上研究气候变化对水文循环影响的内容较少。以下列举有代表性文献以供参考。

（1）许月萍等在《气候变化对水文过程的影响评估及其不确定性》一书[515]中，介绍了气候变化对水文过程的影响评估及不确定性分析方法，运用统计学、水文学、气象学等多学科知识，揭示了钱塘江流域过去几十年的气候变化和水资源变化规律，分析评估了气候变化对钱塘江流域水文过程的影响，探讨了气候变化下极端水文事件发生的概率和强度变化趋势。

（2）徐宗学等在《气候变化影响下的流域水循环》一书[516]中，研究了气候要素长期变化趋势分析与突变检验方法，评估了大气环流模式（GCM）适应性，构建了降尺度模型、流域水文过程的分布式模型，研究了基于陆-气耦合的流域水循环对气候变化的响应等。

（3）在气候变化对水文影响研究方面，冯同飞等在 CMIP5 多种 GCM 模式和 VIC 模型基础上，结合水文指标法（IHA）和趋势分析法，研究了未来气候变化对黄河源区水文情势的影响[517]；刘剑宇等利用中国 372 个水文站月径流数据（1960—2000 年）及 41 个水文站年径流数据（2001—2014 年），采用基于 Budyko 假设的水热耦合平衡方程，构建气候变化和人类活动对径流变化影响定量评估模型，在 Penman-Monteith 潜在蒸发分析基础上，进一步分析气象因子对径流变化的弹性系数，量化气候变化和人类活动对径流变化的影响[518]；任立良等依据渭河流域内 2 个水文站、62 个雨量站和 24 个气象站 1961—2013 年数据，基于可变下渗容量模型定量分离气候变化和人类活动对径流衰减的贡献；采用标准化径流指数（Standardized Runoff Index，SRI）剖析水文干旱时空演变特征；提出多种 SRI 参数化方案，对比评定各方案表征非平稳干旱的合理性以及环境变化对干旱演变的影响作用[519]。

（4）在水文对气候变化的响应研究方面，涂新军等研究了变化环境下东江流域水文干旱特征及缺水响应[520]，徐冉等研究了雅鲁藏布江奴下水文站以上流域水文过程及其对气候变化的响应[521]，汪青春等研究了近 50 年来青海干旱变化及其对气候变暖的响应[522]，寇丽敏等研究了基于 SWAT 模型的洮儿河流域气候变化的水文响应[523]。

3.7.2　在气候变化对河川径流影响研究方面

涉及气候变化对河川径流影响研究的学术性论文文献较多，说明气候变化对河川径流影响研究是热点。总体来看，部分论文水平较高，多数论文是重复性工作，水平一般。内容主要包括 2 大类：一是气候变化对径流的影响；二是径流对气候变化的响应。以下仅列举有代表性文献以供参考。

（1）杨大文等选择黄河流域 38 个典型子流域为研究对象，基于流域水热耦合平衡模型，计算了各流域径流对气候和下垫面变化的弹性系数；进一步针对各流域在 1961—2010 年间的径流变化，定量区分了气候变化和下垫面变化对各典型子流域天然径流减少的影响程度[524]。

（2）张利平等利用基于 SWAT 水文模型的径流变化定量分离方法评估了气候波动、人类活动和土地利用变化三者分别对滦河流域径流变化的影响[525]。

（3）邓晓宇等以 1960—1970 年为基准期，利用流域水文模拟程序（hydrological simulation program-fortran，HSPF）定量分析了 1971—1980 年、1981—1990 年、1991—2000 年、2001—2005 年 4 个时段抚河流域气候变化和人类活动对径流的影响[526]。

（4）张连鹏等应用 Budyko 假设和 TOPMODEL 模型分析了气候变化和人类活动对渭河的北洛河径流的贡献率，在较可能的气候变化范围内设定气温和降水变化的 25 种情景，分析了各情景对径流的影响[527]。

（5）莫淑红等将累积量斜率变化率比较法用于定量计算气候变化和人类活动对灞河径流的

影响程度[528]。

（6）吴丽等应用大凌河上游水文、气象、土地利用等数据建立大凌河上游水文模型，采用弹性系数法和水文模拟法定量分析了大凌河上游流域气候变化和人类活动对径流的影响[529]。

（7）此外，在气候变化对径流的影响研究方面，还有以下代表成果：舒卫民等研究了气候变化及人类活动对三峡水库入库径流特性的影响[530]，李丹等研究了气候变化对汾河（运城段）径流的影响[531]，何自立等研究了气候变化对汉江上游径流特征的影响[532]，赖天锃等研究了人类活动与气候变化对东江流域径流变化的贡献率[533]，刘剑宇等研究了气候变化和人类活动对鄱阳湖流域径流过程的影响[534]，刘贵花等研究了气候变化和人类活动对鄱阳湖流域赣江径流的影响[535]，朱悦璐等研究了基于气候模式与水文模型结合的渭河径流预测[536]，魏洁等研究了基于 VIC 模型的黄河上游未来径流变化[537]。

（8）在径流对气候变化的响应研究方面，贺瑞敏等利用可变下渗容量（Variable Infiltration Capacity，VIC）模型，在海河流域选取了 6 个典型流域来率定 VIC 模型的参数。通过模型参数移植技术，建立了全流域的径流模拟平台。根据假定的气候变化情景，分析了海河流域河川径流对气候变化的响应机理[538]。王蕊等基于 1956—2010 年雅鲁藏布江流域中游及周边 17 个气象站逐日降水、气温数据，以及拉孜和羊村水文站逐月天然径流资料，采用小波分析、相关分析及多元线性回归等方法，定量分析了径流与气候要素变化特征及其响应关系[539]。魏天锋等研究了呼图壁河径流过程对气候变化的响应[540]。许炯心定量研究了黄河中游径流可再生性对于人类活动和气候变化的响应[541]。

3.7.3　在气候变化对水资源影响研究方面

最近两年涉及气候变化对水资源影响研究的学术性文献开始增多，说明前几年重视这方面的研究，最近两年陆续产出一批成果，特别是出现一些系统性研究专著。以下仅列举有代表性文献以供参考。

（1）夏军等在《气候变化影响下中国水资源的脆弱性与适应对策》[542]一书中，研究了气候变化情景下水资源影响与水资源供需耦合响应关系，分区评价水资源的脆弱性及其阈值；分析了气候变化对南水北调重大调水工程的影响和对区域水资源安全的影响，提出应对气候变化影响的适应性对策；评估我国目前应对气候变化适应性措施的适应效能，探讨气候变化下水资源适应性管理的制度、模式及保障途径。

（2）莫兴国等在《气候变化对北方农业区水文水资源的影响》[543]一书中，研究了基于 VIP 生态水文模型的气候变化响应；阐述了农田生态系统水循环、生产力对气候变化的响应机理，评估了未来气候变化情景对农业生态系统的影响及其对水资源和粮食安全的影响。

（3）杨晓华等在《气候变化背景下流域水资源系统脆弱性评价与调控管理》[544]一书中，建立了气候变化下流域水资源脆弱性评价指标体系、评价标准、评价模型和四维流域水资源供需系统动力学模型，模拟了未来 RCPs 情景下流域降雨、蒸发、径流量的变化，分析了黄淮海各流域水资源脆弱性时空分布特征和调控措施。

（4）吴绍洪等分析了气候变化影响与适应研究差距，提出未来的研究将集中在降低气候变化影响认识的不确定性、提高定量化风险评估水平、增强气候变化影响与风险的综合交叉、趋利避害适应原则、有序适应机制、定量适应措施[545]。

（5）夏军等提出了气候变化下水资源脆弱性与适应性管理理论与方法研究以应对气候变化的无悔为准则，与社会经济可持续发展、成本效益分析、利益相关者的多信息源的分析与综合决策相结合为原则，对适应性管理与脆弱性组成的互联互动系统及其风险与不确定性进行分析的新认识[546]。

（6）此外，还有以下代表成果：邱玲花等辨析了气候变化与人类活动对太湖西苕溪流域水文水资源的影响[547]，孟现勇等分析了近 60 年气候变化及人类活动对艾比湖流域水资源的影响[548]，夏军等评价了气候变化对中国东部季风区水资源脆弱性的影响[549]，雒新萍等研究了气候变化背景下中国小麦需水量的敏感性[550]，曹建廷等分析了 1956—2010 年海河区降水变化对水资源供需影响[551]，刘艳丽等阐述了环境变化对流域水文水资源的影响评估及不确定性研究进展[552]，曾建军等阐述了气候变化对干旱内陆河流域水资源影响的研究进展[553]，王苳如等研究了气候变化条件下洪泽湖以上流域水资源演变趋势[554]，姚俊强等研究了气候变化对天山山区高寒盆地水资源变化的影响[555]。

3.8　水战略与水问题研究进展

从收集的文献资料来看，涉及"水战略与水问题"的一般性文献很多，但学术性文献不多，特别是，专门研究水战略或水问题的理论方法文献不多，多数是定性分析和政策探讨。主要内容涉及：①水资源开发利用研究；②河湖水系连通战略；③水利现代化研究；④水问题研究。关于水战略与水问题的研究，主要与国家水政策联系比较密切，同时需要站在高层次的角度来分析问题，深入研究难度较大，高层次文献不多。最近两年出现多本相关内容的系统研究专著。

3.8.1　在水资源开发利用研究方面

在水资源开发利用研究方面，有一些新的水战略思想和研究成果，特别是有几本代表性专著，新提出天河工程及云水资源开发的思路。以下仅列举有代表性文献以供参考。

（1）唐宏等在《绿洲城市发展与水资源利用模式选择》[556]一书中，提出了城市发展与水资源利用相互关系的研究框架，分析了绿洲城市发展与水资源利用的动态演变过程，构建了综合测度体系与评价模型，探讨了城市发展与水资源开发利用的交互耦合关系与相互影响机理。

（2）张玲玲等在《区域用水结构演变与调控研究》[557]一书中，以江苏省为研究区域，编制考虑用水水平的区域投入产出表，建立产业用水变动驱动因素识别方法，构建基于投入产出分析的区域用水结构动态优化调控模型，探析区域产业用水与国民经济发展的相互作用机理；分析用水结构的演变及其与经济增长在空间分布上的关联等内容。

（3）张永明等在《石羊河流域行业取耗水总量控制与水资源保障方案研究》[558]一书中，在论述石羊河流域水资源开发利用现状和水权制度建设框架意见的基础上，制定了流域初始水权分配方案，确定流域行业取耗水总量控制指标，提出了流域地下水超采区管理方案和水资源保障方案等。

（4）付强等在《三江平原水资源开发环境效应及调控机理研究》[559]一书中，提出了三江平原水资源调配工程优化布局模式和水土资源优化配置模式，分析了水资源开发对生态环境的影响和人类活动对区域地下水资源系统的影响。

（5）王光谦等介绍了天空河流的发现、概念及未来研究[560]；提出黄河源区更适合进行空中水资源的开发利用，合理适度地利用空中水资源对提高黄河流域的水资源安全保障能力具有重要意义[561]。

（6）沈大军等应用不同国家和地区数据构建了水资源利用发展路径，评价了中国 1980—2014 年水资源利用发展过程和大陆各省 1993 年、2000 年和 2011 年水资源利用水平。中国水资源利用发展过程受经济和社会发展影响明显，工业用水比重过大，人均生活用水量偏低，并滞后于经济发展。各省水资源利用呈现显著差异，但滞后于经济发展的省份占大多数[562]。

（7）吉磊等根据新疆阿拉尔垦区 2010 年水资源开发利用现状，选取地下水开发潜力、地表水开发潜力、地下水满足率、地表水满足率和地表水调蓄能力作为 5 个主要评判因素，建立模糊综合评判模型对阿拉尔垦区水资源合理开发模式进行评价研究[563]。

（8）朱海彬等探讨了贵州表层岩溶带水资源的开发利用条件、开发模式及开发中存在的问题，并就存在的问题提出了可持续开发建议[564]。

3.8.2 在河湖水系连通战略研究方面

在河湖水系连通战略研究方面，水利部提出河湖水系连通战略思想，专家们做过一系列研究，发表了一些成果。总体来看，最近两年学术性文献不多，基本与前几年相当，当然也出现一些代表性成果。以下仅列举有代表性的文献以供参考。

（1）陈传友等在《江河连通：构建我国水资源调配新格局》[565]一书中，提出了解决我国北方水资源短缺的战略出路：以长江三峡水库为水资源调节中心，以南水北调中线及其延长至三峡水库的输水道为调水链，根据我国对水资源的实际需要，可不断使之向南、北延伸，相继把海河、黄河、淮河、长江、澜沧江、怒江、雅鲁藏布江七大江河串联起来，逐步形成总体调水格局。

（2）窦明等为了定量评估城市化进程对水系连通状况的影响程度，分别构建了两套指标体系用于描述城市水系连通形态和连通功能的变化情况，进而运用统计学方法分析了水系连通形态指标与连通功能指标之间的相关关系，在此基础之上建立相应的方程组来定量描述水系连通形态变化对连通功能的影响[566]。

（3）张永勇等分析了近千年淮河流域河湖水系的自然演变以及人类活动的扰动，深入探讨了其成因。分析认为，目前淮河流域河湖水系连通格局是人类在抵御黄河洪水和泥沙入侵的抗争中，遵循自然规律的同时兼顾漕运、灌溉等社会发展所需而构建的防洪、排涝、冲沙、灌溉、供水等的工程体系；流域主要干支流和湖泊连通基本受人工所控，自然–人工河网交织，河流–湖泊水量交换频繁，入江入海水道基本畅通，并与黄河、长江、海河等各大水系连通[567]。

（4）符传君等结合河湖水系连通案例实践、总结不同学者的观点，解读河湖水系连通的概念和内涵，阐述其构成要素并制定河湖水系连通的评价指标体系[568]。

（5）钮新强论述了洞庭湖江湖关系的演变机理，阐述了长江上游控制性工程运用后江湖关系的变化趋势及其影响，提出洞庭湖大水脉方案[569]。

（6）此外，一些学者开展了方法论的研究工作，比如，胡尊乐等研究了基于分形几何理论的河湖结构连通性评价方法[570]，郭亚萍等研究了水量优化调度对水系连通性的影响[571]，林鹏飞等研究了水源连通对城市供水系统安全性的影响评价[572]。

（7）另外，也有一些应用研究成果，比如，苑希民等研究了洪泽湖与骆马湖水资源连通分析与优化调度耦合模型[573]，田传冲等研究了水量水质系统控制的临海市大田港流域水系连通方案[574]。

3.8.3　在水利现代化研究方面

在水利现代化相关内容的研究方面，前几年出现的成果较少，一直在不断探讨水利现代化的构想和思考。最近两年出现比较成熟的研究成果，主要表现在出版几本有代表性的专著。但学术论文水平仍较一般，且高水平文献不多。以下仅列举有代表性文献以供参考。

（1）胡彦华等在《现代水利信息科学发展研究》[575]一书中，探讨了水利信息化推进措施、应用技术、基础应用、工程实践、顶层设计等内容，总结了推进水利信息化发展进程中的方法措施、关键技术和专题方案，体现了基于物联网、视联网、云计算、大数据为基础的未来水利信息化发展思路、技术路线、建设任务、实施方案、保障措施等。

（2）吴世勇等在《数字流域理论方法与实践——雅砻江流域数字化平台建设及示范应用》[576]一书中，研究了流域径流信息的数字化监测、预报以及优化调度，工程安全信息的数字化监测、分析、预警和管理，建设了雅砻江流域数字化平台。

（3）张穗等在《大型灌区信息化建设与实践》[577]一书中，从信息采集传输发布、基础地理信息平台、工程建设管理、用水决策支持和防汛抗旱联合调度等方面，介绍了湖北省漳河灌区信息化建设的总体思路和主要实践过程。

（4）缪纶等在《水利专业软件云服务平台关键技术研究与实践》[578]一书中，建立了面向全行业的水利专业软件云服务平台，阐述了水利专业软件云服务平台的特点、体系架构、关键技术、安全保障体系、运维管理体系等。

（5）在智慧水利或智慧水务研究方面，出现一些成果，但高水平的不多。张一鸣等研究了基于 TOE 框架的智慧水务建设影响因素评价[579]，赵坚研究了市级水管理单位建设"智慧水务"的框架[580]，李贵生等研究了智慧城市趋势下的水务数据采集新要求[581]。

（6）此外，还有一些其他相关方面的研究，邓伟等研究了江苏省水资源管理现代化指标体系[582]，赵刚等研究了基于集对分析-可变模糊集的中国水利现代化时空变化特征[583]，刘招等研发了考虑多水源的灌区水文干旱预警系统[584]。

3.8.4　在水问题研究方面

中国是水问题比较突出的国家。干旱缺水、洪涝灾害、水环境恶化和水土流失是当前中国面临的主要水问题，已经严重影响和制约着经济社会的快速发展，在一定程度上也影响着人民的生活和生产。因此，人们一直十分关注水问题，每年关于水问题的分析讨论、学术研究、对策制定等层出不穷。最近两年的成果情况与前几年基本相似，总体来讲，定性分析和政策探讨较多，专门研究水问题的理论方法文献不多。以下仅列举有代表性文献以供参考。

（1）张楚汉、王光谦[585]提出我国当前水安全情势和未来中长期需重点关注的若干重大科技问题，包括：全球气候变化与人类强烈活动下的水资源安全，农业水资源高效利用，河流-湖泊-近海泥沙与生态环境，水电能源开发的驱动与制约因素，高坝梯级水电站长期安全运行和水旱灾害防御等六个方面。

（2）龚家国等[586]以中国水资源二级区为基础，从水量和水质两个方面，选择 7 个评价指标构成水安全度评价指标体系，对中国水危机现状进行分析，并提出应对策略。

（3）黑亮等在《珠江河口关键水问题研究》[587]一书中，阐述了珠江河口水资源管理、洪潮风险、咸潮治理、水环境健康风险、滩涂资源开发利用与保护等。

（4）邓铭江对南疆存在的水问题及其发展趋势和未来面临的挑战进行了研究预判，提出了建设"新龟兹工程"和"新楼兰工程"的初步设想、塔里木河"生态型"河流建设与和田河下泄水量置换方案以及干旱内陆河"三元"水循环生态经济体系。从跨流域调水、增强水资源及环境承载能力、优化社会经济发展布局、构建环塔里木盆地生态经济圈，生态移民，缓解绿洲人口资源环境压力，促进民族交融平衡发展等方面入手，为塔里木河流域综合治理和南疆稳定发展提供一种思路[588]。

（5）谷树忠等提出正确研判我国水安全的基本问题，建立健全包括组织协调、科学评估、规划引领、市场调节、技术支撑、工程保障、试验示范、社会参与、考核问责和国际协调等在内的保障机制[589]。

（6）王一文等提出推进京津冀水资源保护一体化的基本思路、重点领域、合作机制，并结合京津冀重点工程建设提出政策建议[590]。

3.9　与2013—2014年进展对比分析

（1）在水资源理论方法研究方面，最近两年与前几年的总体情况类似，当然也出现一些变化。总体来看，关于水资源新思想提出、总结和应用的文献不多，理论方法研究成果偏少，应用成果较多；水资源可持续利用方面的成果仍然以应用研究为主，在流域、区域不同尺度上的应用很广泛，但理论创新不多；人水和谐方面的成果不多，以应用研究为主，进展不大；水资源承载能力研究一直是热点，成果较多，也提出一些新的理论方法；水生态文明方面的研究仍是一个新的增长点，新增加了一大批水生态文明的理论方法研究成果和应用实例；随着最严格水资源管理制度的推进，涌现出更多、研究深度更深的研究成果；节水潜力和节水型社会建设的相关成果不多，实际应用实例较多；伴随着海绵城市建设的提出，研究其中的水资源问题的成果开始大量涌现，是最近两年新出现的热点之一。

（2）水资源模型是水资源学科研究的一类重要工具，常常被应用于水资源评价、规划、管理等研究工作和生产实践中，一直以来被很多学者所青睐，研究人员较多。最近两年专门研究水系统模型、水资源模型的文献较少，多数是应用成果，主要是：应用于研究水资源形成转化规律，应用于开展有关水资源评估、配置、规划、管理等。

（3）水资源分析、评价、论证是水资源行业的主要基础工作内容，研究内容丰富，每年涌现出大量的研究成果。特别是随着国家水资源管理制度的变化，对水资源分析、评价、论证提出更高的要求，出现一些新的研究内容。比如，最严格水资源管理"三条红线"分析计算继续成为热点内容，水资源利用效率评价和调控关键技术伴随着国家研发项目的研究将成为新的研究热点，规划水资源论证、水资源与经济社会协调发展研究也涌现出一些研究成果。总体来看，最近两年学术性文献很多，但理论研究进展不大，特别是高水平文献不多，多数是偏于应用。

（4）水资源规划与管理是水资源工作的重要内容之一，一直以来研究内容丰富，每年都会涌现出一些研究成果。但最近两年对水资源规划与管理的研究成果不是很多，特别是理论方法研究较少，主要偏重于应用研究。当然，最近两年的研究也出现一些新的情况，比如，与河长制关联的水资源规划与管理工作。此外，基于最严格水资源管理制度、水生态文明建设的水资源规划与管理成果也成为新亮点。

（5）水资源配置是水资源规划、管理、调度的重要基础，特别是定量化、最优化方法研究，在水资源分析、评价、论证、规划、管理、调度等工作中具有广泛的应用，每年涌现出大量的研究成果和应用实例，多年来一直是研究的热点。与前几年相比，最近两年涉及水资源配置的文献仍然较多，也有变化，主要表现在：系统的研究成果较多，优化方法研究和水资源调控系统研发的成果较多。

（6）气候变化是目前国际上一个研究热点，参与的研究者较多，研究内容丰富，每年涌现出大量的研究成果。总体来看，最近两年涉及气候变化对水文循环影响研究的学术性文献开始增加，特别是有一些系统研究工作；涉及气候变化对河川径流影响研究的学术性论文文献较多，但水平一般，多数是重复性工作；涉及气候变化对水资源影响研究的学术性文献开始增多，特别是出现一些系统性研究专著。

（7）水是人类生存和发展不可或缺的一种基础资源，人们都十分关注水的问题，因此关于水战略与水问题的讨论较多，但最近两年出现的专门研究水战略或水问题的理论方法文献并不多，多数是定性分析和政策探讨。在水资源开发利用研究方面，有一些新的水战略思想和研究成果，特别是有几本代表性专著，新提出天河工程及云水资源开发的思路；在河湖水系连通战略研究方面，学术性文献不多，基本与前几年相当，当然也出现一些代表性成果；在水利现代化相关内容的研究方面，出现比较成熟的研究成果，主要表现在出版几本有代表性的专著，但学术论文水平仍较一般，且高水平文献不多；在水问题研究方面，成果情况与前几年基本相似，定性分析和政策探讨较多，专门研究水问题的理论方法文献不多。

参考文献

[1]　左其亭主编. 中国水科学研究进展报告 2011—2012[M]. 北京：中国水利水电出版社，2013.

[2]　左其亭主编. 中国水科学研究进展报告 2013—2014[M]. 北京：中国水利水电出版社，2015.

[3]　吴普特, 高学睿, 赵西宁, 等. 实体水-虚拟水"二维三元"耦合流动理论基本框架[J]. 农业工程学报，2016，32（12）：1–10.

[4]　王建华, 何凡. 承载力视域下的水资源消耗总量和强度双控行动认知解析[J]. 中国水利，2016（23）：34–35, 40.

[5]　何大明, 刘恒, 冯彦, 等. 全球变化下跨境水资源理论与方法研究展望[J]. 水科学进展，2016，27（6）：928–934.

[6]　陈似蓝, 刘家宏, 王浩. 城市水资源需求场理论及应用初探[J]. 科学通报，2016，61（13）：1428–1435.

[7]　孟伟, 张远, 李国刚, 等.流域水质目标管理理论与方法学导论[M].北京：科学出版社，2015.

[8]　王壬, 陈兴伟, 陈莹. 区域水资源可持续利用评价方法对比研究[J]. 自然资源学报，2015，30（11）：1943–1955.

[9]　石红, 张博, 李媛, 等. 基于生态网络分析的流域水资源可持续性评价方法研究[J]. 水电能源科学，2015，33（4）：38–42.

[10]　陈继光. 基于灰面积关联决策的水资源可持续利用潜力评价[J]. 节水灌溉，2015（7）：69–71, 75.

[11]　梁晓龙, 李祚泳, 汪嘉杨. 基于 SVR 的指标规范值的水资源可持续利用评价模型[J]. 水电能源科学，2016，34（3）：40–43.

[12]　魏光辉. 基于熵权可拓物元模型的水资源可持续利用评价[J]. 西北水电，2016（3）：13–16.

[13]　赵敏, 黄川友, 甘蓉.TRIZ 理论在水资源可持续利用中的应用[J]. 水资源保护，2015，31（2）：36–39, 44.

[14] 李桂君, 李玉龙, 贾晓菁, 等. 北京市水-能源-粮食可持续发展系统动力学模型构建与仿真[J]. 管理评论, 2016, 28（10）：11-26.

[15] 陈午, 许新宜, 王红瑞, 等. 基于改进序关系法的北京市水资源可持续利用评价[J]. 自然资源学报, 2015, 30（1）：164-176.

[16] 凌红波, 于洋, 于瑞德. 吐鲁番地区水资源可持续利用评价[J]. 人民黄河, 2015, 37（1）：70-73, 78.

[17] 苏茂林. 黄河水资源管理制度建设与流域经济社会的可持续发展[J]. 人民黄河, 2015, 37（11）：1-3, 7.

[18] 邝远华, 汪丽娜, 胡建文, 等. 佛山市水资源可持续利用的综合评价[J]. 水文, 2015, 35（6）：30-36.

[19] 李俊晓, 李朝奎, 罗淑华, 等. 基于 AHP-模糊综合评价方法的泉州市水资源可持续利用评价[J]. 水土保持通报, 2015, 35（1）：210-214, 286.

[20] 靖娟, 宋华力, 蒋桂芹. 基于能值的鄂尔多斯市水资源生态经济系统可持续发展动态分析[J]. 节水灌溉, 2015（1）：48-51.

[21] 陈智举, 唐登勇. 水资源足迹模型对城市水资源持续利用研究——以南京市为例[J]. 中国农村水利水电, 2015（3）：25-28.

[22] 王云丽. 南水北调中线受水区水资源可持续利用评价[J]. 水科学与工程技术, 2015（1）：9-11.

[23] 李允洁, 吕惠进, 卜鹏. 基于生态足迹法的浙江省水资源可持续利用分析[J]. 长江科学院院报, 2016, 33（12）：22-26, 32.

[24] 谷红梅, 李秀秀, 任影. 人民胜利渠灌区水资源可持续利用综合评价[J]. 人民黄河, 2016, 38（2）：63-66.

[25] 吕平毓, 吕睿. 基于改进 PCA 的重庆市水资源可持续利用评价[J]. 人民长江, 2016, 47（24）：40-45.

[26] 万文华, 尹骏翰, 赵建世, 等. 南水北调条件下北京市供水可持续评价[J]. 南水北调与水利科技, 2016, 14（2）：62-69.

[27] 赵锐, 闫宁, 张涵, 等. 区域水资源可持续利用评价——以乐山市为例[J]. 节水灌溉, 2016（12）：89-93.

[28] 吴全志, 苏喜军, 龙林玲. 基于生态足迹模型的贵州省水资源可持续利用分析[J]. 华北水利水电大学学报（自然科学版）, 2016, 37（3）：36-40.

[29] 杨泉, 陈明, 杨涛, 等. 基于水资源环境承载力理论下城市可持续发展研究——以襄阳市为例[J]. 江西理工大学学报, 2016, 37（1）：15-20.

[30] 刘占衍. 基于可持续发展理念下的成安县水资源开发利用研究[J]. 地下水, 2016, 38（4）：164-165.

[31] 辛昊林, 刘万锋, 张建香, 等. 庆阳市水资源可持续利用发展研究[J]. 陇东学院学报, 2016, 27（5）：117-122.

[32] 邹君. 湖南生态水资源系统脆弱性评价及其可持续利用研究. 北京：中国水利水电出版社, 2015.

[33] 左其亭, 郭唯, 胡德胜, 等. 能-水关联的和谐论解读及和谐发展途径[J]. 西安交通大学学报（社会科学版）, 2016, 36（3）：100-104.

[34] 王梅, 唐德善, 孟珍珠, 等. 基于模糊物元的综合评价模型在区域人水和谐评价中的应用[J]. 水电能源科学, 2015, 33（2）：160-163, 134.

[35] 张金鑫, 唐德善, 丁亿凡, 等. 基于云模型的流域人水和谐评价方法[J]. 水电能源科学, 2015, 33（9）：155-158, 127.

[36] 宋庆林. 人与水的和谐关系[J]. 吕梁教育学院学报, 2016, 33（1）：35-36.

[37] 孟珍珠, 唐德善, 魏宇航, 等. 和谐论在水资源承载力综合评价中的应用[J]. 水资源保护, 2016, 32（3）：54-58, 116.

[38] 宋一凡, 郭中小, 徐晓民, 等. 二连浩特市水资源与经济社会和谐度评价[J]. 水文, 2016, 36（1）：66-70.

[39] 杨树红. 克里雅河流域水工程与水资源和谐状况评价[J]. 水资源开发与管理, 2016（2）：27-31, 58.

[40] 丁晶, 覃光华, 李红霞. 水资源设计承载力的探讨[J]. 华北水利水电大学学报（自然科学版）, 2016, 37（4）：1-6.

[41] 左其亭, 张修宇. 气候变化下水资源动态承载力研究[J]. 水利学报, 2015, 46（4）：387-395.

[42] 周孝德, 吴巍. 资源性缺水地区水环境承载力研究及应用[M]. 北京：科学出版社, 2015.

[43] 魏光辉, 马亮. 基于正态云模型的区域水资源承载力评价[J]. 节水灌溉, 2015（1）：68-71.

[44] 罗宇, 姚帮松. 基于 SD 模型的长沙市水资源承载力研究[J]. 中国农村水利水电, 2015（1）: 42–46.

[45] 刘卉, 杨路华, 柴春岭. 基于土壤水资源利用的农业水资源承载力研究[J]. 中国农村水利水电, 2015（7）: 27–30, 35.

[46] 焦露慧, 吴巍, 周孝德, 等. 资源性缺水地区流域水环境承载力评价模型及其应用[J]. 水资源与水工程学报, 2015, 26（6）: 77–82.

[47] 王建华, 姜大川, 肖伟华, 等. 基于动态试算反馈的水资源承载力评价方法研究——以沂河流域（临沂段）为例[J]. 水利学报, 2016, 47（6）: 724–732.

[48] 王翠, 杨广, 何新林, 等. 基于系统动力学的水资源承载力研究[J]. 中国农村水利水电, 2016（9）: 212–215, 220.

[49] 刘成刚. PSR 模型在水资源承载力计算中的应用[J]. 水科学与工程技术, 2016（5）: 12–14.

[50] 代涛, 周冬妮, 张虎. 基于集对分析法的水资源承载能力评价研究[J]. 人民长江, 2015, 46（16）: 10–13, 42.

[51] 张晗, 周维博, 宋扬, 等. 基于最优赋权方法的水土资源承载力评价研究[J]. 灌溉排水学报, 2016, 35（12）: 67–72.

[52] 王丽, 毕佳成, 向龙, 等. 基于"五水共治"规划的水资源承载力评估[J]. 水资源保护, 2016, 32（2）: 21–25.

[53] 程彦培, 宋乐. 基于土地利用的水资源承载力评价方法研究[J]. 南水北调与水利科技, 2015, 13（1）: 41–44.

[54] 周亮, 孙东琪, 徐建刚. 淮河流域社会经济发展的水环境支撑能力分区评价（英文）[J]. Journal of Geographical Sciences, 2015, 25（10）: 1199–1217.

[55] 谷红梅, 贾丽, 蒋晓辉, 等. 基于熵权物元可拓法的黑河中游水资源承载力评价[J]. 灌溉排水学报, 2016, 35（6）: 87–92.

[56] 臧正, 郑德凤, 孙才志. 区域资源承载力与资源负荷的动态测度方法初探——基于辽宁省水资源评价的实证[J]. 资源科学, 2015, 37（1）: 52–60.

[57] 刘晓君, 付汉良. 基于变权信息熵改进 TOPSIS 法的水资源承载力评价——以陕西省地级城市为例[J]. 水土保持通报, 2015, 35（6）: 187–191.

[58] 余灏哲, 韩美. 基于 PSR 模型的陕西省水资源承载力熵权法评价[J]. 水电能源科学, 2016, 34（1）: 27–31.

[59] 孟丽红, 叶志平, 袁素芬, 等. 江西省 2007—2011 年水资源生态足迹和生态承载力动态特征[J]. 水土保持通报, 2015, 35（1）: 256–261.

[60] 何开为, 张代青, 侯瑨, 等. 基于水足迹理论的云南省农业水资源承载力 DEA 模型评价[J]. 水资源与水工程学报, 2015, 26（4）: 126–131.

[61] 杨鑫, 王莹, 王龙, 等. 基于集对分析理论的云南省水资源承载力评估模型[J]. 水资源与水工程学报, 2016, 27（4）: 98–102.

[62] 刘文铮, 刘湘妮. 基于因子分析的辽宁省水资源承载力研究[J]. 水科学与工程技术, 2015（5）: 4–7.

[63] 戴明宏, 王腊春, 魏兴萍. 基于熵权的模糊综合评价模型的广西水资源承载力空间分异研究[J]. 水土保持研究, 2016, 23（1）: 193–199.

[64] 杨倩, 孙铖, 李山勇, 等. 湖北水资源生态承压能力的时空分异特征[J]. 水土保持研究, 2016, 23（1）: 289–295, 302.

[65] 陈红梅, 杭艳红, 杨林, 等. 黑龙江省水土资源承载力综合评价及空间分异特征研究[J]. 节水灌溉, 2016（4）: 60–64.

[66] 秦旭宝, 刘夏明, 崔冰雪, 等. 浙江省水资源支撑力定量评价研究[J]. 中国农村水利水电, 2016（2）: 29–32.

[67] 高亚, 章恒全. 基于系统动力学的江苏省水资源承载力的仿真与控制[J]. 水资源与水工程学报, 2016, 27（4）: 103–109.

[68] 程增辉, 陆宝宏, 熊丝, 等. 基于水足迹模型的新疆水资源承载力分析[J]. 水资源与水工程学报, 2016, 27（6）: 54–59.

[69] 韩运红, 唐德善, 李奥典, 等. 模糊熵权综合评价模型在阜阳市水资源承载力综合评价中的应用[J]. 水电能源科学, 2015, 33（5）: 26–29.

[70] 徐韬, 段衍衍, 杨涛, 等. 南通市水资源供需平衡与承载力研究[J]. 水电能源科学, 2015, 33（7）: 34–38.

[71] 莫崇勋, 杨庆, 王大洋, 等. 物元评价法在南宁市水资源承载力评价中的应用[J]. 水电能源科学, 2015, 33 （9）: 31–35.

[72] 莫崇勋, 王大洋, 林怡彤, 等. 基于支持向量机的南宁市水资源承载能力评价[J]. 人民黄河, 2016, 38（7）: 49–52, 67.

[73] 姜秋香, 董鹤, 付强, 等. 基于 SD 模型的城市水资源承载力动态仿真——以佳木斯市为例[J]. 南水北调与水利科技, 2015, 13（5）: 827–831.

[74] 赵颖辉, 郭雪莽, 高永胜, 等. 海岛型城市水资源利用及其承载力对比研究[J]. 水文, 2015, 35（6）: 72–81.

[75] 吴颖超, 王震, 曹磊, 等. 基于突变级数法的徐州市近 10 年水环境承载力评价[J]. 水土保持通报, 2015, 35 （2）: 231–235.

[76] 马宇翔, 彭立, 苏春江, 等. 成都市水资源承载力评价及差异分析[J]. 水土保持研究, 2015, 22（6）: 159–166.

[77] 王涛, 孜比布拉·司马义, 陈溯, 等. 乌鲁木齐市水足迹和水资源承载力动态特征分析[J]. 中国农村水利水电, 2015（2）: 42–46.

[78] 李瑞, 张飞, 周梅, 等. 博尔塔拉蒙古自治州水资源承载力评价[J]. 中国农村水利水电, 2015（4）: 65–69.

[79] 童纪新, 顾希. 基于主成分分析的南京市水资源承载力研究[J]. 水资源与水工程学报, 2015, 26（1）: 122–125.

[80] 曹永强, 朱明明, 张亮亮, 等. 基于可变模糊评价法的大连市水资源承载力分析[J]. 水利水运工程学报, 2016 （4）: 40–46.

[81] 李慧, 周维博, 庄妍, 等. 延安市农业水土资源匹配及承载力[J]. 农业工程学报, 2016, 32（5）: 156–162.

[82] 李宁, 张文丽, 李经伟. "三条红线"约束下的鄂尔多斯市水资源承载力评价[J]. 中国农村水利水电, 2016 （1）: 8–11.

[83] 王辉, 许学工. 海水入侵胁迫下的莱州市水资源承载力评价[J]. 中国农村水利水电, 2016（6）: 43–46, 50.

[84] 吴泽宁, 高申, 管新建, 等. 中原城市群水资源承载力调控措施及效果分析[J]. 人民黄河, 2015, 37（2）: 6–9.

[85] 吴泽宁, 管新建, 岳利军, 等. 中原城市群水资源承载能力及调控研究[M]. 郑州: 黄河水利出版社, 2016.

[86] 程超, 童绍玉, 彭海英, 等. 滇中城市群水资源生态承载力的平衡性研究[J]. 资源科学, 2016, 38（8）: 1561–1571.

[87] 赵向豪, 姚娟, 马静. 基于 GINI 系数的新疆水资源承载力演化的灰色分析——以天山北坡经济带为例[J]. 节水灌溉, 2016（5）: 85–88.

[88] 莫崇勋, 宋丽, 蔡德所, 等. 广西北部湾经济区水资源承载能力演变分析[J]. 水力发电学报, 2015, 34（1）: 45–48, 54.

[89] 张忠学, 马蔷. 基于模糊综合评价的区域农业水资源承载力研究——以绥化市北林区为例[J]. 水力发电学报, 2015, 34（1）: 49–54.

[90] 杨涛, 汤英, 杨东旭. 大柳树灌区宁夏分区水资源承载力综合评价[J]. 水利水电技术, 2015, 46（12）: 1–4.

[91] 尹杰杰, 崔远来, 刘方平, 等. 基于模糊综合评价的赣抚平原灌区水资源承载力研究[J]. 节水灌溉, 2016（8）: 131–134, 140.

[92] 康娜, 杨永刚, 李洪建, 等. 黄土高原典型矿区水环境承载力研究[J]. 水土保持通报, 2015, 35（1）: 274–280, 364.

[93] 戴明宏, 王腊春, 汤淏. 基于多层次模糊综合评价模型的喀斯特地区水资源承载力研究[J]. 水土保持通报, 2016, 36（1）: 151–156.

[94] 刘登伟. 京津冀都市（规划）圈水资源供需分析及其承载力研究[M]. 郑州: 黄河水利出版社, 2016.

[95] 袁树堂, 杨绍琼. 基于区域发展规划的嵩明县水资源承载力[J]. 人民黄河, 2015, 37（11）: 50–52, 57.

[96] 王浩, 黄勇, 谢新民, 等. 水生态文明建设规划理论与实践[M]. 北京: 中国环境科学出版社, 2016.

[97] 左其亭, 罗增良, 马军霞. 水生态文明建设理论体系研究[J]. 人民长江, 2015, 46（8）: 1–6.

[98] 石秋池, 唐克旺. 关于水生态文明传承与创新的思考[J]. 中国水利, 2016（3）: 39–41.

[99] 左其亭, 罗增良. 水生态文明定量评价方法及应用[J]. 水利水电技术, 2016, 47（5）: 94–100.

[100] 傅春, 刘杰平, 等.河湖健康与水生态文明实践[M].北京: 中国水利水电出版社, 2016.

[101] 赵玉红, 丁文翔, 季旭. 水生态文明城市建设相对有效性分析[J]. 水利水电技术, 2015, 46 (4): 44–46.

[102] 宋梦林, 左其亭, 赵钟楠, 等. 河南省水生态文明建设试点城市生态系统健康评价[J]. 南水北调与水利科技, 2015, 13 (6): 1185–1190.

[103] 郑大俊, 王炎灿, 周婷. 基于水生态文明视角的都江堰水文化内涵与启示[J]. 河海大学学报 (哲学社会科学版), 2015, 17 (5): 79–82, 106.

[104] 李坚, 崔海洋, 尚光旭, 等.北京水生态文明建设评估与预测[J]. 水资源与水工程学报, 2016, 27 (3): 23–26, 31.

[105] 左其亭, 胡德胜, 窦明, 等.最严格水资源管理制度研究——基于人水和谐视角[M].北京: 科学出版社, 2016.

[106] 陈明忠, 张续军. 最严格水资源管理制度相关政策体系研究[J]. 水利水电科技进展, 2015, 35 (5): 130–135.

[107] 左其亭. 最严格水资源管理保障体系的构建及研究展望[J]. 华北水利水电大学学报 (自然科学版), 2016, 37 (4): 7–11.

[108] 于璐, 王偲, 窦明. 最严格水资源管理考核指标体系研究[J]. 人民黄河, 2016, 38 (8): 38–42.

[109] 王慧敏, 陈蓉, 许叶军, 等. 最严格水资源管理过程中政府职能转变的困境及途径研究[J]. 河海大学学报 (哲学社会科学版), 2015, 17 (4): 64–68, 92.

[110] 王慧敏. 落实最严格水资源管理的适应性政策选择研究[J]. 河海大学学报 (哲学社会科学版), 2016, 18 (3): 38–43, 90–91.

[111] 刘钢, 王开, 魏迎敏, 等. 基于网络信息的最严格水资源管理制度落实困境分析[J]. 河海大学学报 (哲学社会科学版), 2015, 17 (4): 75–81, 92.

[112] 褚俊英, 桑学锋, 严子奇, 等. 水资源开发利用总量控制的理论、模式与路径探索[J]. 节水灌溉, 2016, (6): 85–89, 93.

[113] 韩春辉, 左其亭. 适应最严格水资源管理的政府责任机制构建[J]. 华北水利水电大学学报 (自然科学版), 2016, 37 (4): 27–33.

[114] 左其亭. 关于最严格水资源管理制度的再思考[J]. 河海大学学报 (哲学社会科学版), 2015, 17 (4): 60–63, 91.

[115] 臧正, 邹欣庆, 奚旭, 等. 区域水资源三条红线的动态刻画与综合评价方法 (英文)[J]. Journal of Geographical Sciences, 2016, 26 (4): 397–414.

[116] 张颖, 高阳, 杨向明, 等. 最严格水资源管理 "三条红线" 考核指标评分方法研究[J]. 节水灌溉, 2016, (11): 52–55, 60.

[117] 张凡, 林凯荣, 林娴, 等. 基于综合协调度的最严格水资源管理制度实施效果评价[J]. 中国水利, 2016, (9): 18–21, 7.

[118] 王大洋, 莫崇勋, 钟欢欢, 等. 基于综合权重可变模糊集的最严格水资源管理评价[J]. 人民珠江, 2016, 37 (5): 10–14.

[119] 胡德胜. 最严格水资源管理制度视野下水资源概念探讨[J]. 人民黄河, 2015, 37 (1): 57–62.

[120] 郝春沣, 仇亚琴, 贾仰文, 等. 浅议最严格水资源管理 "三条红线" 约束下的煤炭消费总量控制[J]. 世界环境, 2015 (2): 25–27.

[121] 刘志, 罗朝晖, 吴玉敏, 等. 最严格水资源管理制度下的水资源利用效率评价研究[J]. 三峡大学学报 (自然科学版), 2015, 37 (3): 40–43.

[122] 王婷, 方国华, 刘羽, 等. 基于最严格水资源管理制度的初始水权分配研究[J]. 长江流域资源与环境, 2015, 24 (11): 1870–1875.

[123] 马兴华, 周买春, 万东辉, 等. 基于最严格水资源管理的水资源优化配置研究[J]. 人民珠江, 2016, 37 (3): 1–5.

[124] 杜栋, 苏乐天. 最严格水资源管理制度下水资源协同管理机制浅析[J]. 人民珠江, 2016, 37 (3): 10–13.

[125] 贾铭洋. 基于最严格水资源管理制度的水权交易模式及关键技术探析[J]. 水利规划与设计, 2016, (5): 9–11, 25.

[126] 刘飞飞, 方国华, 高颖, 等. 基于最严格水资源管理制度的水质型缺水地区节水型社会建设评价[J]. 水利经济, 2016, 34 (5): 42–46, 63, 81.

[127] 王申芳，王丽，杨晓灵，等. 珠江流域片省界缓冲区最严格水资源管理的研究[J]. 人民珠江，2015，36（2）：16–19.

[128] 孟现勇，王浩，刘志辉，等. 内陆干旱区实施最严格水资源管理的关键技术研究——以新疆呼图壁河流域为典型示范区[J]. 华北水利水电大学学报（自然科学版），2016，37（4）：12–20.

[129] 戚晓明，张可芝，金菊良，等. 新常态下落实最严格水资源管理制度考核研究——以蚌埠市为例[J]. 华北水利水电大学学报（自然科学版），2016，37（4）：34–40，77.

[130] 刘秀丽，张标. 我国水资源利用效率和节水潜力[J]. 水利水电科技进展，2015，35（3）：5–10.

[131] 李战，习树峰，甘晓静，等. 最严格水资源管理制度要求下的节水型社会建设方案及其成效论证[J]. 节水灌溉，2016（8）：141–143.

[132] 毛建生，林振华，舒畅. 基于关联函数的工业企业节水评估方法[J]. 人民黄河，2016，38（2）：59–62.

[133] 刘烨，田富强. 基于社会水文耦合模型的干旱区节水农业水土政策比较[J]. 清华大学学报（自然科学版），2016，56（4）：365–372.

[134] 李存立，严新军，侍克斌. 不同厚度的浮板覆盖下干旱区平原水库节水效率分析[J]. 水电能源科学，2016，34（1）：32–34.

[135] 王满兴，朱诗旭，冯小庆. 鄂北地区水资源配置工程节水体系研究[J]. 人民长江，2016，47（13）：35–37.

[136] 常跟应，王鹭，张文侠. 民勤县农民对石羊河流域节水政策及节水效果认知[J]. 干旱区资源与环境，2016，30（2）：13–19.

[137] 张建云，王银堂，胡庆芳，等. 海绵城市建设有关问题讨论[J]. 水科学进展，2016，27（6）：793–799.

[138] 左其亭. 我国海绵城市建设中的水科学难题[J]. 水资源保护，2016，32（4）：21–26.

[139] 车伍，赵杨，李俊奇，等. 海绵城市建设指南解读之基本概念与综合目标[J]. 中国给水排水，2015（8）：1–5.

[140] 李俊奇，王文亮，车伍，等. 海绵城市建设指南解读之降雨径流总量控制目标区域划分[J]. 中国给水排水，2015（8）：6–12.

[141] 王文亮，李俊奇，车伍，等. 海绵城市建设指南解读之城市径流总量控制指标[J]. 中国给水排水，2015（8）：18–23.

[142] 车伍，武彦杰，杨正，等. 海绵城市建设指南解读之城市雨洪调蓄系统的合理构建[J]. 中国给水排水，2015（8）：13–17，23.

[143] 崔广柏，张其成，湛忠宇，等. 海绵城市建设研究进展与若干问题探讨[J]. 水资源保护，2016，32（2）：1–4.

[144] 胡庆芳，王银堂，徐海波，等. 海绵城市建设的5点技术思考[J]. 水资源保护，2016，32（5）：152–153.

[145] 鞠茂森. 关于海绵城市建设理念、技术和政策问题的思考[J]. 水利发展研究，2015（3）：7–10.

[146] 张亚梅，柳长顺，齐实. 海绵城市建设与城市水土保持[J]. 水利发展研究，2015（2）：20–23.

[147] 胡灿伟. "海绵城市"重构城市水生态[J]. 生态经济，2015（7）：10–13.

[148] 陈逸峰. 顶层思维助力海绵城市水资源的一体化综合管理[J]. 资源节约与环保，2016（6）：94.

[149] 费振宇，吴成国，金菊良，等. 海绵城市群建设理念与思路[J]. 人民珠江，2016，37（5）：1–4.

[150] 陈晓菲. 基于生物多样性的海绵城市景观途径探讨[J]. 生态经济，2015（10）：194–199.

[151] 任心欣，汤伟真. 海绵城市年径流总量控制率等指标应用初探[J]. 中国给水排水，2015（13）：105–109.

[152] 苏义敬，王思思，车伍，等. 基于"海绵城市"理念的下沉式绿地优化设计[J]. 南方建筑，2014（3）：39–43.

[153] 王俊岭，王雪明，张安，等. 基于"海绵城市"理念的透水铺装系统的研究进展[J]. 环境工程，2015（12）：1–4，110.

[154] 李兵. 基于"海绵城市"理念的雨水渗蓄试验研究[J]. 中国市政工程，2015（6）：73–75，94.

[155] 王峰. 基于"海绵城市"理念的道路排水优化设计[J]. 水科学与工程技术，2015（6）：25–28.

[156] 康丹，叶青. 海绵城市年径流总量控制目标取值和分解研究[J]. 中国给水排水，2015（19）：126–129.

[157] 宫永伟，刘超，李俊奇，等. 海绵城市建设主要目标的验收考核办法探讨[J]. 中国给水排水，2015（21）：114–117.

[158] 陈小龙，赵冬泉，盛政，等. 海绵城市规划系统的开发与应用[J]. 中国给水排水，2015（19）：121–125.

[159] 顾正华, 赵世凯, 焦跃腾, 等. 海绵城市建设的新途径-雨水雨能联合利用[J]. 人民长江, 2016, 47 (10): 15-19.

[160] 张亮, 俞露, 任心欣, 等. 基于历史内涝调查的深圳市海绵城市建设策略[J]. 中国给水排水, 2015 (23): 120-124.

[161] 邹宇, 许乙青, 邱灿红. 南方多雨地区海绵城市建设研究——以湖南省宁乡县为例[J]. 经济地理, 2015 (9): 65-71, 78.

[162] 曾金凤. 萍乡市海绵城市发展需求与建设思路初析[J]. 人民长江, 2015 (22): 17-20, 44.

[163] 赵志勇, 莫铠, 向文艳. 海绵城市规划设计思路: 以永定河生态新区为例[J]. 中国给水排水, 2015 (17): 111-118.

[164] 王浩, 贾仰文. 变化中的流域 "自然-社会" 二元水循环理论与研究方法[J]. 水利学报, 2016, 47 (10): 1219-1226.

[165] 王浩, 等.海河流域水循环演变机理与水资源高效利用丛书 (25 分册) [M].北京: 科学出版社, 2016.

[166] 刘昌明, 李军, 王中根. 水循环综合模拟系统的降雨产流模型研究[J]. 河海大学学报 (自然科学版), 2015, 43 (5): 377-383.

[167] 杨涛, 王超.高寒江河源区水文多要素变化特征与模拟研究[M].北京: 科学出版社, 2016.

[168] 朱磊, 田军仓, 孙骁磊. 基于全耦合的地表径流与土壤水分运动数值模拟[J]. 水科学进展, 2015, 26 (3): 322-330.

[169] 杨柳, 汪妮, 解建仓, 等. 跨流域调水与受水区多水源联合供水模拟研究[J]. 水力发电学报, 2015, 34 (6): 49-56, 212.

[170] 王娇娇, 方红远, 李旭东, 等. 社会水循环内涵及其关键问题浅析[J]. 水电能源科学, 2015, 33 (5): 30-33.

[171] 贾程程, 张礼兵, 熊珊珊, 等. 基于系统动力学方法的灌区库塘水资源系统模拟模型研究[J]. 中国农村水利水电, 2016 (5): 72-76.

[172] 刘锦, 李慧, 方韬, 等. 淮河中游北岸地区 "四水" 转化研究[J]. 自然资源学报, 2015, 30 (9): 1570-1581.

[173] 吴亚丽, 宋献方, 马英, 等. 基于 "五水转化装置" 的夏玉米耗水规律研究[J]. 资源科学, 2015, 37 (11): 2240-2250.

[174] 张正浩, 张强, 邓晓宇, 等. 东江流域水利工程对流域地表水文过程影响模拟研究[J]. 自然资源学报, 2015, 30 (4): 684-695.

[175] 吴喜芳, 李改欣, 潘学鹏, 等. 黄河源区植被覆盖度对气温和降水的响应研究[J]. 资源科学, 2015, 37 (3): 512-521.

[176] 张多纯, 张幼宽. GSFLOW 在沙颖河流域地表水与地下水联合模拟的应用[J]. 水文地质工程地质, 2015, 42 (2): 1-9.

[177] 杜湘红, 张涛. 水资源环境与社会经济系统耦合发展的仿真模拟——以洞庭湖生态经济区为例[J]. 地理科学, 2015, 35 (9): 1109-1115.

[178] 张玲玲, 沈家耀, 王伟荣. "三条红线" 约束下区域水资源复合系统仿真与模拟研究——以菏泽市为例[J]. 华北水利水电大学学报 (自然科学版), 2016, 37 (6): 30-37.

[179] 金新芽, 张晓文, 马俊. 地表水资源可利用量计算实用方法研究——以浙江省金华江流域为例[J]. 水文, 2016, 36 (2): 78-81.

[180] 窦明, 于璐, 杨好周, 等. 中线调水对汉江下游水资源可利用量影响研究[J]. 中国农村水利水电, 2016 (3): 34-37, 42.

[181] 柳长顺, 余艳欢, 戴向前. 全国集体水资源量估算[J]. 中国水利, 2016 (12): 1-4, 14.

[182] 周琦, 池飞, 逄勇, 等. 可利用水资源量正逆向联合计算方法[J]. 水资源保护, 2016, 32 (5): 42-46, 52.

[183] 刘美萍, 哈斯, 春喜. 近 50 年来内蒙古查干淖尔湖水量变化及其成因分析[J]. 湖泊科学, 2015, 27 (1): 141-149.

[184] 刘瑜, 杨慧, 李银, 等. 天津市用于滨海河口生态补水的非常规水资源估算[J]. 南水北调与水利科技, 2016, 14 (3): 62-66.

[185] 吴丽, 石玉和, 赵雁红. 城市需水的智能预测方法研究[J]. 水利水电技术, 2015, 46 (6): 37-41, 53.

[186] 杨皓翔, 梁川, 崔宁博. 基于加权灰色-马尔可夫链模型的城市需水预测[J]. 长江科学院院报, 2015, 32 (7): 15-21.

[187] 段衍衍, 杨树滩, 杨涛, 等. 基于不确定性分析的工业需水概率预测模型在南通市工业需水预测中的应用[J]. 水电能源科学, 2015, 33 (1): 23-25.

[188] 臧冬伟, 陆宝宏, 朱从飞, 等. 基于灰色关联分析的 GA-BP 网络需水预测模型研究[J]. 水电能源科学, 2015, 33 (7): 39-42, 6.

[189] 陈超, 庞艳梅, 潘学标, 等. 1961—2012 年中国棉花需水量的变化特征[J]. 自然资源学报, 2015, 30 (12): 2107-2119.

[190] 鞠彬, 杭庆丰, 李琼芳, 等. 新洋港入海港道冲淤保港需水量研究[J]. 河海大学学报 (自然科学版), 2015, 43 (6): 537-541.

[191] 王军涛, 景明, 程献国, 等. 基于 GIS 的引黄灌区用水需求预报系统研究[J]. 节水灌溉, 2015 (3): 66-68, 75.

[192] 黄国如, 李彤彤, 王欣, 等. 基于系统动力学的海口市需水预测分析[J]. 水电能源科学, 2016, 34 (12): 1-5, 40.

[193] 高齐圣, 路兰. 中国水资源长期需求预测及地区差异性分析[J]. 干旱区资源与环境, 2016, 30 (1): 90-94.

[194] 金菊良, 崔毅, 张礼兵, 等. 基于多智能体的城镇家庭用水量模拟预测分析[J]. 水利学报, 2015, 46 (12): 1387-1397.

[195] 金菊良, 崔毅, 杨齐祺, 等. 山东省用水总量与用水结构动态关系分析[J]. 水利学报, 2015, 46 (5): 551-557.

[196] 杨中文, 许新宜, 王红瑞, 等. 用水变化动态结构分解分析模型研究 I: 建模[J]. 水利学报, 2015, 46 (6): 658-667.

[197] 刘洪波, 郑博一, 蒋博龄. 基于人工鱼群神经网络的城市时用水量预测方法[J]. 天津大学学报 (自然科学与工程技术版), 2015, 48 (4): 373-378.

[198] 赵卫华. 居民家庭用水量影响因素的实证分析——基于北京市居民用水行为的调查数据考察[J]. 干旱区资源与环境, 2015, 29 (4): 137-142.

[199] 温忠辉, 张刚, 鲁程鹏, 等. 基于作物需水的灌溉用水量核算方法及应用[J]. 南水北调与水利科技, 2015, 13 (2): 370-373.

[200] 孙婷, 张雨, 邵芳, 等. 我国工业用水定额理论与应用初探[J]. 中国水利, 2015 (23): 46-48.

[201] 李烃, 邵芳, 王韬, 等. 浅议我国食品行业用水定额现状及问题[J]. 中国水利, 2015 (23): 49-51.

[202] 赵恒山, 瓦哈甫·哈力克, 卢龙辉. 新疆吐鲁番地区用水结构变化及驱动力分析[J]. 水力发电, 2016, 42 (7): 107-110, 119.

[203] 张丛林, 杨树, 乔海娟, 等. 天津市用水结构演变及其影响因素分析[J]. 水电能源科学, 2016, 34 (5): 12-16.

[204] 贾程程, 张礼兵, 徐勇俊, 等. 基于信息熵的山东省用水结构与产业结构协调性分析[J]. 水电能源科学, 2016, 34 (5): 17-19.

[205] 葛通达, 方红远, 梁振东. 基于因素分解与总量控制的区域社会经济用水分析[J]. 南水北调与水利科技, 2016, 14 (1): 172-177.

[206] 吴昊, 华骍, 王腊春, 等. 区域用水结构演变及驱动力分析[J]. 河海大学学报 (自然科学版), 2016, 44 (6): 477-484.

[207] 马立亚, 张琳, 吴泽宇. 长江流域水资源供需分析[J]. 中国水利, 2013, 13: 9-11 洪倩. 三次平衡理论在区域水资源供需平衡分析中的应用[J]. 中国农村水利水电, 2016 (6): 51-53.

[208] 李传刚, 纪昌明, 张验科, 等. 基于支持向量机的水资源短缺量预测模型及其应用[J]. 水电能源科学, 2015, 33 (5): 22-25.

[209] 曹林丽, 薛雄志. 厦门市水资源供需分析及水安全保障对策[J]. 水电能源科学, 2015, 33 (3): 19-21, 26.

[210] 王崴, 许新宜, 王红瑞, 等. 基于 PSR 与 DCE 综合模型的水资源短缺程度及变化趋势分析——以北京市为例[J]. 自然资源学报, 2015, 30 (10): 1725-1734.

[211] 张媚青. 阳东五镇水资源供需平衡初步分析[J]. 中国农村水利水电, 2015 (7): 44-46.

[212] 孙炼, 李春晖, 贾晓丽, 等. 基于 STELLA 的安徽省水资源供需预测研究[J]. 水资源与水工程学报, 2015（2）: 51-57.

[213] 陆思. 浑沙灌区水资源供需水量平衡分析[J]. 水科学与工程技术, 2015（5）: 35-37.

[214] 郝光玲, 王烜, 李春晖, 等. 基于系统动力学的南阳市水资源供需平衡分析[J]. 水资源保护, 2015, 31（4）: 15-19.

[215] 陈燕飞, 邹志科, 王娜, 等. 基于系统动力学的汉江中下游水资源供需状态预测方法[J]. 中国农村水利水电, 2016（6）: 139-142, 145.

[216] 俞双恩, 于智恒, 郭杰, 等. 河网区灌溉水利用系数的尺度转换[J]. 农业工程学报, 2015, 31（8）: 147-151.

[217] 赵鹏涛, 陈春兰. 水量平衡原理在测算南方河网灌区灌溉水利用系数中的应用[J]. 节水灌溉, 2015（10）: 90-91, 95.

[218] 张钦武, 姜丙洲, 张霞. 基于空间分布的灌区灌溉水利用系数计算方法分析[J]. 水资源与水工程学报, 2015, 26（1）: 226-229, 235.

[219] 贾玉慧, 杨路华. 灌溉水有效利用系数测量方法试验研究[J]. 节水灌溉, 2015（9）: 105-108.

[220] 潘渝, 王蓓, 李芳松. 新疆灌溉水利用系数测算成果及问题研究[J]. 水资源与水工程学报, 2015, 26（2）: 237-240.

[221] 陆军. 王石灌区渠道灌溉水利用系数计算及修正[J]. 水科学与工程技术, 2015（5）: 84-86.

[222] 王小军, 张强. 广东省灌溉水有效利用系数影响因素的动静态分析[J]. 水利水电科技进展, 2015, 35（2）: 6-11.

[223] 俞双恩, 顾京, 郭杰, 等. 稻作区田间水利用系数的测定方法探讨[J]. 灌溉排水学报, 2015, 34（1）: 5-8.

[224] 王小军, 张强, 易小兵. 广东省灌溉水有效利用系数年度变化与影响因素关系分析[J]. 灌溉排水学报, 2015, 34（1）: 64-68.

[225] 白栩嘉, 苏敏杰. 基于改进 PSO-PP 模型的区域水资源利用效率评价[J]. 人民长江, 2016, 47（23）: 38-43.

[226] 杨丽英, 李宁博, 刘洋. 我国水资源利用效率评估及其方法研究[J]. 中国农村水利水电, 2015（1）: 63-67.

[227] 陈午, 许新宜, 王红瑞, 等. 梯度发展模式下我国水资源利用效率评价[J]. 水力发电学报, 2015, 34（9）: 29-38.

[228] 赵晶, 倪红珍, 陈根发. 我国高耗水工业用水效率评价[J]. 水利水电技术, 2015, 46（4）: 11-15, 21.

[229] 鲍超, 陈小杰, 梁广林. 基于空间计量模型的河南省用水效率影响因素分析[J]. 自然资源学报, 2016, 31（7）: 1138-1148.

[230] 胡彪, 侯绍波. 京津冀地区城市工业用水效率的时空差异性研究[J]. 干旱区资源与环境, 2016, 30（7）: 1-7.

[231] 曹雷, 周维博, 庄妍. 基于遗传投影寻踪模型的延安市水资源利用效率分析[J]. 水资源与水工程学报, 2015, 26（2）: 126-128, 134.

[232] 黄永江, 孙文, 屈忠义. 内蒙古河套灌区田间水利用效率测试与区域分异规律[J]. 节水灌溉, 2015（7）: 99-102.

[233] 钟磊, 吴成国, 金菊良, 等. 数据包络分析法和 Malmquist 指数在山东省用水效率分析中的应用[J]. 水电能源科学, 2016, 34（5）: 20-24.

[234] 王洁萍, 刘国勇, 朱美玲. 新疆农业水资源利用效率测度及其影响因素分析[J]. 节水灌溉, 2016（1）: 63-67.

[235] 管新建, 梁胜行. 基于熵权模型的黄河流域水资源利用效率综合评价[J]. 中国农村水利水电, 2016（11）: 82-85.

[236] 魏娜, 游进军, 贾仰文, 等. 基于二元水循环的用水总量与用水效率控制研究——以渭河流域为例[J]. 水利水电技术, 2015, 46（3）: 22-26.

[237] 蔡怡馨, 王静, 刘鹏玲, 等. 利用组合模型评价云南省水资源利用效率[J]. 人民黄河, 2015, 37（5）: 58-61.

[238] 张昆, 马静洲, 吴泽斌, 等. 长江经济带 11 省市水资源利用效率评价[J]. 人民长江, 2015, 46（18）: 48-51, 55.

[239] 朱兆珍, 梁中. 我国省域水资源利用效率评价研究[J]. 河海大学学报（哲学社会科学版）, 2015, 17（3）: 72-78, 92.

[240] 王震, 吴颖超, 张娜娜, 等. 我国粮食主产区农业水资源利用效率评价[J]. 水土保持通报, 2015, 35（2）: 292-296.

[241] 张娜娜, 王海涛, 吴颖超, 等. 基于数据包络分析模型的江苏省农业水资源利用效率评价[J]. 水土保持通报, 2015, 35（4）: 299–303.

[242] 张胜武, 石培基, 王良举, 等. 干旱区内陆河流域不同规模城镇水资源利用效率评价——以石羊河流域为例[J]. 水土保持通报, 2015, 35（5）: 262–267.

[243] 沈家耀, 张玲玲. 环境约束下江苏省水资源利用效率的时空差异及影响因素研究[J]. 水资源与水工程学报, 2016, 27（5）: 64–69.

[244] 魏子涵, 魏占民, 张健, 等. 区域灌溉水利用效率测算分析[J]. 水土保持研究, 2015, 22（6）: 203–207.

[245] 操信春, 杨陈玉, 何鑫, 等. 中国灌溉水资源利用效率的空间差异分析[J]. 中国农村水利水电, 2016（8）: 128–132.

[246] 李浩鑫, 邵东国, 尹希, 等. 基于主成分分析和 Copula 函数的灌溉用水效率评价方法[J]. 农业工程学报, 2015, 31（11）: 96–102.

[247] 邵东国, 何思聪, 李浩鑫. 区域尺度灌溉用水效率考核指标及计算方法[J]. 灌溉排水学报, 2015, 34（1）: 9–12, 32.

[248] 屈忠义, 杨晓, 黄永江, 等. 基于 Horton 分形的河套灌区渠系水利用效率分析[J]. 农业工程学报, 2015, 31（13）: 120–127.

[249] 刘晓菲, 万书勤, 冯棣, 等. 地下滴灌带不同埋深对马铃薯产量和灌溉水利用效率的影响[J]. 灌溉排水学报, 2015, 34（5）: 63–66.

[250] 刘玉金, 朱仲元, 宋小园, 等. 海日苏灌区水稻灌溉水利用效率影响因素分析[J]. 节水灌溉, 2015（3）: 76–80, 84.

[251] 周振民, 刘兆旋. 泗水县农业水资源高效利用分析[J]. 中国农村水利水电, 2016（11）: 121–124.

[252] 游进军, 王浩, 牛存稳, 等. 多维调控模式下的水资源高效利用概念解析[J]. 华北水利水电大学学报（自然科学版）, 2016, 37（6）: 1–6.

[253] 律晓旭. 永舒榆灌区水资源利用分析及对策[J]. 水科学与工程技术, 2015（6）: 8–11.

[254] 王妍. 营口沿海地区水资源开发利用分析[J]. 水科学与工程技术, 2015（3）: 20–21.

[255] 李斌, 陈午, 许新宜, 等. 基于生态功能的水资源三级区水资源开发利用率研究[J]. 自然资源学报, 2016, 31（11）: 1918–1925.

[256] 吕素冰, 张亮, 王文川, 等. 河南省水资源利用演变及边际效益分析[J]. 灌溉排水学报, 2015, 34（9）: 28–32.

[257] 魏寿煜, 谢世友. 基于基尼系数和洛伦兹曲线的重庆市水资源空间匹配分析[J]. 中国农村水利水电, 2015（2）: 56-59, 73.

[258] 檀菲菲, 江象君. 京津冀能源消费碳排放与水资源消耗双重分析[J]. 水土保持通报, 2016, 36（6）: 231–239, 246.

[259] 马育军, 朱南华诺娃, 王小醒. 北京市粮食作物种植结构调整对水资源节约利用的贡献研究[J]. 灌溉排水学报, 2015, 34（8）: 1–6.

[260] 杜鹏飞, 谢鹏程, 曾思育, 等. 昆明市主城区生活污水排放量日间和日内排放规律[J]. 清华大学学报（自然科学版）, 2015, 55（2）: 196–202.

[261] 陈威, 常建军. 基于脱钩指数的中国水资源利用与经济增长研究[J]. 中国农村水利水电, 2016（10）: 116–118.

[262] 李祚泳, 张小丽, 汪嘉杨, 等. 指标规范值表示的水资源系统评价的引力指数公式[J]. 水利学报, 2015, 46（7）: 792–801, 810.

[263] 陈磊, 吴继贵, 王应明. 基于空间视角的水资源经济环境效率评价[J]. 地理科学, 2015, 35（12）: 1568–1574.

[264] 郑德凤, 张雨, 魏秋蕊, 等. 基于可持续能力和协调状态的水资源系统评价方法探讨[J]. 水资源保护, 2016, 32（3）: 24–32.

[265] 潘争伟, 吴成国, 金菊良. 水资源系统评价与预测的集对分析方法[M]. 北京: 科学出版社, 2016.

[266] 左其亭, 陈豪, 张永勇. 淮河中上游水生态健康影响因子及其健康评价[J]. 水利学报, 2015, 46（9）: 1019–1027.

[267] 栾清华, 张海行, 刘家宏, 等. 基于 KPI 的邯郸市水循环健康评价[J]. 水利水电技术, 2015, 46（10）: 26–30.

[268] 胡雅杰, 马静, 黄国情. 基于多种方法的太湖综合水质评价比较[J]. 水利水运工程学报, 2015,（5）: 67–74.

[269] 陆健刚, 钟燮, 刘颖, 等. 苏南运河苏州段水环境容量及水质达标性计算[J]. 水电能源科学, 2015, 33（7）:

51–54.

[270] 杨研, 邵学军, 周刚, 等. 地表水环境质量模型评价体系的建立及应用[J]. 清华大学学报(自然科学版), 2015, 55（2）: 155–163.

[271] 高苏蒂, 方达宪, 潘争伟. 基于集对分析的河流水质综合指数评价模型[J]. 合肥工业大学学报(自然科学版), 2015, 38（5）: 654–658.

[272] 王欣, 阿不都沙拉木·加拉力丁, 师芸宏. 新疆吐鲁番市灌溉用水水质综合评价[J]. 节水灌溉, 2015（4）: 66–69, 73.

[273] 黄瑞, 张防修. 基于优化集对分析模型的水质综合评价方法[J]. 长江科学院院报, 2016, 33（5）: 6–10, 17.

[274] 叶章蕊, 卢毅敏. 组合权重模糊联系度模型在水质评价中的应用[J]. 长江科学院院报, 2016, 33（9）: 33–39.

[275] 吴光琼, 方金鑫. 基于 SSO–PP 模型的滇池流域水质综合评价[J]. 长江科学院院报, 2016, 33（10）: 18–23.

[276] 孟锦根. 基于功效系数法的水质综合评价[J]. 水力发电, 2016, 42（11）: 8–11, 46.

[277] 侯炳江. 基于组合赋权的水质综合评价云模型及其应用[J]. 水电能源科学, 2016, 34（8）: 24–27.

[278] 董金萍. 基于组合赋权的理想点法在水质综合评价中的应用[J]. 水电能源科学, 2016, 34（8）: 28–31, 98.

[279] 付文艺. 基于熵权–正态云模型的地下水水质综合评价[J]. 人民黄河, 2016, 38（5）: 68–71, 76.

[280] 花瑞祥, 张永勇, 刘威, 等. 不同评价方法对水库水质评价的适应性[J]. 南水北调与水利科技, 2016, 14（6）: 183–189.

[281] 李章平, 周念清, 沈新平, 等. 基于循环组合模型的洞庭湖流域水资源短缺风险评价[J]. 水电能源科学, 2015, 33（1）: 15–19.

[282] 马冬梅, 陈大春. 基于熵权法的模糊集对分析模型在乌鲁木齐市水资源脆弱性评价中的应用[J]. 水电能源科学, 2015, 33（9）: 36–40.

[283] 郑德凤, 赵锋霞, 孙才志, 等. 考虑参数不确定性的地下饮用水源地水质健康风险评价[J]. 地理科学, 2015, 35（8）: 1007–1013.

[284] 王生云. 多重扰动水资源脆弱性耦合评价[J]. 中国农村水利水电, 2015（10）: 73-77, 82.

[285] 朱怡娟, 黄建武, 揭毅. 武汉城市圈水资源脆弱性评价[J]. 水资源保护, 2015, 31（2）: 59–64, 94.

[286] 张博, 李国秀, 程品, 等. 基于随机理论的地下水环境风险评价[J]. 水科学进展, 2016, 27（1）: 100–106.

[287] 刘倩倩, 陈岩. 基于熵权法的流域水资源脆弱性评价——以淮河流域为例[J]. 长江科学院院报, 2016, 33（9）: 10–17.

[288] 曹永强, 高璐, 朱明明, 等. 水资源系统脆弱性的评价方法及其应用[J]. 人民黄河, 2016（9）: 46–49, 73.

[289] 陈岩. 流域水资源脆弱性评价与适应性治理研究框架[J]. 人民长江, 2016, 47（17）: 30–35.

[290] 张凤太, 赵卫权, 苏维词. 面源污染视角下的岩溶区地下水资源脆弱性评价——基于 PSR–物元可拓模型的分析[J]. 人民长江, 2016, 47（19）: 12–19.

[291] 马军霞. 水质评价的和谐度方程（HDE）评价方法[J]. 南水北调与水利科技, 2016, 14（2）: 11–14, 20.

[292] 潘争伟, 金菊良, 刘晓薇, 等. 水资源利用系统脆弱性机理分析与评价方法研究[J]. 自然资源学报, 2016, 31（9）: 1599–1609.

[293] 刘瑜洁, 刘俊国, 赵旭, 等. 京津冀水资源脆弱性评价[J]. 水土保持通报, 2016, 36（3）: 211–218.

[294] 罗慧萍, 逄勇, 罗缙, 等. 泰州市第三自来水厂饮用水水源地水环境风险评价[J]. 河海大学学报（自然科学版）, 2015, 43（2）: 114–120.

[295] 王丹丹, 杨陈玉, 何鑫, 等. 广义水资源利用效率综合评价指数的时空分异特征[J]. 南水北调与水利科技, 2016, 14（6）: 56–61, 104.

[296] 谭雪, 石磊, 王学军, 等. 新丝绸之路经济带水效率评估与差异研究[J]. 干旱区资源与环境, 2016, 30（1）: 1–6.

[297] 李恩宽, 蔡大应, 赵焱, 等. 基于混合蛙跳算法投影寻踪模型的黄河流域用水效率评价[J]. 中国农村水利水电, 2016（5）: 88–91.

[298] 潘留杰, 张宏芳, 周毓荃, 等. 1979—2012 年夏季黄土高原空中云水资源时空分布[J]. 中国沙漠, 2015, 35

（2）：456-463.

[299] 常倬林，崔洋，张武，等. 基于CERES的宁夏空中云水资源特征及其增雨潜力研究[J]. 干旱区地理，2015，38（6）：1112-1120.

[300] 赵春红，黄跃飞，韩京成，等. 疏勒河流域灌区水资源开发利用潜力研究[J]. 水文，2016，36（5）：29-32，91.

[301] 冯夏清，章光新. 基于水文模型的乌裕尔河流域水资源评价[J]. 水文，2015，35（2）：49-52.

[302] 覃换勋，熊康宁，高渐飞，等. 喀斯特地区水资源评价及空间供需平衡分析——以毕节朝营小流域为例[J]. 节水灌溉，2016（10）：68-72，76.

[303] 王秀颖，刘和平. 基于水资源生态足迹的浑河流域水资源利用评价[J]. 水文，2016，36（3）：50-55.

[304] 祝稳，赵锐锋，谢作轮. 基于水足迹理论的河南省水资源利用评价[J]. 水土保持研究，2015，22（1）：292-298，304.

[305] 张志强，左其亭，马军霞. 基于人水和谐理念的"三条红线"评价及应用[J]. 水电能源科学，2015，33（1）：136-140.

[306] 代兴兰. 最严格水资源管理评价的神经网络模型及其应用[J]. 水资源与水工程学报，2015，26（2）：119-125.

[307] 张显成，王卓甫，张坤. 最严格水资源管理下用水总量统计的组织研究[J]. 人民黄河，2015，37（4）：62-65.

[308] 王波. 关于建立用水总量管理体系若干问题的探讨[J]. 中国水利，2015（19）：13-15.

[309] 刘正伟，张丽花. 昆明最严格水资源管理用水总量控制指标分解[J]. 人民长江，2015，46（23）：24-28.

[310] 何亚闻，褚俊英，户超，等. 广西北部湾经济区用水总量控制指标分解的公平性评价分析[J]. 节水灌溉，2015（8）：100-103.

[311] 刘扬，褚俊英，桑学锋，等. 广西北部湾经济区用水总量控制指标体系构建研究[J]. 中国水利，2015（15）：37-40.

[312] 范晓香，高仕春，王华阳，等. 汉江流域用水总量控制指标实施方法研究[J]. 人民长江，2015，46（13）：8-12.

[313] 于璐，窦明，赵辉，等. 海水入侵区地下水管理控制水位划定方法研究[J]. 水电能源科学，2015，33（12）：143-147.

[314] 冯俊华，张丽丽，王靖. 环境规制下的西部地区工业用水效率评价[J]. 人民黄河，2016，38（11）：34-38.

[315] 周鸿文，袁华，吕文星，等. 黄河流域耗水系数评价指标体系研究[J]. 人民黄河，2015，37（12）：46-49，53.

[316] 张伟光，陈隽，王红瑞，等. 我国用水定额特点及存在问题分析[J]. 南水北调与水利科技，2015，13（1）：158-162.

[317] 陈艳萍，胡玉盼. 基于组合赋权的水污染物总量区域分配方法[J]. 水资源保护，2015，31（6）：170-173，178.

[318] 刘杰. 基于最大加权信息熵模型的水污染物总量分配[J]. 长江科学院报，2015，32（1）：16-20.

[319] 钟晓，王飞儿，俞洁，等. 基于WASP水质模型与基尼系数的水污染物总量分配——以南太湖苕溪入湖口区域为例[J]. 浙江大学学报（理学版），2015，42（2）：181-188.

[320] 徐鸿. 一种区域水资源管理绩效评价模型及实证研究[J]. 人民黄河，2016，38（9）：42-45.

[321] 王新才，宋雅静. 规划水资源论证探讨[J]. 人民长江，2015，46（19）：40-43.

[322] 李美香，耿雷华，陈晓燕. 规划水资源论证的重点内容分析[J]. 中国水利，2016（9）：22-24.

[323] 王小军，管恩宏，毕守海，等. 城市总体规划水资源论证工作进展与思考[J]. 中国水利，2015（3）：14-16.

[324] 王小军，高娟，于义彬，等. 关于构建城市总体规划水资源论证控制性指标框架体系的思考[J]. 中国水利，2016（9）：1-3.

[325] 王小军，管恩宏，毕守海，等. 水资源管理控制指标约束下强化规划水资源论证工作的思考[J]. 中国水利，2015（11）：26-28.

[326] 王波. 关于水资源论证后评估工作的探讨[J]. 中国水利，2015（17）：32-34.

[327] 王艳艳，黄军，祝东亮. 水资源论证后评估有关问题讨论[J]. 中国农村水利水电，2015（11）：77-80，84.

[328] 王丽丽，王晶晶. 温泉项目水资源论证技术要点浅析[J]. 中国水利，2015（23）：55-56.

[329] 左其亭，刘欢，马军霞. 人水关系的和谐辨识方法及应用研究[J]. 水利学报，2016，47（11）：1363-1370，1379.

[330] 左其亭, 刘静. 环境变化影响下人水关系研究的关键问题及研究框架[J]. 水利水电技术, 2015, 46（6）: 48–53.

[331] 刘静, 左其亭. 环境变化对人水系统影响的关键问题探讨[J]. 南水北调与水利科技, 2015, 13（6）: 1218–1224.

[332] 郭唯, 左其亭, 马军霞. 河南省人口–水资源–经济和谐发展时空变化分析[J]. 资源科学, 2015, 37（11）: 2251–2260.

[333] 党建华, 瓦哈甫•哈力克, 张玉萍, 等. 吐鲁番地区人口–经济–生态耦合协调发展分析[J]. 中国沙漠, 2015, 35（1）: 260–266.

[334] 杜忠潮, 黄波, 陈佳丽. 关中—天水经济区城市群人口经济与资源环境发展耦合协调性分析[J]. 干旱区地理, 2015, 38（1）: 135–147.

[335] 胡彪, 于立云, 李健毅, 等. 生态文明视域下天津市经济–资源–环境系统协调发展研究[J]. 干旱区资源与环境, 2015, 29（5）: 18–23.

[336] 张凤太, 苏维词. 贵州省水资源–经济–生态环境–社会系统耦合协调演化特征研究[J]. 灌溉排水学报, 2015, 34（6）: 44–49.

[337] 夏菁, 崔佳, 王宪恩, 等. 四平市水资源环境与经济社会协调发展研究[J]. 节水灌溉, 2015（1）: 56–59, 64.

[338] 王延梅, 曹升乐, 于翠松, 等. 水资源系统与社会经济生态系统协调性评价[J]. 中国农村水利水电, 2015（3）: 110-113.

[339] 谢永红, 张云英. 云南省区域水资源与社会经济协调发展研究[J]. 水资源保护, 2015, 31（3）: 112–114.

[340] 贾程程, 张礼兵, 徐勇俊, 等. 山东省用水结构与国民经济协同演变规律研究[J]. 人民黄河, 2016, 38（5）: 57–61.

[341] 万晨, 万伦来, 金菊良. 安徽省水资源–社会经济系统协同分析[J]. 人民黄河, 2016, 38（9）: 50–55, 67.

[342] 张凤太, 苏维词. 水资源与经济社会系统耦合协调时空分异研究——以贵州省为例[J]. 人民长江, 2016, 47（10）: 25–30.

[343] 童彦, 施玉, 朱海燕, 等. 云南水资源与经济社会发展协调度的空间格局研究[J]. 节水灌溉, 2016（6）: 75–79.

[344] 李贺娟, 李万明. "一带一路"背景下西北干旱地区水资源与经济生产要素匹配关系研究[J]. 节水灌溉, 2016（11）: 67–70.

[345] 伏吉芮, 瓦哈甫•哈力克, 姚一平. 吐鲁番地区水资源–经济–生态耦合协调发展分析[J]. 节水灌溉, 2016（12）: 94–98, 102.

[346] 王猛飞, 高传昌, 张晋华, 等. 黄河流域水资源与经济发展要素时空匹配度分析[J]. 中国农村水利水电, 2016（6）: 38–42.

[347] 贾丹, 马传波, 卓孔友. 辽宁省水资源配置方案评价与经济社会环境协调度分析[J]. 中国水利, 2016（15）: 38–41.

[348] 王浩, 刘家宏. 国家水资源与经济社会系统协同配置探讨[J]. 中国水利, 2016（17）: 7–9.

[349] 吴业鹏, 袁汝华. 丝绸之路经济带背景下新疆水资源与经济社会协调性评价[J]. 水资源保护, 2016, 32（4）: 60–66.

[350] 陆志翔, 肖洪浪, Wei Yongping, 等. 黑河流域近两千年人—水—生态演变研究进展[J]. 地球科学进展, 2015, 30（3）: 396–406.

[351] 张树奎, 张楠, 江红. 煤炭开采对水资源量影响分区研究[J]. 水利水电技术, 2015, 46（10）: 12–16.

[352] 高晓薇, 邵薇薇, 刘学欣, 等. 城镇化与工业化进程对农业用水的影响[J]. 人民黄河, 2015, 37（7）: 59–63.

[353] 韩宇平, 赵雨婷, 刘中培. 河南省工业用水效率对社会经济指标的响应[J]. 人民黄河, 2015, 37（12）: 54–57.

[354] 王孟. 长江水资源保护与流域经济社会发展关系研究[J]. 人民长江, 2015, 46（19）: 75–78.

[355] 李愈哲, 樊江文, 胡中民, 等. 草地管理利用方式转变对生态系统蒸散耗水的影响[J]. 资源科学, 2015, 37（2）: 342–350.

[356] 孙艳芝, 鲁春霞, 谢高地, 等. 北京城市发展与水资源利用关系分析[J]. 资源科学, 2015, 37（6）: 1124–1132.

[357] 张陈俊, 章恒全, 陈其勇, 等. 用水量与经济增长关系的实证研究[J]. 资源科学, 2015, 37（11）: 2228–2239.

[358] 赵娜, 王兆印, 徐梦珍, 等. 橡胶林种植对纳板河水生态的影响[J]. 清华大学学报（自然科学版）, 2015, 55

（12）：1296–1302.

[359] 汤秋鸿，黄忠伟，刘星才，等. 人类用水活动对大尺度陆地水循环的影响[J]. 地球科学进展，2015，30（10）：1091–1099.

[360] 金淑婷，李博，杨永春，等. 石羊河流域水资源对武威市经济发展模式的影响[J]. 水土保持通报，2015，35（3）：283–287，292.

[361] 王新敏，石培基，焦贝贝，等. 敦煌城市发展与水资源利用潜力协调度评价[J]. 水土保持研究，2015，22（3）：203–209.

[362] 关靖云，瓦哈甫·哈力克，伏吉芮，等. 于田绿洲水资源使用量与人文因子的相关性分析[J]. 中国农村水利水电，2015（5）：53-57，62.

[363] 常浩娟，刘卫国，吴琼. 玛纳斯河流域用水效率与产业结构耦合协调分析[J]. 人民长江，2016，47（22）：39–46.

[364] 李晓娟，张军龙，宋进喜，等. 渭河陕西段径流量对经济用水的响应[J]. 干旱区地理，2016，39（2）：265–274.

[365] 吴喜军，李怀恩，董颖. 煤炭开采对水资源影响的定量识别——以陕北窟野河流域为例[J]. 干旱区地理，2016，39（2）：246–253.

[366] 史坤博，杨永春，张伟芳，等. 城市土地利用效益与城市化耦合协调发展研究——以武威市凉州区为例[J]. 干旱区研究，2016，33（3）：655–663.

[367] 罗巍，张阳，唐震. 中国供水–用水复合系统协同度实证研究[J]. 干旱区资源与环境，2016，30（3）：1–6.

[368] 刘洁，谢丽芳，杨国英，等. 丰水区城镇化进程与水资源利用的关系——以江苏省为例[J]. 水土保持通报，2016，36（3）：193–199.

[369] 吕素冰，马钰其，冶金祥，等. 中原城市群城市化与水资源利用量化关系研究[J]. 灌溉排水学报，2016，35（11）：7–12.

[370] 赵恒山，瓦哈甫·哈力克，姚一平. 吐鲁番绿洲水资源利用与生态系统响应关系研究[J]. 中国农村水利水电，2015（11）：65-69.

[371] 伏吉芮，瓦哈甫·哈力克，姚一平，等. 吐鲁番水资源使用量与人文因素定量关系[J]. 人民黄河，2016，38（1）：51–55.

[372] 赵雪雁，薛冰. 干旱区内陆河流域农户对水资源紧缺的感知及适应——以石羊河中下游为例[J]. 地理科学，2015，35（12）：1622–1630.

[373] 葛通达，卞志斌，方红远，等. 基于因素分解法的区域水资源利用驱动因素分析[J]. 中国农村水利水电，2015（8）：98-101，109.

[374] 陆志翔，Yongping Wei，冯起，等. 社会水文学研究进展[J]. 水科学进展，2016，27（5）：772–783.

[375] 孟万忠.汾河流域人水关系的变迁[M].北京：科学出版社，2015.

[376] 徐雪红.太湖流域水资源保护与经济社会关系分析[M].北京：科学出版社，2015.

[377] 许崇正，等.水资源保护与经济协调发展——淮河沿海支流通榆河[M].北京：科学出版社，2016.

[378] 陈晓宏，等.变化环境下南方湿润区水资源系统规划体系研究[M].北京：科学出版社，2016.

[379] 孔祥铭，郝振达，曾雪婷，等. 基于模糊条件风险价值的水资源系统规划模型[J]. 人民黄河，2016，38（2）：51–55，58.

[380] 孔祥铭，郝振达，黄国和. 交互式两阶段分位值水资源系统规划模型[J]. 中国农村水利水电，2016（7）：83–85，91.

[381] 刘辉，卓海华，刘云兵. 我国水资源保护监测规划编制的内容和方法[J]. 水资源保护，2015，31（1）：106–109.

[382] 许杰玉，王鹏腾，汪自书，等. 合肥市水资源供需分析及可持续利用规划研究[J]. 水资源与水工程学报，2015，26（01）：96–101.

[383] 刘忠华，于华，杨方廷，等. 不确定条件下的山西省水资源调度规划研究[J]. 水力发电学报，2016，35（3）：36–46.

[384] 李锐，刘永峰，史瑞兰，等. 基于"三条红线"的嘉峪关市城市总体规划水资源保障能力研究[J]. 水资源与水工程学报，2015，26（1）：116–121.

[385] 刘大根. 北京市"十三五"时期水务发展规划编制的思考与建议[J]. 中国水利，2015（11）：18–20.

[386] 曹建廷. 水资源适应性管理及其应用[J]. 中国水利, 2015 (17): 28–31.

[387] 李福林, 杜贞栋, 史同广, 等.黄河三角洲水资源适应性管理技术[M].北京: 中国水利水电出版社, 2015.

[388] 郑晓, 黄涛珍. 合同水资源管理模式设计及其组织体系构建[J]. 河海大学学报 (哲学社会科学版), 2015, 17 (2): 69–71, 91–92.

[389] 郑通汉.中国合同节水管理[M].北京: 中国水利水电出版社, 2016.

[390] 王忠静, 朱金峰, 尚文绣. 洪水资源利用风险适度性分析[J]. 水科学进展, 2015, 26 (1): 27–33.

[391] 王虹, 李昌志, 程晓陶. 流域城市化进程中雨洪综合管理量化关系分析[J]. 水利学报, 2015, 46 (3): 271–279.

[392] 吴鸣, 吴剑锋, 施小清, 等. 基于谐振子遗传算法的高效地下水优化管理模型[J]. 吉林大学学报 (地球科学版), 2015, 45 (5): 1485–1492.

[393] 张秀菊, 李嘉欢, 丁凯森. 基于最小偏差的组合权重模型在水资源应急管理能力评价中的应用[J]. 水电能源科学, 2016, 34 (6): 22–26.

[394] 何维达, 陆平, 邓佩. 北京市供水与用水政策的一般均衡分析——基于水资源 CGE 模型[J]. 河海大学学报(哲学社会科学版), 2015, 17 (2): 72–76, 92.

[395] 赵文杰, 唐丽霞, 刘鑫淼, 等. 利益相关者视角下农村水资源管理模式实证分析[J]. 节水灌溉, 2016 (2): 75–78, 83.

[396] 冯彦, 何大明, 王文玲. 基于河流健康及国际法的跨境水分配关键指标及阈值[J]. 地理学报, 2015, 70 (1): 121–130.

[397] 郭玲霞, 封建民. 农民对参与式水资源管理的认知响应[J]. 水土保持通报, 2015, 35 (3): 331–337.

[398] 王艳. 水务行政诉讼视野下水资源管理特点分析[J]. 中国农村水利水电, 2015 (10): 69-72.

[399] 何寿奎, 汪媛媛, 黄明忠. 用水户协会管理模式比较与改进对策[J]. 中国农村水利水电, 2015 (1): 33-35, 38.

[400] 姜斌. 对河长制管理制度问题的思考[J]. 中国水利, 2016 (21): 6-7.

[401] 于桓飞, 宋立松, 程海洋. 基于河长制的河道保护管理系统设计与实施[J]. 排灌机械工程学报, 2016, 34 (7): 608–614.

[402] 吴炳方, 胡明罡, 刘钰.基于区域蒸散的北京市水资源管理[M].北京: 科学出版社, 2016.

[403] 许崇正, 等.水资源保护与水质管理控制—淮河沿海支流通榆河[M].北京: 科学出版社, 2016.

[404] 赵天力. 河南省最严格水资源管理分析评价[J]. 中国农村水利水电, 2016 (5): 101–104.

[405] 何欣欣, 罗军刚, 解建仓. 陕西省最严格水资源考核管理系统研究与实现[J]. 水资源与水工程学报, 2016, 27 (3): 55–60.

[406] 孙栋元, 金彦兆, 李元红, 等. 干旱内陆河流域水资源管理模式研究[J]. 中国农村水利水电, 2015 (1): 80-84, 89.

[407] 周利平, 翁贞林, 邓群钊. 用水协会运行绩效及其影响因素分析——基于江西省 3949 个用水协会的实证研究[J]. 自然资源学报, 2015, 30 (9): 1582–1593.

[408] 王晓青. 重庆市水资源管理综合评价体系[J]. 水利水电科技进展, 2015, 35 (2): 1–5.

[409] 王伟, 刘云婷, 孙琦, 等. 天津市宾馆酒店综合用水定额编制[J]. 南水北调与水利科技, 2015, 13 (6): 1197–1202.

[410] 孙栋元, 卢书超, 李元红, 等. 基于 MIKE BASIN 的石羊河流域水资源管理模拟模型[J]. 水文, 2015, 35 (6): 50–56.

[411] 戴芹芹, 王志芳. 重庆堰塘—冲冲田系统对现代水资源管理的启示[J]. 中国水利, 2015 (1): 34–37.

[412] 高雅玉, 田晋华, 李志鹏. 改进的风险决策及 NSGA–II 方法在马莲河流域水资源综合管理中的应用[J]. 水资源与水工程学报, 2015, 26 (6): 109–116.

[413] 张洪波, 兰甜, 王斌, 等. 基于 ET 控制的平原区县域水资源管理研究[J]. 水利学报, 2016, 47 (2): 127–138.

[414] 乔西现. 黄河水资源统一管理调度制度建设与实践[J]. 人民黄河, 2016, 38 (10): 83–87.

[415] 王浩, 游进军. 中国水资源配置 30 年[J]. 水利学报, 2016, 47 (3): 265–271, 282.

[416] 齐学斌, 黄仲冬, 乔冬梅, 等. 灌区水资源合理配置研究进展[J]. 水科学进展, 2015, 26 (2): 287–295.

[417] 杨涛，刘鹏.变化环境下干旱区水文情势及水资源优化调配[M].北京：科学出版社，2016.

[418] 王建华，赵勇，桑学锋，等.苦咸水高含沙水利用与能源基地水资源配置关键技术及示范[M].北京：中国水利水电出版社，2015.

[419] 郭文献，付意成，王鸿翔.区域水资源优化调控理论与实践[M].北京：中国水利水电出版社，2015.

[420] 刘卫林，刘丽娜.基于智能计算技术的水资源配置系统预测、评价与决策[M].北京：中国水利水电出版社，2015.

[421] 刘国良，顾正华，赵世凯，等. 基于数据驱动的区域水资源智能配置研究[J]. 水利水运工程学报，2015（5）：38-45.

[422] 李琳，吴鑫淼，郄志红. 基于改进 NSGA-II 算法的水资源优化配置研究[J]. 水电能源科学，2015，33（4）：34-37.

[423] 李睿环，郭萍，张冬梅. 基于不确定性的渠系水资源优化配置[J]. 人民黄河，2015，37（11）：139-141，148.

[424] 秦宇，罗吉忠，姜国珍，等. 径流资料缺乏地区水资源配置研究——以都匀市为例[J]. 节水灌溉，2015（3）：35-37，41.

[425] 高亮，张玲玲. 区域多水源多用户水资源优化配置研究[J]. 节水灌溉，2015（3）：38-41.

[426] 杜威漩. 基于演化博弈的灌溉水资源优化配置研究[J]. 节水灌溉，2015（11）：71-75.

[427] 付湘，陆帆，胡铁松. 利益相关者的水资源配置博弈[J]. 水利学报，2016，47（1）：38-43.

[428] 纪昌明，李传刚，刘晓勇，等. 基于泛函分析思想的动态规划算法及其在水库调度中的应用研究[J]. 水利学报，2016，47（1）：1-9.

[429] 曾思栋，夏军，黄会勇，等. 分布式水资源配置模型 DTVGM-WEAR 的开发及应用[J]. 南水北调与水利科技，2016，14（3）：1-6.

[430] 邱庆泰，王刚，王维，等. 基于可变集的区域水资源全要素配置方案评价[J]. 南水北调与水利科技，2016，14（5）：55-61.

[431] 吴丹，王士东，马超. 基于需求导向的城市水资源优化配置模型[J]. 干旱区资源与环境，2016，30（2）：31-37.

[432] 付强，刘银凤，刘东，等. 基于区间多阶段随机规划模型的灌区多水源优化配置[J]. 农业工程学报，2016，32（1）：132-139.

[433] 付强，李佳鸿，刘东，等. 考虑风险价值的不确定性水资源优化配置[J].农业工程学报，2016，32（7）：136-144.

[434] 李晨洋，张志鑫. 基于区间两阶段模糊随机模型的灌区多水源优化配置[J]. 农业工程学报，2016，32（12）：107-114.

[435] 粟晓玲，宋悦，刘俊民，等. 耦合地下水模拟的渠井灌区水资源时空优化配置[J]. 农业工程学报，2016，32（13）：43-51.

[436] 刘博，崔远来，尹杰杰，等. 基于 DP-PSO 算法的灌区农业水资源优化配置[J]. 节水灌溉，2016（8）：117-121.

[437] 姜志娇，杨军耀，任兴华. 基于"三条红线"及 SE-DEA 模型的水资源优化配置[J]. 节水灌溉，2016（11）：81-84.

[438] 王彪，吴鑫淼，郄志红. 考虑参数不确定的区域水资源配置鲁棒优化模型研究[J]. 中国农村水利水电，2016（7）：79-82，91.

[439] 杨霄，陈刚，桑学锋，等. 基于河湖水系连通的高原湖泊水资源优化模拟[J]. 中国农村水利水电，2016（9）：205-211.

[440] 向龙，范云柱，刘蔚，等. 基于节水优先的水资源配置模式[J]. 水资源保护，2016，32（2）：9-13，25.

[441] 熊雪珍，何新玥，陈星，等. 基于改进 TOPSIS 法的水资源配置方案评价[J]. 水资源保护，2016，32（2）：14-20.

[442] 张凯，沈洁. 基于萤火虫算法和熵权法的水资源优化配置[J]. 水资源保护，2016，32（3）：50-53，63.

[443] 李承红，姜卉芳，何英，等. 基于 WRMM 模型的水资源配置及方案优选研究[J]. 水资源与水工程学报，2016，27（3）：32-38.

[444] 黄强，等.塔里木内陆河流域水资源合理配置[M].北京：科学出版社，2015.

[445] 赵建世，杨元月.黄淮海流域水资源配置模型研究[M].北京：科学出版社，2015.

[446] 何新林，杨广，王振华，等.准噶尔盆地南缘水资源合理配置及高效利用技术研究[M].北京：中国水利水电出

版社，2015.

[447] 李永中，庹世华，侯慧敏.黑河流域张掖市水资源合理配置及水权交易效应研究[M].北京：中国水利水电出版社，2015.

[448] 何艳虎，陈晓宏，林凯荣，等. 东江流域水资源优化配置报童模式研究[J]. 水力发电学报，2015，34（6）：57-64.

[449] 孙甜，董增川，苏明珍. 面向生态的陕西省渭河流域水资源合理配置[J]. 人民黄河，2015，37（2）：59-63.

[450] 韩露，岳春芳，张胜江，等. 基于总量控制的军塘湖流域农业水资源配置[J]. 节水灌溉，2015（10）：71-73，77.

[451] 郭伟，张梅. 泗河流域水资源分配方案研究[J]. 中国水利，2015（9）：36-38.

[452] 陈刚，杨霄，顾世祥，等. 基于河湖生态健康的滇池流域水资源总体配置[J]. 水利水电技术，2016，47（2）：1-8.

[453] 王煜，彭少明. 黄河流域旱情监测与水资源调配技术框架[J]. 人民黄河，2016，38（10）：88-92.

[454] 韩群柱，冯起，陈桂萍. 渭河流域基于水利供水网络结构的水资源配置模式研究[J]. 干旱区地理，2016，39（4）：747-753.

[455] 杨献献，郭萍，李茉. 面向生态的黑河中游模糊多目标水资源优化配置模型[J]. 节水灌溉，2016（5）：65-70.

[456] 胡玉明，梁川. 岷江全流域水资源量化配置研究[J]. 水资源与水工程学报，2016，27（1）：7-12.

[457] 张一清，刘晓燕. 能源"金三角"地区水资源优化配置研究——以宁夏自治区为例[J]. 长江科学院院报，2015，32（10）：1-5.

[458] 马平森，雷艳娇，卯昌书，等. 基于用水总量与效率控制的云南省水资源配置[J]. 水利水电科技进展，2015，35（1）：49-53，56.

[459] 王文国，龙胤慧，韩月，等. 基于文化粒子群算法的三亚市水资源优化配置[J]. 水电能源科学，2015，33（2）：33-36.

[460] 陶子乐滔，王静，蔡怡馨，等. 基于可信性规划的昆明市水资源优化配置模型[J]. 水电能源科学，2015，33（7）：30-33，29.

[461] 张娜，胡石华，刘江侠，等. 南水北调中线工程受水区二期需调水量预测研究[J]. 人民长江，2015，46（24）：21-23.

[462] 韩雁，贾绍凤，吕爱锋. 柴达木盆地水资源供需配置规划[J]. 南水北调与水利科技，2015，13（1）：10-14.

[463] 宋丹丹，杨树滩，常本春，等. 江苏省南水北调受水区水资源配置[J]. 南水北调与水利科技，2015，13（3）：417-421.

[464] 龙胤慧，郭中小，廖梓龙，等. 基于水资源承载能力的达茂旗牧区用水方案优化[J]. 地理科学，2015，35（2）：238-244.

[465] 杨晓丽，杨钦，何俊仕. 基于地下水可持续利用的宁城县水资源优化配置研究[J]. 节水灌溉，2015（12）：60-63，68.

[466] 高渐飞，熊康宁，覃焕勋. 基于极度干旱的喀斯特高原山地与峡谷水资源优化配置方式对比——以贵州花江峡谷南岸和毕节朝营小流域为例[J]. 节水灌溉，2015（10）：57-62.

[467] 赵喜富，茅樵，曹升乐，等. 济南市"五库连通工程"水资源优化配置研究[J]. 中国农村水利水电，2015（7）：47-49，53.

[468] 王生鑫，苏立宁，包淑萍. 宁夏清水河城镇产业带水资源合理配置研究[J]. 中国水利，2015（8）：46-48.

[469] 陈义忠，何理，卢宏玮，等. 丰台区水资源耦合配置模型研究[J]. 水资源与水工程学报，2015，26（6）：19-25.

[470] 刘艳民. 承德市中心城区水资源优化及保护方案分析[J]. 水科学与工程技术，2015（4）：34-35.

[471] 孙延芬. 浑南新区水资源供需分析及合理配置研究[J]. 水科学与工程技术，2015（5）：8-10.

[472] 陈南祥，刘为，高志鹏，等. 基于多目标遗传-蚁群算法的中牟县水资源优化配置[J]. 华北水利水电大学学报（自然科学版），2015，36（6）：1-5.

[473] 张运凤，郭威，徐建新，等. 基于最严格水资源管理制度的大功引黄灌区的水资源优化配置[J]. 华北水利水电大学学报（自然科学版），2015，36（3）：28-32.

[474] 张宇，彭少明，陈南祥. 基于模糊灰元的鄂尔多斯市水资源配置方案评价[J]. 华北水利水电大学学报（自然

科学版），2015，36（5）：5–9.

[475] 黄绪臣，周明，王伟，等. 基于节水型社会建设背景下的鄂北地区水资源优化配置模型研究[J]. 水利水电技术，2016，47（7）：61–63，67.

[476] 韩锐，董增川，马红亮，等. 黄河下游地区多目标优化配水模型研究[J]. 人民黄河，2016，38（7）：44–48.

[477] 崔亮，李永平，黄国和，等. 漳卫南灌区农业水资源优化配置研究[J]. 南水北调与水利科技，2016，14（2）：70–74，135.

[478] 张芮，乔延丽，禄芳霞，等. 基于多目标模糊优化模型的兰州市水资源优化配置研究[J]. 节水灌溉，2016（2）：59–62.

[479] 孔珂，徐晶，王昕，等. 小开河灌区地表水沙及地下水联合优化配置模型[J]. 中国农村水利水电，2016（1）：71–74.

[480] 张云苹，徐征和，王昕，等. 基于大系统分解协调法的沾化县典型农业区水资源优化配置[J]. 中国农村水利水电，2016（3）：60–63.

[481] 黄国如，李彤彤，王欣，等. 基于河湖水系连通的海口市水资源合理配置[J]. 水资源与水工程学报，2016，27（5）：14–22.

[482] 于冰，梁国华，何斌，等. 城市供水系统多水源联合调度模型及应用[J]. 水科学进展，2015，26（6）：874–884.

[483] 于森，蒋洪强，常杪，等. 松花江流域水资源-水污染联合调控方案动态模拟研究[J]. 环境科学学报，2015，35（6）：1866–1874.

[484] 白涛，阚艳彬，畅建霞，等. 水库群水沙调控的单-多目标调度模型及其应用[J]. 水科学进展，2016，27（1）：116–127.

[485] 彭少明，郑小康，王煜，等. 黄河典型河段水量水质一体化调配模型[J]. 水科学进展，2016，27（2）：196–205.

[486] 卢迪，周如瑞，周惠成，等. 耦合长期预报的跨流域引水受水水库调度模型[J]. 水科学进展，2016，27（3）：458–466.

[487] 叶荣辉，张文明，沈正，等. 枯季咸潮期珠江河口水资源调度模型研究[J]. 水电能源科学，2016，34（4）：23–27.

[488] 薛建民，于吉红，杨侃，等. 基于改进库群系统的多目标优化水量调度模型及应用[J]. 水电能源科学，2016，34（8）：54–58.

[489] 苏律文，李娟芳，于吉红，等. 伊洛河流域水资源系统优化调度模型研究[J]. 人民黄河，2016，38（4）：38–42.

[490] 李成振，孙万光，陈晓霞，等. 有外调水源的库群联合供水调度方法的改进[J]. 水利学报，2015，46，（11）：1272–1279.

[491] 王金龙，黄炜斌，马光文，等. 基于熵权模糊迭代法的生态友好型水库调度控泄方案模糊集对综合评价[J]. 四川大学学报（工程科学版），2015，47（S2）：1–8.

[492] 史振铜，程吉林，杨树滩，等. 基于DPSA算法的"单库-单站"水资源优化调度方法研究[J]. 灌溉排水学报，2015，34（2）：37–40.

[493] 史振铜，程吉林，杨树滩，等. 南水北调东线江苏段库群水资源优化调度方法研究[J]. 灌溉排水学报，2015，34（4）：14–18.

[494] 康艳，粟晓玲，党永仁. 渠井双灌区水资源统一调控的管理机制研究[J]. 节水灌溉，2016（7）：52–55，59.

[495] 李慧，周维博，贺军奇，等. 基于地下水合理埋深的井渠结合灌区水资源联合调控[J]. 中国农村水利水电，2015（1）：29–32.

[496] 解河海，查大伟. 大藤峡水利枢纽水资源优化调度研究[J]. 中国农村水利水电，2015（6）：48–51.

[497] 万芳，周进，原文林. 大规模跨流域水库群供水优化调度规则[J]. 水科学进展，2016，27（3）：448–457.

[498] 王浩，郑和震，雷晓辉，等. 南水北调中线干线水质安全应急调控与处置关键技术研究[J]. 四川大学学报（工程科学版），2016，48（2）：1–6.

[499] 金喜来，甘治国，陆旭. 国家水资源监控能力建设项目建设与管理[J]. 中国水利，2015（11）：24–25.

[500] 王静，何幸，刘艳慧，等. 基于模糊集对评价模型的云南省水资源监测能力评价[J]. 水文，2016，36（6）：

55–59, 69.

[501] 郭峰. 塔里木河流域水资源监控能力建设初论[J]. 水科学与工程技术, 2016 (2): 60–62.

[502] 朱长明, 李均力, 张新, 等. 近40a来博斯腾湖水资源遥感动态监测与特征分析[J]. 自然资源学报, 2015, 30 (1): 106–114.

[503] 蒋蓉, 孙世雷, 李夏. 省界断面水资源监测站网建设实施与探讨[J]. 水文, 2016, 36 (5): 54–57, 28.

[504] 郑国臣, 李青山, 范晓娜. 松江流域水资源保护监控体系建设实践[J]. 水资源保护, 2016, 32 (4): 45–48, 54.

[505] 谭君位, 崔远来, 张培青. 实时灌溉预报与灌溉用水决策支持系统研究与应用[J]. 中国农村水利水电, 2015 (7): 1–4, 9.

[506] 马彪, 钟平安, 万新宇, 等. 水资源综合管理决策支持系统开发及应用[J]. 水资源保护, 2015, 31 (5): 96–101.

[507] 孙万光, 李成振, 姜彪, 等. 水库群供调水系统实时调度研究[J]. 水科学进展, 2016, 27 (1): 128–138.

[508] 董玲燕, 许继军, 马瑞, 等. 基于GIS网络模型的水资源优化配置系统设计与实现[J]. 水利水电技术, 2016, 47 (12): 7–11, 18.

[509] 张政尧, 董增川, 管西柯, 等. 沿海围垦区水资源决策支持系统数据库开发[J]. 人民黄河, 2016, 38 (4): 50–53.

[510] 刘丹, 黄俊, 沈定涛. 长江流域水资源保护监控与管理信息平台建设[J]. 人民长江, 2016, 47 (13): 109–112.

[511] 陈序, 董增川, 杨光. 沿海围垦区水资源管理决策系统开发研究[J]. 南水北调与水利科技, 2016, 14 (1): 72–77.

[512] 柴立, 解建仓, 姜仁贵, 等. 区域水资源监控三维可视化仿真平台研究[J]. 西安理工大学学报, 2016, 32 (3): 271–277.

[513] 王莹, 余航, 杨茂灵, 等. 灌区水资源优化配置决策支持系统——以蜻蛉河灌区为例[J]. 中国农村水利水电, 2016 (9): 145–148, 152.

[514] 李道西, 张亮. 北方井渠结合灌区地表水地下水联合调度研究与示范[M]. 北京: 中国水利水电出版社, 2015.

[515] 许月萍, 等. 气候变化对水文过程的影响评估及其不确定性[M]. 北京: 科学出版社, 2015.

[516] 徐宗学, 刘浏, 刘兆飞. 气候变化影响下的流域水循环[M]. 北京: 科学出版社, 2015.

[517] 冯同飞, 杨涛, 王晓燕, 等. 气候变化对黄河源区水文情势的影响[J]. 水电能源科学, 2016, 34 (7): 11–15.

[518] 刘剑宇, 张强, 陈喜, 等. 气候变化和人类活动对中国地表水文过程影响定量研究[J]. 地理学报, 2016, 71 (11): 1875–1885.

[519] 任立良, 沈鸿仁, 袁飞, 等. 变化环境下渭河流域水文干旱演变特征剖析[J]. 水科学进展, 2016, 27 (4): 492–500.

[520] 涂新军, 陈晓宏, 赵勇, 等. 变化环境下东江流域水文干旱特征及缺水响应[J]. 水科学进展, 2016, 27 (6): 810–821.

[521] 徐冉, 铁强, 代超, 等. 雅鲁藏布江奴下水文站以上流域水文过程及其对气候变化的响应[J]. 河海大学学报 (自然科学版), 2015, 43 (4): 288–293.

[522] 汪青春, 李凤霞, 刘宝康, 等. 近50 a来青海干旱变化及其对气候变暖的响应[J]. 干旱区研究, 2015, 32 (1): 65–72.

[523] 寇丽敏, 刘建卫, 张慧哲, 等. 基于SWAT模型的洮儿河流域气候变化的水文响应[J]. 水电能源科学, 2016, 34 (2): 12–16.

[524] 杨大文, 张树磊, 徐翔宇. 基于水热耦合平衡方程的黄河流域径流变化归因分析[J]. 中国科学: 技术科学, 2015, 45 (10): 1024–1034.

[525] 张利平, 李凌程, 夏军, 等. 气候波动和人类活动对滦河流域径流变化的定量影响分析[J]. 自然资源学报, 2015, 30 (4): 664–672.

[526] 邓晓宇, 张强, 陈晓宏. 气候变化和人类活动综合影响下的抚河流域径流模拟研究[J]. 武汉大学学报 (理学版), 2015, 61 (3): 262–270.

[527] 张连鹏, 刘登峰, 张鸿雪, 等. 气候变化和人类活动对北洛河径流的影响[J]. 水力发电学报, 2016, 35 (7):

55–66.

[528] 莫淑红, 王学凤, 勾奎, 等. 气候变化和人类活动对灞河流域径流情势的影响分析[J]. 水力发电学报, 2016, 35（9）: 7–17.

[529] 吴丽, 张爱静. 气候变化和人类活动对大凌河上游流域径流的影响[J]. 水利水电科技进展, 2016, 36（2）: 10–15.

[530] 舒卫民, 李秋平, 王汉涛, 等. 气候变化及人类活动对三峡水库入库径流特性影响分析[J]. 水力发电, 2016, 42（11）: 29–33.

[531] 李丹, 冯民权, 苟婷. 气候变化对汾河（运城段）径流影响模拟[J]. 水利水运工程学报, 2016（2）: 54–61.

[532] 何自立, 史良, 马孝义. 气候变化对汉江上游径流特征影响预估[J]. 水利水运工程学报, 2016（6）: 37–43.

[533] 赖天锃, 张强, 张正浩, 等. 人类活动与气候变化对东江流域径流变化贡献率定量分析[J]. 中山大学学报（自然科学版）, 2016, 55（4）: 136–145.

[534] 刘剑宇, 张强, 邓晓宇, 等. 气候变化和人类活动对鄱阳湖流域径流过程影响的定量分析[J]. 湖泊科学, 2016, 28（2）: 432–443.

[535] 刘贵花, 齐述华, 朱婧瑄, 等. 气候变化和人类活动对鄱阳湖流域赣江径流影响的定量分析[J]. 湖泊科学, 2016, 28（3）: 682–690.

[536] 朱悦璐, 畅建霞. 基于气候模式与水文模型结合的渭河径流预测[J]. 西安理工大学学报, 2015, 31（4）: 400–408.

[537] 魏洁, 畅建霞, 陈磊. 基于 VIC 模型的黄河上游未来径流变化分析[J]. 水力发电学报, 2016, 35（5）: 65–74.

[538] 贺瑞敏, 张建云, 鲍振鑫, 等. 海河流域河川径流对气候变化的响应机理[J]. 水科学进展, 2015, 26（1）: 1–9.

[539] 王蕊, 姚治君, 刘兆飞, 等. 雅鲁藏布江中游地区气候要素变化及径流的响应[J]. 资源科学, 2015, 37（3）: 619–628.

[540] 魏天锋, 刘志辉, 姚俊强, 等. 呼图壁河径流过程对气候变化的响应[J]. 干旱区资源与环境, 2015, 29（4）: 102–107.

[541] 许炯心. 黄河中游径流可再生性对于人类活动和气候变化的响应[J]. 自然资源学报, 2015, 30（3）: 423–432.

[542] 夏军, 李原园, 等. 气候变化影响下中国水资源的脆弱性与适应对策[M]. 北京: 科学出版社, 2016.

[543] 莫兴国, 等. 气候变化对北方农业区水文水资源的影响[M]. 北京: 科学出版社, 2016.

[544] 杨晓华, 夏星辉. 气候变化背景下流域水资源系统脆弱性评价与调控管理[M]. 北京: 科学出版社, 2016.

[545] 吴绍洪, 罗勇, 王浩, 等. 中国气候变化影响与适应: 态势和展望[J]. 科学通报, 2016, 61（10）: 1042–1054.

[546] 夏军, 石卫, 雒新萍, 等. 气候变化下水资源脆弱性的适应性管理新认识[J]. 水科学进展, 2015, 26（2）: 279–286.

[547] 邱玲花, 彭定志, 林荷娟, 等. 气候变化与人类活动对太湖西苕溪流域水文水资源影响甄别[J]. 水文, 2015, 35（1）: 45–50.

[548] 孟现勇, 孟宝臣, 王月健, 等. 近 60 年气候变化及人类活动对艾比湖流域水资源的影响[J]. 水文, 2015, 35（2）: 90–96.

[549] 夏军, 雒新萍, 曹建廷, 等. 气候变化对中国东部季风区水资源脆弱性的影响评价[J]. 气候变化研究进展, 2015, 11（1）: 8–14.

[550] 雒新萍, 夏军. 气候变化背景下中国小麦需水量的敏感性研究[J]. 气候变化研究进展, 2015, 11（1）: 38–43.

[551] 曹建廷, 邱冰, 夏军. 1956—2010 年海河区降水变化对水资源供需影响分析[J]. 气候变化研究进展, 2015, 11（2）: 111–114.

[552] 刘艳丽, 张建云, 王国庆, 等. 环境变化对流域水文水资源的影响评估及不确定性研究进展[J]. 气候变化研究进展, 2015, 11（2）: 102–110.

[553] 曾建军, 金彦兆, 孙栋元, 等. 气候变化对干旱内陆河流域水资源影响的研究进展[J]. 水资源与水工程学报, 2015, 26（2）: 72–78.

[554] 王苓如，薛联青，王思琪，等. 气候变化条件下洪泽湖以上流域水资源演变趋势[J]. 水资源保护，2015，31（3）：57–62.

[555] 姚俊强，杨青，韩雪云，等. 气候变化对天山山区高寒盆地水资源变化的影响——以巴音布鲁克盆地为例[J]. 干旱区研究，2016，33（6）：1167–1173.

[556] 唐宏，等.绿洲城市发展与水资源利用模式选择[M].北京：科学出版社，2016.

[557] 张玲玲，等.区域用水结构演变与调控研究[M].北京：科学出版社，2016.

[558] 张永明，侯慧敏，何玉琛.石羊河流域行业取耗水总量控制与水资源保障方案研究[M].北京：中国水利水电出版社，2015.

[559] 付强，郎景波，李铁男.三江平原水资源开发环境效应及调控机理研究[M].北京：中国水利水电出版社，2016.

[560] 王光谦，钟德钰，李铁键，等. 天空河流：发现、概念及其科学问题[J]. 中国科学：技术科学，2016，46（6）：649–656.

[561] 王光谦，李铁键，李家叶，等. 黄河流域源区与上中游空中水资源特征分析[J]. 人民黄河，2016，38（10）：79–82.

[562] 沈大军，张萌. 水资源利用发展路径构建及应用[J]. 自然资源学报，2016，31（12）：2060–2073.

[563] 吉磊，刘兵，何新林，等. 新疆典型垦区水资源合理开发模式评价研究[J]. 节水灌溉，2015（9）：61–65.

[564] 朱海彬，任晓冬，李开忠. 贵州喀斯特地区表层岩溶带水资源开发利用研究[J]. 中国农村水利水电，2015（2）：60–63，77.

[565] 陈传友，陈根富.江河连通：构建我国水资源调配新格局[M].北京：中国水利水电出版社，2016.

[566] 窦明，靳梦，张彦，等. 基于城市水功能需求的水系连通指标阈值研究[J]. 水利学报，2015，46（9）：1089–1096.

[567] 张永勇，李宗礼，刘晓洁. 近千年淮河流域河湖水系连通演变特征[J]. 南水北调与水利科技，2016，14（4）：77–83.

[568] 符传君，陈成豪，李龙兵，等. 河湖水系连通内涵及评价指标体系研究[J]. 水力发电，2016，42（7）：2–7.

[569] 钮新强. 洞庭湖综合治理方案探讨[J]. 水力发电学报，2016，35（1）：1–7.

[570] 胡尊乐，汪姗，费国松. 基于分形几何理论的河湖结构连通性评价方法[J]. 水利水电科技进展，2016，36（6）：24–28，43.

[571] 郭亚萍，李丹，曹滨，等. 水量优化调度对水系连通性的影响分析[J]. 中国农村水利水电，2016（12）：109–112，116.

[572] 林鹏飞，游进军，汪林，等. 水源连通对城市供水系统安全性的影响评价研究[J]. 水利水电技术，2016，47（1）：26–30，40.

[573] 苑希民，王华煜，李其梁，等. 洪泽湖与骆马湖水资源连通分析与优化调度耦合模型研究[J]. 水利水电技术，2016，47（2）：9–14.

[574] 田传冲，陈星，湛忠宇，等. 水量水质系统控制的流域水系连通方案[J]. 水资源保护，2016，32（2）：30–34.

[575] 胡彦华，等.现代水利信息科学发展研究[M].北京：科学出版社，2016.

[576] 吴世勇，申满斌，熊开智. 数字流域理论方法与实践——雅砻江流域数字化平台建设及示范应用[M].郑州：黄河水利出版社，2016.

[577] 张穗，杨平富，李喆，等. 大型灌区信息化建设与实践[M].北京：中国水利水电出版社，2015.

[578] 缪纶，王冠华，陈煜，等.水利专业软件云服务平台关键技术研究与实践[M].北京：中国水利水电出版社，2016.

[579] 张一鸣，田雨，蒋云钟. 基于 TOE 框架的智慧水务建设影响因素评价[J]. 南水北调与水利科技，2015，13（5）：980–984.

[580] 赵坚. 市级水管理单位建设"智慧水务"的思考[J]. 水利发展研究，2016（9）：64–67.

[581] 李贵生，谢远勇，陈家琳，等. 智慧城市趋势下的水务数据采集新要求[J]. 中国计量，2016（10）：37–38，46.

[582] 邓伟，张秣湲，马静，等. 江苏省水资源管理现代化指标体系研究[J]. 中国水利水电科学研究院学报，2016，14（5）：379–385.

[583] 赵刚，左德鹏，徐宗学，等. 基于集对分析–可变模糊集的中国水利现代化时空变化特征分析[J]. 资源科学，

2015，37（11）：2211-2218.

[584] 刘招，黄文政，王丽霞，等.考虑多水源的灌区水文干旱预警系统及其评价[J].干旱区资源与环境，2015，29（8）：104-109.

[585] 张楚汉，王光谦.我国水安全和水利科技热点与前沿[J].中国科学：技术科学，2015，45（10）：1007-1012.

[586] 龚家国，唐克旺，王浩.中国水危机分区与应对策略[J].资源科学，2015，37（7）：1314-1321.

[587] 黑亮，范群芳，等.珠江河口关键水问题研究[M].北京：中国水利水电出版社，2015.

[588] 邓铭江.南疆未来发展的思考——塔里木河流域水问题与水战略研究[J].干旱区地理，2016，39（1）：1-11.

[589] 谷树忠，李维明.关于构建国家水安全保障体系的总体构想[J].中国水利，2015（9）：3-5，16.

[590] 王一文，李伟，王亦宁，等.推进京津冀水资源保护一体化的思考[J].中国水利，2015（1）：1-4，37.

本章撰写人员及分工

本章撰写人员名单（按贡献排名）：左其亭、马军霞、张修宇、杜卫长，分工如下表。

节　名	作　者	单　位
负责统稿 3.1 概述	左其亭	郑州大学
3.2 水资源理论方法研究进展	左其亭	郑州大学
	杜卫长	黄河勘测规划设计有限公司
3.3 水资源模型研究进展	左其亭	郑州大学
	杜卫长	黄河勘测规划设计有限公司
3.4 水资源分析评价论证研究进展	马军霞	郑州大学
	杜卫长	黄河勘测规划设计有限公司
3.5 水资源规划与管理研究进展	左其亭	郑州大学
	杜卫长	黄河勘测规划设计有限公司
3.6 水资源配置研究进展	左其亭	郑州大学
	张修宇	华北水利水电大学
3.7 气候变化下水资源研究进展	左其亭	郑州大学
	张修宇	华北水利水电大学
3.8 水战略与水问题研究进展	马军霞	郑州大学
3.9 与 2013—2014 年进展对比分析	左其亭	郑州大学
	张修宇	华北水利水电大学
	马军霞	郑州大学

第4章　水环境研究进展报告

4.1　概述

4.1.1　背景与意义

（1）水环境是一个城市文明的象征，是提高城市文化和生活品味的一项重要衡量指标，也是构建和谐社会的重要组成部分。然而，随着工业化与城市化进程的加快，人口剧增，人类的资源开发活动带来的污染现象日趋严重，呈现出一系列的水环境问题，严重威胁着人们的健康。水环境问题不仅仅是生态问题，也是经济和政治问题，直接关系到粮食安全、生态安全、国民健康安全、社会安全等，越来越受到国际社会的关注。

（2）2011年中央一号文件《中共中央　国务院关于加快水利改革发展的决定》指出"水是生命之源、生产之要、生态之基。兴水利、除水害，事关人类生存、经济发展、社会进步，历来是治国安邦的大事"。确保水资源可持续利用，是实现经济社会可持续发展的重要前提条件。然而，由于经济社会的快速发展，存在水污染严重、部分地区水生态环境恶化等问题，成为发展民生水利及水利可持续发展的障碍。

（3）党的十八大报告提出"大力推进生态文明建设"。良好生态环境是人和社会持续发展的根本基础，加强水生态系统保护与修复，促进生态文明建设和人水和谐，支撑经济社会可持续发展是支撑生态文明建设的资源基础和必要保障。

（4）从20世纪70年代以来，我国在水环境的基础理论研究、模拟技术研究及污染治理技术研究等方面取得了大量的研究成果，积累了大量科学资料，提出很多丰富多彩的理论方法和学术观点，极大地促进水环境的可持续利用和有效保护，带动水环境科学的发展和经济社会的可持续发展。因此，加强水环境研究，已成为支撑我国可持续发展的重要学科领域，也很有必要及时总结有关水环境研究的最新进展，促进水环境研究理论发展和实践应用。

4.1.2　标志性成果或事件

（1）2015年4月2日，国务院印发《水污染防治行动计划》（国发〔2015〕17号）（以下简称《计划》），明确指出水环境保护事关人民群众切身利益，事关全面建成小康社会，事关实现中华民族伟大复兴中国梦。当前，我国一些地区水环境质量差、水生态受损重、环境隐患多等问题十分突出，影响和损害群众健康，不利于经济社会持续发展。同时，《计划》明确提出总体要求、工作目标和主要指标等。

（2）2015年9月8日，水利部日前出台《关于全面加强依法治水管水的实施意见》（以下简称《实施意见》），深入贯彻落实《中共中央关于全面推进依法治国若干重大问题的决定》，全面加强依法治水管水，更好发挥法治在推动水利改革发展中的引领、规范和保障作用。《实施意见》提出，要充分认识依法治水管水的重要性，大力推进水法治建设，着力构建完备的水法律规范体系、高效的水法治实施体系、严密的水法治监督体系、有力的水法治保障体系，切实把全面推进依法治国总目标贯彻落实到治水管水全过程和各方面。

（3）2015年9月21日，中共中央、国务院印发了《生态文明体制改革总体方案》，强调树立绿水青山就是金山银山的理念，清新空气、清洁水源、美丽山川、肥沃土地、生物多样性是人类生存必需的生态环境，坚持发展是第一要务，必须保护森林、草原、河流、湖泊、湿地、海洋等自然生态，并要建立健全环境治理体系、健全环境治理和生态保护市场体系等。

（4）2015年10月29日，中国共产党第十八届中央委员会第五次全体会议通过《中共中央关于制定国民经济和社会发展第十三个五年规划的建议》（以下简称《建议》），《建议》中强调要加大环境治理力度。以提高环境质量为核心，实行最严格的环境保护制度，形成政府、企业、公众共治的环境治理体系。

（5）2016年11月21日，国务院办公厅印发《控制污染物排放许可制实施方案》（以下简称《方案》），对完善控制污染物排放许可制度，实施企事业单位排污许可证管理作出部署。《方案》明确，到2020年，完成覆盖所有固定污染源的排污许可证核发工作，基本建立法律体系完备、技术体系科学、管理体系高效的控制污染物排放许可制，对固定污染源实施全过程和多污染物协同控制，实现系统化、科学化、法治化、精细化、信息化的"一证式"管理。

（6）2016年12月5日，国务院印发了《"十三五"生态环境保护规划》（以下简称《规划》）。《规划》提出，以提高环境质量为核心，实施最严格的环境保护制度，打好大气、水、土壤污染防治三大战役，加强生态保护与修复，严密防控生态环境风险，加快推进生态环境领域国家治理体系和治理能力现代化，不断提高生态环境管理系统化、科学化、法治化、精细化、信息化水平，为人民提供更多优质生态产品，为实现"两个一百年"奋斗目标和中华民族伟大复兴的中国梦作出贡献。

（7）2016年12月12日，中共中央办公厅、国务院办公厅印发了《关于全面推行河长制的意见》，并发出通知，要求各地区各部门结合实际认真贯彻落实。通知中强调了要加强水污染防治、加强水环境治理、加强水生态修复。

（8）2016年12月26日，全国人大常委会表决通过《环境保护税法》于2018年1月1日起施行，以现行排污收费制度为基础进行制度设计，对计税依据和应纳税额、税收减免、征收管理等作出了具体规定。确定了环境保护税的纳税人、课税对象、计税依据、税目税额、征收管理等各项制度规定。

（9）2016年12月27日，经国务院同意，国家发展改革委、水利部、住房城乡建设部联合印发了《水利改革发展"十三五"规划》，"十三五"水利改革发展重点任务包括8个方面：一是全面推进节水型社会建设；二是改革创新水利发展体制机制；三是加快完善水利基础设施网络；四是提高城市防洪排涝和供水能力；五是进一步夯实农村水利基础；

六是加强水生态治理与保护；七是优化流域区域水利发展布局；八是全面强化依法治水、科技兴水。

4.1.3　本章主要内容介绍

本章是有关水环境研究进展的专题报告，主要内容包括以下两部分：

（1）对水环境研究的背景及意义、有关水环境 2015—2016 年标志性成果或事件、本章主要内容以及有关说明进行简单概述。

（2）本章从第 4.2 节开始按照水环境内容进行归纳编排，主要内容包括：水环境机理研究进展，水环境调查、监测与分析研究进展，水质模型与水环境预测研究进展，水环境评价研究进展，污染物总量控制及其分配研究进展，水环境管理理论研究进展，生态水文学研究进展，水污染治理技术研究进展，水生态保护与修复技术研究进展。

4.1.4　其他说明

本章是在《中国水科学研究进展报告 2011—2012》[1]（2013 年 6 月出版）和《中国水科学研究进展报告 2013—2014》[2]（2015 年 6 月出版）的基础上，广泛阅读 2015—2016年相关文献，系统介绍有关水环境的研究进展。所引用的文献均列入参考文献中。

4.2　水环境机理研究进展

污染物在进入水体后会发生迁移、扩散、吸附、解吸、沉降、再悬浮、摄入、内源呼吸、生化降解等一系列反应过程，同时还会在水体、悬浮物、底泥、水生生物等不同载体之间发生相态转化和形态变化。研究污染物在水环境系统中的反应机理，对于认识污染物的变化规律、预测其浓度时空变化过程具有极为重要的意义。

4.2.1　在水化学反应机理研究方面

水化学反应机理研究是开展水环境保护工作的基础，它涉及水体中各种生物化学反应的基础性研究。目前在这方面的研究成果很多，其中高水平成果也较多，但研究内容覆盖面广、研究方法差异较大。其主要研究工作大致可分为三个方面：一是对于水体中水质成分的内在作用机理进行研究；二是研究水质与环境介质的相互作用机理；三是研究水质与水生生物的作用机制。

（1）水质成分内在作用机理研究方面。窦明等从闸控河段水环境系统的复杂作用机理出发，提出在"水体–悬浮物–底泥–生物体"界面内开展水质多相转化研究的总体思路，进而建立具有一定物理机制的闸控河段水质多相转化模型[3]；在此基础上，进一步开展在不同水闸调度情景下的水质浓度数值模拟，引入"贡献率"的概念，定量评估水闸调度在水质多相转化过程中所起的作用大小，分析水闸调度对水体中各种反应机制的驱动作用，识别其中的主导反应机制[4]。吕巍等以渭河高浓度废污水为示踪剂，分析渭河入黄后污染物沿程浓度分布情况，探索黄河潼关河段污染物扩散和自净降解规律[5]。吴霞等利用新疆汉水泉地区 39 组地下水水样，运用舒卡列夫分类法和 SPSS、MAPGIS 与 Surfer 等软件进行综合分析，揭示地下水水化学组分在水平和垂直方向的演化规律[6]。黄耀裔等通过对晋江市浅层地下水调查采样，分析测试"三氮"及相关水化学指标，借助统计学方法对测试结果加以分析，了解"三氮"转化机制的影响因素以及水化学等指标对"三氮"的作用关系[7]。

（2）水质与环境介质的相互作用方面。于奭等分析了人类活动影响下水化学特征的影响作用[8]。王圣瑞等通过鄱阳湖发展演变及江湖关系变化影响因素，以及江湖关系变化对鄱阳湖入湖污染负荷、水质、沉积物和藻类水华影响等方面，揭示江湖关系变化对鄱阳湖水环境影响机理[9]。陈晨等以都柳江上、中、下游9个急流-深潭-沙（砾）滩单元为对象，分析了山区典型河道基本结构单元与水质变化之间的关系[10]。杨巧凤等在莱州湾入海河流白浪河的下游沿岸采集5件河水样品、河口采集7件海水样品，进行水化学和稳定同位素测试，研究淡水和海水的混合关系[11]。

（3）水质与水生生物的作用机制方面。章程等选择由地下水补给且富含水生植物的典型河流，分析水化学的昼夜动态变化特征并对比其沿流程的变化，探讨水化学昼夜循环产生的生物地球化学控制机理[12]。常素云等针对北大港水库沉水植物单一、水体自净能力差的特点，研究狐尾藻、金鱼藻、篦齿眼子菜不同组配方式对水体净化效果的影响[13]。黄祺等测定水质物理参数、营养盐与叶绿素（Chl-a）的质量浓度，分析三峡蓄水后汉丰湖消落区水质营养状态的变化特征[14]。

（4）吴丰昌等在《湖泊水环境质量演变与水环境基准研究》一书中，总结近几十年来湖泊水化学、生态系统结构及典型污染物的区域差异和演变规律；探索水动力对湖泊污染物输移转化作用机理和营养盐基准的影响，研究水动力对水环境质量演变及水质基准的关系模型；揭示富营养化水体中有机质与多种污染物的相互作用机理，以及特征污染物的生物有效性和复合污染的生态毒理效应；构建水环境基准理论体系框架和基准制订技术规范等[15]。

（5）李卫平在《典型湖泊水环境污染与水文模拟研究》一书中，从湖泊水体中生源要素的地球化学循环过程、低温及冰封条件下湖泊营养盐的分布规律及冰生长过程中污染物的迁移机理、湖泊沉积物中生源要素的地球化学循环、湖泊沉积物中重金属的分布特征及污染现状评价等方面研究了内蒙古典型湖泊水环境演变机理[16]。

4.2.2 在水质参数识别及研究方面

水质参数识别是水环境研究中的一个重要组成部分，参数值的确定可有效反映水体中各种反应机制的作用大小。受研究内容的限制，目前这方面的研究成果较少，高水平成果更少。其主要研究工作大致可分为三个方面：一是结合实测资料进行参数率定；二是参数精度改进方法研究；三是参数灵敏度分析。

（1）参数率定方面。吴亚男等以深圳市鹅颈水流域为研究区域，运用SWMM模型研究在3场不同强度降雨条件下的水文水质变化过程，并根据计算结果对模型参数进行率定[17]。李如忠等利用OTIS模型对考虑和不考虑暂态存储影响的两种情景开展水质模拟，计算示踪剂氯离子（Cl^-）浓度峰值的相对偏差，并以暂态存储指标定量刻画农田溪流的暂态存储潜力[18]。张转等在模糊数的基础上分析河流水团示踪试验数据，建立正态模糊线性回归模型，通过模糊集的隶属函数计算不同置信水平下河流横向扩散系数和河流平均流速等河流水质参数的取值区间[19]。

（2）参数精度改进方面。李明昌等考虑水质模型参数时域和地域差异性，建立模型参数在各单元与时段内独立赋值的海域组合单元水质模型，结合多种反演方式的效率问题，通过数据驱动模型、遗传算法和海域组合单元水质模型的分步耦合，提出水质模型多参数优化反演的新方法[20]。曹敏采用实测资料分段反算法计算大沽河调水期间 CODMn 和氨氮衰减系数，并建立水质数学模型验证衰减系数的适用性，根据计算结果对比分析所建立水质模型的精度[21]。

（3）参数灵敏度分析方面。谭明豪等基于 SWMM 水文与水质模型框架，对 4 种土地利用以及每种土地利用所包括的 2 个地表污染物累积参数和 2 个地表污染物冲刷参数等共 17 个参数进行敏感性分析，采用 Morris 分类筛选法对敏感性参数进行识别与筛选，得出研究区域的不敏感系数与高灵敏度系数[22]。段扬等以丹江口水库为例建立环境流体动力学模型，根据该模型研究水库水质模拟中参数的不确定性对模型结果的影响程度，进而结合实测数据判别参数敏感度大小[23]。方贝等利用局部灵敏度分析方法和 Morris 全局灵敏度分析方法，对二维瞬时投源河流水质模型方程输入参数的灵敏度进行计算分析，讨论单参数及多个参数相互作用下的系统扰动对污染物浓度计算结果的影响，并绘制局部灵敏度分析法下各参数的灵敏度变化曲线[24]。

4.2.3　在水质相态转化理论研究方面

近年来，许多学者从单纯对水体中污染物变化规律的研究，逐步扩展到对悬浮物、底泥、水生生物等水环境系统中其他介质的研究，特别是针对污染物在不同载体之间进行界面转移和相态转化过程的研究。总体来看，由于关注的焦点不同，在水质相态转化研究对象选取方面也各有侧重：首先在溶解相与底泥相转化机理方面研究最多；其次是悬浮相与底泥相转化机理研究方面；最后是溶解相与生物相的转化机理研究。

（1）溶解相与底泥相转化理论研究方面。张晓玲等以磷元素为研究对象，分析水文过程的变异性对湖滨河口湿地的影响，识别和评估磷在湿地"水–底泥–植物"系统中的输移关键过程及截留效应[25]。顾杰等以波流水槽为动力试验设备，选取秦皇岛污染最严重的河流之一大蒲河的河口底泥为研究对象，试验研究河口底泥在间歇性波浪扰动下磷的释放特性[26]。陈佳等通过现场采样和室内实验等手段，对渭河陕西段 4 个研究点沉积物中含水率、有机质（OM）的特征和总氮（TN）、总磷（TP）在沉积物中的垂直变化规律进行研究，并分别对 TN、TP、有机质在沉积物、间隙水和河水的迁移转化进行相关性分析[27]。吉芳英等分别采集龙景沟汇水区沉积物柱样对沉积物上覆水和间隙水中各形态氮的浓度和表层沉积物泥样总氮的含量进行分析，研究沉积物–水界面氮形态的空间分布特征，了解其迁移转化过程[28]。狄贞珍等以太湖沉积物–上覆水界面为研究对象，在 2013 年夏季采集 46 个样点的沉积物柱状样，分析表层沉积物孔隙水中营养盐（正磷酸盐、氨氮、硝氮）的浓度空间分布，估算表层沉积物中磷、氮的扩散通量，明确营养盐在沉积物–水界面的分布规律，对沉积物–水界面氮磷的转移过程理论进行探讨[29]。李国莲等采集大量巢湖表层水和沉积物样品，通过检测上覆水和沉积物中总磷含量，分析巢湖水体中磷的时空变化及赋存特征[30]。

（2）悬浮相与底泥相转化理论研究方面。谢瑞等采用有机玻璃制作的沉降桶，在静水条件下对太湖、龙感湖、巢湖的底泥进行沉降试验，研究湖泊底泥在风浪作用下悬浮后再沉降的运移规律[31]。耿頔等对太湖冬季不同风速下（0.8m/s、1.8 m/s、2.7 m/s、3.2 m/s、4.0m/s）不同深度（水深 0.1m、1.0m 和 1.8m，分别记为上、中和下层）的水样进行分析，测定水体和悬浮物中的砷含量及水质参数，计算砷在两相之间的分配系数，研究风浪扰动作用对砷在水相和悬浮物相之间分配的影响[32]。陈海龙等以东西苕溪干流为研究对象，采用连续提取法获得磷形态，对悬浮物和表层沉积物中磷形态的分布进行分析，并探讨悬浮物和沉积物的物质组分与磷形态的相关性[33]。秦延文等研究"引江济太"河段（长江—望虞河—贡湖段）孔隙水、上覆水、悬浮颗粒物及表层沉积物中重金属的含量特征，并采用标准化分析方法推测"引江济太"调水对太湖重金属含量及分布的影响[34]。赵汧青等基于近年来的研究成果，分析目前关于河湖泥沙对磷的迁移转化作用研究存在研究内容局限、作用机理分歧、数学模型不全面等问题，提出应该在实验技术创新的基础上探讨水沙微界面吸附，并结合生态作用完善复杂条件多因子耦合对泥沙迁移转化磷的理论研究[35]。

（3）还有学者对水质在水体与生物相之间转化做了研究。左其亭等通过监测河流水质指标在不同闸坝调控方式下的空间变化，探析长期和短期的调控干扰对河流水生态环境的影响特征[36]。周林飞等研究植物类型、生物量以及底泥对营养盐释放过程的影响程度，探讨不同生活型水生植物腐解对石佛寺人工湿地水体水质的持续影响[37]。王立志等选取根系较多的沉水植物苦草和根系相对较少的沉水植物黑藻作为实验材料，监测底泥中间隙水各形态磷含量及环境因子的变化，探讨不同根系特征沉水植物对间隙水中磷的影响[38]。石文平等采用围格试验，研究水库浅水区底泥营养物质的释放规律及其与藻类生长的关系[39]。孟祥森等通过模拟研究不同环境条件下绿潮硬毛藻的分解速率，以及死亡藻体内营养盐的释放规律，探究硬毛藻大量衰亡对天鹅湖水质的潜在影响[40]。万由鹏等以南方某典型调水型水库为例，采用 EFDC 模型建立水库的三维水动力和富营养化模型，分析水库氮、磷浓度对藻类生长的影响，计算藻类对调水氮、磷浓度及调水量的响应关系[41]。

（4）陈昌仁等在《水动力与水生植物作用下太湖底泥再悬浮特征及环境效应》一书中，从 PES 扰动条件下太湖沉积物再悬浮特征及响应机制、水生植物对太湖沉积物悬浮和沉降特征的驱动机制、太湖沉积物再悬浮特征对清淤工程的响应机制、太湖沉积物营养盐释放的水动力驱动机制、水生植物对太湖沉积物-水界面营养盐交换的影响等方面研究太湖底泥再悬浮过程[42]。

4.3 水环境调查、监测与分析研究进展

水环境包括水、底泥和其中的生物，关于水环境方面的研究主要围绕这三项展开。其中对底泥的研究越来越多。这主要是因为底泥不但是水环境中污染物的储存库，而且在一定条件下向水体中释放污染物，这是水体污染物超标的原因之一。

4.3.1 在水质调查、监测与分析研究

水质调查内容主要分为湖库、饮用水、地下水、生活污水等多个方面，关于水质调查、监测、分析方面的文献比较多。随着农村问题的不断发展，源于典型地区农村饮用水及生活污水水质方面的文献也不断增多。

（1）湖库水质调查分析方面。阴琨等利用 2012 年松花江流域生物、生境和水质的调查数据，采用生物完整性指数（IBI）评价松花江流域的水生态环境质量，并着重对 IBI 评价结果与生境质量、水质间的关系及生物与生境和化学参数间的相关关系进行分析[43]；肖翔群等通过对小浪底水库从入库至出库不同水深水质进行监测，并以入库水质全年最差时段采集的水样为研究对象，模拟研究泥沙对氨氮的吸附与解吸能力，以及硝酸盐氮在小浪底水库水环境（表层水有氧水环境和深层水缺氧水环境）下转化为氨氮的情况[44]；胡琴等根据 2014 年 10 月对黄河口附近海域 56 个站位水质的调查结果，分析该海域营养盐的空间分布特征，并对该海域的营养水平和有机污染状况进行评价[45]。

（2）饮用水水质调查分析方面。李文攀等指出我国集中式饮用水水源地现用单因子评价法存在的问题，同时提出一种"类别因子评价法"，对饮用水水源地水质进行评价[46]；龙智云等通过对饮用水水质生物稳定性主要评价指标及其传统、新兴测定方法的对比，分析不同评价手段的优缺点[47]。

（3）地下水调查分析方面。傅翔等采用内梅罗指数法，利用南京市 15 个水井的水质监测资料，统计分析南京地区近 5 年的地下水水质状况和变化趋势[48]；姜兴明等根据吉林市平原区 34 个水质监测井的监测数据，选取铁、锰、氨氮等 8 项指标，运用 BP 神经网络法进行评价并进行成因分析[49]；边超等以对氨基苯磺酸为重氮组分，α-萘胺为显色剂，采用便携式分光光度计，建立环境水体中亚硝酸盐氮的现场快速测定方法，并将其用于玛纳斯河流域地下水污染调查评价[50]。

（4）污水水质方面。傅其凤等针对工业污水的流量、COD、pH 值、盐度和 SS 五个参数，开发一套污水进水口水质和流量在线监测系统[51]；张万辉等分析焦化废水中存在的特征性有机污染物，针对焦化生产工艺过程的复杂性，探讨蒸氨、焦油分离、粗苯回收及脱硫过程中典型有机污染物的来源和分布[52]；彭聘等利用汉江中下游干流河段例行监控断面 2001—2011 年水质监测资料中的高锰酸盐指数、氨氮和总磷 3 项水质指标，对汉江中下游干流水质状况、时空变化趋势进行分析和评价[53]。

（5）水质分析监测方法、数据处理方面。吕青等针对地表水对污染预警和溯源技术的迫切需求，在南方某水体开展水质指纹预警溯源技术的应用研究[54]；安贝贝等利用三峡库区长江干流现有 25 个断面近五年的监测数据，采用历史数据相关性分析、模糊聚类和物元分析方法进行断面优化[55]；卢玮等采用多维矢量水质监测预警技术，选择铬和锰两种典型污染物，开展水源水重金属类突发污染的水质监测预警研究[56]；张旭东等提出一种基于改进的实数编码遗传算法优化 BP 神经网络（IGA-BP）的水质预测新模型，并以安徽蚌埠蚌埠闸逐周水质监测的 pH 值数据为例，进行水质预测[57]。

（6）张兆吉等在《区域地下水污染调查评价技术方法》一书中，探讨区域地下水污染调查方法、地下水污染调查评价信息系统建设方法、地下水质量评价方法、地下水污染评价方法、地下水有机污染健康风险评价方法和地下水污染防治区划方法，提出地下水污染调查和采样方法、地下水污染样品质量控制方法、地下水有机污染物评价检出限、单因子综合评价方法，对比地下水污染评价方法，并进行地下水污染防治区划等[58]。

4.3.2　在底泥污染调查、监测与分析研究方面

底泥污染与水体污染息息相关。近几年关于底泥的研究越来越多，它不再单单作为水体污染治理的一个方面，而是作为一个新的研究方向受到越来越多人的重视。

（1）底泥污染调查方面。周成等对温度、pH 值、溶解氧等环境因素影响污染物释放的机制进行综述，并对污染底泥的治理技术进行总结，分析物理、化学和生物处理方法的利弊[59]；雷晓玲等通过室内静态模拟实验研究环境因子诸如扰动、pH 值和溶解氧对三峡库区底泥中 COD、TP、NH_3–N 和 TN 释放的影响[60]。

（2）底泥污染控制方面。商景阁等利用黄土和细沙对太湖湖泛易发区底泥进行覆盖，模拟在湖泛可形成条件下，底泥—水体系及其界面主要物化性质与器官变化过程[61]；王美丽等利用黑臭河道模拟装置，对比研究在静置和人工曝气 2 种方式下底泥污染释放特征及对上覆水水质的影响[62]；夏蕾等以河流黑臭底泥为试验对象，通过底泥培养试验研究无覆盖层、土壤覆盖、土壤+H_2O_2 覆盖和土壤+$KMnO_4$ 覆盖对底泥氮磷释放的抑制效果[63]。涂玮灵等以南宁市朝阳溪黑臭底泥和水体为研究对象，采用投加反硝化细菌制剂的底泥生物修复方法，探索反硝化细菌投加量对底泥修复效果的影响[64]。

（3）底泥重金属方面。杨长明等采用自行研发的泥水界面精准布氧系统研究微孔曝气对安徽省合肥市南淝河城市重污染河段底泥重金属形态分布以及释放规律的影响[65]；侯浩波等通过选取某城市纳污河淤泥为试验对象，发现底泥 Cr、Cu、Ni 和 Zn 含量和浸出浓度均较高，为使其达到资源再利用要求，研究一种污泥改性剂对其固化/稳定化的效果[66]；周国强等对大冶湖流域水体及底泥中的 As、Cd、Cr、Cu、Zn、Hg 及 Pb 等 7 种重金属污染进行测定，并采用单因子污染指数法对水体进行重金属污染评价，采用地质累积指数法对底泥重金属污染进行评价[67]；郭晶等分析洞庭湖湖区 9 个采样点表层水及底泥中 Hg、Cr、Cd、As、Pb 和 Cu 的浓度水平，并采用地积累指数法和潜在生态风险指数法对底泥中的重金属污染现状进行评价[68]。

（4）水质生态修复、水质调控技术上涉及底泥污染方面。汪建华等以上海工业河勤丰泵站周围 50m 河段为研究对象，现场探讨原位曝气对底泥内源营养盐去除的示范工程效能[69]；朱晓晓等为阐明底泥表面附着生物膜在内分泌干扰物迁移转化中的作用，对生物膜在底泥吸附乙炔雌二醇（EE2）、双酚 A（BPA）和壬基酚（4–NP）过程中的作用机制进行研究[70]。

4.3.3　在水生态调查、监测与分析研究方面

关于水生态方面的研究可分为水生态功能分区、水生态承载力、水生态环境及生态补偿等。

（1）水生态功能调查方面。邢领航等以南水北调中线陶岔渠首为核心开展保护区划分工作，在分析国内外保护区划分成功经验的基础上，提出南水北调中线水源地饮用水水源保护区划分的基本原则和方法[71]；郭雪勤等通过详细考察丹江口水源区生态环境要素的基础上，研究不同生态功能指标间的相互影响及驱动机制，构建丹江口水源区一、二、三级生态功能分区指标体系[72]；樊灏等在滇池流域完成水生态功能二级分区基础上，基于水生态系统结构特征进一步对滇池流域进行三级区划，通过对三级分区单元指标综合值进行

聚类分级，最终将滇池流域的水生态功能三级分区划分为 20 个陆域区和 4 个湖体区，并利用底栖与藻类的生物数据对分区进行合理性评价[73]；张欣等通过分析济南市陆地和水生态系统特点，提出水生态功能分区的基本原则、指标体系等，基于 GIS 分析技术，利用空间叠加方法，按主导功能类型完成流域内水生态功能三级分区[74]。

（2）水生态承载力方面。王西琴等基于水生态承载力的概念，构建区域水生态承载力指标体系，建立区域水生态承载力多目标优化模型，采用模糊方法进行求解，并采用遗传投影寻踪方法对方案进行优选[75]；沈鹏等提出基于水生态承载力的产业结构优化研究的思路和技术路线，并基于符合水生态系统耦合作用分析和"驱动力–压力–状态–影响–响应（DPSIR）"模型建立流域水生态承载力评价指标体系，构建基于水生态承载力的产业结构演化情景模式[76]；李林子等基于复合生态系统原理，构建由水生态、经济和社会子系统共同构成、相互作用的流域复合水生态系统模型，提出水生态承载力概念[77]。

（3）水生态环境及生态补偿等方面。刘云浪等从内涵、目的、标准、实施机制、保障制度这 5 方面分别对国内外跨流域调水生态补偿进行归纳，总结国内外研究进展、研究侧重点与研究不足[78]；官冬杰等通过对重庆三峡库区各区域的自然和经济条件的分析，对重庆三峡库区各区域的生态补偿标准进行测算，科学制定各区域生态补偿分配标准[79]。

（4）曾维华等在《水代谢、水再生与水环境承载力》（第 2 版）一书中，基于海河流域经济社会发展与水资源相关的生态环境现状问题，论述海河流域水资源、经济、社会、生态、环境五个维度各自和相互之间可持续发展目标下的协调与整体调控决策过程和决策方法[80]。

（5）周孝德等在《资源性缺水地区水环境承载力研究及应用》一书中，针对我国北方资源性缺水地区普遍存在的水资源短缺、水环境恶化及生态脆弱等问题，面向生态文明制度建设需求，以水资源、水环境科学技术领域内"资源环境承载能力评估预测"为突破点，构建区域水环境承载力量化模式[81]。

4.4　水质模型与水环境预测研究进展

本节所说的水质模型包括各种水质模型的介绍以及其理论和应用研究。水质模型是水环境学科研究的一类重要工具，常常被应用于水质评价、预测、管理等研究工作和生产实践中。

4.4.1　在水质模型研究方面

总体来看，有关水质模型应用方面的研究人员较多，但最近两年具有创新的学术性文献并不多。专门研究水质模型理论方法的文献较少，特别是高水平文献不多，多数侧重于应用研究。以下仅列举有代表性文献以供参考。

（1）模型综述方面。蒋洪强等[82]从系统控制的视角总结水量水质耦合流域模型在水资源管理政策、水环境管理政策中的应用，如水资源有效分配、排污交易产生的水环境影响、基于成本–效益的水污染控制策略优化等，在此基础上对流域水环境模型的发展方向和应用前景进行展望；宋翠萍等[83]介绍 SWMM 的基本概念和流程结构，总结 SWMM 模型在国内外发展的研究动态，针对近年各种 SWMM 衍生模型进行介绍，分析 SWMM 的局限性并提出展望；龚然等[84]对近 5 年来 EFDC 模型在湖泊和水库环境下，关于水动力、水质及富营养化、沉积物及毒物、环境容量和 TMDLs（Total Maximum Daily Loads）计划等方面的主要研究成果进行评述，也探讨当前湖库水环境模拟研究中存在的主要问题，并对其发展趋势和前景进行展望。

（2）理论研究方面。付翠等[85]应用构造的单纯形–差分进化混合算法，分析一维河流纵向离散和二维河流横向扩散两种情况下的水团示踪试验数据，识别河流水质参数；张秀菊等[86]分析支持向量机的回归理论和算法，构建支持向量机水质预测模型，并以通州区新江海河站点为研究对象，取 NH$_3$–N 浓度和 TP 浓度为时间序列样本，运用支持向量回归机的理论与方法，构造预测模型，并利用 Libsvm 软件包和 MATLAB 软件进行水质预测；刘悦忆等[87]在淮河流域水动力学–水质模型的基础上，针对模型输入中区间入流的不确定性，采用历史序列拟合的方法，提出区间入流的对数正态概率分布函数，并使用蒙特卡洛方法随机抽样模拟产生大量的区间入流序列，作为水动力学–水质模型的输入条件进行计算，建立基于蒙特卡洛模拟的水质概率预报模型；尹海龙等[88]提出原水输水渠道中粉末活性炭动态沉降条件下，粉末活性炭——污染物耦合数学模型，以水源地硝基苯浓度超标为例（分别超标 2 倍、5 倍和 10 倍），模拟粉炭对硝基苯的吸附净化效果；计红等[89]提出对不同类型的汊口进行分类，基于不同的处理建立平原河网水质模型，并将模型应用于江苏昆山某河网，求解非恒定流条件下各断面的 COD 浓度；俞茜等[90]将水质模型与微囊藻属浮力调节模型相结合，建立微囊藻属垂向浓度分布模型；窦明等[91]提出在"水体–悬浮物–底泥–生物体"界面内开展水质多相转化研究的总体思路，推导描述各种相态水质之间传质过程的数学表达式，构建具有一定物理机制的闸控河段水质多相转化模型；武周虎[92]在等强度连续点源岸边排放条件下，对倾斜岸坡深度平均浓度分布及污染混合区的几何特征参数进行理论求解和曲线拟合，分别给出深度平均浓度分布方程、深度平均污染混合区最大长度、最大宽度和相应纵向坐标、面积和面积系数的计算公式以及外边界标准曲线方程，并提出岸坡倾角分区的简化条件和相应污染混合区几何特征参数的计算公式。宦娟等[93]提出一种基于 K-means 聚类和 ELM（Extreme Learning Machine）神经网络的溶解氧预测模型，采用皮尔森相关系数法确定环境因素与溶解氧的相关系数，自定义相似日的统计量–相似度，通过 K-means 聚类方法将历史日样本划分为若干类，然后分类识别获得与预测日最相似的一类历史日样本集，将其与预测日的实测环境因素作为预测模型的输入样本建立 ELM 神经网络溶解氧预测模型；刘德洪等[94]基于一维河网与三维河口耦合水动力模型，建立可描述珠江口水体–底泥中营养盐动态变化的三维水质–底泥模型，模拟分析珠江口主要水质因子和底泥营养盐通量的分布特征，以及底泥通量对珠江口营养盐输入的贡献。

（3）此外，大量的文献资料介绍不同区域或流域的水质模型应用成果。比如，黎育红等采用适合复杂边界的非结构化网格，考虑湖底地形和气候条件，考虑污染物的输入、迁移和转化，以及蓝藻等浮游生物的生长条件，分别利用东湖 2006 年 6 月和 2007 年 6 月的野外数据对所建湖泊群二维水动力–水质耦合模型进行参数的率定和校核，并利用 2012 年 6 月实测数据对 3 种引水方案与 3 种连通模式组合情况下湖泊群的 BOD$_5$、TP、TN 以及

Chl-a 等生化指标的变化情况进行模拟，对稳定运行 30d 后的模拟结果进行比较分析[95]；唐旺等建立三维水温水质耦合模型，以汉江上游安康水电站为例，选取化学需氧量和氨氮作为水质指标，利用实测的水温、水质数据率定参数，对比分析单独计算和耦合计算其坝前垂向水温的差异性，模拟"引汉济渭"工程实施后逐月水温水质分布，总结耦合计算其库区水温、水质的变化规律[96]；王珊珊等根据太湖实测水质参数以及同步光谱数据，结合水色遥感传感器 MODIS、MERIS、GOCI 及我国自主发射的 HJ-1 号卫星 CCD 传感器波段参数，基于差值模型、比值模型、三波段模型及 APPEL 模型，分别建立太湖水体叶绿素浓度反演模型，并分析模型的适宜性[97]；王晓青等构建 SWAT 与 MIKE21 耦合模型，并根据澎溪河地形、土壤、植被、气象、水文、水质资料，研究澎溪河流域输沙量、氮、磷负荷量和水污染[98]；朱文博等应用 WASP 水质模型评价不同时段河道曝气对河流水质的提升作用，在此基础上，对不同曝气条件下的水质改善效果进行模拟分析[99]；杜彦良等通过构建鄱阳湖的二维水动力水质模型，并采用实测 2010 年湖区水动力及水质数据对模型进行率定验证，在此基础上着重研究流域、江湖水文情势变化条件下，湖区的水动力和水质发生的变化[100]；闫红飞采用太湖流域一维河网水动力模型与漏湖二维水量水质模型嵌套，对枯水和平水典型年条件下工程建设前后漏湖水动力、水质变化进行模拟研究[101]；王义民等以用水总量、用水效率和限制纳污"三条红线"为控制目标，统筹考虑跨流域调水与河道内外不同用水需求等，绘制渭河流域水量水质联合调控节点图，引入改进型一维河流稳态水质模型，建立基于"三条红线"的水量水质耦合调控模型，构建水资源配置方案集，并对模型进行求解[102]；朱德军等对湖泊水质模型 MINLAKE 进行改进，并利用密云水库 2005 年实测水质数据对模型参数进行率定，进而利用改进的模型对密云水库 1998—2011 年热氧分布进行模拟[103]；程翔等针对实测径流资料较缺乏的漠阳江流域，通过流域水文模型 HSPF（Hydrological Simulation Program Fortran）模拟各支流和子流域详细的径流时空特征，利用一维稳态水质数学模型计算不同时间和空间上化学需氧量和氨氮的水环境容量[104]；张琳等以东北某大型水库为例，综合考虑水库水文、气象条件和污染物迁移特征，拟定典型工况，基于已建立的三维水动力和水质耦合模型，模拟分析突发性污染事故发生后库区污染物三维空间分布及随时间变化的特征[105]；胡琳等基于浙江省东苕溪干流水文特性，结合流域水质与污染物情况，应用 MIKE11 模型构建流域水动力和水质耦合模型，并模拟上游水污染突发事件发生后污染物到达东苕溪水源地取水口的时间，作为水质预警依据[106]。

（4）张明亮在《近海及河流环境水动力数值模拟方法与应用》[107]一书中，提出近海、河流水动力及水质方程的离散和计算方法，开展河网、河流、水库的水动力及水质数值模拟，构建并应用溃坝波引起的洪水入侵和泥沙冲龄模型，建立河口海域平面二维隐格式、显格式潮流、波浪联合作用数值模式，开展波浪在植物场传播和变形的数值计算。

（5）任华堂在《水环境数值模型导论》[108]一书中，论述物质扩散方程、对流方程、一维水流水质模型、二维水流水质模型、三维水流水质模型、岸线弥合模型和生态动力学模型等内容。

4.4.2　在点源污染预测研究方面

关于点源污染预测的研究，是保障经济社会可持续发展的基础研究内容，具有重要的理论及应用意义。最近两年对点源污染预测开展了一定的研究，取得了一些研究成果，但总体来看，这方面的学术性论文不多，且没有对其专门开展研究。以下仅列举有代表性的文献以供参考。

陈丽娜等[109]采用源解析法对工业污染源、生活污染源、农业面源（含种植业、养殖业）进行分析，采用平原河网水质模型预测研究区域污染物入湖通量，最后从加大农业、生活、工业污染综合治理力度及落实河道生态修复工程方面提出武宜运河平原河网地区氮磷污染控制对策；张梦舟等[110]以香溪河流域磷矿废渣堆埋体为研究对象，采用美国 EPA Method 1313 浸出实验方法，揭示不同环境 pH 值条件下磷矿废渣中所含磷素（以总磷计）在固-液相间的分配特性，并基于实验结果与磷矿废渣堆埋体的实际情况，分析磷矿废渣对当地酸雨的缓冲能力，并依据渗滤控制模型对磷矿废渣堆埋体在 100 年间的磷素累积释放量进行预测。

4.4.3　在非点源污染预测研究方面

关于非点源污染预测的研究，一直以来都是研究的热点问题，也是保障经济社会可持续发展的基础研究内容，具有重要的理论研究价值及应用意义。最近两年也涌现出一批理论研究、技术方法研究和应用研究的成果，总体来看，关于该领域的理论研究成果较少，主要体现在技术方法的应用方面。以下仅列举有代表性的文献以供参考。

（1）付碧玉等[111]介绍遥感在农业面源污染监测、估算和评价以及预报预测中的研究应用。遥感在农业面源污染监测的应用主要体现在利用遥感对农业面源污染进行调查、农田水体污染和农田土壤污染进行监测等方面；利用遥感对农田的地表光谱进行观测，能够了解农田土壤污染的来源、性状和程度；而遥感与模型和地理信息系统（GIS）结合能够对农业面源污染进行定量估算，能够对农业面源污染内部的复杂规律进行评价研究。

（2）赵鹏等[112]选择北江的重要支流流溪河流域为研究对象，基于现有河岸带对非点源污染削减作用的模拟结果，采用情景分析法，预测不同河岸带修复策略对非点源污染的削减作用，使用效益-成本指数表征 TN 和 TP 削减率提高幅度与增加河岸带面积的关系，比较不同河岸带修复策略的效率。

（3）陈玉东等[113]以南京市高淳区龙墩水库流域为研究对象，运用地理信息系统（GIS）和通用土壤流失方程模型（USLE）预测氮磷的污染负荷，并利用 SWAT 模型的子流域划分模块进行流域分区，运用等标污染负荷和等标污染强度进行面源污染评价，最后通过聚类分析完成氮磷污染负荷的分级，从而确定关键源区。

（4）耿润哲等[114]以密云水库流域内 4 个气象站 1961—2000 年 40 年的气象特征分析结果为基础，采用统计分析和线性回归的方法预测流域气候变化趋势，采用任意情景设置法设定 25 种气候情景（5 种温度变化和 5 种降雨变化的组合情景）和 3 个水文情景年（丰、平、枯水年），并利用 HSPF（Hydrologic Simulation Program-Fortran）模型模拟密云水库流域不同气候变化情景下径流量和非点源污染物负荷量的变化情况。

（5）王佳宁等[115]以长江流域氮循环为研究对象，基于千年生态系统评估框架下的 4 种情景，预测 2050 年长江流域的氮循环在不同驱动因子作用下的未来变化趋势，并提出长江流域生态系统的优化管理建议。

（6）夏传安等[116]将水迁移率考虑为随土壤侵蚀变化而变化的函数，并修改 Hydrus-1D 代码数值求解土壤溶质的地表径流浓度值，利用试验数据对改进的模型进行校验。

（7）万玉文等[117]通过在桂林市青狮潭灌区构建多级串联的表面流人工湿地系统，研究分析不同子系统的水质净化效果及相关检测指标浓度的沿程变化规律。

（8）王国重等在《丹江口水库水源区农业面源污染研究及防治措施》[118]一书中，从农田面源污染特征试验研究、研究区水系分形特征、研究区农业面源污染物调查、分形理论在农业面源污染负荷计算中的应用、研究区农业面源污染防治措施及其效益分析等方面开展研究。

4.5　水环境评价研究进展

本节的水环境评价研究包括水体环境质量评价方法以及水体环境影响评估两个部分。水环境质量包括水质、水生生物和底质三部分的质量，水环境质量评价是合理开发利用和保护水资源的一项基本工作。水体环境影响评估是在水环境评价的基础上，进一步分析建设项目等对区域水环境的影响，并给出主要污染物排放控制对策。

4.5.1　在水体质量评价方法研究方面

关于水体质量评价方法方面的研究，最近两年成果颇多，但总体来看在新评价方法方面的研究成果相对较少，主要还是基于对原有评价方法或模型的实际应用或改进。以下仅列举有代表性的文献以供参考。

（1）张岩祥等[119]引入层次分析法对指标权重进行计算，并通过模糊综合评价法对白城市 2010 年的地下水水质状况进行评价。

（2）何锦等[120]以沧州中部微咸水分布区为典型研究区，采用统计分析、相关性分析及同位素分析等方法来研究区域内微咸水的水化学特征和补给来源，同时利用全盐量和钠吸附比两个指标来综合评价灌溉水质。

（3）还有大量有关水体质量评价方法的应用研究成果，比如，祝慧娜等采用区间排序法对水质评价结果进行比较，建立区间型贝叶斯湖泊水质评价模型，并将该模型应用于某湖泊的 5 个采样点进行水质监测及评价[121]。徐康耀等提出一种由海豚群算法与 BP 神经网络结合的水体质量评价方法[122]。黄尤优等通过提出的水质生物综合评价指数对水质进行评价[123]。

（4）姜明岑等[124]对目前的断面水质评价方法进行归类综述，并且对流域水质综合评价方法及其在各个国家流域的应用进行重点评述。

（5）尹发能等[125]选取 2001 年、2003 年、2006 年、2009 年、2012 年和 2015 年 4 月大冶湖水体总氮、总磷和氨氮含量及高锰酸盐指数数据，采用模糊综合评价模型，分析各水质指标的空间分布状况。

（6）代堂刚等在《渔洞水库水资源保护研究与应用》一书中，分析和预测渔洞水库水源区水文情势，评价水源区水环境现状，计算水源区各入库河流与水库水体的逐月环境容量，利用 SWAT 模型模拟了变化环境下水源区水文响应机理，基于 AHP 模糊综合评价模型评价水源区的脆弱性，提出水源区及水库相关的水资源水环境保护与治理措施[126]。

4.5.2 在水环境其他介质（底泥、水生物）评价研究方面

关于水体环境其他介质（底泥、水生物）评价方法方面的研究，最近两年内也涌现出一批，但相对于水质评价方面的研究仍较少，主要还是基于对原有评价方法或模型的实际应用或改进。以下仅列举有代表性的文献以供参考。

（1）康兴生等[127]选用 EDTA、DTCR、Na_2S、$Na_2S_2O_3$、膨润土、水泥及自主研发的特殊胶凝材料作为稳定剂，对底泥中的 Cu、Zn、Ni 等重金属进行固化稳定，通过分析稳定后重金属浸出液浓度及赋存形态变化，探讨各药剂稳定效果，并确定稳定剂的最佳投加量。

（2）张闻涛等[128]在洱海流域采集 17 条主要入洱海河流临湖段的底泥和上覆水样品，测定分析样品中 TN、NH_3-N 和 NO_3-N 的含量，分析底泥中氮素的分布特征，并探讨底泥与上覆水中氮素含量的相关性。

（3）喻阳华等[129]以脱碱赤泥为主料，粉煤灰、黏土和 $CaCO_3$ 为辅料，制作不同配比的底泥覆盖材料，构建底泥活性覆盖系统，并评价其在厌氧条件下对湖泊内源污染物的控制效果。

（4）钱燕等[130]研究能够有效抑制水体微生物增殖的方法，并建立能有效控制微生物活性的对照模型，在此基础上进一步研究微生物的存在对底泥磷释放的影响。

4.5.3 在水环境影响评估研究方面

关于水环境影响评估方面的研究，近两年是以环境影响评估方法的运用和实际项目的环境影响评估为主要研究方向。总体来看，关于水环境影响评估研究的学术性论文不多，以下仅列举有代表性的文献以供参考。

（1）简敏菲等[131]通过采用系统取样方法对鄱阳湖湿地区域中的沉水植物进行调查采样和检测，进而分析其主要的水环境影响因子。

（2）王超等[132]基于海河流域人口规模、经济产值和土地利用变化过程，从流域废污水排放和水资源利用等角度分析社会经济对水环境影响机制。

（3）何智娟等[133]探讨工程水环境影响评价的主要思路，结合区域污水处理设施与废污水排放量的可匹配分析，提出具有针对性的水环境保护对策。

（4）张晨等[134]通过归纳气候变化对湖库热力特性、冰期、溶解氧、营养盐、浮游植物和水生植物等方面的影响规律，探讨气候变化对湖库水环境潜在影响的区域差异。

（5）叶属峰等在《河口水域环境质量检测与评价方法研究及应用》一书中，以长江口海域的环境监测评价与保护管理为目标，建立适合于长江河口区水环境特点的监测评价体系[135]。

4.6 污染物总量控制及其分配研究进展

本节所说的污染物总量控制及其分配包括水功能区纳污能力、水环境容量分配以及水环境保护规划方面的研究。污染物总量控制是制定能把污染物排放总量控制在水功能区承

受极限内的合理治污方案的依据，是实施容量总量控制、目标总量控制和行业总量控制的前提，常常被应用于水环境管理等研究工作和生产实践中。

4.6.1 在水功能区纳污能力研究方面

随着人们对水环境保护的日益重视，关于水功能纳污能力方面的研究正成为水环境研究领域的热点，最近两年也涌现出一批理论研究、技术方法研究和应用研究的成果。总体来看，有关理论方法研究的成果偏少，多以技术方法的应用研究为主。以下仅列举有代表性的文献以供参考。

（1）水功能区划方面。张晓惠等[136]结合天津市饮用水功能区水环境现状，筛选出 14 种特征污染物，通过危害识别将其分为化学致癌物、非致癌有毒物和特殊物质 3 类。针对不同类别污染物建立健康风险评价模型，给出化学致癌物的致癌强度系数、非致癌有毒物参考剂量、人均寿命、不同年龄段人群日均饮水量和平均体重等参数，建立针对不同人群的饮用水功能区水质风险阈值体系。在此基础上，对天津市饮用水功能区——于桥水库进行水质风险评价；王乙震等[137]分析河湖健康评估与水功能区划的关系，探讨基于水功能区划的河湖健康内涵及特征，阐述基于水功能区划的河湖健康评估指标体系和评估原则。

（2）纳污能力方面。李红军等[138]利用 SWAT 分布式水文模型通过 DEM 生成河网并结合气象等数据计算出河道的流量和流速，解决目标河道水文资料缺乏的问题，并以黔南州都匀市清水江为例，通过构建 SWAT 模型和一维水质模型计算出该河流各个水功能区的纳污能力；陈龙等[139]针对季节性河流流量具有周期性变化的特点，采用季节性污水排放计划（SDP）的季节划分方法，提出季节性河流水环境容量计算方法，并以渭河干流关中段为例，将一年划分为旱雨两季，计算 8 个季节划分方案和 1 个对照方案在 50%、75% 和 90% 保证率下的水环境容量；黄苗等[140]以邻苯二甲酸二丁酯（DBP）为典型污染物，采用室内水槽试验、数值模拟及野外示踪试验，分析水体中污染物降解的主要影响因素，研究流速、含沙量、粒径等因素对污染物降解过程的影响，并将结果与水质模型进行耦合，提出新的纳污能力计算方法，并计算长江武汉段青山工业用水区 DBP 纳污能力；洪娴等[141]以单因子评价法为基础对县域内河流湖泊进行水质状况分析，并根据水资源保护目标，以水功能区为研究单元，通过建立零维及一维水质模型，对 2020 年泗洪县水功能区纳污能力、污染物入河总量及污染物削减量进行研究计算；张永勇等[142]基于EFDC 模型，以深圳市重要饮用水源地——石岩水库为例，构建水库三维水动力-水质模型，动态模拟水位和水质的时空变化，并按照水功能区目标要求，探讨该水库典型年的纳污能力的季节性变化。

（3）应用研究方面。刘方圆等选取氨氮和高锰酸盐指数作为双指标，采用测次法对江苏省淮河流域 2012 年的水功能区达标情况进行评价，并根据水功能区现状入河排污量和纳污能力，提出规划水平年（2020 年、2030 年）纳污红线的限制排污总量[143]；罗慧萍等结合江苏省太湖流域现状水质和污染概况，针对河网区和湖库区分别采用一维、二维非稳态模型，计算江苏省太湖流域水功能区纳污能力，在此基础上，引入最大污染物入河量，核定 50%、75% 和 90% 水文保证率下的最大污染物入河量分别为 2015 年、2020 年和 2030 年限排总量[144]；张宁等运用水质分析模型分析东河目前的水环境容量与水污染现状，与区内水功能区的水质目标进行比较，并提出保山市东河的水污染控制措施[145]；谭超等根据飞来峡水利枢纽库区现状水质及污染概况，以 COD、NH_3-N、TP、TN 为污染物指标，选取合适的计算模型，计算 90%、50%保证率最枯月及多年平均入库流量三种水文条件下的水域纳污能力，并核定 2020 年及 2030 年飞来峡水库的限制排污控制总量[146]；章磊选取淮南潘谢矿区 3 个塌陷湖泊和淮北朱-杨庄矿区 3 个塌陷湖泊为研究对象，结合各湖泊研究站点的监测资料，用不同的评价方法进行水环境质量评价和水质特征标识，明确塌陷湖泊水体的水质目标、水体功能和特征污染物，并利用完全混合系统水质模型计算各研究站点特征污染物的水环境容量[147]；柴元冰等依据长江源区水功能区水质目标，选取一维水质模型，对青海省境内通天河及长江源区的水域纳污能力和限制排污总量进行研究[148]；张鹏飞等在统计湘江流域污染物排放量的基础上，选用一维河流水环境数学模型，按照流域内各水功能区水质目标要求，计算得出湘江会昌流域段水体纳污能力，并与现状污染物排放量进行对比[149]；闫峰陵等根据金沙江攀枝花河段水功能区划及水质目标，采用二维水质模型计算梯级建设前后 COD、氨氮纳污能力，分析纳污能力受梯级开发影响程度[150]；管仪庆等根据台州市河网地区水体的水动力、水质特性及污染负荷，利用 MIKE11 软件建立河网一维水动力和水质耦合模型，并进行参数的率定和验证，计算水环境容量及其现状入河污染物负荷，构建台州市区河道污染物负荷历时曲线，计算出 COD 和 NH_3-N 在各个流量历时区域内的削减量和削减率[151]。

4.6.2 在水环境容量分配研究方面

随着水体生态环境问题的日益突显，关于水环境容量分配的研究，日益成为研究的热点问题，也是对可利用水资源的有效保障。最近两年涌现出一批理论研究、技术方法研究和应用研究的成果，从总体来看，关于理论方法研究的成果较少，主要是技术方法的应用研究。以下仅列举有代表性的文献以供参考。

（1）水环境容量计算方面。华祖林等[152]基于水环境容量的定义和内涵，提出一种中小型河流环境容量计算的方法，推求出河道存在环境容量的临界判据，即最大允许排污浓度或河道最大允许超标长度比例，并进行算例的应用与比较；冯利忠等[153]采用 MIKE 三维水动力和水质耦合模型，开展"引黄入呼"取水口水环境容量动态性研究。

（2）水环境容量分配理论研究。钟晓航等[154]以太湖重要入湖河流苕溪入湖口区域为研究对象，探讨基于水质分析模拟程序（WASP）模型与基尼系数的总氮总量分配方法，根据不同水质改善目标估算相应的水环境容量，建立与经济、社会、自然因素相协调的单因子基尼系数模型，在按不同区域、不同污染源类型进行污染负荷总量削减分配的基础上，预测区域水质的变化趋势；张文静等[155]基于目标总量控制，探索一种综合考虑减排效益的污染物总量分配方法，构建以人口、GDP、水资源量、水环境容量和环保投资作为评价指标的环境基尼系数最小化模型，并将其应用于内蒙古自治区 COD 总量的优化分配；周刚等[156]建立以水环境容量利用率和总量分配合理性指数最大为目标，以 WESC2D 水环境模型和 RPSM 粒子群算法为工具的动态水文条件下入河污染物多目标总量分配模型，并在赣江下游控制单元进行应用研究；单保庆等[157]提出适合于我国国情的基于水质目标的河流治理方案制定方法，基本框架包括水质问题诊断、目标确定与负荷分配、河流治理任务实施和实施效果评估 4 个基本部分，并在滏阳河邢台段进行实际应用。

（3）水环境容量分配应用方面。胡开明等利用构建的西太湖区域水量水质数学模型，估算区域水环境容量，依据水环境功能区的水质目标与水域面积分配到各市/区，在充分调查现有与规划的各类型污染源总量控制工程措施的基础上，量化出具有空间分布的流域污染削减率，并提出水质可控目标[158]；何慧爽以河南省 18 个地区及水污染物总量分配公平性为评价对象和目标，选取化学需氧量和氨氮作为水污染物代表，计算各地区水污染物的绿色贡献系数和水环境容量负荷系数[159]；杨喆等以官厅水库及其上游流域为例，依据流域水文特征选取合适的水环境容量模型，分别求出流域内各功能区段水环境容量[160]；侯春放等以寇河流域可持续发展为目标，确定西丰县与开原市 2 个控制单元，选取化学需氧量（COD）为污染因子，计算出寇河流域水环境容量，结合河流水质监测数据、河流环境功能分区、污染普查数据、COD 恢复成本，确定寇河流域的生态补偿标准[161]；张萌等以典型的亚热带大型水库——江西省仙女湖为例，基于 2011—2013 年季节性监测仙女湖水体理化指标，采用沃伦威德尔模型（Vollenweider）和狄龙模型（Dillon）计算 COD、NH_3-N、TN 和 TP 的水环境容量[162]；秦文浩等以太湖西北部竺山湾流域为研究对象，运用排污系数法计算区域内的入河污染负荷，并构建一维河网和二维湖体水环境数学模型，对水环境数学模型进行率定，基于多重目标的河网水环境容量计算方法，计算河网水环境容量，并分配至各控制单元，在此基础上定量分析各控制单元各污染物总量达标情况下的削减量及削减率[163]；付可等根据密云水库一级保护区内河流、水文、污染物特征，采用输出系数法模型进行研究区非点源污染负荷估算，并以 COD、氨氮和总磷为控制因子，建立一维河流水质模型，定量计算研究区水环境容量，在此基础上，对研究区水环境剩余容量及污染排放削减量进行分配[164]；刘奇等运用环境基尼系数法，以成都市 19 个区县为评价对象，选取 2014 年各区县 GDP、水环境容量、人口总量和土地面积作为评价指标，分别计算 4 个指标对应 COD 排放量的基尼系数，同时，通过计算各区县 COD 的绿色贡献系数和水环境容量负荷系数，找到导致经济和环境承受能力分配不均衡的不公平因子[165]。

4.7　水环境管理理论研究进展

水环境管理理论研究包括水环境管理模型、政策以及风险管理方面的研究。水环境管理理论研究能够实现水污染的有效控制，能够实现区域水环境安全、经济社会的可持续发展和生态环境的良性循环。

4.7.1　在水环境管理模型研究方面

水环境管理是指与"水"这一环境要素相关的环境管理，是环境管理的重要组成部分，是环境保护中必不可少的手段。对此，开展了一系列的研究工作，但总体来看，学术性论文文献不多。以下仅列举有代表性文献以供参考。

胡欢等[166]在综合分析影响水环境管理的因素及其交互关系的基础上，引入综合变量 DEA 模型，构建区域水环境管理效率评估方法；并对全国 26 个地区的水环境管理效率进行实证研究，通过不同模型评价结果的对比，验证该方法的有效性，同时对无效率的决策单元，通过 DEA 有效性投影设计改进路径。

4.7.2 在水环境管理政策研究方面

近年来，水污染事故频发，使得水体遭受到较大程度的污染。为此，国家出台了相应的水环境管理和保护政策，并取得了一系列的研究成果。总体来看，目前针对排污权方面的研究成果较多。以下仅列举有代表性文献以供参考。

（1）水环境管理政策方面。秦昌波等解读水污染防治行动计划出台的背景和水污染防治新机制改革创新的内容，深入探析行动计划在推动政府、企业、公众各自权利与责任落实方面的转变，最后从管理体制机制、环境法治、公众参与和经济政策配套等方面提出构建水污染防治新机制的制度与政策创新重点[167]；林惠凤等采用环境政策分析的一般模式，从政策目标、政策框架、管理手段、管理体制与机制等方面对中国现有的农业面源污染防治政策展开评估，提出政策改进的建议，建议建立流域农业面源污染控制规划制度，完善农业面源污染防治的政策框架和信息机制，加大农业面源污染防治投入力度[168]。

（2）排污权方面。潘晓峰等梳理我国排污权交易污染因子和交易区域选取现状，总结污染因子和交易区域选取的特点，分析目前存在的问题，探索排污权交易污染因子和交易区域选取的原则[169]；王艳艳等将和谐论量化方法引入到流域初始排污权分配研究中，提出基于和谐目标优化的流域初始排污权分配方法，该方法在确定和谐分配原则的基础上，选取具体表征指标构建流域排污权和谐评价指标体系，应用层次分析法对流域初始排污权进行初次分配，并运用和谐方程对其进行和谐评估，以流域和谐度最大为目标建立优化调控模型，采用 Matlab fmincon 函数实现对初始排污权的优化分配，并将该方法应用于沙颍河流域行政区间的初始排污权分配，从区域和谐的角度得到初始排污权分配优化方案[170]；胡小飞等采用地区人口法、经济总量法、历史排污量法、环境容量法和综合分配法 5 种模式研究鄱阳湖流域 11 个地市水污染物化学需氧量（COD）与氨氮的初始排污权分配[171]。

（3）汤琦瑈在《中国工业废水污染治理税收制度研究》[172]一书中，梳理水污染现行治理政策，介绍国外典型国家在水污染治理方面的相关做法，开展开征水污染税之后的宏观经济影响模拟研究，并分析模拟情景的减排效果，提出中国未来与水污染相关的财税政策的构建建议。

4.7.3 在水环境风险管理研究方面

水环境安全是当今经济社会可持续发展中不可回避的重要战略问题，开展水环境风险分析与管理研究，对于实现区域水环境安全，实现经济社会可持续发展和生态环境良性循环具有重要意义。对此，做了一些研究，取得了一些成果，但总体来看，学术性论文文献不多。以下仅列举有代表性文献以供参考。

（1）张艳军等[173]从突发性水环境风险作用及响应控制角度出发，提出风险分区指标体系和量化分级方法，涵盖风险源危险性、受体敏感性及应急能力等 3 类要素 10 项指标，并以三峡库区重庆辖区为研究对象，开展区县级行政单元的突发性水环境风险分区。

（2）方广玲等[174]以拉萨河流域为研究对象，构建包括降雨、地形和施肥影响因子的输出风险模型，识别流域各级非点源污染输出风险的地域单元。

（3）魏娜等[175]将世界自然基金会（WWF）和德国投资与开发有限公司（DEG）提出的水风险评估指标做了本土化调整，建立适应中国国情的流域水风险评估指标体系。采用5级5分制计算每个指标的评分值，对部分指标的权重和计算方法做了调整，并采用综合指数加权求和法计算综合评分值，选取长江流域及其所辖的7个二级分区进行水风险评价。

（4）罗慧萍等[176]以泰州市第三自来水厂饮用水水源地为研究对象，构建包括风险源主体危险度、风险源控制机制、风险事故危害程度在内的风险源（直接排污企业、污水处理厂、码头）风险识别体系，在此基础上，结合水源地环境监管能力、水源地环境应急能力完善饮用水水源地综合风险评价体系，并根据调查分析、专家小组法得到风险评价体系各指标分级标准、权重，以及风险源、水源地风险等级划分标准。

（5）潘晓雪等[177]通过对14个采样点的7种邻苯二甲酸酯类化合物（PAEs）的浓度进行分析，并通过美国环保署（USEPA）推荐的方法，对其环境风险进行评价。

（6）郑丙辉等在《流域水环境风险管理与实践》[178]一书中，针对我国流域水环境管理中存在的突出问题，充分利用流域水环境质量监测与污染源监测信息，通过对污染源风险识别与评估技术、流域水环境风险评估方法、流域水环境预警技术和流域水环境管理平台构建技术等方面的研究，形成流域水环境风险管理技术体系。

（7）李开明等在《农村生活源水污染风险管理》[179]一书中，在对农村生活污水和农村散养畜禽污水管控与治理现状分析的基础上，从立法导向、污水处理技术与监督管理等方面提出减缓控制农村生活源水污染风险的政策建议，构建农村生活源水污染风险管理优化模式，并通过典型案例，介绍农村生活源水污染风险评价流程、重要指标评价选取及风险管理措施推荐等内容。

（8）张祚在《面向"东方水都"目标的武汉市水环境问题与风险管理研究》[180]一书中，研究如何加强武汉市水环境风险管理，面向实现武汉市经济社会以"绿色低碳模式"可持续发展的目标，进一步探索武汉市水环境风险管理战略目标、定位及具体措施是关系到如何有效降低和控制水生态环境安全风险。

4.8　水生态理论方法研究进展

生命起源于水中，水又是一切生物的重要组分。生物体不断地与周边环境进行水分交换，环境中水的质和量是决定生物分布、种的组成和数量以及生活方式的重要因素。水生态理论研究是水环境保护的一个重要研究方向，近年来随着生态问题的日益突出，国内许多学者尝试用生态学理论方法来解决水环境问题，并取得了一定的成效。总体来看，有关水生态理论方法方面的研究主要聚焦于以下三个方面：一是对生态水文过程的认识；二是对生态环境需水计算方法的研究；三是对水生态理论方法的应用研究。

4.8.1　在生态水文过程研究方面

生态系统与周边环境之间有着非常密切的关系，生态建设中的水科学问题及其研究已成为生产实践中急需解决的问题之一。目前，生态水文过程研究是一个新的研究领域，这方面的研究成果非常多，然而由于问题的复杂性、资料的有限性和方法的不成熟性，其研究工作仍有待进一步科学化、系统化。总体来看，近年来在这一领域的研究工作大致包含以下四个方面：一是对生态水文过程研究进展的综述性评述；二是研究人类活动及其带来的生态水文效应；三是开展有关生态水文功能及服务支撑体系的研究；四是开展生态水文演变规律及理论方法方面的研究。

（1）生态水文过程研究进展综述方面。徐宗学等从当前水文科学研究的热点问题出发，总结生态水文研究面临的主要问题及对生态水文模型的现实需求，阐释生态水文模型开发的重要策略和涉及的关键技术与难点，进而探讨生态水文模型的发展趋势[181]。沈志强等介绍生态水文学的研究背景、研究历程，并讨论生态水文学的主要研究内容、代表性生态水文模型以及学科今后的发展趋势[182]。陈喜等在综述国内外植被变化对土壤、水文动态变化特征研究成果基础上，分析植被变化水文响应的阈值效应和尺度效应、植被变化下的土壤水力参数时变特征定量表述及其与植被、土壤类型以及气候条件的关系，并建议在生态水文模型中考虑植被因子对土壤水力参数影响的动态表达，可提高植被变化下水文效应模拟和预测的可靠性[183]。陆志翔等梳理近几十年来有关学者对西北干旱区典型内陆河流域——黑河流域过去 2000 年的水环境、人类活动、生态环境演变及其耦合研究等方面的成果，发现单个方面的研究均已较为普遍和成熟，但是缺乏以流域为单元，从长时间尺度定量分析人—水—生态协同演化过程的研究成果，建议今后研究工作应增加生态-水文系统与人类活动的互馈机制描述[184]。何志斌等从森林空间格局、生态水文过程及其对气候变化的响应等方面，阐述干旱区山地森林生态水文的研究进展，辨析森林斑块格局的形成与稳定机理、森林与流域产水量的关系以及森林生态水文对气候变化的响应，进而结合目前的研究进展提出未来的研究重点[185]。陈华等通过检索 2000—2015 年我国刊载的生态水文学领域的成果论著，采用文献计量分析方法分析国内生态水文学研究领域的发展现状，剖析主要研究知名机构的热点研究主题，讨论该研究领域的国内研究热点及前沿方向[186]。

（2）生态水文效应方面。刘静玲等建立流域闸坝水生态效应评估体系，运用河流影响因子法评估闪电河、庙宫、潘家口和桃林口水库的水生态效应，进一步运用水文变化范围法评估潘家口水库的水生态效应[187]。吕文等借助遥感、野外监测等方法获取地表基本参数，基于 GIS 技术与方法，评估太湖流域近 25 年土地利用变化对生态耗水的影响[188]。张定海等基于腾格里沙漠沙坡头地区 50 多年的人工植被区长期观测研究，建立生态-水文模型模拟该地区固沙灌木盖度和深层土壤水分的动态变化过程[189]。游海林等以 1973—2013 年分辨率较高的鄱阳湖湿地秋季遥感影像为基础，通过定量遥感解译技术和多元统计方法，分析鄱阳湖湿地景观分类特征、湿地植被类型空间分布格局及演替趋势，结合遥感影像当天水位波动特征，揭示鄱阳湖水情变化与湿地景观类型和湿地植被类型分布面积之间的动态响应关系[190]。王会京等研究太行山不同林型枯落物持水性及生态水文效应[191]。段文军等利用野外同步长期定位观测林外降雨、地表径流和河川径流的方法，对漓江上游典型森林植被的生态水文过程进行观测研究[192]。谭胤静等研究 2009—2013 年近 5 年各年水位过程变化，归纳年内、年际水位变化的特征和类型，在此基础上分析各年水温、水体透明度及水深梯度的变化过程，并重点探索 2009 年、2010 年、2011 年 3 个典型年鄱阳湖湿地生物繁殖、生长、成熟或死亡过程与各水文要素变化过程耦合时的联动关系[193]。杨卫红等采用 3S 技术和定量分析方法，研究玛纳斯河流域的景观分异特征，并进一步分析所带来的水文生态效应[194]。彭玉华等在单性木兰成片分布区内，采用样方法，对单性木兰生存群落林下凋落物层和土壤层水文生态做定量研究[195]。顾西辉等基于广义指标生态剩余和生态赤字评价东江流域受水库影响后流域生态需水需求目标总的盈余和缺失变化过程，并评价水库对下游河段河流水文过程总的改变程度以及威胁河道生态系统健康的风险性大小，分析对河道生物多样性的影响[196]。

（3）生态水文功能及服务体系方面。孙浩等在对宁夏六盘山香水河小流域内 4 种典型结构林分（华北落叶松+灌木复层林、华北落叶松纯林、稀植乔木的天然灌丛林、天然灌丛林）林冠层、枯落物层、土壤层的结构指标和功能指标测定的基础上，采用层次分析法建立林分生态水文功能的层次结构模型，并用综合评分法对 4 种典型林分进行评价[197]。吕一河等基于生态水文过程原理，对水源涵养和水文调节的概念进行辨析，进一步分析当前国内外生态系统水源涵养和水文调节服务的主导评估方法[198]。高喆等在识别影响滇池流域水生态功能的关键因子基础上，构建滇池流域一、二级水生态功能区的指标体系，通过对多指标进行空间叠加聚类，并根据滇池流域的水量水质特征对分区边界进行微调，将滇池流域划分为 5 个一级区和 10 个二级区[199]。

（4）生态水文演变规律及研究方法方面。韩仕清等以澜沧江上游某水电站下游分布的澜沧裂腹鱼和光唇裂腹鱼为目标物种，采用非恒定流数学模型，根据目标物种产卵场天然逐日流量过程资料，分析其产卵场在产卵期的水力学特征并构建生态水文指标体系，建立流速、水深适宜度曲线，提出流速、水深需求的适宜范围，最后采用河道内流量增量法，结合生态水文指标体系，获得该水电站下泄的生态流量过程[200]。于松延等结合渭河当地水生态特点，提出适用于渭河生态流势指标体系（FRISW），在此基础上，采用变化范围法（RVA）分析渭河关中段林家村、魏家堡、咸阳、临潼和华县 5 站生态流势的改变程度[201]。帅方敏等依据 2006—2013 年珠江中下游长时间序列仔鱼数据和日平均流量数据，分析研究水域鲥的繁殖生态，包括仔鱼出现的时间分布特征和早期资源周年变化规律，同时采用交互小波光谱分析方法，分析径流量与鲥仔鱼多度的关系[202]。陈俊贤等通过辨析河流生态系统对水库梯级开发响应内涵，甄别典型区浮游生物、底栖生物、鱼类对梯级开发的响应过程，选取典型河流和代表物种，确立出生态健康等级标准，并评价典型区水库梯级开发的生态系统健康程度以及生态水文过程调控实施效果[203]。梁欣阳等以黄河上游代表站点兰州站为例，采用 TFPW-MK 突变检验法和秩和检验法分析其水文序列的变异点位置，并根据水文指标改变法（IHA）分析变异前后水文生态指标的变异范围[204]。

（5）刘登峰等在《塔里木河下游河岸生态水文演化模型》一书中，介绍生态水文模型的发展，阐述塔里木河下游河岸植被生态水文演化模型的原理和结构，分析生态输水的生态水文效应，构建概念性流域生态水文模型，阐述多重定态现象出现的原因和现实意义[205]。

（6）王焱等在《若尔盖湿地沙化的生态水文过程研究初探》一书中，从生态水文学角度研究若尔盖湿地沙化机理，构建若尔盖湿地沙化的生态水文模型，研究若尔盖湿地不同地类的生态水文过程，揭示若尔盖湿地沙化成因[206]。

（7）李新荣等在《中国沙区生态重建与恢复的生态水文学基础》一书中，阐述沙区人工固沙植被对土壤水文过程的长期影响和适应，以及水文过程的改变对固沙植被演替的驱动机理；解释沙区生态过程和水文过程互馈互调的作用机理，解析植物对水分胁迫的适应策略；研究沙区土壤生境的变化对植被−土壤系统水量平衡和固沙植被可持续性的影响；提出并分析生态水文阈值对固沙植被稳定性维持等生态系统管理和对未来植被建设的重要性[207]。

4.8.2　在生态环境需水理论研究方面

生态环境需水这一概念的提出，体现了当今社会放弃传统的以人类需求为中心的水资源开发管理观念，强调水资源、生态系统和人类社会之间的相互协调和平衡。生态环境需水研究已成为水生态理论研究领域的一个新兴热点问题，近年来高水平成果不断涌现。目前，其研究重点主要集中在以下三个方面：一是开展河道内生态环境需水量研究；二是开展河道外植被系统需水量研究；三是开展生态水位计算方法研究。

（1）河道内生态环境需水量研究方面。胡波等将河道生态需水总量与河流生态需求流量相结合，提出生态需水系数−水文参数耦合模型，西南纵向岭谷区 2 条典型河流的相似断面进行案例应用研究，分别计算河道内生态需水量和河流生态需求流量，并对比分析二者的结果，同时对不同地区的案例应用进行比较分析[208]。潘扎荣等以淮河流域为研究对象，采用生态需水年内展布计算法计算流域主要干支流的生态需水阈值，结合实测径流资料开展生态需水保障程度计算，同时利用时间序列法、Mann-Kendall 检验法、聚类分析以及 GIS 空间分析功能对流域生态需水保障程度进行时空特征解析[209]。周维博等在三门峡库区湿地分类的基础上，估算 2005 年年内湿地生态需水量变化情况，并分析不同类型湿地的生态需水量年内变化规律[210]。陆建宇等以沂河临沂站、沭河大官庄站为例，基于两站 1958—2000 年天然月径流数据，采用逐月次最小（大）值法、改进 Tennant 法计算其年内最小（大）生态径流及生态需水过程，运用三种逐月频率法计算其年内适宜生态径流及生态需水过程，参考地表水合理开发阈值和 IHA 法，依据逐月频率法获得其年内适宜生态需水阈值，最终获得两站完整的生态径流及生态需水过程，并与实测径流过程比较，获得其生态需水保证率[211]。周振民等采用 Tennant 生态环境状况评价等级标准对常用的五种生态需水量计算方法进行评价，分析河流受降雨、污染物、水生生物三大因素的影响条件下的状态变化，并将上述方法应用于丰乐河生态需水量计算[212]。徐伟等提出基于长系列降水径流资料分析的改进 7Q10 法，并将其应用于滦河上、中、下游代表水文站的最小生态流量的计算中[213]。肖才荣等基于变化环境下河流水文情势发生变异的特殊性，应用滑动秩和检验法系统分析东江水文变异及其变异成因，确定变异前各月平均流量序列最适概率分布函数，将概率密度最大的月平均流量定义为河道内生态流量[214]。侯盼等基于最小生态径流、适宜生态径流（阈值）和最大生态径流，提出河流生态径流评价的流量区间组成法，依据各生态径流过程将实测径流划分为不同区间，分析评价蒙江流域八茂站不同时期河流各月生态需水满足程度[215]。侯世文根据大汶口水文站历年径流资料，采用 Tennant 法、基流比例法等多种水文学法推求生态基流值，综合考虑拦蓄引水工程和河道生态基流缺失等因素确定大汶河干流生态基流[216]。刘剑宇等采用 8 种变异检测方法对水文变异进行综合诊断，阐明鄱阳湖流域水文变异原因，进而采用 15 种概率分布函数分别拟合 5 站各月变异前日流量序列，最终确定 5 站点各月最优分布函数及所对应的概率密度最大处的流量，即得河道内生态流量[217]。张志广等选用日涨水率和日落水率两个生态水文因子，构建裂腹鱼栖息地生态水文学特征指标，用不同方法计算苏洼龙水电站坝下河段生态需水量，并结合金沙江上游天然河流的水文情势及裂腹鱼栖息地生态水文学特征，以生态水力学法的计算结果作为基流量，确定苏洼龙水电站坝下河段的生态流量过程[218]。张陵蕾等以岷江上游干流典型电站——姜射坝水电站为例，以齐口裂腹鱼为主要保护对象，结合河道内流量增量法、目标河段天然径流过程和目标物种栖息地生态水文特征，得到姜射坝水电站闸址下游河道生态流量过程[219]。

（2）河道外植被系统需水量计算方面。李金燕等以宁夏中南部干旱区域由北至南的 8 县（区）为研究对象，估算区域植被潜在蒸散量以及降水消耗性植被的生态需水量，分析植被潜在蒸散量的时空变化规律和植被生态需水与降水平衡的时空变化规律，进而讨论降水消耗性植被生态需水与水资源量关系的时空变化规律[220]。姜亮亮等以西北干旱区的玛纳斯河流域为研究对象，基于遥感和 GIS 技术，采用 FAO56Penman-Monteith 法来计算研究区生态需水，进而利用 TM 数据解译出 1990 年、2000 年、2010 年 3 期土地利用分类图对玛纳斯河流域进行景观生态学研究，并分析生态需水与景观格局关系[221]。孙栋元等以疏勒河流域中游绿洲为研究区，借助统计分析法、遥感和 GIS 技术方法对 2013 年疏勒河中游绿洲遥感影像土地利用覆盖变化进行解译与分析，得出各种天然植被覆盖状况数据，利用典型的潜水蒸发模型——阿维里扬诺夫公式对研究区内各县区的天然植被生态需水量进行估算，并对未来天然植被面积和生态需水量进行预测[222]。

（3）生态水位计算方法研究方面。白元等以塔里木河下游大西海子水库至台特玛湖段为研究区，基于 2000—2010 年生态输水和地下水埋深分布特征，分析塔里木河下游生态输水后两岸地下水位恢复状况，并借助遥感和地理信息系统技术对研究区生态需水量进行研究[223]。余明勇等针对景观湖泊的特征，在分析汛期、枯水期城市湖泊景观水位主要影响因素的基础上，采用综合协调景观湖泊各种功能的方法，分别建立汛期、枯水期城市湖泊景观水位的定量计算模式，并应用于王母湖的景观水位计算[224]。淦峰等从湖泊天然水文变化中识别多项反映完整水位过程的指标，构建湖泊生态水位的计算方法，基于提出的生态水位计算方法和鄱阳湖都昌水位站 1952—2000 年共 49 年的日均监测数据，计算鄱阳湖的生态水位目标值区间[225]。吴佩鹏等基于地下水生态水位计算的不确定性因素分析，给出计算地下水生态水位风险的蒙特卡罗方法，并以黄河三角洲为例，研究潜水蒸发强度、潜水埋深服从不同分布时，地下水生态水位的风险率和频率分布特征[226]。

（4）冯起在《黑河下游生态水需求与生态水量调控》一书中，介绍黑河下游生态环境状况、不同时期的绿洲规模及其变化、入境水量和东居延海水量变化；探讨黑河下游天然植被生长与地下水位埋深的关系；计算黑河下游目标年、分水前和现状年的生态需水量；基于生态恢复目标，对黑河下游生态需水进行预测；确定生态水量调度的控制指标，提出生态水量调度方案[227]。

4.8.3 在水生态理论应用研究方面

除了以上有关生态水文过程和生态环境需水理论方面的研究外，近年来在水生态应用研究方面也有一些新的成果出现，例如水生态保护阈值研究、水生态健康评价方法研究、水生态承载力研究等，这都是水生态理论方法研究的重要支撑内容，在这方面开展了相应的研究工作，但总体来看数量偏少，代表性成果不多。

（1）水生态保护阈值研究方面。尚文绣等通过对水生态系统表象特征和水生态系统演化过程的关联分析，提出水生态保护的红线框架体系（即水量红线、空间红线和水质红线），综合生态需水、淹没面积、生态健康评价方法，提出兼顾自然和社会属性的水生态红线分级方法，建立水生态红线指标体系，最后以淮河水系淮滨、王家坝和蚌埠断面为例，进行水生态红线划定的示例应用[228]。张天蛟等以美国阿肯色河流域的国家级濒危小型鱼类——产漂流性卵鲤鱼为例，根据其繁殖期特有的水文条件需求，选取流域40个水文站点的日径流数据，分别计算历史时期（1950—1962年）和当前时期（1990—2010年）的3个繁殖期生态水文因子[229]。王煜等构建长江四大家鱼主要产卵栖息地水动力数学模型及产卵栖息地适宜度评价模型，并针对大坝不同运行参数进行大坝泄流方式与四大家鱼产卵栖息地适宜度相关性分析[230]。孟钰等以淮河干流鱼类长吻鮠为保护目标，建立长吻鮠分时期生态需求与流量之间的概念性模型，基于该模型分析适于长吻鮠生长繁殖的流量组合[231]。

（2）水生态健康评价方法研究方面。蔡琨等依据2012年12月对太湖29个样点和同一地理区划4个湖、库的浮游植物和环境变量的监测结果，应用生物完整性理论和方法，构建冬季太湖浮游植物生物完整性指数，评价冬季太湖水生态健康质量[232]。全玮等基于对澄东湖流域水文、生态环境的长期调查和多边形生态安全状态判别方法，选取社会经济与生态环境的6个层面22个影响因子，构建澄东湖多边形指数生态安全判别体系，进行非模糊数矩阵和多边形指数生态安全计算分析与判别[233]。胡金等基于河流物理化学和生物指标，构建适合沙颍河流域的水生态健康评价综合指标体系[234]。

（3）水生态承载力研究方面。焦雯珺等以生态足迹（ESEF）方法为基础，构建基于ESEF的水生态足迹与承载力模型，实现足迹方法对水生态系统承载能力的表征，并应用于太湖流域上游的常州市，评估现状发展水平下水生态系统所能承载的人口与经济规模[235]。翁异静等基于承载力理论和复合生态系统理论，构建赣江流域水生态承载力系统的概念模型、主导结构模型和系统动力学模型[236]。王洪铸等提出应对长江湖群实施环境–水文–生态–经济协同管理战略，即在湖泊及其流域实施环境工程以控制入湖污染，实施生态水文工程以恢复自然水文体制，实施生态修复工程以增强生物自净能力，制定水环境经济制度以建立湖泊保护修复的激励和约束机制，构建生态健康评价体系以实施适应性管理[237]。

（4）张豫等在《东江干流（惠州段）生态系统健康评价》一书中，以东江干流惠州段为研究对象，介绍东江干流的生物完整性、多样性、水质状况和关键物种，调查东江干流的鱼类、藻类等动植物，评价东江干流的水质状况[238]。

（5）周德民等在《三江平原洪河湿地景观变化过程及其水生态效应研究》一书中，建立多元回归湿地退化驱动力模型，揭示自然环境与社会经济各种因素对自然湿地变化的综合作用与影响；分析自然沼泽湿地生态健康的时空变化特征，评价其健康状况转变过程，确定其与社会经济系统的交互影响作用定量特征；分析洪河湿地景观变化过程中的水生态效应，并估算洪河湿地自然保护区的生态系统服务功能的经济价值[239]。

（6）徐宗学等在《辽河流域环境要素与生态格局演变及其水生态效应》一书中，研究辽河流域环境要素与水生态系统之间的关系，并提出水生态一、二级分区技术框架；在此基础上，研究区域环境要素对水生态系统的影响，包括浑太河流域不同尺度景观格局分析、不同尺度景观格局的水质响应关系、浑太河流域水生态响应显著的环境要素变化等[240]。

4.9　水污染治理技术研究进展

水污染治理技术是水环境研究的一个重要学科方向，是环境可持续发展的重要保障，在这一领域涌现出大量的科研成果。从总体上来看，一方面是关于在点源污染和面源污染的控制技术上的研究应用和经验总结，另一方面是关于饮用水的安全保障技术的理论探讨和深化研究。

4.9.1　在点源污染控制技术研究方面

关于点源污染控制技术的研究是水污染治理技术的重要内容。目前在这一研究方面的研究者较多，研究内容丰富。总体来看，研究工作主要涉及在活性污泥法水处理技术方面、生物膜水处理技术方面、污水深度处理技术方面、脱氮除磷技术方面、高级氧化技术方面、膜技术方面以及生态处理技术方面。以下仅对代表性的技术和代表性的文献进行说明。

（1）活性污泥法水处理技术方面。曹秉帝等研究高铁酸钾（K_2FeO_4）对处理活性污泥脱水性的效果，重点考察了不同 pH 值和剂量条件下，K_2FeO_4 调理对污泥过滤脱水特性和胞外聚合物（EPS）分布和组成的影响[241]。张新喜等采用活性污泥絮体微观图像分析技术，以 3 个综合指标建立污泥沉降性能判别模型，并对模型可靠程度进行检验[242]。谢敏等研究磁场调质对污水厂活性污泥脱水性能的影响，在不同磁场强度和磁化时间下，考察活性污泥沉降性能、污泥比阻、分形维数、污泥粒径等参数的变化规律[243]。杨贺棋等在微生物生长适应期和对数期向 3 个序批式活性污泥法反应器（SBR）投加混凝剂聚合氯化铝（PAC），分析在此不同操作条件下好氧颗粒污泥的形成进程、污泥特性及污染物去除特性[244]。王杰等采用 5 个带有自控设备的序批式反应器考察不同的运行温度对活性污泥沉降性能及微生物种群结构的影响[245]。尹训飞等以氧利用率为评价指标，研究不同曝气量及不同污泥含量下生物膜—活性污泥工艺氧传质效率的变化规律，并考察污染物的去除情况[246]。刘国华等通过改变推流式活性污泥系统曝气池内的溶解氧（DO）浓度，考察 DO 对脱氮效率的影响，以及硝化细菌的群落结构和多样性随 DO 浓度降低的变化规律[247]。

（2）生物膜法水处理技术方面。郭子军等为考察微电解-电极生物膜法的污水深度处理效果，以受污染河水为处理对象，以碳素纤维作为微电解和电极生物膜的电极材料，研究微电解和电极生物膜的污水处理特点及运行条件[248]。温猛等通过对常规 A/O 脱氮工艺的泥水回流方式和污泥培养方式进行改变，并增设特殊填料后，得到兼具同步脱氮除碳功能以及生物膜特点的改良型 A/O 生物膜工艺，并以预处理后的实际印染废水为对象考察工艺的脱氮除碳等性能[249]。王丹丹等研究移动床—微滤膜生物处理工艺（MBBR–MBR）实现餐饮废水中水回用的可行性，分析曝气量、水力停留时间、温度等影响因素对餐饮废水处理效果的影响[250]。李宁等开发出一种两段进水生物膜法好氧/好氧/缺氧—膜生物反应器（OOA–MBR）强化生物脱氮工艺，以模拟生活污水为研究对象，考察流量分配比、曝气方式和水力负荷等因素对系统运行效果的影响，并对工艺控制参数进行优化[251]。王旭等构建平行的竹丝填料曝气生物滤池和陶粒/竹丝复合填料曝气生物滤池，通过连续流对比实验研究 2 个滤池对污染物的去除效果[252]。郭明昆等以某处理石化二级出水的强化除磷 BAF 为研究对象，采取不同的反冲洗强度进行气水联合反冲洗，探讨反冲洗过程中出水污泥量峰值出现时间、污泥的 SOUR（比好氧呼吸速率）变化、反冲洗前后微生物量和微生物脱氢酶活性（DHA）的变化以及反冲洗后的恢复效果，并对反冲洗强度参数的选择进行优化[253]。浦跃武等利用自主设计的一套新型生物膜反应器处理传统村落生活污水，采用人工投加活性污泥的挂膜方法对反应器进行挂膜启动，研究 COD 负荷、C/N 比以及回流比对反应器运行效果的影响[254]。

（3）污水深度处理技术方面。黄韵清等基于浓差极化现象和膜孔堵塞效应，建立污水深度处理中超滤工艺对有机物的截留模型[255]。徐洪斌等采用生物砂滤/多介质过滤（BSF/MMF）及后续超滤/反渗透对二级生化出水进行深度处理[256]。王国强等提出新型复合人工湿地基质方案，主要研究新型复合方案和传统单一方案对各种污染物的处理效果、有效孔隙率、水头损失和堵塞时间等内容[257]。张鸿涛等采用复合生物滤池—混凝—活性砂微絮凝过滤工艺对某燃气热电厂的循环冷却排污水进行深度处理[258]。尚玉等采用反硝化生物滤池对污水进行深度处理，并对滤池的原理、系统配置及出现的问题进行分析[259]。

（4）脱氮除磷技术方面。刘芳芳等考察不同进水氨氮浓度条件下好氧/缺氧/延长闲置 SBR 的脱氮效果，并探究进水氨氮浓度对三种工艺脱氮除磷性能的影响机理[260]。常会庆等采用生物滤池—植物湿地—活性炭过滤三级工艺组合，在人工模拟废水的基础上，探索各处理单元对污水中氮、磷的去除效应[261]。杨伟强等通过对改良后的双污泥处理工艺与传统厌氧好氧缺氧工艺效果进行比较分析，探究解决城市生活污水碳源不足的方法[262]。周彦卿等为了考察硫铁比对反硝化脱氮同步除磷效果的影响，进行不同硫铁比的反硝化脱氮除磷静态实验，并对复合填料系统反硝化脱氮同步除磷作用进行分析[263]。陶先超等采用悬浮填料上生长生物膜替代传统 SBR 中活性污泥研究移动床序批式反应器同步脱氮除磷性能，通过一个典型周期内水质各理化指标的变化及荧光原位杂交分析生物膜脱氮除磷机理[264]。徐忠强等在不同 C/N 和 HR 条件下，对比分析硫铁复合填料和微电流作用强化再生水深度脱氮除磷效果[265]。王曼等将曝气生物滤池和膜生物反应器进行优化组合形成 BAF-MBR 组合工艺，前置反硝化曝气生物滤池能达到脱氮除磷的目的[266]。王素兰等采用 A^2O-MBR 集成工艺，以某城市污水为处理对象，研究季节性变化对其脱氮除磷效果的影响[267]。李微等研究双污泥短程硝化—反硝化除磷工艺 A^2N-SBR 长期反硝化除磷脱氮的性能，考察典型周期系统运行效果，并探讨短程反硝化聚磷菌代谢机制[268]。

（5）高级氧化技术方面。王昶等采用均相 Fenton 高级氧化技术对苯甲酸废水进行降解，考察 pH 值、H₂O₂ 投加量、Fe²⁺ 的用量、苯甲酸溶液的初始浓度等因素对苯甲酸降解的影响[269]。赵志刚等通过 Fenton＋UASB＋接触氧化作为主要处理工艺，对农药废水进行处理，并分析其优缺点[270]。王兵等通过采用酸化曝气、Fenton 氧化、臭氧氧化 3 个单元对天然气净化厂检修污水进行处理，考察各单元对污水的去除效果[271]。谢娟等采用 UV 法、UV/TiO₂/H₂O₂、UV/Fenton 和 UV/H₂O₂/草酸铁联合体系对甲醇的降解进行研究，探索污水中甲醇的高降解率方法[272]。王航等以过硫酸钾作为氧化剂，二价铁离子作为催化剂，以石墨板作为电极，在通电的条件下研究该反应对目标污染物硝基苯的降解[273]。唐国卿等通过工程案例介绍采用混凝+多段臭氧/生物活性炭相结合的高级氧化（AOP）组合工艺处理垃圾渗滤液的纳滤（NF）膜浓缩液的处理效果，并给出主要构筑物的设计参数[274]。

（6）膜技术方面。杨帅等应用 VSEP 振动膜技术开展高含盐废水减量化阶段的试验研究，从膜通量衰减、清洗恢复、温度影响、污染物去除率等角度对其实际处理效果开展试验和技术分析[275]。时玉龙等将超滤膜技术分别与给水厂斜板沉淀池、平流气浮池和上向流生物滤池联用，考察各组合工艺的运行情况，并与水厂快滤池进行对比[276]。孙娜等采用纳滤（NF）+反渗透（RO）工艺对北京某垃圾焚烧厂渗滤液进行深度处理，研究纳滤（NF）+反渗透（RO）工艺对渗滤液污染物的去除效果[277]。孟友国等研究均相电驱动膜浓缩及淡化处理工艺对某电厂的脱硫废水进行处理，并展开相关应用的研究，对其工艺评价[278]。李昆等总结目前常用的纳滤膜品种、产品性能以及纳滤膜在水处理与回用中应用情况，并针对纳滤膜在应用中存在的问题提出可行的方法和建议[279]。霍茜等采用振动膜装置结合"超滤-反渗透膜"对变性淀粉废水进行处理，并对该工艺运行参数（时间、压力、振幅）和膜清洗方法，以及组合工艺处理变性淀粉废水的实际效果进行研究[280]。

（7）生态处理技术方面。吴属连等构建复合垂直流人工湿地系统，分析填料脲酶和磷酸酶活性变化特征以及酶活性与 COD、氨氮、TP 去除率之间的关系，从酶学角度探讨湿地主要污染物净化机理[281]。胡沅胜等研发一个间歇曝气铝污泥基质人工湿地系统，充分结合预反硝化、交替缺氧/好氧环境和分步进水等强化总氮去除的工艺原理，在处理高浓度养猪废水时实现高效的有机物和氮、磷的去除[282]。刘言正等利用生态修复技术原理，构建"生态截留沟渠-生态净化塘-湖滨带湿地"水生态净化系统对龙泓涧流域水体进行综合治理[283]。司万童等基于黄河上游某工业区居民直接饮用黄河水的健康风险问题，构建人工湿地对黄河饮用水进行处理，研究其对饮水健康风险的降低效果及机理[284]。王莉雯等以滨海芦苇湿地为研究区，采用不同建模方法、不同光谱变换技术、基于实测高光谱数据的模拟技术，建立湿地土壤全氮和全磷含量的估算模型，探讨高光谱遥感技术对湿地土壤营养元素组分的估算能力和适用性[285]。

（8）谌建宇等在《典型行业废水氨氮总量控制减排技术评估方法与应用》一书中，分析典型行业产业发展及污染现状，阐述典型行业废水氨氮产排污特征，介绍基于废水氨氮总量控制的工程减排技术，最后分析氨氮总量控制减排技术评估方法构建、评估及应用案例[286]。

（9）周国成等在《水处理新技术与案例》一书中，以解决实际工程技术问题为主导，总结 60 项城市污水和工业废水处理工程的处理技术方案、施工设计等方面的典型案例与实例，分析水处理实用技术、实用工艺与设备等内容[287]。

（10）陈鸣钊等在《水环境治理前瞻性探论》一书中，介绍一种新的水处理工艺"势能增氧生态床"，以及该工艺的研制、工程实例及科研思路和今后发展[288]。

4.9.2 在面源污染控制技术研究方面

面源污染主要以农村面源污染为代表，因此面源污染控制主要围绕治理农村面源来展开。

（1）马广文等[289]对输入鄱阳湖"五河"上的 7 个水文站的径流、泥沙和面源氮（N）和磷（P）污染负荷进行参数的敏感性分析，通过 SWAT 模型对 2003—2012 年 10 年间入湖的径流、泥沙和面源 N、P 进行模拟，并对入湖面源 N、P 污染负荷空间分布特征进行分析。

（2）叶玉适等[290]在太湖流域开展 2010—2011 年为期 2 年的田间定位试验，对 2 种灌溉模式（常规连续淹灌与干湿交替节灌）和 4 种施肥管理（不施氮、常规尿素、控释 BB 肥与树脂包膜尿素）条件下稻田田面水和渗漏水总磷（TP）、溶解态磷（DP）和颗粒态磷浓度（PP）的动态变化及磷素径流和渗漏损失进行研究。

（3）杨宝林[291]以金华市莲塘口流域为研究区，基于 SWAT 模型建立适用于该流域的面源污染分布式模型，模拟分析研究区不同土地利用方式以及不同施肥制度下氮磷负荷的排放。

（4）李翠梅等[292]以太湖流域苏州片区为研究对象，在分析研究区农业产业特点的基础上，展开以太湖流域种植业、水产养殖业、规模化家禽养殖业为代表的农业面源污染氮磷污染负荷计算研究，并分别进行氮磷污染负荷实例计算。

（5）王国重等在《丹江口水库水源区农业面源污染研究及防治措施》一书中，对丹江口水库源区河南省所在区域产生的农业面源污染及其防治措施进行调查、分析、估算和总结[293]。

4.9.3 在饮用水安全保障技术研究方面

饮用水安全与人们的日常生活息息相关，可是安全可靠的饮用水资源却越来越少。因此关于饮用水安全保障方面的研究也在加紧进行，但相比其他研究方向，这类文献相对较少。

（1）张锁娜等[294]将水厂砂滤池出水经臭氧作用后，与未经臭氧处理的砂滤池出水投加相同的氯消毒剂后，进入生物膜环状反应器模拟配水管网系统。通过对两模拟管网出水基本水质指标的连续监测，研究臭氧作用对管网出水水质的影响，同时利用各种表征手段对两管网进出水溶解性有机物进行表征，研究臭氧作用对饮用水管网出水中溶解性有机物的影响。

（2）陈环宇等[295]以城市供水管网中的球墨铸铁管和灰口铸铁管为研究对象，采用扫描电镜、能谱分析、晶体衍射结构分析等手段对其管垢进行表征，运用实际管段的滞流反应器研究三氯甲烷、铅、锰和锌等污染物滞流状态下在管垢上的累积过程和释放特征。

（3）李文攀等[296]系统分析常规水质在线、生物毒性在线、卫星遥感、人工巡视等水质预警监测技术手段的优缺点，并提出建立以常规理化—生物毒性在线监测相结合，遥感监测与人工巡查相统筹的一体化水源地水质预警指标体系。

4.10　水生态保护与修复技术研究进展

加强水生态系统保护与修复，是水生态文明建设的重要内容，也是经济社会可持续发展的必要保障。随着我国水生态文明建设试点工作的稳步推进，水生态系统保护与修复正成为一个新的研究热点，每年涌现出大量的研究成果。但由于这一研究领域覆盖面宽泛，因此其研究内容相对分散，其中比较有代表性的成果主要集中在水生态调度研究、水生态保护技术研究、城市生态水系规划研究等方面。

4.10.1　水生态调度研究方面

生态调度是开展水生态保护与修复的一项重要措施。目前在这一领域的研究者较多，研究内容丰富，高水平研究成果也较多。总体来看，研究内容涉及生态调度模型研究、生态调度方案和模式研究、生态调度的效果和影响评价等方面，此外还有部分关于生态补水方面的研究成果。

（1）水生态调度研究综述方面。陈昂秋在分析我国水利水电工程生态调度进展及存在的问题，提出推进我国水利水电工程生态调度的建议[297]。杨正健等总结防控三峡水库支流库湾水华的生态调度研究进展，重点阐明潮汐式生态调度对支流库湾水华的防控机理及效果[298]。郭文献等分析水库多目标生态调度国内外研究进展，指出水库多目标生态调度研究存在的问题，提出今后水库多目标生态调度研究应在水库生态调度理论框架体系、水库生态调度目标定量化研究、水库多目标生态调度优化和模拟技术研究、梯级水库多目标生态调度方案效果评价研究以及水库生态调度管理体制等方面进一步加强[299]。

（2）水生态调度理论研究方面。张召等引入生态保证率最高作为目标函数，构建基于生态流量区间的多目标水库生态调度模型，并采用 NSGA–Ⅱ 算法对模型进行优化求解，利用该模型对天生桥一级水库 1956—2008 年的来水过程进行优化调度[300]。戴凌全等建立以洞庭湖最小生态需水满足度和三峡水电站发电量最大为目标的水库优化调度模型，采用混沌遗传算法对模型进行求解，进而开展不同典型年下三峡水库蓄水期优化调度研究[301]。赵廷红等在兼顾社会经济供水和生态环境供水两方面需求基础上，建立红崖山水库的生态友好型调度模型，提出三种不同的生态需水方案，通过优化模拟方法得到水库的供水方案和调度图[302]。邓铭江等以塔里木河下游为研究对象，通过连续 14 年的动态监测、资料收集、野外数据采集及实验室数据处理，对塔里木河下游生态输水的特点及方式、生态输水后的生态环境变化进行系统分析与评估，同时对下游生态调度策略与模式进行初步探讨[303]。陈立华等选取红水河龙滩–岩滩梯级水库为研究对象，运用逐月最小生态径流和逐月适宜频率生态径流等算法计算生态流量，兼顾下游四大家鱼产卵对于洪水脉冲的特殊需求，从生态基流和洪水脉冲两方面对梯级下泄流量进行调度研究，根据不同生态约束条件，设置四种生态调度方案（即基本工程约束方案、最小生态流量约束方案、逐月适宜频率生态流量约束方案以及人工造峰–最小生态流量约束方案），分析各生态调度方案损失的发电效益影响[304]。刘德富等模拟三峡水库干支流水动力特征及其环境效应，分析水华发生机理及其调控措施[305]。吕巍等构建乌江干流梯级水电站多目标联合优化调度模型，采用智能优化算法对其进行求解，进而计算得到乌江干流 9 座水库多年平均发电量和典型年年发电量、3 个主要控制断面的生态用水保证率及其典型年水库调度过程[306]。

（3）生态补水研究方面。刘波等基于 Visual MODFLOW 建立黄河三角洲地下水流数值模型，着重分析 2010 年、2011 年和 2013 年补水期间清水沟湿地生态恢复区地下水的动态变化，研究生态补水对黄河三角洲湿地地下水的影响[307]。彭勃等针对 2010 年以来实施的黄河三角洲刁口河流路恢复过水及湿地生态补水措施，建立黄河三角洲刁口河流路及尾闾湿地地下水数值模型，模拟黄河三角洲刁口河流路及湿地补水前后地下水变化情况，评估刁口河恢复过流及尾闾湿地补水对区域地下水的影响[308]。卿晓霞等以重庆主城典型重污染河流伏牛溪为例，通过分析伏牛溪年内径流特征确定其补水时段，进而提出一种基于天然健康需水量的生态补水调度方案，并制定河源水库电动阀门及补水泵的运行控制策略等具体技术措施[309]。刘瑜等在对天津非常规水源（包括海水、雨水和再生水）现状分析的基础上，通过水资源利用途径分析和水量估算，得出雨水和再生水资源的可利用量完全可以满足滨海河口适宜生态需水量，并提出滨海河口生态补水的措施[310]。

4.10.2 在水生态保护技术研究方面

目前关于水生态保护技术方面的文献较多，但多数是有关水生态保护与修复工作实际应用的文献，深入探讨水生态保护技术、方法的成果不多。总体来看，研究内容涉及水生态保护工作进展分析、水生态保护技术研究、水生态补偿机制研究等方面。

（1）水生态保护工作进展分析方面。欧阳院平依据对美国生态环境保护制度框架与实践的研究，重点从环境立法、公众参与、大数据集成及科学研究等方面阐述美国大环境理念及其实践经验，进而从法制建设、公众参与、资金保障方面提出长江流域水生态环境保护与修复的建议[311]。李淑贞在分析黄河流域水资源及其面临压力的基础上，对 20 世纪 80 年代至今黄河流域经济社会发展及水质变化进行分析，最后总结黄河流域水资源保护体系建设情况和成效[312]。穆宏强等对长江流域水资源保护科研的各个发展阶段，以及对长江水质的监测系统、长江水体中污染物的迁移转化规律、长江污染综合防治等方面的研究情况和在水生态保护与修复方面所取得的一些研究成果进行介绍，并展望未来水资源保护的科技发展前景[313]。

（2）水生态保护技术研究方面。朱党生等基于水生态系统特性及其功能的研究，提出水生态安全的概念和内涵，在总体分析我国水生态安全、保护与修复工作的状况和问题基础上，提出我国水生态系统保护与修复的基本原则、总体方向和主要措施[314]。钮新强论述江湖关系的演变机理，阐述长江上游控制性工程运用后江湖关系的变化趋势及其影响，针对洞庭湖治理开发与保护中的突出问题，在遵循"江湖和谐、生态文明"的理念基础上，提出洞庭湖大水脉方案[315]。刘青勇等分析黄河口湿地生态系统退化驱动力以及调水调沙对该区域湿地土壤和地下水的影响，进而对 2010—2011 年刁口河生态补水的生态修复效果进行评估[316]。毛劲乔等聚焦长江等我国大型河流，评述重大水电工程影响下四大家鱼、中华鲟等重要水生生物的生存现状与变化趋势，通过揭示重大水利水电工程建设与运行对重要水生生物生境的多种胁迫效应，分析重要水生生物自然繁殖的可调控性与实现途径，进而结合重大水利水电工程生态调控实践，论述促进重要水生生物自然繁殖的水利工程优化调控关键技术及其适用性[317]。叶春等根据湖滨带生态退化的表现形式，将湖滨带生态退化过程归纳为渐变退化、间断不连续退化、跃变退化、突变退化及复合退化 5 种类型，并指出系统自然退化是一个漫长渐变的过程，而人为干扰往往带有冲击负荷与胁迫压力[318]。张丛林等详细论述构建水生态红线管控制度体系的基本思路，在此基础上，从生态文明、生态保护红线和水生态红线等三个层面建立起水生态红线管控制度体系框架[319]。田伟等从水量、水质和水生态三者统筹保护的角度，建立包括最小生态流量满足程度、敏感生态需水满足程度、水功能区水质达标率、水功能区纳污能力使用率、富营养化指数、鱼类多样性指数、浮游植物多样性指数的水功能区限制纳污红线指标体系，进而结合国家和区域实际要求确定各指标的阶段性目标[320]。

（3）水生态补偿机制研究方面。李原园等从流域水生态环境演变的机理和主要影响因素出发，研究流域水资源保护的生态补偿概念与机理、总体框架体系以及分类与模式，提出相应的对策建议[321]。马超等从国家宏观政策、内在需求等角度出发，论述当前和今后一段时期建立我国水生态补偿机制的重要意义，进而总结近 10 年来我国水生态补偿的进展、成效和目前存在的问题，并提出 4 个方面的对策建议[322]。王志强等根据西藏在我国水生态保护系统中的重要地位，提出建立西藏水生态补偿机制的总体思路，设计补偿范围、主体、对象、标准、方式、程序等相关制度，提出根据自然地理进行调整的补偿费用测算方法和监督考核原则[323]。常书铭运用支付意愿法和机会成本法对汾河水库上游水源涵养区水生态补偿标准进行测算，确定补偿标准的范围，进而根据汾河水库上游娄烦县、岚县、宁武县、静乐县的常住人口数量和植被恢复面积对补偿资金进行分配[324]。罗万云等根据经济学弹性原理，筛选与种植业相关经济指标作为单项、综合机会成本，预测种植业发展受限下机会成本因子的受限值，进而通过生态补偿标准大于地方政府、农户的机会成本原理构建生态补偿标准模型[325]。

（4）顾大钊等在《晋陕蒙接壤区大型煤炭基地地下水保护利用与生态修复》一书中，研究煤炭现代开采地下水和地表生态系统响应及保护关键技术，分析地表水、地下水和矿井水的转化关系，提出地表生态损伤控制、裂缝分类治理、植物筛选配置、菌根修复、土壤改良与保水等关键技术，形成大型煤炭基地地下水保护利用与地表生态修复模式和关键技术[326]。

（5）赵勇胜等在《地下水污染场地的控制与修复》一书中，从污染场地的调查、风险评价、污染场地风险管理策略、污染的控制与修复方法及应用等方面，介绍污染地下水的控制和修复理论、方法和应用等[327]。

（6）张虹鸥等在《新丰江水库水质生态保护研究》一书中，针对新丰江水库及流域内植被质量不高、水土流失加重、面源污染增加等直接和间接影响水质的问题，提出适宜上游地区水库的生态保护和修复技术，包括公路边坡滑坡体生态治理技术、公路填方裸露边坡生态治理技术、水库消涨带植被护坡技术等[328]。

4.10.3　在城市生态水系规划研究方面

城市水系工程的规划与建设，是水生态文明中城市建设的核心。目前在这一领域有一些新的研究成果，但介绍实践经验的文献占大多数，在学术上一般没有大的创新，所发表的文章水平也一般。总体看来，研究内容涉及城市水系规划与设计理念研究、城市水系连通理论方法研究、城市水系连通应用研究等方面。

（1）城市水系规划与设计理念研究方面。陈菁等引入低影响开发理念，提出新型城镇化建设中的水系规划原则和方法，并通过实例应用，将低影响开发理念前置到水系规划阶段[329]。陈灵凤等针对山地城市水系特征及建设面临的问题，从城市规划区、小流域、河段三个空间尺度提出山地城市水系规划方法，探索山地城市水系在系统组织、土地利用和生态建设中的规划路径[330]。许晓林基于健康河流"结构相对稳定和完善、社会服务功能发挥正常"的内涵，以常熟市的典型圩区——苏白圩为例，应用一维河网水动力学模型，将圩区现状及规划方案下的河道功能进行模拟分析，并提出河道护岸建设、水质生态修复、湖荡景观建设等方面的建议[331]。胡应均等基于近10年内我国城市水系规划案例的分析与研究，总结城市水系规划的类别与特点，提出规划编制过程中的原则与建议[332]。张永勇分析近千年淮河流域河湖水系的自然演变以及人类活动的扰动[333]。

（2）城市水系连通理论方法研究方面。窦明等从水系的结构形态和连通形态两个层面构建一套描述水系形态演变特征的指标体系，采用ENVI软件对郑州市20世纪90年代以来7个代表年份的遥感影像信息进行处理，提取代表年的水系形态指标参数值，分析城市化对郑州市水系连通形态格局的影响[334]；进而运用统计学方法分析水系连通形态指标与连通功能指标之间的相关关系，建立相应的方程组来定量描述水系连通形态变化对连通功能的影响，最终确定满足郑州市未来城市发展功能定位的水系连通形态指标阈值区间[335]。周振民等以郑州市河网水系为例，采用基于图论的连通性评价法，将郑州市河网水系概化为图模型，对生态规划前后的水系连通性进行评价，并计算边连通度，同时选取部分数量特征和结构特征指标进行水系格局评价[336]。陈星等在探讨河网连通性内涵基础上，将河网连通性分为结构连通性和水力连通性，基于图论将河网概化为图模型，利用Matlab对常熟市燕泾圩平原河网的结构连通性做出定量评价[337]。

（3）城市水系连通应用研究方面。邢梦雅等总结城镇水系生态景观规划的内涵及理论依据，归纳出一般方法，依据城镇水系现状功能、景观空间结构、城镇内部区位因素，进行河网水系诊断分析，规划有针对性的满足现代城镇生态景观需求的管治方案，并将该方案应用于平原河网区吴江同里镇[338]。邹大胜以鄱阳湖西南部的赣抚尾闾地区为例，开展河湖水系连通格局研究，并提出构建赣抚尾闾地区"三横四纵"水系连通总体格局[339]。张泽玉等根据水资源、地理及地貌特点，将山东半岛分为胶东低山丘陵区、鲁中南低山丘陵区、黄河冲积平原区三个分区，针对不同的连通目标，初步研究采用不同的连通工程组合，确定各区域的水系连通模式[340]。

（4）齐春三等在《水系生态建设关键技术研究与应用》一书中，通过水系生态系统健康评价技术研究、水系生态建设理论研究、生态河道治理技术和模式研究、水土流失防治技术和模式研究、雨洪水资源利用技术和模式研究、水系连通及调度利用技术和模式研究、半岛湿地生态功能修复技术和模式研究以及海陆界面水系生态治理技术和模式研究，总结水系生态系统建设的关键技术[341]。

（5）孙景亮在《城市河湖生态治理与环境设计》一书中，介绍目前在城市河湖生态环境治理、保护和设计方面取得的成果，展示城市河湖生态治理和建设实例，总结城市河湖生态建设新理念、新技术、新方法、新材料[342]。

（6）潘绍财等在《城市河道综合整治工程设计实践》一书中，从城市河道治理的基本理论出发，阐述城市河道综合整治工程设计中的断面选择、拦河建筑物设计、护坡护岸设计、植物措施和生态需水等设计要点，诠释城市河道整治工程的设计理念[343]。

（7）徐光来等在《城镇化背景下平原水系变化及其水文效应》一书中，以杭嘉湖平原河网区为研究区域，应用 GIS 空间分析、水文时间序列分析以及多种水系特征参数比较分析等技术和方法，研究不同阶段水系结构/格局特征、近代人类活动干扰下水系变化规律、水系变化对特征水位的影响、水系与水位变化对区域水量调蓄和连通的影响等[344]。

4.11　与 2013—2014 年进展对比分析

（1）有关水环境机理方面的研究成为近年来持续的热点。一些学者从水化学反应机理研究、水质相态转化理论研究等方面，研究了水质在物理、化学和生物等作用下在不同相态之间的转化机理，特别是在闸坝等水利工程建设对水环境系统的作用机制方面成果比较显著，为了解水利工程建设带来的生态环境影响提供了很好的借鉴。

（2）有关水质模型研究与应用一直是水环境评价与预测方面的研究热点。虽然近两年仍以水质模型应用方面的研究成果居多，但是研究者也从理论研究方面对水质模型开展研究，发表了一些具有创新性的高水平学术论文，如水质概率预报模型、水质多相转化模型等研究成果。

（3）有关水生态理论方法及应用方面的研究取得了较快发展。一些学者对生态水文过程研究、生态水文模型的研制、生态需水理论研究等开展了较为深入的研究，并发表了一些高水平学术论文，此外，在水生态保护与修复技术方面的研究成果相对以往也有所增加，这反映了国家对该领域的重视以及实际需求增加推动了相关研究的快速发展。

（4）对污染物总量控制及其分配研究进展这一节进行了调整，去掉水环境保护规划研究进展，目前包括水功能区纳污能力、水环境容量分配两方面的研究内容。相比而言，修改后撰写内容更加符合章节目录安排，同时，通过前两次书稿的撰写与文献资料的查阅，在水环境保护规划方面的研究成果很少，且多于其他章节内容重复。

参考文献

[1]　左其亭. 中国水科学研究进展报告 2011—2012[M]. 北京：中国水利水电出版社，2013.
[2]　左其亭. 中国水科学研究进展报告 2013—2014[M]. 北京：中国水利水电出版社，2015.
[3]　窦明，米庆彬，李桂秋，等. 闸控河段水质转化机制研究 I：模型研制[J]. 水利学报，2016（4）：527–536.
[4]　窦明，米庆彬，李桂秋，等. 闸控河段水质转化机制研究 II：主导反应机制[J]. 水利学报，2016（5）：635–643.
[5]　吕巍，张建军，闫莉，等. 黄河潼关河段污染物示踪扩散研究[J]. 人民黄河，2016（9）：59–63.
[6]　吴霞，吴津蓉，周金龙，等. 新疆汉水泉地区地下水水化学特征及形成机理[J]. 南水北调与水利科技，

2015（5）：953–958.

[7] 黄耀裔，李斌，陈一萍，等. 晋江市浅层地下水中"三氮"与水化学特性关系研究[J]. 长江大学学报（自科版），2015（28）：51–55，66，6.

[8] 于奭，孙平安，杜文越，等. 人类活动影响下水化学特征的影响：以西江中上游流域为例[J]. 环境科学，2015（1）：72–79.

[9] 王圣瑞，倪兆奎，储昭升，等. 江湖关系变化及其对鄱阳湖水环境影响研究——代"江湖关系变化及其对鄱阳湖水环境影响研究"专栏序言[J]. 环境科学学报，2015（5）：1259–1264.

[10] 陈晨，王震洪，马振. 都柳江河道急流–深潭–沙（砾）滩系统水质差异研究[J]. 环境科学与技术，2015（3）：182–188，199.

[11] 杨巧凤，王瑞久，徐素宁，等. 莱州湾白浪河河水和河口海水的水化学和氢氧稳定同位素特征[J]. 水文地质工程地质，2016（5）：48–55.

[12] 章程，汪进良，蒲俊兵. 地下河出口河流水化学昼夜动态变化——生物地球化学过程的控制[J]. 地球学报，2015（2）：197–203.

[13] 常素云，吴涛，赵静静. 不同沉水植物组配对北大港水库水体净化效果的影响[J]. 环境工程学报，2016（1）：439–444.

[14] 黄祺，何丙辉，赵秀兰，等. 三峡蓄水期间汉丰湖消落区营养状态时间变化[J]. 环境科学，2015（3）：928–935.

[15] 吴丰昌，等. 湖泊水环境质量演变与水环境基准研究[M]. 北京：科学出版社，2015.

[16] 李卫平. 典型湖泊水环境污染与水文模拟研究[M]. 北京：中国水利水电出版社，2015.

[17] 吴亚男，熊家晴，任心欣，等. 深圳鹅颈水流域 SWMM 模型参数敏感性分析及率定研究[J]. 给水排水，2015（11）：126–131.

[18] 李如忠，万灵芝，曹竟成，等. 芦苇占优势农田溪流暂态存储特征及影响分析[J]. 中国环境科学，2016（2）：553–561.

[19] 张转，常安定，王媛英，等. 基于正态模糊线性回归确定河流横向扩散系数[J]. 长江科学院院报，2015（8）：22–25，39.

[20] 李明昌，张光玉，司琦，等. 基于数据驱动与遗传计算的海域组合单元水质模型多参数分步耦合优化反演方法研究[J]. 数学的实践与认识，2015（12）：167–175.

[21] 曹敏. 大沽河污染物衰减系数分析研究[J]. 水资源与水工程学报，2016（3）：128–132.

[22] 谭明豪，姚娟娟，张智，等. 基于 Morris 的 SWMM 水质参数灵敏度分析与应用[J]. 水资源与水工程学报，2015（6）：117–122.

[23] 段扬，胡伏生，王旭，等. 均匀设计下丹江口水库水质参数敏感性度量[J]. 中国农村水利水电，2016（5）：8–12.

[24] 方贝，刘元会，郭建青. 二维河流水质模型方程解析解参数灵敏度分析[J]. 长江科学院院报，2016（7）：23–27.

[25] 张晓玲，刘永，郭怀成. 湖滨河口湿地中磷的输移转化机制及截留效应研究进展[J]. 环境科学学报，2016（2）：373–386.

[26] 顾杰，冒小丹，匡翠萍，等. 间歇性波浪扰动下河口底泥中磷释放特性研究[J]. 水动力学研究与进展（A 辑），2016（6）：751–759.

[27] 陈佳，宋进喜，杨小刚，等. 渭河陕西段潜流带污染特征及其对河水的影响[J]. 干旱区研究，2015（1）：140–148.

[28] 吉芳英，颜海波，何强，等. 龙景湖龙景沟汇水区沉积物–水界面氮形态空间分布特征[J]. 中国环境科学，2015（10）：3101–3107.

[29] 狄贞珍，张洪，单保庆. 太湖内源营养盐负荷状况及其对上覆水水质的影响[J]. 环境科学学报，2015（12）：3872–3882.

[30] 李国莲, 谢发之, 张瑾, 等. 巢湖水及沉积物中总磷的分布变化特征[J]. 长江流域资源与环境, 2016 （5）: 830-836.

[31] 谢瑞, 姬昌辉, 王永平. 湖泊底泥絮凝沉降试验研究[J]. 水利水运工程学报, 2015 （2）: 55-60.

[32] 耿顿, 杨芬, 韦朝阳, 等. 风浪扰动对太湖水体中砷在水相-悬浮物相之间分配的影响[J]. 环境科学学报, 2015 （5）: 1358-1365.

[33] 陈海龙, 袁旭音, 王欢, 等. 苕溪干流悬浮物和沉积物的磷形态分布及成因分析[J]. 环境科学, 2015 （2）: 464-470.

[34] 秦延文, 曹伟, 马迎群, 等. "引江济太"河段重金属在水体、悬浮颗粒物及表层沉积物中的含量特征研究及标准化分析[J]. 环境污染与防治, 2015 （6）: 5-9, 40.

[35] 赵汗青, 唐洪武, 李志伟, 等. 河湖水沙对磷迁移转化的作用研究进展[J]. 南水北调与水利科技, 2015 （4）: 643-649.

[36] 左其亭, 刘静, 窦明. 闸坝调控对河流水生态环境影响特征分析[J]. 水科学进展, 2016（3）: 439-447.

[37] 周林飞, 赵言稳, 芦晓峰. 不同生活型植物腐解过程对人工湿地水质的影响研究[J]. 生态环境学报, 2016 （04）: 664-670.

[38] 王立志. 两种沉水植物对间隙水磷浓度的影响[J]. 生态学报, 2015 （4）: 1051-1058.

[39] 石文平, 朱佳, 张朝升, 等. 水库浅水区底泥营养物质释放与藻类生长关系研究[J]. 环境工程, 2015 （5）: 75-80.

[40] 孟祥森, 邵雪琳, 高丽, 等. 绿潮硬毛藻衰亡分解过程中营养盐的释放规律[J]. 海洋环境科学, 2016 （4）: 495-500.

[41] 万由鹏, 尹魁浩, 彭盛华. 调水型水库藻类对调水氮、磷浓度与水量的响应[J]. 环境科学, 2015（6）: 2054-2060.

[42] 陈昌仁, 申霞, 王鹏. 水动力与水生植物作用下太湖底泥再悬浮特征及环境效应[M]. 北京: 中国水利水电出版社, 2016.

[43] 阴琨, 赵然, 李中宇, 等. 松花江流域水生态环境.中生物与生境和化学要素间的关联性研究[J]. 中国环境监测, 2015 （1）: 17-23.

[44] 肖翔群, 伍丽平, 毛予捷, 等. 春季小浪底出库水氨氮含量显著变化调查研究[J]. 人民黄河, 2015 （1）: 79-82.

[45] 胡琴, 曲亮, 黄必桂, 等. 2014 年秋季黄河口附近海域营养现状与评价[J]. 海洋环境科学, 2016（5）: 732-738.

[46] 李文攀, 朱擎, 李东一, 等. 集中式饮用水水源地水质评价方法研究[J]. 中国环境监测, 2015 （1）: 24-27.

[47] 龙智云, 杨家轩, 杨晓航, 等. 饮用水水质生物稳定性评价方法研究进展[J]. 哈尔滨工业大学学报, 2017 （2）: 1-7.

[48] 傅翙, 龚来存. 南京市地下水污染现状分析及防治对策[J]. 人民长江, 2015, S2: 28-30, 34.

[49] 姜兴明, 肖长来, 梁秀娟, 等. 吉林市平原区地下水水质评价及成因分析[J]. 人民长江, 2016 （18）: 22-26.

[50] 边超, 蔡五田, 刘金巍, 等. 水中亚硝酸根的现场测定及在地下水污染调查中的应用[J]. 环境工程, 2016 （9）: 130-133.

[51] 傅其凤, 安旭朝, 陈国庆. 工业园区污水水质和流量在线监测系统的应用[J]. 给水排水, 2015 （11）: 100-102.

[52] 张万辉, 韦朝海. 焦化废水的污染物特征及处理技术的分析[J]. 化工环保, 2015 （3）: 272-278.

[53] 彭聘, 李双双, 吴李文, 等. 汉江中下游水质变化趋势研究[J]. 环境科学与技术, 2016, S1: 428-432.

[54] 吕清, 顾俊强, 徐诗琴, 等. 水纹预警溯源技术在地表水水质监测的应用[J]. 中国环境监测, 2015 （1）: 152-156.

[55] 安贝贝, 蒋昌潭, 刘兰玉, 等. 水质监测断面优化技术研究[J]. 环境科学与技术, 2015（4）: 107–111.

[56] 卢玮, 孙韶华, 陈家全, 等. 多维矢量水质监测预警用于水源突发重金属污染[J]. 中国给水排水, 2015（17）: 50–53.

[57] 张旭东, 高茂庭. 基于 IGA–BP 网络的水质预测方法[J]. 环境工程学报, 2016（3）: 1566–1571.

[58] 张兆吉, 等.区域地下水污染调查评价技术方法[M].北京: 科学出版社, 2015.

[59] 周成, 杨国录, 陆晶, 等. 河湖底泥污染物释放影响因素及底泥处理的研究进展[J]. 环境工程, 2016（5）: 113–117, 94.

[60] 雷晓玲, 韩亚鑫, 冉兵, 等. 环境因子对三峡库区底泥污染物释放的影响研究[J]. 环境工程, 2016（1）: 47–50, 64.

[61] 商景阁, 何伟, 邵世光, 等. 底泥覆盖对浅水湖泊藻源性湖泛的控制模拟[J]. 湖泊科学, 2015（4）: 599–606.

[62] 王美丽, 刘春, 白璐, 等. 曝气对黑臭河道污染物释放的影响[J]. 环境工程学报, 2015(11) 5249–5254.

[63] 夏蕾, 刘国, 陈春梅, 等. 稳定剂增强的土壤原位覆盖抑制河流底泥氮磷释放研究[J]. 环境工程, 2016（9）: 114–118.

[64] 涂玮灵, 胡湛波, 梁益聪, 等. 反硝化细菌修复城市黑臭河道底泥实验研究[J]. 环境工程, 2015(10): 5–9, 25.

[65] 杨长明, 荆亚超, 张芬, 等. 泥–水界面微孔曝气对底泥重金属释放潜力的影响[J]. 同济大学学报（自然科学版）, 2015（1）: 102–107.

[66] 侯浩波, 刘柳, 周旻, 等. 河道底泥重金属浸出毒性分析及其固化/稳定化效果[J]. 环境工程学报, 2015（7）: 3339–3344.

[67] 周国强, 罗凡, 淘涛, 等. 大冶湖流域重金属污染现状及风险评价[J]. 给水排水, 2016, S1: 109–112.

[68] 郭晶, 李利强, 黄代中, 等. 洞庭湖表层水和底泥中重金属污染状况及其变化趋势[J]. 环境科学研究, 2016（1）: 44–51.

[69] 汪建华, 王文浩, 何岩, 等. 原位曝气修复黑臭河道底泥内源营养盐的示范工程效能分析[J]. 环境工程学报, 2016（9）: 5301–5307.

[70] 朱晓晓, 李轶, 牛丽华, 等. 太湖底泥表面生物膜对底泥吸附内分泌干扰物的作用机制[J]. 河海大学学报（自然科学版）, 2016（2）: 101–107.

[71] 邢领航, 范治晖, 陈进, 等. 南水北调中线水源地饮用水源保护区划分研究[J]. 人民长江, 2015（19）: 83–89.

[72] 郭雪勤, 梁建奎, 扎西平措, 等. 丹江口水源区三级水生态功能分区研究[J]. 人民长江, 2016（5）: 6–10.

[73] 樊灏, 黄艺, 曹晓峰, 等. 基于水生态系统结构特征的滇池流域水生态功能三级分区[J]. 环境科学学报, 2016（4）: 1447–1456.

[74] 张欣, 徐宗学, 殷旭旺, 等. 济南市水生态功能区划研究[J]. 北京师范大学学报（自然科学版）, 2016（3）: 303–310.

[75] 王西琴, 高伟, 张家瑞. 区域水生态承载力多目标优化方法与例证[J]. 环境科学研究, 2015（9）: 1487–1494.

[76] 沈鹏, 傅泽强, 杨俊峰, 等. 基于水生态承载力的产业结构优化研究综述[J]. 生态经济, 2015（11）: 23–26.

[77] 李林子, 傅泽强, 沈鹏, 等. 基于复合生态系统原理的流域水生态承载力内涵解析[J]. 生态经济, 2016（2）: 147–151.

[78] 刘云浪, 程胜高, 才惠莲, 等. 跨流域调水生态补偿研究述评[J]. 长江科学院院报, 2015（9）: 6–13.

[79] 官冬杰, 龚巧灵, 刘慧敏, 等. 重庆三峡库区生态补偿标准差别化模型构建及应用研究[J]. 环境科学学报, 2016（11）: 4218–4227.

[80] 曾维华，等.水代谢、水再生与水环境承载力[M]. 北京：科学出版社，2015.

[81] 周孝德，吴巍，等.资源性缺水地区水环境承载力研究及应用[M]. 北京：科学出版社，2015.

[82] 蒋洪强，吴文俊，姚艳玲，等. 耦合流域模型及在中国环境规划与管理中的应用进展[J]. 生态环境学报，2015（3）：539-546.

[83] 宋翠萍，王海潮，唐德善. 暴雨洪水管理模型 SWMM 研究进展及发展趋势[J]. 中国给水排水，2015（16）：16-20.

[84] 龚然，何跃，徐力刚，等. EFDC（Environmental Fluid Dynamics Code）模型在湖库水环境模拟中的应用进展[J]. 海洋湖沼通报，2016（6）：12-19.

[85] 付翠，刘元会，郭建青，等. 识别河流水质模型参数的单纯形-差分进化混合算法[J]. 水力发电学报，2015（1）：125-130.

[86] 张秀菊，安焕，赵文荣，等. 基于支持向量机的水质预测应用实例[J]. 中国农村水利水电，2015（1）：85-89.

[87] 刘悦忆，赵建世，黄跃飞，等. 基于蒙特卡洛模拟的水质概率预报模型[J]. 水利学报，2015（1）：51-57.

[88] 尹海龙，张伦元，蒋文燕，等. 原水输水渠道中粉末活性炭吸附污染物的模拟研究[J]. 水动力学研究与进展 A 辑，2015（2）：173-179.

[89] 计红，韩龙喜. 基于汉口分类处理的平原河网水质模拟方法[J]. 水动力学研究与进展 A 辑，2015（3）：344-350.

[90] 俞茜，刘昭伟，陈永灿，等. 微囊藻属一日内垂向分布的数值模拟[J]. 中国环境科学，2015（6）：1840-1846.

[91] 窦明，米庆彬，左其亭. 闸控河段水质多相转化模型[J]. 中国环境科学，2015（7）：2041-2051.

[92] 武周虎. 倾斜岸坡深度平均浓度分布及污染混合区解析计算[J]. 水利学报，2015（10）：1172-1180.

[93] 宦娟，刘星桥. 基于 K-means 聚类和 ELM 神经网络的养殖水质溶解氧预测[J]. 农业工程学报，2016（17）：174-181.

[94] 刘德洪，胡嘉镗，李适宇，等. 珠江口三维水质与底泥耦合模型的验证及应用[J]. 环境科学学报，2016（11）：4025-4036.

[95] 黎育红，贺石磊. 浅水湖泊群连通与调水的二维水动力-水质耦合模型研究[J]. 长江科学院院报，2015（1）：21-27，38.

[96] 唐旺，周孝德，程文. 基于耦合模型的安康库区水温水质影响研究[J]. 水动力学研究与进展 A 辑，2015（1）：47-55.

[97] 王珊珊，李云梅，王永波，等. 太湖水体叶绿素浓度反演模型适宜性分析[J]. 湖泊科学，2015（1）：150-162.

[98] 王晓青，李哲. SWAT 与 MIKE21 耦合模型及其在澎溪河流域的应用[J]. 长江流域资源与环境，2015（3）：426-432.

[99] 朱文博，王洪秀，柳翠，等. 河道曝气提升河流水质的 WASP 模型研究[J]. 环境科学，2015（4）：1326-1331.

[100] 杜彦良，周怀东，彭文启，等. 近 10 年流域江湖关系变化作用下鄱阳湖水动力及水质特征模拟[J]. 环境科学学报，2015（5）：1274-1284.

[101] 闫红飞. 新孟河延伸拓浚工程对滆湖水量水质影响研究[J]. 水利水电技术，2015（4）：35-38.

[102] 王义民，孙佳宁，畅建霞，等. 考虑"三条红线"的渭河流域（陕西段）水量水质联合调控研究[J]. 应用基础与工程科学学报，2015（5）：861-872.

[103] 朱德军，段泽华，陈永灿，等. 密云水库热氧分布模型及多年热氧分布特征模拟[J]. 水利学报，2015（10）：1155-1161，1171.

[104] 程翔，赵志杰，秦华鹏，等. 漠阳江流域水环境容量的时空分布特征研究[J]. 北京大学学报（自然科学版），2016（3）：505-514.

[105] 张琳, 孙娟, 翟家佳, 等. 水库突发性污染事故水质影响过程分析[J]. 长江科学院院报, 2016 (10): 12–17, 23.

[106] 胡琳, 卢卫, 张正康. MIKE11 模型在东苕溪水源地水质预警及保护的应用[J]. 水动力学研究与进展 A 辑, 2016 (1): 28–36.

[107] 张明亮. 近海及河流环境水动力数值模拟方法与应用[M]. 北京: 科学出版社, 2015.

[108] 任华堂. 水环境数值模型导论[M]. 北京: 海洋出版社, 2016.

[109] 陈丽娜, 吴俊锋, 凌虹, 等. 武宜运河水系氮磷污染来源解析及控制对策[J]. 中国水运 (下半月), 2015 (12): 152–154.

[110] 张梦舟, 徐曾和, 梁冰. 香溪河流域磷矿废渣堆埕体磷素释放量预测[J]. 环境化学, 2016 (7): 1390–1397.

[111] 付碧玉, 马友华, 吴靓, 等. 遥感在农业面源污染中的应用研究[J]. 中国农学通报, 2015(5): 182–188.

[112] 赵鹏, 胡艳芳, 林峻宇. 不同河岸带修复策略对氮磷非点源污染的净化作用[J]. 中国环境科学, 2015 （ 7 ）: 2160–2170.

[113] 陈玉东, 陈梅, 张龙江, 等. 基于 GIS 的龙墩水库典型小流域面源污染氮磷负荷研究[J]. 生态与农村环境学报, 2015 (4): 492–499.

[114] 耿润哲, 张鹏飞, 庞树江, 等. 不同气候模式对密云水库流域非点源污染负荷的影响[J]. 农业工程学报, 2015 (22): 240–249.

[115] 王佳宁, 李新艳, 晏维金, 等. 基于 MEA 情景的长江流域氮平衡及溶解态无机氮通量: 流域–河口/ 海湾氮综合管理[J]. 环境科学学报, 2016 (1): 38–46.

[116] 夏传安, 童菊秀. 考虑水迁移率动态变化改进土壤溶质地表流失模型[J]. 农业工程学报, 2016 (4): 135–141.

[117] 万玉文, 郭长强,, 茆智, 等. 多级串联表面流人工湿地净化生活污水效果[J]. 农业工程学报, 2016 （ 3 ）: 220–227.

[118] 王国重, 李中原, 左其亭, 等. 丹江口水库水源区农业面源污染研究及防治措施[M]. 郑州: 黄河水利出版社, 2016.

[119] 张岩祥, 肖长来, 刘泓志, 等. 模糊综合评价法和层次分析法在白城市水质评价中的应用[J]. 节水灌溉, 2015 (3): 31–34.

[120] 何锦, 范基姣, 刘元晴, 等. 沧州地区微咸水水化学特征及灌溉水质评价[J]. 人民黄河, 2016 (5): 134–138.

[121] 祝慧娜, 闫庆, 尹娟. 基于区间型贝叶斯的湖泊水质评价模型[J]. 环境工程, 2015 (2): 130–134.

[122] 徐康耀, 葛考, 赵建强, 等. 基于 DPA–BP 神经网络的地下水质综合评价[J]. 节水灌溉, 2015 (9): 66–69, 73.

[123] 黄尤优, 曾燏, 刘守江, 等. 大渡河老鹰岩河段的水生生物群落结构及水质评价[J]. 环境科学, 2016 （ 1 ）: 132–140.

[124] 姜明岑, 王业耀, 姚志鹏, 等. 地表水环境质量综合评价方法研究与应用进展[J]. 中国环境监测, 2016 （ 4 ）: 1–6.

[125] 尹发能, 向燕芸. 大冶湖水质模糊综合评价[J]. 湿地科学, 2016 (3): 428–432.

[126] 代堂刚, 任继周, 舒远华, 等.渔洞水库水资源保护研究与应用[M].北京: 中国水利水电出版社, 2015.

[127] 康兴生, 马涛, 王睿, 等. 河流重金属污染底泥的稳定化实验研究[J]. 环境工程学报, 2015 (12): 6083–6089.

[128] 张闻涛, 邢奕, 卢少勇, 等. 入洱海河流临湖段底泥氮的分布[J]. 环境科学研究, 2015(2): 213–218.

[129] 喻阳华, 陈程, 吴永贵, 等. 厌氧条件下深谷型湖泊底泥覆盖效果研究[J]. 环境工程, 2015(2): 53–57.

[130] 钱燕, 陈正军, 吴定心, 等. 微生物活动对富营养化湖泊底泥磷释放的影响[J]. 环境科学与技术, 2016 （ 4 ）: 35–40.

[131] 简敏菲，简美锋，李玲玉，等. 鄱阳湖典型湿地沉水植物的分布格局及其水环境影响因子[J]. 长江流域资源与环境，2015（5）：765-772.

[132] 王超，单保庆，秦晶，等. 海河流域社会经济发展对河流水质的影响[J]. 环境科学学报，2015（8）：2354-2361.

[133] 何智娟，贾一飞，孟丽玮，等. 引洮供水二期工程受水区水环境预测研究[J]. 人民黄河，2015（5）：66-69.

[134] 张晨，来世玉，高学平，等. 气候变化对湖库水环境的潜在影响研究进展[J]. 湖泊科学，2016（4）：691-700.

[135] 叶属峰，等.河口水域环境质量检测与评价方法研究及应用[M]. 北京：科学出版社，2015.

[136] 张晓惠，陈红，焦永杰，等. 饮用水功能区水环境健康风险阈值体系研究[J]. 环境污染与防治，2015（7）：88-93.

[137] 王乙震，郭书英，崔文彦. 基于水功能区划的河湖健康内涵与评估原则[J]. 水资源保护，2016（6）：136-141.

[138] 李红军，刘锐，张建元，等. 资料缺乏地区水功能区纳污能力计算——以都匀市清水江为例[J]. 节水灌溉，2015（5）：49-51.

[139] 陈龙，曾维华，吴昊. 渭河干流关中段季节性水环境容量研究[J]. 人民黄河，2015（2）：72-74，77.

[140] 黄苗，冯雪，赵鑫，等. 基于数值模拟的纳污能力计算方法探讨[J]. 长江科学院院报，2015（6）：15-19.

[141] 洪娴，董增川，谈娟娟，等. 水功能区纳污能力和水资源保护研究[J]. 中国农村水利水电，2016（10）：20-25.

[142] 张永勇，花瑞祥. 基于水动力-水质模型的湖库纳污能力量化[J]. 华北水利水电大学学报（自然科学版），2016（5）：33-39.

[143] 刘方圆，梁忠民，张建华，等. 江苏省淮河流域水功能区达标评价及限排总量[J]. 南水北调与水利科技，2015（1）：51-54，82.

[144] 罗慧萍，逢勇，徐心彤. 江苏省太湖流域水功能区纳污能力及限制排污总量研究[J]. 环境工程学报，2015（4）：1559-1564.

[145] 张宁，冯春红，段尚彪. 云南东河流域水功能区环境容量分析及污染控制[J]. 人民长江，2015（13）：13-16，20.

[146] 谭超，黄本胜，邱静，等. 飞来峡水利枢纽库区纳污能力及限制排污总量研究[J]. 水利水电技术，2015（12）：81-84，89.

[147] 章磊，易齐涛，李慧，等. 两淮矿区小型塌陷湖泊水质特征与水环境容量[J]. 生态学杂志，2015（4）：1121-1128.

[148] 柴元冰，赵伟华，郭伟杰. 通天河及长江源区纳污能力与限排总量控制研究[J]. 长江科学院院报，2016（10）：6-11.

[149] 张鹏飞，陆健刚. 江西湘江会昌段污染物特征分析与纳污能力计算[J]. 人民长江，2016（14）：23-25，30.

[150] 闫峰陵，樊皓，刘扬扬，等. 基于纳污能力的梯级开发河段水环境保护措施研究[J]. 中国水利，2016（13）：16-18.

[151] 管仪庆，陈玥，张丹蓉，等. 平原河网地区水环境模拟及污染负荷计算[J]. 水资源保护，2016（2）：111-118.

[152] 华祖林，程浩淼. 一种考虑容量沿程变化的水环境容量计算方法[J]. 河海大学学报（自然科学版），2015（6）：505-510.

[153] 冯利忠，裴国霞，吕欣格，等. "引黄入呼"取水口动态性水环境容量计算[J]. 环境科学学报，2016（10）：3848-3855.

[154] 钟晓航，王飞儿，俞洁，等. 基于 WASP 水质模型与基尼系数的水污染物总量分配[J]. 浙江大学学报

（理学版），2015（2）：181–188.

[155] 张文静，陈岩，刘雅玲，等. 综合考虑减排效益的污染物总量分配方法研究[J]. 环境污染与防治，2015（3）：107–110.

[156] 周刚，雷坤，富国，等. 基于合理性指数的入河污染物多目标总量分配模型[J]. 应用基础与工程科学学报，2015（3）：499–511.

[157] 单保庆，王超，李叙勇，等. 基于水质目标管理的河流治理方案制定方法及其案例研究[J]. 环境科学学报，2015（8）：2314–2323.

[158] 胡开明，范恩卓. 西太湖区域水环境容量分配及水质可控目标研究[J]. 长江流域资源与环境，2015（8）：1373–1380.

[159] 何慧爽. 河南省水污染物总量区域分配公平性研究[J]. 人民黄河，2015（8）：73–77.

[160] 杨喆，程灿，谭雪，等. 官厅水库及其上游流域水环境容量研究[J]. 干旱区资源与环境，2015（1）：163–168.

[161] 侯春放，程全国，李晔. 基于水环境容量的寇河流域生态补偿标准[J]. 应用生态学报，2015（8）：2466–2472.

[162] 张萌，祝国荣，周慜，等. 仙女湖富营养化特征与水环境容量核算[J]. 长江流域资源与环境，2015（8）：1395–1404.

[163] 秦文浩，夏琨，叶晓东，等. 竺山湾流域河湖系统污染物总量控制研究[J]. 长江流域资源与环境，2016（5）：822–829.

[164] 付可，胡艳霞，谢建治. 基于非点源污染的密云水源保护区水环境容量核算及其分配[J]. 中国农业资源与区划，2016（4）：10–17.

[165] 刘奇，李智，姚刚. 基于基尼系数的水污染物总量分配公平性研究[J]. 中国给水排水，2016（11）：90–94.

[166] 胡欢. 基于综合变量 DEA 的区域水环境管理效率方法研究[J]. 中国农村水利水电，2015（6）：12–16，20.

[167] 秦昌波，徐敏，张涛，等. 以《水污染防治行动计划》构建水污染防治新机制[J]. 环境保护，2015（9）：24–27.

[168] 林惠凤，刘某承，洪传春，等. 中国农业面源污染防治政策体系评估[J]. 环境污染与防治，2015（5）：90–95，109.

[169] 潘晓峰，郝明途，车秀珍，等. 我国排污权交易污染因子和交易区域的选取策略研究[J]. 生态经济，2015（2）：181–183，191.

[170] 王艳艳，窦明，李桂秋，等. 基于和谐目标优化的流域初始排污权分配方法[J]. 水利水电科技进展，2015（2）：12–16，51.

[171] 胡小飞，傅春. 鄱阳湖流域排污权初始分配模式的比较研究[J]. 长江流域资源与环境，2015（5）：839–845.

[172] 汤琦璆. 中国工业废水污染治理税收制度研究[J]. 北京：中国社会科学出版社，2016.

[173] 张艳军，张云怀，王丽婧，等. 三峡库区突发性水环境风险分区应用研究[J]. 环境科学与技术，2015（11）：71–75.

[174] 方广玲，香宝，杜加强，等. 拉萨河流域非点源污染输出风险评估[J]. 农业工程学报，2015（1）：247–254.

[175] 魏娜，仇亚琴，甘泓，等. WWF 水风险评估工具在中国的应用研究——以长江流域为例[J]. 自然资源学报，2015（3）：502–512.

[176] 罗慧萍，逄勇，罗缙，等. 泰州市第三自来水厂饮用水水源地水环境风险评价[J]. 河海大学学报（自然科学版），2015（2）：114–120.

[177] 潘晓雪，秦延文，马迎群，等. "引江济太"过程中塑化剂类污染物的输入特征和环境健康风险评

价[J]. 环境科学学报，2015（12）：4128–4135.

[178] 郑丙辉，李开明，秦延文，等. 流域水环境风险管理与实践[M]. 北京：科学出版社，2015.

[179] 李开明，张英民，卢文洲，等. 农村生活源水污染风险管理[M]. 北京：电子工业出版社，2016.

[180] 张祎. 面向"东方水都"目标的武汉市水环境问题与风险管理研究[M]. 武汉：中国地质大学出版社，2016.

[181] 徐宗学，赵捷. 生态水文模型开发和应用：回顾与展望[J]. 水利学报，2016（3）：346–354.

[182] 沈志强，卢杰，华敏，等. 试述生态水文学的研究进展及发展趋势[J]. 中国农村水利水电，2016（2）：50–52，56.

[183] 陈喜，宋琪峰，高满，等. 植被—土壤—水文相互作用及生态水文模型参数的动态表述[J]. 北京师范大学学报（自然科学版），2016（3）：362–368.

[184] 陆志翔，肖洪浪，Wei Yongping，等. 黑河流域近两千年人—水—生态演变研究进展[J]. 地球科学进展，2015（3）：396–406.

[185] 何志斌，杜军，陈龙飞，等. 干旱区山地森林生态水文研究进展[J]. 地球科学进展，2016（10）：1078–1089.

[186] 陈华，杨阳，王伟. 基于文献计量分析我国生态水文学研究现状及热点[J]. 冰川冻土，2016（3）：769–775.

[187] 刘静玲，尤晓光，史璇，等. 滦河流域大中型闸坝水文生态效应[J]. 水资源保护，2016（1）：23–28，35.

[188] 吕文，杨桂山，万荣荣. 太湖流域近 25 年土地利用变化对生态耗水时空格局的影响[J]. 长江流域资源与环境，2016（3）：445–452.

[189] 张定海，李新荣，陈永乐. 腾格里沙漠人工植被区固沙灌木影响深层土壤水分的动态模拟研究[J]. 生态学报，2016（11）：3273–3279.

[190] 游海林，徐力刚，刘桂林，等. 鄱阳湖湿地景观类型变化趋势及其对水位变动的响应[J]. 生态学杂志，2016（9）：2487–2493.

[191] 王会京，王红霞，谢宇光. 太行山不同林型枯落物持水性及生态水文效应研究[J]. 水土保持研究，2016（6）：135–139，144.

[192] 段文军，李海防，王金叶，等. 漓江上游典型森林植被对降水径流的调节作用[J]. 生态学报，2015（3）：663–669.

[193] 谭胤静，于一尊，丁建南，等. 鄱阳湖水文过程对湿地生物的节制作用[J]. 湖泊科学，2015（6）：997–1003.

[194] 杨卫红，张军民，李松霞，等. 玛纳斯河流域景观分异特征及其水文生态效应研究[J]. 水土保持研究，2015（3）：73–78.

[195] 彭玉华，谭长强，郑威，等. 单性木兰生存群落凋落物及土壤水文生态效应[J]. 水土保持通报，2016（5）：119–125，130.

[196] 顾西辉，张强，孔冬冬，等. .基于多水文改变指标评价东江流域河流流态变化及其对生物多样性的影响[J]. 生态学报，2016（19）：6079–6090.

[197] 孙浩，刘晓勇，熊伟，等. 六盘山四种典型森林生态水文功能的综合评价[J]. 干旱区资源与环境，2016（7）：85–89.

[198] 吕一河，胡健，孙飞翔，等. 水源涵养与水文调节：和而不同的陆地生态系统水文服务[J]. 生态学报，2015（15）：5191–5196.

[199] 高喆，曹晓峰，黄艺，等. 滇池流域水生态功能一二级分区研究[J]. 湖泊科学，2015（1）：175–182.

[200] 韩仕清，李永，梁瑞峰，等. 基于鱼类产卵场水力学与生态水文特征的生态流量过程研究[J]. 水电能源科学，2016（6）：9–13.

[201] 于松延，徐宗学，刘麟菲，等. 渭河生态流势指标体系的构建与应用[J]. 北京师范大学学报（自然科

学版), 2016（3）: 259-264.

[202] 帅方敏, 李新辉, 李跃飞, 等. 珠江东塔产卵场鲮繁殖的生态水文需求[J]. 生态学报, 2016（19）: 6071-6078.

[203] 陈俊贤, 蒋任飞, 陈艳. 水库梯级开发的河流生态系统健康评价研究[J]. 水利学报, 2015（3）: 334-340.

[204] 梁欣阳, 卢玉东, 孙东永, 等. 基于突变检验的黄河上游生态水文变异分析[J]. 中国农村水利水电, 2016（10）: 1-5, 10.

[205] 刘登峰, 田富强. 塔里木河下游河岸生态水文演化模型[M]. 北京: 科学出版社, 2015.

[206] 王焱, 贺亮, 胡蓉. 若尔盖湿地沙化的生态水文过程研究初探[M]. 北京: 科学出版社, 2015.

[207] 李新荣, 张志山, 刘玉冰, 等. 中国沙区生态重建与恢复的生态水文学基础[M]. 北京: 科学出版社, 2016.

[208] 胡波, 郑艳霞, 翟红娟, 等. 生态需求流量与河道内生态需水量计算研究——以澜沧江、红河为例[J]. 长江科学院院报, 2015（3）: 99-106.

[209] 潘扎荣, 阮晓红. 淮河流域河道内生态需水保障程度时空特征解析[J]. 水利学报, 2015（3）: 280-290.

[210] 周维博, 李跃鹏, 王世岩, 等. 三门峡库区湿地生态需水量估算[J]. 南水北调与水利科技, 2015（5）: 877-882.

[211] 陆建宇, 陆宝宏, 张建刚, 等. 沂沭河流域河流生态径流及生态需水研究[J]. 水电能源科学, 2015（9）: 26-30.

[212] 周振民, 刘俊秀, 范秀. 河道生态需水量计算方法及应用研究[J]. 中国农村水利水电, 2015（11）: 126-128, 132.

[213] 徐伟, 董增川, 罗晓丽, 等. 基于改进 7Q10 法的滦河生态流量分析[J]. 河海大学学报（自然科学版）, 2016（5）: 454-457.

[214] 肖才荣, 胡徵雨, 陈成豪, 等. 考虑水文变异的东江流域河道内生态流量研究[J]. 水利水电技术, 2016（10）: 62-66, 133.

[215] 侯盼, 陆宝宏, 黄济琛, 等. 河流生态径流评价的流量区间组成法[J]. 水电能源科学, 2016（9）: 22-26, 51.

[216] 侯世文. 基于多种水文学法分析大汶河干流生态基流[J]. 水文, 2015（6）: 61-66.

[217] 刘剑宇, 张强, 顾西辉. 水文变异条件下鄱阳湖流域的生态流量[J]. 生态学报, 2015（16）: 5477-5485.

[218] 张志广, 谭奇林, 钟治国, 等. 基于鱼类生境需求的生态流量过程研究[J]. 水力发电, 2016（4）: 13-17.

[219] 张陵蕾, 吴宇雷, 张志广, 等. 基于鱼类栖息地生态水文特征的生态流量过程研究[J]. 水电能源科学, 2015（3）: 10-13.

[220] 李金燕. 宁夏中南部干旱区林草植被生态需水变化研究[J]. 人民黄河, 2016（12）: 116-121, 125.

[221] 姜亮亮, 包安明, 刘海隆, 等. 玛纳斯流域生态需水变化与景观格局的响应关系研究[J]. 水土保持研究, 2015（3）: 143-149, 351.

[222] 孙栋元, 胡想全, 金彦兆, 等. 疏勒河中游绿洲天然植被生态需水量估算与预测研究[J]. 干旱区地理, 2016（1）: 154-161.

[223] 白元, 徐海量, 张青青, 等. 基于地下水恢复的塔里木河下游生态需水量估算[J]. 生态学报, 2015（3）: 630-640.

[224] 余明勇, 张海林. 基于综合效益发挥的南方平原区城市湖泊景观水位[J]. 河海大学学报（自然科学版）, 2015（3）: 222-229.

[225] 淦峰, 唐琳, 郭怀成, 等. 湖泊生态水位计算新方法与应用[J]. 湖泊科学, 2015（5）: 783-790.

[226] 吴佩鹏, 束龙仓, 綦中跃. 黄河三角洲地下水生态水位确定的风险分析[J]. 人民黄河, 2015（11）: 66-69.

[227] 冯起. 黑河下游生态水需求与生态水量调控[M]. 北京: 科学出版社, 2015.

[228] 尚文绣, 王忠静, 赵钟楠, 等. 水生态红线框架体系和划定方法研究[J]. 水利学报, 2016（7）: 934-941.

[229] 张天蛟，刘刚，Thomas A.Worthington，等. 影响鱼类分布的生态水文因子建模及分析（英文）[J]. 农业工程学报，2015（S2）：237–245.

[230] 王煜，唐梦君，戴会超. 四大家鱼产卵栖息地适宜度与大坝泄流相关性分析[J]. 水利水电技术，2016（1）：107–112.

[231] 孟钰，张翔，夏军，等. 水文变异下淮河长吻鮠生境变化与适宜流量组合推荐[J]. 水利学报，2016（5）：626–634.

[232] 蔡琨，秦春燕，李继影，等. 基于浮游植物生物完整性指数的湖泊生态系统评价——以 2012 年冬季太湖为例[J]. 生态学报，2016（5）：1431–1441.

[233] 全玮，王黎，胡林，等. 多参数濮东湖多边形生态安全状态判别研究[J]. 安全与环境学报，2015（6）：374–380.

[234] 胡金，万云，洪涛，等. 基于河流物理化学和生物指数的沙颍河流域水生态健康评价[J]. 应用与环境生物学报，2015（5）：783–790.

[235] 焦雯珺，闵庆文，李文华，等. 基于 ESEF 的水生态承载力：理论、模型与应用[J]. 应用生态学报，2015（4）：1041–1048.

[236] 翁异静，邓群钊，杜磊，等. 基于系统仿真的提升赣江流域水生态承载力的方案设计[J]. 环境科学学报，2015（10）：3353–3366.

[237] 王洪铸，王海军，刘学勤，等. 实施环境–水文–生态–经济协同管理战略；保护和修复长江湖泊群生态环境[J]. 长江流域资源与环境，2015（3）：353–357.

[238] 张豫，丛沛桐. 东江干流（惠州段）生态系统健康评价[M]. 北京：中国水利水电出版社，2016.

[239] 周德民，高常军，张海英，等. 三江平原洪河湿地景观变化过程及其水生态效应研究[M]. 北京：中国环境科学出版社，2016.

[240] 徐宗学，刘星才，李艳利，等. 辽河流域环境要素与生态格局演变及其水生态效应[M]. 北京：中国环境科学出版社，2016.

[241] 曹秉帝，张伟军，王东升，等. 高铁酸钾调理改善活性污泥脱水性能的反应机制研究[J]. 环境科学学报，2015（12）：3805–3814.

[242] 张新喜，完颜健飞，胡小兵，等. 基于活性污泥絮体微观参数的污泥沉降性能判别[J]. 环境科学学报，2015（12）：3815–3823.

[243] 谢敏，邓玉梅，刘小波，等. 磁化调质对活性污泥脱水性能的影响[J]. 工业水处理，2015（4）：25–27，40.

[244] 杨贺棋，刘永军，刘喆，等. 不同操作条件下好氧颗粒污泥特性及污染物去除特性研究[J]. 水处理技术，2015（2）：37–41，47.

[245] 王杰，彭永臻，杨雄，等. 温度对活性污泥沉降性能与微生物种群结构的影响[J]. 中国环境科学，2016（1）：109–116.

[246] 尹训飞，马雄威，魏延苓，等. 曝气量及污泥含量对生物膜–活性污泥工艺充氧性能的影响[J]. 水处理技术，2016（3）：108–110，115.

[247] 刘国华，陈燕，范强，等. 溶解氧对活性污泥系统的脱氮效果和硝化细菌群落结构的影响[J]. 环境科学学报，2016（6）：1971–1978.

[248] 郭子军，田学达，余辉，等. 微电解–电极生物膜法在污水深度处理中的应用[J]. 环境科学研究，2015（6）：1001–1007.

[249] 温猛，刘景明，郭永福，等. 改良型 A/O 生物膜法处理印染废水的应用研究[J]. 工业水处理，2015（7）：50–54.

[250] 王丹丹，罗清威. 移动床–膜生物法餐饮废水深度处理[J]. 环境工程，2015（12）：19–23，74.

[251] 李宁，钟为章，苗志加，等. 两段进水生物膜法 OOA–MBR 工艺强化生物脱氮[J]. 环境工程学报，2016（9）：4849–4854.

[252] 王旭，曹文平，张寒雨，等. 不同填料生物滤池净化生活污水性能的对比研究[J]. 水处理技术，2016

（6）：47–50.

[253] 郭明昆，吴昌永，周岳溪，等. 强化除磷曝气生物滤池反冲洗优化及其污泥特性[J]. 环境科学研究，2016（3）：404–410.

[254] 浦跃武，许小马，王斯尧，等. 新型生物膜反应器处理传统村落生活污水的挂膜研究[J]. 华南理工大学学报（自然科学版），2016（3）：142–148.

[255] 黄韵清，孙傅，曾思育，等. 污水深度处理中超滤工艺对有机物的截留模型[J]. 中国环境科学，2015（2）：420–426.

[256] 徐洪斌，耿颖，杨苗青. 双膜法用于城市污水深度处理回用的生产性试验[J]. 中国给水排水，2015（23）：112–115.

[257] 王国强，张荣新，傅金祥，等. 人工湿地自改性基质用于污水深度处理技术研究[J]. 工业水处理，2016（1）：73–78.

[258] 张鸿涛，黄守斌，李荣毓，等. 热电厂循环冷却排污水深度处理工程设计及调试[J]. 给水排水，2016（5）：75–79.

[259] 尚玉，吴顺勇，马天添，等. 反硝化生物滤池在污水深度处理中的应用[J]. 中国给水排水，2016（8）：84–87.

[260] 刘芳芳，陈洪波，李小明，等. 进水氨氮浓度对好氧/缺氧/延长闲置 SBR 脱氮除磷性能的影响[J]. 环境工程学报，2015（12）：5775–5782.

[261] 常会庆，王浩. 三级深度脱氮除磷工艺及净化效果研究[J]. 水处理技术，2016（2）：76–79，83.

[262] 杨伟强，王冬波，李小明，等. 低碳源条件下改良双污泥系统脱氮除磷优化研究[J]. 环境科学，2016（4）：1492–1498.

[263] 周彦卿，郝瑞霞，王珍，等. 硫铁比对再生水深度脱氮除磷的影响[J]. 环境科学，2016（6）：2229–2234.

[264] 陶先超，李维，石先阳. 移动床序批式反应器同步脱氮除磷特性及功能菌分析[J]. 水处理技术，2016（9）：46–50.

[265] 徐忠强，郝瑞霞，徐鹏程，等. 硫铁填料和微电流强化再生水脱氮除磷的研究[J]. 中国环境科学，2016（2）：406–413.

[266] 王曼，冯绮澜，赵庆良，等. BAF–MBR 用于污水深度处理与同步化学除磷[J]. 环境工程学报，2016（9）：4945–4950.

[267] 王素兰，罗佳佳，于洁，等. A~2O–MBR 工艺脱氮除磷效果的季节性变化分析[J]. 中国给水排水，2016（9）：95–97.

[268] 李微，刘静，孟海停，等. A~2/N–SBR 工艺短程反硝化除磷脱氮研究[J]. 环境工程，2016（8）：62–67.

[269] 王昶，张宗鹏，曾明. 均相 Fenton 氧化降解苯甲酸废水的研究[J]. 环境工程，2015（12）：49–53.

[270] 赵志刚，徐乐中，包伟，等. Fenton+生物组合工艺处理某农药厂废水设计研究[J]. 水处理技术，2015（11）：126–129.

[271] 王兵，王波，任宏洋，等. 高级氧化技术处理天然气净化厂检修污水中试[J]. 中国给水排水，2015（15）：105–109.

[272] 谢娟，王新强，屈撑囤，等. 紫外–高级氧化联合处理采气污水中残留甲醇研究[J]. 环境科学与技术，2016（3）：80–84.

[273] 王航，王涵，冯宇，等. 过硫酸盐高级氧化工艺降解硝基苯[J]. 环境科学与技术，2016（5）：75–79.

[274] 唐国卿，邱家洲，沈燕，等. 臭氧高级氧化组合技术处理垃圾渗滤液浓缩液[J]. 中国给水排水，2016（8）：88–91.

[275] 杨帅. VSEP 振动膜技术处理高含盐废水试验研究[J]. 给水排水，2015（S1）：248–250.

[276] 时玉龙，宋丹，田海，等. 超滤膜在沿淮某水厂与各生产工艺联用试验研究[J]. 中国给水排水，2015（9）：1–5.

[277] 孙娜，王艳芳，王志鹏，等. NF/RO 在垃圾焚烧厂渗滤液处理工程中的应用[J]. 中国给水排水，2015

（20）：104–107.

[278] 孟友国，吴雅琴，朱圆圆，等. 均相电驱动膜技术在脱硫废水资源化中的应用研究[J]. 水处理技术，2016（6）：33–35.

[279] 李昆，王健行，魏源送. 纳滤在水处理与回用中的应用现状与展望[J]. 环境科学学报，2016（8）：2714–2729.

[280] 霍茜，宋亚萍，张振家. 振动膜处理变性淀粉废水的研究[J]. 水处理技术，2016（6）：114–117，123.

[281] 吴属连，刘欢，崔理华. 复合人工湿地系统酶活性及其与污染物净化效果的相关性[J]. 环境工程，2015（1）：15–18，61.

[282] 胡沅胜，赵亚乾，赵晓红，等. 间歇曝气铝污泥基质人工湿地处理高浓度养猪废水[J]. 中国给水排水，2015（17）：124–128.

[283] 刘言正，张小龙，何腾，等. 生态修复技术在杭州龙泓涧综合治理工程中的应用[J]. 中国给水排水，2015（22）：105–108.

[284] 司万童，栗利曼，刘菊梅，等. 人工湿地对工业区黄河水饮用风险的降低研究[J]. 人民黄河，2016（2）：71–74.

[285] 王莉雯，卫亚星. 湿地土壤全氮和全磷含量高光谱模型研究[J]. 生态学报，2016（16）：5116–5125.

[286] 谌建宇，骆其金，庞志华，等.典型行业废水氨氮总量控制减排技术评估方法与应用[M]. 北京：中国环境科学出版社，2016.

[287] 周国成，凌建军，等.水处理新技术与案例[M].北京：中国环境科学出版社，2015.

[288] 陈鸣钊，冯骞，夏敏，等.水环境治理前瞻性探论[M].北京：化学工艺出版社，2017.

[289] 马广文，王圣瑞，王业耀，等. 鄱阳湖流域面源污染负荷模拟与氮和磷时空分布特征[J]. 环境科学学报，2015（5）：1285–1291.

[290] 叶玉适，梁新强，李亮，等. 不同水肥管理对太湖流域稻田磷素径流和渗漏损失的影响[J]. 环境科学学报，2015（4）：1125–1135.

[291] 杨宝林，崔远来，赵树君，等. 基于SWAT模型的莲塘口流域农业面源污染模拟[J]. 武汉大学学报（工学版），2016（3）：359–364，371.

[292] 李翠梅，张绍广，姚文平，等. 太湖流域苏州片区农业面源污染负荷研究[J]. 水土保持研究，2016（3）：354–359.

[293] 王国重，李中原，左其亭，等.丹江口水库水源区农业面源污染研究及防治措施[M].郑州：黄河水利出版社，2016.

[294] 张锁娜，王海波，李肖肖，等. 臭氧对饮用水管网中溶解性有机物的影响[J]. 环境工程学报，2015（3）：1004–1008.

[295] 陈环宇，魏宗元，何晓芳，等. 给水管网中污染物在管垢上的累积和释放[J]. 环境科学学报，2015（10）：3088–3097.

[296] 李文攀，周密，白雪，等. 集中式饮用水水源地水质预警指标体系构建[J]. 中国环境监测，2016（1）：128–132.

[297] 陈昉秋. 关于我国水利水电工程生态调度的思考与建议[J]. 环境保护，2016（Z1）：73–75.

[298] 杨正健，刘德富，纪道斌，等. 防控支流库湾水华的三峡水库潮汐式生态调度可行性研究[J]. 水电能源科学，2015（12）：48–50，109.

[299] 郭文献，王艳芳，彭文启，等. 水库多目标生态调度研究进展[J]. 南水北调与水利科技，2016（4）：84–90.

[300] 张召，张伟，廖卫红，等. 基于生态流量区间的多目标水库生态调度模型及应用[J]. 南水北调与水利科技，2016（5）：96–101，123.

[301] 戴凌全，毛劲乔，戴会超，等. 面向洞庭湖生态需水的三峡水库蓄水期优化调度研究[J]. 水力发电学报，2016（9）：18–27.

[302] 赵廷红，王鹏全，张永明，等. 考虑不同生态需水方案的水库生态友好型调度研究[J]. 干旱区资源与环境，2016（9）：139–143.

[303] 邓铭江，周海鹰，徐海量，等. 塔里木河下游生态输水与生态调度研究[J]. 中国科学：技术科学，2016（8）：864–876.

[304] 陈立华，叶明，叶江，等. 红水河龙滩－岩滩生态调度发电影响研究[J]. 水力发电学报，2016（2）：45–53.

[305] 刘德富，杨正健，纪道斌，等. 三峡水库支流水华机理及其调控技术研究进展[J]. 水利学报，2016（3）：443–454.

[306] 吕巍，王浩，殷峻暹，等. 贵州境内乌江水电梯级开发联合生态调度[J]. 水科学进展，2016（6）：918–927.

[307] 刘波，彭相楷，束龙仓，等. 黄河三角洲清水沟湿地三次生态补水对地下水的影响分析[J]. 湿地科学，2015（4）：393–399.

[308] 彭勃，葛雷，王瑞玲，等. 黄河三角洲刁口河生态补水对地下水影响的模拟分析[J]. 水资源保护，2015（5）：1–6.

[309] 卿晓霞，郭庆辉，周健，等. 小型季节性河流生态补水需水量及调度方案研究[J]. 长江流域资源与环境，2015（5）：876–881.

[310] 刘瑜，杨慧，李银，等. 天津市用于滨海河口生态补水的非常规水资源估算[J]. 南水北调与水利科技，2016（3）：62–66.

[311] 欧阳院平，刘先锋. 美国大环保理念对长江水生态环境保护的启示[J]. 人民长江，2015（19）：97–100.

[312] 李淑贞，张立，张恒，等. 人民治理黄河70年水资源保护进展[J]. 人民黄河，2016（12）：35–38，78.

[313] 穆宏强，李欣欣，周绍江. 长江流域水资源保护科技创新与发展[J]. 人民长江，2015（12）：28–32.

[314] 朱党生，王晓红，张建永. 水生态系统保护与修复的方向和措施[J]. 中国水利，2015（22）：9–13.

[315] 钮新强. 洞庭湖综合治理方案探讨[J]. 水力发电学报，2016（1）：1–7.

[316] 刘青勇，王爱芹，张娜，等. 基于调水调沙的黄河三角洲湿地生态修复技术[J]. 中国农村水利水电，2016（2）：60–63.

[317] 毛劲乔，戴会超. 重大水利水电工程对重要水生生物的影响与调控[J]. 河海大学学报（自然科学版），2016（3）：240–245.

[318] 叶春，李春华，吴蕾，等. 湖滨带生态退化及其与人类活动的相互作用[J]. 环境科学研究，2015（3）：401–407.

[319] 张丛林，乔海娟，王毅，等. 基于生态文明理念的水生态红线管控制度体系框架研究[J]. 中国水利，2015（11）：35–38.

[320] 田伟，暴入超，张权. 南水北调中线水源区限制纳污红线技术探讨[J]. 人民黄河，2016（11）：71–74.

[321] 李原园，李爱花，郦建强，等. 流域水生态补偿机理与总体框架[J]. 中国水利，2015（22）：5–8，13.

[322] 马超，常远，吴丹，等. 我国水生态补偿机制的现状、问题及对策[J]. 人民黄河，2015（4）：76–80.

[323] 王志强，柳长顺，刘小勇，等. 关于建立西藏水生态补偿机制的设想[J]. 长江流域资源与环境，2015（1）：16–20.

[324] 常书铭. 汾河水库上游水源涵养区水生态补偿标准研究[J]. 人民黄河，2016（9）：56–58.

[325] 罗万云，卢玉文，陈亚宁. 基于保证生态需水的生态补偿标准研究——以塔里木河干流为例[J]. 节水灌溉，2016（5）：71–74，80.

[326] 顾大钊，等. 晋陕蒙接壤区大型煤炭基地地下水保护利用与生态修复[M]. 北京：科学出版社，2015.

[327] 赵勇胜. 地下水污染场地的控制与修复[M]. 北京：科学出版社，2015.

[328] 张虹鸥，温美丽，林建平，等. 新丰江水库水质生态保护研究[M]. 广州：中山大学出版社，2015.

[329] 陈菁，马隰龙. 新型城镇化建设中基于低影响开发的水系规划[J]. 人民黄河，2015（8）：27–29，34.

[330] 陈灵凤. 海绵城市理论下的山地城市水系规划路径探索[J]. 城市规划，2016（3）：95–102.

[331] 许晓林，陈星，向龙，等. 基于健康河流理念的苏白圩水系规划研究[J]. 中国农村水利水电，2015（4）：55–59.

[332] 胡应均，王家卓，范锦. 关于城市水系规划的探讨[J]. 中国给水排水，2015（4）：42–44，57.

[333] 张永勇，李宗礼，刘晓洁. 近千年淮河流域河湖水系连通演变特征[J]. 南水北调与水利科技，2016（3）：77–83.

[334] 窦明，靳梦，牛晓太，等. 基于遥感数据的城市水系形态演变特征分析[J]. 武汉大学学报（工学版），2016（1）：16–21.

[335] 窦明，靳梦，张彦，等. 基于城市水功能需求的水系连通指标阈值研究[J]. 水利学报，2015（9）：1089–1096.

[336] 周振民，刘俊秀，郭威. 郑州市水系格局与连通性评价[J]. 人民黄河，2015（10）：54–57.

[337] 陈星，许伟，李昆朋，等. 基于图论的平原河网区水系连通性评价——以常熟市燕泾圩为例[J]. 水资源保护，2016（2）：26–29，34.

[338] 邢梦雅，徐慧，茹彪，等. 基于空间分析的城镇水系生态景观规划方法[J]. 水资源保护，2016（2）：92–95.

[339] 邹大胜，黄华金. 赣抚尾闾地区河湖水系连通格局研究[J]. 中国农村水利水电，2016（11）：44–47.

[340] 张泽玉，王金山，高月奎，等. 山东半岛蓝色经济区水系连通模式研究[J]. 中国水利，2015（8）：43–45.

[341] 齐春三，郑良勇. 水系生态建设关键技术研究与应用[M]. 北京：中国水利水电出版社，2015.

[342] 孙景亮. 城市河湖生态治理与环境设计[M]. 北京：中国水利水电出版社，2016.

[343] 潘绍财，贺清录. 城市河道综合整治工程设计实践[M]. 北京：中国水利水电出版社，2016.

[344] 徐光来，许有鹏. 城镇化背景下平原水系变化及其水文效应[M]. 武汉：武汉大学出版社，2016.

本章撰写人员及分工

本章撰写人员名单：窦明、徐洪斌、陈豪，分工如下表。

节　名	作　者	单　位
4.1 概述	陈豪	华北水利水电大学
	窦明	郑州大学
4.2 水环境机理研究进展	窦明	郑州大学
4.3 水环境调查、监测与分析研究进展	徐洪斌	郑州大学
4.4 水质模型与水环境预测研究进展	陈豪	华北水利水电大学
4.5 水环境评价研究进展	徐洪斌	郑州大学
4.6 污染物总量控制及其分配研究进展	陈豪	华北水利水电大学
4.7 水环境管理理论研究进展	陈豪	华北水利水电大学
4.8 生态水文学研究进展	窦明	郑州大学
4.9 水污染治理技术研究进展	徐洪斌	郑州大学
4.10 水生态保护与修复技术研究进展	窦明	郑州大学

第 5 章　水安全研究进展报告

5.1　概述

5.1.1　背景与意义

（1）目前，水安全尚无统一的概念，观点不一、内涵丰富，这也体现水安全研究的复杂性和艰巨性。一般来讲，水安全是指在现在或将来，由于自然的水文循环波动或人类对水循环平衡的不合理改变，或是二者的耦合，使得人类赖以生存的区域水状况发生对人类不利的演进，并正在或将要对人类社会的各个方面产生不利的影响，表现为干旱、洪涝、水量短缺、水质污染、水环境破坏等等方面；并由此可能引发粮食减产、社会不稳、经济下滑及地区冲突等。

（2）水安全问题越来越成为全世界关注的焦点，各国投入了大量的人力物力去研究解决水安全问题。2000 年 3 月在荷兰海牙召开的世界部长级会议和 2000 年 8 月在瑞典斯德哥尔摩召开的世界水论坛的主题都是"21 世纪水安全"，可见水安全是世界各国所面临的共同课题。

（3）2000 年的海牙会议上提出：为了保障 21 世纪水安全，我们面临着"满足基本需求、保证食物供应、保护生态系统、共享水资源、控制灾害、赋予水价值、合理管理水资源"等一系列挑战，并提出了相应的对策。在对水安全问题进行思考的同时，我们注意到水资源不仅是一个生态环境问题，也是一个经济问题、社会问题和政治问题，直接关系到国家的安全。对水资源紧张的国家和地区来说，水资源已经成为关系到生存和发展的战略问题，同时也是影响国家安全和国际关系的一个重要方面。

（4）水安全的内涵主要包括以下几方面：①水安全是人类和社会经济可持续发展的一种环境和条件；②水安全系统由众多因素构成，经济社会和生态系统满足的程度不同，水安全的满足程度也不同，因此水安全是一个相对概念；③水安全是一个动态的概念，随着技术和社会发展水平不同，水安全程度不同；④水安全具有空间地域性、局部性；⑤水安全可调控性，通过水安全系统中各因素的调控、整治，可以改变水安全程度；⑥维护水安全需要成本。

（5）关于水安全方面的研究，已经成为 21 世纪以来备受关注的研究领域之一，相继出现了大量的研究成果，为保障国家水安全提供了有力的支撑和保障。在水安全研究中，水安全的表征、评价、洪水、干旱、水污染、冰凌、泥石流、风暴潮等都是其研究的主要内容。加强水安全方面的相关研究，已成为支撑我国经济社会可持续发展和确保国家粮食安全、能源安全和生态安全的重要学科领域，也很有必要及时总结有关水安全研究领域的最新进展，促进水安全研究的理论发展和实践应用。

（6）水安全风险是人类面临的重大挑战，从降低风险、回避风险、分担风险、增强风险的预见能力、增强风险的抗御能力、增强风险的应急能力、提高风险的承受能力与避免人为加重风险等方面都需要相应的技术支持。

（7）水安全保障包括技术保障、社会保障、经济保障、政策保障、制度保障等，是一个庞大的系统工程。水安全研究的相关关键技术，只是水安全保障的一个方面，构建水安全保障体系，应从供水管理向需水管理转变，从粗放用水方式向集约用水方式转变，从过度开发水资源向主动保护水资源转变，从单一治理向系统治理转变。

（8）水安全概念的内涵、外延正随着社会的发展在不断拓展，水安全的理论研究有待进一步深化，水安全保障关键技术日新月异，水安全保障体系研究方兴未艾。

5.1.2　标志性成果或事件

（1）2015 年 10 月 26 日至 29 日，十八届五中全会审议通过的《中共中央关于制定国民经济和社会发展第十三个五年规划的建议》，多处涉及水利工作，把"水利"列为基础设施网络之首，把防范水资源风险纳入风险防范的重要内容，对加快完善水利基础设施网络、大规模推进农田水利建设、实行最严格的水资源管理制度等工作作出安排部署，凸显了水利在经济社会发展全局中的战略地位和重要作用，充分彰显了中央对水利工作的高度重视和大力支持。

（2）2015 年 9 月 28 日，水利部通报最严格水资源管理制度落实情况："三条红线"指标分解得到积极推进，建立了覆盖省市县三级行政区的水资源管理控制指标体系和行政首长负责制；各省级人民政府制定最严格水资源管理制度配套文件 60 余件，基本建立了最严格水资源管理制度体系，完成该制度的顶层设计；有效控制用水总量、提高用水效率、提升水功能区水质达标率、强化水资源管理基础能力等各项制度措施取得积极成效，2015 年新增高效节水灌溉面积 2000 万亩以上。

（3）水利部加快农村饮水安全工程建设步伐，截至 2015 年 10 月 20 日，已解决 6085 万农村居民饮水安全问题，提前完成 2015 年《政府工作报告》提出的再解决 6000 万农村居民饮水安全问题目标任务。在国家财政投入的强力支持下，2015 年还同步解决了四大片区规划外新出现的 566.6 万农村人口饮水安全问题。截至 2015 年年底，全国农村集中式供水人口比例达 82%，农村自来水普及率达 76%，农村供水保证程度和水质合格率均有大幅度提高，我国农村饮水安全问题基本得到解决。

（4）2015 年，共有灿鸿、莲花、苏迪罗等 6 个台风登陆我国，对局部地区造成严重影响；南方出现多次强降雨过程，广西、广东等地出现罕见冬汛；东北、北方冬麦区及南方局地发生冬春旱，华北、东北、西南等地发生夏旱。国家防总、水利部和各级防指提前部署，加强会商研判和监测预报，及时启动应急响应，派出多个工作组，统筹组织抗灾救灾，科学调度水利工程拦蓄洪水，有力保障了人民群众生命财产安全。与 2000 年以来同期均值相比，洪涝干旱灾害损失大幅度降低，2015 年水旱灾害死亡人数、受灾人口、受灾面积、倒塌房屋分别减少 74%、46%、44% 和 86%，其中死亡人数为历史同期最少。

（5）2015 年 9 月，中共中央、国务院印发《生态文明体制改革总体方案》，明确提出绿水青山就是金山银山、山水林田湖是一个生命共同体等理念；明确构建资源总量管理和全面节约制度；提出健全自然资源资产产权制度，探索建立水权制度，开展水域、岸线等水生态空间确权试点，分清水资源所有权、使用权及使用量；提出完善最严格水资源管理制度，建立健全节约集约用水机制，完善规划和建设项目水资源论证制度。在严重缺水地区建立用水定额准入门槛，严格控制高耗水项目建设，完善水功能区监督管理，建立促进非常规水源利用制度。

（6）受厄尔尼诺和拉尼娜事件共同影响，2016年我国遭受多年少有的特大洪涝灾害。国家防总、水利部认真贯彻落实习近平总书记和李克强总理重要讲话重要批示精神，以及汪洋副总理等中央领导同志的要求，会同流域防总、地方党委政府和广大军民，超前部署、科学调度、团结抗洪、合力减灾，科学防范了长江流域1998年以来最大洪水、太湖历史第二位流域性特大洪水、海河流域罕见暴雨洪水，成功抗御了"尼伯特""妮妲""莫兰蒂""莎莉嘉"等强台风袭击，有效应对了点多面广的局部严重洪涝、山洪泥石流灾害以及北方冬麦区冬春旱和部分地区夏伏旱，大中型水库无一垮坝，大江大河干堤无一决口，江河湖库险情得到有效控制，与2000年以来均值相比，农作物受灾面积、受灾人口、死亡人数、倒塌房屋分别减少14%、27%、49%、57%，最大程度保障了人民群众生命安全、减轻了洪涝灾害损失。

（7）2016年节水优先方针深入落实，全面落实最严格水资源管理制度，完成"十二五"期末考核任务。联合发展改革委开展水资源消耗总量和强度双控行动，完成19条重要跨省江河流域水量分配工作，强化水资源论证和取水许可管理，加快水资源承载能力监测预警机制建设，用水总量得到有效控制。

（8）2016年，我国全面深入开展节水型社会建设，严格计划用水和定额管理，实施全民节水行动、水效领跑者引领行动，推行合同节水管理，加大非常规水源利用力度，水资源利用效率和效益进一步提升。同时，加快落实水污染防治行动计划，严格水功能区管理、入河排污口监管和饮用水水源地保护，重要江河湖泊水功能区水质稳步提高。。

（9）2016年江河湖泊保护力度加大，加强河湖空间用途管制，组织开展河湖管理范围划定及水利工程确权划界，严厉打击河道非法采砂，强化涉河建设项目监管。全面推进城乡水生态文明建设，科学实施江河湖库水系连通，加快推进南水北调东中线一期工程受水区地下水压采和河北地下水超采综合治理试点。

（10）2016年，有序实施黄河、黑河水量统一调度，圆满完成南水北调东中线一期工程年度水量调度工作，向受水区年度供水43亿 m^3。新增水土流失综合治理面积5.44万 km^2，实施坡耕地改造400万亩，新增农村水电装机200万kW。

5.1.3 本章主要内容介绍

本章是有关水安全研究进展的专题报告，主要内容包括以下几部分。

（1）对水安全研究的背景、内涵及意义，有关水安全的2015—2016年标志性成果或事件，水安全研究的主要内容以及有关说明进行简单概述。

（2）本章从5.2节开始按照水安全相关研究内容进行归纳编排，主要内容包括：水安全表征与评价研究进展，洪水及洪水资源化研究进展，干旱研究进展，水污染研究进展，以及水安全其他方面研究进展等。最后简要归纳2015—2016年进展与2013—2014年进展的对比分析结果。

5.1.4 有关说明

本章是在《中国水科学研究进展报告2011—2012》[1]（2013年6月出版）和《中国水科学研究进展报告2013—2014》[2]（2013年6月出版）的基础上，在广泛阅读2015—2016年相关文献的基础上，较为系统地介绍有关水安全的研究进展。因为相关文献很多，本书只列举最近两年有代表性的文献，且所引用的文献均列入参考文献中。

5.2　水安全表征与评价

近两年关于水安全表征与评价的文献较多，但具有创新性的文献不多，主要还是集中于利用已有的评价指标、评价标准和评价方法进行水安全评估等方面，评价方法多采用常用的熵权法、模糊综合评价法、层次分析法、概率分析方法等。这里只介绍近两年具有代表性的文献资料。

（1）对水安全评价方法进行研究和应用的文献较多，比如，苏印等[3]基于集对分析理论，引入同异反联系度计算公式，建立了城市水安全的评价模型；郑德凤等[4]应用投影寻踪方法建立水安全评价模型；杜向润等[5]建立基于熵权的改进模糊物元模型；张戈等在[6]基于压力—状态—响应系统和可变模糊识别理论构建评价模型；刘传旺等[7]基于 PSR 模型建立了类型识别的物元评判模型；乔丹颖等[8]将云模型引入河流水安全评价；江红等[9]采用熵权法确定各指标的权重，评估亚洲、太平洋 47 个国家的水安全状况；沈俊源等[10]在最严格水资源管理制度的约束下，提出基于信息熵的水安全模糊集对评价模型，确定水安全评价等级；贡力等[11]建立基于集对分析法城市水安全评价模型；许大炜等[12]采用 DPSIR 模型构建水安全评价体系；罗斌等[13]根据边际效益递减原理和熵权法，采用水匮乏指数对四川省多年水安全状况进行了评价。

（2）李孟颖等[14]采用文献法对近年京津冀水资源、水环境、水污染、水灾害、水管理等水安全情势进行相关数据分析，从总体上显示出水危机问题和京津冀地区快速城市化发展的关联性。

（3）金丽等[15]结合农村供水特点确定了新农村水安全评价的指标体系，提出了新农村水安全状况的评价标准；并针对农村水安全系统特点综合运用熵权法和模糊评价法确定了各指标的权重，建立了水安全综合评价模型。

（4）窦明等[16]运用系统动力学理论建立了社会水循环系统动力学模型，模拟水资源在区域社会系统和水系统之间的转化和消耗过程；从提高水安全保障能力角度设计了三种发展模式，并研制了基于发展模式驱动的水安全调控模型，评价在不同发展模式情景下的水安全度。

（5）陈筠婷等[17]试图将城市水安全研究纳入非传统安全范畴来构建其理论体系，探讨城市水安全的学科归属，从主体间性来理解城市水安全的主体关系，从安全的物质和社会建构角度来剖析城市水安全化的动态过程，从非传统安全理论构建的一般框架来解构城市水安全的指涉对象及其安全价值，进而总结城市水安全的概念。

（6）周卫明等[18]对中国水安全基本形势做出判断，指出了中国水利发展体制存在的相关问题，并在此基础上提出了一揽子政策建议。

（7）李雪松等[19-20]基于水安全的内涵提出了水安全综合评价模型。

（8）姬琳等[21]分析了信江流域传统聚落在低技术背景下通过生态设计手段，借助自然力量，保障聚落生活用水的安全，改善聚落的水系及人居环境生态状况。体现在不同地域、气候条件下不同地区聚落的生态设计智慧。

（9）王泽阳等[22]针对历史文化街区面临的城市内涝安全问题，寻求有效解决现存的水安全问题的对策。通过分析梳理鼓浪屿的城市肌理、街巷空间及风貌建筑等历史文化街区的特性，结合鼓浪屿特有的城市地理环境，建立鼓浪屿全岛的排水模型，对常规雨水及超常规内涝防治系统进行评估提升，提出街区最优的改造策略，构建安全的历史文化街区海绵城市体系。

（10）沈清基[23]通过对水安全、水生态智慧以及人类诗意栖居内涵的剖析，指出诗意栖居是人类的共同向往，需要高度的生态智慧以及高度的水安全支撑。

（11）苏印等[24]基于系统动力学方法建立水安全系统模型，仿真模拟贵州省水安全系统的贵阳模式、遵义模式、毕节模式和协调型模式 4 种不同模式下的水资源子系统、水环境子系统、水灾害子系统的发展演变规律。

（12）王西琴等[25]针对我国农业用水区域差异特点，选择水资源状况、农业用水特征、经济发展水平、农业生产条件等 4 个方面的 10 个指标，采用聚类分析方法，以 2013 年为基准年对我国农业用水进行分区，为我国农业用水安全提供依据。

（13）彭建等[26]在对比分析资源、环境与灾害等多学科视角下水安全概念异同的基础上，明晰了区域水安全格局的概念内涵；并在系统探讨了水安全格局构建历程与方法研究进展的基础上，指出水安全研究正由定量评价向空间管控转型，水环境安全格局构建严重滞后，缺乏水安全格局与自然生态过程、社会经济过程的耦合关联分析。

（14）夏军等[27]归纳总结了国内外有关水安全的定义，并综述了变化环境下水安全问题研究最新的进展，强调了水安全保障的水文水资源及其与社会科学的交叉应用基础研究，提出了水与人类未来发展的水安全保障的若干对策与建议。

（15）衡先培等[28]立足于水安全格局，力求挖掘地方知识在解决特定场地水生态问题中的意义，并对比了地方知识与科学知识的关系，通过结合两者的信息共同构建当地的水安全格局，总结了地方知识在水安全格局识别中的作用。

5.3 洪水及洪水资源化研究进展

洪水灾害防治与洪水风险管理历来是水安全研究的重点内容，我国的部分地区每年都遭受不同程度的洪涝灾害影响，如何对洪水进行准确的模拟预报、科学进行洪水调度、准确评估洪水风险、合理利用洪水资源，是目前洪水及其资源化利用研究的重点内容。近两年每年都有大量相关成果涌现，本部分从洪水特征分析与计算、洪水模拟、洪水预报、洪水调度、洪水风险分析、洪水资源利用和防洪减灾等几个方面综述近两年的相关研究进展。

5.3.1 洪水特征分析与计算

洪水特征分析与计算的文献相对来讲比较多，主要为具体技术方法的应用成果，洪山特征描述的新理论和新方法成果较少，这也说明要实现洪水特征分析与计算理论方法创新确实比较困难。以下仅列举有代表性的文献以供参考。

（1）殷淑燕等在《历史时期以来汉江上游极端性气候水文事件及其社会影响研究》[29]一书中，对比分析了古土壤、古洪水滞流层沉积物研究成果，并与现代气候与水文观测记录相对照，分析了汉江上游历史时期以来极端性气候水文事件及其产生的社会影响。

（2）叶正伟在《淮河沿海地区水循环与洪涝灾害》[30]一书中，应用 GIS 技术、时间序列检验、等级分析、小波分析和大气环流场分析等方法，围绕水循环过程、要素变异及洪涝成灾机制链分析等关键问题，从检测分析、响应过程、影响因子、驱动机制四个层面，分析了降水的多时间尺度变化规律，探讨了洪涝的响应特征，阐明了水循环变异的大气环流配置形势，揭示了洪涝灾害成灾机制。

（3）王海燕等[31]和王晓玲等[32]均基于 1981—2012 年宜昌水文站流量资料、国家气象站雨量资料和 NCEP 再分析资料，将普查出的 128 例长江上游中小洪水过程，对其天气类型的影响因素和成因进行分析。

（4）陈璇等[33]对 1981—2012 年 24 例长江上游流域大洪水过程进行普查，发现影响长江上游大洪水强降水过程的 3 种天气系统，并采用统计、诊断及合成分析方法，对不同天气类型的大尺度环流背景、主要影响系统及致洪降水发生机理进行研究，总结其特点及差异。

（5）卢韦伟等[34]引入三维非对称 Copula 分布函数拟合区域内各个站点年最大流量的相关关系，并利用半参数法估计 Copula 函数的参数，采用 KRP 推求区域洪水发生的重现期。

（6）陈海健等[35]提出了基于信息熵的洪水过程均匀度变异分析方法。该法借用信息熵构建洪水过程均匀度模型，采用水文变异诊断系统分析洪水过程均匀度序列的变异规律，并分析造成变异的物理成因。

（7）顾西辉等[36]采用塔里木河流域（塔河流域）8 个水文站及相应气象站数据，全面分析了洪水发生量级、频率和峰现时间等特征，研究洪水发生成因及其影响。

（8）钟栗等[37]通过新安江海河模型研究卫河流域代表区下垫面变化情况，采用综合线性权重法对元村集站设计洪水资料系列进行一致性修正。

（9）刘明月[38]应用遥感、地理信息系统技术、中国环境与灾害监测预报小卫星（简称 HJ-1 卫星）和 Landsat 8 卫星影像，对松花江和嫩江交汇段水情进行实时监测，构建洪水监测遥感影像集；并利用两种影像确定不同时相的洪水淹没范围，掌握洪水发展的过程，对淹没区的灾情进行快速评估。

（10）陈心池[39]选取汉江中上游流域作为研究对象，采用年最大值法（AM）和百分位法两种选样方式选取洪量极值样本，采用不同的极值统计模型和函数模型分别进行单变量边缘分布拟合和多变量联合分布拟合，遴选出描述流域降雨和洪水联合分布规律的最优概率模型。

（11）顾西辉等[40]基于 GEVcdn 模型（Generalized Extreme Value conditional density network）构建了珠江流域非一致性洪水频率模型。

（12）卢燕宇等[41]提出了考虑前期基础水位的动态致灾临界雨量指标，并以淮河上游地区为例，基于 HBV 水文模型建立了降水-流量-水位关系，并根据这种关系确立了临界雨量确定的方法流程。

（13）朱健等[42]通过实地调查和流域降雨量分析，采用比降面积法计算确定军塘湖河 "8·29" 特大洪水洪峰流量，并指出石膏沟流域的东支沟洪峰模数是新疆截至目前出现的最大洪峰模数。

（14）徐兴亚等[43]通过数据同化方法合理地将实时水文观测数据融入到洪水预报模型中，来提高洪水预报模型的实时性和精确度，并建立了基于粒子滤波数据同化算法的河道洪水实时概率预报模型。

（15）顾西辉等[44]以珠江流域 28 个测站 1951—2010 年年最大洪峰流量序列为例，用 Pettitt 方法结合 Loess 参考函数检验序列中均值和方差变异，用 Mann-Kendall 和 Spearman 法检测时间趋势性,用广义可加模型(GAMLSS)和长期持续效应等具体分析序列的平稳性。

(16)刘科等[45]以秦岭南北的汉江上游、渭河为例,对比分析了洪水发生的时间、流量的差异,并探讨了气候变化与洪水发生的联系。

(17)刘章君等[46]采用各分区洪水的联合概率密度函数值度量地区组成发生的相对可能性,基于 Copula 函数推导得到分区洪水归一化的概率密度函数,提出了设计洪水地区组成的区间估计方法。

(18)翟丹华等[47]对琼江流域两次洪水过程的水文气象条件进行了分析。利用数字高程模型 DEM 提取了琼江流域的河网分布和河道距离出口的分布,结合标准化时间距离方法客观地反映了强降水的时空分布情况。

(19)姚章民等[48]对珠江流域9场历史典型暴雨洪水的致洪天气系统、暴雨中心落区及发生时间进行统计分析,探求珠江流域各水系产生暴雨的天气系统、暴雨类型、洪水成因及发生时间的相互联系,归纳出珠江流域致洪暴雨洪水的一些基本特征规律。

(20)许栋等[49]提出了一种河道滩地洪水淹没分析的多分辨率处理方法。该方法首先利用有限元数值求解二维浅水方程,模拟河道水流运动,并利用干湿判断处理河道动边界,获得不同流量情况下的河道水面线沿程变化;然后以水面线切割河道滩地高精度 DEM(数字高程)地形,利用图像分割及区域生长法识别陆域和水域。

(21)刘义花等[50]基于玉树县社会经济统计资料、水文资料、巴塘河洪水灾情资料,应用 HBV 模型尝试性的研究暴雨诱发的中小河流洪水临界风险雨量阈值研究。

(22)宋云峰等[51]为实现对牟汶河下游蓄水建筑物进行汛期动态控制,依据流域范家镇站、北望站和大汶口站 3 个雨量站 1980—2011 年日降雨资料,采用模糊分析方法,对牟汶河下游汛期进行了分期,并以北望站同时期的历年最大洪峰流量资料,利用重现期法确定了洪水分级流量。

(23)刘章君等[52]引入 Copula 函数构建坝址洪水与入库洪水的联合概率分布和条件概率分布,计算给定坝址洪水时入库洪水的条件最可能值和置信区间,提出了一种基于 Copula 函数的入库洪水插补新方法。

(24)顾西辉等[53]利用核估计和 Bootstrap 方法深入分析新疆塔里木河(塔河)流域洪水发生率的非平稳性及不确定性,同时采用广义可加模型(GAMLSS)构建洪水发生频率与协变量(大气环流因子、降水和气温指标等)的关系并定量辨识主要影响因子。

(25)张泽慧等[54]论述了涉水工程防洪安全设计零风险理念导致极限洪水新概念、极限洪水的四大特性、可能极限洪水的新见解、极限洪水和万年一遇洪水的关联以及在敲定极限洪水采用值时合理性分析的重要性五个关键问题。

(26)黄维东等[55]应用大通河流域实测洪水资料和水利普查数据,定性和定量分析了梯级水电开发对流域洪水过程和洪水特征的影响,建立了梯级水电站数量与洪水涨落率、涨落频次的数学关系模型。

(27)林志强等[56]根据流域暴雨洪水致灾机制,利用地面气象观测和 CMORPH 资料,基于 HBV 水文模型进行计算分析。

(28)刘剑宇等[57]为探讨鄱阳湖流域洪水过程的变化特征和规律,系统分析流域洪水量级、频率、发生时间的变化特征,利用核密度估计分析洪水发生率的非平稳性,运用月频率法评价洪水集聚性特征，并探讨低频气候因子对洪水变化的影响。

（29）黄华平等[58]提出了适用于多个调查期不连续样本的经验频率计算方法，同时推导了均值（E_x）和变差系数（C_v）的矩法计算公式，并将该方法应用于某水文站年洪峰系列的频率分析中。

（30）顾西辉等[59]运用 Cox 回归模型、月频率法以及离散指数法，研究了新疆塔里木河（塔河）流域 8 个水文站点 POT 抽样和 5 个区域洪水序列时间集聚性特征以及受低频气候变化的影响。

（31）张萍萍等[60]从大尺度环流背景、天气系统特征以及物理量场特征 3 个角度出发，对 1981—2012 年共 30 次长江上游洪水与洞庭湖洪水遭遇过程进行分析，总结出消落期、汛期、蓄水期 3 个不同关键期内发生洪水遭遇的不同气候特征，提出面上物理量和面上综合指数的新概念。

（32）王雪妮等[61]提出一种新的洪水频率分析手段，即基于概率密度演化法来推求洪水频率值。首先通过对概率密度演化法的介绍，给出了年最大洪峰流量联合概率密度函数模型；其次利用具有方向自适应性质的单边差分格式对模型进行数值求解，并对求解结果进行积分，得到洪峰流量概率密度函数值；最终，通过三次样条插值及梯形法由洪峰流量概率密度函数值推求洪峰流量频率值。

（33）张妞等[62]基于 Copula 函数构建青铜峡水库上游干支流洪水变量的联合分布，并采用最可能地区组成法计算青铜峡水库上游最可能发生的干支流洪水要素组合。通过与同频率地区组成法和典型年实测洪水组成对比分析可知，基于 Frank Copula 函数的最可能组成法能得到更加合理的干支流洪水遭遇组成情况，从而为青铜峡水库断面提供了更加合理的上游洪水组成方案。

（34）张冬冬等[63]将大渡河流域典型站点洪水资料作为分析对象，选取广义极值分布作为洪水分布的线型，利用贝叶斯原理和基于 Metropolis–Hastings 抽样模拟 MCMC 方法构造一定频率下的洪水设计值，并得到其相应的置信区间，以此定量描述洪水频率分析的不确定性。

（35）郭生练等[64]系统总结了国内外洪水频率分析方法，包括抽样方法、分布线型、经验频率公式、参数估计方法、设计洪水过程线、历史洪水等方面的研究进展，重点阐述了中国近 30 年来的主要研究成果，并讨论了存在的主要问题和不足。从四个方面归纳了当前设计洪水研究的前沿与热点问题：即多变量设计洪水计算、非一致性洪水频率分析、基于水文物理机制的洪水频率分析和设计洪水不确定性研究，并展望了中国设计洪水计算未来的研究重点和方向。

（36）许超等》[65]选用 Terra–MODIS 卫星的 8d 合成地表反射率数据（MOD09Q1）和 16d 合成 NDVI 数据（MOD13Q1），构建了 2000—2015 年的时间序列数据集，结合 1∶5 万数字高程数据，通过遥感信息提取方法对洞庭湖区 2000—2015 年水体淹没情况进行了研究，形成 169 期水体分布数据，并进行了洞庭湖区淹没频率的计算和变化分析。

（37）黄粤等[66]选择天山开都河流域为研究区，基于巴音布鲁克和大山口 2 个水文站 1957—2011 年的日径流量观测资料，采用年最大值法（AM）抽取径流序列样本，用线性趋势法、Mann–Kendall 趋势检验和 Pettitt 检验分析年最大日流量、春季最大日流量和夏季最大日流量序列的变化规律；并运用广义极值分布（GEV）对标准他的最大日流量序列进行拟合，分析洪水频率的变化特征。

（38）李丹等[67]将广义 Pareto（GP）分布函数的参数作为随机变量，利用自动阈值法确定独立样本的超定量系列（PDS），并将线性矩法和核回归法相结合估计含协变量的模型参数，从而构建了可考虑水文序列时空分布异质性的变参数 PDS/GP 模型。

5.3.2 洪水模拟

洪水模拟方面的文献较多，主要聚焦于如何改进已有模型来提高模拟计算准确性，偏向于应用，以下仅列举有代表性文献以供参考。

（1）王秀杰等[68]基于 Navier-Stokes 二维浅水方程，通过河道水位比较确定任意时刻水流流向、流量及动量的交换，并根据溃口展宽变化确定耦合节点和接口宽度，进行河道与防洪保护区的无缝连接，从而实现了漫滩、溃堤与防洪保护区洪水的时空动态耦合计算。基于 DEM、遥感影像和实测断面的地形数据资料，提出了河道数字地形获取改进技术，同时利用热启动技术解决了溃口形状变动问题。

（2）周兴波等[69]在对圆弧滑裂面溃口展宽模型简化的基础上，将 16 组推移质输沙方程换算为侵蚀率，发现基于经验输沙方程的"侵蚀率-剪应力"均呈指数形式，并结合唐家山堰塞湖溃决过程，对比多组经验输沙方程和指数形式的侵蚀率模型对溃坝洪水分析的影响。

（3）陈虹等[70]SWMM 的发展历程、模型原理及国内外的最新应用进行了归纳与分析，最后对 SWMM 在中国应用中存在的问题进行了探讨。

（4）刘鸣彦等[71]以抚顺清原地区南口前镇浑河支流（包括海阳河和康家堡河）流域为研究对象，根据流域周围雨量站的降水资料、SRTM 3 全球数字高程模型和辽宁省土地利用类型等资料，利用 Flood Area 淹没模型对 2013 年 8 月 16 日抚顺清原地区特大暴雨洪涝过程进行模拟。

（5）夏军强等[72]采用浑水控制方程，建立了基于耦合解法的一维非恒定非均匀沙数学模型，用于模拟高含沙洪水演进时的河床冲淤过程。

（6）尹灵芝等[73]基于元胞自动机（CA）的局部并行计算特性和统一计算设备架构（CUDA）并行计算架构，提出了 GPU-CA 的溃坝洪水演进计算模型，重点探讨了溃坝洪水演进元胞自动机模型、GPU 模型映射、计算优化、CPU/GPU 协同的溃坝洪水演进模拟与分析等关键问题，研发了原型系统，并选择了案例进行初步试验。

（7）潘兴瑶等[74]基于 Mike 洪涝模拟平台的河道一维水动力学模型（MIKE11），综合考虑城市地区不透水下垫面产流、多闸坝调度、城市排水、支流汇入等因素，系统构建了北京市主要排洪河道清河流域洪涝模拟模型，以设计流量、水位资料和实测场次洪水过程资料分别对河道、水工建筑物参数及运行规则进行了验证。

（8）王宗志等[75]推导了考虑河道下渗的圣维南方程组，采用 Preissmann 四点隐式差分和模块化建模技术，耦合河道汊点、闸坝群联合调度、蓄滞洪区吞吐洪水等计算模块，并遴选霍顿下渗公式为河道下渗模拟方法，构建了考虑河道下渗的河网洪水模拟模型。

（9）苑希民等[76]借鉴全二维气相色谱理论提出全二维水动力模型概念，建立了模拟河道和灌区洪水演进的漫溃堤洪水联算全二维水动力模型，并采用 Roe 格式的近似 Riemann 解对界面通量进行数值求解。模型内通过漫溃堤堰流公式成功实现河道与灌区的耦联，考虑溃口展宽变化，加密处理河道网格，采用热启动与干湿水深理论对模型进行优化，并利用加大糙率法对村庄较为密集的地形进行优化处理，尽可能反应地面真实情况。

（10）冯平等[77]根据冷口站以上流域水文气象及下垫面特征，结合流域的超渗-蓄满产流机制，建立了考虑下垫面条件的流域水文模型，并对模型进行了参数率定和模型验证，还利用该模型分别模拟了 1980 年前后下垫面条件下的若干场次洪水。

（11）程亮等[78]采用土壤下渗理论描述河道下渗，推导出了河道下渗流量计算公式，建立了基于霍顿下渗公式的河道下渗模拟方法；并把下渗当做单位区间出流，与基于马斯京根康吉法天然河道洪水演进模型进行耦合，构建了强烈下渗条件下天然河道洪水演进模拟模型；还针对天然河道水力特性复杂特点，研究了洪水演进模型参数确定方法和波速计算方法。

（12）朱军等[79]以溃坝洪水为例开展了时空过程网络可视化模拟与分析服务研究，利用 Web GL、HTML5、Ajax、Web Service、GPU 并行计算等技术手段，通过探讨溃坝洪水时空模型计算优化、网络三维可视化模拟与动态交互分析等关键技术，研发了原型系统并进行应用实验。

（13）杨志等[80]基于黏土心墙砂石坝的溃决过程，以及溃坝洪水传播和运动的特性，建立黑河金盆水库大坝溃口近区二维数值模型和下游地区溃坝洪水演进耦合数学模型。使用 DAMBRK 法计算逐渐溃坝，并应用其结果进行后续模拟。

（14）钟登华等[81]运用基于生长法的 Delaunay 三角网生成算法建立大规模地形模型，采用三维溃堤洪水演进数学模型对溃堤洪水进行计算，结合虚拟现实计算技术实现了大规模城市场景中的溃堤洪水动态演进仿真，基于虚拟现实平台开发了溃堤洪水淹没演进三维情景仿真系统。

（15）史志鹏等[82]采用欧拉模型即双流体模型模拟了溃坝洪水中的悬移质泥沙颗粒，通过对比来流为清水、含悬移质泥沙的水沙流两种情况下壁面剪切力，证实了悬移质泥沙可增强水流剪切作用、加速溃坝过程，并分析了淹没区障碍物对悬移质泥沙的影响，给出了溃口发展过程和下游河道泥沙淤积状况。

（16）张晓雷等[83]采用基于无结构三角网格的有限体积法，建立了模拟复杂滩区地形上漫滩洪水演进的二维水动力学模型，并利用已有室内溃坝试验资料对模型进行了验证，最后采用该模型计算了黄河下游典型滩区洪水的演进过程，分析了不同网格尺度及村庄区域糙率取值对模拟结果的影响。

（17）徐国宾等[84]建立了非结构化三角网格的二维水沙数学模型。单元界面的水动力通量采用基于近似黎曼解的 Roe 格式计算，泥沙通量采用 TVD-MUSCL 格式求解，并用小尺度的水槽动床试验数据对数值模型进行验证。

（18）刘修国等[85]提出了一种双层异步迭代策略，外层迭代控制洪水演进时刻，内层迭代则通过分析不同栅格单元洪水的流速特征，实现迭代步长及迭代次数的自适应设定。采用商用 FloodArea 软件、均一化迭代算法及双层异步迭代算法，分别对福建省万安流域暴雨洪水历史数据进行模拟。

（19）王晓玲等[86]提出了基于 TIN 与 NURBS 曲面重构的精细地形建模方法，同时结合等效糙率法以区分不同的下垫面条件对洪水的水流运动产生的阻力影响；并采用耦合 VOF 法的修正 RNG k-ε 湍流模型模拟了溃坝洪水的演进过程，通过模型验证分析了该模型的准确性。

（20）许栋等[87]基于有限体积法建立求解溃坝水流运动的数学模型，利用 Riemann 问题求解 Godunov 格式计算通量，通过空间分块划分的大规模并行计算来加速运算，实现了城市洪水演进的精细数值模拟。

（21）雷超桂等[88]为进一步指导流域防洪及水库洪水设计，以浙东沿海奉化江皎口水库流域为例，应用 HEC-HMS 水文模型模拟分析土地利用/覆被变化（LUCC）对不同重现期暴雨洪水事件的影响。

（22）李大鸣等[89]采用有限体积法建立了二维洪水演进数学模型，并对洪水演进的水量平衡计算模式进行改进，提出单元水量出流修正法，消除了有限体积法单元体内出现负水深，产生虚假流动的现象。并将该研究成果应用于小清河滞洪区洪水演进的数值模拟。

（23）杜斌等[90]提出了一种基于栅格数据的水动力学溃坝洪水演进模拟算法。算法以栅格地形为基础，采用水动力学原理和 GIS 地形分析技术相结合的方法进行多次迭代计算；利用曼宁公式计算栅格单元间的流量，通过分析不同栅格单元洪水的流速特征，自适应计算迭代步长和计算次数，通过确定栅格间的洪水演进顺序，实现溃坝后洪水演进速度、淹没范围和水深的动态预估。

5.3.3 洪水预报

洪水预报是目前科研工作者关注的热点之一。从研究内容来看，多以实践经验和应用实例为主，在理论方法和学术水平上没有较大突破和创新，公开发表的期刊层次也多以核心期刊为主。以下仅列举有代表性文献以供参考。

（1）水利部水利信息中心在《中小河流洪水预警指标确定与预报技术研究》[91]一书中，针对当前我国中小河流预警预报技术难题和业务需求，介绍了中小河流洪水预警指标确定和预报技术研究及应用，包括国内外中小河流洪水预警预报技术研究进展，中小河流洪水预警指标及确定方法，中小河流洪水预警预报模型和方法选择原则及步骤等内容。

（2）封国林等在《中国汛期降水动力–统计预测研究》[92]一书中，研究了全球变暖背景下中国东部地区夏季三类雨型预测概念模型的构建、季节变化对全球变暖的响应及其在气候预测中的应用、天气系统的气候效应、动力–统计预测原理及方案构建、2009—2014 年汛期预测及总结、动力与统计集成的季节气候预测系统（FODAS）的推广和应用等。

（3）伍远康等[93]利用自动寻优技术对浙江省 39 个代表流域 978 场暴雨洪水进行逐流域、逐场洪水产、汇流参数率定，并根据参数变幅、敏感性，分别采用均值、等值线空间内插、结合流域特征运用投影寻踪回归分析等方法进行产、汇流参数的地区综合，提出了全省无资料流域洪水预报方法。

（4）张露等[94]引入分单元新安江模型与 API 模型分别对察尔森水库洪水进行预报，尝试解决单一模型或同组参数在该地区很难取得理想的洪水模拟效果的问题。

（5）刘可新等[95]应用主成分分析方法，运用 K 均值聚类方法将历史洪水分类，对各类型洪水分别率定参数，通过计算洪水指标到各聚类中心的距离来判别即将发生洪水的归属类别，采用对应的模型参数进行预报。

（6）徐兴亚等[96]选取沿程断面流量、水位和糙率系数作为代表水流状态的基本粒子，以监测断面实测水位数据作为观测信息，建立了基于粒子滤波数据同化算法的河道洪水实时概率预报模型。

（7）包为民等[97]提出一种基于动态系统响应修正自由水蓄量的新方法。该方法将新安江模型自由水蓄水库以下的部分作为一个系统，将自由水蓄量的扰动值与对应的系统响应差值建立关系，通过最小二乘法建立起一个向误差源追溯的自由水蓄量误差反演修正模型。

（8）胡健伟等[98]采用相关分析法识别出影响预报断面径流过程的主要变量，在多个观测断面的数据均为流量情况下，采用基于时延组合的合成流量为影响预报断面径流过程的变量，采用自相关分析法，识别出影响预报断面径流过程的前期流量（或水位），以这些变量为 BP 神经网络模型的输入，以预报断面的流量（或水位）为模型的输出，在 BP 神经网络隐层节点数自动优选的基础上，构建了基于 BP 神经网络的洪水预报模型。

（9）刘志雨等[99]分析了中小河流洪水预报的特点与难点，提出了中小河流洪水预报的思路及实用预报模型与方法，开展了基于分布式水文模型的中小河流洪水预报技术在新安江上游屯溪流域预警预报中的应用研究。

（10）黄国如等[100]以北江飞来峡水库上游为对象，构建了网格分辨率为 0.25°×0.25° 的 VIC（Variable Infiltration Capacity）水文模型，应用 CMIP5 多模式输出的降尺度结果与 VIC 模型耦合，对 RCP2.6、RCP4.5 和 RCP8.5 情景下未来时期（2020—2050 年）飞来峡水库的入库洪水进行预估，并根据 IPCC 第 5 次评估报告处理和表达不确定性的方法来描述预估结论的可信度。

（11）庞炳东等[101]论证了河流洪水的基本特性：洪水漫滩后，主槽过水能力降低；由于主槽过水能力降低，上游来水形成壅水；河流洪水运动的有旋性；河流洪水能量的耗散性。提出联解流体力学的基本方程组进行数值洪水预报。

（12）江衍铭等[102]阐述台湾 10 个河川局洪水预报系统 DRAINS、FEWS、SINO–TOPO、HEC–RAS、REFOR 中不同降雨、径流、河川等水理模式运行机理，并结合实例针对业务现况分析台风强降水条件下河川局洪水预报模型的模拟效果与操作经验。

（13）江衍铭等[103]通过将集合预报概念应用于人工神经网络，综合考虑样本和参数等因素的影响，构建集合神经网络模型，以降低单一神经网络模型的不确定性。并针对初始值扰动和样本重采样两方面分别产生集合成员，由简单平均和贝叶斯模型加权平均整合预报输出，构建龙泉溪流域预见期为 1~3h 的集合洪水预报。

（14）李明[104]根据雷达定量降水估测的流域面雨量、前期影响雨量方法确定流域的径流深，综合考虑中小河流的前 1 d 水位、径流深、当日水位，利用 2013—2014 年的 6—9 月陕南中小河流的水文观测站逐日水位、流域内自动气象站降雨量、雷达回波资料，建立以水位预报为目标的二元回归方程。

（15）张良艳[105]在分析暴雨洪水特征的基础上，识别了流域主要产汇流机制，结合下垫面信息，建立了玉符河流域分布式洪水预报模型；选用卧虎山水库 2010—2013 年 4 场典型洪水过程率定了模型参数，检验了模型精度；选择典型洪水过程预估了暴雨过程的流域初始条件，应用区域降水预报数据驱动模型预报流域洪水过程。

（16）王倩等[106]基于贝叶斯模型平均方法（BMA），结合水动力学模型和统计相关模型，对秦淮河流域东山站水位进行多模型集合预报并进行模型率定与验证。

（17）但灵芝等[107]针对鸭绿江流域临江站的实际情况，建立了临江站洪水过程 v–SVR 预报模型，采用 1998—2014 年间的大水年份降水资料和洪水过程资料对 v–SVR 预报模型进行了率定和验证，并与线性动态系统模型、BP 人工神经网络模型和 ε–SVR 模型进行了比较。

（18）王竹等[108]根据大伙房流域特点提出了一种半分布式 BP 神经网络洪水预报模型，实现了模型中参数的自动率定。即采用 DEM 和 ArcGIS 根据水文站及自然流域分水线划分流域，创建 BP 神经网络，然后应用于各子流域断面及入库断面，预报其流量值，并在每个网络中均运用逐步回归分析法对输入层数据进行筛选，以得到影响最显著因子。

（19）王玉虎等[109]以安徽省合肥市董铺水库流域为例，将水库流域划分为陆面和水面两部分，水面按直接产流计算，通过水库水位和水库泄水、用水资料反推入库径流过程，采用实码加速遗传算法对日模型和次洪模型的参数进行率定，构建了基于三水源新安江模型的董铺水库洪水预报模型。

（20）梁忠民等[110]基于流域雨量站网布设的抽站法原理，推导以面雨量计算值为条件的面雨量真值的概率分布，用以描述现有测站数目条件下流域面雨量计算的不确定性。并在此基础上，结合确定性预报模型展开洪水概率预报研究。

（21）司伟等[111]提出了一种基于降雨系统响应曲线洪水预报误差修正方法。此方法将水文模型作为输入和输出之间的响应系统，用实测流量和计算流量之间的差值作为信息，通过降雨系统响应曲线，采用最小二乘估计方法，对面平均雨量进行修正，再使用修正后的面平均雨量重新计算出流过程。

5.3.4 洪水调度

洪水调度方面文献较多，研究内容主要集中于复杂水库群优化调度、多目标优化的洪水调度模型和水库汛限水位动态控制等方面，以应用实例为主。以下列举有代表性文献以供参考。

（1）万芳等在《滦河流域水库群联合供水调度与预警系统研究》[112]一书中，建立了水库群供水优化调度模型，研究了能够提高计算效率与计算精度的模型求解方法；研究和计算滦河下游水库群的中长期供水调度和实时调度、水库群供水预警系统，建立水库供水预警系统，确定水库群供水调度的风险程度及采取的应变措施，制定不同利益趋势和风险偏好下的最佳供水调度策略，并对此预警系统的风险和准确度进行计算分析和评估。

（2）杨涛等在《变化环境下干旱区水文情势及水资源优化调配》[113]一书中，探索新疆山区水库–平原水库调节与反调节关键技术，解析气候变化对叶尔羌河流域山区冰雪径流及衍生灾害、下游平原水库的蒸发渗漏及其旱情的影响，提出文化粒子群混沌算法和大系统协调分解算法框架，构建适应气候变化的山区水库调节–平原水库反调节优化调度模型。建立了变化环境下干旱区水库群调度模型的风险分析方法，完善了不确定条件下水库联合调度模型。

（3）水利部水利水电规划设计总院在《水库汛期水位动态控制方案编制关键技术研究》[114]一书中，紧紧围绕《水库汛期水位动态控制方案编制技术导则》编制的有关要求，开展分期洪水及防洪调度研究、水库汛期水位动态控制风险评估指标及可接受风险研究和水库汛期水位动态控制洪水预报信息可利用性研究。

（4）徐冬梅等在《潘、大、桃水库群防洪调度与洪水资源相关问题研究及应用》[115]一书中，研究了洪水的退水规律、汛期的变化规律及水库群防洪优化调度等理论问题，在保证工程和下游防洪区安全的前提下，提出了该水库群联合防洪调度方式，通过采用提前预泄、超蓄等调度措施，实现了洪水资源化的目标，并开展了实际应用研究。

（5）苏嵌森等在《白龟山水库防洪减灾理论与实践》[116]一书中，介绍了水库概况、防洪调度、防汛责任制与抢险、兴利调度与防洪减灾、调度管理制度等内容。

（6）胡挺等[117]在分析三峡一些特殊水位和下泄流量的基础上，对中小洪水提出了一种结合库水位与入库流量大小进行分级调度的规则，并拟定多种方案模拟演算。

（7）杨金桥等[118]在分析桓仁水库后汛二期未来24h降水预报信息可利用性的基础上，制定了耦合洪水预报信息和降水预报信息的桓仁水库后汛二期实时防洪预报调度规则。

（8）张艳敏等[119]基于深圳市布吉河流域控制点水位与下泄流量和潮水位的相关关系，建立了综合考虑下泄流量与潮水位的洪水与潮水联合优化调度的动态规划模型。

（9）李大鸣等[120]提出了具有旁侧出流的河网独立计算的一、二维多口门嵌套衔接模式，建立了一维河道嵌套于平面二维永定河泛区洪水演进水流数学模型。

（10）李海彬等[121]选取珠江流域乐昌峡水库进行动、静库容调洪演算，揭示了动库容调洪的负面影响；并通过研究不同洪型、不同频率水文组合条件下，水库回水淹没范围、库区洪水传播速度以及调洪过程中动库容变化特性，讨论了水库设计调洪方案的合理性和调洪方案。

（11）费祥俊等[122]对小浪底水库拦蓄高含沙洪水为下游减淤的必要性进行了分析，建议根据小浪底水库合理拦沙运用的控制指标进行调控。

5.3.5 洪水风险分析

洪水风险分析与洪水风险管理是近年来研究的热点，涉及洪水风险分析和洪水风险管理的文献较多，而洪水风险评估是其中的重点。以下列举有代表性文献以供参考。

（1）张大伟等在《洪水风险图编制问答》[123]一书中，介绍了有关洪水风险图编制的背景知识、基础资料，洪水分析技术、影响分析技术、避洪转移分析技术、区划技术、风险图制图技术和风险图可能的应用领域。

（2）苑希民等在《宁夏黄河防洪保护区洪水分析与风险图编制研究》[124]一书中，介绍了洪水分析与风险图编制研究方法、宁夏黄河洪水特点、宁夏黄河干堤溃口设置、防洪保护区洪水计算方案、洪水计算模型建立与率定、防洪保护区洪水分析计算、风险图绘制。

（3）全国洪水风险图项目组在《洪水风险图编制管理与应用》[125]一书中，收集了有代表性的各地洪水风险图编制管理与应用中积累的经验和研究成果。

（4）黄强等[126]介绍了一种新的多变量重现期定义——二次重现期，并探讨了"或"重现期、"且"重现期和二次重现期对安全与危险域识别的差异性，以及在洪水风险管理与工程设计中的合理性与可靠性。

（5）方建等[127]从洪水可能造成损失的评估以及洪水致灾因子危险性、孕灾环境稳定性、承灾体脆弱性综合分析的角度出发，利用全球范围内的降水、径流量、数字高程、土地利用、人口、GDP 等数据，评估了国家、网格、流域 3 个单元上全球洪水灾害经济和人口风险。

（6）李帅杰等[128]针对我国对洪水风险图的多元化需求，从不同服务目的出发对洪水风险图编制工作进行研究。提出了洪水风险图分层编制技术，并根据分层设计原则对编制不同类型洪水风险图所需的既往洪水信息、洪水风险预测信息、水灾风险评价信息做了详细论述。

（7）唐言明等[129]提出了基于信息熵的改进灾情评估模型，用最大熵原理处理灾害发生的不确定性和损失的概率分布，用指数普适公式处理评价指标的变化差异性，并利用加速遗传算法优化相关参数，进而建立了基于信息熵的 AGA 优化改进灾情评估普适模型。

（8）徐美等[130]开展了自动化制图的方法研究，创建了水利地图数据模型，由数据模型驱动制图，实现了图库一体化，并基于此方法开发了洪水风险图绘制系统。

（9）吕弯弯等[131]详细介绍了计算土石坝洪水漫顶风险率的蒙特卡罗法模型，分析了影响土石坝洪水漫顶的主要因素为洪水、风浪、水库运行调度方式和水库特性。

（10）王晓玲等[132]提出基于三维数值模拟和数据场耦合的高填方渠道溃堤洪水风险图分析方法。首先建立耦合 VOF 法的 SST k-ω 三维溃堤洪水演进数学模型，其次基于三维溃堤洪水淹没计算，引入数据场模型，考虑区域地形与洪水各灾情信息的综合风险，绘制三维洪水风险图，并与二维洪水风险图相结合，实现洪灾风险分布的详细、直观表达。

（11）陆菊春等[133]从抗灾能力的建设、预防与减灾体系的构建、损失分担机制的完善、巨灾应急管理方法的完善和社会认同感的增强 5 个方面构建了洪水风险管理有效性评价指标体系，用层次分析法对广东省洪水风险管理有效性进行分析。

（12）王超等[134]提出采用水力学法分析山区小流域的洪水风险，同时引入经验参数"安全阈值"判断堤防防护区的可能风险点，便于防洪风险预警预判。

（13）张国芳等[135]以县级行政区为评价单元，对汉江上游的陕西省汉中市洪水灾害进行了综合风险评价。在洪水灾害危险性评价中，综合考虑了各种自然因素；在洪水灾害易损性方面，综合考虑了各种社会经济因素，运用层次分析方法并结合 GIS 技术，分别得到洪灾危险性和易损性评价等级图。在此基础上利用 GIS 进行叠加分析，得到洪灾综合风险评价结果。

（14）马树建[136]根据中国国情，提出政府主导下的经营性政府、保险市场和公众共同参与的极端洪水灾害风险管理框架，并分析此管理框架的基本运行机制和合理性。

（15）徐国宾等[137]为了研究三角洲河口风暴潮溃堤时的盐水运动规律，建立一维、二维耦合的盐度数学模型对风暴潮溃堤时的盐水运动进行模拟。模型考虑洪泛区建筑物对盐水运动的影响以及溃口的渐变发展过程。将模型应用于珠江三角洲河网某近海溃口风暴潮溃堤的盐水运动模拟，并绘制了最大盐度等值面图。

（16）吴夏等[138]以陕京三线输气管道山西临县段为例，定量分析了每个管道穿河段的洪水风险因子；采用多元线性回归模型和 Logistic 回归模型建立了洪水危险度评估模型，并绘制了陕京三线山西临县段洪水危险度分布图。

（17）项捷等[139]将暴雨洪水频率分析与平原区洪水淹没模拟计算相结合，基于 MIKE21 平面二维水动力学模型进行洪水风险分析，对研究区洪水风险程度以及淹没状况进行模拟计算，对洪水风险进行评价和研究。

（18）张锐等[140]采用直角梯形模糊数描述水库漫坝失事的风险指标，结合 α-截集技术将模糊集合转化为经典集合，提出基于直角梯形模糊数的水库漫坝失事风险分析模型。

（19）黄锋华等[141]采用 Von Mises 函数和 P-III 型函数分别拟合了东江干流与支流望江沥河涌洪峰出现时间及量级分布特征，采用 Frank Copula 函数构建了东江干流与支流望江沥河涌洪水发生时间及其量级之间的联合分布，研究最大洪水遭遇风险特征。

（20）周如瑞等[142]基于贝叶斯定理与洪水预报误差特性，提出确定汛限水位动态控制域上限的风险分析方法，并以清河水库为例进行实例分析计算。

（21）程毅等[143]利用坝区 Arc Map 空间数据及属性数据联合分析，构建溃堰洪水风险可视化模型，给出溃堰洪水淹没及其风险损失。

（22）陈子燊等[144]分析洪峰、洪量和历时三变量联合分布与风险概率及其设计分位数，采用非对称阿基米德 M6 Copula 函数与 Kendall 分布函数计算三变量洪水联合分布的"或"重现期、"且"重现期和二次重现期及其最可能的设计分位数。

5.3.6　洪水资源利用

近两年有关洪水资源利用的文献较少，多以应用实例分析为主，新的研究思路和研究成果较少。以下仅列举有代表性文献以供参考。

（1）朱强等在《雨水集蓄利用——农业和供水应用（英文版）》[145]一书中，论述了通过利用雨水这一非常规水资源，解决全球面临的水资源短缺问题的思路，着重介绍了如何提高雨水资源的利用效率和单位雨水产出，以及建设雨水集蓄利用工程中，科学方法和传统方法的结合，总结了多年来雨水集蓄利用试验研究和实践经验。

（2）黄虎在《河南省城镇区域雨水利用研究》[146]一书中，介绍了城市雨水利用基本理论、信阳市阳都小区雨水资源利用模式、雨水收集及水质保证措施等内容。

（3）王忠静等[147]在水库汛限水位调整中，提出采用不同频率设计洪水进行不同汛限水位条件下的洪水调节计算，并结合水库的经济与生态供水目标进行长系列用水调度模拟和供水效益分析，综合确定风险适度性的方法。

（4）张光辉等[148]以海河南系平原"96·8"暴雨洪水为例，采用时间序列异变特征和趋势分析方法，基于逐月地下水位动态长观资料和降水资料，对暴雨洪水主要区域的浅层地下水位急剧变化特征和不同时段变化趋势进行研究。

（5）何小聪等[149]通过分析三峡水库汛末洪水资源利用的主要影响因素，将汛末洪水分为枯水、平水、丰水典型，分别采取不同的洪水资源利用方式，提出了三峡水库汛末利用洪水资源提前蓄水的调度方式。

（6）吴浩云等[150]在分析太湖流域洪水特性的基础上，结合降水和水位等要素，划分了太湖流域"洪水期"，从水量平衡角度识别和解析了太湖流域洪水过程，阐明了太湖流域洪水资源利用的实质，提出了流域洪水资源利用的防洪安全、供水安全及水环境安全约束条件。

（7）赵欣胜等[151]通过核算吉林省湿地调蓄洪水价值及其在各区县的空间分配规律，阐明了吉林省湿地调蓄洪水价值整体特征。

5.3.7　防洪减灾

涉及防洪减灾内容的文献较多，多侧重于防洪减灾管理的政策和措施等，缺乏较为系统性的成果和理论创新，高层次期刊的文章较少。以下仅列举具有代表性的文献供参考。

（1）长江防汛抗旱总指挥部办公室在《2011 年长江防汛抗旱减灾》[152]一书中，介绍了暴雨与洪水、水库调度、工程险情及抢护、洪涝灾害损失、组织与协调等。

（2）何为民在《城市河流防洪生态整治关键技术研究》[153]一书中，从理论和实践双角度研究了城市河流生态破坏的影响及生态修复情况。

（3）闫成璞等在《洪水的控制、管理与经营：以大庆地区为例》[154]一书中，介绍了滞洪区洪水调度规律和防洪能力分析、防洪工程减灾效益分析、洪水风险管理和洪灾损失评估、洪水资源化利用的有效途径和兴利调度、洪水利用的利益相关者及其权属划分等内容，概括梳理并提出洪水综合利用的五大管理模式。

（4）许卓首等在《黄河流域山洪灾害预警管理系统设计与实现》[155]一书中，主要阐述了黄河流域暴雨及洪水特性、山洪灾害的防治任务和原则及总体规划，分析了黄河流域山洪灾害防治设计、共享软件的开发设计，预警信息管理等。

（5）章欣欣等[156]提出了一种基于多波段加权的时空数据融合方法，该方法利用近红、红、绿 3 个波段计算得到 NDVI 和 NDWI 值，用于提取 MODIS 影像的地物变化特征。

（6）马丽云等[157]基于风云 3 号（FY-3）卫星中分辨率成像光谱仪（MERSI）、数据的归一化差异水体指数（NDWI）和基于蓝光波段的归一化差异水体指数（NDWI-B），通过直方图分析获取了水体指数判识阈值，并对新疆北疆沿天山一带 2009—2011 年发生的融雪性洪水灾害天气进行了监测。

（7）郭立峰等[158]介绍了 FY-3A/MERSI 在晴空和薄云下水体的有效识别方法——（Rc2+Rg2）/（Rc1+Rg1）方案，并将之应用于 2013 年松花江（黑龙江省境内）和黑龙江流域的洪水水情监测。

（8）李晓英等[159]探讨了水库洪水调度中反映安全水平的调洪最高水位、最快下泄时间两个参数，重点分析了起调水位、入库洪水量级和洪水是否可控的相互关系，提出判别洪水是否可控的条件，在此基础上提炼了最快下泄时间这个影响防洪安全的综合参数，并分析起调水位、洪水量级、调度方式对其影响的变化情况。

（9）王嘉芃等[160]综合研究雷达影像和可见光影像的优缺点，建立了基于多源遥感数据的洪水淹没信息快速提取模型。

（10）丁晶等[161]提出管运洪水的新概念，并和设计洪水做了全面对比，指出二者异同。在此基础上提出了评判管运洪水是否合理的两个通用准则：条件合乎要求和防洪安全达标。

5.4 干旱研究进展

干旱灾害是我国最主要的自然灾害之一。由于干旱是一种较为复杂的自然现象，影响因素众多，众多学者针对干旱的成因、特征、评估以及预警预报等方面进行探讨，每年涌现出大量的研究成果和应用实例。干旱一般可分为农业干旱、气象干旱、水文干旱和社会经济干旱，其中农业干旱成灾机理最为复杂、影响最大，农业干旱研究的相关文献也相对较多。

5.4.1 干旱的概念及内涵

最近两年涉及干旱的概念和内涵的文章很少，一方面是由于干旱的概念和内涵相对比较稳定，另一方面是这方面要有新的突破和创新也比较困难。仅有一文献供参考：

屈艳萍等[162]深入剖析了干燥、干旱和旱灾的概念及形成机制，提出了度量干燥、干旱和旱灾的概念函数，从不同角度对干燥、干旱和旱灾进行了科学、系统、全面的辨析。

5.4.2 干旱成因分析

关于干旱成因分析的文章较少，现有相关研究多以概念性成因分析、理论框架探讨、区域某一特定干旱事件成因分析等内容为主。以下仅列举有代表性的文献以供参考。

（1）郭纯青等在《中国西南岩溶区旱涝灾害演变机理及水安全》[163]一书中，研究了岩溶旱涝灾害形成演变机理及岩溶地下河水资源安全利用模式，探索了典型岩溶地下河流域内旱涝灾害成灾的内外因，确定了岩溶旱涝灾害的"源""流""场""效应"和"灾情"的链式规律的内外关联性。

（2）张宇等[164]对 2015 年秋季（9—11 月）我国华北、黄淮、内蒙古、西北地区东部、东北、西南地区西部以及西藏中部旱情进行分析，指出大气环流异常是导致干旱少雨的主要原因。

（3）赵舒怡等[165]基于 MODIS-NDVI 遥感数据以及地表气象数据，计算了 2001—2013 年华北地区的修正 Palmer 干旱指数和植被覆盖度，分析了二者的相关关系。

（4）汪青春等[166]选取青海高原有连续观测资料的 27 个站月降水量，利用 SPI 干旱指数方法计算 1961—2010 年每月的干旱指数。得到发生干旱的年代及各年代的站数，对其空间分布、基本气候特征及干旱对气候变化的响应关系进行统计分析。

（5）贺中华等[167]在贵州省选择 40 个典型流域为样区，利用主成分分析及灰色理论，研究岩性类型及其结构对流域水文干旱的影响机制。

（6）胡学平等[168]利用多种资料从大尺度大气环流、水汽输送、热带海表温度、北极涛动、平流层极涡等方面分析了 2012—2013 年中国西南地区秋、冬、春季持续干旱的成因。

（7）曾刚等[169]用 1961—2012 年重庆地区 30 站降水和气温资料、NCEP/NCAR 全球大气再分析资料、NOAA 海表温度资料等，基于由降水和气温计算得到的标准化降水蒸散指数（SPEI），对重庆地区秋季干旱的年代际变化特征及其可能原因进行了研究。

（8）王嘉媛等[170]利用多种资料从不同方面对 2009 年/2010 年、2012 年/2013 年西南地区秋冬春季持续严重干旱进行对比分析，得出西南地区连续干旱的成因。

（9）王志伟等[171]基于 1982—2010 年无定河流域的遥感影像、气象和土地利用数据，利用 Priestley-Taylor 公式计算出潜在蒸散发，进而得到干旱指数，将各气象因子与干旱指数差值进行叠加、逐象元相关分析，得到干旱指数的时空变化，分析了气候和土地利用变化对干旱指数变化的影响。

（10）王闪闪等[172]指出 2015 年受厄尔尼诺现象影响，东亚—西北太平洋大气环流发生异常，东亚大槽偏强偏东、西太副高位置偏东，我国北方盛行西北风且西南暖湿气流无法到达北方，导致我国北方干旱严重；而西南地区气压表现为大范围正距平，西南涡减弱和高原地区的反气旋增强，从而造成该地区出现干旱。

（11）张顾炜等[173]采用 1961—2012 年中国气象局 753 站降水和温度资料、NCEP/NCAR 全球大气再分析资料、NOAA 海表温度资料等，应用观测统计分析和全球大气环流模式 NCAR CAM5.1 数值模拟，基于标准化降水蒸散指数（SPEI），对我国西南秋季干旱的年代际转折及其可能原因进行了分析。

5.4.3　干旱特征分析

关于干旱特征分析的文献较多，主要内容聚焦于干旱时空分布规律、干旱演变过程、区域干旱状况对比和评价等，分析工具多以概率分析、数理统计方法为主。以下仅列举有代表性的文献以供参考。

（1）顾颖等在《中国干旱特征变化规律及抗旱情势》[174]一书中，论述了 1950 年以来中国干旱灾害的特点及时空演变规律，分析了全国当前农业干旱、因旱人畜饮水困难的主要特征，讨论了中国的城市干旱缺水状况和应急能力；分析评价了中国农业和区域抗旱能力大小及分布。

（2）刘宪锋等[175]利用帕尔默干旱指数（PDSI），辅以经验正交分解（EOF）、趋势分析和相关分析法，分析了 1960—2013 年华北平原干旱时空变化特征及其影响因素。

（3）刘晓云等[176]利用中国南方 96 个气象站 1961—2012 年逐月降水资料，基于 Clayton、

Frank、Galambos、Gumbel 以及 Plackett Copula 函数，建立了服从威布尔分布的干旱历时、服从对数正态分布的干旱严重程度两个相关特征变量的联合分布模型，研究干旱风险特征。

（4）高西宁等[177]利用辽宁省 52 个气象站 1961—2014 年逐月降水资料，采用标准化降水指数（SPI）、经验正交函数（EOF）以及旋转经验正交函数（REOF）等方法，分析了近 54 年来辽宁省干旱时空变化分布特征及分区研究。

（5）王芝兰等[178]利用 CRU 数据，计算了考虑降水和气温双因子影响的标准化降水蒸散指数（SPEI），并与标准化降水指数（SPI）进行对比，分析中国西北地区东部 1901—2012 年不同时间尺度的干旱特征。

（6）陈学凯等[179]利用贵州省 19 个站点 1960—2013 年气象日值资料，验证了秋收作物生育期内标准降水蒸散指数（Sep-SPEI-6）与粮食减产量之间的相关性。基于 Sep-SPEI-6 指数采用 MannKendall 法、滑动 t 检验、Morlet 小波周期分析以及 Hurst 指数等方法分析了贵州省干旱时空变化特征。

（7）赵安周等[180]在 SWAT 分布式水文模型和 Palmer 干旱指数原理的基础上提出了干旱分析模型 SWAT-PDSI，对渭河流域干旱的时空演变规律和发生频率进行了分析。

（8）姚玉璧等[181]基于相对湿润度的干旱指数，应用 1958—2012 年中国西南 89 个国家基本气象站逐日气象资料，研究中国西南干旱时域变化、空间分布和次区域时空演变特征。

（9）冯禹等[182]基于贵州省 9 个气象站点 1960—2010 年逐日降雨资料计算的标准化降水指数（SPI），使用 Mann–Kendall 趋势检验和 GIS 克里金插值方法，分析干旱时空分布特征。

（10）曹艳萍等[183]利用 GRACE 重力卫星数据反演得到新疆的区域月均水储量变化量，得到区域旱涝指标——相对水储量指数，对新疆 2002 年 8 月至 2013 年 7 月的干旱情况进行了分析。

（11）张彦龙等[184]基于宁夏 9 个气象站点 1961—2012 年逐日气温、降水、风速、日照时数和相对湿度数据，应用 Penman-Monteith 模型、Arc GIS 反距离加权插值、突变检验和 Morlet 小波等方法，分析其参考作物蒸散量、降水量和干旱指数（AI）时空变化及其影响因素。

（12）史本林等[185]基于 1961—2013 年实测气象资料，利用标准化降水蒸散指数（SPEI）定量分析了河南省不同时间尺度干旱发生频率和强度，揭示了干旱发生的时空演变特征和原因。

（13）张勃等[186]采用 Mann–Kendall 方法、反距离加权插值（IDW）、功率谱分析、标准化降水蒸散发指数（SPEI）等方法分析了陇东地区近 50 年来干旱变化的时空特征。

（14）杜灵通等[187]利用 MODIS 的地表昼夜温度数据计算昼夜温差，结合归一化植被指数产品计算温度植被干旱指数（TVDI），对宁夏 2000—2010 年逐月干旱进行监测，并分析其与气象干旱和农业受旱灾情况的关系。

（15）杨晓晨等[188]基于研究区 1961—2012 年 69 个气象站点逐日气象资料和春玉米生育时期及产量资料，采用 Penman-Monteit 法计算潜在蒸散量，利用农业干旱指标标准化降水蒸散指数（SPEIPM）划分干旱等级，利用干旱等级权重及发生概率评分等级计算每个站点的干旱危险指数（DHI）。

（16）杜灵通等[189]基于代表性气象站 1960—2012 年逐月降水和平均温度，采用标准化降水蒸散指数（SPEI）和 Mann–Kendall 非参数检验方法，研究了宁夏近 50 年干旱的时空变化特征。

（17）王劲松[190]利用历史资料，考虑西南和华南各自不同的孕灾环境（包括气候背景、下垫面状况、地貌类型、土壤类型、河网分布）、人口密度、经济条件等，分别构建了西南和华南地区的干旱灾害链模式，分析各自灾害链链条上的灾害传递特点。

（18）杨金虎[191]利用 1953—2012 年中国西南地区 44 个气象台站的逐日降水、温度以及 NCAR/NCEP 月平均高度场、风场、地面气压、比湿、垂直速度和 NOAA 月平均海表温度资料，分析了西南地区 4—5 月持续性干旱的大气环流特征和影响因素。

（19）胡实等[192]根据 WCRP 耦合模式输出的未来气候变化逐月资料，基于降水-蒸发力标准化干旱指数（SPEI），分析了 IPCC SRES A1B、A2 和 B1 三种情景下，2011—2050 年我国北方地区干旱状况的时空变化趋势。

（20）黄小燕等[193]采用 1960—2011 年西北地区 111 个观测站逐日气象资料，利用 FAO Penman-Monteith 模型，计算出各气象站的潜在蒸散量，由此计算出各站的湿润指数，并对其进行标准化，统计极端干旱发生频率，分析极端干旱发生频率的时空变化特征。

（21）王春林等[194]采用标准化前期降水指数（SAPI）和常年平均相对湿润度指数（M）构建的逐日气象干旱指数（DI），根据华南（广东、广西）174 个气象站资料分析了近 50 年（1961—2010 年）气象干旱时空特征及其气候变化趋势。

（22）张雷等[195]利用 1961—2010 年云南省 29 个气象站逐月降水和气温资料，选取综合降水和气温变化共同效应的新的干旱表征指标—标准化降水蒸发指数（SPEI）计算云南省各地区平均 SPEI-12，分析了云南省干旱演变特征、干旱发生频次、干旱持续时间和干湿变化周期。

（23）何斌等[196]从致灾因子的危险性、承灾体的暴露性、环境的脆弱性和地区的抗旱能力 4 个风险要素选取指标，采用层次分析法确定指标权重，构建自然灾害风险综合指标，分析 2009—2013 年陕西省农业干旱时空特征。

（24）马彬等[197]基于标准化降水蒸散指数，采用 0.5°×0.5°中国地面气温和降水数据集，通过分析东部季风区季节和年尺度干旱覆盖率、频率以及单位面积干旱强度，揭示了中国东部季风区 1961—2013 年干旱特征时空分布变化。

（25）王文等[198]利用 1961—2012 年长江中下游地区 90 个测站逐日降水、气温等观测资料，建立长江中下游地区的帕默尔旱度模式，计算出 52 年 90 个测站逐月 PDSI 指数，与资料记载的实际旱涝灾情对比并分析了长江中下游地区的旱涝特征。

（26）任立良等[199]依据渭河流域内 2 个水文站、62 个雨量站和 24 个气象站 1961—2013 年数据，基于可变下渗容量模型定量分离气候变化和人类活动对径流衰减的贡献；采用标准化径流指数（SRI）剖析水文干旱时空演变特征。

（27）赵伟等[200]根据重庆市 34 个气象观测站点的实测气象数据，选择标准化降水指数（SPI）为干旱指标，计算了 1981—2010 年各气象站点逐年逐月 SPI 值，分析了重庆市各地区的干旱频率、干旱强度和干旱范围（干旱站次比），研究其干旱的时空变化特征。

（28）徐羽等[201]基于重庆市 34 个气象站点 1960—2008 年的气温、降水、日照时数等数据，利用相对湿润指数法研究干旱发生频率、干旱强度、干旱站点比以及不同等级干旱时空分布特点。

（29）陈再清等[202]利用中国 613 个站点 1961—2010 年逐月降水数据，基于游程理论从月标准化降水指数（SPI）序列中分离出干旱事件，并通过 K-S 检验方法对其干旱强度和干旱历时 2

个特征量的分布函数进行检验。再利用 Copula 函数建立 2 个特征量的二维联合概率分布函数，对比分析干旱历时分布函数修订前后对不同类型干旱联合概率及重现期的影响。

（30）王富强等[203]选取降水平均等待时间指数（AWTP），利用 17 个代表站点 1961—2012 年的逐日降水资料，系统地分析了河南省干旱的时空演变特征。

（31）吴琼等[204]利用辽宁省 56 个国家气象观测站 1951—2014 年逐日降水量和气温资料，依据气象干旱综合监测指数（MCI），分析了气象干旱事件的时空分布特征和变化规律。

（32）蔡新等[205]采用陕西省 96 个国家级气象站 1961—2013 年逐日降水量和平均气温资料，计算了各站逐日综合气象干旱指数 CI 值，构建了以事件的极端强度、累积强度、累积面积、最大面积和持续时间 5 个指标的区域气象干旱事件综合评估模型，分析其气象干旱变化特征。

（33）王文静等[206]基于海河流域 30 个气象站点 1960—2014 年的气象数据，计算逐日综合气象干旱指数（CI）值，对干旱的持续时间、强度、发生频率和覆盖面积百分率进行了分析，揭示了海河流域干旱的变化特征。

5.4.4 干旱表征指标

干旱表征指标研究方面文献较多，也是干旱研究的主要研究内容之一，研究内容集中于干旱评价指标的确定、干旱指标的适应性评价、干旱指标评估结果的对比分析等，为科学评估区域干旱提供了较好的思路和借鉴。以下仅列举有代表性的文献以供参考。

（1）王帅兵等[207]采用洮河流域 22 个站点 1951—2010 年的逐月降水资料，就标准化降水指数（SPI）与 Z 指数在流域干旱趋势分析中的应用进行对比研究。

（2）谭春萍等[208]基于宁夏地区 22 个气象站多年月降水量和月平均气温资料，引入标准化降水蒸散指数（SPEI）分析该地区气象干旱变化情况，并在此基础上通过构建 SPEI 值与干旱等级的加权综合评价模型，评估该地区干旱致灾危险性，剖析其时空变化特征。

（3）张玉静等[209]利用华北冬麦区 45 个气象站多年逐月温度与降水数据，选取标准化降水蒸散指数 SPEI（Index）作为区域干旱指数进行华北冬麦区近 50 年干旱时空特征分析。

（4）董婷等[210]利用 MODIS 第 6 波段和第 7 波段构建短波红外光谱特征空间，提出 MODIS 短波红外水分胁迫指数 MSIWSI。利用实测 20cm 土壤相对湿度验证 MSIWSI、EVI 以及 MPDI 与实测数据相关性关系并对比分析不同指数敏感性，利用不同物候期春小麦土壤墒情分析 MSIWSI 指数适用性。

（5）黄生志等[211]基于渭河流域 21 个气象站的 1961—2010 年的标准降水指数（SPI），采用 Mann–Kendall 趋势检验法研究了各个站点 12 个月的 SPI、干旱严重程度以及干旱历时的变化趋势，最后运用 Copula 函数计算了渭河流域两种典型干旱情景下的联合重现期。

（6）吴燕锋等[212]基于阿勒泰地区 7 个气象站 1961—2012 年的逐日气温、降水等气象资料，运用趋势分析法、M–K 突变检验法、小波分析法并结合 Arc GIS 软件，探究了阿勒泰地区干旱的时空演变特征。

（7）梁丹等[213]利用河西地区 12 个气象站点 1960—2013 年地面观测数据，计算出该区 4 种干旱指标，并评估这 4 种干旱指标在河西走廊地区的适用性。

（8）冼卓雁等[214]利用 1969—2011 年北江飞来峡流域 24 个雨量站和 4 个气象站月降雨及气温数据，计算标准化降水蒸散指数（SPEI），采用 Mann–Kendall 趋势分析等方法分析了该地区多时间尺度的干旱时空变化特征。

（9）虞美秀等[215]基于资水罗家庙以上流域的水文、气象资料，分别计算具有不同时间尺度的干旱指数值，研制基于水文模型的短期/长期综合干旱指数并探讨了其在资水流域的适用性。

（10）吕潇然等[216]对云南省 2004—2013 年农业干旱指数 VCI 进行计算，并使用 Pearson 相关系数评价降水与 VCI 的相关性，识别云南省 2004—2013 年农业干旱事件。并与 SPEI 气象干旱识别结果进行对比，综合分析了云南省农业干旱时空特征。

（11）权文婷等[217]以陕西省为研究区，选取典型月份的 FY-3C/MERSI 数据及与其同期的 MODIS 反射率产品和陆表温度数据，构建多波段干旱指数（MBDI），比较两种结果的空间相关性，并比较 MBDI 监测结果的空间分布特征及不同干旱程度下像元数的变化趋势。

（12）赵雪花等[218]以汾河上游的月径流为研究对象，从逻辑斯特、正态、对数正态、威布尔分布中选出最优分布，计算标准径流干旱指数，对水文干旱事件进行等级划分，并根据汾河上游实际干旱情况验证标准径流指数的适用性。

（13）赵铭等[219]以河北秦皇岛 1964—2014 年逐日降水及温度资料为基础，分析比较标准化降水指标（SPI）和标准化降水蒸散指标（SPEI）对秦皇岛干旱监测的差异。

（14）吴杰峰等[220]以东南沿海晋江流域为研究区，利用该流域 2 个水文站和 3 个气象站 1960—2006 年逐月径流和降水数据，构建了区域水文干旱指数 SHI，获得了相应的干旱等级发生频率，进而以 SHI 累计频率确定该区域水文干旱指数 SHI 各干旱等级临界值。

（15）王莹等[221]基于 NOAH 陆面模式模拟结果对黄淮海地区实际蒸散的时空分布特征进行分析了，并结合 MOD17 潜在蒸散数据和 MOD13 NDVI 构建干旱敏感性指数（DSI），分析 DSI 在该地区干旱监测的适用性。

5.4.5　干旱监测

干旱监测是干旱评价、干旱预测、抗旱减灾等工作的基础，随着监测手段的丰富和监测能力的提升，干旱监测的成果也越来越丰富，相关研究的文章也不断涌现。以下仅列举有代表性的文献以供参考。

（1）王素萍等[222]利用西南和华南区域 129 个气象站逐日和逐月气象数据，计算并对比分析了 7 种干旱监测指标在该区域的适用性。

（2）刘宪锋等[223]全面分析了农业干旱的概念内涵及其与其他干旱类型之间的关系，系统梳理了国内外农业干旱监测的近今进展，对比了不同干旱监测指标的适用范围和局限性；并通过文献统计和重要文献引用揭示国内外农业干旱监测研究的发展历程和最新进展，对农业干旱监测未来发展趋向进行展望。

（3）孙小龙等[224]以内蒙古地区为研究区域，对土壤湿度和降水数据进行评估，使用土壤相对湿度法和连续无降水日数法监测 2014 年夏季干旱，并选择干旱年（2014 年）和湿润年（2013 年）进行验证分析。

（4）李耀辉等[225]应用 CRU（Climate Research Unit）资料和 SRB（Surface Radiation Budget）资料对 NCEP I（National Center for Environmental Prediction）资料进行订正，生成时间步长为逐 6h 的强迫资料来驱动陆面模式 CABLE（Community Atmosphere Biosphere Land Exchange model）。

（5）王鑫等[226]利用 MODIS 数据，分析四川盆地 2014 年 7 月 12—27 日平均地表温度、植被指数、TVDI 和 100 站土壤湿度的空间分布，并对比其异同。

（6）韩帅等[227]利用 2013 年国家气象信息中心发布的中国气象局陆面数据同化系统（CLDAS–V1.0）土壤体积含水量数据集产品，并结合新的中国地表土壤水文参数数据集，计算 2012 年中国区域土壤相对湿度，依据国家标准进行干旱监测。

（7）慈晖等[228]根据新疆测站 1961—2010 年逐日降水资料，对比分析了基于不同时间尺度的标准化降水指标（SPI）与有效干旱指数（EDI）对干旱监测的有效性与实用性。

（8）徐焕颖等[229]基于 MODIS 反射率产品、温度产品和气象站点降雨数据等，采用改进归一化水指数（MNDWI）、植被健康指数（VHI）和标准化降水指数（SPI），对黄淮海平原 2001—2012 年干旱情况进行监测，分析其空间、季节、年际变化规律及其潜在原因。

（9）周磊等[230]对目前广泛应用的气象监测模型和基于遥感数据的干旱监测模型进行总结，深入分析了基于遥感数据的监测方法的特点、适用条件和存在的问题，并对未来干旱监测方法的发展方向进行研究和探讨。

（10）王莺[231]利用研究区 30 个农业气象站观测的不同深度土壤相对湿度和对应的 MODIS 数据，分析了 7 种典型干旱遥感监测指数的构建原理和模拟结果，并选择适宜的干旱遥感监测指数对 2006 年甘肃省河东地区干旱情况的时空分布做了动态监测。

（11）夏兴生等[232]从致灾因子危险性、承灾体脆弱性和孕灾环境稳定性 3 方面入手，采用相关系数法和熵权法确定干旱灾害实时风险监测的指标体系和权重，基于风险加权求和、幂权乘积模型对农作物干旱灾害风险进行了实时监测研究。

（12）郝小翠等[233]提出波文比能综合反映地表水热特征，可尝试将其引入到遥感干旱监测领域加以利用，并以甘肃河东地区为例进行旱情评估。

（13）田国珍等[234]在改进的 SEBS 模型基础上，利用研究区域 2014 年风云二号、风云三号气象卫星数据及同期全省 107 个气象台站、农业气象观测站及土壤水分站数据，对山西省干旱监测及时效性进行分析。

（14）张良等[235]从模式强迫资料生成，模式运行及结果后处理和干旱监测产品生成 3 方面，阐述应用 CABLE 陆面模式进行干旱监测的过程和实现方法。

（15）季国华等[236]基于植被指数（NDVI）–地表温度（T_s）特征空间理论，通过相应修订分别计算温度植被干旱指数（TVDI）、干边修订的改进型温度植被干旱指数（MDTVDI），并结合当地气象数据、野外实测土壤水分数据，对计算结果进行对比分析。

（16）陈诚等[237]将 0.25°空间分辨率的 TRMM 3B43 数据降尺度处理成 0.05°空间分辨率数据，用以构建降水量距平百分率（Pa 指数）和 Z 指数，对黄淮海地区 2010 年冬季到 2011 年春季的干旱时空演化特征进行监测与分析。

5.4.6 干旱风险评估

干旱风险评估是进行干旱灾害管理，减少干旱灾害损失的有效途径，近两年干旱风险评估指标、干旱风险评估方法、干旱风险区划等相关研究成果较多。以下仅列举有代表性的文献以供参考。

（1）曾越等在《河南省农业干旱风险评价框架与应用》[238]一书中，分上篇、下篇及案例篇 3 部分内容。上篇分析了干旱及干旱灾害，提出干旱灾害的管理措施，对干旱灾害危机事件的风险分析、事前预防、抗旱减灾、灾后恢复进行了全面的阐述。下篇从分析城市供水危机的内涵与分类着手，介绍了城市供水危机管理的措施及应急管理技术。案例篇针对真实案例进行了深度剖析。

（2）黄英等在《云南旱灾演变规律及风险评估》[239]一书中，主要内容包括：云南干旱灾害概况和国内外干旱灾害研究进展，干旱、旱情、旱灾和旱灾风险的基本概念，云南干旱灾害的时空分布规律，旱灾风险定性、定量评估的方法步骤，云南旱灾风险评估指标体系构建和云南干旱区划、旱灾风险评估，云南旱灾风险管理系统研发及该系统在南盘江上游的示范应用。

（3）叶磊等[240]基于嘉陵江流域 1962—2010 年实测月降水和月平均气温数据，利用不同时间尺度的 SPI 和 SPEI 指数分析了近 50 年来流域干旱趋势的时空演变规律。

（4）王莺等[241]从干旱灾害的致灾因子危险性、孕灾环境脆弱性、承灾体暴露性和防灾减灾能力四大因子入手，以灾害学理论为基础，构建干旱灾害风险评估模型，并在 GIS 平台上对中国南方地区进行干旱灾害风险评估。

（5）翟家齐等[242]构建了一个新的水文干旱评估指标——标准水资源指数（SWRI），结合分布式水循环模型、Copula 函数及统计检验等方法，形成了一套完整的水文干旱识别、评估及特征分析的基本框架。以海河北系为例定量识别水文干旱事件，并对其干旱特征及变化规律进行剖析。

（6）魏建波等[243]以武陵山片区干旱灾害为例，分别从孕灾环境敏感性、致灾因子的危险性和承载体的脆弱性 3 个方面，选取地形地貌、土壤类型、人口密度及耕地面积等指标为旱灾风险评估指标因子，建立武陵山片区干旱灾害风险评估模型，并进行风险区划。

（7）卢晓宁等[244]以四川省为例，基于自然灾害风险理论，综合气象、水文、地形地貌、实际灾害和人口与社会经济等各方面信息构建评价指标体系，并从复杂地形地貌背景区的角度进行指标因子的计算，实现了基于格网的四川省干旱风险评价。

（8）韩兰英等[245]依据灾害系统理论，利用遥感、气象和地理信息数据与技术建立致灾因子危险性、孕灾环境脆弱性、承灾体易损性和防灾减灾能力可靠性等 4 个因子的风险指数和模型，在 GIS 平台下计算了干旱灾害综合风险指数。

（9）刘正伟等[246]采用宜良县区域内 10 个雨量站近 33 年的实测资料序列，通过区域干旱风险模型、干旱缺水量模型的建立，对宜良县区域干旱风险及其区域干旱缺水量进行了分析。

（10）韩元元等[247]利用云南中北部地区 6 个气象站点 1954—2012 年资料，选用标准化指数计算各站点干旱指数，统计分析云南中北部地区发生干旱的年份及发生不同干旱的频次。

（11）贾香风等[248]结合降水距平公式对洪洞县 1980—2010 年冬小麦的干旱情况进行划分，探讨不同阶段冬小麦干旱的时间和空间特征。并对洪洞县的所有站点，运用人类生存环境风险评价法，结合 GIS 软件对冬小麦干旱灾害风险指数 DDRI 进行研究与区划。

（12）何娇楠等[249]利用云南省 129 个县（市、区）的气象、社会经济和地理信息数据，从干旱灾害致灾因子危险性、成灾环境敏感性、承灾体易损性和防灾减灾能力 4 个方面选取 15 个评价指标构建了干旱灾害风险评估模型，对干旱灾害风险进行了评估。

（13）王海科等[250]基于关中地区 5 个市区 2013 年全年的水文气象数据，选取了降水、径流、水库蓄水及地下水 4 大指标，采用以层次分析法来确定权重的模糊综合评价法，对关中 5 个市区

2013 年的干旱情况进行等级评价。

（14）王鹏新等[251]以陕西省关中平原为研究区域，以核函数方法为非线性算法，基于核主成分分析方法（KPCA），将遥感反演的条件植被温度指数（VTCI）映射到高维特征空间下对其进行特征提取，并结合 Copula 函数构建主成分间的联合分布模型，构建综合 VTCI 与冬小麦单产间的线性回归模型。

5.4.7　干旱预警预报

准确的干旱预警预报是科学抗旱的前提和基础。与 2011—2012 年相比，近两年涉及干旱预警预报的文献较少，干旱预报方面以预报方法的研究为主，干旱预警方面以实用性研究为主。以下仅列举有代表性的文献以供参考。

（1）王美丽等[252]利用 50 km×50 km 水平分辨率区域气候模式 Reg CM4.0，嵌套全球气候模式输出结果 BCC_CSM1.1，模拟了新的温室气体排放情景 RCP（Representative Concentration Pathway）下 21 世纪东亚地区的气候变化，针对模拟结果中云南及周边地区进行分析。

（2）卢洪健等[253]基于中国东北地区 98 个气象站点历史数据和 WCRP 多模式耦合 CMIP3 输出的 IPCC SRES A1B、A2 和 B1 气候变化情景下的降雨资料，计算月尺度上的标准化降水指数（SPI），研究东北地区干旱的时空变化格局及其对气候变化的响应特征。

（3）王飞等[254]利用集对分析的可展性，引入同化度等概念建立了多元集对分析模糊评价模型，应用模型对贵州省 2013 年干旱情况进行评价分析与预警，并与常规集对分析评价和预警结果进行了比较。

（4）刘招等[255]引入模糊综合评价及信息熵方法，建立了考虑降雨、径流及地下水等多水源的灌区水文干旱预警系统。

（5）胡荣等[256]采用滦河潘家口水库控制流域的逐月流量数据，计算各站月时间尺度的标准化径流指数（SRI），得到了实测水文干旱等级序列。提出了基于三维列联表的对数线性干旱预测模型，实现了滦河潘家口水库控制流域预见期为 1 个月和 2 个月的水文干旱等级预测。

（6）吕小俊等[257]应用灰色灾变理论对 1950—2013 年云南省的干旱数据进行研究，并建立 GM（1，1）模型，预测 2014—2030 年云南省可能出现干旱的年份。

（7）景丞等[258]利用英国东英格利亚大学 CRU（Climatic Research Unit）逐月降水格点数据，评估耦合模式比较计划 CMIP5 多模式集合数据对朝鲜地区气象要素的模拟能力，并通过 SPI 旱涝指数预估不同典型浓度路径情景下朝鲜干旱时空特征。

（8）孟纯纯等[259]利用区域大气模式 RAMS（Regional Atmospheric Modeling System）对 2008/2009 年秋、冬季节中国东部地区的一次极端干旱事件进行了数值模拟，并与欧洲中期天气预报中心 ECMWF（European Centre for Medium-Range Weather Forecasts）再分析资料（ERA-Interim）和全球观测数据 GSOD（Global Summary of Day）进行了对比。

（9）张玉虎等[260]根据季节径流量相关特性，利用标准径流指数（SRI），通过优选 Copula 函数和径流量分布函数，构建贝叶斯框架的 Copula 季节水文干旱预报模型，并对阿克苏河西大桥水文站进行实证分析。

（10）胡春丽等[261]利用 2008—2013 年 500h Pa NCEP/NCAR 逐日再分析风场和位势高度场资料及辽宁省 54 站逐日降水资料，对辽宁干旱有影响的 9 个低频预报关键区，建立干旱过程低频预报概念模型。

（11）龚艳冰等[262]给出一种结合云推理和模糊逻辑关系的干旱等级预测方法，并采用徐州站 1951—2014 年逐月降水量数据，以 1952—2013 年 SPI 指数数据作为样本数据，利用云发生器进行云推理，得到未来相应月份的干旱等级预测结果。

（12）严小林等[263]以受旱率、成灾率和粮食减产率 3 个指标，利用 Mann-Kendall 趋势检验方法，分析了海河流域 1949—2000 年农业干旱的历史演变情势。

（13）姬晶等[264]提出了一个更符合实际旱情发展的评估方法，即基于降雨与土壤墒情指标评估了灌区实时旱情，通过分析未来供需水情势预估了灌区的水源盈缺关系，耦合实时旱情与水源情势指标，构建灌区干旱预警指标和干旱预警体系。

（14）张逸飞等[265]应用汉江中下游 12 个站点 50 年（1963—2012 年）降水资料，通过克里金插值法和一元线性回归方程分析其降水的空间分布及时间变化规律。选取 1963—2006 年的数据建立灾变预测模型 GM（1，1），预测该区域未来一定时期内可能发生干旱的年份。

5.4.8　干旱综合应对

随着水利部会同国家发展改革委、财政部、农业部编制完成的《全国抗旱规划实施方案（2014—2016 年）》的出台和实施，干旱综合应对方面的相关研究成果也越来越多，且实用性和可操作性都很强。以下仅列举有代表性的文献以供参考。

（1）王刚等[266]从干旱本质和干旱灾害形成的机理出发，定义了干旱应对能力水平指数（HEGdca），并提出基于 HEGdca 的水利工程群应对干旱能力定量评价方法。

（2）郭铌等[267]对各种指数(模型)应用中存在的问题进行评述，指出卫星遥感干旱监测面临的主要技术问题和未来发展机遇，针对我国卫星遥感干旱应用现状，提出了亟待解决的主要问题和应该努力的方向。

（3）王刚[268]从水利工程的布局、规模和运行管理两个层面构建水利工程群应对干旱能力评价指标体系，采用模糊综合评价法构建了水利工程群应对干旱能力评价模型。

（4）梁哲军等[269]采用标准化降水指数（SPI）为干旱指标，计算了山西省运城市 49 年（1958—2007 年）各月干旱指数，并在此基础上分析了山西南部地区季节性干旱特征。

（5）金菊良等[270]从旱灾系统各子系统的相互作用出发，提出了由 14 类分析技术组成的干旱分析技术体系，系统综述了这 14 类分析技术的研究现状，从定性分析过渡到定量分析，从统计分析过渡到物理成因解析的研究发展趋势。

（6）姚玉璧等[271]利用西南和华南 6 省市 133 个国家基本气象站 1961—2012 年历年逐日地面气象观测资料，研究中国南方干旱致灾因子的时空变化特征，建立致灾因子的危险性、孕灾环境脆弱性、承灾体暴露度的评估指标，分析中国南方干旱灾害风险分布特征，提出干旱灾害风险防控策略与防御对策。

5.5　水环境安全研究进展

水资源、洪水和水环境的有机统一构成水安全体系，三者是一个问题的三个方面，相互联系、相互作用，形成了复杂、时变的水安全系统。因此，水环境安全是水安全的重要组成部分，如何对水污染进行预警和防治，具有重要的意义。目前水环境安全研究的参与者众多，研究内容丰富，每年都有大量的研究成果涌现。

5.5.1 水环境安全

由于水环境安全的概念比较宽泛，界定也比较困难，与水环境安全相关的研究内容较多，以水环境安全评价、水环境安全监管等方面为主。以下仅列举有代表性的文献以供参考。

（1）叶属峰等在《河口水域环境质量检测与评价方法研究及应用》[272]一书中，以长江口海域的环境监测评价与保护管理为目标，解决各行业的管理交叉矛盾，建立了适合于长江河口区水环境特点的监测评价体系，为污染物排放的海陆统筹、以海定陆提供依据。

（2）张袆在《面向"东方水都"目标的武汉市水环境问题与风险管理研究》[273]一书中，研究如何加强武汉市水环境风险管理，面向实现武汉市经济社会以"绿色低碳模式"可持续发展的目标，进一步探索武汉市水环境风险管理战略目标、定位及具体措施是关系到如何有效降低和控制水生态环境安全风险，为经济、社会可持续发展提供支撑保障并传承和发扬城市水文化的重要课题，兼具理论和现实意义。

（3）张娟等[274]查阅国内外数据库，搜集筛选了中国淡水水生生物藻类、溞类、鱼类的 12 种生物甲基汞急性毒性数据、5 种生物慢性数据，推算淡水水生生物的甲基汞的安全阈值，并利用生态风险评估商值法对主要流域地表水溶解态甲基汞检出值做出风险评估。

（4）傅春等[275]基于"驱动力–压力–状态–响应"（DPSR）模型，建立南昌市水环境安全评价指标体系，并利用模糊综合评价法等对南昌市水环境安全进行综合评价。

（5）王建春等[276]构建济南市城市化与水环境安全综合评价指标体系，采用熵值法和层次分析法确定 1996—2012 年济南市城市化与水环境安全系统指标权重，筛选出系统内主要影响因子，进行了济南市城市化与水环境安全耦合协调度分析。

（6）何月峰等[277]基于压力–状态–响应（pressure–state–response，PSR）模型和"五水共治"决策构建评价指标体系，应用 AHP 方法，对浙江省的水环境安全进行测度与评价。

（7）何贝贝等[278]依据 DPSIR 模型的基本原理，遵循评价指标体系的构建原则，以驱动力、压力、状态等 5 项指标作为准则层，选取 20 项指标对天津市 2009—2011 年城市水环境安全状况进行了等级评价计算。

（8）秦鹏等[279]根据压力–状态–响应（PSR）模型，构建水环境安全评价指标体系，以相对最小信息熵为工具，将主客观权重结合起来形成组合权重，利用集对分析理论中的多元联系数对水环境安全评价体系进行定量计算，并以杭州市水环境为例进行了实例计算。

（9）张艳军等[280]根据"平战结合"的平台建设思路，提出了基于面向服务（SOA）可扩展的架构、Webservice 数据服务调用模式和模块化功能的平台构建技术，集成地方环保业务系统的成果，设计和实施"五个一"平台工程，研发了集污染源风险识别、环境预警监控、模拟预测、应急评估处置和信息发布 5 项功能为一体的三峡水环境风险评估与预警平台。

（10）刘鸿志等[281]对浙江省于 2013 年提出了"五水共治"的治水战略，在近两年来取得的阶段性成果进行分析，并结合浙江省治水的实践经验，提出了进一步推进区域水环境综合治理的建议。

（11）冯利忠等[282]针对黄河呼和浩特段沿线水体持续污染为"引黄入呼"取水口带来的水环

境质量问题，采用 MIKE 三维水动力和水质耦合模型，进行了"引黄入呼"取水口水环境容量动态性研究。

5.5.2　水污染预警

近两年，关于水污染预警研究的文章非常少，多为水污染事件的报道。以下仅列举有代表性的文献以供参考。

（1）郭翔等在《水污染公共安全事件预警信息管理》[283]一书中，通过研究水污染公共安全事件，探寻其发生发展的机理，建立相应的信息管理系统。

（2）滕应等在《稀土尾矿区地下水污染风险评估与防控修复研究》[284]一书中，分九章系统分析了我国包头稀土尾矿区污染特征、地下水中污染物迁移过程、生态风险评估与修复的研究成果，内容包括我国稀土金属冶选尾矿库区的生态环境问题、包钢稀土尾矿库的污染特征与生态环境调查、包钢稀土尾矿库周边地下水中污染物的迁移过程等。

（3）陶子乐滔等[285]针对应急预警管理系统对突发性水污染事件中信息流转的时效性和污染事件深度管理的要求，采用云计算技术，以移动通信平台为通信传输网络，通过建立云端和移动终端相结合的架构，研究了云计算技术在处理突发性水污染事故中的应用。

（4）宋筱轩等[286]提出基于动态数据驱动的误差修正方法，结合城市供水水质安全预警系统仿真分析服务功能的建立，阐述动态数据驱动的突发水污染事故预测误差修正基本原理，研究模型边界更新法、模型参数更新法、模型结果校正法 3 种实现模型校正的技术，并采用 2 个试验例子进行有效性验证。

（5）李宗峰等[287]建立了基于风险品数量，基于风险品数量和毒性，基于风险品数量、风险品毒性和风险源发生事故概率，3 个精度递进、满足不同需求的事故型水污染风险源评估技术，并以三峡库区内化工企业类型风险源为研究对象，开展风险源评估研究工作。

（6）龙岩等[288]依据南水北调中线干渠资料，开展了正常输水情况下串联明渠内可溶污染物浓度分布规律数值模拟研究。采用数值模拟、数学归纳和统计分析方法，提出表征污染物输移扩散特征的峰值输移距离、污染带长度和峰值浓度的快速预测公式，通过示范工程验证了快速预测公式的可行性。

（7）逯南南等[289]针对突发水污染事件难以准确预警的现状，通过模拟水体突发汞污染事件，开展了以生物鱼行为变化为基础的水质生物预警技术研究。

（8）史斌等[290]针对突发水污染灾害的特点，把应急处置工程决策纳入应急预警范畴，构建了拓展后的应急预警新框架，为应急处置小组等利益相关者提供系统化的信息支持。

（9）蔡锋等[291]应用 OilTech121 便携式测油仪对某突发性水污染事件的小溪沟、长江水样进行石油类浓度检测，分析其石油类浓度沿程变化情况以及对小溪沟、长江水质的影响。

（10）胡琳等[292]基于浙江省东苕溪干流水文特性，结合流域水质与污染物情况，应用 MIKE11 模型构建了流域水动力和水质耦合模型，模拟上游水污染突发事件发生后污染物到达东苕溪水源地取水口的时间，以此进行水质预警。

5.5.3　水污染防治

近两年，涉及水污染防治的研究内容较多，集中在水污染防治体系分析、水污染防治对策探讨、水污染控制技术推广、水污染控制规划制定等方面，实用性较强。以下仅列举有代表性的文献以供参考。

（1）白景峰等[293]在实地调研与资料收集的基础上，提出基于绿色低碳港口发展模式的镇江港水污染防治对策，并提出分阶段的治理目标，为镇江港绿色低碳港口建设提供支撑条件。

（2）朱增银等[294]概述了介孔氧化硅材料在水体中有机污染物和重金属离子吸附去除中的研究进展，并总结了该领域目前存在的问题。

（3）张家瑞等[295]分析了滇池流域现行的排污收费制度、污水处理收费制度和阶梯水价政策的实施效果，采用 DEA 方法的 C2R 模型和 BC2 模型对 2001—2012 年滇池流域水污染防治收费政策实施绩效进行了评估。

（4）郇环等[296]以吉林市为例，根据地下水污染状况、产业经济特征以及不同行业的水污染特性，提出具有针对性的产业结构调整思路和路径。

（5）吴卫星等[297]针对我国现行排污许可制度存在的两大问题，提出全面推行排污许可制度，最优选择是由国务院制定"排污许可证管理条例"，在《大气污染防治法》《水污染防治法》所设定的排污许可事项之外根据实践需要增设一些新的许可事项。

（6）田恬等[298]采用 SOA C/S 架构，按照数据层、应用层和表现层的规范设计开发了松花江流域水污染防治规划决策支持系统。

（7）李铸衡等[299]基于土地利用变化模型 CLUE–S 模拟了城市规划、历史趋势和生态保护 3 个预案下浑河–太子河流域土地利用未来变化；应用 SWAT 模型对非点源污染进行了模拟研究，并结合实测数据对模拟结果进行了评价；结合两个模型研究了 3 个土地利用预案下非点源污染对土地利用和景观格局变化的响应。

（8）肖建华等[300]根据夫夷河水污染治理的实地调研，提出要有效治理夫夷河水污染问题，必须建立政府、企业、公众三位一体区域协作的防治机制，即政府加强监管、企业积极配合、公众主动参与、区域加强协作。

（9）张家瑞等[301]一文中，采用并行网络 DEA 模型和经典 CCR 模型评估了 2001—2012 年滇池流域水污染防治收费政策点源防治绩效。

（10）沈园等[302]分析了松花江流域沿江企业潜在污染风险的大小和分布，并揭示导致不同区域间水环境潜在污染风险空间差异的原因。

（11）王浩等[303]提出为应对南水北调中线干线工程可能存在的突发水污染事故，加强突发水污染事故的应急防治和管理，建立"数值模拟–评价诊断–溯源预测–应急调控–污染处置"五大环节于一体的突发水污染应急调控与处置技术体系。

5.6 水安全其他方面研究进展

水灾害事件除了洪水和干旱外，冰凌、泥石流、风暴潮事件也在严重影响着城乡居民生活和工农业生产，除此之外，如何能够保障居民的饮用水安全，也是水资源研究领域的重要难点。

5.6.1 冰凌

由于冰凌的发生具有很强的区域性，因此冰凌灾害的研究群体、研究区域和研究内容都相对集中。近两年冰凌的研究内容多集中在冰凌预报、防凌调度和防凌减灾新技术的使用等方面。

以下仅列举有代表性的文献以供参考。

（1）吴剑疆等在《江河冰凌数学模型研究》[304]一书中，总结和分析了国内外冰塞形成演变机理的研究成果，建立了描述冰塞形成演变的动态数值模型，建立垂向二维紊流数值模型来模拟敞露河道中水内冰的输运，提出了纵向冰缝形成位置的计算方法，提出了以河道纵向冰缝处冰层残余抗剪强度为基础的边壁阻力判别准则等。

（2）刘吉峰等[305]介绍了主要黄河冰凌预报模型与技术方法及其存在问题，提出在充分冰凌观测的基础上，加强河道冰凌冻融规律研究，开发具有冰凌物理机制和实际预报能力的冰水动力学模型。

（3）何厚军等[306]在总结河道冰凌信息解译技术和黄河凌情遥感监测标准流程的基础上，阐述了遥感技术在防凌日常跟踪监测、高分监测、应急监测等方面的主要应用、取得的效果和存在问题，提出了黄河凌情遥感监测未来发展方向

（4）李红芳等[307]对三湖河口弯道处冰凌动力特性进行了数值模拟，揭示了弯道处在河道形态影响下的冰凌动力条件和封河特征，模拟了三湖河口弯道岸冰形成区域、形成过程和可能形成冰塞冰坝的位置。

（5）罗党[308]提出了一种基于后悔理论的灰关联评估方法，并将其应用于黄河巴彦高勒、三湖河口和头道拐 3 个河段的冰塞灾害风险评估中。

（6）戎军飞等[309]设计了一种适用于野外无供电条件下的河道冰凌图像远程遥测系统，介绍了系统的整体结构、运行模式和关键电路的构成以及图像处理模块的选型。

5.6.2　泥石流

由于泥石流具有一定的突发性，且成因复杂，因此研究内容涉及面很广、研究文献也较多，内容集中于泥石流成因分析、泥石流时空分布特征、泥石流危险性评价、泥石流防治及避险措施等方面。以下仅列举有代表性的文献以供参考。

（1）刘洋等[310]以实际工程为例，建立三维溃坝数值模型，对尾矿库溃坝泥石流的演进规律进行三维数值模拟，并通过实测资料对数值模拟结果进行验证。

（2）向灵芝等[311]基于泥石流来源于某些处于特殊演化阶段的分支小流域的理论，分析了面积高程曲线及其参数与泥石流活动的关系。

（3）岳溪柳等[312]初选了 10 个相关因子进行 GIS 的方差分析及相关性分析，以筛选喀斯特山区泥石流灾害的主要影响因子及灾害易发性评价。

（4）刘光旭等[313]基于西南地区（西藏地区除外）社会经济统计数据、自然环境数据和历年泥石流灾害事件记录，采用因子分析的方法，对西南地区泥石流人员脆弱性进行了评价。

（5）屈永平等[314]选取林芝地区的波密县至易贡段冰川泥石流为研究对象，分析得到研究区冰川覆盖面积年平均缩减率为 2.93%，且由统计分析发现冰川覆盖面积的变化特征与泥石流的流域特征相关。

（6）刘丽娜等[315]以 GIS 技术为操作平台，利用芦山地震滑坡体积作为泥石流物质来源数据，采用地貌信息熵方法，对 55 条泥石流沟进行了基于滑坡物源的泥石流危险性区划研究，期望能为即将来临的雨季做好泥石流危险区规划和防灾工程部署提供参考。

（7）方群生等[316]经过野外实际调查，以研究区的 35 条泥石流沟的 147 组数据为样本进行

分析，发现泥石流流域内滑坡体积和面积之间具有明显的幂函数的相关关系，而滑坡平均厚度和面积、平均厚度和体积之间具有明显的对数函数的相关关系，从而建立泥石流流域内滑坡物源量的计算模型。

（8）裴钻等[317]对比采取现场勘查、遥感图像分析、历史资料对比分析等方法，分析了极震区泥石流动力特征受地形、地层、物源等因素的影响，并针对四川安县高川乡流域泥石流沟的调查和分析，建立泥石流流量-冲刷模型。

（9）徐江等[318]利用图形建模软件 RHINO 建立上卓沟三维沟谷模型，泥石流流变模型选用宾汉流体模型，应用 CFX 对上卓沟泥石流进行了三维数值模拟，将所得流场数据导入 ANSYS 进行泥石流与拦挡结构的双向流固耦合分析，得到了泥石流在沟谷内的运动规律及拦沙坝的应力和位移，为工程设计提出了建议。

（10）余斌等[319]针对沟床起动型泥石流的诱发因素为高强度短历时的降雨，提出 10 min 降雨强度是这类泥石流暴发的关键。

（11）屈永平等[320]通过对研究区泥石流堆积扇的野外调查，统计了 36 条沟的泥石流堆积扇的参数，得到了研究区泥石流堆积扇不同因素间的关系，在此基础上建立了泥石流堆积扇几何堆积特征统计模型。

（12）尹超等[321]开展公路沿线泥石流灾害危险源辨识，基于 Arc GIS 软件绘制各评价指标的基础图件并进行公路沿线泥石流灾害危险性空间分析，以公路沿线泥石流灾害危险度为主导依据，编制中国公路沿线泥石流灾害危险性区划方案。

（13）徐继维等[322]阐述了泥石流灾害风险的现状及内容，从区域和单点两个角度综述泥石流风险评估方法。

（14）魏振磊等[323]讨论了用 MLS 方法进行泥石流平均流速预测的可行性与有效性，并将预测结果与经验公式、BP 神经网络以及支持向量机进行了对比。

（15）舒和平等[324]以相似性原理为基础，选择恰当的比尺，在甘肃省陇南市武都区野外构建泥石流物理模型，重现了舟曲"8·8"特大泥石流灾害发生过程。

（16）陈剑等[325]采用指标熵模型对干热河谷区泥石流的影响因子进行敏感性分析，最后筛选出 6 个因子作为泥石流的易发性评价因子，并以金沙江干热河谷区为例进行分析应用。

（17）周健等[326]利用自制小比例模型槽，采用可控降雨强度降雨模拟器，进行了人工降雨诱发泥石流的室内模型试验，研究降雨强度对泥石流起动的影响，并确定泥石流起动的临界降雨强度。

（18）吕立群等[327]针对两相泥石流通常会出现高陡的龙头的问题，通过野外两相泥石流原型和水槽实验，研究其非恒定运动过程。

（19）费杜秋等[328]以多重风险评估方法为基础，运用自然灾害风险研究的理论和风险评估模型，结合青藏铁路沿线历史灾害数据、地图数据、气象数据以及实地调查数据等，建立了滑坡、泥石流灾害历史致险性和潜在致险性的分析方法，构建了以 2014 年青藏铁路沿线数据为基础的物理暴露、应灾能力和脆弱性分析指标体系。

5.6.3　风暴潮

风暴潮是一种灾害性的自然现象。由于剧烈的大气扰动，如强风和气压骤变导致海水异常升降，同时和天文潮叠加时的情况，如果这种叠加恰好是强烈的低气压风暴涌浪形成的高涌浪与天文高潮叠加则会形成更强的破坏力。由于风暴潮的复杂性，相关研究文献依然较多，内容集中在风暴潮特征分析、风暴潮预测、风暴潮损失评估、风暴潮淹没模拟方法等方面。以下仅列举有代表性的文献以供参考。

（1）邓辉等[329]以搜集到的 1368—1911 年苏沪浙地区风暴潮记录为基础，重建区域历史风暴潮发生的时间序列与空间分布。

（2）康蕾等[330]建立风暴潮增水农业产量损失评估模型，选择珠江三角区为研究区域，以该地区的 DEM、土地利用等数据为基础，通过实地调研获取当地的数据资料，并以 2010 年为例，分析了不同风暴潮增水情景下珠三角地区耕地受灾空间分布特征及农业产量损失情况。

（3）李明杰等[331]统计分析了广西涠洲岛沿海气候、潮汐和风暴潮等历史资料，利用耿贝尔方法推算了涠洲岛多年一遇年极值高潮位，并估算了其漫滩范围分布，指出近几年高潮位出现的频次和极值均越来越高是涠洲岛西南部沙滩侵蚀愈加严重的重要原因。

（4）张拂坤等[332]选取风暴潮危险性、海水淡化工程脆弱性评价指标，采用层次分析法，构建了海水淡化工程风暴潮风险评价模型；并以天津为例，对不同海水淡化工艺进行了风暴潮风险评估。

（5）石先武等[333]基于风暴潮致灾强度、风暴潮防御能力、灾害损失及发生频率 4 个方面，系统论述了风暴潮灾害不同等级的划分标准，对比分析了不同分级方法的适用性和局限性，并对风暴潮灾害分级应考虑的因素进行了总结和探讨，提出了未来风暴潮灾害等级划分方法研究的重点。

（6）冯爱青等[334]从风暴潮灾害的危险性、承灾体的易损性、综合风险区划 3 个方面系统总结风暴潮灾害的研究进展及存在的主要问题；并以风暴潮灾情特征及风险评估为基础，探讨气候变化对风暴潮灾害风险的影响及其适应对策。

（7）戚蓝等[335]基于高精度 DEM 数据建立三亚市主城区暴雨、洪水与风暴潮多元耦合精细化洪涝分析模型，采用分区糙率体现不同下垫面的影响，利用干湿判别理论处理动边界，计算获得三亚市主城区不同重现期洪涝灾害易涝点、积水深度及其影响情况。

（8）朱男男等[336]利用 NCEP 再分析资料、常规气象观测资料和自动气象站观测资料对 2013 年 5 月 26—28 日西南地区一次江淮气旋北上入海减弱的过程进行了动力及热力分析。

（9）石先武等[337]对国内外风暴潮灾害社会脆弱性和物理脆弱性进行了回顾，分析了风暴潮灾害脆弱性评价中存在的不确定性，探讨了风暴潮灾害脆弱性在灾害损失评估、保险及再保险、防灾减灾决策支持等领域的应用，对未来风暴潮灾害脆弱性研究提出展望。

（10）徐国宾等[338]建立一、二维耦合的盐度数学模型对风暴潮溃堤时的盐水运动进行模拟。模型考虑洪泛区建筑物对盐水运动的影响以及溃口的渐变发展过程，用 2008 年多个测站的实测数据对河网模型的潮位和盐度计算结果进行了验证，并将模型应用于珠江三角洲河网某近海溃口风暴潮溃堤的盐水运动模拟，并绘制了最大盐度等值面图。

（11）徐南等[339]选取新奥尔良西侧一段约 180 km 的海岸线为研究区，综合使用美国陆地卫星时间序列和验潮站的水位数据得到飓风前后的海岸线变化率.提取不同时期的海岸线，然后进行速率估算和变化检测。

5.6.4 饮水安全

饮水安全是目前水利工作者关注的热点问题之一。近两年，涉及饮水安全的研究文献很多，内容集中在饮用水水源地保护、饮用水水源地安全保障达标建设、农村饮水安全评估、饮用水污染防控、饮水安全保障等方面，但创新性的研究内容不多。以下仅列举有代表性的文献以供参考。

（1）杨继富等在《农村安全供水技术研究》[340]一书中，系统、全面地总结了我国农村安全供水技术研究的最新进展和成果，包括新技术、新设备、新模式、新方法、新系统，先进性和实用性强。

（2）张亚雷等在《中国村镇饮水安全科技新进展》[341]一书中介绍了村镇供水安全工程概况、村镇供水安全工程设计、村镇供水安全工程施工、村镇供水安全工程管理等内容。

（3）王宾等在《饮水安全与环境卫生可持续管理》[342]一书中，围绕《2030年可持续发展议程》提及的第6个目标领域展开，将该目标下设的8个子目标划分为水资源管理、饮水安全和环境卫生三大维度，并基于此三大维度，评估了国际重点地区、重点国家和国内城市、县城、建制镇、乡、村等视角下的三维度发展现状。

（4）王小英等[343]对2012—2014年全区农村饮水安全工程供水点枯水期和丰水期水样进行采集检测并统计分析，来了解肃州区农村生活饮用水水质卫生状况。

（5）蔡月华等[344]对连州市12个乡镇的185个农村饮水安全工程水质卫生状况进行调查，随机抽取45个监测点，分别于枯水期和丰水期采集出厂水和末梢水进行检测，来了解连州市2013年农村饮水安全工程水质卫生状况。

（6）荆秀艳等[345]以银川平原为例，通过水文地质调查，从水源与人类健康角度，考虑地下水质、水量和地质防护性，构建了适合银川平原特点的饮水安全评价指标体系，并运用层次分析、迭置指数等评价方法，开展了地下水饮水安全评价。

（7）郭燕红等[346]针对工程建设效果后评价中具有很多确定性和不确定性因素，且评价因子与等级标准间存在着复杂的非线性关系这一大难题，将集对分析理论和博弈论相结合，提出基于博弈论的集对分析模型。

（8）李艳茹等[347]提出把握农村饮水安全工程对经济、社会和环境的主要影响因素，构建可持续评价指标体系，并结合 PPP 融资模式下公私部门投资比重和投资期望的特点，建立可持续性评价模型。

（9）郭春英等[348]采用分层随机的方式选取128个监测点，于枯水期和丰水期采集出厂水和（或）末梢水各1份，共采集428份水样，来系统地了解尧都区农村饮水安全工程水质卫生基本状况和变化趋势。

（10）唐娟莉等[349]基于公共物品理论，利用川、豫、晋、陕、黔、宁6省农户的微观数据，采用多元有序 Logistic 模型，分析农村饮水供给的影响因子，探讨农村饮水供给的有效性。

（11）吴基福等[350]采用抽样方式，在枯水期（4月）、丰水期（8月）对泉州市4个县84个农村饮水安全工程进行现场调查及水质监测，并按照相应标准进行水质评价，掌握泉州市农村饮水安全工程水质卫生状况。

（12）唐艳玲等[351]根据《云南省农村饮用水水质卫生监测技术方案》的要求，按照《生活饮用水卫生标准检验方法》（GB /T5750—2006）进行水样采集和检测，按照《生活饮用水卫生标准》（GB 5749—2006）进行结果评价，来掌握罗平县农村饮用水安全工程水质卫生状况。

5.7　与 2013—2014 年进展对比分析

（1）在水安全表征与评价研究方面，总体来看，水安全表征与评价的文献有增多趋势，但是具有创新性的文献仍然不多。与 2013—2014 年相比，研究内容涉及面没有新的拓展，还是集中于评价标准和评价方法等方面，评价方法多采用常用的熵权法、神经网络、层次分析法等，也有部分文献是多种评价方法的综合。

（2）防洪安全和洪水风险管理是水安全的重要组成部分。关于洪水模拟、洪水预报、洪水调度、洪水风险分析、洪水资源化利用和防洪减灾等，每年都有大量相关成果涌现。与 2013—2014 年的研究成果相比，近两年的研究更加聚焦于洪水过程的精确模拟、洪水风险评估与风险管理、水文气象预报和防洪减灾管理等方面，为防洪安全提供了重要支撑。

（3）关于干旱的概念、内涵、成因、特征、评估和预警预报等，每年都涌现出大量的研究成果。与 2013—2014 年的研究成果相比，干旱形成机理、干旱预警预报方面一直缺乏创新性的研究成果，这也是未来几年研究的热点和难点问题；就农业干旱、气象干旱、水文干旱和社会经济干旱来讲，由于农业干旱成灾机理最为复杂、影响最大，农业干旱的相关研究文献也最多。

（4）水环境安全是水安全的重要组成部分，越来越受到管理人员、科研工作者和社会公众的关注。与 2013—2014 年相比，水污染预警、水污染防治的研究者越来越多，研究内容也日趋丰富。同时，受国家水资源管理制度变化的影响，以及人民群众对生态环境的关注和重视，引发了大家对水环境安全的认识和思考，也出现了一些新的研究内容和研究成果，但总体来看研究深度有限，理论研究进展不大，高水平研究文献不多，多数是偏于应用。

（5）随着气候变化和人类活动的影响，冰凌、泥石流、风暴潮和饮水安全等水安全研究内容越来越受到大家的关注。由于冰凌、泥石流、风暴潮、饮水安全具有明显的地区性特征，因此相关研究群体、研究区域和研究内容都相对集中；与 2013—2014 年相比，冰凌、泥石流、风暴潮和饮水安全的研究也仍以应用性、技术性内容为主，理论方法研究偏少，且缺乏系统性。

参考文献

[1] 左其亭.中国水科学研究进展报告 2011—2012[M].北京：中国水利水电出版社，2013.
[2] 左其亭.中国水科学研究进展报告 2013—2014[M].北京：中国水利水电出版社，2015.
[3] 苏印，官冬杰，苏维词.基于 SPA 的喀斯特地区水安全评价——以贵州省为例[J].中国岩溶，2015（6）：560–569.
[4] 郑德凤，苏琳，魏秋蕊，等.基于投影寻踪方法的下辽河平原城市水安全综合评价[J].南水北调与水利科技，2015（6）：1181–1184，1196.
[5] 杜向润，冯民权，张建龙.基于改进模糊物元模型的水安全评价研究[J].西北农林科技大学学报（自然科学版），2015（8）：222–228.
[6] 张戈，李世龙，王恒伟.应用可变模糊识别模型对山西水安全评价[J].资源与产业，2015（3）：95–101.
[7] 刘传旺，吴建平，任胜伟，等.基于层次分析法与物元分析法的水安全评价[J].水资源保护，2015（3）：27–32.

[8] 乔丹颖，刘凌，闫峰.基于云模型的中运河水安全评价[J].水资源保护，2015（2）：26–29.

[9] 江红，杨小柳.基于熵权的亚太地区水安全评价[J].地理科学进展，2015（3）：373–380.

[10] 沈俊源，吴凤平，于倩雯.基于模糊集对分析的最严格水安全综合评价[J].水资源与水工程学报，2016（2）：92–97.

[11] 贡力，余涛.集对分析法在水安全评价中的应用[J].中国农村水利水电，2015（1）：58–62，67.

[12] 许大炜，管华，程冬东.基于DPSIR模型的淮海经济区水安全评价[J].江苏师范大学学报（自然科学版），2016（3）：16–19.

[13] 罗斌，姜世中，郑月蓉，等.基于熵权法的水匮乏指数在四川省水安全评价中的应用[J].四川师范大学学报（自然科学版），2016（4）：608–611.

[14] 李孟颖，陈介山.京津冀地区面向人居环境之水安全格局初探[J].安全与环境学报，2015（3）：347–355.

[15] 金丽，郑强，李庆国，等.新农村环境下供水安全评价分析研究[J].中国农村水利水电，2015（6）：66–69，74.

[16] 窦明，张华侨，王偲，等.基于发展模式驱动的水安全调控模型研究[J].系统工程理论与实践，2015（9）：2442–2448.

[17] 陈筠婷，徐建刚，许有鹏.非传统安全视角下的城市水安全概念辨析[J].水科学进展，2015（3）：443–450

[18] 周卫明，乔海娟，张丛林，等.以水利发展体制改革推进中国水安全建设[J].中国农村水利水电，2015（4）：70–72.

[19] 李雪松，李婷婷.水安全综合评价研究——基于中国2000—2012年宏观数据的实证分析[J].中国农村水利水电，2015（3）：45–49.

[20] 李雪松，李婷婷.中国水安全综合评价与实证研究[J].南水北调与水利科技，2016（3）：162–168.

[21] 姬琳，周浩明.信江流域传统聚落中生活用水安全的生态设计[J].生态经济，2016（12）：225–228.

[22] 王泽阳，沈晓铃，吴连丰，等.基于海绵城市的历史文化街区水安全体系构建——以厦门市鼓浪屿为例[J].给水排水，2016（11）：51–56.

[23] 沈清基.基于水安全与水生态智慧的人类诗意栖居思考[J].生态学报，2016（16）：4940–4942.

[24] 苏印，官冬杰，苏维词.岩溶生态脆弱区水安全动态模拟及其演变机制[J].水土保持通报，2016（4）：9–15.

[25] 王西琴，吴若然，李兆捷，等.我国农业用水安全的分区及发展对策[J].中国生态农业学报，2016（10）：1428–1434.

[26] 彭建，赵会娟，刘焱序，等.区域水安全格局构建：研究进展及概念框架[J].生态学报，2016（11）：3137–3145.

[27] 夏军，石卫.变化环境下中国水安全问题研究与展望[J].水利学报，2016（3）：292–301.

[28] 衡先培，王志芳，戴芹芹，等.地方知识在水安全格局识别中的作用——以重庆御临河流域龙兴、石船镇为例[J].生态学报，2016（13）：4152–4162.

[29] 殷淑燕，等.历史时期以来汉江上游极端性气候水文事件及其社会影响研究[M].北京：科学出版社，2015.

[30] 叶正伟.淮河沿海地区水循环与洪涝灾害[M].南京：东南大学出版社，2015.

[31] 王海燕，李波，李子进，等.长江上游中小洪水天气学分型及特征[J].暴雨灾害，2015（4）：293–301.

[32] 王晓玲，李银娥，陈晨，等.长江上游中小洪水月分布特征及天气成因[J].干旱气象，2015（6）：1000–1009.

[33] 陈璇，张萍萍，田刚，等.长江上游流域大洪水天气分型特征分析[J].长江流域资源与环境，2015（12）：2142–2152.

[34] 卢韦伟，陈璐，周建中，等.基于多元分布函数的区域洪水频率分析[J].水文，2015（5）：6–10.

[35] 陈海健，谢平，谢静红，等.基于信息熵的洪水过程均匀度变异分析方法——以东江流域龙川站洪水过程为例[J].水利学报，2015（10）：1233–1239.

[36] 顾西辉，张强，孙鹏，等.新疆塔河流域洪水量级、频率及峰现时间变化特征、成因及影响[J].地理学报，2015（9）：1390–1401.

[37] 钟栗，姚成，李致家，等.应用新安江-海河模型研究下垫面变化对设计洪水的影响[J].湖泊科学，2015（5）：975–982.

[38] 刘明月，贾明明，王宗明，等.2013年松花江与嫩江交汇段洪水遥感监测[J].湿地科学，2015（4）：456–465.

[39] 陈心池，张利平，闪丽洁，等.基于Copula函数的汉江中上游流域极端降雨洪水联合分布特征[J].长江流域资源与环境，2015（8）：1425–1433.

[40] 顾西辉，张强，陈永勤.基于GEVcdn模型的珠江流域非一致性洪水频率分析[J].自然灾害学报，2015（4）：157–166.

[41] 卢燕宇, 田红.基于 HBV 模型的淮河流域洪水致灾临界雨量研究[J].气象, 2015 (6): 755–760.

[42] 朱健, 黄玉英.新疆天山北坡军塘湖河流域"8·29"特大洪水特征与洪峰模数分析[J].冰川冻土, 2015 (3): 811–817.

[43] 徐兴亚, 方红卫, 张岳峰, 等.河道洪水实时概率预报模型与应用[J].水科学进展, 2015 (3): 356–364.

[44] 顾西辉, 张强, 王宗志.1951—2010 年珠江流域洪水极值序列平稳性特征研究[J].自然资源学报, 2015 (5): 824–835.

[45] 刘科, 查小春, 黄春长, 等.秦岭南北河流不同尺度特大洪水对比研究[J].干旱区地理, 2015 (3): 494–501.

[46] 刘章君, 郭生练, 李天元, 等.设计洪水地区组成的区间估计方法研究[J].水利学报, 2015 (5): 543–550.

[47] 翟丹华, 张亚萍, 邱鹏, 等.邹华琼江两次洪水过程的水文气象分析[J].气象, 2015 (1): 59–67.

[48] 姚章民, 杜勇, 张丽娜.珠江流域暴雨天气系统与暴雨洪水特征分析[J].水文, 2015 (2): 85–89.

[49] 许栋, 徐彬, 白玉川, 等.基于二维浅水模拟的河道滩地洪水淹没研究[J].水文, 2015 (6): 1–5, 23.

[50] 刘义花, 鲁延荣, 周强, 等.HBV 水文模型在玉树巴塘河流域洪水临界雨量阈值研究中的应用[J].水土保持研究, 2015 (2): 224–228.

[51] 宋云峰, 张春霞, 刁艳芳, 等.牟汶河下游汛期分期及洪水分级的确定[J].水文, 2015 (1): 88–91, 19.

[52] 刘章君, 郭生练, 钟逸轩, 等.基于 Copula 函数的入库洪水与坝址洪水关系研究[J].水文, 2016 (5): 1–7.

[53] 顾西辉, 张强, 孔冬冬, 等.新疆塔里木河流域洪水发生率非平稳性特征及气候变化影响研究[J].自然资源学报, 2016 (9): 1499–1513.

[54] 张泽慧, 覃光华, 丁晶, 等.论涉水工程防洪安全设计的极限洪水[J].水文, 2016 (4): 8–11.

[55] 黄维东, 牛最荣, 刘彦娥, 等.梯级水电开发对大通河流域洪水过程的影响分析[J].水文, 2016 (4): 58–65.

[56] 林志强, 洪健昌, 尼玛吉, 等.基于 HBV 模型的尼洋曲流域上游洪水致灾临界面雨量研究[J].水土保持通报, 2016 (4): 22–26.

[57] 刘剑宇, 张强, 顾西辉, 等.鄱阳湖流域洪水变化特征及气候影响研究[J].地理科学, 2016 (8): 1234–1242.

[58] 黄华平, 梁忠民.多调查期洪水频率计算及参数估计公式推导[J].水文, 2016 (3): 1–5.

[59] 顾西辉, 张强, 刘剑宇, 等.新疆塔里木河流域洪水过程集聚性及低频气候影响[J].水科学进展, 2016 (4): 501–511.

[60] 张萍萍, 董良鹏, 陈璇, 等.不同关键期长江上游与洞庭湖洪水遭遇过程气候特征对比[J].干旱气象, 2016 (3): 465–471, 480.

[61] 王雪妮, 周晶.一种新的洪水频率分析方法研究[J].水利学报, 2016 (6): 798–808.

[62] 张妞, 廉铁辉, 冯平, 等.黄河宁夏段干支流洪水组成分析[J].水资源与水工程学报, 2016 (2): 158–163.

[63] 张冬冬, 鲁帆, 刘少华.基于贝叶斯理论的洪水频率不确定性分析[J].中国农村水利水电, 2016 (4): 96–102, 106.

[64] 郭生练, 刘章君, 熊立华.设计洪水计算方法研究进展与评价[J].水利学报, 2016 (3): 302–314.

[65] 许超, 蒋卫国, 万立冬, 等.基于 MODIS 时间序列数据的洞庭湖区洪水淹没频率研究[J].灾害学, 2016 (1): 96–101.

[66] 黄粤, 陈曦, 刘铁, 等.基于 GEV 分布的天山开都河洪水频率特征分析[J].气候变化研究进展, 2016 (1): 37–44.

[67] 李丹, 郭生练, 尹家波.变参数 PDS/GP 模型及其在洪水频率分析中的应用[J].水利学报, 2016 (10): 1269–1276.

[68] 王秀杰, 王丽娜, 田福昌, 等.基于时空动态耦合的漫滩、溃堤与防洪保护区洪水联算二维模型[J].自然灾害学报, 2015 (6): 57–63.

[69] 周兴波, 陈祖煜, 李守义, 等.不同推移质输沙模型在溃坝洪水模拟中的对比分析[J].应用基础与工程科学学报, 2015 (6): 1097–1108.

[70] 陈虹, 李家科, 李亚娇, 等.暴雨洪水管理模型 SWMM 的研究及应用进展[J].西北农林科技大学学报 (自然科学版), 2015 (12): 225–234.

[71] 刘鸣彦, 王颖, 郑石, 等.清原地区"0816"洪水灾害临界雨量分析[J].气象与环境学报, 2015 (5): 25–30.

[72] 夏军强, 张晓雷, 邓珊珊, 等.黄河下游高含沙洪水过程一维水沙耦合数学模型[J].水科学进展, 2015 (5): 686–697.

[73] 尹灵芝, 朱军, 王金宏, 等.GPU-CA 模型下的溃坝洪水演进实时模拟与分析[J].武汉大学学报（信息科学版）, 2015（8）: 1123-1129, 1136.

[74] 潘兴瑶, 李其军, 陈建刚, 等.城市地区流域洪水过程模拟: 以清河为例[J].水力发电学报, 2015（6）: 71-80.

[75] 王宗志, 程亮, 王银堂, 等.高强度人类活动作用下考虑河道下渗的河网洪水模拟[J].水利学报, 2015（4）: 414-424.

[76] 苑希民, 田福昌, 王丽娜.漫溃堤洪水联算全二维水动力模型及应用[J].水科学进展, 2015（1）: 83-90.

[77] 冯平, 付军, 李建柱.下垫面变化对洪水影响的水文模型分析[J].天津大学学报（自然科学与工程技术版）, 2015（3）: 189-195.

[78] 程亮, 王宗志, 胡四一, 等.强烈下渗条件下天然河道洪水演进模拟方法[J].中国科学: 地球科学, 2015（2）: 207-215.

[79] 朱军, 尹灵芝, 曹振宇, 等.时空过程网络可视化模拟与分析服务——以溃坝洪水为例[J].地球信息科学学报, 2015（2）: 215-221.

[80] 杨志, 冯民权.溃口近区二维数值模拟与溃坝洪水演进耦合[J].水利水运工程学报, 2015（1）: 8-19.

[81] 钟登华, 李超, 孙蕊蕊, 等.长距离调水工程高填方渠道溃堤三维洪水演进情景仿真[J].水力发电学报, 2015（1）: 99-106.

[82] 史志鹏, 张根广, 张宝军, 等.溃坝洪水模拟中泥沙因素的影响[J].水电能源科学, 2015（4）: 68-71.

[83] 张晓雷, 夏军强, 李娜.网格尺度及村庄糙率对滩区洪水演进模拟结果的影响[J].水力发电学报, 2016（10）: 48-57.

[84] 徐国宾, 孟庆林, 苑希民.含沙溃堤洪水数值模拟分析[J].天津大学学报（自然科学与工程技术版）, 2016（10）: 1008-1015.

[85] 刘修国, 王玉着, 刘旭东, 等.双层异步迭代洪水演进模拟算法[J].武汉大学学报（信息科学版）, 2016（12）: 1570-1576, 1612.

[86] 王晓玲, 宋明瑞, 周正印, 等.基于精细地形建模的溃坝洪水演进三维数值模拟[J].水力发电学报, 2016（4）: 55-66.

[87] 许栋, PAyet David, 及春宁, 等.浅水方程大规模并行计算模拟城市洪水演进[J].天津大学学报（自然科学与工程技术版）, 2016（4）: 341-348.

[88] 雷超桂, 许有鹏, 张倩玉, 等.流域土地利用变化对不同重现期洪水的影响——以奉化江皎口水库流域为例[J].生态学报, 2016（16）: 5017-5026.

[89] 李大鸣, 范玉, 杨紫佩, 等.小清河滞洪区洪水演进数学模型的研究[J].天津大学学报（自然科学与工程技术版）, 2016（4）: 400-407.

[90] 杜斌, 刘旭东, 周月华.基于栅格数据的溃坝洪水演进快速模拟[J].测绘科学, 2016（11）: 178-183.

[91] 水利部水利信息中心.中小河流洪水预警指标确定与预报技术研究[M].北京: 科学出版社, 2016.

[92] 封国林, 等.中国汛期降水动力-统计预测研究[M].北京: 科学出版社, 2015.

[93] 伍远康, 王红英, 陶永格, 等.浙江省无资料流域洪水预报方法研究[J].水文, 2015（6）: 24-29.

[94] 张露, 张佳宾, 梁国华, 等.基于 API 模型与新安江模型的察尔森水库洪水预报[J].南水北调与水利科技, 2015（6）: 1056-1059.

[95] 刘可新, 包为民, 阙家骏, 等.基于主成分分析的 K 均值聚类法在洪水预报中的应用[J].武汉大学学报（工学版）, 2015（4）: 447-450, 458.

[96] 徐兴亚, 方红卫, 张岳峰, 等.河道洪水实时概率预报模型与应用[J].水科学进展, 2015（3）: 356-364.

[97] 包为民, 阙家骏, 赖善证, 等.洪水预报自由水蓄量动态系统响应修正方法[J].水科学进展, 2015（3）: 365-371.

[98] 胡健伟, 周玉良, 金菊良.BP 神经网络洪水预报模型在洪水预报系统中的应用[J].水文, 2015（1）: 20-25.

[99] 刘志雨, 侯爱中, 王秀庆.基于分布式水文模型的中小河流洪水预报技术[J].水文, 2015（1）: 1-6.

[100] 黄国如, 武传号, 刘志雨, 等.气候变化情景下北江飞来峡水库极端入库洪水预估[J].水科学进展, 2015（1）: 10-19.

[101]庞炳东.河流洪水数值预报在流体力学基础上的论证[J].水文, 2015（4）: 1–6.

[102]江衍铭, 郝偌楠, 蔡文柄.台湾洪水预报进展及模型实务应用[J].浙江大学学报（工学版）, 2016（9）: 1784–1790.

[103]江衍铭, 张建全, 明焱.集合神经网络的洪水预报[J].浙江大学学报（工学版）, 2016（8）: 1471–1478.

[104]李明.陕南中小河流洪水气象统计预报模型业务化研究与应用[J].灾害学, 2016（3）: 54–59, 65.

[105]张良艳, 杨志勇, 刘广, 等.玉符河流域分布式洪水预报模型及应用[J].水资源与水工程学报, 2016（3）: 66–72.

[106]王倩, 师鹏飞, 宋培兵, 等.基于贝叶斯模型平均法的洪水集合概率预报[J].水电能源科学, 2016（6）: 64–66, 63.

[107]但灵芝, 王建群, 陈理想, 等.v–支持向量机洪水预报模型研究[J].水文, 2016（2）: 7–11.

[108]王竹, 杨旭, 张静, 等.基于 BP 神经网络的大伙房水库洪水预报[J].水电能源科学, 2016（4）: 31–34.

[109]王玉虎, 周玉良, 宗雪玮, 等.新安江模型在董铺水库洪水预报中的应用研究[J].水电能源科学, 2016（3）: 55–60.

[110]梁忠民, 蒋晓蕾, 曹炎煦, 等.考虑降雨不确定性的洪水概率预报方法[J].河海大学学报（自然科学版）, 2016（1）: 8–12.

[111]同伟, 余鸿慧, 包为民, 等.面平均雨量的系统响应曲线修正方法及其在富春江流域洪水预报中的应用[J].水力发电学报, 2016（1）: 38–45.

[112]万芳, 吴泽宁.滦河流域水库群联合供水调度与预警系统研究[M].北京: 科学出版社, 2016.

[113]杨涛, 刘鹏.变化环境下干旱区水文情势及水资源优化调配[M].北京: 科学出版社, 2016.

[114]水利部水利水电规划设计总院.水库汛期水位动态控制方案编制关键技术研究[M].北京: 中国水利水电出版社, 2015.

[115]徐冬梅, 王文川, 袁秀忠, 等.潘、大、桃水库群防洪调度与洪水资源相关问题研究及应用[M].北京: 中国水利水电出版社, 2015.

[116]苏嵌森, 魏恒志.白龟山水库防洪减灾理论与实践[M].郑州: 黄河水利出版社, 2015.

[117]胡挺, 周曼, 王海, 等.三峡水库中小洪水分级调度规则研究[J].水力发电学报, 2015（4）: 1–7.

[118]杨金桥, 袁晶瑄, 彭安帮.桓仁水库后汛二期洪水预报调度方式及调度规则制定[J].水电能源科学, 2015（11）: 29–33.

[119]张艳敏, 操建峰.洪水潮水联合优化调度模型与应用——以深圳市布吉河流域为例[J].中国农村水利水电, 2015（7）: 109–111, 115.

[120]李大鸣, 王笑, 赵明雨, 等.永定河泛区洪水调度数值模拟[J].天津大学学报（自然科学与工程技术版）, 2015（1）: 76–86.

[121]李海彬, 张小峰, 黄东, 等.河道型水库动库容对洪水调度的影响研究[J].中国农村水利水电, 2015（10）: 90–95.

[122]费祥俊, 吴保生.黄河下游高含沙洪水水库调控技术研究[J].泥沙研究, 2015（2）: 1–8.

[123]张大伟, 徐美, 王艳艳, 等.洪水风险图编制问答[M].北京: 中国水利水电出版社, 2015.

[124]苑希民, 田福昌.宁夏黄河防洪保护区洪水分析与风险图编制研究[M].北京: 中国水利水电出版社, 2016.

[125]全国洪水风险图项目组.洪水风险图编制管理与应用[M].北京: 中国水利水电出版社, 2016.

[126]黄强, 陈子燊.基于二次重现期的多变量洪水风险评估[J].湖泊科学, 2015（2）: 352–360.

[127]方建, 李梦婕, 王静爱, 等.全球暴雨洪水灾害风险评估与制图[J].自然灾害学报, 2015（1）: 1–8.

[128]李帅杰, 谢映霞, 程晓陶.城市洪水风险图编制研究——以福州为例[J].灾害学, 2015（1）: 108–114.

[129]唐言明, 卜松, 董洪茂, 等.基于最大熵原理的洪水灾害灾情评估改进普适模型[J].华北水利水电大学学报（自然科学版）, 2015（5）: 10–13.

[130]徐美, 刘舒.洪水风险图制图方法与系统[J].中国防汛抗旱, 2015（4）: 8–13.

[131]吕弯弯, 顾圣平, 何蕾, 等.基于蒙特卡罗法的土石坝洪水漫顶风险率计算及其敏感性分析[J].长江科学院院报, 2015（5）: 48–52, 56.

[132]王晓玲, 孙小沛, 周正印, 等.高填方渠道溃堤洪水三维风险图研究[J].天津大学学报（自然科学与工程技术版）, 2015（8）: 697–707.

[133]陆菊春, 史遥, 刘立霞.洪水风险管理的有效性评价研究——以广东省为例[J].中国农村水利水电, 2015（7）:

105-108.

[134]王超,金涛,孟洁,等.基于水力学法的兰江段堤防防护区洪水风险分析方法[J].水电能源科学,2015(5):42-44,86.

[135]张国芳,查小春,石晓静,等.汉江上游汉中市洪水灾害风险评价研究[J].中山大学学报(自然科学版),2016(6):28-34.

[136]马树建.政府主导下的我国极端洪水灾害风险管理框架研究[J].灾害学,2016(4):22-26.

[137]徐国宾,孟庆林,苑希民.含盐风暴潮溃堤洪水数值模拟及风险分析[J].水科学进展,2016(4):609-616.

[138]吴夏,王保民,李家叶,等.地下埋设管道穿河段的洪水危险度评价[J].南水北调与水利科技,2016(4):185-191.

[139]顶捷,许有鹏,杨洁,等.城镇化背景下中小流域洪水风险研究——以厦门市东西溪流域为例[J].水土保持通报,2016(2):283-287.

[140]张锐,张双虎,王本德,等.考虑上游溃坝洪水的水库漫坝失事模糊风险分析[J].水利学报,2016(4):509-517.

[141]黄锋华,黄本胜,郭磊,等.东江干流与支流河涌洪水遭遇风险研究[J].中国农村水利水电,2016(3):144-148.

[142]周如瑞,卢迪,王本德,等.基于贝叶斯定理与洪水预报误差抬高水库汛限水位的风险分析[J].农业工程学报,2016(3):135-141.

[143]程毅,刘全,胡志根,等.基于ArcMap溃堰洪水风险可视化建模及其应用[J].中国农村水利水电,2016(12):168-171,175.

[144]陈子燊,黄强,刘曾美.基于非对称Archimedean Copula的三变量洪水风险评估[J].水科学进展,2016(5):763-771.

[145]朱强,等.雨水集蓄利用——农业和供水应用(英文版)[M].北京:科学出版社,2016.

[146]黄虎.河南省城镇区域雨水利用研究[M].北京:中国水利水电出版社,2016.

[147]王忠静,朱金峰,尚文绣.洪水资源利用风险适度性分析[J].水科学进展,2015(1):27-33.

[148]张光辉,费宇红,田言亮,等.暴雨洪水对地下水超采缓解特征与资源增量[J].水利学报,2015(5):594-601.

[149]何小聪,鲍正风,鲁军,等.三峡水库汛期末段洪水资源利用调度方式[J].水电能源科学,2016(2):41-44.

[150]吴浩云,王银堂,胡庆芳,等.太湖流域洪水识别与洪水资源利用约束分析[J].水利水运工程学报,2016(5):1-8.

[151]赵欣胜,崔丽娟,李伟,等.吉林省湿地调蓄洪水功能分析及其价值评估[J].水资源保护,2016(4):27-33,66.

[152]长江防汛抗旱总指挥部办公室.2011年长江防汛抗旱减灾[M].北京:中国水利水电出版社,2016.

[153]何为民.城市河流防洪生态整治关键技术研究[M].北京:中国水利水电出版社,2016.

[154]闫成璞,刘群义,刘森,等.洪水的控制、管理与经营:以大庆地区为例[M].北京:中国水利水电出版社,2016.

[155]许卓首,虞航,等.黄河流域山洪灾害预警管理系统设计与实现[M].郑州:黄河水利出版社,2016.

[156]章欣欣,栾海军,潘火平.一种基于多波段距离加权的遥感影像时空融合方法及其在洪水监测中的应用[J].自然灾害学报,2015(6):105-111.

[157]马丽云,李建刚,李帅.基于FY-3/MERSI数据的新疆融雪性洪水灾害监测[J].国土资源遥感,2015(4):73-78.

[158]郭立峰,殷世平,许佳琦,等.基于FY-3A/MERSI的2013年夏秋间松花江和黑龙江干流洪水遥感监测分析[J].自然灾害学报,2015(5):75-82.

[159]李晓英,陈守伦,戴建炜,等.洪水不可控特性对水库防洪安全的影响[J].水电能源科学,2015(4):64-67.

[160]王嘉芃,刘婷,俞志强,等.基于COSMO-SkyMed和SPOT-5的城镇洪水淹没信息快速提取研究[J].遥感技术与应用,2016(3):564-571.

[161]丁晶,何清燕,覃光华,等.论水库工程之管运洪水[J].水科学进展,2016(1):107-115.

[162]屈艳萍,吕娟,程晓陶,等.干旱相关概念辨析[J].中国水利水电科学研究院学报,2016(4):241-247.

[163]郭纯青,等.中国西南岩溶区旱涝灾害演变机理及水安全[M].北京:科学出版社,2016.

[164]张宇,王素萍,冯建英.2015年秋季全国干旱状况及其影响与成因[J].干旱气象,2015(6):1050-1057.

[165]赵舒怡,宫兆宁,刘旭颖.2001—2013年华北地区植被覆盖度与干旱条件的相关分析[J].地理学报,2015(5):

717–729.

[166]汪青春, 李凤霞, 刘宝康, 等.近 50 年来青海干旱变化及其对气候变暖的响应[J].干旱区研究, 2015（1）: 65–72.

[167]贺中华, 陈晓翔, 梁虹, 等.典型喀斯特岩性组合结构的流域水文干旱机制研究——以贵州省为例[J].地质科学, 2015（1）: 340–353.

[168]胡学平, 许平平, 宁贵财, 等.2012—2013 年中国西南地区秋、冬、春季持续干旱的成因[J].中国沙漠, 2015（3）: 763–773.

[169]曾刚, 武英娇, 张顾炜, 等.1990 年以来重庆秋季年代际干旱及其可能成因[J].大气科学学报, 2015(5): 620–632.

[170]王嘉媛, 胡学平, 许平平, 等.西南地区 2 次秋冬春季持续严重干旱气候成因对比[J].干旱气象, 2015(2): 202–212.

[171]王志伟, 杨胜天, 孙影, 等.1982—2010 年气候与土地利用变化对无定河流域干旱指数变化的影响[J].水文, 2016（3）: 17–23.

[172]王闪闪, 王素萍, 冯建英.2015 年全国干旱状况及其影响与成因[J].干旱气象, 2016（2）: 382–389.

[173]张顾炜, 曾刚, 倪东鸿, 等.西南地区秋季干旱的年代际转折及其可能原因分析[J].大气科学, 2016(2): 311–323.

[174]顾颖, 倪深海, 戴星, 等.中国干旱特征变化规律及抗旱情势[M].北京: 中国水利水电出版社, 2015.

[175]刘宪锋, 朱秀芳, 潘耀忠, 等.近 54 年华北平原干旱时空变化特征及其影响因素[J].北京师范大学学报（自然科学版）, 2015（Z1）: 1–7.

[176]刘晓云, 王劲松, 李耀辉, 等.基于 Copula 函数的中国南方干旱风险特征研究[J].气象学报, 2015(6): 1080–1091.

[177]高西宁, 徐庆喆, 丛俊霞, 等.基于标准化降水指数的辽宁省近 54 年干旱时空规律分析[J].生态环境学报, 2015（11）: 1851–1857.

[178]王芝兰, 李耀辉, 王素萍, 等.1901—2012 年中国西北地区东部多时间尺度干旱特征[J].中国沙漠, 2015（6）: 1666–1673.

[179]陈学凯, 雷宏军, 徐建新, 等.气候变化背景下贵州省农作物生长期干旱时空变化规律[J].自然资源学报, 2015（10）: 1735–1749.

[180]赵安周, 刘宪锋, 朱秀芳, 等.基于 SWAT 模型的渭河流域干旱时空分布[J].地理科学进展, 2015(9): 1156–1166.

[181]姚玉璧, 张强, 王劲松, 等.气候变暖背景下中国西南干旱时空分异特征[J].资源科学, 2015（9）: 1774–1784.

[182]冯禹, 崔宁博, 徐燕梅, 等.贵州省干旱时空分布特征研究[J].干旱区资源与环境, 2015（8）: 82–86.

[183]曹艳萍, 南卓铜, 程国栋.GRACE 重力卫星监测新疆干旱特征[J].干旱区资源与环境, 2015（8）: 87–92.

[184]张彦龙, 刘普幸, 王允.基于干旱指数的宁夏干旱时空变化特征及其 Morlet 小波分析[J].生态学杂志, 2015（8）: 2373–2380.

[185]史本林, 朱新玉, 胡云川, 等.基于 SPEI 指数的近 53 年河南省干旱时空变化特征[J].地理研究, 2015（8）: 1547–1558.

[186]张勃, 张耀宗, 任培贵, 等.基于 SPEI 法的陇东地区近 50a 干旱化时空特征分析[J].地理科学, 2015(8): 999–1006.

[187]杜灵通, 候静, 胡悦, 等.基于遥感温度植被干旱指数的宁夏 2000—2010 年旱情变化特征[J].农业工程学报, 2015（14）: 209–216.

[188]杨晓晨, 明博, 陶洪斌, 等. 中国东北春玉米区干旱时空分布特征及其对产量的影响[J].中国生态农业学报, 2015（6）: 758–767.

[189]杜灵通, 宋乃平, 王磊, 等. 气候变化背景下宁夏近 50 年来的干旱变化特征[J].自然灾害学报, 2015(2): 157–164.

[190]王劲松, 张强, 王素萍, 等.西南和华南干旱灾害链特征分析[J].干旱气象, 2015（2）: 187–194.

[191]杨金虎, 张强, 王劲松, 等.近 60 年来中国西南春季持续性干旱异常特征分析[J].干旱区地理, 2015(2): 215–222.

[192]胡实, 莫兴国, 林忠辉.未来气候情景下我国北方地区干旱时空变化趋势[J].干旱区地理, 2015（2）: 239–248.

[193]黄小燕, 李耀辉, 冯建英, 等.中国西北地区降水量及极端干旱气候变化特征[J].生态学报, 2015(5): 1359–1370.

[194]王春林, 邹菊香, 麦北坚, 等.近 50 年华南气象干旱时空特征及其变化趋势[J].生态学报, 2015（3）: 595–602.

[195]张雷, 王杰, 黄英, 等.1961—2010 年云南省基于 SPEI 的干旱变化特征分析[J].气象与环境学报, 2015（5）: 141–146.

[196]何斌, 王全九, 吴迪, 等.基于灾害风险综合指标的陕西省农业干旱时空特征[J].应用生态学报, 2016（10）:

3299–3306.

[197]马彬, 张勃, 周丹, 等.基于标准化降水蒸散指数的中国东部季风区干旱特征分析[J].自然资源学报, 2016（7）: 1185–1197.

[198]王文, 许志丽, 蔡晓军, 等.基于 PDSI 的长江中下游地区干旱分布特征[J].高原气象, 2016（3）: 693–707.

[199]任立良, 沈鸿仁, 袁飞, 等.变化环境下渭河流域水文干旱演变特征剖析[J].水科学进展, 2016（4）: 492–500.

[200]赵伟, 张宇, 张智红.1981—2010 重庆地区季节性干旱时空变化特征分析[J].水土保持研究, 2016（3）:192–198, 203.

[201]徐羽, 吴艳飞, 徐刚, 等.基于相对湿润指数的重庆市气象干旱时空分布特征[J].西南大学学报（自然科学版）, 2016（4）: 96–103.

[202]陈再清, 侯威, 左冬冬, 等.基于修订 Copula 函数的中国干旱特征研究[J].干旱气象, 2016（2）: 213–222, 268.

[203]王富强, 李玉娟.基于 AWTP 的河南省干旱演变特征分析[J].华北水利水电大学学报（自然科学版）, 2016（2）: 22–27.

[204]吴琼, 赵春雨, 王大钧, 等.1951—2014 年辽宁省气象干旱时空特征分析[J].干旱区资源与环境, 2016（3）: 151–157.

[205]蔡新玲, 李茜, 方建刚.陕西区域性气象干旱事件及变化特征[J].干旱区地理, 2016（2）: 294–300.

[206]王文静, 延军平, 刘永林, 等.基于综合气象干旱指数的海河流域干旱特征分析[J].干旱区地理, 2016（2）: 336–344.

[207]王帅兵, 李常斌, 杨林山, 等.基于标准化降水指数与 Z 指数的洮河流域干旱趋势分析[J].干旱区研究, 2015 （3）: 565–572.

[208]谭春萍, 杨建平, 杨圆, 等.宁夏回族自治区干旱致灾危险性时空变化特征[J].灾害学, 2015（2）: 89–93.

[209]张玉静, 王春乙, 张继权.基于 SPEI 指数的华北冬麦区干旱时空分布特征分析[J].生态学报, 2015（21）: 7097–7107.

[210]董婷, 孟令奎, 张文.MODIS 短波红外水分胁迫指数及其在农业干旱监测中的适用性分析[J].遥感学报, 2015 （2）: 319–327.

[211]黄生志, 黄强, 王义民, 等.基于 SPI 的渭河流域干旱特征演变研究[J].自然灾害学报, 2015（1）: 15–22.

[212]吴燕锋, 巴特尔·巴克, 李维, 等.基于综合气象干旱指数的 1961—2012 年阿勒泰地区干旱时空演变特征[J]. 应用生态学报, 2015（2）: 512–520.

[213]梁丹, 赵锐锋, 李洁, 等.4 种干旱指标在河西走廊地区的适用性评估[J].中国农学通报, 2015（36）: 194–204.

[214]冼卓雁, 武传号, 黄国如.基于 SPEI 的北江飞来峡流域干旱时空演变特征分析[J].灾害学, 2015（3）: 198–203.

[215]虞美秀, 刘小龙, 邱巍, 等.资水流域短期/长期综合干旱指数的构建与应用[J].水资源与水工程学报, 2015（3）: 65–71.

[216]吕潇然, 尹晓天, 宫阿都, 等.基于植被状态指数的云南省农业干旱状况时空分析[J].地球信息科学学报, 2016 （12）: 1634–1644.

[217]权文婷, 周辉, 李红梅, 等.FY–3C/MERSI 与 MODIS 的多波段干旱指数反演及对比分析[J].干旱区地理, 2016 （4）: 835–842.

[218]赵雪花, 赵茹欣.水文干旱指数在汾河上游的适用性分析[J].水科学进展, 2016（4）: 512–519.

[219]赵铭, 张雪洋, 包玉龙, 等.基于 2 种标准化干旱指数分析秦皇岛近 50 年干旱状况[J].水土保持研究, 2016（3）: 246–251.

[220]吴杰峰, 陈兴伟, 高路, 等.基于标准化径流指数的区域水文干旱指数构建与识别[J].山地学报, 2016（3）: 282–289.

[221]王莹, 吴荣军, 郭照冰.基于实际蒸散构建的干旱指数在黄淮海地区的适用性[J].应用生态学报, 2016（5）: 1603–1610.

[222]王素萍, 王劲松, 张强, 等.几种干旱指标对西南和华南区域月尺度干旱监测的适用性评价[J].高原气象, 2015 （6）: 1616–1624.

[223]刘宪锋，朱秀芳，潘耀忠，等.农业干旱监测研究进展与展望[J].地理学报，2015（11）：1835–1848.

[224]孙小龙，宋海清，李平，等.基于 CLDAS 资料的内蒙古干旱监测分析[J].气象，2015（10）：1245–1252.

[225]李耀辉，张良，张虎强，等.基于 CABLE 陆面模式的干旱监测及其对典型干旱事件的效果检验[J].高原气象，2015（4）：1005–1018.

[226]王鑫，陈东东，李金建.基于 MODIS 的温度植被干旱指数在四川盆地盛夏干旱监测中的适用性研究[J].高原山地气象研究，2015（2）：46–51.

[227]韩帅，师春香，林泓锦，等.CLDAS 土壤湿度业务产品的干旱监测应用[J].冰川冻土，2015（2）：446–453.

[228]慈晖，张强，白云岗，等.标准化降水指数与有效干旱指数在新疆干旱监测中的应用[J].水资源保护，2015（2）：7–14.

[229]徐焕颖，贾建华，刘良云，等.基于多源干旱指数的黄淮海平原干旱监测[J].遥感技术与应用，2015（1）：25–32.

[230]周磊，武建军，张洁.以遥感为基础的干旱监测方法研究进展[J].地理科学，2015（5）：630–636.

[231]王莺，沙莎，张雷.甘肃省河东地区干旱遥感监测指数的对比和应用[J].中国沙漠，2015（4）：1006–1014.

[232]夏兴生，朱秀芳，潘耀忠，等.农作物干旱灾害实时风险监测研究——以 2014 年河南干旱为例[J].自然灾害学报，2016（5）：28–36.

[233]郝小翠，张强，杨泽粟，等.一种基于地表能量平衡的遥感干旱监测新方法及其在甘肃河东地区干旱监测中的应用初探[J].地球物理学报，2016（9）：3188–3201.

[234]田国珍，武永利，梁亚春，等.基于蒸散发的干旱监测及时效性分析[J].干旱区地理，2016（4）：721–729.

[235]张良，ZHANG Huqiang，张强，等.应用陆面模式进行干旱监测的过程和实现[J].干旱区研究，2016（3）：584–592.

[236]季国华，胡德勇，王兴玲，等.基于 Landsat 8 数据和温度–植被指数的干旱监测[J].自然灾害学报，2016（2）：43–52.

[237]陈诚，赵书河.基于 TRMM 降雨数据的中国黄淮海地区干旱监测分析[J].国土资源遥感，2016（1）：122–129.

[238]曾越，刘青娥.干旱灾害及供水危机应急管理技术[M].北京：中国水利水电出版社，2015.

[239]黄英，段琪彩，梁忠民，等.云南旱灾演变规律及风险评估[M].北京：中国水利水电出版社，2016.

[240]叶磊，周建中，曾小凡，等.气候变化下 SPEI 指数在嘉陵江流域的干旱评估应用[J].长江流域资源与环境，2015（6）：943–948.

[241]王莺，沙莎，王素萍，等.中国南方干旱灾害风险评估[J].草业学报，2015（5）：12–24.

[242]翟家齐，蒋桂芹，裴源生，等.基于标准水资源指数（SWRI）的流域水文干旱评估——以海河北系为例[J].水利学报，2015（6）：687–698.

[243]魏建波，赵文吉，关鸿亮，等.基于 GIS 的区域干旱灾害风险区划研究——以武陵山片区为例[J].灾害学，2015（1）：198–204.

[244]卢晓宁，洪佳，王玲玲，等.复杂地形地貌背景区干旱风险评价[J].农业工程学报，2015（1）：162–169.

[245]韩兰英，张强，马鹏里，等.中国西南地区农业干旱灾害风险空间特征[J].中国沙漠，2015（4）：1015–1023.

[246]刘正伟，张丽花.宜良县区域干旱风险分析[J].水文，2015（5）：73–77.

[247]韩元元，刘辉.云南中北部地区 1954—2012 年干旱评价研究[J].水资源与水工程学报，2015（1）：111–115.

[248]贾香凤，白丽芹，李必龙.洪洞县农业干旱灾害风险评价与区划研究[J].中国农学通报，2015（1）：210–214.

[249]何娇楠，李运刚，李雪，等.云南省干旱灾害风险评估[J].自然灾害学报，2016（5）：37–45.

[250]王海科，徐盼盼，钱会.关中地区干旱等级模糊综合评价[J].水资源与水工程学报，2016（3）：43–47，54.

[251]王鹏新，冯明悦，孙辉涛，等.基于非线性特征的干旱影响评估研究[J].农业机械学报，2016（10）：325–331.

[252]王美丽，高学杰，石英，等.M4 模式对云南及周边地区干旱化趋势的预估[J].高原气象，2015（3）：706–713.

[253]卢洪健，莫兴国，孟德娟，等.气候变化背景下东北地区气象干旱的时空演变特征[J].地理科学，2015（8）：1051–1059.

[254]王飞，张泽中，徐建新.多元集对分析在贵州干旱预警中的应用[J].数学的实践与认识，2015（18）：199–206.

[255]刘招，黄文政，王丽霞，等.考虑多水源的灌区水文干旱预警系统及其评价[J].干旱区资源与环境，2015（8）：104–109.

[256]胡荣，冯平，李一兵，等.流域水文干旱等级预测问题的研究[J].自然灾害学报，2015（2）：147–156.

[257]吕小俊，谢海平，木绍良.基于灰色灾变理论的云南省干旱气候预测研究[J].数学的实践与认识，2015（1）：164–168.

[258]景丞，王艳君，姜彤，等.CMIP5多模式对朝鲜干旱模拟与预估[J].干旱区资源与环境，2016（12）：95–102.

[259]孟纯纯，马耀明，马伟强，等.中国东部秋冬季极端干旱事件的数值模拟研究[J].高原气象，2016（5）：1327–1338.

[260]张玉虎，向柳，孙庆，等.贝叶斯框架的Copula季节水文干旱预报模型构建及应用[J].地理科学，2016（9）：1437–1444.

[261]胡春丽，焦敏，李辑，等.低频天气图方法在4–9月辽宁干旱月预报中的应用[J].气象研究与应用，2016（3）：48–51.

[262]龚艳冰，戴靓靓，胡娜，等.基于云推理和模糊逻辑关系模型的干旱等级预测方法研究[J].长江流域资源与环境，2016（8）：1273–1278.

[263]严小林，张建云，鲍振鑫，等.海河流域农业干旱演变情势分析[J].水资源与水工程学报，2016（3）：221–225.

[264]姬晶，张洪波，刘攀.泾惠渠灌区干旱预警体系研究[J].自然灾害学报，2016（1）：45–55.

[265]张逸飞，张中旺，龚佑海.汉江中下游流域降水时空规律分析及干旱预测[J].环境工程，2016（2）：150–154.

[266]王刚，潘涛，严登华，等.水利工程群应对干旱能力定量评价研究：方法及案例[J].灾害学，2015（2）：56–63.

[267]郭铌，王小平.遥感干旱应用技术进展及面临的技术问题与发展机遇[J].干旱气象，2015（1）：1–18.

[268]王刚，严登华，吴楠，等.水利工程群应对干旱能力评价方法及应用[J].灾害学，2015（1）：39–44.

[269]梁哲军，王玉香，董鹏，等.山西南部季节性干旱特征及综合防御技术[J].干旱地区农业研究，2016（4）：281–286.

[270]金菊良，杨齐祺，周玉良，等.干旱分析技术的研究进展[J].华北水利水电大学学报（自然科学版），2016（2）：1–15.

[271]姚玉璧，王莺，王劲松.气候变暖背景下中国南方干旱灾害风险特征及对策[J].生态环境学报，2016（3）：432–439.

[272]叶属峰，等.河口水域环境质量检测与评价方法研究及应用[M].北京：科学出版社，2015.

[273]张祚.面向"东方水都"目标的武汉市水环境问题与风险管理研究[M].武汉：中国地质大学出版社，2016.

[274]张娟，闫振广，刘征涛，等.甲基汞水环境安全阈值研究及生态风险分析[J].环境科学与技术，2015（1）：177–182.

[275]傅春，占少贵，章无恨.南昌市水环境安全评价[J].南水北调与水利科技，2015（3）：434–438.

[276]王建春，王琳，徐祥功，等.济南市城市化与水环境安全耦合协调分析[J].城市环境与城市生态，2015（4）：1–6.

[277]何月峰，沈海萍，冯晓飞，等.基于压力–状态–响应模型和"五水共治"决策的浙江省水环境安全评价[J].水资源保护，2016（6）：104–109，122.

[278]何贝贝，李绍飞，朱习爱.天津市水环境安全评价及其指标体系研究[J].水资源保护，2016（1）：125–129.

[279]秦鹏，孙国政，秦植海，等.基于多元联系数的水环境安全评价模型[J].数学的实践与认识，2016（2）：165–171.

[280]张艳军，秦延文，张云怀，等.三峡库区水环境风险评估与预警平台总体设计与应用[J].环境科学研究，2016（3）：391–396.

[281]刘鸿志，单保庆，张文强，等.创新思路　推进区域水环境综合治理——以浙江省"五水共治"为例[J].环境保护，2016（5）：47–50.

[282]冯利忠，裴国霞，吕欣格，等."引黄入呼"取水口动态性水环境容量计算[J].环境科学学报，2016（10）：3848–3855.

[283]郭翔，佘廉，张凯.水污染公共安全事件预警信息管理[M].北京：科学出版社，2016.

[284]滕应，陈梦舫，等.稀土尾矿区地下水污染风险评估与防控修复研究[M].北京：科学出版社，2016.

[285]陶子乐滔，储娅，王静，等.基于云计算的突发性水污染事故预警管理系统的开发与应用[J].安全与环境工程，2015（5）：64–67.

[286]宋筱轩，冯天恒，黄平捷，等.基于动态数据驱动的突发水污染事故仿真方法[J].浙江大学学报（工学版），2015（1）：63–68，78.

[287]李宗峰，曾波.基于不同需求的事故型水污染风险源评估研究[J].西南大学学报（自然科学版），2015（9）：127–132.

[288]龙岩，徐国宾，马超，等.南水北调中线突发水污染事件的快速预测[J].水科学进展，2016（6）：883–889.

[289]逯南南, 孙韶华, 宋武昌, 等.基于斑马鱼行为变化的水体突发汞污染生物预警技术研究[J].安全与环境工程, 2016（5）: 69–72, 79.

[290]史斌, 秦韬, 姜继平, 等.突发污染应急调控处置启动判别技术: 以南水北调中线工程为例[J].环境科学与技术, 2016（6）: 123–128.

[291]蔡锋, 陈刚才, 鲜思淑, 等.OilTech121 便携式测油仪在突发性水污染事件中的应用[J].环境工程学报, 2016（6）: 3354–3358.

[292]胡琳, 卢卫, 张正康.MIKE11 模型在东苕溪水源地水质预警及保护的应用[J].水动力学研究与进展 A 辑, 2016（1）: 28–36.

[293]白景峰, 于航.基于绿色低碳港口模式的镇江港水污染防治对策研究[J].中国人口·资源与环境, 2015（S2）: 356–359.

[294]朱增银, 张满成, 韦蒙蒙, 等.介孔氧化硅在水污染防治中的应用研究进展[J].水处理技术, 2015（7）: 11–16.

[295]张家瑞, 王金南, 曾维华, 等.滇池流域水污染防治收费政策实施绩效评估[J].中国环境科学, 2015（2）: 634–640.

[296]郇环, 李娟, 李鸣晓.基于地下水污染防治的资源型城市产业结构调整——以吉林市为例[J].开发研究, 2016（6）: 106–112.

[297]吴卫星.论我国排污许可的设定: 现状、问题与建议[J].环境保护, 2016（23）: 26–30.

[298]田恬, 李红华, 郭晓, 等.松花江流域水污染防治规划决策支持系统构建与应用[J].环境保护, 2016（21）: 63–66.

[299]李铸衡, 刘淼, 李春林, 等.土地利用变化情景下浑河–太子河流域的非点源污染模拟[J].应用生态学报, 2016（9）: 2891–2898.

[300]肖建华, 周利波.夫夷河水污染三位一体区域协作防治机制探讨[J].中南林业科技大学学报（社会科学版）, 2016（2）: 1–5.

[301]张家瑞, 曾维华, 杨逢乐, 等.滇池流域水污染防治收费政策点源防治绩效评估[J].生态经济, 2016（1）: 156–159.

[302]沈园, 谭立波, 单鹏, 等.松花江流域沿江重点监控企业水环境潜在污染风险分析[J].生态学报, 2016（9）: 2732–2739.

[303]王浩, 郑和震, 雷晓辉, 等.南水北调中线干线水质安全应急调控与处置关键技术研究[J].四川大学学报（工程科学版）, 2016（2）: 1–6.

[304]吴剑疆, 赵雪峰, 茅泽育.江河冰凌数学模型研究[M].北京: 中国水利水电出版社, 2016.

[305]刘吉峰, 霍世青.黄河宁蒙河段冰凌预报方法研究[J].中国防汛抗旱, 2015（6）: 6–9, 13.

[306]何厚军, 马晓兵, 刘学工, 等.遥感技术在黄河凌情监测中的应用[J].中国防汛抗旱, 2015（6）: 10–13.

[307]李红芳, 张生, 李超, 等.黄河内蒙古段弯道河冰过程与卡冰机理研究[J].干旱区资源与环境, 2016（1）: 107–112.

[308]罗党, 吴佳林, 陈晓蒙.基于灰关联的黄河冰凌灾害风险评估研究[J].华北水利水电大学学报（自然科学版）, 2016（1）: 45–49.

[309]戎军飞, 秦建敏, 邓霄, 等.基于 3G 网络的河道冰凌图像遥测系统设计与冰凌密度分析[J].数学的实践与认识, 2016（12）: 108–115.

[310]刘洋, 齐清兰, 张力霆.尾矿库溃坝泥石流的演进过程及防护措施研究[J].金属矿山, 2015（12）: 139–143.

[311]向灵芝, 李泳, 陈洪凯, 等.基于流域演化的泥石流敏感性分析[J].长江流域资源与环境, 2015（11）: 1984–1992.

[312]岳溪柳, 黄玫, 徐庆勇, 等.贵州省喀斯特地区泥石流灾害易发性评价[J].地球信息科学学报, 2015（11）: 1395–1403.

[313]刘光旭, 戴尔阜, 傅辉, 等.西南地区泥石流区易灾人口脆弱性评估[J].灾害学, 2015（4）: 69–73.

[314]屈永平, 唐川, 刘洋, 等.西藏林芝地区冰川降雨型泥石流调查分析[J].岩石力学与工程学报, 2015（S2）: 4013–4022.

[315]刘丽娜, 许冲, 陈剑.基于地貌信息熵与滑坡物源的芦山地震区泥石流危险性评价[J].地震地质, 2015（3）: 880–892.

[316]方群生, 唐川, 程霄, 等.汶川震区泥石流流域内滑坡物源量计算方法探讨[J].水利学报, 2015（11）: 1298–1304.

[317]裴钻, 裴向军, 张雄, 等.汶川地震极震区泥石流动力特征及参数研究——以安县高川乡为例[J].灾害学, 2015

（3）：21–25.

[318]徐江，朱彦鹏.上卓沟泥石流流动特性及流体—结构流固耦合数值模拟研究[J].水利学报，2015（S1）：248–254.

[319]余斌，朱渊，王涛，等.沟床起动型泥石流的10min降雨预报模型[J].水科学进展，2015（3）：347–355.

[320]屈永平，唐川，刘洋，等.四川省都江堰市龙池地区"8·13"泥石流堆积扇调查和分析[J].水利学报，2015（2）：197–207，216.

[321]尹超，王晓原，张敬磊，等.基于遗传算法和云模型的公路沿线泥石流灾害危险性区划[J].岩石力学与工程学报，2016（11）：2266–2275.

[322]徐继维，张茂省.泥石流风险评估综述[J].灾害学，2016（4）：157–161.

[323]魏振磊，孙红月，潘攀，等.泥石流平均流速的MLS模型预测[J].自然灾害学报，2016（4）：56–61.

[324]舒和平，韩拓，齐识，等.甘肃省南部泥石流运动规律的分析与研究——以甘肃舟曲三眼峪沟为例[J].灾害学，2016（3）：119–124，137.

[325]陈剑，黎艳，许冲.金沙江干热河谷区泥石流易发性评价模型及应用[J].山地学报，2016（4）：460–467.

[326]周健，杜强，李翠娜.降雨强度对泥石流起动影响的模型试验研究[J].自然灾害学报，2016（3）：104–113.

[327]吕立群，王兆印，崔鹏.两相泥石流龙头的非恒定运动过程及能量特征[J].水利学报，2016（8）：1035–1044.

[328]费杜秋，刘峰贵，周强，等.青藏铁路沿线滑坡泥石流灾害风险分析[J].干旱区地理，2016（2）：345–352.

[329]邓辉，王洪波.1368—1911年苏沪浙地区风暴潮分布的时空特征[J].地理研究，2015（12）：2343–2354.

[330]康蕾，马丽，刘毅.基于作物损失率的风暴潮增水灾害对农业产量影响评估——以珠江三角洲地区为例[J].灾害学，2015（4）：194–201.

[331]李明杰，吴少华，刘秋兴，等.风暴潮、大潮对广西涠洲岛西南沙滩侵蚀的影响分析[J].海洋学报，2015（9）：126–137.

[332]张拂坤，邹川玲，刘淑静.大型海水淡化工程风暴潮灾害风险评价体系研究[J].自然灾害学报，2015（4）：212–218.

[333]石先武，刘钦政，王宇星.风暴潮灾害等级划分标准及适用性分析[J].自然灾害学报，2015（3）：161–168.

[334]冯爱青，高江波，吴绍洪，等.气候变化背景下中国风暴潮灾害风险及适应对策研究进展[J].地理科学进展，2016（11）：1411–1419.

[335]戚蓝，杨龙晏，苑希民，等.三亚市雨、洪、潮多元耦合精细化洪涝分析数值模型[J].水资源与水工程学报，2016（5）：123–129.

[336]朱男男，刘彬贤，孙密娜，等.引发渤海风暴潮一次江淮气旋北上过程诊断分析[J].气象与环境学报，2016（5）：10–17.

[337]石先武，国志兴，张尧，等.风暴潮灾害脆弱性研究综述[J].地理科学进展，2016（7）：889–897.

[338]徐国宾，孟庆林，苑希民.含盐风暴潮溃堤洪水数值模拟及风险分析[J].水科学进展，2016（4）：609–616.

[339]徐南，宫鹏.卡特里娜飓风对美国新奥尔良市西侧海岸线变化的影响[J].科学通报，2016（15）：1687–1694.

[340]杨继富，丁昆仑，刘文朝，等.农村安全供水技术研究[M].北京：中国水利水电出版社，2015.

[341]张亚雷，杨继富.中国村镇饮水安全科技新进展[M].北京：中国水利水电出版社，2016.

[342]王宾，于法稳.饮水安全与环境卫生可持续管理[M].北京：社会科学文献出版社，2016.

[343]王小英，杨云，米丽，等.酒泉市肃州区2012—2014年农村生活饮用水水质监测结果分析[J].中国卫生检验杂志，2015（17）：2966–2968.

[344]蔡月华，陈小坚，温婉颜，等.2013年连州市农村饮水安全工程水质卫生状况调查[J].江苏预防医学，2015（4）：49–51.

[345]荆秀艳，杨红斌，王文科，等.地下水饮水安全指标体系构建及评价[J].生态环境学报，2015（1）：90–95.

[346]郭燕红，邵东国，刘玉龙，等.工程建设效果后评价博弈论集对分析模型的建立与应用[J].农业工程学报，2015（9）：5–12.

[347]李艳茹，卢小广.基于PPP融资模式的农村饮水安全工程可持续性评价研究[J].生态经济，2015（4）：137–140.

[348]郭春英.2008—2014年临汾市尧都区农村饮水安全工程水质卫生监测报告[J].中国卫生检验杂志，2016（16）：2373–2377，2380.

[349]唐娟莉.农村饮水供给效果及影响因素：收入异质性视角的解析[J].农业现代化研究，2016（4）：760–768.

[350]吴基福，吕景佳.2013 年泉州市农村饮水安全工程水质卫生监测结果分析[J].实用预防医学，2016（1）：94–96.

[351]唐艳玲.2011—2014 年云南省罗平县农村饮水安全工程水质监测结果分析[J].现代预防医学，2016（1）：178–181.

本章撰写人员及分工

本章撰写人员名单（按贡献排名）：王富强、赵衡。分工及贡献如下表。

节　名	作　者	单　位
负责统稿 5.1 概述	王富强	华北水利水电大学
5.2 水安全表征与评价	王富强	华北水利水电大学
5.3 洪水及洪水资源化研究进展	王富强，赵衡	华北水利水电大学
5.4 干旱研究进展	王富强	华北水利水电大学
5.5 水污染研究进展	王富强，赵衡	华北水利水电大学
5.6 其他方面研究进展	王富强，赵衡	华北水利水电大学

第6章 水工程研究进展报告

6.1 概述

6.1.1 背景与意义

（1）水工程主要是指用于控制和调配自然界的地表水和地下水，达到除害兴利目的而修建的工程。《中华人民共和国水法》（修订案）中，第八章第七十九条指出，本法所称水工程，是指在江河、湖泊和地下水源上开发、利用、控制、调配和保护水资源的各类工程。水工程是我国水安全、水资源、水环境、水景观、水文化的基础，直接影响我国的社会经济发展，所以有必要重视我国水工程的建设，做好水工程的规划、管理工作。鉴于水工程的重要地位，我国应建立健全水工程管理体系、建设体制、养护体制、法规体系及水工程的管理保障体系、现代化发展体系。

（2）水是人类生产和生活必不可少的宝贵资源，但其自然存在的状态并不完全符合人类的需要。只有修建水利工程，才能控制水流，防止洪涝灾害，并进行水量的调节和分配，以满足人民生活和生产对水资源的需要。我国60多年的新中国发展史也是一部辉煌的水利工程发展史，大批优质高效的水利工程建设确保了现代中国江河安澜、水润民生。当前，水利工程建设如火如荼进行的同时，也需要水工程规划、运行、调度、管理及相应软件的配套实施。

（3）长期以来在水利行业中，"重建轻管"思想的存在已久，使得水工程的运行能力受限，无法充分发挥其服务功能。近年来，随着传统水利向现代水利和资源水利的转变，水工程服务功能愈来愈受到重视，诸多学者开始专注于水工程建设的前期规划、中期运行和后期管理的研究中来，并取得了一系列有价值的研究成果，这些成果为水工程服务功能的完善和运行提供了重要的技术支撑。

（4）当前，"人水和谐""水生态文明建设""海绵型城市建设"等新思想和新理念的提出，对现代变化环境下的水工程运行、调度和管理提出了新的要求，极大的促进了相关领域的科学研究。因此，很有必要对近几年有关水工程的规划管理和运行调度等研究领域的最新成果进行细致总结，以提升水工程运行效能，确保水资源的可持续利用，以支持经济社会的可持续发展。

6.1.2 标志性成果或事件

（1）2015年4月，为做好2015年节水供水重大水利工程建设督导检查工作，确保2015年年底前，拟开工的27项重大水利工程全部开工，在建重大水利工程年度中央投资计划完成率达到90%以上，根据《节水供水重大水利工程建设督导检查工作制度》（水建管〔2015〕145号），结合重大水利工程前期工作和建设进展情况，水利部制定了《2015

年节水供水重大水利工程建设督导检查工作方案》。

（2）2015 年 7 月，中华人民共和国水利部批准《河湖生态修复与保护规划编制导则》（SL709—2015）为水利行业标准（水利部公告 2015 年第 44 号）。

（3）2015 年 8 月，为进一步加强农村饮水安全工程的运行管护，确保工程建得成、管得好、长受益，水利部下发了关于进一步加强农村饮水工程运行管护工作的指导意见（水农〔2015〕306 号）。

（4）2015 年 8 月，为进一步指导和推进海绵城市建设水利工作，充分发挥水利在海绵城市建设中的重要作用，水利部提出了《关于推进海绵城市建设水利工作的指导意见》（水规计〔2015〕321 号）。

（5）2015 年 8 月，为全面提升水文计量管理水平，适应依法行政，满足社会各行业需要，水利部就加强水文计量管理工作，下发了关于加强水文计量管理工作的通知。

（6）2015 年 10 月，为确保各地按期完成《全国抗旱规划实施方案（2014—2016 年）》（以下简称《实施方案》）内小型水库建设任务，水利部办公厅下发了关于进一步加快小型水库建设和除险加固有关工作的通知。

（7）2016 年 2 月，为进一步强化小型水库安全责任意识，切实做好小型水库除险加固后初期蓄水管理和水库安全管理工作，确保水库安全运行，充分发挥水库效益，水利部办公厅下发了关于切实加强当前小型水库安全管理工作的通知。

（8）2016 年 2 月，水利部办公厅关于编报节水供水重大水利工程 2016 年度实施方案的通知（办建管函〔2016〕117 号），加快推进节水供水重大水利工程建设，保障重大水利工程投资计划执行和建设进度目标顺利实现。

（9）2016 年 3 月，为做好 2016 年节水供水重大水利工程建设督导检查工作，确保 2016 年年底前，重大水利工程再开工 20 项，在建重大水利工程年度中央投资计划完成率达到 90%以上，根据《节水供水重大水利工程建设督导检查工作制度》（水建管〔2015〕145 号），结合重大水利工程前期工作和建设进展情况，水利部办公厅关于印发 2016 年节水供水重大水利工程建设督导检查工作方案的通知。

（10）2016 年 3 月，为推动科学做好引调水工程前期工作，严格控制一些地方无序调水、"跑马圈水"现象，国家发展改革委，水利部提出了关于切实做好引调水工程前期工作的指导意见（发改农经〔2015〕3183 号）。

（11）2016 年 5 月，为使各流域机构和地方稽察达到确保数量、提升质量、严格整改、强化效能的目标，水利部印发《水利部关于进一步加强流域机构和地方水利稽察工作的通知》（水安监〔2016〕164 号）。

（12）2016 年 5 月，根据《财政部　水利部关于印发<江河湖库水系综合整治资金使用管理暂行办法>的通知》（财农〔2016〕11 号）和《水利部办公厅财政部办公厅关于 2016 年度江河湖库水系连通项目申报事宜的通知》（办财务〔2016〕75 号），水利部、财政部近期组织了 2016 年度江河湖库水系连通项目申报、评审工作，有 62 个项目入围。

（13）2016 年 6 月，为规范水利安全生产信息报告和处置工作，根据《安全生产法》和《生产安全事故报告和调查处理条例》，水利部制定印发了《水利安全生产信息报告和处置规则》。

（14）2016年6月，国讯办发布了《关于进一步做好水库水电站安全度汛工作的紧急通知》（国汛办电〔2016〕82号），就保障农村水电站度汛安全提出了明确要求。

（15）2016年8月，为加强水利建设质量管理工作，根据《国务院办公厅关于印发质量工作考核办法的通知》（国办发〔2013〕47号）和《水利部关于印发水利建设质量工作考核办法的通知》（水建管〔2014〕351号），水利部决定于2016年8—10月开展2015—2016年度水利建设质量工作考核。

（16）2016年8月，为贯彻落实《中共中央国务院关于加快推进生态文明建设的意见》《中共中央关于制定国民经济和社会发展第十三个五年规划的建议》有关精神和《水利部关于加强推进水生态文明建设工作的意见》（水资源〔2013〕1号）《水利部关于推进江河湖库水系连通工作的指导意见》（水规计〔2013〕393号）有关要求，启动《江河湖库水系连通实施方案（2017—2020年）》编制工作。

（17）2016年9月，水利部关于印发2016—2017年度全国冬春农田水利基本建设实施方案的通知（水农〔2016〕331号），为深入贯彻落实党中央国务院关于加快完善水利基础设施网络、大规模推进农田水利建设、全面深化水利改革的决策部署，进一步创新和完善体制机制，抓住冬春有利时节，组织和凝聚社会各方力量，持之以恒地开展农田水利基本建设。

6.1.3 本章主要内容介绍

本章是有关水工程研究进展的专题报告，主要内容包括以下几部分。

（1）对水工程研究的背景及意义、有关水工程2015—2016年标志性成果或事件、本章主要内容以及有关说明进行简单概述。

（2）本章从6.2节开始按照水工程内容进行归纳编排，主要内容包括：水工程规划研究进展、水工程运行模拟与方案选择研究进展、水工程优化调度研究进展、水工程影响及论证研究进展、水工程管理研究进展。最后简要归纳2015—2016年进展与2013—2014年进展的对比分析结果。

6.1.4 有关说明

本章是在《中国水科学研究进展报告2013—2014》（2015年6月出版）的基础上，在广泛阅读2015—2016年相关文献的基础上，系统介绍有关水工程的研究进展。本章所说的水工程，不等同于"水利工程"，不包括水利工程设计、施工内容。主要内容偏重于：水资源开发工程方案、河流治理方案选择、跨流域的河流的水利工程规划与论证及水利工程建设调度、运行管理方案。本章在广泛阅读相关文献的基础上，系统介绍有关水工程的进展。因为相关文献很多，本书只列举最近两年有代表性的文献，且所引用的文献均列入参考文献中。

6.2　水工程规划研究进展

水工程规划涉及诸多领域，强化水工程规划是实施最严格水资源管理的基础。总体而言，具体的水工程方面则较为分散，各项水工程均有所涉及。在水资源开发利用实践中，主要集中于水生态环境工程、河流水系工程、城市引排水工程、供水工程的规划。水工程规划研究主要包括以下几个方面。

6.2.1　在水生态环境工程方面

加强生态文明建设，加大水生态工程建设已成为目前研究水利行业研究的一项热点和重点。但近两年来，就所查阅的参考文献而言，从宏观规划层次上对水生态环境工程进行系统梳理和认识尚还不足。董欣等研发了基于多属性不确定性决策的系统模式筛选模型与基于空间多目标优化的系统布局优化模型，并将所建立的方法与工具应用在了某新城地区的水系统规划中[1]。孙开畅阐述了水利水电工程的流域综合治理的相关基本理论和方法[2]。傅长锋等阐述了生态水资源规划价[3]。

6.2.2　在河流与区域水系工程方面

河流域与区域水系规划往往涉及宏观整体各项工程规划与布局，主要集中于江河流域或区域的实践应用研究，鲜有理论分析。

（1）浙江省水利水电勘测设计院在《浙江省河流规划研究》[4]一书中，总结了浙江省主要河流规划的研究成果。林素彬[5]阐述了深圳河治理工程的规划思路和效益分析。

（2）王煜鞾在《黄河水沙调控体系建设规划关键技术研究》[6]一书中，评价了黄河水沙调控体系联合运用效果，论证了黄河水沙调控体系待建工程的开发次序和建设时机等。徐海量等就塔里木河近期治理评估及对编制流域综合规划，提出了相关建议[7]。

（3）在区域与城市水系规划方面，焦小琦阐述了引汉济渭受水区输配水工程的规划布局[8]。严飞等总结了海绵城市建设中对水系规划设计的要求[9]。

6.2.3　在排水工程方面

日益凸显的"城市看海"现象促使相关学者学者关注并不断深入进行城市排水规划研究，虽然采取了一定的技术方法，通过数学模拟分析来更加深入合理的规划城市排水除涝工程，但整体而言，研究相对不足，无论在理论方法上、技术研究上还是实际应用中都有较大的提升和创新空间。以下仅列举有代表性文献以供参考。

王乾勋等[10]介绍了建模软件 MIKE URBAN 的技术原理、参数选取及建模步骤，并以深圳市沙头角片区作为规划实例，对现状管网进行评估以及风险区划分，制定了规划方案。杨森等利用河网模型、二维地表漫流模型和片区精细化一维二维耦合模型[11]。许文斌以 MIKE FLOOD 水力软件为工具，进行了南昌市排水防涝综合规划[12]。

李红等[13]研究了城市防洪排涝规划后评价理论体系，提出了城市防洪排涝规划后评价的评价内容及步骤。靳俊伟等提出了重庆主城区排水（防涝）综合规划总体技术路线[14]。夏静等提出了杭州市"十三五"排水管理总体目标和具体目标[15]。

黄敬梅[16]阐述了目前城市排水防涝现状及主要存在的问题，介绍了城市雨水径流控制与资源化利用、城市排水管网系统规划和城市防涝系统规划等综合规划治理内容。李高峰等对南京江宁区城镇化过程中的排水系统规划进行了探讨[17]；马洪涛等总结了排水防涝规划的问题及思路，对规划编制以及数学模型的应用等几个问题进行探讨[18]。林涛进行了城市排水（雨水）防涝综合规划编制的思考[19]。

6.2.4 在水电站方面

水电站规划方面虽有研究，但尚有较大欠缺，仅王旭等[20]参考国内其他流域水电企业集控管理模式，结合金沙江中游特点，阐述了云南金沙江中游水电开发有限公司开展流域梯级水电站集控中心规划研究的相关成果。李瑶等以庆大河水电规划为例，构建水电梯级规划方案决策指标体系[21]。

6.2.5 在供水工程方面

供水规划也是水工程规划的一项重要内容。徐得潜等[22]结合芜湖市城市供水备用水源规划编制，阐述了城市供水备用水源规划应包括的内容，提出了芜湖市备用水源规划及应急供水方案。

6.3 水工程运行模拟与方案选择研究进展

水工程运行模拟与方案选择是水工程良好运行、充分发挥其服务功能的重要保障。在目前的文献中，水工程运行模拟与方案选择研究成果较多，但多集中于水工程（如电站、水库、引排水工程等）及相应配套措施等工程方面，且以构建模型和数值模拟研究为主，探讨模型在不同设置方案或参数下水工程的运行情况。

6.3.1 在水工程运行模拟方面

水工程运行模拟方面设计范围较广，包括水电站、供水、排水以及水质等的运行模拟，研究对象既有单独水工程运行模拟，也有水工程联合运行模拟。总体来说，研究内容集中于模拟方法，多编写模拟软件或构建模拟模型解决实际应用问题，缺乏理论相关研究，以下仅列举有代表性文献以供参考。

（1）魏红艳等[23]针对抽水蓄能电站独特的日或周调度运行模式，通过虚拟设置多处分、汇流的方式逼近进/出水口附近复杂的往复流流态，耦合模拟上、下水库水沙以及过机泥沙，建立了抽水蓄能电站非均匀全沙数值调控模型。门闯社等采用单点迭代的方法研究了水轮机模型迭代收敛性，并提出了求解流程[24]。秦灏等提出了以泵站单机组耗电费用最少为目标函数的优化运行数学模型[25]。杨东等编制了日发电计划，并以雅砻江梯级为例进行了验证[26]。李文锋等利用基于有限体积法的动网格技术对某混流式水轮机的活动导叶和转轮组成的单流道进行了三维瞬态流动数值模拟[27]。冯雁敏等提出了考虑下游不稳定流影响时的水电站运行方式的最优化原则和计算方法[28]。刘富强等利用一维水沙数值模拟技术，开展了某抽水蓄能电站下库典型洪水过程的河床变形研究[29]。周建中以华中电网辖下沅水流域三板溪、白市、托口和五强溪四级直调水电站为对象进行实时调度仿真模拟[30]。

（2）杨柳等[31]建立了陕西省引汉济渭与黑河引水工程联合供水系统，绘制水资源系统网络结构图，搭建了水量仿真调度模型。

（3）毛剑东等[32]对不同情景下研究区域排水情况进行模拟，并对模拟结果进行分析评估。陆露等以南方某小区排水管网为例，基于SWMM和Digital Water Simulation模拟软件分别构建一维排水管网模型和一维二维耦合模型[33]。王彤等根据天津市某工业园区雨水管网及泵站资料，利用SWMM软件构建雨水泵站模型，模拟了雨水泵站的运行情况[34]。

（4）赵鑫等[35]构建了三峡库区大宁河口三维富营养化模型。张航等建立适合清潩河的水动力水质模型[36]。李如忠等仿真模拟了多级拦水堰坝对于氮磷营养盐滞留能力的调控效果[37]。李晓等探索闸泵联合调度对水环境的改善作用[38]。

（5）杨忠超等[39]研究了带格栅消能室的环绕短廊道输水系统的三维非恒定水力特性，开发研究了一套闸室船舶系缆力数值模拟的并行计算程序。桑国庆等[40]利用突发水污染事故工况的梯级泵站输水一维水动力学和水质数值模型，探讨了污染物输移转化规律，预测其对水质的影响，提出水污染事故下泵站及退水闸应急控制模式。王永强等以日发电量最大为目标，建立向家坝日发电精细化模型，以向家坝历史径流数据进行仿真模拟分析[41]。丁小玲等提出了基于精细化模拟的溪洛渡–向家坝梯级电站最优控制水位[42]。

（6）吴辉明等[43]提出了闸前常水位运行控制方式，并设计了蓄量补偿的前馈控制策略和水位流量串级的水位反馈控制器。以南水北调中线总干渠的部分渠道为研究对象，在典型工况下进行运行控制仿真。

（7）闫国强等[44]以三峡库区某退水型滑坡为例，运用 Geo–Studio 进行了数值分析。张明亮对河网、河流、水库的水动力及水质数值进行模拟[45]。

（8）李春光等在《水沙水质类水利工程问题数值模拟理论与应用》[46]一书中阐述了天然河流水流运动、泥沙输移、河床变形的数值模拟；工业供水水库泥沙淤积的数值模拟；有压管道水锤的数值模拟；湖库水质的数值模拟；土壤水盐运移的数值模拟；河道或引水明渠冬季结冰问题的数值模拟等。

6.3.2　在水工程运行方案选择方面

水工程运行方案选择往往与水工程优化模拟与调度结合在一起，多针对具体实际工程运行调度问题，分析模型技术方法下运行方案的可行性和效益度。水工程运行方案成果较为丰富，涉及面也较广，主要包括水电站运行、蓄水方案，水库运行调度方案、引排水调度方案等。以下仅列举有代表性文献以供参考。

（1）杨魏等[47]利用 CFD 技术，建立惠南庄泵站管路系统的三维数值模拟模型，确定不同机组组合变频调节方案下水泵的运行工况。丁琨等开展了气候变化条件下大型灌区水资源系统模拟和小水电群运行优化研究[48]。郑州等提出了对其引水式开发的增效扩容方案[49]。陈松伟等通过数学模型计算分析提出了天桥水电站除险加固后运行调度方式[50]。何国春等构建了水电站群中期联合优化调峰效益最大模型，求解水电站群中期联合调峰优化方案[51]。路振刚等进行了丰满水电站重建工程施工期洪水调度及供水保障方案研究[52]。

（2）邓升等[53]以南水北调东线某工程建设管理模式为例，针对 3 种不同项目管理模式的决策，并确定了不同工程建设管理模式的最优方案。李娟等研究了城市缺水量及缺水规模，从区域供水条件角度提出了城市补充供水方案[54]。王欢以南京青奥会期间内秦淮河水系引清调水方案为例，利用 MIKE11 软件模拟了引清调水期间溢流污水对水质的影响，并提出了小、中、大雨条件下的优化引水方案[55]。

（3）李英海等[56]提出了满足下游抗旱补水流量需求，考虑流量、出力过程稳定的三峡水库汛末改进蓄水方式，确定了提前蓄水方案并通过典型年蓄水调度过程进行检验。严良平利用拦渣坝改造提前蓄水和外流域引水方案实现大坝蓄水工期优化方案[57]。左建等拟定了三种提前蓄水方案，计算出了不同评价指标的权重及不同蓄水方案的加权欧氏距离[58]。董增川等提出了基于组合决策的黄河流域水量调度方案的评价方法[59]。陈炯宏等研究了金沙江溪洛渡、向家坝水库与三峡水库联合蓄水调度方案[60]。王炎等以原三峡水库汛末蓄水调度方案为模型基础，提出了基于汛末蓄水方案调度规则的6套汛末提前蓄水方案[61]。

（4）李克飞等[62]分别建立了常规调度图模拟模型和发电优化调度模型，并通过对比两种方案、分析运行结果。金新等进行了官地水库汛期发电优化调度方案研究[63]。周研来等以溪洛渡–向家坝–三峡梯级水库为例，推求了可权衡防洪与兴利之间矛盾的梯级水库联合蓄水方案[64]。陈鲲将水库群等效为一个聚合水库，建立联合调度供水模式[65]。王凌河等利用模糊优选方法对雅砻江调水方案进行选择[66]。符芳明等建立了消落期随机联合优化调度模型，得到了不同水文年型下梯级水库群的期望协同消落方案[67]。刘强等人提出了三峡及金沙江下游梯级水库群蓄水期联合调度策略[68]。李昱等分析了水库多目标调度方案优选决策方法[69]。金文基于一维不饱和全沙数值模型，研究四种水库调度方式下的泥沙淤积情况[70]。张睿等对汉江流域梯级水电站联合调峰运行方式进行了研究[71]。徐杨等对三峡水库减淤调度方案进行了探讨[72]。

（5）左其亭等[73]基于河流水文情势变化对河流生态系统影响分析，提出了基于水文情势需求的河流生态需水计算模式；构建了考虑自然水流情势的闸坝生态需水调控多目标模型；采用多方案模拟技术方法，分析了不同闸坝调控方式下的河流生态需水方案。单保庆等提出了基于水质目标的河流治理方案制定方法[74]。冯起分析了黑河下游生态水需求与生态水量调控，提出了生态水量调度方案等[75]。

（6）石建杰等[76]通过建立数学模型，对排水系统运行调度方案进行优化。张万辉等基于暴雨强度公式，应用芝加哥降雨过程线对广州市移民新村内涝控制方案进行研究[77]。张玉蓉等对昆明城市防洪联合调度开展了研究，制定了联合调度方案[78]。

6.4　水工程优化调度研究进展

水工程优化调度是水工程建设运行管理的核心组成部分，也是水资源开发利用的关键内容。近两年来，运用现代数学理论和方法解决调度中出现的实际问题依然是当下研究的重点和热点。在目前的研究中，水工程优化调度围绕优化调度的技术方法与模型构建开展，特别是以三峡水库为代表，研究成果居多。调度内容涉及广泛，包括生态调度、水电调度、泥沙调度、水量调度、水库群调度、闸坝调度以及调度图和调度7个方面，每年涌现出大量的研究成果和实例。

6.4.1　在生态调度方面

生态调度作为水工程优化调度及生态建设的重要内容，在目前的研究中越来越受到重视。就目前的参考文献而言，研究主要集中于水库的生态调度，研究内容或侧重于水华发生机理与调控，或与水量联合调度，以期实现水量与生态综合效益最优的目的，或对现有生态调度研究进行总结归纳。研究方法则主要通过构建模型和优化算法实现。总体看来，理论探讨研究不足，生态调度的技术方法与模型构建是目前有关文献研究的重点。以下仅列举有代表性文献以供参考。

（1）杨正健等[79]通过总结防控支流库湾水华的生态调度研究进展，阐明了潮汐式生态调度对支流库湾水华的防控机理及效果并提出了三峡水库调度的定性指导方法。陈进等对三峡水库的生态调度效果进行了评价[80]。马骏等计算了春季水华高发期 3—5 月三峡水库的调度空间[81]。刘德富等总结了关于三峡水库干支流水动力特征及其环境效应、水华机理及其调控措施的研究[82]。张鸿清等探讨了利用调峰调度和潮汐式调度促进干支流水体交换的可行性[83]。

（2）金鑫等[84]根据我国北方地区径流特征及供水水库调度的实际需求，构建了供水水库多目标生态调度模型。张琦等提出了面向生态的流域水库群与引水工程联合调度新规则[85]。吕巍等分析了贵州境内乌江水电梯级开发联合生态调度研究[86]。李栋楠等建立了考虑发电目标和生态约束的梯级水库调度模型[87]。陈立华等进行了红水河龙滩 - 岩滩生态调度发电的影响研究[88]。戴凌全等建立了以洞庭湖最小生态需水满足度和三峡水电站发电量最大为目标的水库优化调度模型[89]。张召等构建基于生态流量区间的多目标水库生态调度模型[90]。

（3）戴会超等在《水利水电工程生态环境效应与多维调控技术及应用》[91]一书中本书主要建立了水利工程影响下水文水质实时监控、营养状态智能判别等方法和技术，构建了多维、多场耦合的全过程模拟系统；研发了江湖两利的重大水库群联控联调系统及方法，提出了保障长江中游通江湖泊供水安全的调控技术。王海霞等[92]提出了包括流量大小、频率、延时等多种属性信息的生态整体目标，并设计了生态流量约束法以及生态供水限制线法两种生态调度方法。

（4）白涛等[93]以黄河上游沙漠宽谷河段为研究对象，以龙羊峡水库、刘家峡水库为调控主体，开展黄河上游水沙调控研究，建立了输沙量、发电量最大的单目标模型以及多目标模型。

（5）杨志峰等在《水坝工程生态风险模拟及安全调控》[94]一书中论述了基于河流生态流量、水库库容优化设计及水库发电量优化的生态安全综合调控模式。骆文广等从生态调度科学内涵、工程实践以及调度体系 3 个方面，分析了诸多学者运用水库生态调度概念所取得的成果[95]。吴旭等阐述了国内外关于水库生态调度的研究成果和实践过程。郭文献等分析了水库多目标生态调度国内外研究进展[96]。

6.4.2　在水电调度方面

水库优化调度发展至今，电力运行调度作为目前水库综合利用的一项主要调度内容，其带来的经济效益和社会效益已成为水库综合效益的核心组成部分。随着现代水情、库情以及人类发展用水过程的复杂化，伴随着计算机技术的兴起和突破，实现各种复杂情形下水电联合调度优化运行，并对水库发电调度实行优化管理，也是诸多学者迫切需要研究和解决的重点问题。总体来看，水电优化调度多集中于梯级水电站的联合调度研究，重点解决水电站优化调度的过程中寻优的求解方法。以下仅列举有代表性文献以供参考。

（1）李英海等[97]针对三峡梯级水电站汛末蓄水调度的复杂问题，以汛末蓄水、下游补水和梯级发电为目标，构建了梯级联合多目标蓄水调度模型。冯仲恺等结合均匀试验设计提出均匀动态规划[98]。李克飞等建立了水库发电优化调度模型，并采用动态规划逐次逼近法与动态规划嵌套模型进行求解[99]。史振铜提出了单座水库与单座补水泵站水资源优化调度的非线性数学模型，采用动态规划逐次逼近法进行求解[100]。

（2）李想等用优化软件 LINGO 高质高效求解以供水与发电作为主要目标的水库调度问题[101]。黄炳翔等建立了基于可信性理论的模糊机会约束的多目标优化调度模型，并用改进的帝国竞争算法来求解[102]。徐炜等进行了基于数值降雨预报信息的梯级水库群发电优化调度[103]。

（3）孙洪滨等[104]采用期望值模型构建法建立水电站群总发电效益模型，应用动态随机最优控制中极值理论分析研究了水电站机组流量和水头及上下游电站间水位的联系，实现 4 座梯级混联水电站联合优化调度。纪昌明等应用聚类分析思想和基尼系数分析水库优化调度规律[105]。周李智等分析了基于生态惩罚的混联梯级小水电群优化调度[106]。王金龙等建立了基于 Hermite 多项式的梯级水电站群调度函数的投影寻踪回归模型[107]。

（4）冯仲恺等[108]提出了改进量子粒子群算法。梁兴建立以抽水电费最小和机组启动次数最少为优化目标、以调度周期不同时段下流量分配为决策变量的双目标优化调度模型，采用粒子群求解算法进行模型求解[109]。张睿等建立了梯级水电站多目标兴利调度模型，提出了适用于多目标优化问题求解的双种群多目标粒子群算法[110]。安源等建立了水电–风电互补运行优化调度数学模型，采用改进的量子粒子群算法对该模型进行求解[111]。

（5）纪昌明等提出了免疫蛙跳算法(ISFLA)，并将其应用于某梯级水电站短期发电优化调度中[112]。杨建文等在自适应遗传算法中加入了初始群体变异策略[113]。景秀眉等建立了水电站优化调度动态不确定模型，采用基于螺旋法向逼近遗传算法(SVQA 算法)对其进行求解[114]。王文川等提出将群居蜘蛛优化算法应用于水电站优化调度[115]。王建群等给出了水电站水库优化调度问题的狼群算法设计及求解步骤[116]。徐刚等以西藏拉洛水利枢纽为例以发电量最大化为目标函数，在生态流量、灌溉需水量等约束条件下，建立优化调度模型，选取拉洛坝址多年旬平均流量过程作为来水，采用蚁群算法求解[117]。李笑竹等进行了自适应混合布谷鸟算法在水电站调度中的应用研究[118]。

（6）刘本希等[119]提出了大小水电可消纳电量期望值最大短期协调优化调度模型，并应用启发式搜索和关联搜索方法进行求解。梁兴等提出了基于 Pareto 最优解的梯级泵站双目标优化调度[120]。汪菲娜等通过逐步搜索算法，对梯级水电站面临时段的运行进行优化计算[121]。罗京蕾等构建了分时电价下水电站优化调度模型[122]。

（7）杨东等[123]考虑多电网负荷趋势，提出了一种基于逐步优化算法的多电网负荷过程拟合误差最小与中长期发电量最大的耦合模型。马超等以硕多岗河梯级水电站为例，提出了考虑入库支流流量影响的梯级水电站短期优化运行策略[124]。

（8）明波等[125]基于发电调度模型中水电站最小出力以及下泄流量约束，提出了搜索空间缩减法。张诚等提出了基于逐步差分和变阶段优化改进策略的梯级水电站优化调度的变阶段逐步优化算法[126]。郭乐等建立了梯级水库群联合优化调度模型[127]。

（9）王文川在《水电系统预报、优化及多目标决策方法及应用》[128]一书中探讨了水电系统预报、优化、调度及多目标决策等相关问题的关键技术，分析了人工智能技术在中长期径流预报中的应用、水文模型参数的优选及不确定性分析及其应用、马斯京根参数优化及其在河道洪水预报中的应用、基于判别分析法的泥石流预报技术及其应用、人工智能优化技术在水电站水库（群）优化调度中的应用和基于多目标可变模糊优选技术的水库正常蓄水位的确定等。张仁贡探讨了水电站动态不确定优化调度模型及决策系统研究与应用[129]。

6.4.3 在泥沙调度方面

近两年在水工程泥沙调度方面的研究不多，仅周曼等[130]采用一维非恒定流水沙数学模型，研究提出了三峡水库库尾泥沙减淤调度方案。林飞等[131]通过数学模型计算及物理模型试验对水库调度进行了优化，分析了水库泥沙淤积和过机含沙量及级配问题。

6.4.4　在水量调度方面

近两年，有关水库水量调度研究的成果十分丰富，研究对象涉及单个水库、梯级水库等，有单纯水量调度，也有与发电结合在一起。在具体研究内容上，理论方法研究较少，主要偏重于模型与方法在实际调度中的应用，且侧重于运用现代各类数学方法解决寻优技术难题。以下仅列举有代表性文献以供参考。

（1）明波等[132]提出了改进的布谷鸟算法，将其应用于某梯级水库优化调度问题当中。刘心愿等选择 NSGA–Ⅱ和 DEMO 算法，对其在水库多目标优化调度中的应用效果进行分析[133]。王文川等提出了基于群居蜘蛛优化算法的水库防洪优化调度模型求解方法[134]。解河海等分析了大藤峡水利枢纽水资源优化调度研究[135]。贾本有等提出了自适应拟态物理学算法(AAPO)，将其应用于鲇鱼山水库实时防洪优化调度模型求解[136]。李新杰等介绍了自适应混沌差分进化算法在梯级水库优化调度中的应用[137]。李冰等研究了自适应人工蜂群算法在梯级水库优化调度中的应用[138]。

（2）褚宏业等[139]考虑不同时刻各配水渠道流量标准差最小和各配水渠道平均日渗漏损失最小两个目标函数，以配水连续性和灌溉可供水量作为约束条件，建立了渠系工作制度多目标优化模型，并以云南省蜻蛉河灌区为例，采用遗传算法和粒子群算法进行了优化求解。杨斌斌等建立了基于并行粒子群算法的跨流域调水优化模型[140]。薛建民等提出了一种改进多目标遗传算法，建立了流域水量调度多目标优化模型[141]。徐建新等基于粒子群算法，构建了太子河水量优化调度模型[142]。

（3）纪昌明等[143]引入泛函分析思想，构建了时段平均出力的泛函计算模型，提出了一种改进的动态规划算法。张艳敏建立了综合考虑下泄流量与潮水位的洪水与潮水联合优化调度的动态规划模型[144]。王丽萍等利用梯级水库状态点间的计算独立性构建了并行多维动态规划算法[145]。史亚军等提出了基于灰色离散微分动态规划的梯级水库优化调度[146]。肖杨等构建了以发电量最大为目标的径流式水电厂实时优化调度模型[147]。

（4）王丽萍等[148]提出了一种改进马尔柯夫随机动态规划方法，在考虑预报误差发生的情况下进行不确定性优化调度。卢迪等建立了贝叶斯随机动态规划模型[149]。

（5）于冰等[150]构建了"水源–水厂–分区用户"三层供水系统网络拓扑结构，建立城市供水系统的多水源联合供水优化调度模型。杨扬等以大伙房水库为案例进行研究，通过动态规划寻求了多组目标权重下的最小缺水率及最优供水顺序[151]。罗伟伟等构建了基于可信性约束的区间两阶段随机规划的城市供水调度优化模型[152]。徐士忠等对南水北调与引滦供水联合调度进行了了探讨[153]。高海东等建立了流域可供水量之和最大的多水源联合调度数学模型[154]。王若晨等进行了调水背景下丹江口水库优化调度与效益分析[155]。

（6）周研来等[156]建立了基于"大系统聚合分解思想"的梯级水库汛限水位动态控制模型，并采用逐次优化法优化得到清江梯级水库汛限水位动态控制方案。徐映雪等对大沽河地下水库调蓄功能数值模拟进行了研究[157]。周广等建立了面向安全、生态、经济多效应耦合的平原水库优化设计模型[158]。王金龙等建立了兼顾多年调节电站装机容量效益的年末控制水位多目标预测模型[159]。钟平安等进行了灌溉水库宽浅型优化调度目标函数改进及应用研究[160]。郑静等对瀑布沟水库防洪调度方式进行了研究[161]。王渤权等将自组织映射和遗传算法相结合，应用到以发电和供水为目标的水库多目标调度中[162]。王天宇等对黄河上游梯级水库防洪联合调度进行了研究[163]。苏律文等开展了伊洛河流域水资源系统优化调度模型研究[164]。

6.4.5 在水库群调度方面

水库群是一定程度上能互相协作，共同调节径流的一群共同工作的水库整体。在近两年的研究中，水库群作为水利方面的核心工程，在水资源开发利用实践中发挥着十分重要的作用。水库群是个复杂的系统工程，具有涉及范围广泛涵盖及内容众多，相关因素联系错综复杂的特点，因此水库群优化调度一直以来都是诸多学者研究的难点和重点。在目前的水库群相关研究中，也多致力于构建水库群系统模型、采用先进技术方法寻求水库群调度最优解，并将其应用于实践中。以下仅列举有代表性文献以供参考。

（1）李昱等[165]以大伙房–观音阁–葠窝水库群为研究实例，构建水库群联合调度模型，并采用改进遗传算法对模型进行优化求解。马黎等介绍了梯级水库群联合调度模型求解的常规优化方法和智能优化方法[166]。彭勇等建立了水库群联合供水调度模型[167]。

（2）郭旭宁等[168]建立了基于0–1规划方法的水库群最优化调度模型，提出了逐步优化粒子群算法(PRA–PSO)对模型进行求解。刘玒玒等建立了改进蚁群算法求解带罚函数的水库群供水优化调度数学模型[169]。冯仲恺等提出了梯级水库群优化调度精英集聚蛛群优化方法[170]。邹强等提出了并行混沌量子粒子群算法(PCQPSO)[171]。

（3）孙万光等[172]提出了直接以调度决策核心变量为基础分别构建"无源水库"，建立基于"无源水库"的水库群供、调水系统优化调度动态规划模型。李成振等对调水规则和共同供水任务分配方面进行了分析[173]。贾本有等建立了复杂防洪系统多目标递阶优化调度模型[174]。孙万光等建立了有外调水源的多年调节水库群供水优化调度模型[175]。杜倩等进行了基于Mike Basin的复杂水库群联合调度模型研究[176]。

（4）万芳等[177]建立了水库群供水系统聚合分解协调模型。吴昊等基于大系统分解协调原理建立了二级（分解、协调）递阶结构的梯级水库群发电优化调度模型[178]。史振铜等构造了库群水资源联合优化调度模型，并采用大系统分解–动态规划聚合方法进行了求解[179]。

（5）王本德等[180]综述了我国水库（群）调度理论方法研究应用现状，展望了水库调度理论研究与工程实践所亟待解决的问题及其发展趋势。

（6）杨涛等在《变化环境下干旱区水文情势及水资源优化调配》[181]一书中提出文化粒子群混沌算法和大系统协调分解算法框架，构建适应气候变化的山区水库调节–平原水库反调节优化调度模型。武兰婷等构建了基于供配水原则的水库群联合供水调度模型[182]。李成振等建立了有外调水源的库群联合供水并行调节模型[183]。孙万光等提出了系统实时调度框架及二层耦合结构模式[184]。

6.4.6 在闸坝群调度方面

闸坝群调度作为现代水利工程调度一种新的调控模式，有关成果依然寥寥，有待学者进一步研究和探讨。仅孙洪滨等[185]提出了利用上游来水冲淤、潮汐动力冲淤、不同闸控方式冲淤等一系列技术措施和闸群运行调度方式。付海波等[186]中以土山拦河闸模型试验为依据，分析不同流量、不同调度方式下的流态和流速分布，拟定了考虑下游消能防冲的闸门调度运行方案，并由系列模型试验资料绘制了闸门调度运行曲线图。

6.4.7　在调度图与调度规则方面

水工程调度图和调度规则是水工程管理人员将工程运行调度付诸实施的主要依据。研究中往往与水库或电站优化调度相结合，在求解优化调度的同时，得到相应的调度图和调度规则。总体来看，理论研究不足，实践应用较多，且主要以水工程调度实践为例。以下仅列举有代表性文献以供参考。

（1）王宗志等[187]以平衡保证出力保证率与发电量矛盾的惩罚系数为优化变量、以保证出力设计保证率满足条件下发电量最大为目标函数，构建水电站水库长期优化调度模型。李亮等对溪洛渡水电站水库运用与电站运行调度规程编制进行了思考[188]。杨光等将 PA-DDS 算法引入考虑供水和发电的多目标优化模型优化水库调度图[189]。

（2）彭安帮等[190]以辽宁省水资源联合调度北线工程为研究背景，进行水库群联合调度图概化降维方法研究。郭旭宁等阐述了水库群联合供水调度规则形式的研究进展[191]。胡挺等对中小洪水提出了一种结合库水位与入库流量大小进行分级调度的规则[192]。习树峰等对多约束条件下的水库供水调度规则进行了研究[193]。杨光等分析了考虑未来径流变化的丹江口水库多目标调度规则[194]。塞德平等提出了雅砻江下游梯级水库综合调度规则优化方法[195]。

（3）万芳等[196]建立跨流域水库群供水调度规则的三层规划模型，提出调水规则、引水规则和供水规则相结合的跨流域水库群优化调度规则。梁志明等提出了基于流量分级策略的水电站分期调度规则提取方法[197]。郭旭宁等总结了水库群联合调度规则提取方法研究进展[198]。

（4）此外，王平进行了水库调度设计规范中时历法编制发电调度图的改进研究[199]。王士武等提出了水库调度图优先控制线的确定方法[200]。解阳阳等提出了一种适应水电站水库不同时期出力特点的分期调度图[201]。刘烨等建立了以梯级水库群多年平均发电量最大为目标的梯级水库群调度图优化数学模型[202]。王平进行了灌溉结合发电水库调度图编制的改进算法研究[203]。李银银等进行了雅砻江-金沙江-长江梯级水电站群联合调度图研究[204]。

6.5　水工程影响及论证研究进展

水工程修建必然会对流域/区域水文情势、水资源开发利用及生态环境带来影响，为客观评价水工程建设的利弊性，促进人水关系和谐发展，必须要对水工程建设的影响进行评估。水工程影响及论证研究内容丰富，成果众多，随着研究的深入和对问题认识的深化，水工程影响及论证研究不断扩展，主要包括水工程对水文情势的影响，对发电的影响，对水生态的影响，对水环境的影响，对水资源工程论证的影响，对水文地质和河道通航的影响。以下仅列举有代表性文献以供参考。

6.5.1　在对水文情势的影响方面

近两年来，水工程对水文情势的影响研究成果十分丰富，主要包括：①对水温的影响；②对水位的影响；③对径流与流量的影响；④对水动力条件的影响；⑤对河床的影响；⑥对整个水文情势的影响；⑦对地下水的影响；⑧对其他水文情势的影响。总体来说，研究过程先通过机理性研究，再定量分析或模型或验证，集中于对水库、水电站等相关水利枢纽对水文情势的研究。以下仅列举有代表性文献以供参考。

（1）有关水工程对水温的影响代表性文献有：朱蓓等[205]选取浙江省新安江大坝下游尾水至富春江水库某一河段作为试验场地，分析了侧向潜流交换的空间非均质性和动态特征，刻画了河岸潜流带与河道水体水位、温度之间的响应关系[206]；脱友才等对比分析了瀑布沟电站开发前后下游河道的水温时空变化特性；龙良红等对比研究了三峡水库不同时期水流、水温时空分布特征[207]。

（2）有关水工程对水位的影响代表性文献有：王英伟等建立了三峡水库坝前水位对于重庆主城区（九龙坡—铜锣峡）河段的壅水高度公式[208]；王军等对桥墩影响下的冰塞水位变化规律进行了试验研究[209]；黄建成等研究了小南海枢纽运用初期和运用20年末，不同特征流量条件下，坝下游近坝段河道水位的变化过程[210]；李瑞杰等研究了蚌埠闸上取水对淮河干流水位的累积影响[211]。

（3）有关水工程对径流与流量的影响代表性文献有：陈俭煌等人对三峡水库不同调度方式对荆江三口分流影响分析进行了探讨[212]；张正浩等选取多元线性回归、神经网络与支持向量机等模型模拟水利工程建成前的径流变化[213]；刘伟等分析了大伙房水库对浑河流域径流特性的影响[214]；周美蓉等分析了三峡工程运用后宜枝河段平滩流量的调整特点[215]；王冬等计算了三峡水库不同运行期径流过程改变对三口分流量的影响[216]；黄维东等进行了梯级水电开发对大通河流域洪水过程的影响分析[217]；黄群等分析了20世纪50年代以来洞庭湖调蓄特征及其实际调蓄作用的多年变化[218]；许浩等进行了水库建设运行对三岔河流域径流与洪水特征变化影响分析[219]；孙新国等进行了基于SWAT分布式流域水文模型的下垫面变化和水利工程对径流影响分析[220]；张敏分析了溯头水电站初期蓄水和正常运行时对下游的影响[221]；朱玲玲等量化了三峡水库不同运用方式对三口分流量的影响幅度[222]。

（4）有关水工程对水动力条件的影响代表性文献有：罗全胜等对蓄水前后鹅公岩河段的水动力条件及推移质输移变化进行了对比研究[223]；罗全胜等分析探讨了回水作用对流场、流速横向分布、水动力轴线等水动力条件的影响[224]；赖格英等探讨了鄱阳湖水利枢纽工程运行调度方案对湖泊水文水动力的可能影响[225]；郑清等阐述了水网连通工程对大东湖水动力的影响[226]。

（5）有关水工程对河床的影响代表性文献有：魏炳乾等采用MIKE软件模拟了桃花潭库区10年水沙条件下的河床演变[227]；余欣等对小浪底水库运用以来黄河口演变进行了分析[228]；尚倩倩等探讨了三峡水库蓄水前后嘉鱼水道的河床演变[229]；夏军强等分析了小浪底水库运用后，黄河下游河床的调整过程及特点[230]；苏腾等以黄河内蒙古河段为例，分析了水库联合运行对库下汛期河道过水断面形态参数变化率的影响[231]；夏军强等分析了有、无三峡工程时荆江段河槽形态调整的差异[232]；朱玲玲等分析了水动力条件、来沙变化及洲滩相互作用对河床演变的重要影响[222]；徐涛等开展了三峡水库不同调控方式对坝下游河道演变影响的研究[233]。

（6）有关水工程对整体水文情势的影响代表性文献有：王晓等对东风水库水文情势影响程度进行了定量评估[234]；何用等分析了珠江河口涉水工程阻水效应[235]；岳俊涛等对二滩水电站运行后对雅砻江下游河流水文情势的影响进行了分析[236]；彭涛等分析了丹江口水库运用前后汉江中下游河道水文情势变化及改变程度[237]；岳俊涛等综述了梯级开发对河流水文情势和河流生态系统的影响[238]。

（7）有关水工程对地下水的影响代表性文献有：徐存东等分析了干旱扬黄灌区不同地下水运动带的地下水动态特性[239]；李景远等对地下水流场的变化进行了模拟预测研究[240]；段耀峰分析

了引洮供水工程对内官—香泉盆地地下水的影响[241]；兰盈盈等利用数值模型计算枢纽运行后对地下水运动影响的时空变化规律[242]；高志发等建立三峡水库香溪河库湾 z 坐标系下三维水动力-水温耦合数学模型[243]；彭勃等评估了刁口河恢复过流及尾闾湿地补水对区域地下水的影响[244]；冯忠伦等对南水北调输水对梁济运河区地下水位的影响进行了分析[245]。

（8）有关水工程对其他水文情势的影响还有：廖杰等对黑河调水以来额济纳盆地的湖泊面积变化和蒸发量变化进行分析[246]；陈昌春等对赣江流域大（Ⅰ）型水库工程影响下的枯水变异进行了研究[247]；王远坤等研究了葛洲坝水库对长江水文系统复杂性的影响[248]；刘招等进行了水库调洪过程中特征变量对初始扰动的非线性响应研究[249]；童朝锋等分析了兴化湾海区的潮汐、潮流特性以及湾内工程前后的潮位、潮流场和余流场特征[250]；刘锦良等提出采用水文学模型和水动力学模型进行洪水演进的预报方法[251]；朱钦博等进行了气温变化和水库运行对黄河内蒙古段凌情的影响研究[252]；李杰等从水资源、生态环境、社会经济等方面给出新丰江直饮水工程的影响分析[253]；

6.5.2　在对水生态的影响方面

水工程的建设通过影响水文情势进而对水生态产生重要影响，这些影响或利或弊。目前，随着我国生态文明建设的大力开展，对水生态的关注日益重视，因此此类研究成果也较多。总体来看，在对水生态的影响方面，主要集中于对河流泥沙的影响方面，其次是于对鸟类鱼类栖息地的影响，对水土保持的影响，间或有些对水生态影响的整体研究。理论研究虽有，但更多的是集中构建模拟模型分析水工程对水生态的定量化影响。以下仅列举有代表性文献以供参考。

（1）李文杰等[254]基于实测资料，采用输沙率法和断面法分析了三峡水库运行初期的泥沙淤积特点。徐程等分析了丹江口库区大孤山分汊段冲淤变化及趋势[255]。叶辉辉等研究 2 种泥沙调度运行方式下三峡水库泥沙淤积演变过程[256]。李振青统计分析了三峡水库建库以来长江中下游泥沙的变化情况[257]。刘高伟分析了三期工程前后北槽中上段潮汐、潮流及含沙量变化特征[258]。胡茂银等探讨了分流分沙对干流河道冲淤的影响机理[259]。徐丛亮等分析了黄河调水调沙 14 年来河口拦门沙的形态变化特征[260]。梁艳洁等进行了东庄水库运用方式对渭河下游减淤作用研究[261]。高慧滨等分析了葛洲坝-三峡梯级水库运行对长江中下游输沙量及水沙关系的影响[262]。刘昀等对泺口至利津河段的冲淤情况进行分析[263]。马俊超等对三峡-葛洲坝梯级水库不同蓄水阶段对其下游泥沙特性的影响进行分析[264]。

（2）杨胜发等在《三峡水库常年回水区-水沙输移规律及航道治理技术研究》[265]一书中分析了三峡水库运行十多年来的泥沙冲淤特点研究、三峡水库悬移质泥沙输移基本规律研究等。韩博闻等分析了大型水利工程对长江中下游水沙变化特征的影响分析[266]。曹文洪等分析三峡水库运用后荆江和三口河道冲淤及分流变化规律[267]。王博等分析了水沙变化条件下河段分流区水流动力轴线、流速与含沙量分布等变化特点[268]。姜东生等分析了处于黄河最下游的山东段在调水调沙的作用下，河道形态及水文特性发生的变化[269]。张永领等研究了在小浪底水库水沙调控影响下黄河颗粒有机碳的输送规律[270]。周美蓉等研究了三峡工程运用后宜枝河段平滩河槽形态调整对来水来沙的响应[271]。朱勇辉等分析了三峡工程运用以来沙市河段的河道冲淤演变特点及演变趋势[272]。

（3）郭伟杰等[273]对云南景谷河 3 座梯级电站影响下河流底栖动物的群落结构进行了调查研究。赵伟华等采用 8 项指标对向家坝蓄水前后长江上游珍稀特有鱼类国家级自然保护区部分关键河段的物理完整性进行了评价研究[274]。汤新武等研究了三峡工程三期蓄水初期长江口水域春季浮游动物群落特征及其与环境的关系[275]。邓云等探讨了不同蓄水期三峡工程下泄水温变化对坝下鱼类产卵场的影响程度[276]。王煜等进行了大坝不同运行参数下，大坝泄流方式与四大家鱼产卵栖息地适宜度相关性分析[277]。许秀贞等探讨了乌东德水电站建设对鱼类资源的影响[278]。毛劲乔等分析了重大水利水电工程对重要水生生物的影响与调控[279]。

（4）刘登峰等在《塔里木河下游河岸生态水文演化模型》[280]一书中分析了生态输水的生态水文效应。刘志国等分析了目前原丰满水电站建设和长期运行对库区环境产生的影响[281]。陈凯等对广东省引水式梯级小水电生态环境效应进行了评价[282]。曾庆芳等人分析了三峡工程运行对洞庭湖区钉螺及血吸虫病的影响[283]。沈忱等人分析了水库蓄水后长江上游珍稀特有鱼类国家级自然保护区干流溶解氧的时空分布[284]。

（5）刘卉芳等在《黄土区水土保持的水沙效应》[285]一书中本书研究了不同时空尺度水沙运移规律；并研究了植被和工程对径流和泥沙的影响等。李海波等基于室内坡面流试验，研究了人工植被分布变化对坡面水流及输沙特性的影响[286]。马红斌等分析了2012年黄土高原地区梯田现状:规模、分布、质量、利用方式及其减沙作用[287]。张绒君等分析计算了甘肃省高原沟壑区30多年水土保持综合治理的调水保土效益[288]。李娟等分析了泾河流域梯田建设对河道径流、生态基流的影响程度[289]。张兴义等分析了水土流失综合治理成效[290]。

（6）张攀等在《水土保持综合治理对小流域水沙变化的影响定量分析》[291]一书中介绍了黄河中游水沙变化研究成果，定量研究黄土高原水土保持综合治理对小流域水沙变化的影响，分析了水土保持治理措施对减少入黄径流和泥沙的作用。和继军阐述了水土流失综合治理范式的含义及基本理论框架，建立了北方土石山区重点区域水土流失治理的范式，分析了该范式下的结构功能及生态环境的响应[292]。张胜利等对黄河中游暴雨产流产沙及水土保持减水减沙进行了回顾评价[293]。

（7）栾清华等[294]对汾河清水复流工程实施后的生态影响进行了评价。陈云飞等探讨了河道整治工程对河流生态环境的影响与对策[295]。董志玲等分析了生态输水对流域植被的影响[296]。刘静玲等运用河流影响因子法评估了闪电河、庙宫、潘家口和桃林口水库的水生态效应[297]。何为民从理论和实践双角度研究了城市河流生态破坏的影响及生态修复情况[298]。

6.5.3　在对水环境的影响方面

水工程的建设对于水环境的影响也至关重要。近两年来也涌现出大量的研究成果，理论方面研究较少，且以归纳总结为主。实践应用较多，主要借助模型应用与实验分析，研究水工程对水环境的影响。以下仅列举有代表性文献以供参考。

（1）黄海真等[299]在对拟替代平原水库生态环境现状进行调查的基础上，结合平原水库历史成因和平原水库保护物种分布，对替代平原水库对生态环境的影响进行分析。毛战坡等进行了水利水电工程重大变更环境影响管理有关问题探讨[300]。黄金凤等探讨了水电工程生态环境影响分析研究进展[301]。张青等进行了基于 ANP2FCE 模型的水电工程环境影响评价[302]。胡春明等进行了水利水电项目的环境影响经济损益分析[303]。

（2）汤显强等[304]以丹江口库区神定河河口持续淹水和间歇淹水积物为对象，探讨水位调控前后不同淹水沉积物的理化性质、磷赋存及生物可利用性变化规律。余昭辉等分析了水库不同调度措施对突发污染带迁移的影响[305]。夏琨等建立了一维河网数学模型，运用验证后的模型对内秦淮河现状引调水的效果进行模拟与计算[306]。蓝雪春等分析了浙江省入海河口建闸对环境的影响[307]。李如忠等研究了不同水源补给情形的溪流沟渠沉积物磷形态及释放风险[308]。黄兴如等揭示了再生水补水过程对河道湿地香蒲根际细菌群落的影响[309]。周潮晖等对引滦入津工程黎河段表层沉积物和两岸尾矿中重金属特征进行研究[310]。

（3）苏红兵等[311]利用构建的调水工程生态足迹计算模型，对牛栏江-滇池补水工程对水源地牛栏江流域的环境影响进行了评价。李雨等对中线调水前汉江中下游水量和水质本底特性及变化趋势进行了分析[312]。尤爱菊等分析了引水等综合整治后杭州西湖氮、磷营养盐时空变化（1985—2013 年）[313]。王雅欣等分析了南水北调通水对梁济运河流域地下水化学成分的影响[314]。吕学研等分析了南水北调东线一期江苏段试调水期间的水质变化[315]。吕学研等总结了调水引流工程生态与环境效应研究进展[316]。

（4）闫红飞[317]采用太湖流域一维河网水动力模型与滆湖二维水量水质模型嵌套，对枯水和平水典型年条件下工程建设前后滆湖水动力、水质变化进行模拟研究。李飞鹏等探讨了调水对河道水质改善和水华抑制的作用效果[318]。李柏山等对汉江流域水电梯级开发对生态环境影响评价进行了研究[319]。杨中华等分析了小江生态调节坝的水量调节抑藻作用[320]。杨正建等分析了三峡水库干流水温变化规律，以及干流湖沼学特征并讨论干流发生水华的风险[321]。邓金燕研究了水利开发对浮游植物种类组成、数量特征、群落多样性及水质状况的影响[322]。

（5）何智娟等分析了引洮供水二期工程对地表水环境的影响[323]。唐夫凯等对通天河干流水电梯级开发引起的陆地生态环境变化进行了分析和评价[324]。

（6）张舒羽等[325]建立了考虑涌潮作用的二维盐度数值模型，预测配水工程实施对河口盐水入侵距离和重要取水口含氯度超标时间的影响。蒋静对咸水灌溉对作物及土壤水盐环境影响进行了研究[326]。左其亭等探讨了闸坝工程对河流水生态环境的影响效应[73]。宋洋等分析了塔里木河综合治理前后干流环境变化[327]。付强等进行了三江平原水资源开发环境效应及调控机理研究[328]。

6.5.4 在对水资源工程论证方面

总体来说，在对水资源工作论证方面的文献并不显著，除了范明元等编制了《建设项目水资源论证导引》[329]外，其余研究主要针对工程具体建设内容展开，代表性成果较少。

（1）马静等[330]从大型水电项目对区域经济影响路径与作用机制入手，运用多区域一般均衡模型，以上川江为例对大型水电项目的经济影响进行评价。

（2）冯雪等[331]分析了水利工程对地下水的影响方式。罗声等对拟建的四川某水库的地下水环境进行了现状调查评价与监测[332]。刘成刚进行了盖州市节水灌溉水源论证及影响分析[333]。

（3）邓飞艳等[334]以贵州省光照水电工程为例，运用生态足迹法对水电站建设前后受影响区域的生态承载力变化进行全面定量分析和对比。郝红升等采用实际调查和监测等方法，对水电站建设前后的环境变化进行了研究[335]。

6.5.5 在对水文地质的影响方面

大型的水利工程往往对水文地质具有深刻的影响作用，这种作用又反过来影响水利工程功能是否能正常发挥。因此，水利工程建设、运行与管理必须建立在对其对水文地质影响的深刻了解基础之上。总的来说，在对水文地质的影响方面研究内容较少，集中于对滑坡、岸边稳定性以及关键水文地质参数等的影响，研究中往往采用机理性分析和实践应用相结合。这里仅列举主要代表性参考文献。

（1）王力等[336]采集了树坪滑坡近几年监测数据，结合地质调查及勘探资料对三峡库区水位变化对树坪滑坡变形机制进行分析。宋丹青研究了水库蓄水对库岸边坡稳定性的影响规律[337]。宋丹青研究了蓄水条件下库岸滑坡的水力触发因素及形成机制[338]。易庆林等研究了三峡库区黄泥巴蹬坎滑坡变形机制[339]。

（2）汪红英等[340]分析了上荆江河段的水沙变化特性和该河段平滩河槽下的冲刷情况。范小光等进行了三峡库区水位变化条件下白水河滑坡抗剪强度弱化趋势分析[341]。宋丹青等分析蓄水对库岸边坡稳定性的影响规律[337]。

（3）闫峭等[342]根据回灌过程中水文地质参数的特点，建立了相应的反演优化模型。

6.5.6　在对河道通航的影响方面

河道通航是流域/区域交通运输的重要组成部分。水利工程建设会对河流水文情势产生深刻影响，进而影响到原有的河道通航条件。目前，有关水工程对河道通航的影响研究较少，以下列举有代表性文献以供参考。

（1）张明进等[343]以长江中游荆江藕池口河段和太平口河段为例，计算了这两个河段守护关键可动洲滩后航深的变化值，并对模型计算值与实测断面概化后得到的航深变化值进行了对比。任方方等对三峡水库蓄水前后 2002 年和 2007 年年内监利河段河床冲淤分布、横断面变化与航道条件进行了比较[344]。左利钦等分析了向家坝、溪洛渡水库运行后向家坝下游河段泥沙冲淤时空变化规律，研究了重点滩段河势变化及对航道的影响[345]。张明等研究了洞庭湖区水沙环境的变化对湖区航道的影响[346]。

（2）尚毅梓等[347]建立了一维非恒定流水动力学模型，采用该模型模拟了小南海水电站日调节工况时下游水流条件，并与拟定的通航条件进行了对比分析。

6.6　水工程管理研究进展

水工程管理是较工程建设而言，水工程管理属于软件设施建设内容，但却是确保水工程合理运行的必要条件。水利系统内部长期的"重减轻管"思想使得以往的水工程管理成为水工程优化运行的软肋。为深化改革，改进管理，相关人员已加大对水工程管理的研究力度。如王冠军等对我国水利工程管理体制改革评估及深化改革进行了研究。试图以此提升水工程管理短板。尽管目前有关水工程管理研究成果也较多，特别是在工程信息系统管理方面，全面系统地提升了水工程管理的整体性和协调性，研究内容也十分广泛，但总体来说，研究内容相对较软，系统性和规范性不强，往往集中于经验介绍式的泛泛陈述，缺乏创新性研究成果。

6.6.1　在水信息系统管理方面

水信息系统的管理是为了更好的实现水工程的高效运行和科学调度。现代的水信息系统管理通常借助计算机技术进行实现。总体来看，相关研究内容较少，且多集中于应用工程管理软件设计，研究深度不够，缺乏系统的创新性科研成果。以下仅列举有代表性文献以供参考。

（1）孟永东等[348]采用 MySQL 多平台网络数据库以及 Apache 跨平台 Web 服务器，以 Microsoft VisualStudio.Net 2013 为集成开发环境，建立基于网络的边坡安全监测实时在线预警系统。

（2）刘文清等在《水库诱发地震监测系统设计与实践》[349]一书中介绍了汉江丹江口水库地震监测系统的设计技术与建设实践案例。陈豪等介绍了小湾水电站水库诱发地震监测与预警系统的系统架构、站点布设、运行情况[350]。陈蓓青等论述了基于三维网络地理信息系统(GIS)的地质灾害监测预警系统的总体框架结构及特点[351]。

（3）曹俊启等[352]以南水北调中线水源公司信息化系统建设为例，分析了公司目前信息系统建设的现状和不足。马艳军等探讨了南水北调中线干线自动化调度系统工程档案管理工作[353]。赵继伟等研发了鄂北地区水资源配置工程建管信息系统[354]。

（4）张志强等在《三川河流域河道信息系统管理技术开发与研究》[355]一书中建立了基于GIS 设计要求的河道地理信息数据库，实现了河道地理信息的采集、存储、分析、查询、管理、输出，建立了河道资源数据库。

（5）李宗尧等在《水利工程管理技术》[356]一书中阐述了土石坝的监测与维护、混凝土坝及砌石坝监测与维护、泄水建筑物的监测与维护、输水建筑物的养护修理、堤防工程管理与防汛抢险及水利工程管理信息技术等。张加雪等介绍了泰州引江河信息化系统研究与应用[357]。

6.6.2　在水环境管理方面

在水环境管理的研究内容较为分散，涉及保护措施、监控系统、水华预警等。研究成果既有机理性研究，也有数值模拟分析，但总体来说，研究成果并不丰富。以下仅列举有代表性文献以供参考。

（1）和晓荣等[358]选取 TP、TN、COD_{Cr}、BOD_5 四项水质指标，采用河流稳态水质模型对金沙江中游河段已建的六个梯级电站运行期库区水环境容量进行了估算。吴宝国等研究了东江水量水质监控系统设计实现与关键技术[359]。

（2）郑丙辉等在《流域水环境风险管理与实践》[360]一书中建立了完善流域水环境管理技术体系，为构建国家/流域水环境管理决策平台、提高水环境管理水平以及促进水环境管理机制转变提供科技支撑。刘丹等基于 3S 技术研发了长江流域水资源保护监控与管理信息平台建设[361]。刘骁远等基于 GIS 系统的三级数据架构体系，开发了南宁市邕江流域水环境管理决策支持系统[362]。张静波等进行了嫩江流域典型区水生态风险监控系统研究[363]。朱雪诞等进行了盐龙湖湿地运行与管理研究[364]。刘建林等提出了适应南水北调（中线）工程商洛水源地丹江流域的生态修复模式，构建了跨流域调水工程水源地水资源补偿的长效机制[365]。

（3）姚烨等[366]以三峡水库近坝支流香溪河为例，基于水华暴发特征规律，通过数值模拟手段，研究不同调度启动时间和执行周期下调度对水华暴发过程的影响。张佩等提出了基于本体的突发性水污染应急管理系统构思[367]。戴会超等探讨了河道型水库富营养化及水华调控方法和关键技术[368]。王巍巍等对华南地区 S 水库进行了藻类水质监测及风险预警研究[369]。

（4）路振刚等[370]分析了丰满水电站运行管理与环境敏感区之间相互制约、相互促进的关系。单婕等对水电开发环境保护管理机制进行了分析[371]。

6.6.3　在水库及电站移民管理方面

在水库及电站移民管理方面，研究多侧重于对水库移民管理的研究，研究内容涉及移民补偿、移民安置、移民效果评价等。虽有诸多研究成果，但往往属于经验总结、政策建议等，在学术上一般没有大的创新，所发的期刊水平也一般。以下仅列举有代表性文献以供参考。

（1）汪洁等[372]根据移民补偿原则确定了水库移民补偿范畴，提出了包含经济性补偿和政策性补偿两方面的移民补偿范畴。田永生进行了关于过渡搬迁及逐年补偿安置在水电移民工作中的探讨[373]。冯启林等对云南龙开口水电站移民逐年补偿安置方式进行了探讨[374]。蒋洪明等提出了以逐年补偿安置为机制，城（集）镇化后靠安置为依托，产业发展为支撑的创新移民安置方式[375]。

（2）程天娇等构建了移民安置环境容量评价指标体系，对移民规划进行了综合评价[376]。翟贵德等探讨了泾河东庄水库移民安置方式[377]。程鹏立提出了适宜的移民安置方式[378]。齐耀华等人对丹江口水库移民安置经济发展模式进行了探索[379]。李敏安阐述了移民综合监理存在的必要性和应起的作用[380]。范敏等提出了水利水电工程移民安置前期工作的问题及建议[381]。

（3）徐鑫等[382]构建了水库移民后期扶持政策实施效果综合评价的经济效益和社会效益评价指标体系，并建立了基于 RBF 神经网络的经济效益与社会效益评价模型；李乾等应用物元和可拓集合理论建立了移民生活水平评价的可拓聚类分析模型[383]。杨涛等研究了水库移民后期扶持政策效果的监测评估[384]。刘雨等进行了基于多层次灰色综合评价方法的水库移民后期扶持效果评价研究[385]。杨琛等进行了基于突变理论的水库移民后期扶持实施效果评价[386]。杜勇等对水库移民安置效果进行了评价[387]。黄莉等对不同安置方式下贵州水库移民安置效果进行了综合评价[388]。张爽对南水北调中线工程水库移民村社会治理绩效评价进行了研究[389]。李幼胜对洪屏抽水蓄能电站征地移民过程管控与效果进行了分析[390]。陈垚森探究了广东省小型水库后期扶持规划思路[391]。

（4）吴革立等[392]总结了藏区水电移民安置工作的经验。肖蕾采用对比分析的方法对梨园水电站移民搬迁生产生活恢复情况进行了分析评估[393]。曾蕊对梨园水电站移民搬迁后存在的显性及隐性社会风险进行了研究和分析[394]。郭磊磊等探讨了改革背景下水电工程农村移民的安置工作[395]。徐春海等总结了滩坑水电站移民安置规划方案的实施经验和体会[396]。韩晓劲等提出并分析了移民安置实施过程中可以采取的一些措施[397]。俞晓松等探讨了相关移民政策[398]。黎爱华等进行了关于大中型水利水电工程移民安置目标的探讨[399]。杨洲等探讨了水利水电工程农村移民生产安置对象及标准[400]。潘菲菲等分析了劳务输出背景下工程移民安置规划[401]。

（5）张琳等[402]分析了以 3S 技术为代表的信息化技术应用的可行性和前景。周竞亮等设计开发了"水电工程移民管理信息系统"[403]。杨瑞璟等提出实现征地补偿安置政策并轨的意见[404]。纪祥洲分析了大岗山水电站移民项目"代建"管理模式[405]。赵镇等进行了水库移民后扶项目末端监督管理机制研究[406]。沈皆希等进行了面向水库移民的末端监督数据管理系统建设研究[407]。

6.6.4 在水库及电站管理措施方面

在水库及电站管理措施方面，研究内容不多，整体论文研究水平不高，主要是针对具体实例管理进行研究。

（1）魏永强等[408]提出了基于物联网模式的水库大坝安全监测智能机系统设计。宋立松等研发了山塘水库安全巡查动态监管系统[409]。李小奇等提出了一种利用 Oracle 数据库优化大坝监控系统的方法[410]。周锡琅等介绍了清江流域梯级电站坝群综合安全监测系统应用与实现[411]。钱福军等介绍了基于互联网的水利枢纽工程安全监测系统开发[412]。

（2）戚晓明等[413]研制淮河涉河工程防洪影响评价辅助决策系统。喻杉等人研制了长江流域防洪调度决策支持系统[414]。

（3）王和平等[415]采用计算机系统、光纤传输系统、北斗卫星信息传输技术对原综合自动化管理系统进行了改造。张东升等分析了小浪底水利枢纽水工建筑物运行管理与评价[416]。陈朝旭等研究了三峡库区开县水位调节坝运行调度及信息化管理[417]。陈志明等研究了漳河水库三维仿真管理信息系统设计与实现[418]。

6.6.5　在农村水利工程管理方面

农村水利工程作为区域水利工程的一大主要内容，其相关管理也逐渐被认识和深化。目前看来，研究内容并不太多。刘诗雄[419]针对福建省泉州市农村小型水利工程建设与管理的现状，探讨泉州市农村饮水安全工程、灌溉工程、乡村防洪排涝等小型水利设施的管理模式。李仰斌等在《国（境）内外农田水利建设和管理对比研究》一书中，对国（境）内外农田水利建设和管理进行了对比研究[420]。彭尔瑞等对农村水利建设与管理进行了总结和探讨[421]。彭尔瑞等从八个方面论述了农村水利建设与管理。

在灌区方面，张穗等在《大型灌区信息化建设与实践》[422]一书中概述了我国大型灌区信息化的发展概况、主要内容和管理现状，并以湖北省漳河灌区建设实践为基础，从信息采集传输发布、基础地理信息平台、工程建设管理、用水决策支持和防汛抗旱联合调度等方面阐述了我国大型灌区信息化建设的总体思路和主要实践过程。张庆华等介绍了引黄灌区管道输水灌溉工程技术[423]。

6.6.6　在城市水务工程方面

城市水务是确保城市用水，实现城市水资源可持续利用的一项综合性水事工程技术结合体，涉及诸多方面，相关城市水务工程的研究还亟待加强。目前的研究主要针对城市排水管理进行。祝君乔等介绍了基于物联网技术的排水综合管控信息系统。梅钦等对宁波鄞州区城市排水智慧管理系统架构设计进行了探讨。

在城市污水处理方面，李亚峰等在《城市污水处理厂运行管理（第三版）》[424]一书中介绍了城市污水处理的基本知识、城市污水处理厂处理构筑物的运行管理等方面的知识。文一波等提出了中国村镇污水处理系统解决方案[425]。

董紫君等在《城市再生水利用与再生水设施的建设管理》[426]一书中在对国内再生水设施进行调查研究的基础上，总结了各种类型再生水设施的运行现状及存在的问题，从再生水设施的规划政策、设计建设、运行维护和监督管理等各个环节上开展研究。

6.6.7　在供水工程方面

供水工程范围农村供水工程和城市供水工程两大块内容，研究内容有限，成果并无显著创新，多涉及供水工程信息管理系统的构建与应用。以下仅列举有代表性文献以供参考。

（1）徐佳等[427]提出区域农村供水工程运行评价的概念，建立包括供水保障、功能效益、经济效益 3 个方面的评价指标体系，并根据相关政策文件和技术标准设定运行等级标准。杨继富等对农村安全供水技术进行了研究[428]。张亚雷等探讨了中国村镇饮水安全科技新进展[429]。付垚等探讨了村镇供水工程运行与管理[430]。

（2）赵勇[431]开发出"农饮水信息自动化管理系统"。杨成分析了沙坡头区农村饮水安全工程管理现状及发展对策[432]。杭程光等探讨了灌区农业用水信息化发展存在的问题[433]。

（3）马月坤[434]建立了服务的最优调度农村供水管网安全监控资源配置模型，分别给出了中介服务节点层模型和资源服务节点层模型的目标函数和条件约束，并采用粒子群算法给出了农村供水管网安全监控的信息资源调配模型求解过程。

（4）戴婕等[435]以 ArcGIS 为开发平台，将管网 GIS 系统、SCADA 系统、水力水质模型、风险评估系统、养护信息系统和客户服务系统集成在同一平台上，实现了各系统间的数据共享。王建新分析了楠溪江供水工程建设管理的实践经验[436]。

6.7　与 2013—2014 进展对比分析

（1）在水工程规划研究进展方面：总体来说，水工程规划研究成果并不十分丰富，对水工程规划研究的机理性认识不够，或有一些数值计算方法与建模研究，但成果创新性并不突出。由于区域宏观水系工程规划涉及面广，关系着整个区域的水资源开发利用，因此在近两年的相关研究，增加了区域水系工程规划研究。同时在水电站与供水工程规划也有所涉猎，但再生水工程与排水工程规划呈现空白。

（2）水工程运行模拟与方案选择研究进展方面：水工程运行模拟与方案选择一直以来都是水工程研究的热点。研究人员众多，研究方法层出不穷，经常会有新方法在实践中得以应用，并产生较为重要的实践应用成果，对水工程的优化调度和科学管理具有实践参考作用。在近两年的相关研究中，水工程运行模拟与方案选择仍结合具体水工程开展研究。研究内容有所拓展，调水、引排水等工程模拟与方案选择有所涉及，研究成果也较以往更为丰富。

（3）在水工程优化调度研究方面：在近两年的研究中，该方面的研究呈现硕果累累态势。研究对象仍以具体工程实践应用为主，创新性主要体现在现代数学方法与数值模拟在水工程优化调度上的应用。较之以往，生态调度更加侧重水质研究，特别是水库水华发生机理和模拟；水电调度依然集中于各类寻优过程的求解；而在泥沙调度方面的研究量有所减少，且并无较大创新点呈现；水量调度方面涌现出大量的研究成果，特别是运用现代各类数学方法解决寻优技术难题得以局部突破，创新性显著；水库群调度研究势头依然旺盛，研究成果显著；闸坝群调度作为现代水利工程调度一种新的调控模式，依然有待加强研究；在调度图和调度规则方面，往往和工程与水库或电站优化调度相结合，在寻优过程中得以实现。

（4）在水工程影响及论证研究进展方面：随着下垫面环境的急剧改变和人类追求和谐发展理念的强烈要求，在水工程影响及论证方面的研究日益如火如荼，涌现出大量的研究成果，但总体来说，理论研究偏少，数据分析和模拟计算是相关研究的重点。特别是在对水文情势的研究方面，研究愈发具体，牵扯面愈发广泛，并逐步拓展到将对水动力、地下水以及其他具体水文要素的研究。而在对水生态的影响研究方面，集中于对泥沙的研究，并涉及对水土保持的研究，体现了对水生态系统的深化认识。对水环境的影响方面变化不大，但减少了对水资源工程论证的研究，且研究成果创新性不足。其中，对水文地质的影响和对河道通航的影响是新增添的研究内容。

（5）在水工程管理研究进展方面：水工程管理的研究结合现代计算机技术，研究成果也较多，特别是在工程信息系统管理方面，全面系统地提升了水工程管理的整体性和协调性，研究内容也十分广泛，但多集中于应用工程管理软件设计，研究深度不够，缺乏系统的创新性科研成果。类似的其他管理内容的研究也主要集中于采用计算机软件集成实现各项水工程综合集成管理。因此，水工程管理软件设计较多，研究深度不够，缺乏系统的创新性科研成果。其中，灌溉工程管理合并到农村水利工程中，供水工程管理则是新增的研究内容，但依然徘徊于软件系统设计，并无太大学术创新成果。

参考文献

[1] 董欣，曾思育，陈吉宁.可持续城市水环境系统规划设计方法与工具研究[J].给水排水，2015（3）：39-44.

[2] 孙开畅.流域综合治理工程概论[M].2版.北京：中国水利水电出版社，2015.

[3] 傅长锋，李发文.生态水资源规划[M].北京：中国水利水电出版社，2016.

[4] 浙江省水利水电勘测设计院.浙江省河流规划研究[M].北京：中国水利水电出版社，2016.

[5] 林素彬.深圳河治理工程规划思路及效益分析[J].水利水电技术，2015（2）：74-78.

[6] 王煜，李海荣，安催花，等.黄河水沙调控体系建设规划关键技术研究[M].郑州：黄河水利出版社，2016.

[7] 徐海量，樊自立，杨鹏年，等.塔里木河近期治理评估及对编制流域综合规划的建议[J].干旱区研究，2016（2）：223-229.

[8] 焦小琦.引汉济渭受水区输配水工程规划布局[J].中国水利，2015（14）：89-92.

[9] 严飞.海绵城市建设中水系规划设计的思考与措施[J].给水排水，2016（7）：54-56.

[10] 王乾勋，赵树旗，周玉文，等.基于建模技术对城市排水防涝规划方案的探讨——以深圳市沙头角片区为例[J].给水排水，2015（3）：34-38.

[11] 杨森，朱钢，陆柯，等.成都市中心城区排涝能力提升规划介绍[J].中国给水排水，2015（3）：135-138.

[12] 许文斌.MIKE FLOOD模型应用于南昌排水防涝综合规划[J].中国给水排水，2015（9）：132-134.

[13] 李红，吴江滨，李恺，等.城市防洪排涝规划后评价理论研究[J].人民长江，2015（S1）：69-71.

[14] 靳俊伟，吕波，章卫军，等.重庆主城区排水(防涝)综合规划总体技术路线[J].中国给水排水，2015（8）：24-29.

[15] 夏静.杭州市"十三五"排水管理规划研究[J].给水排水，2016（S1）：50-52.

[16] 黄敬梅.城市排水防涝综合规划治理研究[J].中国水利，2016（15）：22-24.

[17] 李高峰，周君薇.南京江宁区城镇化过程中的排水系统规划探讨[J].中国给水排水，2015（4）：1-4.

[18] 马洪涛，周凌.关于城市排水(雨水)防涝规划编制的思考[J].给水排水，2015（8）：38-44.

[19] 林涛.城市排水(雨水)防涝综合规划编制思考[J].中国给水排水，2015（14）：12-15.

[20] 王旭，杨伟利，蔡衡.金沙江中游梯级水电站集控中心规划研究综述[J].水力发电，2015（5）：40-43.

[21] 李瑶，黄川友，殷彤，等.改进BP网络在水电规划方案优选中的应用[J].人民黄河，2016（6）：124-128.

[22] 徐得潜，陶丰收，程瑞，等.芜湖市城市供水备用水源规划研究[J].中国给水排水，2015（18）：1-7.

[23] 魏红艳，徐秋蒙，余明辉.抽水蓄能电站水沙调控数值模拟研究[J].水力发电学报，2015（2）：91-97，117.

[24] 门闯社，南海鹏，吴罗长，等.水电站过渡过程计算中水轮机模型单点迭代求解方法及其收敛性研究[J].水力发电学报，2015（8）：97-102.

[25] 秦灏，张礼华.潮汐变化对长江沿江大型泵站变频变速优化运行方式影响探讨[J].水利水电技术，2015（4）：96-99.

[26] 杨东，严秉忠，黄炜斌，等.复杂情况下梯级电站群日发电计划编制策略研究[J].水力发电，2015（6）：102-105.

[27] 李文锋，冯建军，罗兴锜，等.基于动网格技术的混流式水轮机转轮内部瞬态流动数值模拟[J].水力发电学报，2015（7）：64-73.

[28] 冯雁敏，赵连辉，梁年生.基于水位指数计算的下游不稳定流对水电站优化调度的影响[J].华北水利水电大学学报(自然科学版)，2015（6）：15-19.

[29] 刘富强，张晓雷，毛羽，等.基于水沙数值模拟的某水库典型洪水过程冲淤特性研究[J].华北水利水电大学学报(自然科学版)，2016（5）：46-50.

[30] 周建中，吴巍，卢鹏，等.响应电网负荷需求的梯级水电站短期调峰调度[J].水力发电学报，2016（6）：1-10.

[31] 杨柳, 汪妮, 解建仓, 等. 跨流域调水与受水区多水源联合供水模拟研究[J]. 水力发电学报, 2015（6）: 49-56, 212.

[32] 毛剑东, 顾素恩, 陈梅君, 等. 基于 SWMM 的城市排水管网优化模拟[J]. 水利水电技术, 2015（1）: 114-117.

[33] 陆露, 赵冬泉, 盛政, 等. 城市排水管网一维与二维模拟技术对比研究[J]. 给水排水, 2015（S1）: 355-358.

[34] 王彤, 刘志强, 李晓娜, 等. 城市雨水泵站运行效果模拟及优化调控分析[J]. 水电能源科学, 2016（3）: 181-184, 48.

[35] 赵鑫, 冯璟, 吴敏. 三峡库区大宁河口水体富营养化三维精细化模拟[J]. 长江科学院院报, 2015（6）: 25-31.

[36] 张航, 冯民权, 王莉, 等. 基于生态调水清涧河水环境效应研究[J]. 西安理工大学学报, 2015（1）: 83-90.

[37] 李如忠, 张翩翩, 杨继伟, 等. 多级拦水堰坝调控农田溪流营养盐滞留能力的仿真模拟[J]. 水利学报, 2015（6）: 668-677.

[38] 李晓, 唐洪武, 王玲玲, 等. 平原河网地区闸泵群联合调度水环境模拟[J]. 河海大学学报(自然科学版), 2016（5）: 393-399.

[39] 杨忠超, 陈明.船闸水动力学数值模拟与工程应用研究[M].北京：科学出版社, 2015.

[40] 桑国庆, 魏泽彪, 薛霞, 等. 梯级泵站渠段水污染事故仿真及应急调度研究——以南水北调东线工程为例[J]. 人民长江, 2015（5）: 88-92.

[41] 王永强, 母德伟, 李学明, 等. 兼顾下游航运要求的向家坝水电站枯水期日发电优化运行方式[J]. 清华大学学报(自然科学版), 2015（2）: 170-175, 183.

[42] 丁小玲, 周建中, 李纯龙, 李晖, 李鹏. 基于精细化模拟的溪洛渡-向家坝梯级电站最优控制水位[J]. 武汉大学学报(工学版), 2015（1）: 45-53.

[43] 吴辉明, 雷晓辉, 秦韬, 等. 南水北调中线渠系蓄量补偿运行控制方式[J]. 南水北调与水利科技, 2015（4）: 788-792, 802.

[44] 闫国强, 易武, 邓永煌. 三峡库区某退水型滑坡饱和-非饱和渗流机理分析[J]. 水力发电, 2016（7）: 31-35.

[45] 张明亮.近海及河流环境水动力数值模拟方法与应用[M].北京：科学出版社, 2015.

[46] 李春光.水沙水质类水利工程问题数值模拟理论与应用[M].北京：科学出版社, 2015.

[47] 杨魏, 王福军, 肖若富, 等. 惠南庄泵站机组变频调节运行方案分析[J]. 水利学报, 2015（7）: 853-858.

[48] 丁琨, 熊珊珊, 张礼兵, 等. 气候变化条件下大型灌区小水电群优化运行研究[J]. 水力发电学报, 2015（7）: 36-44.

[49] 郑州, 陈新, 杨小龙, 等. 观音岩水电站增效扩建方案分析和综合评价[J]. 中国农村水利水电, 2015（5）: 187-191.

[50] 陈松伟, 周丽艳, 崔振华, 等. 黄河天桥水电站除险加固后运行调度方式研究[J]. 水力发电, 2015（11）: 92-95.

[51] 何国春, 唐海华. 基于检修计划的水电站群联合调峰优化方案[J]. 水电能源科学, 2015（4）: 52-55.

[52] 路振刚, 王铁锋, 孟继慧, 等. 丰满水电站重建工程施工期洪水调度及供水保障方案研究[J]. 水利水电技术, 2016（6）: 18-21.

[53] 邓升, 肖俊龙, 孔琼菊. 调水工程建设管理模式评价和优选方法[J]. 人民长江, 2016（1）: 100-103.

[54] 李娟, 曹国良, 常景坤. 应城市供水水源方案研究[J]. 水利水电技术, 2016（8）: 102-104, 108.

[55] 王欢, 逄勇, 卫朴, 等. 不同降雨条件下内秦淮河引水方案优化[J]. 水电能源科学, 2016（1）: 89-93.

[56] 李英海, 刘冀, 彭涛. 三峡水库汛末抗旱蓄水方式优化设计[J]. 水利水电技术, 2015（1）: 110-113, 117.

[57] 严良平. 福建仙游抽水蓄能电站上水库初期蓄水工期优化方案研究[J]. 水利水电技术, 2015（1）: 42-44, 48.

[58] 左建, 陆宝宏, 顾磊, 等. 基于综合调度的三峡水库汛末蓄水研究[J]. 水力发电, 2015（12）: 85-88, 92.

[59] 董增川, 马红亮, 王明昊, 等. 基于组合决策的黄河流域水量调度方案评价方法[J]. 水资源保护, 2015（2）: 89-94.

[60] 陈炯宏, 傅巧萍, 丁毅, 等. 溪洛渡、向家坝水库与三峡水库联合蓄水调度研究[J]. 人民长江, 2016（7）: 102-105, 113.

[61] 王炎, 李英海, 权全, 等. 考虑生态流量约束的三峡水库汛末提前蓄水方式研究[J]. 水资源与水工程学报,

2016（3）：160-165.

[62] 李克飞，武见，谢维，等. 基于优化调度规律挖掘的水库调度运用方案研究[J]. 水力发电，2015（12）：96-100.

[63] 金新，王晓雷，张海龙，欧阳学金，王小锋，王轩. 官地水库汛期发电优化调度方案研究[J]. 水电能源科学，2015（1）：52-55，70.

[64] 周研来，郭生练，陈进. 溪洛渡-向家坝-三峡梯级水库联合蓄水方案与多目标决策研究[J]. 水利学报，2015（10）：1135-1144.

[65] 陈鲲. 水库群联合供水方案模拟优化研究[J]. 人民黄河，2015（12）：50-53.

[66] 王凌河，王浩，周惠成，等. 基于模糊优选方法的雅砻江调水方案优化[J]. 南水北调与水利科技，2015（5）：990-994.

[67] 符芳明，钟平安，徐斌，等. 金沙江下游与三峡梯级水库群协同消落方式研究[J]. 南水北调与水利科技，2016（4）：29-35.

[68] 刘强，钟平安，徐斌，等. 三峡及金沙江下游梯级水库群蓄水期联合调度策略[J]. 南水北调与水利科技，2016（5）：62-70.

[69] 李昱，王海霞，周惠成，等. 水库多目标调度方案优选决策方法[J]. 南水北调与水利科技，2016（4）：48-53，90.

[70] 金文. 基于泥沙冲淤数值模拟的水库调度方案研究[J]. 水利水电技术，2016（4）：83-87.

[71] 张睿，张利升，王学敏，等. 汉江流域梯级水电站联合调峰运行方式研究[J]. 水力发电，2016（6）：66-69.

[72] 徐杨，张先平. 三峡水库减淤调度方案探讨[J]. 中国农村水利水电，2016（7）：30-33.

[73] 左其亭，梁士奎. 基于水文情势分析的闸控河流生态需水调控模型研究[J]. 水力发电学报，2016（12）：70-76.

[74] 单保庆，王超，李叙勇，等. 基于水质目标管理的河流治理方案制定方法及其案例研究[J]. 环境科学学报，2015（8）：2314-2323.

[75] 冯起. 黑河下游生态水需求与生态水量调控[M]. 北京：科学出版社，2015.

[76] 石建杰，杨卓. 南水北调应急排水系统运行方案优化研究——以北京段干线工程为例[J]. 中国农村水利水电，2016（1）：117-121.

[77] 张万辉，安关峰，李波. 广州市移民新村内涝控制方案研究[J]. 中国农村水利水电，2016（4）：89-95.

[78] 张玉蓉，张天力，金栋，等. 昆明城市防洪联合调度研究[J]. 中国农村水利水电，2016（8）：144-149，155.

[79] 杨正健，刘德富，纪道斌，等. 防控支流库湾水华的三峡水库潮汐式生态调度可行性研究[J]. 水电能源科学，2015（12）：48-50，109.

[80] 陈进，李清清. 三峡水库试验性运行期生态调度效果评价[J]. 长江科学院院报，2015（4）：1-6.

[81] 马骏，余伟，纪道斌，等. 三峡水库春季水华期生态调度空间分析[J]. 武汉大学学报(工学版)，2015（2）：160-165.

[82] 刘德富，杨正健，纪道斌，等. 三峡水库支流水华机理及其调控技术研究进展[J]. 水利学报，2016（3）：443-454.

[83] 张鸿清，包中进，王斌，等. 基于 flushing time 的春季水库优化调度可行性研究[J]. 人民长江，2016（15）：13-18.

[84] 金鑫，郝彩莲，王刚，等. 供水水库多目标生态调度研究[J]. 南水北调与水利科技，2015（3）：463-467，492.

[85] 张琦，李伟，王国利. 面向生态的流域水库群与引水工程联合调度研究[J]. 中国农村水利水电，2015（9）：123-127.

[86] 吕巍，王浩，殷峻暹，等. 贵州境内乌江水电梯级开发联合生态调度[J]. 水科学进展，2016（6）：918-927.

[87] 李栋楠，赵建世. 梯级水库调度的发电-生态效益均衡分析[J]. 水力发电学报，2016（2）：37-44.

[88] 陈立华，叶明，叶江，等. 红水河龙滩-岩滩生态调度发电影响研究[J]. 水力发电学报，2016（2）：45-53.

[89] 戴凌全，毛劲乔，戴会超，等. 面向洞庭湖生态需水的三峡水库蓄水期优化调度研究[J]. 水力发电学报，2016（9）：18-27.

[90] 张召，张伟，廖卫红，等. 基于生态流量区间的多目标水库生态调度模型及应用[J]. 南水北调与水利科技，2016（5）：96-101，123.

[91] 戴会超，毛劲乔，蒋定国，等. 水利水电工程生态环境效应与多维调控技术及应用[M]. 北京：科学出版社，2016.

[92] 王海霞, 张弛, 周惠成, 等. 引水条件下水库生态调度方法研究[J]. 水资源与水工程学报, 2016 (1): 1-6.

[93] 白涛, 阚艳彬, 畅建霞, 等. 水库群水沙调控的单-多目标调度模型及其应用[J]. 水科学进展, 2016 (1): 116-127.

[94] 杨志峰, 董世魁, 易雨君, 等水坝工程生态风险模拟及安全调控[M].北京: 科学出版社, 2015.

[95] 骆文广, 杨国录, 宋云浩, 等. 再议水库生态环境调度[J]. 水科学进展, 2016 (2): 317-326.

[96] 吴旭, 魏传江, 申晓晶, 等. 水库生态调度研究实践及展望[J]. 人民黄河, 2016 (6): 87-90, 107.

[97] 李英海, 董晓晓, 郭家力. 三峡梯级水电站汛末联合多目标蓄水调度研究[J]. 水电能源科学, 2015 (9): 61-64.

[98] 冯仲恺, 程春田, 牛文静, 等. 均匀动态规划方法及其在水电系统优化调度中的应用[J]. 水利学报, 2015, 12): 1487-1496.

[99] 李克飞, 武见, 谢维, 张永永. 基于优化调度规律挖掘的水库调度运用方案研究[J]. 水力发电, 2015 (12): 96-100.

[100] 史振铜, 程吉林, 杨树滩, 等. 基于DPSA算法的"单库-单站"水资源优化调度方法研究[J]. 灌溉排水学报, 2015 (2): 37-40.

[101] 李想, 魏加华, 司源, 等. 权衡供水与发电目标的水库调度建模及优化[J]. 南水北调与水利科技, 2015 (5): 973-979.

[102] 黄炳翔, 龚庆武, 牛林华. 接纳新能源的梯级水电站不确定性优化调度研究[J]. 中国农村水利水电, 2015(6): 174-178, 182.

[103] 徐炜, 彭勇. 基于数值降雨预报信息的梯级水库群发电优化调度[J]. 水力发电学报, 2016 (7): 23-33.

[104] 孙洪滨, 董于, 孙猛, 等. 梯级混联式水电站优化调度研究[J]. 中国农村水利水电, 2016, 11): 199-202.

[105] 纪昌明, 石萍, 黄速艇. 基于聚类分析思想的水电站水库优化调度规律的提取[J]. 水力发电学报, 2015 (6): 41-48.

[106] 周李智, 王万良, 徐新黎, 等. 基于生态惩罚的混联梯级小水电群优化调度[J]. 水力发电学报, 2015 (7): 45-56.

[107] 王金龙, 黄炜斌, 马光文, 等. 梯级水电站群联合优化调度规则制定的投影寻踪回归法[J]. 水力发电学报, 2015 (2): 37-43, 63.

[108] 冯仲恺, 廖胜利, 牛文静, 等. 改进量子粒子群算法及在水电站群优化调度应用[J]. 水科学进展, 2015 (3).

[109] 梁兴. 基于粒子群算法的梯级泵站优化调度研究[J]. 人民黄河, 2015 (3): 139-141.

[110] 张睿, 张利升, 覃晖, 等. 梯级水电站多目标兴利调度建模及求解[J]. 水电能源科学, 2016 (6): 39-42.

[111] 安源, 黄强, 丁航, 等. 水电-风电联合运行优化调度研究[J]. 西安理工大学学报, 2016 (3): 333-337.

[112] 纪昌明, 李继伟, 张新明, 等. 梯级水电站短期发电优化调度的免疫蛙跳算法应用研究[J]. 水力发电学报, 2015 (1): 29-36.

[113] 杨建文, 李志鹏, 刘忠, 等. 基于初始种群变异遗传算法的水电站优化调度[J]. 人民黄河, 2015(5): 116-118.

[114] 景秀眉, 张仁贡, 程夏蕾. 基于螺旋法向逼近遗传算法的水电站动态不确定优化调度研究[J]. 水力发电学报, 2015 (3): 45-54.

[115] 王文川, 雷冠军, 邱林, 等. 群居蜘蛛优化算法在水电站优化调度中的应用及其效能分析[J]. 水力发电学报, 2015 (10): 80-87.

[116] 王建群, 贾洋洋, 肖庆元. 狼群算法在水电站水库优化调度中的应用[J]. 水利水电科技进展, 2015 (3): 1-4, 65.

[117] 徐刚, 昝雄风. 拉洛水利枢纽联合优化调度模型研究[J]. 水力发电, 2016 (2): 90-93.

[118] 李笑竹, 陈志军, 樊小朝, 等. 自适应混合布谷鸟算法在水电站调度中的应用[J]. 水力发电, 2016 (6): 70-73, 83.

[119] 刘本希, 武新宇, 程春田, 等. 大小水电可消纳电量期望值最大短期协调优化调度模型[J]. 水利学报, 2015 (12): 1497-1505.

[120] 梁兴, 刘梅清, 燕浩, 等. 基于Pareto最优解的梯级泵站双目标优化调度[J]. 武汉大学学报(工学版), 2015 (2): 156-159, 165.

[121] 汪菲娜, 谈飞. 梯级水电站群联合优化调度研究与应用[J]. 中国水利水电科学研究院学报, 2015（2）: 150-156.

[122] 罗京蕾, 黄显峰, 方国华. 电力市场交易背景下水电站优化调度研究[J]. 南水北调与水利科技, 2016（5）: 184-188.

[123] 杨东, 毛宗波, 黄炜斌, 等. 基于多电网负荷趋势的梯级水电站群中长期联合优化调度[J]. 水电能源科学, 2015（2）: 56-59.

[124] 马超, 赵佳情. 考虑支流流量影响的梯级水电站短期优化运行策略[J]. 水资源与水工程学报, 2015（1）: 126-130.

[125] 明波, 黄强, 王义民, 等. 梯级水库发电优化调度搜索空间缩减法及其应用[J]. 水力发电学报, 2015（10）: 51-59.

[126] 张诚, 周建中, 王超, 等. 梯级水电站优化调度的变阶段逐步优化算法[J]. 水力发电学报, 2016（4）: 12-21.

[127] 郭乐, 徐斌. 三峡梯级水库群联合优化调度增发电量分析[J]. 水力发电, 2016（12）: 90-93.

[128] 王文川. 水电系统预报、优化及多目标决策方法及应用[M]. 北京: 科学出版社, 2015.

[129] 张仁贡. 水电站动态不确定优化调度模型及决策系统研究与应用[M]. 杭州: 浙江大学出版社, 2015.

[130] 周曼, 黄仁勇, 徐涛. 三峡水库库尾泥沙减淤调度研究与实践[J]. 水力发电学报, 2015（4）: 98-104.

[131] 林飞, 郑洪. 新疆塔日勒嘎水电站泥沙问题研究[J]. 水力发电, 2015（6）: 73-76.

[132] 明波, 黄强, 王义民, 等. 基于改进布谷鸟算法的梯级水库优化调度研究[J]. 水利学报, 2015（3）: 341-349.

[133] 刘心愿, 朱勇辉, 郭小虎, 等. 水库多目标优化调度技术比较研究[J]. 长江科学院院报, 2015（7）: 9-14.

[134] 王文川, 雷冠军, 尹航, 等. 基于群居蜘蛛优化算法的水库防洪优化调度模型及应用[J]. 水电能源科学, 2015（4）: 48-51.

[135] 解河海, 查大伟. 大藤峡水利枢纽水资源优化调度研究[J]. 中国农村水利水电, 2015（6）: 48-51.

[136] 贾本有, 钟平安, 朱非林. 水库防洪优化调度自适应拟态物理学算法[J]. 水力发电学报, 2016（8）: 32-41.

[137] 李新杰, 王宝莹, 谢懿, 等. 自适应混沌差分进化算法在梯级水库优化调度中的应用[J]. 水利水电技术, 2016（9）: 85-89.

[138] 李冰, 孙辉, 王坤, 等. 自适应人工蜂群算法在梯级水库优化调度中的应用[J]. 水电能源科学, 2016（8）: 59-62, 49.

[139] 褚宏业, 王莹, 文俊, 等. 遗传算法和粒子群算法求解渠系多目标优化模型[J]. 中国农村水利水电, 2015（4）: 9-11, 17.

[140] 杨斌斌, 孙万光. 基于并行粒子群算法的跨流域调水优化模型研究[J]. 中国农村水利水电, 2015（3）: 10-13.

[141] 薛建民, 于吉红, 杨侃, 等. 基于改进库群系统的多目标优化水量调度模型及应用[J]. 水电能源科学, 2016（8）: 54-58.

[142] 徐建新, 吕爽, 樊华. 基于粒子群算法的太子河水量优化调度研究[J]. 华北水利水电大学学报(自然科学版), 2016（3）: 32-35.

[143] 纪昌明, 李传刚, 刘晓勇, 等. 基于泛函分析思想的动态规划算法及其在水库调度中的应用研究[J]. 水利学报, 2016（1）: 1-9.

[144] 张艳敏, 操建峰. 洪水潮水联合优化调度模型与应用——以深圳市布吉河流域为例[J]. 中国农村水利水电, 2015（7）: 109-111, 115.

[145] 王丽萍, 孙平, 蒋志强, 等. 并行多维动态规划算法在梯级水库优化调度中的应用[J]. 水电能源科学, 2015（4）: 43-47, 80.

[146] 史亚军, 彭勇, 徐炜. 基于灰色离散微分动态规划的梯级水库优化调度[J]. 水力发电学报, 2016（12）: 35-44.

[147] 肖杨, 邝录章. 径流式水电厂实时优化调度系统研发[J]. 水力发电, 2016（4）: 97-100, 108.

[148] 王丽萍, 王渤权, 李传刚, 等. 基于贝叶斯统计与 MCMC 思想的水库随机优化调度研究[J]. 水利学报, 2016（9）: 1143-1152.

[149] 卢迪, 周如瑞, 周惠成, 等. 耦合长期预报的跨流域引水受水水库调度模型[J]. 水科学进展, 2016（3）: 458-466.

[150] 于冰, 梁国华, 何斌, 等. 城市供水系统多水源联合调度模型及应用[J]. 水科学进展, 2015（6）: 874-884.

[151] 杨扬, 初京刚, 李昱, 等. 考虑供水顺序的水库多目标优化调度研究[J]. 水力发电, 2015（12）: 89-92.

[152] 罗伟伟, 邵东国, 张建国, 等. 多态不确定条件下的城市供水调度模型研究[J]. 人民长江, 2015（3）.

[153] 徐士忠, 王芳, 仇新征. 南水北调与引滦供水联合调度初探[J]. 中国水利, 2015（2）: 21-23, 20.

[154] 高海东, 解建仓, 张永进, 等. 冶峪河流域供水水库优化调度及用水补偿研究[J]. 水资源与水工程学报, 2015（1）: 149-153.

[155] 王若晨, 欧阳硕. 调水背景下丹江口水库优化调度与效益分析[J]. 长江科学院院报, 2016（12）: 17-21.

[156] 周研来, 郭生练, 段唯鑫, 等. 梯级水库汛限水位动态控制[J]. 水力发电学报, 2015（2）: 23-30.

[157] 徐映雪, 薛伟, 代俊宁. 大沽河地下水库调蓄功能数值模拟研究[J]. 中国农村水利水电, 2015（4）: 120-123, 126.

[158] 周广发, 刘福胜, 赵井辉, 等. 平原水库多效应耦合优化设计[J]. 中国农村水利水电, 2015（6）: 105-108.

[159] 王金龙, 黄炜斌, 马光文, 等. 多年调节水库年末控制水位多目标预测模型研究[J]. 水力发电学报, 2015（6）: 28-34.

[160] 钟平安, 曹明霖, 万新宇, 等. 灌溉水库宽浅型优化调度目标函数改进及应用[J]. 河海大学学报(自然科学版), 2015（6）: 511-517.

[161] 郑静, 冯宝飞, 赵文焕. 瀑布沟水库防洪调度方式研究[J]. 水利水电技术, 2015（11）: 92-96.

[162] 王渤权, 王丽萍, 李传刚, 等. 基于自组织映射遗传算法的水库多目标优化调度研究[J]. 水电能源科学, 2015（12）: 59-62.

[163] 王天宇, 董增川, 付晓花, 等. 黄河上游梯级水库防洪联合调度研究[J]. 人民黄河, 2016（2）: 40-44.

[164] 苏律文, 李娟芳, 于吉红, 等. 伊洛河流域水资源系统优化调度模型研究[J]. 人民黄河, 2016（4）: 38-42.

[165] 李昱, 彭勇, 初京刚, 等. 复杂水库群共同供水任务分配问题研究[J]. 水利学报, 2015（1）: 83-90.

[166] 马黎, 冶运涛. 梯级水库群联合优化调度算法研究综述[J]. 人民黄河, 2015（9）: 126-132, 139.

[167] 彭勇, 徐炜, 姜宏广. 深圳市西部城市供水水库群联合调度研究[J]. 水力发电学报, 2016（11）: 74-83.

[168] 郭旭宁, 雷晓辉, 李云玲, 等. 跨流域水库群最优调供水过程耦合研究[J]. 水利学报, 2016（7）: 949-958.

[169] 刘玒玒, 汪妮, 解建仓, 等. 水库群供水优化调度的改进蚁群算法应用研究[J]. 水力发电学报, 2015（2）: 31-36.

[170] 冯仲恺, 牛文静, 程春田, 等. 梯级水库群优化调度精英集聚蛛群优化方法[J]. 水利学报, 2016（6）: 826-833.

[171] 邹强, 王学敏, 李安强, 等. 基于并行混沌量子粒子群算法的梯级水库群防洪优化调度研究[J]. 水利学报, 2016（8）: 967-976.

[172] 孙万光, 李成振, 徐岩彬, 等. 复杂水库群供水和调水系统优化调度方法研究[J]. 水利学报, 2015（3）: 253-262.

[173] 李成振, 王岩, 徐小武, 等. 有外调水源的库群联合供水调度研究[J]. 水电能源科学, 2015（2）: 53-55, 59.

[174] 贾本有, 钟平安, 陈娟, 等. 复杂防洪系统联合优化调度模型[J]. 水科学进展, 2015（4）: 560-571.

[175] 孙万光, 杨斌斌, 徐岩彬, 等. 有外调水源的多年调节水库群供水优化调度模型研究[J]. 水力发电学报, 2015（6）: 21-27.

[176] 杜倩, 苗伟波. 基于 Mike Basin 的复杂水库群联合调度模型研究[J]. 人民长江, 2016（4）: 88-92.

[177] 万芳, 周进, 邱林, 等. 跨流域水库群联合供水调度的聚合分解协调模型及应用[J]. 水电能源科学, 2015（6）: 54-58, 42.

[178] 吴昊, 纪昌明, 蒋志强, 等. 梯级水库群发电优化调度的大系统分解协调模型[J]. 水力发电学报, 2015（11）: 40-50.

[179] 史振铜, 程吉林, 杨树滩, 等. 南水北调东线江苏段库群水资源优化调度方法研究[J]. 灌溉排水学报, 2015（4）: 14-18.

[180] 王本德, 周惠成, 卢迪. 我国水库(群)调度理论方法研究应用现状与展望[J]. 水利学报, 2016（3）: 337-345.

[181] 杨涛, 刘鹏. 变化环境下干旱区水文情势及水资源优化调配[M]. 北京: 科学出版社, 2016.

[182] 武兰婷, 何士华, 武娥芬, 等. 基于供配水原则的水库群联合供水调度模型[J]. 水电能源科学, 2015（11）: 34-37.

[183] 李成振，孙万光，陈晓霞，等. 有外调水源的库群联合供水调度方法的改进[J]. 水利学报，2015（11）：1272-1279.

[184] 孙万光，李成振，姜彪，等. 水库群供调水系统实时调度研究[J]. 水科学进展，2016（1）：128-138.

[185] 孙洪滨，黄敏，曹恒军，等. 沿海挡潮闸冲淤减淤调度运用关键技术研究[J]. 水利水电技术，2015（3）：97-100.

[186] 付海波，杨磊，唐培磊，等. 多孔水闸调度运行方式研究[J]. 水利水电技术，2015（12）：100-104.

[187] 王宗志，王伟，刘克琳，等. 水电站水库长期优化调度模型及调度图[J]. 水利水运工程学报，2016（5）：23-31.

[188] 李亮，郭云峰. 溪洛渡水电站水库运用与电站运行调度规程编制思考[J]. 水力发电，2016（4）：93-96.

[189] 杨光，郭生练，刘攀，等. PA-DDS 算法在水库多目标优化调度中的应用[J]. 水利学报，2016（6）：789-797.

[190] 彭安帮，彭勇，周惠成. 跨流域调水条件下水库群联合调度图概化降维方法研究[J]. 水力发电学报，2015（5）：35-43.

[191] 郭旭宁，胡铁松，方洪斌，等. 水库群联合供水调度规则形式研究进展[J]. 水力发电学报，2015（1）：23-28.

[192] 胡挺，周曼，王海，等. 三峡水库中小洪水分级调度规则研究[J]. 水力发电学报，2015（4）：1-7.

[193] 习树峰，谢云高，葛萌. 多约束条件下的水库供水调度规则研究[J]. 中国农村水利水电，2015（9）：128-130.

[194] 杨光，郭生练，李立平，等. 考虑未来径流变化的丹江口水库多目标调度规则研究[J]. 水力发电学报，2015（12）：54-63.

[195] 塞德平，缪益平. 雅砻江下游梯级水库综合调度规则优化方法[J]. 南水北调与水利科技，2016（4）：204-209.

[196] 万芳，周进，原文林. 大规模跨流域水库群供水优化调度规则[J]. 水科学进展，2016（3）：448-457.

[197] 梁志明，万飚，陈森林，等. 基于流量分级策略的水电站分期调度规则提取方法[J]. 水力发电学报，2016（1）：8-18.

[198] 郭旭宁，秦韬，雷晓辉，等. 水库群联合调度规则提取方法研究进展[J]. 水力发电学报，2016（1）：19-27.

[199] 王平.《水库调度设计规范》中时历法编制发电调度图的改进研究[J]. 水力发电学报，2015（5）：44-50.

[200] 王士武，王贺龙，温进化. 水库调度图优先控制线优化方法研究[J]. 水力发电学报，2015（6）：35-40.

[201] 解阳阳，黄强，张节潭，等. 水电站水库分期调度图研究[J]. 水力发电学报，2015（8）：52-61.

[202] 刘烨，钟平安，郭乐，等. 基于多重迭代算法的梯级水库群调度图优化方法[J]. 水利水电科技进展，2015（1）：85-88，94.

[203] 王平. 灌溉结合发电水库调度图编制的改进算法研究[J]. 人民黄河，2015（6）：113-117.

[204] 李银银，周建中，张世钦，等. 雅砻江-金沙江-长江梯级水电站群联合调度图研究[J]. 水力发电学报，2016（4）：32-40.

[205] 朱蓓，赵坚，陈孝兵，等. 水库运行对下游河岸潜流带水位-温度影响研究[J]. 水利学报，2015（11）：1337-1343.

[206] 脱友才，周晨阳，梁瑞峰，等. 水电开发对大渡河瀑布沟以下河段的水温影响[J]. 水科学进展，2016（2）：299-306.

[207] 龙良红，纪道斌，刘德富，等. 基于 CE-QUAL-W2 模型的三峡水库神农溪库湾水流水温特性分析[J]. 长江科学院院报，2016（5）：28-35.

[208] 王英伟，夏建新，李文杰. 三峡水库运行后考虑重庆主城区防洪的坝前最佳水位[J]. 水利水电科技进展，2015（6）：52-56.

[209] 王军，陈胖胖，杨青辉，等. 桥墩影响下冰塞水位变化规律的试验[J]. 水科学进展，2015（6）：867-873.

[210] 黄建成，黄悦. 重庆小南海枢纽运用后坝下游近坝段水位变化研究[J]. 长江科学院院报，2015（5）：6-10.

[211] 李瑞杰，谭炳卿，桂昭，等. 淮河干流蚌埠闸上取水累积影响分析[J]. 人民黄河，2015（6）：49-52

[212] 陈俭煌，彭玉明，黄烈敏. 三峡水库不同调度方式对荆江三口分流影响分析[J]. 人民长江，2015（21）：8-12.

[213] 张正浩，张强，邓晓宇，等. 东江流域水利工程对流域地表水文过程影响模拟研究[J]. 自然资源学报，2015（4）：684-695..

[214] 刘伟，何俊仕，陈杨. 大伙房水库对浑河流域径流特性的影响[J]. 南水北调与水利科技，2015（4）：635-638.

[215] 周美蓉，夏军强，邓珊珊，等. 三峡工程运用后宜枝河段平滩流量调整特点[J]. 长江科学院院报，2016（10）：1-5，11.

[216] 王冬, 方娟娟, 李义天, 等. 三峡水库调度方式对洞庭湖入流的影响研究[J]. 长江科学院院报, 2016（12）: 10-16.

[217] 黄维东, 牛最荣, 刘彦娥, 等. 梯级水电开发对大通河流域洪水过程的影响分析[J]. 水文, 2016（4）: 58-65.

[218] 黄群, 孙占东, 赖锡军, 等. 1950s 以来洞庭湖调蓄特征及变化[J]. 湖泊科学, 2016（3）: 676-681.

[219] 许浩, 雷晓辉, 宋万祯, 等. 水库建设运行对三岔河流域径流与洪水特征变化影响分析[J]. 中国农村水利水电, 2016（10）: 108-115.

[220] 孙新国, 彭勇, 周惠成. 基于 SWAT 分布式流域水文模型的下垫面变化和水利工程对径流影响分析[J]. 水资源与水工程学报, 2016（1）: 33-39.

[221] 张敏. 溯头水电站优化蓄水调度对下游影响分析[J]. 水科学与工程技术, 2016（6）: 83-85.

[222] 朱玲玲, 许全喜, 戴明龙. 荆江三口分流变化及三峡水库蓄水影响[J]. 水科学进展, 2016（6）: 822-831.

[223] 罗全胜, 曹明伟, 谢龙. 三峡大坝 175m 蓄水运行后猪儿碛河段水动力条件变化分析[J]. 长江科学院院报, 2015（5）: 1-5, 10.

[224] 罗全胜, 耿亚杰. 三峡蓄水前后鹅公岩河段水动力条件数值模拟及变化规律分析研究[J]. 水力发电学报, 2015（4）: 59-62.

[225] 赖格英, 王鹏, 黄小兰, 等. 鄱阳湖水利枢纽工程对鄱阳湖水文水动力影响的模拟[J]. 湖泊科学, 2015（1）: 128-140.

[226] 郑清, 李建, 段功豪, 等. 水网连通工程对大东湖水动力影响的研究[J]. 水电能源科学, 2016（2）: 90-93, 68.

[227] 魏炳乾, 严培, 庞洁, 等. 沪河桃花潭库区冲淤演变的二维数值模拟[J]. 水利水运工程学报, 2015（5）: 30-37.

[228] 余欣, 王万战, 李岩, 等. 小浪底水库运行以来黄河口演变分析[J]. 泥沙研究, 2016（6）: 8-11.

[229] 尚倩倩, 许慧, 李国斌, 等. 三峡水库蓄水前后嘉鱼水道河床演变[J]. 水利水运工程学报, 2016（5）: 32-38.

[230] 夏军强, 李洁, 张诗媛. 小浪底水库运用后黄河下游河床调整规律[J]. 人民黄河, 2016（10）: 49-55.

[231] 苏腾, 王随继, 梅艳国. 水库联合运行对库下汛期河道过水断面形态参数变化率的影响——以黄河内蒙古河段为例[J]. 地理学报, 2015（3）: 488-500.

[232] 夏军强, 邓珊珊, 周美蓉, 等. 三峡工程运用对近期荆江段平滩河槽形态调整的影响[J]. 水科学进展, 2016（3）: 385-391.

[233] 徐涛, 王敏, 周曼, 等. 三峡水库不同调控方式对坝下游河道演变影响[J]. 人民长江, 2016（24）: 6-11.

[234] 王晓, 逄勇, 牛勇, 等. 乌江上游电站联合运行对东风库区水文情势影响分析[J]. 水力发电学报, 2015（8）: 44-51.

[235] 何用, 何贞俊, 王华, 等. 珠江河口涉水工程阻水效应及其防洪影响控制关键技术[M]. 北京: 中国水利水电出版社, 2015

[236] 岳俊涛, 雷晓辉, 甘治国. 二滩水电站运行后对雅砻江下游河流水文情势的影响分析[J]. 水电能源科学, 2016（3）: 61-63, 14.

[237] 彭涛, 严浩, 郭家力, 等. 丹江口水库运用对下游水文情势影响研究[J]. 人民长江, 2016（6）: 22-26, 47.

[238] 岳俊涛, 甘治国, 廖卫红, 等. 梯级开发对河流水文情势及生态系统的影响研究综述[J]. 中国农村水利水电, 2016（10）: 31-34, 39.

[239] 徐存东, 聂俊坤, 刘辉, 等. 干旱扬黄灌区漫灌方式下土壤水盐运移模拟[J]. 人民黄河, 2015（8）: 140-144.

[240] 李景远, 吴巍, 周孝德, 等. 干旱区库坝工程对地下水的影响[J]. 水利水运工程学报, 2015（6）: 68-75.

[241] 段耀峰. 引洮供水工程对内官—香泉盆地地下水的影响[J]. 人民黄河, 2015（8）: 83-85.

[242] 兰盈盈, 曾马苏, 靳孟贵, 等. 基于 GMS 鄱阳湖拟建枢纽对地下水影响探讨[J]. 水文, 2015（6）: 37-41, 56.

[243] 高志发, 王玲玲. 三峡水库香溪河库湾水温结构及其对水动力影响的数值模拟[J]. 水电能源科学, 2016（7）: 95-99.

[244] 彭勃, 葛雷, 王瑞玲, 等. 黄河三角洲刁口河生态补水对地下水影响的模拟分析[J]. 水资源保护, 2015（5）:

1-6.

[245] 冯忠伦, 张振成, 焦裕飞, 等. 南水北调输水对梁济运河区域地下水位的影响[J]. 灌溉排水学报, 2016（5）: 97-102.

[246] 廖杰, 王涛, 薛娴. 黑河调水以来额济纳盆地湖泊蒸发量[J]. 中国沙漠, 2015（1）: 228-232.

[247] 陈昌春, 王腊春, 姚鑫, 等. 赣江流域大(Ⅰ)型水库工程影响下的枯水变异研究[J]. 中国农村水利水电, 2015（9）: 1-6, 11.

[248] 王远坤, 李建, 王栋. 基于多尺度熵理论的葛洲坝水库对长江干流径流影响研究[J]. 水资源保护, 2015（5）: 14-18.

[249] 刘招, 席秋义, 王青, 等. 水库调洪过程中特征变量对初始扰动的非线性响应研究[J]. 水力发电学报, 2015（11）: 32-39.

[250] 童朝锋, 王俊杰, 张青. 兴化湾潮汐潮流特性及工程影响分析[J]. 水利水运工程学报, 2015（1）: 53-60.

[251] 刘锦良, 李延富. 不同调度方案对东苕溪流域水文特征的影响[J]. 水电能源科学, 2015（4）: 15-18.

[252] 朱钦博, 李畅游, 冀鸿兰, 等. 气温变化和水库运行对黄河内蒙古段凌情的影响[J]. 水电能源科学, 2015（8）: 5-8, 83.

[253] 李杰, 马志鹏. 直饮水调水工程研究[M]. 北京: 中国水利水电出版社, 2016.

[254] 李文杰, 杨胜发, 付旭辉, 等. 三峡水库运行初期的泥沙淤积特点[J]. 水科学进展, 2015（5）: 676-685.

[255] 徐程, 陈立, 唐荣婕, 等. 丹江口库区大孤山分汊段冲淤变化及趋势分析[J]. 泥沙研究, 2016（1）: 19-23.

[256] 叶辉辉, 高学平, 负振星, 等. 水库调度运行方式对水库泥沙淤积的影响[J]. 长江科学院院报, 2015（1）: 1-5, 10.

[257] 李振青, 吴昌洪, 李会云, 等. 三峡工程运行后长江中下游河道设计频率水文年泥沙模拟研究[J]. 长江科学院院报, 2015（2）: 11-13, 19.

[258] 刘高伟, 程和琴, 杨忠勇. 长江口深水航道三期工程前后北槽中上段水动力及含沙量变化特征[J]. 水利水运工程学报, 2015（6）: 7-16.

[259] 胡茂银, 李义天, 朱博渊, 等. 荆江三口分流分沙变化对干流河道冲淤的影响[J]. 泥沙研究, 2016（4）: 68-73.

[260] 徐丛亮, 谷硕, 刘喆, 等. 黄河调水调沙 14a 来河口拦门沙形态变化特征[J]. 人民黄河, 2016（10）: 69-73.

[261] 梁艳洁, 谢慰, 赵正伟, 等. 东庄水库运用方式对渭河下减淤作用研究[J]. 人民黄河, 2016（10）: 131-136.

[262] 高慧滨, 梅王洁, 郭田潇, 等. 葛洲坝-三峡水库不同蓄水阶段对中下游水沙影响[J]. 人民长江, 2016（19）: 37-41.

[263] 刘昀, 杨钊, 毕栋, 等. 小浪底水库对洑口至利津河段冲淤变化分析[J]. 水科学与工程技术, 2016（4）: 5-8.

[264] 马俊超, 李琼芳, 陆国宾, 等. 三峡-葛洲坝梯级水库不同蓄水阶段对其下游泥沙特性的影响分析[J]. 水资源保护, 2016（1）: 75-78.

[265] 杨胜发, 黄颖, 等. 三峡水库常年回水区-水沙输移规律及航道治理技术研究[M]. 北京: 科学出版社, 2015.

[266] 韩博闻, 李娜, 曾春芬, 等. 大型水利工程对长江中下游水沙变化特征的影响分析[J]. 水资源与水工程学报, 2015（2）: 139-144.

[267] 曹文洪, 毛继新. 三峡水库运用对荆江河道及三口分流影响研究[J]. 水利水电技术, 2015（6）: 67-71, 78.

[268] 王博, 姚仕明, 岳红艳, 等. 三峡水库运用后武汉天兴洲分汊河段演变规律及趋势[J]. 长江科学院院报, 2015（8）: 1-8.

[269] 姜东生, 阎永新, 王静. 调水调沙对黄河山东河段水文特性的影响[J]. 人民黄河, 2015（12）: 6-8.

[270] 张永领, 张东, 毛宇翔. 小浪底水库水沙调控影响下的黄河 POC 输送特征研究[J]. 环境科学学报, 2015（6）: 1721-1727.

[271] 周美蓉, 夏军强, 邓珊珊, 等. 三峡工程运用后宜枝河段平滩河槽形态调整对来水来沙的响应[J]. 泥沙研究, 2016（2）: 14-19.

[272] 朱勇辉, 黄莉, 郭小虎, 等. 三峡工程运用后长江中游沙市河段演变与治理思路[J]. 泥沙研究, 2016（3）: 31-37.

[273] 郭伟杰，赵伟华，王振华. 梯级引水式水电站对底栖动物群落结构的影响[J]. 长江科学院院报，2015（6）：87-93.

[274] 赵伟华，曹慧群，黄苗，等. 向家坝蓄水前后长江上游珍稀特有鱼类国家级自然保护区物理完整性评价[J]. 长江科学院院报，2015（6）：76-80.

[275] 汤新武，蔡德所，陈求稳，等. 三峡工程三期蓄水初期长江口水域春季浮游动物群落特征及其与环境的关系[J]. 环境科学学报，2015（4）：1082-1088.

[276] 邓云，肖尧，脱友才，等. 三峡工程对宜昌—监利河段水温情势的影响分析[J]. 水科学进展，2016(4)：551-560.

[277] 王煜，唐梦君，戴会超. 四大家鱼产卵栖息地适宜度与大坝泄流相关性分析[J]. 水利水电技术，2016（1）：107-112.

[278] 许秀贞，闫峰陵，阮娅. 浅析乌东德水电站建设对鱼类资源的影响[J]. 人民长江，2016（24）：17-20.

[279] 毛劲乔，戴会超. 重大水利水电工程对重要水生生物的影响与调控[J]. 河海大学学报(自然科学版)，2016(3)：240-245.

[280] 刘登峰，田富强.塔里木河下游河岸生态水文演化模型[M].北京：科学出版社，2015.

[281] 刘志国，孔维琳，唐忠波，等. 生态优先在丰满水电站全面治理工程设计中的实践与探索[J]. 水力发电，2015（12）：13-16.

[282] 陈凯，李就好，余长洪，等. 广东省引水式梯级小水电生态环境效应评价[J]. 水电能源科学，2015(8)：116-119，111.

[283] 曾庆芳，朱朝峰，李以义. 三峡工程运行对洞庭湖区钉螺及血吸虫病的影响[J]. 人民长江，2015（15）：51-53，81.

[284] 沈忱，吕平毓，王义成，等. 水库蓄水后长江上游珍稀特有鱼类国家级自然保护区干流溶解氧时空分布[J]. 清华大学学报(自然科学版)，2015（1）：39-45.

[285] 刘卉芳，曹文洪，孙中峰.黄土区水土保持的水沙效应[M].北京：科学出版社，2016.

[286] 李海波，陈鑫，张扬，等. 人工植被变化对坡面流水沙运动的影响[J]. 人民黄河，2015（8）：94-97.

[287] 马红斌，李晶晶，何兴照，等. 黄土高原水平梯田现状及减沙作用分析[J]. 人民黄河，2015（2）：89-93.

[288] 张绒君，郭嘉，于艳丽，张西宁，左荣，胡文峰. 黄土高塬沟壑区水土保持调水保土效益研究[J]. 人民黄河，2015，04:98-101+108.

[289] 李娟，曹国良，常景坤. 应城城市供水水源方案研究[J]. 水利水电技术，2016（8）：102-104，108.

[290] 张兴义，回莉君.水土流失综合治理成效[M].北京：中国水利水电出版社，2015.

[291] 张攀，王金花，孙维营，等水土保持综合治理对小流域水沙变化的影响定量分析[M].郑州：黄河水利出版社，2015.

[292] 和继军.北方土石山区水土流失综合治理范式及环境效应研究[M].北京：中国水利水电出版社，2015.

[293] 张胜利，康玲玲，董飞飞，等.黄河中游暴雨产流产沙及水土保持减水减沙回顾评价[M].郑州：黄河水利出版社，2015.

[294] 栾清华，李玮，刘家宏，等. 汾河清水复流工程生态影响及价值评价[J]. 人民黄河，2015（5）：62-65.

[295] 陈云飞，孙东坡，何胜男. 河道整治工程对河流生态环境的影响与对策[J]. 人民黄河，2015（8）：35-38.

[296] 董志玲，徐先英，金红喜，等. 生态输水对石羊河尾闾湖区植被的影响[J]. 干旱区资源与环境，2015（7）：101-106.

[297] 刘静玲，尤晓光，史璇，等. 滦河流域大中型闸坝水文生态效应[J]. 水资源保护，2016（1）：23-28，35.

[298] 何为民.城市河流防洪生态整治关键技术研究[M].北京：中国水利水电出版社，2016.

[299] 黄海真，王娜，董红霞. 黄藏寺水利枢纽工程替代平原水库环境影响研究[J]. 水利水电技术，2015（12）：77-80.

[300] 毛战坡，曹娜，程东升，等. 水利水电工程重大变更环境影响管理有关问题探讨[J]. 水利水电技术，2015(1)：118-121.

[301] 黄金凤，夏军，宋云浩，等. 水电工程生态环境影响分析研究进展[J]. 人民黄河，2015（7）：72-75.

[302] 张青，路金喜，刘智奇. 基于 ANP2FCE 模型的水电工程环境影响评价[J]. 南水北调与水利科技，2015（3）.

[303] 胡春明，李曜，秦晶，等. 水利水电项目的环境影响经济损益分析[J]. 水力发电，2015（1）：1-3, 30.

[304] 汤显强，吴敏. 水位调控对河口沉积物磷赋存及生物可利用性的影响[J]. 长江科学院院报，2015（12）：8-13, 17.

[305] 余昭辉，夏建新，任华堂. 水库不同调度措施对突发污染带迁移的影响[J]. 人民黄河，2015（3）：84-88.

[306] 夏琨，王华，秦文浩，等. 水量调度对内秦淮河水质改善的效应评估[J]. 水资源保护，2015（2）：74-78, 110.

[307] 蓝雪春，章宏伟，王军，等. 浙江省入海河口建闸对环境的影响[J]. 水资源保护，2015（2）：79-83.

[308] 李如忠，秦如彬，黄青飞，等. 不同水源补给情形的溪流沟渠沉积物磷形态及释放风险分析[J]. 环境科学，2016（9）：3375-3383.

[309] 黄兴如，张琼琼，张瑞杰，等. 再生水补水对河流湿地香蒲根际细菌群落结构影响研究[J]. 中国环境科学，2016（2）：569-580.

[310] 周潮晖，张庆强，杜乔乔，等. 引滦入津工程黎河道表层沉积物重金属形态及风险分析[J]. 水资源与水工程学报，2016（2）：103-107.

[311] 苏红兵，张天明，胡朝英. 基于生态足迹的调水工程环境影响评价——以牛栏江-滇池补水工程为例[J]. 人民长江，2015（10）：48-51.

[312] 李雨，王雪，周波，等. 中线调水前汉江中下游水量和水质本底特性及变化趋势分析[J]. 水文，2015（5）：82-90.

[313] 尤爱菊，吴芝瑛，韩曾萃，等. 引水等综合整治后杭州西湖氮、磷营养盐时空变化(1985—2013 年)[J]. 湖泊科学，2015（3）：371-377.

[314] 王雅欣，冯忠伦，邱庆泰，等. 南水北调通水对梁济运河流域地下水化学成分影响[J]. 中国农村水利水电，2015（11）：110-114.

[315] 吕学研，张咏，徐亮，等. 南水北调东线一期江苏段试调水期间的水质变化[J]. 水资源与水工程学报，2015（6）：12-18.

[316] 吕学研，吴时强，张咏，等. 调水引流工程生态与环境效应研究进展[J]. 水资源与水工程学报，2015（4）：38-45.

[317] 闫红飞. 新孟河延伸拓浚工程对滆湖水量水质影响研究[J]. 水利水电技术，2015（4）：35-38.

[318] 李飞鹏，张海平，陈玲，等. 调水对巢湖市河道水质的改善效果及对浮游藻类的影响[J]. 水资源与水工程学报，2015（3）：30-34.

[319] 李柏山，李海燕，周培疆. 汉江流域水电梯级开发对生态环境影响评价研究[J]. 人民长江，2016（23）：16-22, 54.

[320] 中华，杨水草，李丹，等. 三峡水库支流小江富营养化模型构建及在水量调度控藻中的应用[J]. 湖泊科学，2016（4）：755-764.

[321] 杨正健，杨林，俞焰，等. 三峡水库干流水体类型判定及水华风险分析[J]. 中国农村水利水电，2016（5）：1-7, 12.

[322] 邓金燕. 水利开发对二滩水库浮游植物及水质状况季节性影响[J]. 水土保持研究，2016（1）：349-355.

[323] 何智娟，贾一飞，孟丽玮，等. 引洮供水二期工程受水区水环境预测研究[J]. 人民黄河，2015（5）：66-69.

[324] 唐夫凯，崔明，周金星，等. 通天河干流水电梯级开发景观效应与生态安全评价[J]. 水利水电科技进展，2016（2）：46-52.

[325] 张舒羽，周维，史英标. 千岛湖配水工程对钱塘江河口盐水入侵影响[J]. 水科学进展，2016（6）：876-882.

[326] 蒋静.咸水灌溉对作物及土壤水盐环境影响研究[M].北京：中国水利水电出版社，2015.

[327] 宋洋，包安明，黄粤，等. 塔里木河综合治理前后干流环境变化[J]. 干旱区研究，2016（2）：230-238.

[328] 付强，郎景波，李铁男.三江平原水资源开发环境效应及调控机理研究[M].北京：中国水利水电出版社，2016.

[329] 范明元，李晓，刘海娇，等.建设项目水资源论证导引[M].郑州：黄河水利出版社，2015.

[330] 马静, 刘宇. 基于可计算一般均衡模型的大型水电项目经济影响评价初探[J]. 水力发电学报, 2015（5）:
166-171, 180.

[331] 冯雪, 赵鑫, 李青云, 等. 水利工程地下水环境影响评价要点及方法探讨——以某水电站建设项目为例[J].
长江科学院院报, 2015, 32（1）: 39-42.

[332] 罗声, 康小兵. 水利工程地下水环境影响评价[J]. 水力发电, 2015（3）: 1-3, 10.

[333] 刘成刚. 盖州市节水灌溉水源论证及影响分析[J]. 水科学与工程技术, 2016（4）: 13-16.

[334] 邓飞艳, 陈栋为, 郭艳娜, 等. 光照水电站建成前后库区生态承载力变化研究[J]. 人民长江, 2016（14）:
19-22.

[335] 郝红升, 吴程, 徐天宝, 等. 水电工程建设的环境效应研究[J]. 水力发电, 2016（12）: 1-5.

[336] 王力, 王世梅, 向玲. 三峡库区水位变化对树坪滑坡变形影响机制研究[J]. 长江科学院院报, 2015（12）:
87-92, 119.

[337] 宋丹青, 王丰, 梅明星, 等. 水库蓄水对库岸边坡稳定性的影响[J]. 郑州大学学报(工学版), 2016（1）: 1.

[338] 宋丹青, 王志强. 蓄水条件下库岸滑坡形成机制研究[J]. 水利水电技术, 2016（9）: 101-105, 109.

[339] 易庆林, 赵能浩. 三峡库区黄泥巴蹬坎滑坡变形机制[J]. 水土保持通报, 2016（2）: 42-47.

[340] 汪红英, 陈正兵. 三峡工程运用后上荆江典型河段岸坡稳定性分析[J]. 人民长江, 2015（23）: 6-9.

[341] 范小光, 吴益平, 葛云峰, 等. 三峡库区水位变化条件下白水河滑坡抗剪强度弱化趋势分析[J]. 水电能源科
学, 2016（5）: 146-149.

[342] 闫峭, 马聪, 周维博. 地下水回灌过程中水文地质参数的反演[J]. 灌溉排水学报, 2015（7）: 88-92.

[343] 张明进, 杨燕华, 张华庆, 等. 三峡水库蓄水后守护型工程对改善长江中游航道条件的作用[J]. 水利水电科
技进展, 2015（4）: 55-58, 74.

[344] 任方方, 左利钦, 陆永军. 三峡水库蓄水前后窑监河段年内河床演变分析[J]. 水利水运工程学报, 2015（3）:
45-52.

[345] 左利钦, 孙路, 陆永军, 等. 长江梯级水库下游重点滩段河势及航道条件变化[J]. 水力发电学报, 2015（3）:
79-89.

[346] 张明, 冯小香, 刘哲, 等. 三峡蓄水后洞庭湖水沙环境变化对湖区航道的影响[J]. 水科学进展, 2015（3）:
423-431.

[347] 尚毅梓, 郭延祥, 李晓飞, 等. 小南海水电站日调节非恒定流对通航的影响[J]. 水利水电科技进展, 2015（4）:
65-69.

[348] 孟永东, 张永瑞, 许真, 等. 水电工程边坡安全监测实时在线预警系统研究[J]. 水电能源科学, 2015（12）:
165-168.

[349] 刘文清, 李茂华, 等.水库诱发地震监测系统设计与实践[M].武汉: 中国地质大学出版社, 2015.

[350] 陈豪, 张鹏, 邱小弟, 等. 小湾水电站水库诱发地震监测与预警系统建设与运行[J]. 水电能源科学, 2015（2）:
135-139, 148.

[351] 陈蓓青, 田雪冬, 曹浩, 等. 基于三维 GIS 的丹江口水库地质灾害监测预警系统设计与实现[J]. 长江科学院
院报, 2016（7）: 51-54, 67.

[352] 曹俊启, 黎伟, 杨涛. 南水北调中线工程信息化建设及安全防护对策[J]. 人民长江, 2015（6）: 93-95.

[353] 马艳军, 郭芳, 马守英. 南水北调中线干线自动化调度系统工程档案管理工作浅析[J]. 中国水利, 2015（21）:
60-62.

[354] 赵继伟, 魏群, 张国新. 水利工程信息模型的构建及其应用[J]. 水利水电技术, 2016（4）: 29-33.

[355] 张志强, 李海涛, 武鹏林, 等.三川河流域河道信息系统管理技术开发与研究[M].北京: 中国水利水电出版
社, 2015.

[356] 李宗尧, 胡昱玲, 王同如.水利工程管理技术[M].北京: 中国水利水电出版社, 2016.

[357] 张加雪, 钱福军.泰州引江河信息化系统研究与应用[M].北京: 中国水利水电出版社, 2016.

[358] 和晓荣, 王秀英, 和武. 金沙江中游库区水污染综合防治措施研究[J]. 水利水电技术, 2015（12）: 71-76.

[359] 吴宝国，卢捷，魏永强. 东江水量水质监控系统设计实现与关键技术[J]. 人民黄河，2016（12）：79-82.

[360] 郑丙辉，李开明，秦延文，等.流域水环境风险管理与实践[M].北京：科学出版社，2015.

[361] 刘丹，黄俊，沈定涛. 长江流域水资源保护监控与管理信息平台建设[J]. 人民长江，2016（13）：109-112.

[362] 刘骁远，王鹏，王船海，等. 基于 GIS 的南宁市邕江流域水环境管理决策支持系统的开发和应用[J]. 水电能源科学，2016（4）：170-173.

[363] 张静波，郑国臣，昌盛，等.嫩江流域典型区水生态风险监控系统研究[M].北京：科学出版社，2016.

[364] 朱雪诞，左倬，胡伟，等.平原河网地区微污染饮用水源生态净化：盐龙湖湿地运行与管理研究[M].北京：科学出版社，2016.

[365] 刘建林.跨流域调水工程补偿机制研究[M].北京：中国水利水电出版社，2015.

[366] 姚烨，练继建，马超. 三峡水库近坝支流水华预警及处置策略初探[J]. 水利水电技术，2015（3）：30-33.

[367] 张佩，贾振兴，郑秀清，等. 基于本体的突发性水污染应急管理系统构思[J]. 人民黄河，2015（9）：77-80.

[368] 戴会超，毛劲乔，张培培，等. 河道型水库富营养化及水华调控方法和关键技术[J]. 水利水电技术，2015（6）：54-58，66.

[369] 王巍巍，武延坤，朱佳. 基于神经网络的水库藻类预警模型研究[J]. 给水排水，2015（11）：103-105.

[370] 路振刚，魏浪，张南波. 丰满水电站运行管理与周边环境敏感区协调发展的思考[J]. 水力发电，2015（12）：1-4.

[371] 单婕，顾洪宾，薛联芳，等. 水电开发环境保护管理机制分析[J]. 水力发电，2016（9）：1-4.

[372] 汪洁，强茂山. 基于生活水平的水库移民补偿范畴研究[J]. 水力发电学报，2015（7）：74-79.

[373] 田永生. 关于过渡搬迁及逐年补偿安置在水电移民工作中的初步探讨[J]. 水力发电，2016（10）：20-23.

[374] 冯启林，韩晓劲，胡坚. 云南龙开口水电站移民逐年补偿安置方式探讨[J]. 人民长江，2015（4）：106-108.

[375] 蒋洪明，朱健. 创新怒江水电开发移民安置方式探讨[J]. 水力发电，2015（9）：60-63，66.

[376] 程天娇，李奔，晁智龙. 基于综合模糊评价法的乌东德水电站移民安置环境容量评价[J]. 水电能源科学，2015（5）：145-147.

[377] 翟贵德，封克俭，李社会. 泾河东庄水库移民安置方式研究[J]. 水电能源科学，2015（7）：156-158，155.

[378] 程鹏立. 西藏地区水电开发移民安置方式研究[J]. 人民黄河，2015（11）：122-124，128.

[379] 齐耀华，陈泽涛. 丹江口水库移民安置经济发展模式探索[J]. 人民长江，2015（6）：81-83.

[380] 李敏安. 浅谈水电工程建设征地移民安置综合监理[J]. 水力发电，2015（9）：74-77，86.

[381] 范敏. 水利水电工程移民安置前期工作的问题及建议[J]. 人民黄河，2016（11）：124-127，132.

[382] 徐鑫，王小艺，安孟夏，等. 水库移民后期扶持政策实施效果综合评价研究[J]. 水力发电，2015（6）：11-13.

[383] 李乾，李彬，刘婷婷，等. 可拓聚类方法在水库移民后期扶持效果评价中的应用[J]. 水力发电，2015（8）：5-8，12.

[384] 杨涛，左萍，常全利. 水库移民后期扶持政策效果监测评估[J]. 人民黄河，2015（12）：118-121.

[385] 刘雨，张丹，姚凯文. 基于多层次灰色综合评价方法的水库移民后期扶持效果评价研究[J]. 水力发电，2016（5）：4-6，11.

[386] 杨琛，姚凯文. 基于突变理论的水库移民后期扶持实施效果评价[J]. 水力发电，2016（6）：10-13.

[387] 杜勇，聂振，余文学. 基于耗散结构理论的水库移民安置效果评价[J]. 人民黄河，2016（9）：135-138.

[388] 黄莉，谢骠仕. 不同安置方式下贵州水库移民安置效果综合评价[J]. 人民长江，2016（6）：109-113.

[389] 张爽. 南水北调中线工程水库移民村社会治理绩效评价研究[J]. 中国水利水电科学研究院学报，2016（2）：96-102.

[390] 李幼胜. 洪屏抽水蓄能电站征地移民过程管控与效果分析[J]. 水力发电，2016（8）：26-29.

[391] 陈垚森，何艳虎. 基于长期补偿的水电工程移民安置实施方案编制研究[J]. 水力发电，2016（2）：7-10.

[392] 吴革立，吴晓. 少数民族地区水库移民安置现状研究——以藏区为例[J]. 水利水电技术，2015（11）：106-109，114.

[393] 肖蕾. 梨园水电站移民安置生产生活水平恢复分析评估[J]. 水力发电，2015（5）：29-31.

[394] 曾蕊. 梨园水电站水库移民搬迁社会风险分析[J]. 水力发电, 2015 (5): 32-35.

[395] 郭磊磊, 俞晓松. 浅谈改革背景下水电工程农村移民安置[J]. 水力发电, 2015 (9): 34-36.

[396] 徐春海, 董飞. 滩坑水电站移民安置规划方案实施经验和体会[J]. 水力发电, 2015 (9): 71-73.

[397] 韩晓劲, 周建新, 刘博. 浅谈农村移民安置实施管理工作[J]. 水力发电, 2015 (9): 1-3.

[398] 俞晓松, 徐春海. 水电工程移民前期设计工作管理探讨[J]. 水力发电, 2015 (9): 8-10, 18.

[399] 黎爱华, 李苓. 关于大中型水利水电工程移民安置目标的探讨[J]. 人民长江, 2016 (14): 104-107.

[400] 杨洲, 徐静, 邹正, 等. 水利水电工程农村移民生产安置对象及标准探讨[J]. 人民长江, 2016 (S1): 188-190.

[401] 潘菲菲, 王伟. 劳务输出背景下工程移民安置规划实践——以下浒山水库工程为例[J]. 人民长江, 2016 (5): 62-65.

[402] 张琳, 卞炳乾. 信息技术在移民安置规划设计工作中的应用研究[J]. 水力发电, 2015 (9): 11-14.

[403] 周竞亮, 嵇培欢. 水电工程移民管理信息系统研发与实施[J]. 水力发电, 2015 (1): 4-7.

[404] 杨瑞璟, 杨贵平. 关于水电工程征地移民顶层设计问题的思考[J]. 水力发电, 2015 (5): 21-25.

[405] 纪祥洲. 大岗山水电站移民项目"代建"管理模式初探[J]. 水力发电, 2015 (7): 93-95.

[406] 赵镇. 水库移民后扶项目末端监督管理机制研究[J]. 人民长江, 2016 (8): 99-103.

[407] 沈皆希, 屈维意. 面向水库移民的末端监督数据管理系统建设研究[J]. 中国农村水利水电, 2016(5): 179-182.

[408] 魏永强, 宋子龙, 王祥. 基于物联网模式的水库大坝安全监测智能机系统设计[J]. 水利水电技术, 2015(10): 38-42.

[409] 宋立松, 郑毅, 方琛亮, 程海洋. 山塘水库安全巡查动态监管模式设计与实现[J]. 长江科学院院报, 2015(12): 36-40.

[410] 李小奇, 郑东健, 纪乃丹. 基于Oracle的大坝安全监控系统运算优化[J]. 水电能源科学, 2016 (7): 58-62.

[411] 周锡琅, 吴骏, 向南. 清江流域梯级电站坝群综合安全监测系统应用与实现[J]. 水力发电, 2016 (11): 95-98.

[412] 钱福军, 唐鸿儒, 包加桐, 等. 基于互联网的水利枢纽工程安全监测系统开发[J]. 人民长江, 2016 (5): 98-101.

[413] 戚晓明, 徐新华, 金菊良, 等. 淮河蚌埠段涉河桥梁工程防洪影响评价辅助决策系统研究[J]. 水利水电技术, 2015 (4): 139-142.

[414] 喻杉, 罗斌, 张恒飞. 长江流域防洪调度决策支持系统设计初探[J]. 人民长江, 2015 (21): 5-7, 26.

[415] 王和平, 郭升军. 乌鲁瓦提水库自动化管理系统升级改造与运用[J]. 人民长江, 2015 (1): 94-97.

[416] 张东升, 陈洪伟, 李占省, 等. 小浪底水利枢纽水工建筑物运行管理与评价[J]. 人民黄河, 2016(10): 145-147, 152.

[417] 陈朝旭, 高大水, 朱光平, 胡林, 张玉炳. 三峡库区开县水位调节坝运行调度及信息化管理[J]. 人民长江, 2016 (5): 95-97, 105.

[418] 陈志明, 李鹏, 胡小梅, 等. 漳河水库三维仿真管理信息系统设计与实现[J]. 人民长江, 2016 (12): 104-107.

[419] 刘诗雄. 泉州市农村小型水利工程建后管护机制探讨[J]. 中国水利, 2015 (6): 38-39.

[420] 李仰斌, 张岚, 张汉松, 等. 农村饮水安全关键岗位培训丛书——村镇供水水质检测[M]. 北京: 中国水利水电出版社, 2015.

[421] 彭尔瑞, 王春彦, 尹亚敏. 农村水利建设与管理[M]. 北京: 中国水利水电出版社, 2016.

[422] 张穗, 杨平富, 李喆, 等. 大型灌区信息化建设与实践[M]. 北京: 中国水利水电出版社, 2015.

[423] 张庆华, 等. 引黄灌区管道输水灌溉工程技术[M]. 郑州: 黄河水利出版社, 2015.

[424] 李亚峰, 晋文学, 陈立杰, 等. 城市污水处理厂运行管理[M]. 3版. 北京: 化学工业出版社, 2016.

[425] 文一波. 中国村镇污水处理系统解决方案[M]. 北京: 化学工业出版社, 2016.

[426] 董紫君, 刘宇, 孙飞云, 等. 城市再生水利用与再生水设施的建设管理[M]. 哈尔滨: 哈尔滨工业大学出版社, 2016.

[427] 徐佳, 冯平, 杨鹏, 等. 区域农村供水工程运行评价研究[J]. 水利水电技术, 2015 (3): 123-129.

[428] 杨继富, 丁昆仑, 刘文朝, 等. 农村安全供水技术研究[M]. 北京: 中国水利水电出版社, 2015.

[429] 张亚雷, 杨继富. 中国村镇饮水安全科技新进展[M]. 北京: 中国水利水电出版社, 2016.

[430] 付垚，陈尧 村镇供水工程运行管理[M].北京：化学工业出版社，2016.

[431] 赵勇. 农饮水供水站信息管理系统的构建与应用[J]. 中国水利，2015（23）：70-71.

[432] 杨成. 沙坡头区农村饮水安全工程管理现状及发展对策[J]. 中国水利，2015（18）：52-53.

[433] 杭程光，李伟，祝清震，等. 河套灌区农业用水信息化发展及对策——以巴彦淖尔市磴口县灌溉示范区为例
[J]. 节水灌溉，2016（10）：93-97.

[434] 马月坤，杜尧，陈金水，等. 农村供水管网监控资源调配模型及求解方法[J]. 节水灌溉，2016（5）：110-112.

[435] 戴婕，张东. 上海市供水管网信息化平台构建与应用[J]. 给水排水，2015（12）：104-107.

[436] 王建新. 楠溪江供水工程建设管理的实践与思考[J]. 水利水电技术，2015（8）：17-19.

本章撰写人员：张金萍

第7章 水经济研究进展报告

7.1 概述

7.1.1 背景与意义

（1）水资源不仅是基础性的自然资源，同时也是战略性的经济资源，与人类社会经济系统紧密联系。目前，水资源问题呈现出复杂的趋势，重要的原因是人类在利用这一基础资源的过程中出现了各类问题，如粗放利用、效率低下、配置不合理、保护不得力等，如何使水资源充分高效地发挥其经济资源功能，是当前水资源科学领域重要的一项研究内容。开展水利经济研究工作，可为提高水利工程效益和水资源利用效率提供科学方法，为水利改革与发展提供理论依据，为水利事业与国民经济协调发展提供有力支撑。

（2）关于水经济方面的研究，早在20世纪80年代初就受到了重视。1980年，在于光远、钱正英等老领导的倡导下成立了中国水利经济研究会，历经九届理事会。关于水经济的研究，过去一直局限于水利工程经济学，自20世纪90年代后期以来，该领域逐渐扩大，相继开展了水利与国民经济的关系研究，水价值、水权、水市场研究，同时水与经济、社会、生态环境的耦合研究也相继开展，21世纪初，有关虚拟水概念的引入为水经济研究开辟了一个新的方向，先后出现了一大批研究成果。水经济研究紧密结合国家经济社会发展需求，为指导国民经济建设起了重要的作用，为促进水资源可持续利用支撑经济社会可持续发展作出了重要贡献。水经济已成为国家实行最严格水资源管理制度的重要研究领域，有必要及时总结该领域的最新研究进展，促进水经济研究理论发展和实践应用。

7.1.2 标志性成果或事件

（1）2015年3月26日，财政部印发了《关于进一步加快水利建设项目财政投资评审工作的通知》（财办建〔2015〕17号），要求各级财政部门，一是优先安排水利项目评审；二是提高评审效率；三是强化评审监管。

（2）2015年5月，水利部印发了《水利部深化水利改革领导小组2015年工作要点》（水规计〔2015〕213号），明确了十大水利改革领域的42项改革任务，着力推进水利重要领域和关键环节改革，力求在水权制度建设、农业水价综合改革、水利投融资机制创新、水利建设与管理体制和河湖管护体制机制改革等方面取得一批重要改革成果。2016年3月水利部制定印发了《水利部深化水利改革领导小组2016年工作要点》（水规计〔2016〕87号），提出建立健全水权制度和水价机制。制定水流产权确权试点方案；加快推进水权制度建设，研究出台水权交易暂行办法；基本完成53条跨省主要河流水量分配方案制订工作；出台关于加强水资源用途管制工作的指导意见；出台《关于推进农业水价综合改革的意见》。提出完善水利投入稳定增长机制。进一步加大各级政府对水利的投入力度，优化投资结构；落实金融支持水利建设政策，联合农发行出台关于用好抵押补充贷款资金支持水利建设的文件，协调有关金融机构增加水利贷款投放；深入开展鼓励和引导社会资本参与重大水利工程建设运营第一批试点，制定政府和社会资本合作建设重大水利工程操作指南。

（3）2015 年 12 月 30 日，国家发展改革委和水利部重新修订并印发《大中型灌区续建配套节水改造项目建设管理办法》，明确大中型灌区改造项目建设资金由中央、地方共同承担。中央对东、中、西部地区实行差别化的投资补助政策，地方投资落实由省级负总责，鼓励和吸引社会资本参与项目建设和运营管理。灌区管理单位（或项目法人）在完成项目可行性研究报告审批后，按程序向省级发展改革、水行政主管部门提出项目建设资金申请。

（4）2016 年 01 月 29 日，国务院办公厅印发了《国务院办公厅关于推进农业水价综合改革的意见》（国办发〔2016〕2 号）。该文件提出用 10 年左右时间，建立健全合理反映供水成本、有利于节水和农田水利体制机制创新、与投融资体制相适应的农业水价形成机制；农业用水价格总体达到运行维护成本水平，农业用水总量控制和定额管理普遍实行，可持续的精准补贴和节水奖励机制基本建立，先进适用的农业节水技术措施普遍应用，农业种植结构实现优化调整，促进农业用水方式由粗放式向集约化转变。农田水利工程设施完善的地区要加快推进改革，通过 3～5 年努力率先实现改革目标。

（5）2016 年 6 月 28 日，水利部和北京市政府联合发起设立的国家级水权交易平台——中国水权交易所在北京正式开业，水利部部长陈雷、北京市市长王安顺共同为中国水权交易所揭牌并分别讲话。陈雷指出，设立中国水权交易所，打造权威高效的国家级水权交易平台，是水资源管理和资源要素市场建设领域的一项重大变革，也是经济体制改革和生态文明体制改革的一项重要成果。王安顺指出，中国水权交易所在京设立，符合首都城市战略定位，有利于充分发挥首都金融、人才、科技资源优势，进一步丰富特色要素市场，特别是有助于北京实现以市场机制破解缺水难题，以经济手段激励节约用水，把最严格的水资源管理制度落到实处，促进水资源优化配置和高效利用，推动首都可持续发展。

（6）2016 年 10 月 13 日，中国水利经济研究会第九届会员代表大会在京召开。水利部党组书记、部长陈雷出席大会开幕式并讲话。陈雷指出，适应和引领经济发展新常态，需要深入研究水利投入对经济发展拉动效应、水资源与其他经济要素协同支撑作用、水利与重大区域发展战略等重大问题，使水利更好服务于经济社会发展。推进生态文明建设，需要深入研究水资源禀赋条件与产业布局和结构调整关系、水资源节约保护激励约束机制、水资源安全风险防控等问题，使水利更好服务于美丽中国建设。全面深化水利改革，需要深入研究政府和市场的涉水事务边界、水利公共财政投入和资产运营改革、市场机制引导社会资本投入、水权水价水市场形成机制、水利投入绩效评价等问题，使水利发展更加充满活力、富有效率。

（7）2016 年 11 月 4 日，水利部、国土资源部联合印发了《水流产权确权试点方案》，选择宁夏回族自治区、甘肃省疏勒河流域、丹江口水库等区域和流域开展水流产权确权试点，明确通过 2 年左右时间探索水流产权确权的路径和方法，界定权利人的责权范围和内容，着力解决所有权边界模糊，使用权归属不清，水资源和水生态空间保护难、监管难等问题，为在全国开展水流产权确权积累经验。

7.1.3 本章主要内容介绍

本章是有关水经济研究进展的专题报告，主要内容包括以下几部分。

（1）7.1 节首先对水经济研究的背景及意义、有关水经济方面 2015—2016 年年标志性成果或事件、本章主要内容以及有关说明进行简单概述。

（2）从 7.2 节开始按照水经济内容进行归纳编排，主要内容包括：水资源–社会–经济–生态环境整体分析研究进展、水资源价值研究进展、水权及水市场研究进展、水利工程经济研究进展、水利投融资及产权制度改革研究进展、虚拟水与社会水循环研究进展等六个方面。

（3）7.8 节与 2013—2014 年有关水经济的研究进展进行对比分析。

7.1.4 其他说明

所引用的文献均列入参考文献中。

7.2 水资源–社会–经济–生态环境整体分析研究进展

水资源、社会发展、经济增长和生态环境保护的关系始终紧密相连。水资源的开发利用对于社会、经济、生态环境的可持续发展具有重要的意义，其相互影响也随着时代发展和社会进步呈现阶段性特征，相关领域的研究一直受到各学科的紧密关注。

7.2.1 在理论研究方面

水资源同经济、社会和生态环境整体关系方面的理论研究，大多数是从管理的角度，基于经济、社会发展及带来的环境问题，进行水资源同经济社会发展、水资源同生态环境相互影响等方面的探讨，内容包括基于宏观角度的水资源开发和利用，经济社会发展进程中水利行业发展分析，水资源配置理论和方法，以及水资源、水环境承载力研究。以下仅列出有代表性的文献以供参考。

（1）陈磊等[1]基于水资源–经济–环境系统的省际面板数据，运用考虑非期望产出的数据包络分析（DEA）方法测算了 WEE 系统的整体技术效率、纯技术效率、规模效率和规模收益情况，构建基于万有引力定律的空间权重矩阵，着重分析整体技术效率的空间分异规律。探讨了 3 种 WEE 效率之间的空间相关性并运用空间误差模型（SEM）分别对这些效率间的空间效应进行了分析。

（2）王旭等[2]通过建立随机回归影响模型（STIRPAT），定量分析了北京市 2000—2013 年社会经济发展因素对水环境压力的影响。

（3）王浩等[3]提出国家水资源与经济社会系统协同配置是实现水资源消耗总量和强度双控目标的关键举措之一，通过协同配置，实现水资源负荷均衡、空间均衡、代际均衡，使经济社会发展规模与水资源承载力相适应。

（4）杜湘红等[4]引入灰色关联度算法测度耦合状况，结合 GM（1，1）模型预测演化趋势，并进行了仿真模拟。

（5）张凤太等[5]构建了水资源–经济–生态环境–社会系统耦合评价指标体系，经过主客观综合权重法赋权后，对 2000—2011 年水资源–经济–生态环境–社会系统进行定量评价并分析其耦合协调特征。

（6）吴兆丹等[6]基于经济区域分析层次，运用多区域投入产出分析及有关差异分解方法，探寻生产视角下水足迹（生产水足迹）地区间差异及其成因，讨论有必要调整生产的地区及调整内容。

（7）郭唯等[7]根据人水和谐量化方法，确定了河南省 2000—2012 年 18 个城市的和谐发展水平，先利用变差系数对时间和空间的差异程度进行识别，再利用箱形图等分析其时间变化过程，利用全局 Moran'sI 和局部 Moran'sI 指数法分析其空间变化过程。

（8）焦雯珺等[8]以基于生态系统服务的生态足迹（ESEF）方法为基础，提出了基于 ESEF 的水生态承载力评估方法，构建了基于 ESEF 的水生态足迹与承载力模型，并建立了太湖流域水生态足迹与承载力模型，以流域上游城市常州市为例，评估了现状发展水平下水生态系统所能承载的人口与经济规模。

（9）李斌等[9]采用空间叠置法对水资源三级区图和生态功能三级区图进行叠加处理，在此基础上制定了水资源三级区生态功能确定规则，得出全国各水资源三级区的主导生态功能和辅助生态功能。依据水资源三级区生态功能，确定了基于生态功能的各水资源三级区水资源开发利用率阈值。

（10）孟凡浩等[10]基于农业水足迹反映农业用水变化情况，进而分析塔里木河流域"四源"农业用水与干流生态系统结构变化的关系。

（11）程超等[11]运用水资源生态足迹模型、基尼系数以及重心模型，对滇中城市群水资源生态承载力的供需平衡、时空平衡以及平衡性的偏离程度进行分析。

（12）卢新海等[12]基于生态足迹模型测算长江流域各省份水资源超载指数，结合中国陆地生态服务价值的研究结果，考虑地区补偿能力，构建水资源生态补偿的量化模型，计算各省份应当支付的生态补偿量。

（13）李贺娟等[13]以西北五省 2004—2013 年相关数据为基础，通过基尼系数法和不平衡指数法对西北干旱地区水资源分布、配置与人口、GDP 以及耕地之间的时空匹配关系进行了研究。

（14）胡兆荣[14]根据杭州市实际情况，从用水效率、经济发展角度选取 20 个指标构建了评价杭州市用水效率与经济耦合协调发展的指标体系，采用熵权法对选取的评价指标进行权重计算，根据耦合协调模型分析了杭州市的用水效率与经济耦合协调发展情况。

7.2.2　在方法研究方面

水资源同经济、社会和生态环境整体关系方面的方法研究，主要包括针对经济社会用水问题的水资源配置方法，以及水资源开发利用对经济社会发展、水环境的影响及其评价等。以下仅列出有代表性的文献以供参考。

（1）臧正等[15]从区域人口、资源、环境与经济、社会协调发展的视角，提出了基于人口、土地、经济规模的资源承载力阈值、资源负荷、资源强度概念及其表征方法，结合分岔理论和突变理论，引入突变级数法进行资源承载力的多目标综合评价，以 2011—2013 年辽宁省水资源系统综合评价为例进行实证分析。

（2）李章平等[16]采用循环组合模型评价了各城市水资源短缺风险，建立了风险评价指标体系，采用层次分析法、主成分分析法和熵值法计算各评价指标的权重，用风险度对水资源短缺风险进行单一评价，利用平均值法、Boarda 法及 Compeland 法 3 种组合评价法对单一评价结果进行组合评价，最后按 3 种组合评价法循环组合得到最终的评价结果。

（3）李琳等[17]以经济效益、社会效益和环境效益为目标函数建立了区域水资源优化模型，并应用改进的 NSGA–II算法对不同规划水平年的水资源预测值进行优化配置，提出了采用配水系数进行染色体编码，并通过归一化处理使遗传个体满足水源供水量要求。

（4）张忠学等[18]利用模糊综合评价法，根据绥化市北林区 1996—2012 年其中五年的水资源数据对该地区农业水资源承载力进行研究。

（5）何艳虎等[19]将经济学中的收益与赔偿概念引入到水资源优化配置体系中，以用水总量控制指标作为水资源配置的核心状态变量，建立了变化环境下基于用水总量控制的流域水资源优化配置模型。

（6）丁慧敏等[20]从水污染因子、生态因子、洪灾因子和经济社会因子四方面综合评估了太湖流域 2008—2012 年的水生态风险值，并利用构建的突变级数指标体系对风险等级标准进行修正调整，得出了较为合理的风险评价结果。

（7）李祚泳等[21]基于样本之间的质量相似性和距离接近程度构建聚类量，借鉴物理学中的万有引力定律和规范对称性原理，提出水资源系统样本之间也存在与万有引力定律形式相似的聚类相互作用力的思想。在适当设定指标参照值和指标值的规范变换式，并对指标值进行规范变换的基础上，提出了水资源系统的参照级样本、规范质量、规范坐标和规范距离的概念，进一步建立了基于指标规范值的水资源系统评价的引力指数公式，并分析了指数公式的稳定性和可靠性。

（8）宋梦林等[22]在总结城市生态系统的属性并分析其健康内涵的基础上，通过频度统计法，建立评价指标体系。采用海明贴近度，建立模糊物元模型，对河南省第一批水生态文明城市建设试点郑州、洛阳、许昌 2000—2013 年间城市生态系统的健康水平进行评价，分析了影响城市生态系统健康发展的各要素。

（9）陈义忠等[23]针对水资源管理系统的不确定性和复杂性，引入区间参数表达系统中的不确定信息，建立了反映水资源管理者和使用者之间层次关系的区间双层规划模型，并以北京市丰台区水资源管理系统为例进行实证研究，同时，基于交互式算法和模糊满意度算法，用 Lingo软件编程求解，确定了丰台区水资源的优化配置方案。

（10）张远等[24]以流域为对象，对水生态安全内涵进行了阐释，并对流域水生态安全评估指标进行了系统分析，基于"压力、状态、功能、风险"四要素，构建了"目标层–方案层–要素层–指标层"的评估体系，并详尽表述了各评估指标的内涵及其计算方法。采用综合指数法计算ESI（生态安全指数），并根据 ESI 得分将水生态系统的安全评级分为 5 个级别，构建了多指标的流域水生态安全评估方法。

（11）胡小飞等[25]通过构建水足迹与生态补偿标准模型，对江西省及 11 地市水足迹与水生态补偿标准进行了估算。

（12）张凤太等[26]基于 PSR 概念框架，应用均方差法进行赋权，构建了贵州省水生态安全均方差–TOPSIS 模型，并基于此模型研究了贵州省 2005—2012 年水生态安全。

（13）梁鸿等[27]以深圳市水生态系统服务功能为研究对象，综合运用生态学和经济学评价方法，评估深圳水生态系统服务功能价值，分析城市水生态系统在提供产品、调节、支持、文化功能等方面对城市发展的正效益，以期达到促进城市水资源的科学利用和管理。

（14）尚文绣等[28]提出了水生态保护的红线框架体系：水量红线、空间红线和水质红线，阐释了三条红线间的相互关系及其内涵。综合生态需水、淹没面积、生态健康评价方法，嵌入我国生态环境保护相关规范，提出了兼顾自然和社会属性的水生态红线分级方法，建立了水生态红线指标体系。以淮河水系淮滨、王家坝和蚌埠断面为例，进行了水生态红线划定的示例应用。

（15）宋一凡等[29]以二连浩特市人水关系为研究对象，从取水总量和谐度、用水效率和谐度、水生态环境保护和谐度三个方面构建了二连浩特市水资源与经济社会和谐度评价体系。

7.2.3　在实践研究方面

水资源同经济、社会和生态环境整体关系方面的实践研究，研究最为集中的方面是最严格水资源管理制度及其实施，以及水生态文明建设。以下仅列出有代表性的文献以供参考。

（1）胡德胜[30]通过比较和分析国内外、不同学科、不同国家法律对于水资源的不同认识、理解或者法律界定，基于最严格水资源管理制度的视野，综合考虑水物质及与其有关的各种作用和功能，对水资源的范围予以合理界定。

（2）张显成等[31]结合国家实施的最严格水资源管理制度，对用水总量统计工作的目的和经费支持进行分析，进而对用水总量统计组织方案进行分析，对用水总量统计组织方案通过借助水资源费征缴体系进行进一步优化。

（3）陈明忠[32]剖析我国水资源面临的严峻形势，梳理实行最严格水资源管理制度形成过程，明晰了实行最严格水资源管理制度总体要求，跟踪调查了全国落实最严格水资源管理制度的最新进展，结合新时期水利工作方针要求，提出了下一步落实最严格水资源管理制度的工作重点。

（4）左其亭[33]在前期研究的基础上，进一步对最严格水资源管理制度的主要问题进行了反思，包括最严格水资源管理制度的概念问题、与人水和谐治水思想的关系问题、与生态文明建设的关系问题、与深化水利改革的关系问题、制度实行和考核关键问题、理论体系问题、支撑体系问题等。

（5）左其亭等[34]从我国基本国情、水情出发，结合水生态文明现状，在对水生态文明概念、内涵和建设目标认真分析的基础上，提出了构建水生态文明建设理论体系的设想，阐述其必要性，并给出水生态文明建设理论体系的初步框架；阐述了理论体系的主要内容，包括水生态文明建设的思想体系、基本理论和技术方法等。

（6）罗增良等[35]从水利工程建设的主要领域出发，从规划、设计、建设、管理四个环节入手，在总结分析水生态文明概念、内涵和建设现状的基础上，提出水生态文明的主要理念，制定判断具体水利工作与水生态文明理念符合程度的判别标准，进而研究具体水利工作与水生态文明理念的差距，以期为水利工程领域水生态文明建设提供参考。

（7）陈进等[36]分析了水生态文明建设对科学发展的支撑作用，提出了水生态文明建设目标和评价体系，重点以云南省为例，针对不同试点城市或者地区的水资源环境条件、区域特点和经济社会发展需求，详细阐述了水生态文明建设需要解决的关键问题、对策思路、主要措施和预期目标。

（8）林佳宁等[37]以减少人类压力、保持生态健康、维持服务功能和规避潜在生态风险为出发点，建立了基于PSFR（压力、状态、功能、风险）的太子河流域水生态安全评估指标体系，通过遥感影像解译、年鉴资料查询收集和实地调查数据相结合的数据整合方式，利用综合指数法计算了太子河流域生态安全指数，并分析了造成流域生态安全退化的原因。

（9）焦雯珺等[38]以太湖流域上游湖州市为例，探讨了在考虑或不考虑水质标准与环境功能分类的情况下，如何利用求并集法或求平均值法进行基于 ESEF 的水生态承载力评估。

（10）张峰等[39]选取黄河三角洲高效生态经济区 1998—2013 年经济增长和水资源利用数据，通过构建 VAR 模型检验了变量平稳性和协整性，分析了广义脉冲响应及预测方差分解，对经济区水资源利用与经济增长的均衡关系和动态性进行实证研究。

（11）童彦等[40]引入协调度计算相关研究成果，选取与水资源密切相关的经济社会发展与生态环境保障相关指标，从水资源及其利用、经济社会发展和生态环境保障三方面，构建云南省水资源与经济社会发展协调度评价指标体系。

（12）景守武等[41]通过统计 2004—2013 年新疆水资源、经济发展水平、人口增长和耕地面积等数据，运用基尼系数、农区水利用综合系数和时间序列模型进行了实证检验。

（13）万晨等[42]基于协同学基本原理，以集对分析中的联系度代替协调度，构建了水资源与社会经济系统协同评价模型，对安徽省 16 个地级市 2007—2013 年的水资源与社会经济系统发展的协同情况进行分析。

（14）曾维华等在《水代谢、水再生与水环境承载力》[43]一书中，论述了海河流域水资源、经济、社会、生态、环境五个维度各自和相互之间可持续发展目标下的协调与整体调控决策过程和决策方法；提出了高强度人类活动影响下的海河流域多维整体临界调控的知识理论体系和海河流域多维临界调控理论框架、调控准则和调控方法；创建了五维临界调控的决策机制，提出了流域综合效益平衡下的总量控制指标，预测了南水北调工程通水后海河流域生态环境效应。

（15）周孝德等在《资源性缺水地区水环境承载力研究及应用》[44]一书中，针对我国北方资源性缺水地区普遍存在的问题，面向生态文明制度建设需求，以水资源、水环境科学技术领域内"资源环境承载能力评估预测"为突破点，综合考虑资源性缺水地区水资源数量与质量的关系，兼顾理论研究与实际应用，构建了区域水环境承载力量化模式。

（16）徐雪红在《太湖流域水资源保护与经济社会关系分析》[45]一书中，确定了流域水资源保护的内涵外延，分析了太湖流域水资源保护相关要素及影响因素，还分析了太湖功能特点与问题治理。

（17）陈晓宏等在《变化环境下南方湿润区水资源系统规划体系研究》[46]一书中，提出了水资源可持续利用的分阶段目标，制定了流域和区域水资源配置格局及总量控制性指标，明确了重大水资源配置工程总体布局及管理措施，制定了重点领域和区域水资源可持续利用对策，提出了下游区域对流域入境水的水资源量和质的要求以及重点跨流域或区域调水方案，提出了运用典型年型水资源配置结果反映不同来水频率下的水资源配置情况的方法等。

7.3 水资源价值研究进展

水资源价值的相关理论分析和研究，从 2015—2016 年的文献来看，内容从之前的经济价值分析，转向注重水资源的生态服务价值研究。

7.3.1　在水资源价值理论研究方面

水资源价值理论方面的研究文献相对较少，内容主要为水资源价值的评估模型建立，表明近期我国对该领域的关注较为薄弱。以下仅列出有代表性的文献以供参考。

（1）解文静等[47]将济南市河库连通工程河库水系生态系统服务功能分为提供产品功能、调节功能、文化功能和生命支持功能 4 类，采用直接市场评价法、影子价格法、替代费用法、碳税法、费用支出法等方法评估了该工程的生态服务价值。

（2）李丹丹等[48]基于生态经济学中的能值理论与方法，定量研究了区域可利用水资源的价值。论述了能值理论与方法的基本概念和研究方法，根据水文循环和能量转换从水资源的化学能这一角度提出了区域可利用水资源价值评估的能值分析方法及计算模型。

（3）葛菁等[49]采用降雨和潜在蒸散发及下垫面特征参数，结合耗水量模拟 2010 年新安江上游实际供水量及水资源的能值价值。

（4）翟羽佳等[50]对苍山十八溪流域水资源生态系统服务功能进行了分类并分别对其进行价值评估。

7.3.2　在水价理论及实践方面

水价理论及实践主要集中在水价的制定方面，对水价的相关基础分析较多，但深入的研究尚缺乏。以下仅列出有代表性的文献以供参考。

（1）孙静等[51]从促进社会节约用水和公平负担的角度出发，提出了基于基本需求和边际成本的阶梯水价模型，并以北京市为例进行了实例测算。

（2）赵永等[52]基于多区域静态 CGE 模型，研究了黄河流域不同省区在灌溉水量不同减少幅度情况下农业灌溉水价的变化，以及水价不同提高幅度下对社会经济系统和灌溉用水量的影响。

（3）景金勇等[53]分析了德州市基于工程措施和管理模式节水基础上的"提补水价"节水模式，构建了引黄灌区阶梯水价模型，同时对模型中的相关参数进行了探讨。

（4）李生潜[54]在介绍水价模式设计意义、原则及重要性的基础上，简述了现有农业水价模式，包括全额补贴模式、直接补贴灌区模式、直接补贴农户模式，提出了适合西北干旱地区的基于博弈论的政府、灌区和农户节水模式和基于政府与农民共同负担水费的农业水价模式。

（5）励效杰[55]运用伯特兰德模型研究了循环经济中水价的影响因素，认为水价和需求量由全社会需求、边际生产成本、价格敏感系数和替代系数等因素共同决定，并对各因素做了进一步分析，在此基础上提出了加快调整产业结构、优化调整水价体系、提高居民节水意识等政策建议。

（6）何寿奎[56]结合重庆市荣昌、忠县、潼南等地的水价综合改革实践，分析了农业水价改革面临的诸多问题，并提出农业水价综合改革应以农业水权确定为前提，用水协会建设为实施平台，小型水利工程建设及用水计量为实施基础，供水成本分析和成本分摊方式为定价依据，财政补贴和节水政策为激励机制的改革路径，并建立相关配套制度。

（7）王岭[57]基于 1997—2014 年地级数据，从地级城市阶梯水价的推行时间与空间布局、阶梯水量级数划分标准和阶梯层级水价比例等三个方面对阶梯水价实施效果展开分析，进一步分析阶梯水价的实施困境，为实现"补偿成本、合理收益、节约用水、公平负担"的水价目标提出政策建议。

（8）刘宇等[58]以张掖市为例，采用引入水土账户的 CGE 模型模拟分析水价改革的经济影响和节水效益。

（9）时间等[59]应用水资源动态 CGE 模型，研究和分析了高耗水工业不同水资源管理政策对经济、社会和水资源利用的影响。

（10）骆进仁等[60]以引洮工程为例，探讨了供应链成员利益均衡机制，分析了调水工程水资源供应链的特点及其实现利益均衡的条件；采用承受力指数法测算了不同用水者的可承受水价；采用项目财务分析法和企业财务核算法测算了配水环节供水成本；利用利益因子计算确定了配水环节水价体系。

（11）李波[61]分析了新疆现行水价政策及存在的问题，论述了完全水价的构成及水价制定的原则，以最严格水资源管理的理念解析了两部制水价、阶梯式水价、超定额累进加价和差异化水价等水价形成机制和调整模式，最后指出了水价改革方向与目标。

（12）倪红珍等在《供水价格体系研究》[62]一书中，提出了供水价格体系的理论框架；构建了合理供水价格体系的模拟分析模型和计算方法，定量评估了该体系在促进节水、促进产业结构调整和经济方式转变的作用；提出了供水价格体系合理性验证的判别准则及构建合理供水价格体系目前改革方向、目标和重点应优先关注的相关政策和保障措施建议；诠释了科学制定供水价格在水资源管理中的价值。

7.4 水权及水市场研究进展

随着现代水资源体系的建立和不断完善，水权的界定和划分已成为开展水资源管理的基础，对于水资源的配置，水市场的建立都有重要意义。

7.4.1 在水权研究方面

总体来看，有关水权的创新的学术性文献尚不多，集中在水权的分配问题方面，水权转让和交易的应用实践较少，相应的水市场建立及相关实践也不普遍。以下仅列出有代表性的文献以供参考。

（1）孙建光等[63]从理论上确定了塔河流域未来可转让农用水权分配价格内涵、构成与其准市场机制，进一步明确了可转让农用水权分配价格的计量依据和计量内容，构建了可转让农用水权分配价格模型，计算了可转让农用水权分配价格。

（2）万马[64]剖析了取水权出让的相关理论基础以及巢湖流域水资源现状，提出在巢湖流域开展的取水权出让的具体措施，为尝试解决流域水危机提供一种新途径。

（3）杨得瑞等[65]通过分析水权确权的概念和实践需求，梳理出水权确权的四种类型，即区域用水总量和权益的确认、取用水户的取水权确认、使用公共供水的用水权确认、农村集体水权确认，并对其权利内容、权利主体、确权方式分别进行了分析，为进一步解决水权问题打下基础。

（4）陈金木等[66]从内蒙古、广东、河南、甘肃等省份的实际出发并结合法理，对其水权交易的需求及可交易水权的类型进行深入分析，同时提出水权交易可能带来的风险及防范对策。

（5）李晶等[67]在分析现行取水许可制度的基础上，深入阐述水权水市场建设面临的新形势，以及对水资源管理制度提出的新要求最终提出依照法律规定或者法律授权开展水权制度建设的建议。

（6）王军权[68]提出建立有效的水权交易市场，应以水资源的静态配置与动态交易为核心，开展对水权交易市场中的政府机构、交易方及中介方等法律主体及其职能的研究。水权交易应当发挥政府、市场两方面的职能，使水权交易市场各法律主体各司其职，保障我国生态环境与社会发展的可持续性。

（7）王丽珍等[69]引入复杂适应系统理论，对水权交易模型中的生产用水主体进行概化，建立了三层次的生产用水主体划分，将生产用水主体的行为简化为用水、买水、卖水、节水四个主要行为，采用经济学主体方程来决定生产用水主体各种行为的产生和选择，以区域经济效益最大为优化目标进行了研究。

（8）郑志来[70]从农用水权置换价格构成要素进行分析，并给出价格构成要素如何核算方法和思路。明确了农用水权置换价格机制市场配置作用，基于置换双方非对称信息条件下通过两阶段比较置换双方主动申报价格，确定农用水权置换价格形成有效区间，并通过置换双方供需情况确定置换价格系数。最后通过对河套灌区调研情况，给出增加中小企业置入方的数量和基于产业导向优化置入方的质量两个政策建议。

（9）张璇等[71]提出了一种基于相对关联度的流域初始水权分配群决策模型。在构建各决策者加权规范化决策矩阵的基础上，建立各决策者的正、负靶心并计算正、负关联度，构建群体相对关联度评分矩阵，再根据各决策者的权威权重求得群体综合相对关联度，引入区间灰数可能度的概念，根据可能度矩阵的排序向量对初始水权方案进行排序择优。

（10）孙建光等[72]从理论上，对流域输水节水的可转让农用水权进行内涵界定，并确定了其供给的计量依据、计量内容和计量方法与模型，计算了输水节水的可转让农用水权供给，为进一步决定流域可转让农用水权分配提供了依据。

（11）王婷[73]构建了包含目标层、准则层、指标层及方案层 4 个层次结构的初始水权分配指标体系，建立了最严格水资源管理初始水权分配的投影寻踪模型，并采用量子遗传算法优化投影指标函数，以模型计算出的最佳投影值作为初始水权分配的分水比例。

（12）肖加元等[74]在借鉴欧盟碳排放交易体系（EUETS）三阶段改革内容基础上，结合水污染排放特征，构建了流域内水排污权交易市场，并通过建立流域生态补偿模型，基于考察流域内上、下游排污企业进行水排污权交易的内在动因，从理论层面分析水排污权交易市场运行机制。

（13）赵清等[75]探讨了在内蒙古水权制度改革中建立水银行机制的可行性和必要性，同时提出了解决水银行机制构建中运作模式、资金来源等问题的具体措施，从运用市场手段优化水资源配置和可持续利用的角度提出了优化水权市场运作的有效途径。

（14）沈大军等[76]探讨了水权交易条件，对我国水权交易条件建设提出了建议。

（15）郑志来[77]选择较为典型的宁夏、内蒙古、甘肃和青海等 4 个地区，对其农用水权置换实践情况，从缺水地区制度安排、农用水权置换现状、促进经济发展等方面进行了分析，比较其实践情况，从政府间区域水权转让、区域水权水量控制和用水户定额管理、农户间水量动态平衡、设定置入方进入门槛和置入方节水指标换取农业水权量等 4 个层次构建缺水地区农用水权置换体系。

（16）张景兰[78]结合流域正在推进的水权试点工作，综合分析现状与目标差值下的用水总量和灌溉面积，提出不同控制条件下的 10 组农业用水水权分配方案。

（17）杜梦娇等[79]分析了土地、水 2 种资源属性，比较其异同，根据水资源的特性，有选择地借鉴土地交易方式，设计了水权招标、拍卖、挂牌交易的程序，并结合水权交易中受让方的特点，提出水权交易的综合模式。

（18）吴秋菊[80]分析小农经济格局下农业用水的三种属性，提出我国农业水权的制度诉求应当建立在农业用水的属性之上，致力于回应当前面临的农业用水问题，树立安全供水和节约用水的制度目标，从而促进我国水资源的可持续利用。

（19）钟玉秀[81]在分析水权制度与水生态文明建设关系的基础上，指出水权制度建设和水权交易实践中需要解决的若干关键问题，并针对水资源国有的公权与水权的私权问题、权益的稳定性和水量的变化性的矛盾、水权交易规则、农业用水权转让收益分享和农民权益保护、水权转让生态环境保护等问题，提出解决对策。

（20）钟玉秀等在《灌区水权流转制度建设与管理模式研究》[82]一书中，提出了宁夏中部干旱带扬黄灌区水权流转制度建设的总体思路，围绕转让水的取得、在水权转让活动和行为（过程）管理、水权转让中的保障机制和利益保护机制等方面开展了研究，设计提出了宁夏中部干旱带水权转让技术方案、水权转让费用构成和确定方法等，并探讨了延伸区补灌工程管理体制、运行机制、管理制度、供水工程水价机制等。

（21）柳长顺等在《西北内陆河水权交易制度研究》[83]一书中，梳理了西北内陆河地区社会经济、水资源开发利用、水权交易制度现状和交易制度的基本框架，提出了西北内陆河地区的水权交易制度体系，设计了交易示范方案，并提出了扩大试点的具体建议。

7.4.2　在水市场研究方面

（1）李晶等[84]在分析现行取水许可制度的基础上，阐述了水权水市场建设面临的新形势，以及对水资源管理制度提出的新要求，提出依照法律规定或者法律授权开展水权制度建设的建议。

（2）段涛[85]在充分考虑再生水作为自来水的劣质替代品这一属性的基础上，对于小区家庭用户，通过引入包含水质偏好参数与水价的用户效用函数，建立了基于质量差异模型的再生水与自来水需求函数，通过求解再生水厂的利润最大化条件，确定了再生水的市场定价公式，并将定价方法推广到其他类型的用户，并进行了实例研究。

（3）李永中等在《黑河流域张掖市水资源合理配置及水权交易效应研究》[86]一书中，论述了黑河流域张掖市水资源开发利用现状，预测了不同水平年的供水和需水，进行了水量平衡计算，制定了水资源合理配置方案，分析了水权交易建设的现实价值，定义了水权交易制度建设七个"统一"的科学内涵，提出了将水权流转分为区域间、行业间、农民用水户间的水权流转三种类型，阐述了不同类型的水权交易制度体系建设的内容。

（4）李铁等在《农业节水补偿理论、方法与实践》[87]一书中，提出了农业节水补偿机制的指导思想、指导原则、投入机制、水价确定理论和方法、交易方式、操作模式、政策保障措施等，建立了农业节水支持工业发展、城市建设和生态环境，获益后反哺农业节水的有效激励机制。

（5）曹永潇在《跨流域调水工程中的水权水市场研究》[88]一书中，提出了跨流域调水工程水市场的框架构成，从跨流域调水工程水市场的参与主体、跨流域调水工程水市场的初始水权配置、跨流域调水工程水市场的水权交易形式及价格、跨流域调水工程水市场的运作及监管等方面研究了我国跨流域调水工程水市场的培育工作；结合我国南水北调东线工程实践，探讨了南水北调东线工程水市场的构建问题。

7.5　水利工程经济研究进展

水利是整个国民经济的基础产业，在社会经济建设过程中占有重要地位，无论在规划，设计、施工以及经营管理阶段，经济效益都是水利工程建设的核心问题。一方面，水利建设项目的经济评价是水利项目决策科学化、提高经济效益的重要措施；一方面，随着"人水和谐"社会和生态文明建设的推进，水利工程生态、环境效益和移民经济研究动向明显。

7.5.1　在水利工程经济效益评价方面

我国水利工程经济评价方面成果日趋饱和，在学术上一般没有大的创新，高水平文献不多。以下仅列出有代表性的文献以供参考。

（1）汤洁娟[89]利用 1960—2014 年我国东部、中部、西部地区相关统计数据，结合 DEA 模型和 Malmquist 生产效率指数，对国内具有代表性的农田水利工程的社会经济效率进行评价。

（2）陈述等[90]以自由泄流工况为基准点，基于施工导流系统的视角，通过分析上游水电站控制下泄流量对施工导流标准、施工进度、防洪安全的影响，计算上游水电站控制下泄流量的综合效益。以发电损失为控泄成本，将效益费用比作为评价准则，经济性论证利用上游水电站控泄作用来分配施工导流风险方法的可行性。

（3）宋红霞等[91]采用分摊系数法对人民治黄以来黄河城镇供水产生的经济效益进行了分析计算。

7.5.2　在水利工程生态环境经济评价方面

涉及水利工程经济环境经济评价的文献较多，多数是关于实际的工程运行、管理对生态环境影响的探讨和分析。以下仅列出有代表性的文献以供参考。

（1）翟羽佳等[92]采用的评估方法有市场价值法、旅行费用法、机会费用法、影子工程法和影子价格，对苍山十八溪流域水资源生态系统服务功能进行了分类并分别对其进行价值评估。

（2）王丽萍等[93]以澜沧江流域的糯扎渡水库为例，在识别河谷区陆生生态系统的生态风险源及受体基础上，构建了可对生态风险复杂机理关系加以描述的多层次风险受体——多风险源的评价指标体系；考虑到风险评价指标种类多样、度量标准不一且部分指标难于量化及人类对生态系统认知程度的模糊性，构建了基于 RRM（Relative Risk Model），相对风险模型）思想的多级模糊综合评价模型。

（3）陈进等[94]结合三峡工程设计阶段的生态环境影响评估结论和试验运行期生态调度目标的监测结果，对已开展的生态调度效果进行评价，并对未来生态调度提出建议。

（4）王树文等[95]运用环境影响经济损益的分析方法，从三峡水库对生态环境的影响因子中，筛选出起主导作用的几个因素，从经济价值的角度解释三峡工程对生态环境与生态系统的影响。在此基础上构建了改善三峡生态环境和生态系统影响政策分析体系模型。

（5）徐慧等[96]采用模糊综合层次分析法，建立水利枢纽综合效益评估指标体系及评估方法体系，对江都水利枢纽的经济效益、生态环境和社会效益及其综合效益进行了评估。

（6）胡春明[97]基于零方案比较确定项目环境影响源项，运用类比分析法对环境影响进行货币化评估。

7.6　水利投融资及产权制度改革研究进展

我国水利基础设施的地位、公益性、准公益性特征，决定了水利建设的艰巨性和投融资体制机制构建的复杂性。深化水利投融资体制改革，构建新的符合加快水利事业发展的投融资机制，是促进水利事业实现跨越式发展的保障之一。

7.6.1　在水利投融资理论方面

在水利投融资理论方面的文献较少，在水利投融资模式、平台建设方面的理论还不成熟，仍处于探讨阶段。以下仅列出有代表性的文献以供参考。

（1）毅鹏[98]提出了利用水利投融资平台发行企业债券这一方法。对债券融资相对于银行贷款的主要优势进行了分析。梳理了近期平台发债面对的相对宽松的政策形势，对近期地方基础设施建设的融资需求和地方政府债券的供给情况进行了对比。从企业建设、项目选择、争取主管部门支持、选择发债时机、提升信用等级等方面对平台债券发行的关键环节进行了策略分析，提出了保障水利投融资平台债券发行的政策建议

（2）马毅鹏等[99]从地方政府债务构成、融资平台运作情况、相关法律政策规定、基础设施建设需求等方面分析了水利投融资平台所面临的挑战与机遇。结合水利行业改革方向，提出了推动水利投融资平台转型发展的总体思路。

（3）李红强等[100]梳理了近年政府投融资改革进展，甄别了其对开发性金融支持水利建设的影响，提出了政府与社会资本合作、政府购买服务、债券融资等三种新型融资模式，剖析了各种模式的内涵、操作流程、适用范围，并对其优缺点及在水利建设中的作用进行综合评价。提出了推广新型开发性金融支持水利模式的政策建议。

（4）李一凡等[101]引入 REITs 模式的概念，结合农田水利建设资金筹措现状，提出在我国大规模建设农田水利工程的背景下，成立基于 REITs 模式的农田水利建设信托基金的思路，并对农田水利信托基金的运营进行了探讨。

（5）马毅鹏等[102]总结梳理一般 PPP 模式特征和分类，结合有关政策要求，根据政府与社会资本共同出资、社会资本特许经营、政府购买服务等不同 PPP 模式分别对公益性、准公益性和经营性水利工程的适用性进行分析，并针对部分具体场景进行模式创新。

7.6.2　在水利投融资模式方面

涉及水利投融资模式的文献较多，但高水平论文不多，多数是关于 PPP 模式在水利工程建设运营中的实践。以下仅列出有代表性的文献以供参考。

（1）王阳等[103]通过对当前农村地区水利基础设施现状及 PPP 模式的分析，从不同的维度探

讨了该模式的应用及实施路径，并就推进该模式积极进入农村水利基础设施领域提出相关建议。

（2）王新征[104]将 RCP（资源-补偿-项目）融资方式引入到农田水利设施建设中来，对民间资本引入到农田水利基础设施建设进行探索。

（3）钟云等[105]在物有所值（VFM）理论分析的基础上，通过相关研究，比较不同国家 VFM 决策评价体系，并结合水利工程项目的特点，分析我国 PPP 模式下水利工程项目 VFM 决策评价流程。从定性和定量分析两个角度，研究 PPP 模式下水利工程项目 VFM 决策评价方法。

（4）王建球[106]采用 PPP 模式建设经营管理，在吸引社会资本参与水利工程建设方面进行了有益的探索。对莽山水库目前实施的具体情况进行简要分析，论述了莽山水库运作 PPP 模式的机制、效益及其经验。

（5）毕小刚等[107]在对社会资本参与重大水利工程建设运营的关键问题进行分析的基础上，探讨了以 PPP+基金模式参与某河流水环境治理工程项目建设运营的运作方式。

7.6.3　在水利产权制度改革方面

关于水利产权制度改革的文献较少，多集中在对小型农田水利设施的产权制度研究，出现了一些实例的应用成果总结。以下仅列出有代表性的文献以供参考。

（1）王冠军等[108]提出了小农水工程产权制度改革的总体思路与框架；王健宇等[109]对小农水工程产权制度改革的有效实践形式进行总结归纳，提出了相关结论建议。

（2）陈丹等[110]以洪泽县周桥灌区为例，以工程管护和供水管理为重点内容，结合灌区骨干工程和末级渠系工程管理两方面，提出了灌区管理改革方案，包括灌区工程管护模式、灌区供水管理模式、灌区水费计收管理模式等。

（3）刘辉等[111]基于湖南省 323 份农户调查数据，从个人特征、农户家庭特征、农户参与特征及外部环境特征方面选取变量，运用 Logistic 模型实证分析了农田水利产权治理的农户满意度及其影响因素。

7.7　虚拟水与社会水循环研究进展

人类大规模地蓄水、引水，极大地改变了水的自然运动状况，相对于实体水资源而言，一方面，虚拟水以"无形"的形式寄存在其他商品中，其便于运输的特点使贸易变成了一种缓解水资源短缺的有用工具。一方面，社会水循环研究水在人类社会经济系统中的水循环、平衡和变化等运动过程。

7.7.1　在虚拟水计算实证研究方面

涉及虚拟水计算实证研究的论文较多，其中以反映农业虚拟水的内容居多，一些研究探讨了产业结构与区域虚拟水的关系及计算方法。以下仅列出有代表性的文献以供参考。

（1）张润等[112]从农作物虚拟水角度出发，基于彭曼公式结合 CROPWAT 软件计算、分析了新疆 2000—2012 年主要农作物的单位质量农作物虚拟水含量和农作物的虚拟水总量。杨雅雪等[113]通过利用投入产出模型对新疆生产和消费水足迹以及虚拟水贸易进行定量核算。

（2）李梦等[114]基于虚拟水理论与方法，对陕西省商洛市 1990—2012 年主要粮食作物的虚拟水含量和虚拟水总量进行了计算，并应用经验模态分解法（EMD）对粮食产量和虚拟水总量波动进行多时间尺度分析，以确定影响虚拟水总量中短期波动的最主要因素。从粮食需求量和粮食供给量两个方面对未来商洛市虚拟水消耗量进行预测与分析。

（3）李莹等[115]选取黑龙江省近年来水稻、玉米、大豆产量居前的9个县市作为研究区，计算出2010—2014年3种粮食作物的初级产品单位虚拟水含量值。

（4）刘晓菲等[116]基于虚拟水理论和北京市养殖场实地调研资料计算了农产品单位虚拟水量，结合生产、消费数据计算了北京市虚拟水量。从虚拟水角度对广义水资源利用情况进行了评价，并通过灰水足迹概念来衡量水污染程度。

（5）黄初龙等[117]从水资源代谢过程与格局角度，用物质流分析法（MFA）剖析了亚热带季风气候雨影区缺水城市枯水年份资源水与虚拟水耦合代谢的路径、数量，提取代谢效率评价所需的过程与结构指标，以社会、经济、生态环境效益最优化为评价原则构建了城市水资源代谢效率评价指标体系，采用层次分析法赋权，评价了近10年来枯水年份厦门市资源水与虚拟水耦合代谢效率。

（6）郭相春等[118]基于用水效率及协同学理论构建了虚拟水与产业系统协同度模型，研究了北京市虚拟水与产业系统间的协同程度。

（7）郑和祥等[119]以鄂尔多斯市产业结构优化数据为基础，对该地区农作物、动物产品、工业生产、生活消费和生态环境虚拟水分别进行了计算分析。

7.7.2 在虚拟水贸易及虚拟水战略研究方面

涉及虚拟水贸易和虚拟水战略研究的文献较多，在理论研究、测算方法、区域应用以及对区域经济社会的影响方面均有一些研究成果，以下仅列出有代表性的文献以供参考。

（1）吴普特等[120]首先提出了实体水-虚拟水耦合流动效应的基本理论框架，指出实体水-虚拟水耦合流动是现代环境下自然-经济-社会水资源系统呈现的新特征。其次，从文明进步和生产力发展角度，论述了人类社会水文水资源系统的演化历史，将水文水资源系统演进大体分为三个阶段：早期的实体水"一维一元"自然循环阶段，近现代的实体水"二元"水循环阶段，以及当前的实体水-虚拟水"二维三元"耦合流动阶段。最后，论述了实体水-虚拟水耦合流动过程的路径结构，并针对其流动过程和状态表征提出了定量表达方程，初步构建了实体水-虚拟水耦合流动基本理论框架。

（2）马超等[121]利用可计算一般均衡（CGE）思想，对传统的线性静态投入产出模型进行了非线性和动态化的拓展。首先，参照国家统计机构常用的42产业部门划分方式，根据一般均衡理论，围绕区域经济系统的生产模块、价格模块和供需平衡模块三个部分，定义有关变量和参数，对区域经济系统非线性动态投入产出模型进行了详细的方程列写。在此基础上，将虚拟水流动的因素与一般形式的非线性动态投入产出模型进行嵌套，采用"母表"（价值型流量表）和"子表"（水资源流量表）相结合的形式，给出了一种全新的区域水资源投入产出表的设计思路与编制方法，将可计算非线性动态产出模型从一般形式扩展至水资源领域，构建了区域经济系统中虚拟水贸易的可计算非线性动态投入产出分析框架。

（3）王勇[122]利用水资源扩展型MRIO模型和中国区域间投入产出表，基于全行业口径对中国区域间贸易隐含虚拟水转移进行了测算，重点从区域间贸易隐含虚拟水转移的整体现状、主要流向、产业分解及对地区水资源影响等四个方面进行了分析。

（4）黄敏等[123]测算 2005 年、2007 年与 2010 年 3 个年度中国虚拟水进出口贸易量，采用投入产出及 IO-SDA 等方法分解分析其变化的影响因素。

（5）刘渝[124]先从农产品虚拟水贸易的经济效应入手，在区域层面用规范分析法探讨农产品虚拟水贸易缓解区域性水资源短缺问题的可行性。进而在比较优势理论的基础上，设计 3 种假设情景，对区域间实施农产品虚拟水贸易的可行性进行数理分析，并系统梳理区域间农产品虚拟水贸易的驱动因素。

（6）朱志强[125]运用投入产出模型计算 1997—2010 年江苏省虚拟水出口贸易量，分析江苏省当前虚拟水贸易格局，再运用 LMDI 指数分解法，分解出影响虚拟水贸易量的驱动因素及其贡献率。

（7）马承新等[126]以虚拟水等相关概念为理论依据，山东省与南北方及国外各区域间的虚拟水贸易为切入点，合并中国 30 省份区域（除台湾、香港、澳门和西藏）间投入产出数据为山东与南方及北方区域间贸易，计算不同区域贸易比例系数以及山东省与其他区域间行业及虚拟水贸易情况。

（8）车亮亮等[127]估算 2008—2010 年间主要农产品虚拟水流量关系矩阵，采用影响因素识别领域常用的决策与试验评价实验室法（DEMATEL），并引入可代替专家打分求得直接关联矩阵的 BP 神经网络法，构建 BP-DEMATEL 模型，从人口、农业资源、农业生态环境、经济、技术及交通和物流 6 个方面对我国主要农产品虚拟水流动格局的影响因素进行分析。

（9）尚海洋等[128]在估算民勤县主要农作物虚拟水量的基础上，利用部门水效益分析了虚拟水由农业（种植业）部门向第二、第三产业转移的三种情景下产生的净效益和创造的社会就业机会。

（10）田贵良等[129]结合对河北省地下水超采现状和原因的分析，引入了虚拟水贸易战略，并分析了其对河北省农业需水量的影响，在此基础上为河北省设定了两种粮食输入的情景，分析了虚拟水贸易战略对地下水压采的影响路径，提出区域实施虚拟水贸易的对策建议。

（11）马超等在《虚拟水贸易与区域经济增长》[130]一书中，研究了我国缺水地区虚拟水贸易与区域经济增长的交互影响，多维度分析了虚拟水贸易实施的影响因素，建立了比较优势理论框架，阐释了虚拟水贸易对区域经济结构的影响机理，构建了区域经济系统的水资源 I-O 分析框架，选择北京地区进行实验，进而给出虚拟水贸易对区域经济结构影响的研究范式。

7.7.3　在基于虚拟水的水资源管理方面

涉及虚拟水的水资源管理方面的研究成果较少，以下仅列出有代表性的文献以供参考。

（1）马细霞等[131]以人民胜利渠灌区为例，在分析计算农作物虚拟水量的基础上，建立了基于虚拟水贸易的灌区种植结构多目标优化模型。

（2）周俊菊等[132]引入虚拟水理论，构建种植业结构调整需水模型，分析近 33 年民勤绿洲种植业结构调整对农作物需水量的影响。

（3）石常峰等[133]对虚拟水期权内涵进行界定，从交易主体、运作模式及损益路径三方面出发设计虚拟水期权交易机制，分析了虚拟水期权对于不确定性干旱的对冲机理。

7.7.4　在水足迹方面

涉及水足迹的文献较多，涌现出一大批反映水足迹实例应用的研究成果，同时基于水足迹理论的水资源承载力等方面也有一定应用成果。以下仅列出有代表性的文献以供参考。

（1）雷玉桃等[134]通过构建水足迹模型和水足迹强度模型，测算出 2004—2013 年我国主要省份的水足迹及水足迹强度，并在此基础上对我国各区域的水足迹强度进行对比分析。

（2）吴兆丹等[135]基于经济区域分析层次，运用多区域投入产出分析及有关差异分解方法，探寻生产视角下水足迹（生产水足迹）地区间差异及其成因。

（3）徐鹏程等[136]运用水足迹的理论和方法对江苏省播种面积最大的 6 种农作物在 2000—2010 年间的水足迹进行计算，并分析各农作物生产水足迹的特点以及灰水足迹对水环境的不利影响。

（4）柴富成等[137]采用水足迹的研究方法，对石河子地区 2010 年度农畜产品的生产和消耗进行水足迹分析。

（5）孙世坤等[138]基于水足迹理论和量化方法，分析了中国大陆小麦生产水足迹空间分布情况和特征，并对造成水足迹区域差异的因素进行归因分析。

（6）段佩利等[139]通过对吉林省玉米生产水足迹的计算，探讨了不同降水年型玉米生产水足迹及其水分来源的变化规律；利用探索性空间数据分析（ESDA）方法，对玉米生产水足迹总体和局部空间差异进行了分析。

（7）赵慧等[140]以内蒙古自治区武川县主要作物马铃薯、春小麦为例，基于 1983—2010 年气象数据及生育期资料，修正作物系数，应用 CROPWAT 模型，计算作物生产水足迹，分析气候变化对作物生产水足迹的影响。

（8）胡婷婷等[141]以滇池流域为例，耦合水足迹和生命周期评价方法，对流域内 2005—2011 年主要农业产品水足迹空间格局进行分析，并对其环境影响进行测度。

（9）何开为等[142]基于水足迹理论和方法，计算和分析云南省 2000—2008 年农业耗水水足迹，并结合相关社会与经济输入、输出指标，建立 DEA 模型，评价此 9 年间云南省农业水资源与农业经济系统的可持续发展状况，定量分析云南省农业水资源相对承载力。

（10）李啸虎等[143]构建工业水足迹模型和基于水足迹的多目标优化模型，选择干旱区绿洲城市乌鲁木齐市为典型案例区，研究工业内部各部门的水足迹，并以此为基础对工业部门进行聚类分析，根据聚类结果和乌鲁木齐工业发展规划，运用优化模型探讨未来研究区工业发展的优化方案。

（11）宋永永等[144]基于水足迹理论和计算模型及水资源安全评价指标，以宁夏 2012 年统计数据为依据，计算了该区 2012 年的水资源足迹，并对水资源利用现状进行了评价。

（12）何洋等[145]计算了我国已建 283 座大中型水电站的总蓝水足迹及其平均值，同时根据气候区域及水电基地的不同将这些水电站划分为 7 个气候分区和 13 个水电基地，并分别计算其平均蓝水足迹。

（13）王涛等[146]构建了乌鲁木齐市生活耗水、农业耗水、工业耗水、城镇公共耗水和生态环境耗水 5 个水资源指标，并利用水资源负载指数，研究了乌鲁木齐市 2004—2011 年水资源承载力、水足迹和水资源负载的动态特征。

（14）吴兆丹在《中国水足迹地区间比较——基于"生产–消费"视角》[147]一书中，分析了我国地区水足迹差异及其成因，提出了合理高效降低我国水足迹的建议，构建生产水足迹强度和工业生产水足迹废弃率分析指标。

（15）吴普特等在《2014 中国粮食生产水足迹与区域虚拟水流动报告》[148]一书中，阐述了不同空间尺度粮食生产、粮食生产水足迹及粮食虚拟水流动的变化状况，并与 2012 年进行了对比分析。揭示了中国粮食的生产、粮食生产用水效率、粮食虚拟水流动的空间分异特征和变化情况，还阐述了不同区域及空间尺度粮食生产与消费、粮食生产用水效率与用水量、粮食调运及虚拟水流动情况。

（16）曹连海在《基于水足迹理论的灌区农业节水潜力研究：以河套灌区为例》[149]一书中，提出了农业节水潜力理论框架体系和计算方法；在分析农业节水潜力科学内涵基础上，提出了农业生产水足迹控制标准阈值区间，建立了农业节水潜力计算模型，给出了计算流程。以河套灌区为研究对象，计算了保证粮食安全、合理种植结构和水资源约束三种情形模式下的农业节水潜力等。

7.7.5　在社会水循环方面

涉及社会水循环的文献较少，在理论和应用上还处于探索阶段，以下仅列出有代表性的文献以供参考。

（1）李玮等[150]利用水资源投入产出模型分析社会水循环演变的经济驱动因素。在水资源投入产出模型中，利用 2008 年经济普查数据进行了分行业用水量的推算，并开发出 23 个部门的水资源投入产出模型；改进了国内学者普遍使用的模型中，中间投入没有考虑进口产品对水资源投入影响的问题，另外在分析中考虑了经济发展方式转变对社会水资源通量演变的影响。

（2）王喜峰[151]将二元水循环理论引入水资源资产化管理的框架构建中去。根据资产的定义和水资源的功能界定了水资源资产的内涵，提出这部分水资源可以作为水资源资产进行管理，并总结了二元水循环耦合水资源资产化管理中的水资源资产界定、监管体系、用途管制以及产权界定方面的路径。在此基础上，辨析了水资源资产管理与水资源管理的关系。在分层管理上，提出传统水资源管理作用于宏观、中观管理，水资源资产管理作用于微观管理的机制。此外，根据二元水循环理论中的社会水循环过程，将其权属进行分解，并结合各部门的社会水循环机制对水资源资产化管理进行了设计。

（3）王娇娇等[152]基于社会水循环研究现状，探讨了自然水循环与社会水循环之间的相互关系，剖析了社会水循环的内涵；从最严格水资源管理制度出发，分析了其与社会水循环各子系统间的联系，并提出了社会水循环结构框架；浅析了社会水循环调控方面的关键问题。

7.8　与 2013—2014 年进展对比分析

（1）在水资源-社会-经济-生态环境整体分析研究方面，水资源同经济、社会和生态环境整体关系方面的理论研究，大多数是从管理的角度，基于经济、社会发展及带来的环境问题，进行水资源同经济社会发展、水资源同生态环境相互影响等方面的探讨。最近两年采用水生态足迹理论和方法开展水资源利用分析的研究成为热点，涌现出一些研究成果，但研究深度有限。

（2）最近两年水资源价值研究内容从之前的经济价值分析，转向注重水资源的生态服务价值研究。其中，水资源价值理论方面，研究主要为水资源价值的评价模型建立；水价理论及实践方面，水价理论及实践主要集中在水价的制定方面，随着南水北调工程建设的推进，对工程通水后水价的相关基础分析较多，但深入的研究尚缺乏。

（3）随着现代水资源体系的建立和不断完善，水权的界定和划分已成为开展水资源管理的基础，对于水资源的配置，水市场的建立都有重要意义。虽然以水权的分配问题方面研究成果较多，但近两年来创新的学术性文献还不多，涉及水权转让和交易的应用实践较少，相应的水市场建立及相关实践研究相对薄弱。

（4）我国实行的建设项目环境影响评价政策中，工程的经济分析是影响评价的重要内容。随着"人水和谐"社会和生态文明建设的推进，最近两年对水利工程生态影响和环境效益方面出现了一些成果，但主要体现在应用上，且高水平文献数量仍然偏少。

（5）水利投融资体制改革是深化水利改革发展的重要方面。总体上看，理论和应用研究还处于探索阶段，高水平研究文献不多。关于水利产权制度改革的文献较少，多集中在对小型农田水利设施的产权制度研究，与2013—2014年相比，出现了一些实例的应用成果总结。

（6）虚拟水概念的提出，为人们认识并合理利用水资源提供了一个新的思路，越来越受到科研工作者的关注。在虚拟水计算实证研究、虚拟水贸易与虚拟术战略、水足迹等方面每年都有大量的研究成果出现，但基于虚拟水的水资源管理和社会水循环方面的研究成果相对较少。与2013—2014年相比，虚拟水应用层面的研究有所加强，水足迹演变特征及影响因素虽然取得一定进展，但研究仍然比较薄弱。

参考文献

[1] 陈磊, 吴继贵, 王应明. 基于空间视角的水资源经济环境效率评价[J]. 地理科学, 2015（12）：1568-1574.

[2] 王旭, 王永刚, 孙长虹, 等. 社会经济因素对北京市水环境压力的影响：基于STIRPAT模型[J]. 环境科学与技术, 2015（S2）：48-52.

[3] 王浩, 刘家宏. 国家水资源与经济社会系统协同配置探讨[J]. 中国水利, 2016（17）：7-9.

[4] 杜湘红, 张涛. 水资源环境与社会经济系统耦合发展的仿真模拟——以洞庭湖生态经济区为例[J]. 地理科学, 2015（9）：1109-1115.

[5] 张凤太, 苏维词. 贵州省水资源-经济-生态环境-社会系统耦合协调演化特征研究[J]. 灌溉排水学报, 2015（6）：44-49.

[6] 吴兆丹, 王张琪, UpmanuLALL. 生产视角下的中国水足迹空间差异研究——基于经济区域分析层次[J]. 资源科学, 2015（10）：2039-2050.

[7] 郭唯, 左其亭, 马军霞. 河南省人口-水资源-经济和谐发展时空变化分析[J]. 资源科学, 2015（11）：2251-2260.

[8] 焦雯珺, 闵庆文, 李文华. AnthonyM.FULLER. 基于ESEF的水生态承载力：理论、模型与应用[J]. 应用生态学报, 2015（4）：1041-1048.

[9] 李斌, 陈午, 许新宜, 等. 基于生态功能的水资源三级区水资源开发利用率研究[J]. 自然资源学报, 2016（11）：1918-1925.

[10] 孟凡浩, 古丽·加帕尔, 包安明, 等. 刘铁近50a塔里木河流域"四源"农业用水与干流生态系统结构变化关系研究[J]. 自然资源学报, 2016（11）：1832-1843.

[11] 程超, 童绍玉, 彭海英, 等. 滇中城市群水资源生态承载力的平衡性研究[J]. 资源科学, 2016（8）：1561-1571.

[12] 卢新海, 柯善淦. 基于生态足迹模型的区域水资源生态补偿量化模型构建——以长江流域为例[J]. 长江流域资源与环境, 2016（2）：334-341.

[13] 李贺娟, 李万明. "一带一路"背景下西北干旱地区水资源与经济生产要素匹配关系研究[J]. 节水灌溉, 2016 (11): 67–70.

[14] 胡兆荣. 杭州市用水效率与经济耦合协调发展评价研究[J]. 水电能源科学, 2016 (2): 149–152.

[15] 臧正, 郑德凤, 孙才志. 区域资源承载力与资源负荷的动态测度方法初探——基于辽宁省水资源评价的实证 [J]. 资源科学, 2015 (1): 52–60.

[16] 李章平, 周念清, 沈新平, 等. 基于循环组合模型的洞庭湖流域水资源短缺风险评价[J]. 水电能源科学, 2015 (1): 15–19.

[17] 李琳, 吴鑫森, 郗志红. 基于改进 NSGA–Ⅱ算法的水资源优化配置研究[J]. 水电能源科学, 2015 (4): 34–37.

[18] 张忠学, 马蔷. 基于模糊综合评价的区域农业水资源承载力研究——以绥化市北林区为例[J]. 水力发电学报, 2015 (1): 49–54.

[19] 何艳虎, 陈晓宏, 林凯荣, 等. 东江流域水资源优化配置报童模式研究[J]. 水力发电学报, 2015 (6): 57–64.

[20] 丁慧敏, 唐德善, 李奥典, 等. 基于突变级数的太湖流域水生态风险评价[J]. 水电能源科学, 2015 (6): 39–42.

[21] 李祚泳, 张小丽, 汪嘉杨, 等. 指标规范值表示的水资源系统评价的引力指数公式[J]. 水利学报, 2015 (7): 792–801, 810.

[22] 宋梦林, 左其亭, 赵钟楠, 等. 河南省水生态文明建设试点城市生态系统健康评价[J]. 南水北调与水利科技, 2015 (6): 1185–1190.

[23] 陈义忠, 卢宏玮, 李晶, 等. 基于不确定性的水资源配置双层模型及其实证研究[J]. 环境科学学报, 2016 (6): 2252–2261.

[24] 张远, 高欣, 林佳宁, 等. 孟伟.流域水生态安全评估方法[J]. 环境科学研究, 2016 (10): 1393–1399.

[25] 胡小飞, 傅春, 陈伏生, 等. 基于水足迹的区域生态补偿标准及时空格局研究[J]. 长江流域资源与环境, 2016 (9): 1430–1437.

[26] 张凤太, 苏维词. 基于均方差–TOPSIS 模型的贵州水生态安全评价研究[J]. 灌溉排水学报, 2016 (9): 88–92, 103.

[27] 梁鸿, 潘晓峰, 余欣繁, 等. 深圳市水生态系统服务功能价值评估[J]. 自然资源学报, 2016 (9): 1474–1487.

[28] 尚文绣, 王忠静, 赵钟楠, 等. 水生态红线框架体系和划定方法研究[J]. 水利学报, 2016 (7): 934–941.

[29] 宋一凡, 郭中小, 徐晓民, 等. 二连浩特市水资源与经济社会和谐度评价[J]. 水文, 2016 (1): 66–70.

[30] 胡德胜. 最严格水资源管理制度视野下水资源概念探讨[J]. 人民黄河, 2015 (1): 57–62.

[31] 张显成, 王卓甫, 张坤. 最严格水资源管理下用水总量统计的组织研究[J]. 人民黄河, 2015 (4): 62–65.

[32] 陈明忠, 张续军. 最严格水资源管理制度相关政策体系研究[J]. 水利水电科技进展, 2015 (5): 130–135.

[33] 左其亭. 关于最严格水资源管理制度的再思考[J]. 河海大学学报 (哲学社会科学版), 2015 (4): 60–63, 91.

[34] 左其亭, 罗增良, 马军霞. 水生态文明建设理论体系研究[J]. 人民长江, 2015 (8): 1–6.

[35] 罗增良, 左其亭, 赵钟楠, 等. 水生态文明建设判别标准及差距分析[J]. 生态经济, 2015 (12): 159–163.

[36] 陈进, 李伯根, 许继军. 水生态文明建设体系及在云南省的实践[J]. 水利发展研究, 2015 (1): 14–18, 45.

[37] 林佳宁, 高欣, 贾晓波, 等. 孟伟.基于 PSFR 评估框架的太子河流域水生态安全评估[J]. 环境科学研究, 2016 (10): 1440–1450.

[38] 焦雯珺, 闵庆文, 李文华, 等. 基于 ESEF 的水生态承载力评估——以太湖流域湖州市为例[J]. 长江流域资源 与环境, 2016 (1): 147–155.

[39] 张峰, 薛惠锋, 董会忠, 等.黄河三角洲水资源利用与经济增长的动态响应[J]. 环境科学与技术, 2016 (6): 187–194.

[40] 童彦, 施玉, 朱海燕, 等. 云南水资源与经济社会发展协调度的空间格局研究[J]. 节水灌溉, 2016 (6): 75–79.

[41] 景守武, 夏咏, 马晓龙, 等. 水资源与经济要素匹配对农业用水效率的影响——基于新疆的经验分析[J]. 节水 灌溉, 2016 (6): 90–93.

[42] 万晨, 万伦来, 金菊良. 安徽省水资源–社会经济系统协同分析[J]. 人民黄河, 2016 (9): 50–55, 67.

[43] 维华. 水代谢、水再生与水环境承载力[M]. 2 版.北京: 科学出版社, 2015.

[44] 周孝德, 吴巍. 资源性缺水地区水环境承载力研究及应[M]. 北京: 科学出版社, 2015.

[45] 徐雪红. 太湖流域水资源保护与经济社会关系分析[M]. 北京: 科学出版社, 2015.

[46] 陈晓宏. 变化环境下南方湿润区水资源系统规划体系研究[M]. 北京: 科学出版社, 2016.

[47] 解文静, 茅樵, 曹升乐. 济南市河库连通工程水生态系统服务价值评估[J]. 人民黄河, 2015（10）: 66-69.

[48] 李丹丹, 陈南祥, 李耀辉, 等. 基于能值理论与方法的区域可利用水资源价值研究[J]. 中国农村水利水电, 2015（3）: 22-24, 28.

[49] 葛菁, 吴楠, 何方, 等. 新安江上游生态系统产水服务及价值[J]. 水资源与水工程学报, 2015（2）: 90-96.

[50] 翟羽佳, 刘春学. 苍山十八溪流域水资源生态系统服务功能价值评估[J]. 中国农村水利水电, 2015（5）: 77-80.

[51] 孙静, 申碧峰, 王助贫, 等. 基于基本需求和边际成本的阶梯水价模型构建[J]. 人民黄河, 2015（10）: 50-53.

[52] 赵永, 窦身堂, 赖瑞勋. 基于静态多区域 CGE 模型的黄河流域灌溉水价研究[J]. 自然资源学报, 2015（3）: 433-445.

[53] 景金勇, 高佩玲, 孙占泉, 等. 引黄灌区"提补水价"节水模式及阶梯水价模型研究[J]. 中国农村水利水电, 2015（2）: 108-111.

[54] 李生潜. 西北干旱地区农业水价分担模式探讨[J]. 中国水利, 2015（6）: 15-17.

[55] 励效杰. 循环经济中水价形成机理研究[J]. 人民黄河, 2015（6）: 40-42.

[56] 何寿奎. 我国农业水价综合改革路径选择与配套制度研究——以重庆试点区县为例[J]. 价格理论与实践, 2015（5）: 39-41, 60.

[57] 王岭. 我国城市居民水价制度改革探析——阶梯水价推行困境及其破解[J]. 价格理论与实践, 2015（9）: 42-44.

[58] 刘宇, 王宇, 周梅芳, 等. 张掖市水价改革的定量研究——基于引入水土账户的 CGE 模型[J]. 资源科学, 2016（10）: 1901-1912.

[59] 时间, 沈大军. 高耗水工业用水量控制和水价调整政策效果研究: 基于水资源动态 CGE 的分析[J]. 自然资源学报, 2016（9）: 1587-1598.

[60] 骆进仁, 袁泉. 多目标调水工程水价体系研究——基于水资源供应链视角下的分析[J]. 价格理论与实践, 2016（5）: 61-64.

[61] 李波. 新疆最严格水资源管理制度下的水价形成机制与定价模式解析[J]. 水利发展研究, 2016（1）: 44-46, 56.

[62] 倪红珍, 王浩, 李继峰. 供水价格体系研究[M]. 北京: 中国水利水电出版社, 2016.

[63] 孙建光, 韩桂兰. 塔里木河流域可转让农用水权分配价格研究[J]. 节水灌溉, 2015（2）: 81-84, 88.

[64] 万马. 巢湖流域取水权出让制度的应用研究[J]. 水资源与水工程学报, 2015（1）: 68-71.

[65] 杨得瑞, 李晶, 王晓娟, 等. 水权确权的实践需求及主要类型分析[J]. 中国水利, 2015（5）: 5-8.

[66] 陈金木, 李晶, 王晓娟, 等. 可交易水权分析与水权交易风险防范[J]. 中国水利, 2015（5）: 9-12.

[67] 李晶, 王晓娟, 陈金木. 完善水权水市场建设法制保障探讨[J]. 中国水利, 2015（5）: 13-15, 19.

[68] 王军权. 水权交易市场的法律主体研究[J]. 郑州大学学报（哲学社会科学版）, 2015（2）: 45-49.

[69] 王丽珍, 黄跃飞, 王光谦, 等. 巴彦淖尔市水市场水权交易模型研究[J]. 水力发电学报, 2015（6）: 81-87.

[70] 郑志来. 农用水权置换价格的构成与形成机制研究——以河套灌区为例[J]. 节水灌溉, 2015（9）: 83-86, 90.

[71] 张璇, 朱玮. 基于相对关联度的流域初始水权分配群决策研究[J]. 水电能源科学, 2015（10）: 128-132.

[72] 孙建光, 韩桂兰. 塔里木河流域输水节水的可转让农用水权供给研究[J]. 节水灌溉, 2015（10）: 92-95.

[73] 王婷, 方国华, 刘羽, 等. 基于最严格水资源管理制度的初始水权分配研究[J]. 长江流域资源与环境, 2015（11）: 1870-1875.

[74] 肖加元, 潘安. 基于水排污权交易的流域生态补偿研究[J]. 中国人口·资源与环境, 2016（7）: 18-26.

[75] 赵清, 刘晓旭, 蒋义行. 基于水银行机制的内蒙古水权制度改革探索[J]. 中国水利, 2016（21）: 3-5.

[76] 沈大军, 余旭东, 张萌, 等. 水权交易条件研究[J]. 水利水电技术, 2016（9）: 117-121.

[77] 郑志来. 缺水地区农用水权置换实践比较与优化研究[J]. 节水灌溉, 2016（7）: 77-79, 83.

[78] 张景兰. 基于水量—面积双控的疏勒河流域水权方案设计与实现[J]. 中国水利, 2016（12）: 11-14.

[79] 杜梦娇，田贵良. 基于土地交易实践的水权交易模式设计[J]. 节水灌溉，2016（5）：102–105，109.

[80] 吴秋菊. 基于小农经济视角的中国农业水权制度诉求[J]. 中国水利，2016（8）：15–18.

[81] 钟玉秀. 水权制度建设及水权交易实践中若干关键问题的解决对策[J]. 中国水利，2016（1）：12–15.

[82] 钟玉秀. 灌区水权流转制度建设与管理模式研究[M]. 北京：中国水利水电出版社，2016.

[83] 柳长顺，杨彦明，戴向前. 西北内陆河水权交易制度研究[M]. 北京：中国水利水电出版社，2016.

[84] 李晶，王晓娟，陈金木.完善水权水市场建设法制保障探讨[J]. 中国水利，2015（5）：13–15，19.

[85] 段涛. 基于质量差异模型的再生水市场定价公式及应用实例研究[J]. 生态经济，2015（8）：109–111，124.

[86] 李永中，庹世华，侯慧敏. 黑河流域张掖市水资源合理配置及水权交易效应研究[M]. 北京：中国水利水电出版社，2015.

[87] 李铁，王海丽，詹小米. 农业节水补偿理论、方法与实践[M]. 北京：中国水利水电出版社，2015.

[88] 曹永潇. 跨流域调水工程中的水权水市场研究[M]. 北京：中国水利水电出版社，2016.

[89] 汤洁娟. 基于省际面板数据分析的我国农田水利工程社会经济效率评价[J]. 灌溉排水学报，2015（7）：57–61.

[90] 陈述，胡志根. 上游水电站控泄条件下的施工导流效益评价[J]. 水力发电学报，2015（2）：181–188.

[91] 宋红霞，胡笑妍. 人民治理黄河 70 年城镇供水效益分析[J]. 人民黄河，2016（12）：28–30.

[92] 翟羽佳，刘春学. 苍山十八溪流域水资源生态系统服务功能价值评估[J]. 中国农村水利水电，2015（5）：77–80.

[93] 王丽萍，张璞，石佳，等. 黄海涛.糯扎渡水库陆生生态风险评价模型[J]. 水力发电学报，2015（2）：50–56.

[94] 陈进，李清清. 三峡水库试验性运行期生态调度效果评价[J]. 长江科学院院报，2015（4）：1–6.

[95] 王树文，祁源莉，FarhedA.Shah. 三峡工程对生态环境与生态系统的影响及政策分析模型研究[J]. 中国人口·资源与环境，2015（5）：106–113.

[96] 徐慧，刘翠，樊旭. 江都水利枢纽综合效益评估[J]. 水利经济，2016（3）：16–20，79–80.

[97] 胡春明，李曜，秦晶，等. 水利水电项目的环境影响经济损益分析[J]. 水力发电，2015（1）：1–3，30.

[98] 毅鹏. 水利建设融资的路径思考[J]. 中国农村水利水电，2015（1）：20–23.

[99] 马毅鹏，乔根平. 新形势下水利投融资平台发展前景分析[J]. 水利发展研究，2016（4）：13–17.

[100] 李红强，陈博，唐忠杰，等. 开发性金融支持水利建设新模式研究[J]. 中国水利，2016（6）：5–9.

[101] 李一凡，刘福胜. REITs 模式对农田水利建设资金筹措的启示[J]. 中国水利，2016（5）：39–41.

[102] 马毅鹏，乔根平. 对运用 PPP 模式吸引社会资本投入水利工程的思考[J]. 水利经济，2016（1）：35–37，45，84.

[103] 王阳，张朕. PPP 模式在农村水利基础设施建设中运用的可行性分析[J]. 中国农村水利水电，2016（6）：143–145.

[104] 王新征. 农田水利基础设施建设融资模式的创新研究[J]. 中国农机化学报，2015（4）：275–278.

[105] 钟云，薛松，严华东. PPP 模式下水利工程项目物有所值决策评价[J]. 水利经济，2015（5）：34–38，78–79.

[106] 王建球. 湖南省莽山水库 PPP 项目建设经营模式探索与实践[J]. 水利经济，2016（1）：38–40，45，84.

[107] 毕小刚，郭晖，范景铭. 社会资本参与重大水利项目建设运营模式探索[J]. 水利经济，2016（1）：28–30，34，83–84.

[108] 王冠军，刘小勇，王健宇，等. 小型农田水利工程产权制度改革研究——改革思路及总体框架[J]. 中国水利，2015（2）：14–16.

[109] 王健宇，柳长顺，刘小勇，等. 小型农田水利工程产权制度改革研究——理论模式及实践形式[J]. 中国水利，2015（2）：17–20.

[110] 陈丹，郭明珠，陈万学，等. 洪泽县周桥灌区管理体制改革方案探讨[J]. 中国水利，2015（13）：45–49.

[111] 刘辉，周长艳. 农田水利产权治理的农户满意度及其影响因素——基于湖南省 323 份农户数据的分析[J].湖南农业大学学报（社会科学版），2016（6）：1–6，20.

[112] 张润，刘志辉，秦艳，等. 新疆 2000–2012 年主要农作物虚拟水含量计算与分析[J]. 水土保持研究，2015（4）：265–268.

[113] 杨雅雪，赵旭，杨井. 新疆虚拟水和水足迹的核算及其影响分析[J]. 中国人口·资源与环境，2015（S1）：228–232.

[114] 李梦，雷敏，杨海娟，等.粮食供需平衡视角下虚拟水研究——以陕西省商洛市为例[J]. 山东农业大学学报（自

然科学版），2016（6）：828–834.

[115]李莹，李铁男，高雪杉. 黑龙江省3种主要粮食作物的虚拟水量化研究[J]. 水资源与水工程学报，2016（5）：226–230.

[116]刘晓菲，张士锋，林忠辉，等. 北京市农业生产消费虚拟水对比分析及评价[J]. 灌溉排水学报，2016（5）：56–61，66.

[117]黄初龙，于昌平，高兵，等. 厦门市资源水与虚拟水耦合代谢效率评价[J]. 生态学报，2016（22）：7267–7278.

[118]郭相春，刘红岩，韩宇平. 区域虚拟水与产业系统协同度研究[J]. 水电能源科学，2015（6）：139–142.

[119]郑和祥，李和平，白巴特尔，等. 基于产业结构优化的鄂尔多斯市虚拟水计算分析[J]. 中国农村水利水电，2016（9）：216–220.

[120]吴普特，高学睿，赵西宁，等. 实体水–虚拟水"二维三元"耦合流动理论基本框架[J]. 农业工程学报，2016（12）：1–10.

[121]马超，许长新，田贵良，等. 虚拟水贸易的可计算非线性动态投入产出分析模型[J]. 中国人口·资源与环境，2016（11）：160–169.

[122]王勇. 全行业口径下中国区域间贸易隐含虚拟水的转移测算[J]. 中国人口·资源与环境，2016（4）：107–115.

[123]黄敏，黄炜. 中国虚拟水贸易的测算及影响因素研究[J]. 中国人口·资源与环境，2016（4）：100–106.

[124]刘渝. 区域间农产品虚拟水贸易的驱动机制分析[J]. 中国农村水利水电，2015（6）：40–42.

[125]朱志强. 江苏省产业虚拟水出口贸易变动及其驱动因子研究[J]. 水资源与水工程学报，2016（2）：69–75.

[126]马承新，邓海燕，王维平. 山东省与其他区域间虚拟水贸易定量研究[J]. 灌溉排水学报，2015（7）：54–56.

[127]车亮亮，韩雪，秦晓楠. 基于BP-DEMATEL模型的农产品虚拟水流动影响因素分析[J]. 冰川冻土，2015（4）：1112–1119.

[128]尚海洋，张志强，王岱，等. 虚拟水战略新论的社会经济效益分析——以石羊河流域民勤县为例[J]. 冰川冻土，2015（3）：818–825.

[129]田贵良，杜梦娇. 虚拟水贸易战略对河北省地下水压采的贡献机理[J]. 中国水利，2015（17）：8–11.

[130]马超，田贵良著，《虚拟水贸易与区域经济增长》[M]. 北京：中国水利水电出版社，2016.

[131]马细霞，张李川，路振广. 基于虚拟水贸易的灌区种植结构多目标优化模型[J]. 灌溉排水学报，2016（10）：103–108.

[132]周俊菊，石培基，雷莉，等. 民勤绿洲种植业结构调整及其对农作物需水量的影响[J]. 自然资源学报，2016（5）：822–832.

[133]石常峰，田贵良，孙兴波，等. 应对干旱事件的虚拟水期权契约设计研究[J]. 干旱区资源与环境，2016（6）：71–76.

[134]雷玉桃，苏莉. 中国水足迹强度区域差异的空间分析[J]. 生态经济，2016（8）：29–35.

[135]吴兆丹，王张琪，Upmanu LALL. 生产视角下的中国水足迹空间差异研究——基于经济区域分析层次[J]. 资源科学，2015（10）：2039–2050.

[136]徐鹏程，张兴奇. 江苏省主要农作物的生产水足迹研究[J]. 水资源与水工程学报，2016（1）：232–237.

[137]柴富成，程豹，谭周令. 石河子地区农畜产品水足迹研究[J]. 中国农村水利水电，2015（11）：70–72.

[138]孙世坤，王玉宝，吴普特，等. 小麦生产水足迹区域差异及归因分析[J]. 农业工程学报，2015（13）：142–148.

[139]段佩利，秦丽杰. 基于ESDA的吉林省玉米生产水足迹空间分异[J]. 东北师大学报（自然科学版），2015（2）：120–127.

[140]赵慧，潘志华，韩国琳，等. 气候变化背景下武川主要作物生产水足迹变化分析[J]. 中国农业气象，2015（4）：406–416.

[141]胡婷婷，黄凯，金竹静，等. 滇池流域主要农业产品水足迹空间格局及其环境影响测度[J]. 环境科学学报，2015（11）：3719–3729.

[142]何开为，张代青，侯瑨，等. 基于水足迹理论的云南省农业水资源承载力DEA模型评价[J]. 水资源与水工程学报，2015（4）：126–131.

[143]李啸虎, 杨德刚. 水足迹视角下干旱区城市工业结构优化研究——以乌鲁木齐市为例[J]. 中国人口·资源与环境, 2015（5）：170–176.

[144]宋永永, 米文宝, 杨丽娜. 基于水足迹理论的宁夏水资源安全评价[J]. 中国农村水利水电, 2015（5）：58–62.

[145]何洋, 纪昌明, 石萍. 水电站蓝水足迹的计算分析与探讨[J]. 水电能源科学, 2015（2）：37–41.

[146]王涛, 孜比布拉·司马义, 陈溯, 等. 乌鲁木齐市水足迹和水资源承载力动态特征分析[J]. 中国农村水利水电, 2015（2）：42–46.

[147]吴兆丹.中国水足迹地区间比较——基于"生产–消费"视角[M]. 北京：清华大学出版社, 2015.

[148]吴普特, 王玉宝, 赵西宁.2014 中国粮食生产水足迹与区域虚拟水流动报告[M]. 北京：中国农业出版社, 2016.

[149]曹连海.基于水足迹理论的灌区农业节水潜力研究：以河套灌区为例[M]. 北京：科学出版社, 2016.

[150]李玮, 刘家宏, 贾仰文, 等. 社会水循环演变的经济驱动因素归因分析[J]. 中国水利水电科学研究院学报, 2016（5）：356–361.

[151]王喜峰. 基于二元水循环理论的水资源资产化管理框架构建[J]. 中国人口·资源与环境, 2016（1）：83–88.

[152]王娇娇, 方红远, 李旭东, 等. 社会水循环内涵及其关键问题浅析[J]. 水电能源科学, 2015（5）：30–33.

本章撰写人员及分工

本章撰写人员名单（按贡献排名）：韩宇平、梁士奎、肖恒。分工如下表。

节　名	作　者	单　位
负责统稿 7.1　概述	韩宇平	华北水利水电大学
7.2　水资源–社会–经济–生态环境整体分析研究进展	梁士奎	华北水利水电大学
7.3　水资源价值研究进展	梁士奎	华北水利水电大学
7.4　水权及水市场研究进展	梁士奎	华北水利水电大学
7.5　水利工程经济研究进展	肖　恒	华北水利水电大学
7.6　水利投融资及产权制度改革研究进展	肖　恒	华北水利水电大学
7.7　虚拟水与社会水循环研究进展	韩宇平、肖　恒	华北水利水电大学
7.8　与 2013—2014 年进展对比分析	韩宇平	华北水利水电大学

第8章 水法律研究进展报告

8.1 概述

8.1.1 背景与意义

（1）水是生命之源、生产之要、生态之基。从满足人类社会需求的角度来看，水是对人类生活和生产活动具有关键作用和重大价值的资源；就生态平衡的角度而言，水是必不可少的生态和环境要素。水资源是一个国家的关键性和基础性战略资源。随着科技的进步，人类改造自然能力的不断提高，对水资源造成的影响日益全面和深刻，尤其是不合理的水资源开发利用行为，致使水资源短缺、水污染严重和水灾害频发成为突出问题。如何实现水资源可持续利用是关系国民经济和社会发展的重大战略问题。

（2）我国人均水资源量仅为 2040m³，约为世界平均水平的三分之一，且时空分布严重不均，水资源形势极其严峻。叠加不合理的水资源开发利用模式，水资源问题已经成为制约我国经济社会发展的瓶颈。建立、健全和完善我国水资源法律法规体系，实施最严格水资源管理制度，是经济社会持续发展的现实需要和客观要求。

（3）自 2011 年中央一号文件《中共中央　国务院关于加快水利改革发展的决定》实施以来，国家发布了一系列文件❶，加强并不断完善最严格水资源管理制度。2015 年 9 月中共中央　国务院《生态文明体制改革总体方案》明确要求，人口规模、产业结构、增长速度不能超出当地水土资源承载能力和环境容量，并且特别强调了开展水流和湿地产权确权试点、完善最严格的水资源管理制度、推进农业水价综合改革、推行排污权交易制度等内容，为我国加强水资源管理、开发和保护的生态化提供了指导。以上举措，均充分说明了水资源相关问题的重要性、紧迫性和国家对水资源管理的高度重视。依法治水是依法治国的重要组成部分，对水法治的基本思想、基础理论和制度设计的深入研究是依法治水的重要前提。

（4）良好而完善的法律以及其切实而有效的实施是经济社会可持续发展的强有力保障。人与自然之间的不协调，实质上是人与人之间的问题，人与社会的问题。各种水危机的不断出现，是人类不合理利用水资源、严重破坏自然水平衡的必然恶果；其背后的深层次原因，既包括现有水资源法律体系的不健全，也包括相关法律得不到有效实施，从而无法有效地对人类的不合理用水行为进行纠正和约束。法律及其实施中存在的缺陷，折射出加强水资源管理政策法律研究的急迫性。依法治水是我国水资源管理工作的指导思想之

---

❶具体内容详见《中国水科学研究进展报告（2011—2012）》第 7 章"水法律研究进展报告"和《中国水科学研究进展报告（2013—2014）》第 8 章"水法律研究进展报告"中的"概述"部分。

一，水政策法律的研究需要紧紧围绕于它；一些优秀研究成果或反映国内社会经济发展的现实需要，或借鉴域外经验教训，有利于推动依法治水工作。对这些研究成果进行梳理和总结，对于深化水法治研究，加快科研成果转化，进一步推进依法治水有着重大的理论和实践价值。

8.1.2　标志性事件

（1）2015 年 2 月 16 日，水利部印发《关于水利工程建设项目代建制管理的指导意见》，提出在水利建设项目特别是基层中小型项目中推行代建制等新型建设管理模式，发挥市场机制作用，增强基层管理力量，实现专业化的项目管理，以改变水利项目点多面广量大，基层建设任务繁重，管理能力相对不足的现状。

（2）2015 年 3 月 4 日，水利部印发《加快推进水利工程建设实施意见》，旨在贯彻落实国务院关于加快水利建设的决策部署，全面推进重大水利工程和民生水利项目建设，切实加快投资计划执行进度，充分发挥水利投资效益。内容主要涉及三个方面：一是明确年度投资计划执行的总体目标；二是提出加快水利建设的具体措施，包括推进各类水利工程前期工作、加快投资计划下达进度、编制水利投资三年滚动规划、实行投资计划执行月调度制度、加强投资计划执行监督检查和延伸水利审计免疫系统等方面；三是完善加快水利工程建设的保障机制。

（3）2015 年 4 月 2 日，国务院印发《水污染防治行动计划》（"水十条"），提出了水污染防治行动的总体要求、工作目标和主要指标，并规定从全面控制污染物排放、推动经济结构转型升级、着力节约保护水资源、强化科技支撑、充分发挥市场机制作用、严格环境执法监管、切实加强水环境管理、全力保障水生态环境安全、明确和落实各方责任以及强化公众参与和社会监督 10 个方面做好水污染防治工作。这是当前和今后一个时期全国水污染防治工作的行动指南。

（4）2015 年 5 月 13 日，水利部印发《中央水利投资计划执行考核办法》。它是为贯彻落实《加快推进水利工程建设实施意见》和加快推进水利工程建设工作视频会议的相关要求，进一步规范水利投资计划管理，加快中央水利投资计划执行，提高中央水利投资效益而出台的，规定考核实行定期进度考核与年度综合考核相结合的考核方式。定期进度考核每年两次，年度综合考核每年一次。

（5）2015 年 6 月 23 日，水利部印发《农村水电安全生产监督检查导则》。它是根据《安全生产法》《水利工程建设安全生产监督检查导则》等法律法规制定的，旨在规范农村水电安全生产监督检查行为，提高监督检查工作绩效。

（6）2015 年 7 月 3 日，水利部印发《加快推进江河治理工程建设实施细则》。它根据水利部《加快推进水利工程建设实施意见》及有关规定制定，旨在加快推进江河治理工程建设，确保如期实现建设目标，保障工程建设质量、安全和投资效益。提出江河治理工程建设年度投资计划执行的总体目标是：当年中央水利投资计划完成率年底前要达到 80%以上。江河治理工程应严格履行基本建设程序，落实项目法人责任制、招标投标制、建设监理制，严格合同管理，在保证工程质量和安全的前提下加快进度，控制造价，提高投资效益。

（7）2015 年 7 月 31 日，水利部发布《小型农田水利工程维修养护定额（试行）》。它的颁布实施，为规范小型农田水利工程维修养护经费需求测算和预算编制提供了技术支撑，为促进维修养护经费足额落实创造了基础条件。同时，该《定额》与 2004 年水利部、财政部《水利工程维修养护定额标准（试点）》相配套，使大中型水利工程和小型农田水利工程维修养护经费的测算、预算申请形成了一套完整体系，有利于全面规范水利工程维修养护工作，促进工程的良性运行和持续发挥效益。

（8）2015 年 9 月 28 日，水利部印发《水利建设市场主体信用评价管理暂行办法》，以规范水利建设市场主体信用评价工作，推进水利建设市场信用体系建设，完善水利建设市场主体守信激励、失信惩戒机制，保障水利建设质量与施工安全。规定信用评价是依据有关法律法规和水利建设市场主体信用信息，按照规定的标准、程序和方法，对水利建设市场主体的信用状况进行综合评价，确定其信用等级并向社会公开的活动。

（9）2015 年 12 月 15 日，水利部、国家发展改革委、财政部、国土资源部、环境保护部、农业部、国家林业局联合印发《全国水土保持规划（2015—2030 年）》。它是新中国成立以来首部在国家层面上由国务院批复的水土保持综合性规划，是我国水土流失防治工作的重要里程碑，标志着我国水土保持工作进入了规划引领、科学防治的新阶段。

（10）2015 年 12 月 16 日，水利部印发《农田水利设施建设和水土保持补助资金使用管理办法》。该办法规定农田水利设施建设和水土保持补助资金，是由中央财政预算安排、用于农田水利工程设施和水土保持工程建设以及水利工程维修养护的补助资金。该补助资金由财政部会同水利部负责管理，并对其使用情况进行绩效评价，评价结果与年度补助资金安排挂钩。

（11）2016 年 1 月 5 日，为深入贯彻节水优先方针，加快落实十八届五中全会提出的实行水资源消耗总量和强度双控行动，水利部按照实行最严格水资源管理制度和水污染防治行动计划的工作要求，发布了《关于加强重点监控用水单位监督管理工作的通知》。该通知的总体要求是，重点监控用水单位监督管理以提高用水效率和控制用水总量为核心，以名录确定的取用水单位监管为重点，充分利用国家和地方水资源管理系统，强化取用水计量监控，完善取用水统计体系，加快实现取用水管理信息化、现代化，为最严格水资源管理制度考核、水资源消耗总量和强度双控提供技术依据和基础支撑。通知中明确提出要建立国家、省（自治区、直辖市）、市三级名录。

（12）2016 年 1 月 15 日，为全面贯彻落实中央关于实施农村饮水安全巩固提升工程的决策部署，国家发展改革委、水利部、财政部、卫生计生委、环境保护部、住房城乡建设部等 6 部委联合印发了《关于做好"十三五"期间农村饮水安全巩固提升及规划编制工作的通知》。它明确提出了"十三五"农村饮水安全巩固提升工程规划及实施的三个重点：一是切实维护好、巩固好已建工程成果；二是坚持"先建机制、后建工程"，因地制宜加强供水工程建设与改造，科学规划、精准施策，优先解决贫困地区等区域农村供水基本保障问题；三是进一步强化水源保护和水质保障。明确了四项保障任务完成的措施：一是进一步强化和落实地方政府主体责任，层层传导压力，切实强化责任制刚性约束；二是抓紧以省为单位编制规划并报省级政府批准，对列入"十三五"脱贫攻坚工程实施范围的地区和人口单列工程目标任务、布局、规模、投资等相关指标；三是多渠道筹集建设资金，履行好目标任务承诺，中央财政重点对贫困地区等予以适当补助，并与各地规划任务完成情况等挂钩；四是加强组织领导和技术指导，切实强化监督考核。

（13）2016 年 1 月 19 日，为贯彻落实国务院关于加快转变政府职能，精简行政审批事项的要求，积极推进深化水行政审批制度改革，水利部印发《水利部简化整合投资项目涉水行政审批实施办法（试行）》。它将水利部现有 7 项投资项目涉水行政审批事项分三类予以简化整合，对审批事项整合后适用范围、审批权限和流程等予以明确，进一步创新审批方式，优化审批流程，提高审批效率。

（14）2016 年 1 月 29 日，国务院办公厅印发《关于推进农业水价综合改革的意见》，对今后一个时期农业水价综合改革作出全面部署。它提出改革的总体目标是，用 10 年左右时间，建立健全合理反映供水成本、有利于节水和农田水利体制机制创新、与投融资体制相适应的农业水价形成机制，促进农业用水方式由粗放式向集约化转变。

（15）2016 年 2 月 6 日，为规范中央财政补助水利工程维修养护资金的安排和使用，提高资金使用效益，确保维修养护经费补助政策落到实处，水利部制定《关于做好中央财政补助水利工程维修养护经费安排使用的指导意见》。用好中央财政补助维修养护资金是进一步深化水利工程管理体制改革的重要举措，是促进农田水利工程良性运行的重要保障，是深化农田水利改革的关键之举。要求认真做好中央财政补助维修养护资金的统筹安排，切实加强维修养护资金的使用管理。

（16）2016 年 2 月 18 日，为充分发挥开发性金融对水利扶贫开发工作的重要促进作用，水利部、国家开发银行印发《关于加强金融支持水利扶贫开发工作的意见》，要求切实落实有关金融支持水利扶贫开发各项优惠政策。该意见提出了 5 点具体要求：一是扩大水利扶贫项目融资支持；二是对于涉及水利项目建设的贫困人口异地扶贫搬迁，开发银行将按照保本微利的原则发放长期贷款；三是开发银行积极争取扶贫再贷款，执行优惠利率，支持贫困地区发展特色产业和贫困人口就业创业的涉水项目；四是对水利枢纽、引调水工程、小水电等有稳定还款来源的水利扶贫项目，以及公益性水利项目，开发银行可给予过桥贷款，并实行优惠利率；五是地方水利部门和开发银行主动加强与地方发展改革等部门的沟通，积极争取水利扶贫项目专项建设基金。

（17）2016 年 4 月 11 日，水利部发布《水生态文明城市建设评价导则》。它的发布，为在全国范围内创建水生态文明城市提供了专业指导，为评价水生态文明城市建设成效提供了技术标准。《导则》为今后城市水利工作，特别是城市水生态系统的保护和修复工作，提出了基本要求。这也是近年来水利部门贯彻落实生态文明建设的具体成果之一。

（18）2016 年 4 月 19 日，水利部公布《水权交易管理暂行办法》，旨在贯彻落实中共中央、国务院关于建立完善水权制度、推行水权交易、培育水权交易市场的决策部署，鼓励开展多种形式的水权交易，促进水资源的节约、保护和优化配置。它对可交易水权的范围和类型、交易主体和期限、交易价格形成机制、交易平台运作规则等作出了具体的规定，对当前水权水市场建设中的热点问题作出了具体规定，一定程度上体现了水权交易理论研究成果的深度和实践经验总结。

（19）2016 年 5 月 17 日，国务院公布了《农田水利条例》。《农田水利条例》提出了发展农田水利要坚持政府主导、科学规划、因地制宜、节水高效、建管并重的原则，进一步规范了农田水利规划、建设、运行、管理，有助于建立健全农田水利基本制度和长效机制，为农业稳定发展和国家粮食安全提供坚实的法治保障。

（20）2016 年 5 月 28 日，为扎实推进农业水价综合改革工作，国家发展改革委、财政部、水利部、农业部联合印发《关于贯彻落实〈国务院办公厅关于推进农业水价综合改革的意见〉的通知》。该通知指出，各地要充分认识农业水价综合改革的重要性、紧迫性和艰巨性，全面把握其内容，深刻领会改革精神，切实增强做好改革工作的责任感和使命感。各地要围绕改革总体目标，在省级政府的统一领导下，组织精干力量，抓紧编制本地区农业水价综合改革实施方案和年度实施计划。既要坚持多措并举，狠抓任务落实，同时也要积极筹集资金，建立可持续的农业用水精准补贴和节水奖励机制。各地要建立健全工作机制，加强对改革工作的领导，协调解决改革中出现的重大问题。

（21）2016 年 6 月 24 日，国家发展改革委、水利部等 14 个部门联合印发《公共资源交易平台管理暂行办法》，进一步规范公共资源交易平台运行，提高公共资源配置效率和效益，加强对权力运行的监督制约。该办法指出，依法必须招标的工程建设项目招标投标、国有土地使用权和矿业权出让、国有产权交易、政府采购等应当纳入公共资源交易平台。公共资源交易平台应当推行网上预约和服务事项办理。确需在现场办理的，实行窗口集中，简化流程，限时办结。各级行政监督管理部门应当将公共资源交易活动当事人资质资格、信用奖惩、项目审批和违法违规处罚等信息，自作出行政决定之日起 7 个工作日内上网公开，并通过相关电子监管系统交换至公共资源交易电子服务系统。

（22）2016 年 6 月 29 日，水利部制定《关于加强水资源用途管制的指导意见》（以下简称《指导意见》），进一步贯彻落实中央关于健全自然资源用途管制的要求，按照"节水优先、空间均衡、系统治理、两手发力"的新时期水利工作方针，加强水资源用途管制工作，统筹协调好生活、生产、生态用水，充分发挥水资源的多重功能，使水资源按用途得到合理开发、高效利用和有效保护。《指导意见》明确提出了加强水资源用途管制的指导思想、基本原则、总体目标、主要任务以及保障措施，它是今后一段时间全面加强水资源用途管制的重要指导性文件。

（23）2016 年 7 月 13 日，为加强中央补助资金安排地方实施的水土保持工程验收管理，明确验收责任，规范验收行为，保证验收质量，水利部制定《关于加强水土保持工程验收管理的指导意见》。该意见指出，地方各级水行政主管部门依权限负责本行政区域内水土保持工程验收管理工作。水土保持工程验收分为法人验收和政府验收，法人验收是政府验收的基础。施工单位在完成合同约定的每项建设内容后，应向项目法人提出验收申请。项目法人应在收到验收申请之日起 10 个工作日内决定是否同意进行验收。项目法人认为建设项目具备验收条件的，应在 20 个工作日内组织验收。项目法人在项目完工且完成所有单位工程验收后 1 个月内，应向县级水行政主管部门提交初步验收申请。县级水行政主管部门认为具备验收条件的，应在1个月内组织验收。

（24）2016年10月18日，为进一步控制水资源消耗，实施水资源消耗总量和强度双控行动，水利部、国家发展改革委发布《"十三五"水资源消耗总量和强度双控行动方案》的通知。它指出，坚持节水优先、空间均衡、系统治理、两手发力，切实落实最严格水资源管理制度，促进经济发展方式和用水方式转变；控制水资源消耗强度，全面推进节水型社会建设，把节约用水贯穿于经济社会发展和生态文明建设全过程，为全面建成小康社会提供水安全保障。此外，通知还强调，要将坚持双控与转变经济发展方式相结合作为基本原则，以水定需，量水而行，因水制宜，促进人口经济与资源环境相均衡。到2020年，水资源消耗总量和强度双控管理制度基本完善，双控措施有效落实，双控目标全面完成。

（25）2016年11月3日，为进一步加强并做好新形势下水土保持宣传教育工作，水利部办公厅印发了《关于加强水土保持宣传教育工作的通知》。通知指出，要进一步明确水土保持宣传教育工作重点，制定宣传教育工作方案和计划，做好宣传教育主题策划，打造水土保持宣传教育平台，深入宣传典型人物事迹，进一步创新宣传教育方式。通知还要求，切实加强组织领导，有力有序推进水土保持宣传教育工作，将宣传目标任务与责任落到实处。

（26）2016年11月4日，按照全面深化改革的要求，水利部、国土资源部印发《水流产权确权试点方案》的通知。该通知指出3点工作要求：一是加强组织领导，强化责任落实。要求各试点省（区）和相关单位高度重视，抓紧成立由省级政府领导牵头，水利、国土资源等相关部门和试点地方政府领导组成的试点工作领导小组，并落实相关部门和地方责任分工，全面组织实施好试点工作。二是编制水流产权确权试点实施方案。要求各试点省（区）水利厅会同国土资源厅，抓紧编制试点实施方案，由水利部、国土资源部会同试点省（区）人民政府联合审批。三是强化支撑保障，按期完成试点任务。要求各试点地区强化支撑保障，落实必要的工作经费和业务保障，切实做好试点工作组织实施、探索创新、总结评估等工作，确保按时完成试点任务，努力形成可推广、可复制的改革经验，发挥试点的引领示范作用。

（27）2016年12月21日，为更好发挥小水电在保护生态环境、促进节能减排、改善民生福祉、推动脱贫攻坚等方面的作用，水利部印发《关于推进绿色小水电发展的指导意见》。它指出，要充分认识到发展绿色小水电的重要意义，通过科学规划设计、规范建设管理、优化调度运行、治理修复生态、创新体制机制、强化政府监管等措施，建设生态环境友好、社会和谐、管理规范、经济合理的绿色小水电站，维护河流健康生命。要坚持生态优先、科学发展，坚持因地制宜、分类推进，坚持完善政策、创新机制的基本原则。到2020年，建立绿色小水电标准体系和管理制度，初步形成绿色小水电发展的激励政策，创建一批绿色小水电示范电站；到2030年，全行业形成绿色发展格局，小水电规划设计科学合理，建设管理规范有序，调度运行安全高效。

8.1.3　本章主要内容介绍

本章是有关水法律研究进展的专题报告，主要内容包括以下几部分。

（1）对水法律研究的背景及意义、2015—2016 年期间有关水法律的标志性成果或事件进行简要概述。

（2）本章从第 8.2 节开始按照下列主要内容的顺序进行介绍：流域管理法律制度研究进展，水权制度研究进展，水环境保护法律制度研究进展，生态环境用水政策法律研究进展，涉水生态补偿机制研究进展，水事纠纷处理机制研究进展，外国水法研究进展，国际水法研究进展，其他方面研究进展等。

8.1.4 其他说明

在广泛阅读并全面总结相关文献的基础上，本章系统介绍有关水法律研究的进展。所引用的文献均列入参考文献中。

8.2 流域管理法律制度研究进展

流域是水资源的载体，流域水资源具有有限性，不适当的开发利用特别是过度开发利用，首先会危及与水资源可再生能力相互影响、相关关联、相互作用的生态系统，接着会导致流域水资源可再生能力的下降乃至丧失[1]。以流域为视角，实施水资源管理是科学而理想的水资源管理模式。法学学者从法学的视角，不断开辟新的研究领域，探索新的水治理模式，出现了一些关于流域管理的政策法律类学术研究成果。最近两年关于流域管理中的地方政府合作机制、市场机制和公众参与的探索较有新意，但实践研究较多，对流域法律治理基础理论的研究成果较少且深度有所欠缺。

（1）申少花认为，目前仍然存在流域水环境保护责任管理体制不畅，跨流域、跨部门管理难的公众悲剧和非集权化的恶性循环的现象。通过介绍流域水环境保护目标责任制的功能，以及该项制度在我国的法治现状，发现存在的不足，提出了解决问题的法律路径：政府绿色政绩考核法律化、统一建立河长制、拓宽并明析问责主体范围、完善公众参与机制[2]。

（2）刘琛璨通过对黄河上游河道管理情况的分析研究，对地方性立法现状的评析，提出了以下建立黄河上游河道管理制度的建议：完善黄河上游法律法规的配套管理制度；强化黄河上游水行政执法；明确流域机构和地方水行政主管部门的事权划分[3]。

（3）刘艳菊等分析了珠江流域现行法律及其存在的问题，从法律、法规和规范性文件 3 个层次提出了完善珠江流域水法规体系的建议[4]。

（4）丰云分析认为，湘江流域地方政府间的合作治理在治理理念、权力分配、组织权威、激励机制等方面存在碎片化倾向，导致合作治理难以取得实质性效果。整体性治理理论在价值取向、治理结构、运行机制及治理方式等方面与湘江流域合作治理中地方政府关系的协调具有内在耦合性。因此，要改变湘江流域地方政府合作中的碎片化现状，需要以整体性治理理论的核心思想为指导，树立整体协同的治理理念，形成扁平化网络治理结构，建立垂直统一的治理体制，构建协调整合的治理机制，从而促使湘江流域从碎片化治理走向整体性治理[5]。

（5）毛永红分析认为，我国虽然初步建立了流域水管理法律系统，设立了相关职能部门，但流域水管理体制和基本原则的不完善，导致流域水管理法律存在诸多法律问题：构成性立法缺陷，规定内容不适应市场经济体制，涉水主体协商机制不健全，管理监督职权不清等。为此，我国有必要改进流域水管理立法[6]。

（6）朱海彬等以云、贵、川三省交界处的赤水河流域为个案，运用利益相关者理论和共生理论的定性分析方法，对赤水河流域内的利益相关者作了界定，分析了他们之间的共生关系和共生驱动力。结果表明：要实现流域的可持续发展，既需要政府、公众、社会组织的多方协力，也需要高效的合作机制和健全的法律法规[7]。

（7）孟婷婷通过部门调研、专家访谈、信息综合分析等方法，剖析了滇池流域管理体制的问题，提出了滇池流域管理体制机制改革方案；建议：滇池流域的管理从管理机构、管理方式以及利益相关方参与等方面进行改革，分为近期、远期分步实施，最终实现一方主导、以流域为管理单元、利益相关方充分参与的流域综合管理体制机制[8]。

（8）宗世荣等分析了日本琵琶湖、北美五大湖、欧洲佩普西湖、美国田纳西河、澳大利亚墨累—达令河、法国水资源、英国水资源管理经验，进而总结出对我国流域管理的启示有：以流域为单元统一管理，政府的主导作用，建立良好的学术研究条件，将市场机制引入流域管理，公众的广泛参与[9]。

（9）常亮等论述了流域管理是世界各国开展流域综合治理的共同选择。对比中外流域管理模式，发现我国流域管理的相关理论和机制设计不够完善，"政府"成分过大。以辽宁省为研究对象，通过运用 IRBM 模式、准市场模式、PPP 模式和 NGO 模式等市场化手段，认为重构跨区域流域管理中"政府"与"市场"角色，是创新跨区域流域管理模式、深化流域管理体制改革的重要途径[10]。

（10）李香云分析了京津冀水和流域管理问题，审视了流域综合管理定位和内涵，提出了创新流域与行政区域一体化管理机制、推进区域生态文明建设、创新流域综合管理机制以及建立综合水信息平台等必须关注和不能忽视的重要内容[11]。

（11）翟盛分析了玛纳斯河流域管理面临的瓶颈问题，从水量合理分配、逐步完善管理制度、实现统一管理等方面，提出了玛纳斯河流域管理工作未来的发展建议[12]。

（12）王俊燕分析了当前流域管理涉及多利益主体的利益关系协调问题，单纯依赖流域行政管理手段难以协调多利益主体关系、解决流域治理危局和充分发挥公众在流域管理中的作用；从公众参与主体、参与范围、参与程序、参与渠道和参与工具等方面对流域管理中公众参与现状进行了分析；提出了完善相关的法律法规、机构设置、公众组织化、信息公开等方面的建议[13]。

8.3　水权制度研究进展

水权制度一直都是学术界研究的重点内容之一，尤其是我国长期以来存在的初始水权制度模糊、水权交易受限以及水市场机制不完善等现实困境，激发学者们的研究热情，并产出了不少学术成果。最近两年我国学者对水权制度相关问题的研究视野较窄，缺乏创新性，对水产权及其分配模式、交易制度的研究较多，有着更宏观视野的对涉水权利（权力）

的基本范畴和基础理论的研究较少；遵循政府现行水权交易思路的实践研究较多，有理论高度和深度，能引领水权相关制度建设的成果较少。

（1）曾玉珊等采用文献归纳法和比较分析法，分析了水权与土地使用权之间的关系。研究表明，18—19世纪盛行的是土地使用权吸收水权模式。但是，随着时代变迁，现在为各国普遍认可的是水权与土地使用权分离模式；在水权与土地使用权分离模式下，主要采取相邻关系和地役权的方式来化解水权与土地使用权纠纷[14]。

（2）李晶等在分析现行取水许可制度的基础上，阐述了水权水市场建设面临的新形势以及对水资源管理制度提出的新要求，提出了依照法律规定或者法律授权开展水权制度建设的建议[15]。

（3）曾玉珊等结合各地纷纷开展的水权交易实践，把水权交易模式总结为商品水交易模式、水票制交易模式、取水许可证交易模式。但是这三种交易模式分别存在交易客体错位、交易主体积极性不足、交易前提条件不具备等弊端，不适合在全国范围内推广。建议从水权交易方式、水权交易原则以及政府与水银行的关系三个方面对我国水权交易模式进行完善[16]。

（4）詹焕桢等对水权产生的背景进行了回顾，参照我国水权理论的法律基础，对水权的概念进行了解读，对水权所包括的水资源的所有权和使用权进行了研究。在此基础上，对如何完善我国水权制度框架提出了理顺水权概念和体系、加强水法的立法工作、引入第三方机构等进行建议[17]。

（5）杨静论述了我国农业水权配置主要存在配置方式混乱、分配模式不合理、与配置相关的法律不健全、缺乏监督等问题；建议：为了优化农业水权配置，提高农业用水效率，从立法、程序、法律监督方面完善相关制度[18]。

（6）杨得瑞等通过分析水权确权的概念和实践需求，梳理出水权确权的四种类型，即区域用水总量和权益的确认、取用水户的取水权确认、使用公共供水的用水权确认、农村集体水权确认，并对其权利内容、权利主体、确权方式分别进行了分析[19]。

（7）王军权论述了我国应当建立水权交易市场，并以市场配置水资源来应对水资源危机。建立有效的水权交易市场，应以水资源的静态配置与动态交易为核心，开展对水权交易市场中的政府机构、交易方及中介方等法律主体及其职能的研究[20]。

（8）石腾飞指出，水权转换在促进内蒙古西部地区经济快速发展的同时，也带来了一系列社会问题。在水权转换过程中，由于农民的用水权益被忽视，灌溉水资源的转换损害了农户利益，使其陷入生计困境，并造成地方政府和群众之间的对立，引发水事纠纷。因此，如何进一步理清和明晰水权的分配和受益机制，并通过水资源的产权制度建设来协调资源利用与社会发展的关系，是水权转换政策良性运行应注意的问题[21]。

（9）陈金木等[22]从内蒙古、广东、河南、甘肃等正在开展不同类型的水权交易试点工作的省（自治区）的实际出发，并结合法理分析了其水权交易的需求及可交易水权的类型。可交易水权主要应包括区域可交易的水量、取用水户可交易的取水权、使用公共供水用水户可交易的用水权、政府可有偿出让的水资源使用权、农村集体水权等。

（10）王贵作[23]从宪法明确的水资源所有权归属和水的多功能性角度，提出在社会主义公有制大背景下，水权应指与水资源所有权分离的占有、使用、收益和处置权，自然资源国家所有（全民所有）决定了初始水权仅应在"国家""全民"的范围内分配，明确了生活水权、农业水权、生态水权和份额水权的可交易性之间存在的差异。

（11）曾静等[24]指出，2015年《不动产登记暂行条例》第五条第十款规定了一项兜底条款，即"法律规定需要登记的其他不动产权利"；这为取水权纳入不动产登记提供了法律空间。作者认为，取水权作为一项特殊的不动产物权，具有较强的排他效力和优先效力，然而由于其客体的特殊性，取水权的权利效力难以在现行法律制度下得到较完善的保护，将取水权纳入不动产登记具有紧迫的必要性。

（12）刘惠明等[25]在农业水权转让研究基点的基础上，介绍了农业水权转让制度的公法规定和农业水权转让的私法构造。提出：债权形式物权变动模式下，农业水权转让合同是农业水权转让的原因行为，对农业水权转让的效力产生了直接影响；农业水权转让登记是农业水权转让的构成要件，登记完成后方可产生农业水权变动的法律效果，从而保障农业水权转让的安全。

（13）刘峰等[26]对宁夏回族自治区、内蒙古自治区和广东省水权水市场建设的实践开展调研，总结我国各地区水权交易制度建设的路径、模式和经验，分析了3个典型省份的案例，明确了建设水权交易制度在提高水资源利用效率、拓宽水利设施融资渠道等方面的积极作用。

（14）邱源[27]从水权及水权交易的定义、前提、定价、外部效应及政府的角度对当前研究成果和未来研究趋势进行述评。认为：近几十年来水权交易的成功案例和经验已为这一问题构建了较完备的研究体系，但在水权的内涵、水权交易的前提、水权的定价等方面的研究成果仍不理想。建议：未来应当重点从水权及水权交易的内涵、水权交易过程的效率评价以及生态环境效应等角度开展进一步研究。

（15）张建斌[28]从水资源总量控制刚性约束、工农业用水收益差异、工农业用水矛盾等角度分析了黄河流域水权交易动力机制；阐释了黄河流域水权交易中可能出现的水资源超用与水权交易并存、工业用水挤占农业水权、生态环境负外部性、变相鼓励高污染高耗能企业发展和水权出让地水资源收益减少等潜在交易风险。从动态调整黄河流域各省份初始水权并细化各省区水量分配、构建水银行、初始水权分配中设置政府预留水量、保障农业水权和生态水权、逐步推进灌区配水到农业用水者协会、建立完全水权交易价格核算体系并设置水权交易环保准入门槛、完善水权交易全过程管理等角度，提出了有效规避黄河流域水权交易潜在风险的对策。

（16）王灵波[29]指出，公共信托理论和水权制度，相互独立地形成了各自复杂的原则和规则。如果毫无限制地适用它们的范围，两者之间会发生难以避免的冲突。基于实现经济、生态和社会可持续发展的现实需求，我国可以借鉴公共信托理论甚至实现其本土化，与大陆法系的公物理论相比，公共信托具有理论上的优势；我国法律设定水资源国家所有即全民所有，为公共信托本土化提供了宪法和法律上的基础。

（17）侯慧敏等[30]研究了石羊河流域水权交易的条件体系和范围，从水权交易的基本条件、充分条件和外部条件划清了可交易水权的边界。从水资源确权、水权交易流转、水权交易管理和水权交易试点动态跟踪等方面设计完善了水权交易的实践框架。

（18）孙媛媛等[31]结合水权赋权的历史事实，探讨了水权赋权的理论依据，包括赋权的人类伦理依据以及具体的赋权依据。基于确定的水权赋权依据，突破了将水权简单地划分为河岸权、优先权等类型的认识，将水权划分为五种基本类型，即河岸权、优先占用权、轮水权、需求权重水权以及生态水权，并分析了不同水权类型的特点。

（19）骆进仁[32]以引洮工程为例，对水权的本质从经济学和法学的视角进行阐释，概括了多目标调水工程水权的特点，探讨了多目标调水工程初始水权配置应遵守的制度前提、准则及其宜采用的指标体系，提出了水权配置的程序包括配置制度、配置准则及其指标体系，并从行业配置和区域配置两个方面提出了多目标调水工程水权配置的实践路径。

（20）李春晖等[33]总结了水权交易对水资源系统影响研究的主要发展历程，着重论述了水权交易对水资源系统影响的重点研究方面：可交易生态环境水权，水权交易对水量、水生态、水环境的影响。认为：未来应当加强水权交易对生态环境影响的定量研究，进一步提升水权交易对水质、地下水、退水、陆生生态环境影响的研究，明确不同交易类型的不同影响。

（21）田贵良等[34]在对水权概念界定的基础上，从水权交易主体、交易程序以及水权交易的保障措施3个方面对水权交易机制进行构想。在水权交易过程中，要对水权转让申请进行严格审查，对水权交易可能给第三方带来的影响进行综合评价并做出利益补偿；水权转让的整个过程要在社会的监督之下，以确保转让公平公正。未来国家可以在不同层面建立水权交易所，充分利用网络和信息技术简化水权交易程序；完善相应法律制度，给予水权交易相应的制度保障。

（22）钟玉秀[35]在分析水权制度与水生态文明建设关系的基础上，指出水权制度建设和水权交易实践中需要解决的若干关键问题，并针对水资源国有的公权与水权的私权问题、权益的稳定性和水量的变化性之间的矛盾、水权交易规则、农业用水权转让收益分享和农民权益保护、水权转让生态环境保护等问题，提出了四个方面的解决对策：一是积极开展水权制度理论创新和不同层级水权交易平台建设；二是鼓励"自上而下"和"自下而上"相结合开展水权制度建设实践探索；三是不断完善水权制度实践的实施条件；四是遵守循序渐进、突出重点、稳步推进的原则，合理划分实施阶段，逐步明晰水权，建立健全水权制度体系。

（23）刘世庆等[36]指出，创新水权改革模式，促进废水污水治理，再生水开发利用，将原本不可用的水变成可用水，实现开源式水权增量改革，构建开源与节流并重的中国水权制度，是中国水权改革和制度建设的方向，可参考黄河水权改革试点等经验在南方丰水区域进行试点，并从五个方面进行推进：一是把再生水纳入水资源配置体系，建设污水回收系统和再生水输送管网；二是完善污染源自动监测体系，实现水污染高效动态管控；三是加大科学技术投入，提高污水处理水平和相关规范标准；四是禁止工业废水直接排放，加快流域污染水体重点治理；五是完善水权交易体系，实现水质改善置换出的水权真正可交易。

（24）单平基[37]指出，水权取得优先位序是水权取得制度的核心。我国确定水权取得位序的现行规则简单、笼统且欠缺司法操作性，导致用水冲突频发，需借鉴先进的现代水权许可制度予以完善。具体思路是，在水权取得过程中融入行政许可因素以修正"在先占用规则"即法律结合"用水目的与申请时间"的考量以确定水权取得的具体优先位序。总的原则是，无论水资源是否充足，法律须以"申请时间"作为确定水权取得优先位序的基本依据；当水资源不足时，要优先考虑"用水目的"位序高者的利益，必要时可通过补偿损失的方式换取在先申请者的应得水权。

（25）沈百鑫等[38]提出：我国水权体系的构建，应在综合水体治理理念和环境质量达标机制下，从时间维度上以规划制度来平衡经济、社会发展和环境在规划时期内的发展进程；在空间上以流域水治理补充行政治理，并综合考虑地表水、地下水、河口水体，水体与陆地，上下游之间等多种关系；在行政管理的职责上，要求不同区域和不同政府部门横向协调与合作；在治理手段上，结合传统的行政管制和税费与水价的经济手段以及广泛实施公共参与，实行政府治理与社会治理相结合。

（26）林凌等[39]针对我国水权制度现状及存在的问题，提出了在坚持水资源国有的基础原则上，应当着眼于建立高效、公平和可持续的水权制度。建议：从完善水权法律体系建设、政府市场两手发力、妥善协调各方利益、加强各类制度规则配套、推进水利工程建设、建设分区域水权制度 6 个方面完善我国水权制度。

（27）余红等[40]建议从以下 4 个方面完善水排污权交易法律制度：以法律形式确立排污权，制定《水排污权交易管理条例》，完善总量控制制度，建立水排污权交易监督管理机制。

（28）王晓娟等[41]在对我国水权交易市场的现状和面临的障碍进行分析的基础上，对水权交易市场的性质和要素、水权交易主体培育、扩大可交易水权、搭建水权交易平台、建立市场规则体系等水权交易市场建设的关键问题进行深入研究。在水权试点中积极探索水权交易市场培育的方式方法、推进水权交易市场法规建设、加强基础工作等方面提出了对策建议。

（29）柳长顺等在《西北内陆河水权交易制度研究》[42]一书中，梳理了西北内陆河地区社会经济、水资源开发利用、水权交易制度现状和交易制度的基本框架。借鉴水权研究的理论成果和国内外相关经验，从 3 个方面构建了西北内陆河地区的水权交易制度体系，设计了交易示范方案：政府主导下开展规模化水权交易，保障农民初始水权和水权交易的获益，加快建设水权交易平台。针对水权交易实践中存在的问题、限制因素和改进措施，提出了扩大试点的具体建议。

8.4　水环境保护法律制度研究进展

我国不仅面临人均水资源短缺、水资源时空分布不均等严重水问题，而且水环境保护至今仍未摆脱"局部改善，整体恶化"的被动局面。学界高度关注水环境保护法律制度研究。最近两年有对农村水污染防治基本理论的研究，也有对水资源保护体系的探索；有对水污染现状的剖析，也有对水环境治理趋势的预测；有基础理论的研究，也有制度建设的设想；有经济手段、行政手段的研究，也有刑事手段的探索，取得了不少研究成果。

（1）王圣瑞等[43]分析提出，现阶段应实现湖泊富营养化治理"三大战略"转变，建立技术、政策、经济、法律等多手段联用的湖泊流域综合管理和治理体系，优先保护水质良好和生态脆弱湖泊，推动湖泊自然资本核算机制，建立湖泊流域经济可持续增长新模式，推进流域经济社会生产生活方式转变，构建湖泊流域生态文明体系。

（2）张永亮等[44]指出，"十二五"以来，我国对水污染防治运用经济政策手段进行了积极探索，亟须在未来《中华人民共和国水污染防治法》的修订过程中加强对相关经济政策手段的规定，给予相关手段明确的法律地位，充分发挥经济政策在水污染防治中的重要作用。建议重点从 3 个方面对《中华人民共和国水污染防治法》进行修改：完善关于财政投入和融资渠道的相关规定，要求加大水污染防治财政投入和补贴力度、鼓励水污染防治第三方治理方式和 PPP 模式以及建立流域上下游（跨界）生态补偿机制等；完善对于环境税（费）和其他价格机制的相关规定，增加关于环境保护税的说明等；增加逐步推行重点水污染物排污权交易的条款等。

（3）左其亭[45]以实现人水和谐为目标，基于人水和谐调控理论，阐述了进行水环境综合治理的重要意义，提出了基于人水和谐调控的水环境综合治理体系框架，详细介绍了该体系框架的主要内容。

（4）石广明等[46]基于跨界流域污染合作治理思路，以河南省贾鲁河流域的 4 个地区为实证对象。从博弈理论的角度分析了各个地区进行合作防治跨界流域污染的思路、方式，并对各个地区之间进行合作治理污染物时的稳定性进行了讨论。

（5）赵星辰[47]认为：黄河水资源保护不能仅仅依靠国务院、水利部以及黄河水利委员会发布的行政法规，而应该出台一部由全国人大常委会制定的特别调整黄河水资源保护利用关系的法律——《黄河水资源保护法》，宏观统筹黄河用水量，防止和减少水土流失，禁止非法排污行为，订立相应处罚措施，加强事后生态积极补救机制、公众参与管理机制。

（6）段婕好[48]认为要保护水资源就应当充分发挥政府的主导作用，由法律规定明晰政府在水资源保护中的义务；探析政府在水资源保护中的责任缺失；建议完善政府保护水资源的法律责任。

（7）刘定湘[49]分析认为，现行《中华人民共和国刑法》仅规定了重大环境污染事故罪，没有单独设置水污染罪，不利于维护良好水事秩序和促进社会稳定。我国《中华人民共和国刑法》也对土地、矿产等资源作了比较详细的刑事保护立法。作为基础性自然资源，水资源与土地、矿产等资源一样需要强化《中华人民共和国刑法》的保护。在《中华人民共和国刑法》中增设水污染罪，对落实最严格水资源管理制度和促进水资源可持续利用具有十分重要的意义。

（8）李义松等[50]基于对水污染物排放许可制度历史沿革和立法现状的梳理，从行政法治和市场化两个维度审视了该制度存在的问题，提出了完善水污染物排放许可制度的建议：完善相关法律法规体系，统一许可实施主体，拓展许可适用范围，完善许可中的公共利益保护机制等。

（9）田飞[51]通过对产业集群现象的阐述，探讨了产业集群下水污染治理的法律问题，提出了 6 项完善建议：建立用水和污水排放综合管理制度；在立法中完善工业污水集中处理制度；简化产业集群地区环境执法程序；完善跨区域水污染治理制度；执行针对性的行业污水排放标准；明确公众的环境权利。

（10）马育红等[52]针对近年来我国甘肃、山西、河北、江苏、广西、上海等地发生的不同程度的饮用水污染事件，饮用水安全保障法律制度存在缺陷，建议：制定专门的《安全饮用水法》，完善供用水合同制度，从环境法律制度与民事法律制度两个方面完善我国饮用水安全保障法律制度。

（11）姚金海[53]认为，基于《中华人民共和国水污染防治法》建立的饮用水水源保护区制度所涉及的内容架构缺乏配套法律、法规，制定一部可操作的权威行政法规《饮用水水源保护条例》已成当务之急。提出饮用水水源保护区法律制度架构主要包括：饮用水水源保护区行政管理制度（体制机制）；饮用水水源保护区法律责任制度。

（12）蔡守秋等[54]指出，我国水污染防治法律体系还存在某些空白和缺陷，体系内部还不够协调，甚至有立法部门化倾向，有的法律制度不够严格健全，有些法律规定可操作性不强；面对日趋严重的水污染态势和公众对清洁水质不断提高的需求，还不能完全适应和满足水环境保护事业的需要。

（13）陈真亮[55]指出，随着我国经济社会发展进入新常态，《中华人民共和国环境保护法》应发挥禁止生态倒退法、生态修复法等面向的规范功能。鉴于历年环境质量状况总体上呈现不断下降的趋势，国家有义务在法律层面确认禁止生态倒退原则。认为，禁止生态倒退原则是内生于《中华人民共和国环境保护法》的一个隐性"未列举"原则，旨在防止国家在环境义务和责任履行中的"越位"与"缺位"，甚至"不在场"。国家环境义务维度是公民环境权益研究和实践的一次重大转换，可以成为公民环境权益研究和保障的有益补充，也是公民环境权益的间接反向证明和镜像投映。国家应完善"水生态拐点"的制度安排，避免水环境保护工作和制度实施出现"瓶颈"甚至倒退，从而促进我国环境法制（治）"拐点"的到来。

（14）林龙[56]指出，2008 年修订后的《中华人民共和国水污染防治法》的大部分规定是针对城市和工业污染，对农村水污染问题的法律规定过于笼统，缺乏有效的农村水污染监督管理机制，公众参与制度不够完善，影响了农村水污染防治工作的成效。为了保护农村水环境，应当转变立法理念，建立城乡并重的水污染防治机制，细化农村水污染防治相关规定，扩大水污染源控制范围，健全农村水环境监督管理机制，建立农村环境信息公开制度，充分保障农民的环境知情权。

（15）沈绿野等[57]指出，在水污染事件频发的今天，刑法保护水资源采用结果犯的方法有待改变。危险犯的设置，是克服水污染犯罪刑法保护失灵的重要方法，合乎环境犯罪类型化的发展趋向。

（16）樊建民[58]指出，刑法关于污染环境罪的规定有不周全之处，需加以修订完善。

提出：删除"违反国家规定"的限制，以遏制情节恶劣的合法污染行为；删除"有放射性的废物、含传染病病原体的废物、有毒物质或者其他有害物质"的限制；适当提高本罪的法定刑上限；增设处罚本罪的行为犯；行为与危害结果之间的因果关系应采取疫学的标准来认定；罚金数额应综合行为所造成的直接损失、治理污染的成本以及污染行为存续期间行为人所获利益等三种因素来确定。

（17）王勇[59]指出，"河长制"是破解我国当前水环境治理困局的一种制度创新。然而，作为一种没有经过充分理论论证和实践检验的新生制度，其在水环境治理过程中发挥巨大作用的同时，也由于自身的不完善而不可避免存在着法治与人治、集中与民主、临时与长治、统一与多元等矛盾与问题。提出：通过程序理性的引入和法治品质的提升，政府主导与公众参与之有效连接，目标责任制的法治化与内在化，以及结构优化与法律关系转换来平衡上述矛盾。

（18）马云[60]指出，第三方环境服务公司主体的加入为环境污染法律责任的承担增加了障碍。为了明确水污染第三方治理机制中第三方的法律责任，作者认为必须对其中的归责原则理论进行深入分析，确定无过错责任原则在水污染侵权行为中的法律地位，从而为环境污染第三方治理机制中的责任划分奠定基础。

（19）赵琰鑫等[61]总结了国外流域水环境模型管理体系、技术支撑方法、标准化建设实践和法规化应用的实际经验，通过梳理中国流域水环境模型的发展历程和应用现状，对比分析了影响中国流域水环境模型标准化和法规化的主要障碍和问题，提出了中国流域水环境模型法规化建设的发展建议。

（20）袁小英[62]分析了我国水体的保护存在水资源保护和水污染防治两套不同的法律体系，其在立法内容与具体监督管理制度设立上存在交集与冲突，致使我国现行的流域水资源与水环境管理机构职能交叉混乱。以水资源与水环境监测管理制度所存在的体制障碍的分析为切入点，认为化解水体保护体系冲突的关键在于：协调统一的水环境立法理念和法律制度，完善水体环境管理机构的协调合作机制和执法体系。

（21）尉琳[63]指出，我国农村水环境保护立法存在思维上依附于城市、制度缺失、管理监督机制虚设以及农民水环境权益救济渠道不畅等问题。提出：应基于公平视角下农村水环境保护的立法理念，健全农村水环境保护法律制度，完善水环境保护监管机制，强化农村环境执法，完善农村水环境信息公开制度、公众参与机制等，解决我国农村水环境保护危机与水环境保护立法缺失之间的矛盾。

8.5　生态环境用水政策法律研究进展

党的十八大提出要大力推进生态文明建设，建设美丽中国。水是健康生态环境的关键，保障生态环境用水，是建设生态文明的先决条件，也是实现水资源可持续利用的基本前提。生态环境用水是一个涉及自然和科学规律、关系到国家现代化建设中战略和前瞻性、事关全局成败的重大理论和实践问题，也是水生态文明建设的重要内容。从法律和政策角度研究生态环境用水法律问题有着重大的理论和实践意义。虽然最近两年这方面的研究成果较少，但是总体质量较高，有些具有重大创新价值。

（1）左其亭等[64]从我国基本国情、水情出发，结合水生态文明现状，在对水生态文明概念、内涵和建设目标认真分析的基础上，创新性地提出了构建水生态文明建设理论体系的设想，阐述其必要性，并给出水生态文明建设理论体系的初步框架；深入阐述了理论体系的主要内容，包括水生态文明建设的思想体系、基本理论和技术方法等。

（2）才惠莲[65]提出：完善再生水利用自然生态安全法律制度，应提升再生水利用规划的法律地位，强化再生水风险评价制度；完善再生水利用经济生态安全法律制度，应确立再生水优先使用原则，将再生水水权纳入现行水权体系，明确再生水水权转让制度；完善再生水利用社会生态安全法律制度，应健全再生水水质标准制度，细化公众参与制度。

（3）李海轮[66]从地方法治的角度出发，分析江苏省水生态文明建设在立法取得的成果以及存在的应当注意的问题。在此基础上结合江苏省的特殊省情，从立法的重点内容、立法程序以及立法监督三个方面提出完善地方水生态文明立法的建议。

（4）胡德胜[67]建议从 9 个方面健全和完善我国生态用水保障制度：明确生态环境的用水法律主体地位，建立重要生态系统或其所处流域（区域）名录，完善水资源配置体制，确定最低用水程序规则或者方法，发挥许可（证）类审批制度的保障作用，运用激励措施，提高公众参与程度，建立应急机制以及重建救济制度。

（5）叶友华等[68]在分析水生态文明城市建设内容的基础上，从水资源、水生态、水景观、水工程和水管理 5 个方面提出了水生态文明城市评价指标体系。以济南市为例，通过介绍水生态文明城市建设的主要内容和分析存在的问题，从以下 4 个方面探讨了水生态文明城市建设的法制保障措施：完善法律制度，为水生态文明城市建设提供有力的制度保障；拓展执法领域，为水生态文明城市建设提供坚强的法律手段；深化法制宣传，为水生态文明城市建设营造良好的舆论氛围；加强法制研究，提高依法开展水生态文明城市建设能力和水平。

（6）才惠莲等[69]分析了生态环境用水法律保护存在的问题，并指出为保障社会公共利益，我国生态环境用水的法律保护必须进一步加强。建议：不仅应确立我国生态环境用水分配的责任主体，也要明确生态环境用水保护的责任主体；应加强生态环境用水信息公开，实现公众参与环境公益诉讼的低成本或零成本，完善生态环境用水公众参与机制；应强化监管依据的系统性，加强监管主体之间的联动，完善生态环境用水的监管体系。

（7）胡德胜等在《我国生态系统保护机制研究——基于水资源可再生能力的视角》[70]一书中，基于对水资源与生态系统关系、水资源可再生能力、水资源开发利用与管理的历史演进以及生态系统稳定性和重要程度的深刻诠释，揭示了水资源可再生能力与生态系统保护之间的耦合关系，提出了以流域为基本尺度的多尺度水资源区分类体系和基于稳定性与重要性的生态功能区类型划分，进而建立了"量水而行"实施生态系统保护的基本框架，为考虑水资源可再生能力的生态保护机制建立提供了坚实的理论基础。通过对生态文明和水生态文明理念的深刻诠释，提出了生态文明理念法律化的具体路径，为在水资源和生态系统保护中更好地贯彻生态文明理念提供了重要理论指导。结合治理理论，从治理主体、治理权力结构、治理功能、治理制度、治理方法、治理运行结构6个方面提出了我国生态系统保护治理体系。

8.6 涉水生态补偿机制研究进展

涉水生态补偿是基于产权经济学理论、社会公平论、利益相关者理论和水资源生态价值论等理论逐渐发展而来，而且随着市场供求关系紧张和水资源稀缺程度的增强，利益协调和受益者补偿的思想越来越深入人心，探索与市场经济相适应的水生态补偿制度具有相当的紧迫性和必要性。最近两年学者对于涉水生态补偿机制的研究主要从5个方面进行：生态补偿的理论基础和价值、跨流域生态补偿、生态补偿地方立法、国际流域生态补偿以及生态补偿方式和路径。国际流域生态补偿研究进展在8.9节陈述。

（1）黄锡生等[71]认为，生态补偿是一个开放的概念，主要是指生态受益者或生态致损者对生态受害者、生态维护者的经济给付，性质主要为买卖、赠与、不当得利的补偿和无因管理的补偿、继承性获得的补偿。各种补偿形式可以在民事领域和行政领域实现，既可以是国内主体间的补偿，也可以是国际主体间的补偿。生态补偿方式的多样性决定了其法律性质的宽泛性。

（2）马超等[72]论述了当前和今后一段时期建立我国水生态补偿机制的重要意义；分中央和地方两个层面，围绕政策出台和实践探索总结了近10年来我国水生态补偿的进展和成效。从水生态补偿的范围、资金来源、补偿方式、责任机制、政策体系等方面，指出目前水生态补偿存在的问题，并从4个方面提出了对策建议：从水功能区实际特点、虚拟水流动实际等角度着眼，明晰水生态补偿范围；从加大资金投入、建立造血机制、积极开展试点等方面，进一步丰富水生态补偿实践；从合理划分事权、开展横向生态补偿、加强事中事后监管等角度出发，加快建立水生态补偿责任机制；通过加快立法、合理收费和征税等措施，完善水生态补偿政策法规体系。

（3）刘力等[73]综述了流域生态补偿的基本概念和理论，总结了补偿标准制定方法，概括了补偿的原则、政策、措施等主要环节，指出目前存在的过于依赖政府主导、补偿重点不明确、补偿范围不明晰、立法未完善等问题。展望了未来的研究重点：继续保持政府监督，引入市场手段论证实施流域生态补偿；分清保护性和破坏性生态资源利用行为，采取灵活方式，对相应行为补偿额度进行调整，以有效筹措补偿资金、优化补偿资本来源；东西部地区流域内人口、资源、环境等各方面特点不同，补偿应分清"有水无水"和"水好水坏"的问题，采取不同的侧重点；加强针对生态要素的立法，如土壤保护法、清洁空气法等，建立健全法律制度，保障流域生态补偿的有效进行。

（4）秦立春等[74]指出，流域生态补偿是河流综合治理的发展方向，湘江流域水权交接能够有效解决水资源"行政外部性"矛盾，生态补偿可以解决水资源"经济外部性"问题，两者有机结合的水权交接补偿机制是湘江流域综合治理的有效手段。湘江流域水权交接生态补偿的协同治理创新，必须针对湘江流域特点，强化《湖南省湘江保护条例》的法律责任部分，新建湘江流域管理局，完善水权交接生态补偿的垂直管理，加强科学研究以及地方政府协同创新。

（5）何辉利[75]指出，京津冀在流域生态环境保护方面面临着集体行动的困境和环境治理外部性的困扰，摆脱此等困扰的有效途径是生态补偿法律制度供给。在制度设计时应建立多维长效生态补偿法律制度，从补偿的多目标性、负责流域水资源统一开发管理的流域管理机构设置及其职能、与资金补偿相结合的实物、能力及政策补偿多种补偿方式，来改善目前京津冀流域生态补偿现状。

（6）龙海燕等[76]指出，流域生态补偿的监督管理体制、补偿方式、补偿标准等方面仍存在一些缺陷。认为，后续的立法应主要从明确流域生态补偿的内涵、完善监督管理体制、丰富补偿方式、制定合理的补偿标准等方面做出努力。

（7）柯坚等[77]指出，作为一种流域环境治理的新型协议，新安江协议在法律上具有对赌协议的性质。它确立了一种推动流域相关地区之间环境合作博弈的新型契约法律机制。地方政府之间通过法律契约形式进行环境合作博弈的方式，改变了传统意义上中央政府对于跨行政区域环境保护的垂直命令式的单一环境管制方式。对于新安江协议这种地方性法律合作与创新，应当秉持鼓励与包容的实践理性精神。

（8）何华[78]立足于江苏省水环境区域立法，探讨了水环境区域补偿的概念、原则和主体。从水质监测制度、补偿标准、补偿资金核算等方面提出了如下建议：构建联合监测制度，统一监测数据异议裁定机构；构建浓度和总量达标的补偿核算体系；拓展补偿资金来源，加强补偿资金监管等水环境区域补偿制度。

（9）肖加元等[79]通过借鉴碳排放交易体系来构建流域内水排污权交易市场，探讨对中国现阶段以政府补偿为主要内容的流域生态补偿进行补充。提出水排污权交易市场体系应该从以下 4 个方面进行推进：制定排污权交易的相关法律法规，从法律上界定排放权的所有权和可交易性质；水排污权交易的市场定位仅是对现有流域生态补偿机制的有效补充，决不能忽视政府补偿在生态补偿中的主导作用；水排污权交易不局限于某个地区内部，而应该分流域建立水排污权交易，从而实现跨界流域生态补偿；流域生态补偿需兼顾补偿与惩罚机制，通过制度设计激励污染减排。

（10）刘明喆等[80]按照"节水优先、空间均衡、系统治理、两手发力"的治水方针，以生态文明建设为指导，以统筹滦河流域上下游地区经济社会可持续发展为主线，以保护和改善流域水生态环境质量和保障饮用水安全为出发点，对构建滦河流域水生态补偿机制进行了探讨。通过生态补偿机制的研究，明确各资源关联主体的权、责、利，并把水生态环境资源的价值通过价格体现出来，突出可操作性，实现利用资源创造价值的再分配，协调生态环境保护和经济发展的关系，促进流域协调发展。

（11）叶浩然[81]对湿地补水生态补偿机制进行了规范研究和实证分析，从补水方案、湿地补水补偿关系、生态补偿标准、生态补偿方式和分担分配等四个主要方面对生态补偿机制进行了论述。从法规体系、资金保障、管理制度、信息公开和协商机制等方面，提出了完善湿地补水生态补偿机制的对策建议。

（12）刘小冰等[82]指出，我国目前水环境生态补偿法律机制存在补偿主体与受偿主体单一且不具体、补偿方式单一且不灵活、补偿标准和补偿核算不合理、补偿资金来源单一且监管不善、补偿执行机关的工作效率不高等问题。需要细化补偿主体与受偿主体、设立多元化的补偿方式、完善补偿标准及补偿核算方式、拓展补偿资金的来源并强化监管措施、设立水环境生态补偿的法定公共组织以提高执行工作效率。同时，还要在制度层面对水环境生态补偿机制提供有效的立法、执法、司法与守法保障。

（13）刘建林在《跨流域调水工程补偿机制研究——以南水北调（中线）工程商洛水源地为例》[83]一书中，在系统分析及借鉴国内外水资源生态修复和生态保护补偿经验的基础上，研究了国家相关公共政策与法规，提出了适应南水北调（中线）工程商洛水源地丹江流域的生态修复模式，认为南水北调（中线）工程应给予商洛水源地保护和补偿的科学依据以及保护和补偿的方式、方法、内容与资金筹措、管理运行模式等，构建了跨流域调水工程水源地水资源补偿的长效机制。

8.7 水事纠纷处理机制研究进展

水环境本身具有不可分割的整体性，但是人为进行行政区域的划分使得这种整体性被打破。我国水资源短缺和水生态破坏问题突出，水事纠纷频发，成为影响我国经济发展和社会稳定的一个重要问题。最近两年理论界对于水事纠纷处理机制的研究不多，主要局限于对跨界水污染纠纷处理、农村争水问题以及水事纠纷处理机制的研究。

（1）胡静等[84]以广东跨界水污染纠纷为例，指出，以纵向分级、横向分散为特征的环境行政体制结构使得水环境监管权威被分散、处理纠纷手段单一和原则化、诉权行使不畅以及地方保护主义泛滥导致水环境保护被忽视。认为，完善跨界水污染纠纷处理机制，需要调整优化行政监管能力，建立环境公益诉讼机制、流域生态补偿机制、跨界水污染纠纷处理协调机制等。

（2）李兴平[85]指出，跨界水污染纠纷关系到不同行政辖区的利益，处理不好就会引发地区矛盾与冲突，甚至群体性事件。因此，治理跨界水污染必须将协调流域地方政府间利益作为一个重要视角。具体来说，一要构建民主而权威的流域管理机构，完善流域管理法律制度建设，加强地方政府的环保绩效考核，完善科层型的流域政府间利益协调机制；二要通过排污权交易来协调流域地方政府间的利益关系，促进流域地方政府间对水污染的合作治理；三要利用流域政府间生态补偿政策消除流域内部环境占用的不平等性，从而调解流域经济和环境的关系。

（3）龚春霞[86]分析了在水资源日益紧缺的背景下，农业水权纠纷构成了农村社会纠纷的主要类型。不同主体援引不同原则主张对水资源的使用权，形成了惯例原则、公平原则、强力原则、个体主义原则之间的竞争。农业水权纠纷发生的原因包括：集体丧失了有效分配水资源的权力和能力；地权纠纷引发水权纠纷；共同体内部非均衡的力量对比关系；水权呈现出的公权与私权的双重属性之间的张力。建议：从完善集体分配水资源的权力，厘清水权与地权关系，重塑村落共同体，以及在确保水资源公共属性的前提下，尊重水资源使用权的私权属性等方面探讨农业水权纠纷的解决机制问题。

（4）徐金海等[87]指出，水事矛盾频发的现实以及行政调处的"政府失灵"使得司法审判成为水事纠纷解决机制新的期冀。利益纠葛复杂、行政权力色彩浓厚的水事纠纷案件能否最终得到司法的公正裁决，考究着现行法律制度的良莠。认为，将水事纠纷行政处理纳入诉讼程序的范畴，并付诸司法实践，可以起到"阳光化"的监督作用。

（5）仇天昒[88]认为，对农村用水纠纷解决问题的研究，可以通过结合国内水事纠纷解决方式的内容并将纠纷类型化进行探讨，坚持应有的原则，并做到对不同问题区别对待、对特有问题特殊对待。对农村自身的纠纷解决机制提出了建议。

8.8　外国水法研究进展

水资源短缺和水污染是世界各国普遍面临的资源环境问题，为应对水资源危机，世界各国不断尝试采取多样化的政策、法律和技术，一些国家取得了较好的成效，尤其是美国、澳大利亚和欧盟在水资源法制化管理方面的实践值得关注。为吸取经验、取长补短，最近两年我国学者从水环境保护、流域综合管理、水权、生态用水保障等方面对外国水法治的先进经验进行研究，探寻对我国水法治的启示，取得了较大进展，学术成果丰富。

（1）王俊敏[89]通过对美国和日本等国家关于水环境的立法、管理体制机制、技术手段等方面治理经验及国外水环境治理典型案例的比较，总结出以下经验供我国借鉴：完善我国水资源保护法律制度；建立流域综合治理制度，完备监督执行机制；建立科学的环境管理体制；建立公民诉讼制度；建立我国水资源保护体系；完善水权及水权交易制度；积极促使国民形成环境保护意识；积极采取污水处理与回用措施；利用生态修复技术加强水环境的治理；利用雨水缓解城市水资源的紧缺状况。

（2）沈百鑫[90]通过对水和水情多角度、多层面的深入分析，指出水不仅是经济物质，同时更是人类生存基础、动植物生存空间和生态系统的组成部分；通过对国际法、欧盟和德国水法中的管理理念的比较分析，指出了水治理的总的发展趋势，即在生态保护理念下，以环境目标为导向，通过规划措施和综合手段提高水体保护水平。认为，可持续水治理只能以法治为原则、以环境目标为导向，实施综合水体管理手段。

（3）胡德胜等[91]指出，科学合理地确定河湖生态用水量是建立科学的河湖生态水量保障机制的基础。澳大利亚在确定生态环境用水方面具有国际领先地位和水平。分析澳大利亚确定生态环境用水方法的发展历史和实践做法，对我国具有 5 个方面的启示：因地制宜是坚实基础，整体估算法是发展方向，科学研究是关键保障，善治是有效机制，关键问题是有力抓手。

（4）张建良等[92]针对我国页岩气开发水污染防治法制的不够严格、操作性差、缺乏因地制宜等问题，借鉴美国页岩气开发水污染防治法制制度，作者建议我国：通过贯彻权责平衡原则，落实公益诉讼制度的方式提高水污染防治法制严格程度；通过完善水质信息公开相关制度，将水力压裂技术纳入防治法制视野等方式改进防治法制可操作性；依托地方不同类型的页岩气开发示范区，促进防治法制因地制宜。

（5）徐顺清等[93]研究了美国在水环境保护领域的基金融资渠道，认为，美国基金的资金来源、使用方式、项目支持情况以及管理经验等方面对我国水环境保护投融资具有重要的启示意义。

（6）冯爽等[94]系统地整理了法国水环境状况，重点研究了法国湖泊水环境保护和管理问题。法国是欧洲发展较早且较快的国家，在湖泊水环境治理与保护上形成了自己独特的策略。作为欧盟成员国，法国将《欧盟水框架指令》纳入水管理制度，实行了较为严格的水质监控管理。

（7）马双丽等[95]在对比分析中国和俄罗斯水资源概况、湖泊保护政策及水环境治理技术的基础上，以贝加尔湖为例，对其水环境保护和污染治理历程进行了总结。结果表明：俄罗斯水资源总量大，水质标准严格；其湖泊保护和管理与其政治经济发展密切相关。苏联解体之前，对湖泊保护与治理不够重视，而在苏联解体之后，俄罗斯对湖泊环境保护日益重视，并且采取了对湖区进行分区保护以及建立水资源管理系统和征收水资源税等措施。

（8）刘芳等[96]指出，韩国湖泊以人工湖泊居多，其起着调节径流、引水灌溉、维护生态多样性的作用，但也面临着水体富营养化、湖泊萎缩及水污染等问题。韩国政府对水资源保护和水污染治理的力度较大，同时配套的法律法规和相关的技术措施到位，湖泊水环境状况总体良好。韩国严格的法律法规和技术标准以及先进的管理制度和政策措施是保持湖泊水环境健康的重要保障，对我国湖泊治理与保护有借鉴意义。

（9）刘芳等[97]通过对蒙古地图集和收集的相关资料进行分析统计，了解了其湖泊水环境保护及管理措施。蒙古政府加大对河湖水资源保护和水污染治理力度，通过制定符合国情的水资源管理政策和水制度，从宏观层面加强对水资源的利用和保护；通过发展先进节水技术和水污染处理技术，改善水资源短缺和水环境恶化等问题。

（10）赖金明等[98]指出，美国加州将再生水视为水资源的一种，通过法律形式明确规定了加州卫生服务部、公共卫生部、水资源控制委员会和水利部在再生水利用方面的职责，在再生水利用方面取得了显著成绩。我国可借鉴加州再生水利用的相关经验，明确环保部、国家卫生和计划生育委员会、水利部、住房与城乡建设部等机构在再生水利用方面的职责，以资源化无害化、分散与集中处置等为原则，建立和完善再生水利用规划、技术标准、宣传教育等制度。

（11）金海等[99]指出，荷兰在大型水利工程建设方面处于全球领先地位，在水法规体系建设方面也实施了较为成功的改革。在简要介绍荷兰新《中华人民共和国水法》的基础上，提出了对我国的启示与建议：水立法应进一步体现水资源综合管理理念和思想；定期开展水法规后评估工作，及时修订完善水法规；进一步加强水法规的可操作性；强化水行政执法权威性并推动严重涉水违法行为入刑。

（12）孙金华等[100]总结了国内外水法规建设的发展历程及概况，进行了比较分析，阐明了我国当前水资源问题与水法规建设及其执行的实效密切相关，具有明显的阶段性特征。认为，加强我国水法规建设及其执行力度应该从4个方面进行：完善水法制体系、提高水管理效能、提升执法实效、加强宣传教育。

（13）池京云等[101]指出，澳大利亚以州为主，对水资源采取联邦、州、地方三级管理的架构，同时实行流域管理与行政区域管理相结合的体制，对水资源（包括地下水）、水体环境、水权市场进行全面治理。澳大利亚在水资源及水权登记管理的做法为我国自然资源统一确权登记提供了借鉴与参考。

（14）杨朝晖[102]对国外流域水资源综合管理的先进经验进行总结、提炼和分析。认为，各国先进的流域水资源综合管理经验虽不尽相同，但具有 3 个方面的共性：普遍注重立法革新，使得流域管理机构行使水管理权有法可依；建立了有效的流域管理机构，探求权利与民主的适宜均衡；注重公众参与，明确监督机构的责权。

（15）徐慧芳等[103]针对我国现阶段河湖管理采用流域管理和行政管理相结合的模式，管理实践中存在着流域管理机构与主导政府机构权责不清、公众有效参与不足的问题，以美国五大湖流域、英国东南流域、澳大利亚墨累–达令流域、法国卢瓦尔–布列塔尼流域等为例，对美国、英国、澳大利亚、法国、德国 5 个主要西方发达国家的各自最有特色的河湖管理模式中流域管理机构、主导政府机构、公众参与、流域管理特点进行了分析及归纳总结。认为，国外 3 个方面的经验值得我国借鉴：设立明确的流域管理机构、出台具体的法律法规明确一个起主导作用的政府部门来防止多头治水带来的消极影响、以更具体的法律法规规定公众参与的方式、程序、信息公开和反馈等机制。

（16）王灵波[104]指出，美国的水权制度包括河岸权制度、先占权制度以及许可权制度。公共信托制度主要适用于水资源领域，水权制度与公共信托制度之间既存在紧密的联系，也有较为重大的区别。如果充分适用各自的范围，则两者之间会出现难以避免的冲突。认为：我国水权是指经过主管机关审批许可而取得的特许使用之权；从公共信托理论的角度，我国应对水资源的特许使用之权进行合理的规范和控制。

（17）贾颖娜等[105]从管理目标和范围、管理机构、法律支撑、运行机制、技术保障等方面介绍了美国流域一元体系下的多中心合作治理模式。以美国科罗拉多河流域污染治理实例进行具体分析，反映出科罗拉多河府际治理协调机制、联邦政府司法干预保障以及水权的配置与交易所产生的积极效果。对中国流域污染治理工作机制的启示有：强调中央一元管制下的跨界协作；发展水权及排污权交易；面向控制单元建立总量控制体系。

（18）付实[106]总结了美国水权制度和水权金融的主要特色和经验，以美国的欧文斯谷和洛杉矶调水还水案例分析了水权交易中纯市场模式的优劣，认为市场和政府相结合的交易模式是最优模式。提出了美国经验对我国的五大借鉴：建立清晰明确和因地制宜的水权制度、确定符合中国国情的初始水权分配方式、建立水市场多元化投融资机制、预留和保护生态环境用水、试点水权金融市场创新等。

（19）马丽娜等[107]分析了《欧盟水框架指令》自 2000 年启动以来欧盟各国在水资源管理和水环境保护领域取得了举世瞩目的成就。通过研究《欧盟水框架指令》的特点与关键原则，结合我国近年来水环境保护和修复工程案例与研究工作，提出了我国向《欧盟水框架指令》学习的关键要点：进行流域统筹管理；建立数字化的流域水管理决策支持系统；科学设定生态修复目标；对修复计划进行风险评估、预警与跟踪监测；鼓励支持公众参与。

（20）董石桃等[108]指出，日本水资源管理在宏观上形成了中央以国土交通省为主导、四大部门协调配合，地方以流域级别划分为依据，各级政府分工明确的水资源运行机制。

在微观上，日本针对工业用水、农业用水、生活用水以及污水处理，采用了不同的水价调节机制，取得了较好成效。借鉴日本经验，中国水资源管理应规范管理的机构和职能，将综合治理和分类管理有机结合起来，充分发挥水价调节机制的作用。

（21）胡德胜等[109]以水资源可持续利用为理论基础，深入分析和比较了美国和我国的水质管理制度和实施成效。认为，借鉴美国最大纳污负荷总量制度，我国可以从完善水质管理法律和水环境质量标准、强化水质管理长效机制两个方面完善水质管理制度。

8.9　国际水法研究进展

国际水法是水法律研究中的重要内容，也是水科学研究的一个重要方向。最近两年关于国际水法的研究，我国学者主要是从跨境河流的水资源分配、水生态保护和跨境河流的管理合作、国际水法对我国的影响及应对措施等方面，对国际水法的相关理论和实践进行了研究，取得了一些研究成果。

（1）胡德胜[110]指出，一条国际河流的所有沿岸国都有权参与该河流的开发、利用、保护和管理活动。国家利益、国内政治和地缘政治对于国际河流沿岸国的有关政策法律具有重要影响。厘清一条国际河流有哪些沿岸国是一个沿岸国制定其关于该河利用战略和进行国际谈判的基础。

（2）黄锡生等[111]指出，在国际流域资源的利用及保护中，流域各国极力争夺开发利用权，却怠于保护国际流域生态系统，导致国际流域水量短缺、水质污染、水生态破坏现象日益严重。要设置有效的制度约束生态损益行为，激励生态增益行为，必须首先厘清生态系统的法律性质。认为：国际流域生态系统具有重要的经济价值及生态价值，是流域各国的共同财富；这种财富不同于传统意义的物质财富，是一种特殊形式的财富即生态财富；要保护这一共同财富，需要在国际水法中，以共同但有区别的责任原则、权利义务相一致原则、国际合作原则及协商原则等为指导，建立和完善对生态损益行为的约束制度和对生态增益行为的激励制度。

（3）何艳梅[112]指出，联合国《国际水道非航行使用法公约》于2014年8月生效，而且其缔约方会越来越多，影响力会日益提高，我国必须采取有效的应对策略。我国首先应对加入公约的利弊进行客观和全面的分析，然后再作出相应的决定。不论我国是否加入公约，都应当走向兴利除弊的"第三条道路"：一方面应当根据公约的规定，特别是其对习惯国际法的编纂，主导双边或多边水道协定的谈判与实施；另一方面发展对上游国和整个国际水道的可持续发展有利的国际规则。

（4）诸文彬[113]指出，国际河流作为各国水资源联系的重要纽带和载体，是各国关注和争夺的重点。我国国际河流众多、邻国众多，水资源的国际合作问题显得更为纷繁复杂。国际河流是我国水资源的重要组成部分，加强各流域国之间的合作是充分有效利用国际河流水资源的唯一途径，然而目前我国与周边国家之间的合作现状不容乐观。认为，要想取得我国与周边国家水资源合作的突破，必须建立和完善信息共享机制、以流域整体性为核心的合作协调机制以及利益的补偿与衡平机制等。

（5）王建雄[114]指出，丝绸之路经济带跨界水资源利用的冲突，已经成为影响区域乃至周边安全稳定的重要因素。中亚区域跨界水资源利用困境的国际法主要成因是区域水法理论对跨界水资源的法律性质、分水原则及分水标准存在争论和界定不清。结合国际条约和中亚各国的区域合作实践，认为，中国参与丝绸之路经济带跨界水资源区域合作需要，从积极参与国际水法条约的制定、提出具有区域特色的准则、谨防水资源利用冲突危及地区安全、谨慎参与区域合作及完善国内立法等方面做出努力。

（6）王卓宇等[115]指出，喜马拉雅地区水资源丰富，各国都积极开发水电资源，已经开始出现利益冲突，影响到了地区和平与友好关系。国际法在跨国水域问题上发展迅速，已经形成一系列的条约、习惯和基本原则，但与其他国际环境法一样，内容模糊，法律强制力有限。对于涉及跨国水域国际法的最新发展，结合现实案例，提出：应建立地区性跨国水域协同管理机制，并以多边条约等方式确立地区水资源利用的基本原则，在平等共赢的基础上加强该地区国家的理解和交流。

（7）袁捷[116]指出，事先通知义务是国际环境法上的一个重要内容。在乌拉圭河纸浆厂案中，国际法院就这一焦点问题进行了深入解析。同时，在众多国际条约中，事先通知义务均有体现。我国作为跨国河流众多的国家，为了更好地合理利用并保护跨国水资源，应注重研究相关的国际实践，特别是研究国际法院的判决。认为，应尊重和研究"事先通知"等具有习惯法地位的国际规则。

（8）郑文琳[117]指出，国际水道的上游国家对共享水域的水量贡献举足轻重，现行国际水道法普遍适用的公平利用原则在不同沿岸国家的诠释下，"公平"易基于自利而异化，完全平均对于上游国家来说又是另一种不公。国际水道上下游国家逐水而居、唇齿相依，形成利益共同体，需援引生态系统和比例方法重析"公平"价值，重构沿岸国家参与共享水域管理的模式。借鉴国际水道联合委员会的管理模式，基于同股同权和股东与公司资产剥离等公司法原理，拟制股份制国际水务公司作为各沿岸国开发利用共享水域的权益载体，考量沿岸国河岸线长度、河床深度等对共享水量的贡献因素，核定该国在国际水务公司中的股份比例，使原有模糊不清的权益通过股票形式而显性化、边界化；同时赋予股票在公开市场交易的流通性，以平衡不同经济发展水平下的沿岸国家即期和远期的诉求，保证国际水道生态环境系统的安全运行，使之可持续性开发利用。

（9）胡德胜[118]指出，恒河是南亚最大和最主要河流，流经中国、尼泊尔、印度和孟加拉国。除中国以外，其他 3 个流域国都已经对其境内的恒河流域单独地或联合地进行了大规模或较大规模开发，签订了不少关于利用恒河水资源的双边条约。我国在开发境内恒河流域、利用流域内水资源时，针对其他流域国或方面的可能要求或指责，可以从国际水法的角度采取 4 个方面的对策：坚持国家主权原则；科学运用公平合理利用原则；制定科学合理的合作步骤和策略；宏观上立足于国际法原则和流域整体性，微观上注重和强调一项一议。

（10）单婕等[119]对我国与西南国际河流相关国家签订的主要法律、条约以及下湄公河流域主要管理机构进行了系统的梳理，分析了各条约对我国西南地区国际河流水能开发可能产生的影响，明确了我国享有的权利以及相关限制和所需承担的义务。建议，加强对话和沟通，及时掌握流域信息。

（11）邵莉莉[120]指出，中国与哈萨克斯坦跨界水资源开发利用中产生危机的实质是水量分配的问题，而不是水量的危机。认为，针对中哈跨界水资源开发利用中存在的一些问题，有必要构建起跨界水资源开发利用的国际环境法律机制：基于中哈跨界水资源的双边合作治理框架，以综合的流域管理原则为指导，从生态补偿制度、环境影响评价制度、流域联合机构等方面入手，逐步形成多层次合作模式。

（12）杨珍华[121]认为跨界水争端是指因跨境河流划界、航行、开发利用、水分配、保护和管理等方面引发的国家之间的争端。第三方介入跨境水争端是和平解决争端方法在涉水领域的具体应用与发展。第三方是法律方法和政治方法的综合体，是和平解决争端重要的补充方法，它具有调查权、处置权、决定权和建议权，其所拥有的权利是建立在争端方同意授权基础之上的。这些特点使其成为跨界水争端解决中较为活跃的、应用广泛的机制。常设国际法院、国际法院和非政府组织是跨界水争端第三方的突出代表，它们在跨界水争端解决实践中发挥了重要作用，相应地也存在某些局限性。

（13）曾彩琳[122]指出，国内流域生态受益方补偿实践已在各国广泛展开，但由于多重障碍的存在，国际流域生态受益方补偿却并不多见。无论从深度上还是广度上，国际流域生态受益方补偿都尚停留于初级层面。要使生态受益方补偿充分运用于国际流域，就必须完善国际立法，确立生态受益方补偿原则；健全组织机构，在机构的形式、成员组成及职能等方面进行相应变革；加强流域国间的合作，以协商方式来确定各方在补偿中的权利及义务。

8.10 其他方面研究进展

关于水法律的研究，除前面章节设单独主题介绍之外，还有其他方面的内容，如水资源价格改革、流域排污权交易、取水许可、水资源管理体制、最严格水资源管理制度等许多方面。最近两年关于水法律其他方面的研究的文献较多。下面仅列举具有代表性的文献进行介绍。

（1）左其亭等[123]基于能-水关联规律，从和谐论理念、和谐论五要素及和谐度方程三个方面对能-水关联进行了解读。立足于可持续发展理念，认为，能源系统和谐发展途径有：节约优先，高效利用；优化能源结构，走多元发展道路；清洁环保，发展低碳能源；加强国际能源合作。水资源系统和谐发展途径有：开源节流；加强污水处理，保护水资源；实施最严格水资源管理制度；坚持一体化水资源管理；提高水资源有偿使用费率标准。能-水关联的和谐发展途径有：综合规划能源和水资源；合理开发利用水能资源；促进海水淡化。

（2）胡德胜[124]指出，"违法成本远远低于守法成本"是造成我国生态环境和自然资源利用领域违法行为于数量上增多、程度上严重的主要经济动因，在涉水领域具有典型代表性。基于对涉水生产行为的考察，运用经济学中的激励原理，分析违法行为的成本和收益，建议从科学角度确定违法行为的法定成本、有效增大受罚概率、辩证处理法定成本与受罚概率两者之间的关系三个方面健全和完善"违法成本大于守法成本"机制，促成预防治理和末端治理的结合。

（3）胡德胜等[125]指出，能源和水资源是关系国家经济社会可持续发展的重要战略性资源，它们之间客观存在的关联互动要求能源和水资源政策法律必须尊重这一客观规律、致力于实现两种资源管理之间的协同运行。基于能-水关联及其对能源和水资源政策法律影响的讨论，结合美国能-水关联领域立法实践及其经验教训，对中国能-水关联状况进行了分析。提出了完善中国能源和水资源政策法律的具体建议：以能-水关联规律为指导整合能源和水资源管理政策法律，建立能源和水资源管理间协调机制，加强能-水关联规律的数据收集和基础科学研究。

（4）胡德胜[126]指出，为了解决日益严峻的水问题、细化和便于实施最严格水资源管理制度，需要对"水资源"这一基础术语的内涵和外延有一个符合法学理论的界定。通过比较和分析国内外、不同学科、不同国家法律对于水资源的不同认识、理解或者法律界定，认为基于最严格水资源管理制度的视野，需要综合考虑水物质及与其有关的各种作用和功能，对水资源的范围予以合理界定：在数量方面限于淡水资源，统计上仅包括地表水和地下水，不应该将空中水、土壤水和绿水包括在内；注重水质和纳污能力（容量）的管理；将水力、航运能力以及作为水资源载体的河流/水道、湖泊、湿地、水库/水坝、水塘、泉、井、冰川等，纳入最严格水资源管理制度的管理范围。

（5）韩兴旺等[127]指出，页岩气开发对水资源的消耗和污染程度已经成为可能中止页岩气革命的因素。基于能-水关联规律，提出：中国应当采取能源与水资源法律与政策一体化战略，注重技术与法律政策的契合，建构可交易水权市场，发展水处理产业，建立统一独立的行业监管机构和开展战略环境影响评价。

（6）胡德胜[128]指出，我国目前的水科学知识教育存在 6 个方面的主要问题。根据国际政策法律文件的要求，学习国外政策法律的有益规定及有效做法，借鉴我国已有 3 部环境教育地方性法规的规定，根据中共中央和国务院政策性和法律性文件的要求，适应最严格水资源管理制度的需要和要求，建议：把制定法律、建立组织体制机制、强化学校非专业化教育、加强非学校机构非专业化教育、加强保障监督措施和机制这 5 个方面作为重点，对我国水科学知识教育进行法律规制。

（7）左其亭[129]在前期研究的基础上，进一步对最严格水资源管理制度的主要问题进行了反思。反思的问题包括最严格水资源管理制度的概念问题、与人水和谐治水思想的关系问题、与生态文明建设的关系问题、与深化水利改革的关系问题、制度实行和考核关键问题、理论体系问题、支撑体系问题等。

（8）夏军等[130]归纳总结了国内外有关水安全的定义，针对全球变化影响下我国面临的水安全问题，综述了变化环境下水安全问题研究的最新进展，强调了水安全保障的水文水资源及其与社会科学的交叉应用基础研究。提出了水与人类未来发展的水安全保障的若干对策与建议：加强水文科学研究与投入；加强全球气候变化影响与对策研究；加强全社会节水战略研究；加强水治理的体制与制度创新研究。

（9）胡德胜[131]分析了人类开发利用和管理水资源的历史演进，得出了人类开发利用水资源的范围经历了"点→干流线段→干流线→河系网→流域面→立体（地表水、地下水、雨水和空中水并用）"的历史规律，水资源管理活动对此也进行了响应。环境科学、特别是生态学的研究成果推动了流域和流域水资源管理的发展，催生了不同发展阶段的流域水资源管理模式。总结了流域理论的发展历程，介绍了流域水资源管理的 6 种基本模式，指出一体化水资源管理及一体化流域管理已经成为目前治水的主流思维。基于我国需要实行流域管理和行政区域管理相结合、统一管理和分级管理相结合的管理体制这一主张，针对最严格水资源管理制度在实施中的困难，提出了构建动态的多尺度水资源区分类体系的框架性建议：我国的水资源区应该在三级区内大范围增设四级区，并在区内水资源条件差异较大的四级区内增设五级区；基于水资源可再生能力，对水资源四级区和五级区考虑地形地貌、气候条件、土壤状况、植被状态、人口密集度、社会经济发展水平等因素，按照一定标准进行分类；对于不同类别的水资源四级区和五级区的水资源开发利用和生态系统保护活动，制定原则性指南。

（10）杜群等[132]以我国入河排污口监督管理为切入点，发现我国水体保护存在两套法律体系：《中华人民共和国水污染防治法》和《中华人民共和国水法》为统领的水污染防治法体系和水资源保护法体系。它们在立法理念和主要法律制度等方面有着较严重的不协调、甚至矛盾与冲突。归其原因，既有立法技术的局限如法律文本的多义与模糊性所致，又有我国环境资源立法的部门本位主义倾向使然。认为，化解水体保护法律体系冲突的关键在于重塑统一的立法理念，应用"协同合作"的立法模式协调不同法律体系间的监管制度和执法体系。

（11）孙海涛[133]认为，国际性和区域性相关的法律文书为公众在涉及与水有关的项目和政策方面提供了参与机制，公共参与权的宽广以及参与的程序性规定对水法制度、相关立法以及政治产生了重要影响，参与机制的有效实施、法律与制度之间的相互影响以及人对政策决定的影响反过来影响着公众参与机制。我国水资源管理中的公众参与制度发展显著，部分法律法规已纳入公共参与制度，但因实体法的不完善和程序法的缺失，公共参与制度并未得到有效施行。完善我国水资源管理中的公众参与制度，亟须吸收国际和国外水资源管理公共参与的立法与实践经验。

（12）王莉[134]认为，如果地下水是地表水的支流，健全的经营模式则要求把支流地下水和地表水作为整体进行一体化运营。一体化利用的目的是通过综合利用影响或强制干预水资源的利用，拥有地表水或地下水使用权的用水者需要调整每一权利主体的用水以便达到整体最优利用。美国的地下水一体化管理理念及其法律制度值得借鉴。我国的地下水管理，应当创新地下水资源管理的基本法理并建立起配套的一体化法律制度，如统一管理机关及其法定职权、明确地下水利用者的水权权源及权利限制、完备取水许可制度、制定水量统一调配使用的法律规范及技术标准、配套相关的经济激励措施。

（13）银晓丹等[135]分析了饮用水源安全关乎居民身体健康和国家长治久安，饮用水源保护区水源保护与污染防治离不开法律规章制度的完善。现有饮用水源保护区法律制度在实施过程中在法律制定、管理体制、保障制度和法律责任层面仍存在不足。以辽宁省大伙房饮用水源保护区为例，提出饮用水源保护区专项法律制定、跨流域管理机构设置、生态补偿机制完善、引导公众参与、行政责任问责机制建立等措施，以完善饮用水源保护区法律制度。

（14）汪千力[136]认为，长江经济带开发利用必须坚持生态优先、绿色发展的理念，需要制定一部专门性的长江水资源保护法律为整体化治理工作提供支撑。这部专门性法律需要解决的重点问题是：消除现行法律法规间的冲突，加强长江水利委员会权能，完善行政与司法的衔接机制，以及落实公众参与。

（15）曹璐等[137]在对水资源资产属性和资产管理内涵进行讨论的基础上，分析了水资源资产产权的管理方向，对其主要制度建设及完善措施进行了探讨。从理顺现有水资源资产管理体制及其核算体系的建立和分类管理，完善水资源价格政策，培育和规范水权交易市场，健全相关法律法规等方面提出了对策及建议。

（16）左其亭等在《最严格水资源管理制度研究——基于人水和谐视角》[138]一书中，研究了最严格水资源管理的行政管理体系、政策法律体系。分别研究了适应严格水资源管理制度的水资源行政管理体制改革、取水许可审批机制、水权分配机制、水权交易机制、排污权交易机制；水科学知识教育的法律规制、生态环境用水保障机制、"违法成本>守法成本"机制、水资源管理中的公众参与保障机制、政府责任机制等政策法律体系。

（17）刘勇毅等在《现代水利法治体系构建》一书中，分 6 部分介绍了现代水利法治体系的相关内容：水利法治的历史渊源，水利法治的基本内涵，水利法治的主体框架，水利法治的法规体系，水利法治的保障措施，水利法治的执法手段。

8.11　与 2013—2014 年进展对比分析

（1）在流域管理法律制度研究方面，总体上来，近两年的成果不少、内容比较丰富；相比 2013—2014 年，出现了一些新的研究视角。一是注重从国际视野考察流域管理法律制度，说明了全球化将成为世界水法律发展的必然趋势。比如，黄锡生教授认识到各国为争夺水资源的开发利用权而忽视了国际流域生态系统的整体性和不可分割性，以至于出现了国际流域水量短缺、水污染严重和水生态破坏现象日益严重的情形。提出，从国际层面研究流域管理，以共同但有区别的责任原则、权利义务相一致原则、国际合作原则及协商原则等为指导，是保护水资源这一全球共同财富的必然选择。二是国内许多学者在研究流域管理时，越来越多地关注具体流域的特殊性，比如有学者专门研究了长江流域、珠江流域、湘江流域、玛纳斯河流域等，在分析问题、提出建议时考虑了流域本身的特点，这就具有了更加明显的针对性。

（2）水权是水资源管理研究领域中的重点内容。自 2000 年 10 月 22 日时任水利部部长汪恕诚作出《水权和水市场——谈实现水资源优化配置的经济手段》的论述以来，水权一直都是学界研究的热点，研究成果在数量上非常丰富。但是，空洞的理论性成果多、不具有可操作性的成果多，低水平重复研究占绝大多数，无论在基本常识还是结果方面错误都不少，真正跨学科性的高水平成果非常少见。水利行政主管部门（特别是水利部）和流域管理机构在水权制度建设方面的进展也不大。但是，相比 2013—2014 年，近两年在水权制度研究方面还是出现了不同的侧重点。例如，加大水权交易制度的研究，包括对水权交易市场、水权交易规则、水权交易法律规制以及水权交易的实践等进行了大量的研究。

这种对水权交易理论与实践研究的深入，正是突显了水的稀缺性和重要性，需要通过水权交易来达到节约用水以及实现水资源向高效益用水主体转移。

（3）水环境保护法律制度是水科学研究的核心内容之一，学术界长期以来着重从不同的角度进行研究，每年有数量不少的研究成果。2015—2016 年，产生了较多关于水环境保护法律制度方面的研究成果，在质量和学术层次方面都有很大程度的提高。主要表现在以下三个方面：一是在研究中体现出了人水和谐思想，表明了水环境问题是工业革命之后随着人口快速增长、经济快速发展、人类改造自然能力不断增加而逐步形成的一种共性灾难性问题，已严重影响人类生存和发展。以人水和谐目标为出发点，基于人水和谐调控理论，阐述水环境综合治理的重要意义。二是在水污染治理中侧重跨流域污染治理，这是注意到了随着经济高速发展、跨界流域污染问题在我国越发严重的现实状况。同时，进行跨流域污染治理，也是对流域管理、一体化管理思想的积极回应。三是在水环境保护中出现了对政府法律责任予以完善的文献。随着国家治理体系和治理能力现代化的推进，政府作为治理的最重要主体，在保护水资源与水环境中理应发挥主导作用。这也是学者在水法律研究中寻找到的新的突破点和关注点。

（4）我国关于生态环境用水的研究始于 20 世纪最后二三十年以水利科学学者为主的研究。关于生态环境用水管理的政策法律研究则是进入 21 世纪后的一个新兴研究领域，只有极少数学者关注和注意到生态环境用水的重要性。我国关于生态环境用水政策法律研究的第一部专著是 2010 年出版的胡德胜教授所著《生态环境用水法理创新和应用研究——基于 25 个法域之比较》一书；该书全面而深入的创新性跨学科研究、对 25 个法域的详细分析和总结以及关于建立健全完善我国生态环境用水保障机制的科学而适用的建议，得到了自然科学学者和哲学社会科学学者的广泛好评。随着我国生态文明建设步伐的加快，保障生态环境用水需要落实到实施层面，迫切需要有关管理方面的政策法律的应用研究。但是，近两年以来关于生态环境用水管理的政策法律研究较少，胡德胜教授从水资源可再生能力的视角以及从生态用水保障制度完善的角度进行了创新性研究，左其亭教授从水生态文明的角度研究生态环境用水。其中，胡德胜教授所著《我国生态系统保护机制研究——基于水资源可再生能力的视角》一书，不仅在形式上是我国第一部基于水资源可再生能力研究生态系统保护机制的专著，而且在研究方法和实质内容上也是一项具有真正创新性的研究成果。它运用学科交叉的研究方法，研究基于水资源可再生能力的生态系统保护机制这一具有重大理论和现实应用意义的课题。该书以交叉融合自然科学和社会科学的理论视野、目标导向和问题驱动有机结合的研究进路、理论和实践两条主线交相辉映的研究结构，实现了该领域的重大理论和制度创新，为我国生态文明建设提供了重要的决策根据，也为进行类似的交叉学科研究提供了重要研究范式。

（5）涉水生态补偿机制研究一直是水资源法律制度研究中的热点问题和重点内容。2015—2016 年期间的研究成果非常丰富，既有理论研究，也有示范分析，还有实证研究。首先，在关于生态补偿的性质研究方面，以黄锡生教授为代表的学者认为：生态补偿是一个开放的概念，各种补偿形式可以在民事领域和行政领域实现；既可以是国内主体间的补偿,也可以是国际主体间的补偿;补偿方式的多样性决定了其法律性质的宽泛性。其次,关于生态补偿的具体操作,出现了许多关于生态补偿中协同治理和国际流域生态补偿的文献。这些研究成果的产生进一步表明了生态问题无界限,需要国际合作、协同治理。第三,出现了一些关于生态补偿立法和生态补偿法律机制研究的文献,注重从立法层面完善生态补偿管理体制、补偿标准、补偿方式等。

(6)水事纠纷处理机制是水法律研究中的一个老问题。一直以来研究该领域问题的学者较少,理论文献也不多。相比 2013—2014 年,近两年关于水事纠纷的学术文献在数量上和质量上仍然没有大的突破。但是,从水事纠纷处理机制来看,近两年的研究出现了一个新的特点,就是开始出现了一些关于水事纠纷具体的处理和解决机制方面的文献。例如关于水事纠纷解决机制的一般程序探讨,水事矛盾频发的现实以及行政调处的“政府失灵”使得司法审判成为水事纠纷解决机制新的途径。基于对水事纠纷解决机制的研究,还出现了水事纠纷行政公益诉讼制度的研究。新的水事纠纷类型的出现,需要在处理和解决问题的机制方面改变传统观念,引入更加有效、更加突出公众参与的解决方式,这是近两年水事纠纷处理机制方面的特点,同时也是未来发展的侧重点。

(7)对外国水法的研究,一直是我国学者在研究水政策法律中十分关注的内容和方向。近年来参与研究的学者较多,研究内容丰富,涌现出了一批高水平的研究成果。一方面表现为对研究范围的扩展,相比 2013—2014 年,近两年的文献不仅有对美国、澳大利亚、日本和欧盟的研究,还有对韩国、蒙古国、俄罗斯等国家的研究。扩大研究范围,意味着开阔了视野,一定程度上降低了研究成果的片面性。另一方面表现在研究领域有所扩展,研究成果更具有针对性。例如,关于页岩气开发中水污染的防治,不仅关系到我国页岩气资源的开采,同时注意到水资源的保护;水环境保护中融资经验的借鉴,解决了水环境治理中的资金问题,自然对水治理起到了关键性的作用;对河湖生态用水量的研究,不断填补我国生态环境用水方面研究的不足和薄弱部分。随着全球化的深入,环境问题的日益突出,对国外水法律政策的研究越发显得重要。

(8)国际水法长期以来都是全球国际法学界的研究热点。我国学界的研究主要始于联合国大会于 1997 年通过《国际水道非航行使用法公约》以后。与 2013—2014 年相比,近两年来关于国际水法方面的研究在数量上没有明显增长,研究国际水法的学者依然不多,但是研究内容更加有深度,主要围绕跨境河流的水资源分配、水生态保护和跨境河流的管理合作、国际水法对我国的影响及应对措施等展开。此外,近两年的研究还出现了新的视角,这就是从国际流域生态系统和丝绸之路经济带背景下跨界水资源开发利用的角度进行研究,既突出国际流域生态系统的经济价值和生态价值,又与时俱进,体现了“一带一路”战略眼光与思想。

(9)近年来关于水资源其他方面的研究不断深入、扩展,研究内容丰富。与 2013—2014 年相比,近两年研究成果无论在数量上还是在水平上都有很大程度的提高。从研究的内容来讲,既有针对最严格水资源管理制度的继续深入研究,同时也出现了一批具有较高理论意义和实践意义的学术成果。一是左其亭教授团队在完成国家社科基金重大项目的过程中,产生了许多高质量有价值的交叉学科研究成果,结项成果《最严格水资源管理制度研究——基于人水和谐视角》是一项集大成的研究成果。二是胡德胜教授等从能-水关联的视角分析能源与水资源在人类生存和发展中的重要性，以及在水资源短缺和能源匮乏的大背景下的能-水问题，为我国能源系统、水资源系统、能-水关联的和谐发展提出了建设性的指导。

参考文献

[1] 胡德胜，左其亭，等. 我国生态系统保护机制研究[M]. 北京：法律出版社，2015.
[2] 申少花. 我国流域水环境保护目标责任制的完善[J]. 公民与法（法学版），2016（4）：40-42.
[3] 刘琛璨. 黄河上游河道管理制度研究[J]. 人民黄河，2016（5）：41-44.
[4] 刘艳菊，李向阳. 关于完善珠江流域水法规体系建设的建议[J]. 人民珠江，2015（2）：1-3.
[5] 丰云. 从碎片化到整体性：基于整体性治理的湘江流域合作治理研究[J]. 行政与法，2015（8）：14-23.
[6] 毛永红. 中国流域水管理立法思考[J]. 中北大学学报（社会科学版），2015（3）：34-38，44.
[7] 朱海彬，任晓冬. 基于利益相关者共生的跨界流域综合管理研究——以赤水河流域为例[J]. 人民长江，2015（12）：15-20.
[8] 孟婷婷. 滇池流域管理体制机制改革方案初探[J]. 中国环境管理，2016（3）：53-59.
[9] 宗世荣，赵润. 国际流域管理模式分析以及对我国流域管理的启示[J]. 环境科学导刊，2016（S1）：30-33.
[10] 常亮，杨春薇. 基于市场机制的跨区域流域管理模式研究——以辽宁省为例[J]. 生态经济，2016（1）：160-164.
[11] 李香云. 京津冀协同发展中的流域管理问题与对策建议[J]. 水利发展研究，2016（5）：1-3.
[12] 翟盛. 玛纳斯河流域管理面临的瓶颈与未来发展方向分析[J]. 地下水，2016（4）：156-157.
[13] 王俊燕，刘永功，卫东山. 我国流域管理公众参与机制初探[J]. 人民黄河，2016（12）：66-69，73.
[14] 曾玉珊，张玉洁. 中国水权与土地使用权关系探微[J]. 中国土地科学，2015（4）：18-24.
[15] 李晶，王晓娟，陈金木. 完善水权水市场建设法制保障探讨[J]. 中国水利，2015（5）：13-15，19.
[16] 曾玉珊，陆素艮. 我国水权交易模式探析[J]. 徐州工程学院学报（社会科学版），2015（4）：66-71.
[17] 詹焕桢，何军. 我国水权的法律基础解读与现状研究[J]. 安徽农业科学，2015（30）：388-389，392.
[18] 杨静. 我国农业水权存在的问题与对策[J]. 陕西农业科学，2015（1）：101-103，117.
[19] 杨得瑞，李晶，王晓娟，等. 水权确权的实践需求及主要类型分析[J]. 中国水利，2015（5）：5-8.
[20] 王军权. 水权交易市场的法律主体研究[J]. 郑州大学学报（哲学社会科学版），2015（2）：45-49.
[21] 石腾飞. 灌溉水权转换与农户利益的关联度[J]. 重庆社会科学，2015（1）：15-20.
[22] 陈金木，李晶，王晓娟，等. 可交易水权分析与水权交易风险防范[J]. 中国水利，2015（5）：9-12.
[23] 王贵作. 水权制度框架设计构想[J]. 中国水利，2015（13）：11-12，31.
[24] 曾静，张艳芳，张琰. 取水权纳入不动产统一登记的法律思考[J]. 中国国土资源经济，2015（7）：32-35.
[25] 刘惠明，王佳华. 论我国农业水权转让规则的私法构造[J]. 江西农业学报，2015（4）：139-142.
[26] 刘峰，段艳，马妍. 典型区域水权交易水市场案例研究[J]. 水利经济，2016（1）：23-27，83.
[27] 邱源. 国内外水权交易研究述评[J]. 水利经济，2016（4）：42-46，75.
[28] 张建斌. 黄河流域水权交易潜在风险规避路径研究[J]. 财经理论研究，2016（5）：25-37.
[29] 王灵波. 论公共信托理论与水权制度的冲突平衡——从莫诺湖案考察[J]. 中国地质大学学报（社会科学版），2016（3）：43-51.
[30] 侯慧敏，王鹏全，张永明，等. 石羊河流域水权交易试点实践方案[J]. 节水灌溉，2016（4）：86-89.
[31] 孙媛媛，贾绍凤. 水权赋权依据与水权分类[J]. 资源科学，2016（10）：1893-1900.
[32] 骆进仁. 水权及其多目标调水工程水权的配置[J]. 甘肃社会科学，2016（6）：214-217.
[33] 李春晖，孙炼，张楠，等. 水权交易对生态环境影响研究进展[J]. 水科学进展，2016（2）：307-316.

[34] 田贵良，杜梦娇，蒋咏. 水权交易机制探究[J]. 水资源保护，2016（5）：29–33，52.

[35] 钟玉秀. 水权制度建设及水权交易实践中若干关键问题的解决对策[J]. 中国水利，2016（1）：12–15.

[36] 刘世庆，巨栋，林睿. 水质换水权：创新开源与节流并重的水权制度[J]. 开发研究，2016（1）：6–11.

[37] 单平基. 我国水权取得之优先位序规则的立法建构[J]. 清华法学，2016（1）：142–159.

[38] 沈百鑫，刘伟，陈丽萍. 在《生态文明体制改革总体方案》下对我国水权的再审视——基于中国、德国与欧盟水治理的比较视野[J]. 国土资源情报，2016（7）：6–14.

[39] 林凌，刘世庆，巨栋，等. 中国水权改革和水权制度建设方向和任务[J]. 开发研究，2016（1）：1–6.

[40] 余红，蔡青. 构建我国水排污权交易的法律规制研究[J]. 西南石油大学学报（社会科学版），2016（2）：66–73.

[41] 王晓娟，陈金木，郑国楠，等. 关于培育水权交易市场的思考和建议[J]. 中国水利，2016（1）：8–11

[42] 柳长顺，杨彦明，戴向前，等. 西北内陆河水权交易制度研究[M]. 北京：中国水利水电出版社，2016.

[43] 王圣瑞，倪兆奎，席海燕. 我国湖泊富营养化治理历程及策略[J]. 环境保护，2016（18）：15–19.

[44] 张永亮，俞海，王勇，等. 关于《水污染防治法》修订中加强经济政策手段的思考[J]. 中国环境管理，2016（3）：43–47.

[45] 左其亭. 基于人水和谐调控的水环境综合治理体系研究[J]. 人民珠江，2015（3）：1–4.

[46] 石广明，王金南，董战峰，等. 跨界流域污染防治：基于合作博弈的视角[J]. 自然资源学报，2015（4）：549–559.

[47] 赵晨辰. 黄河水资源保护立法研究[J]. 宁夏社会科学，2015（2）：41–43.

[48] 段婕好. 水资源保护中政府法律责任的完善[J]. 山西省政法管理干部学院学报，2015（2）：19–21.

[49] 刘定湘. 水污染罪入刑分析[J]. 人民珠江，2015（3）：5–7.

[50] 李义松，邹爱文. 论市场机制下的水污染物排放许可制度革新[J]. 行政与法，2015（1）：80–85.

[51] 田飞. 产业集群背景下对完善水污染防治法律制度的思考[J]. 环境保护与循环经济，2015（1）：19–22.

[52] 马育红，徐贵东. 论我国饮用水安全保障法律制度的完善[J]. 西部法学评论，2015（2）：68–75.

[53] 姚海雄. 论饮用水水源保护区法律制度架构——兼论《饮用水水源保护条例》的制定[J]. 湖南财政经济学院学报，2015（5）：132–137.

[54] 蔡守秋，沈海滨. 水污染防治法的现状与发展[J]. 世界环境，2015（2）：16–18.

[55] 陈真亮. 论“禁止生态倒退”的国家义务及其实现——基于水质目标的法律分析[J]. 中国地质大学学报（社会科学版），2015（3）：55–65.

[56] 林龙. 论《水污染防治法》在农村水污染防治方面的不足与完善[J]. 农业经济，2015（5）：52–54.

[57] 沈绿野，赵春喜. 水污染犯罪危险犯初探——以环境犯罪类型化为视角[J]. 西部法学评论，2015（3）：10–18.

[58] 樊建民. 以水污染为基点探讨污染环境罪的刑法规制[J]. 河南师范大学学报（哲学社会科学版），2015（3）：67–71.

[59] 王勇. 水环境治理“河长制”的悖论及其化解[J]. 西部法学评论，2015（3）：1–9.

[60] 马云. 水污染第三方治理机制中第三方法律责任的归责原则探析[J]. 环境保护与循环经济，2015（9）：22–24.

[61] 赵琰鑫，赵翠平，陈岩. 国内外流域水环境模型法规化建设现状和对比研究[J]. 环境污染与防治，2016（7）：82–87.

[62] 袁小英. 论我国水环境监管体制的缺陷及完善[J]. 环境研究与监测，2016（2）：61–64.

[63] 尉琳. 我国农村水环境保护危机与法律纾解——以西北地区为视角[J]. 改革与战略，2016（4）：18–22.

[64] 左其亭，罗增良，马军霞. 水生态文明建设理论体系研究[J]. 人民长江，2015（8）：1–6.

[65] 才惠莲. 我国再生水利用法律制度的完善——基于生态安全的视角[J]. 湖北社会科学，2015（3）：142–147.

[66] 李海轮. 基于水生态文明建设的地方水环境资源立法研究[J]. 环境科学与管理, 2016（4）: 24-29.

[67] 胡德胜. 论我国生态用水保障制度的完善[J]. 河北法学, 2016（7）: 16-29.

[68] 叶友华, 金帮琳. 水生态文明城市建设的法制保障措施研究[J]. 人民长江, 2016（1）: 7-10, 42.

[69] 才惠莲, 孙泽宇. 我国生态环境用水法律保护的问题与对策——基于社会公共利益的视角[J]. 安全与环境工程, 2016（2）: 1-5.

[70] 胡德胜, 左其亭, 等. 我国生态系统保护机制研究——基于水资源可再生能力的视角[M].北京: 法律出版社, 2015.

[71] 黄锡生, 张天泽. 论生态补偿的法律性质[J]. 北京航空航天大学学报（社会科学版）, 2015（4）: 53-59.

[72] 马超, 常远, 吴丹, 等. 我国水生态补偿机制的现状、问题及对策[J]. 人民黄河, 2015（4）: 76-80.

[73] 刘力, 冯起. 流域生态补偿研究进展[J]. 中国沙漠, 2015（3）: 808-813.

[74] 秦立春, 谢宜章, 傅晓华. 湘江水权交接生态补偿协同治理创新研究[J]. 湖南师范大学社会科学学报, 2015（3）: 12-18.

[75] 何辉利. 京津冀协同发展中流域生态补偿的法律制度供给[J]. 河北联合大学学报（社会科学版）, 2015（3）: 14-17.

[76] 龙海燕, 李爱年. 我国流域生态补偿地方立法之探析[J]. 中南林业科技大学学报（社会科学版）, 2015（1）: 63-67.

[77] 柯坚, 吴凯. 新安江生态补偿协议: 法律机制检视与实践理性透视[J]. 贵州大学学报（社会科学版）, 2015（20）: 119-123.

[78] 何华. 江苏省水环境区域补偿法律制度研究[J]. 水利经济, 2015（2）: 51-53, 62, 77.

[79] 肖加元, 潘安. 基于水排污权交易的流域生态补偿研究[J]. 中国人口·资源与环境, 2016（7）: 18-26.

[80] 刘明喆, 张辉, 谭林山, 等. 滦河流域水生态补偿机制初探[J].环境保护, 2016（16）: 50-53.

[81] 叶浩然. 湿地补水的生态补偿机制研究[J].水利经济, 2016（2）: 36-40.

[82] 刘小冰, 方晴.水环境生态补偿法律机制探讨[J].江苏行政学院学报, 2016（2）: 122-129.

[83] 刘建林.跨流域调水工程补偿机制研究[M].郑州: 黄河水利出版社, 2015.

[84] 胡静, 段雨鹏. 流域跨界污染纠纷怎么调处?[J]. 环境经济, 2015（Z7）: 25.

[85] 李兴平. 行政跨界水污染治理中的利益协调探讨——以渭河流域为例[J]. 理论探索, 2015（5）: 94-99.

[86] 龚春霞.农业水权纠纷及其解决机制研究[J].思想战线, 2016（5）: 161-166.

[87] 徐金海, 刘洪芳.水事纠纷解决机制一般程序探讨[J].水利水电技术, 2016（9）: 122-125, 138.

[88] 仇天晹.在水事纠纷视角下研究农村用水纠纷解决机制[J].江苏农业科学, 2016（3）: 484-486.

[89] 王俊敏.水环境治理的国际比较及启示[J].世界经济与政治论坛, 2016（6）: 161-170.

[90] 沈百鑫. 比较法视野下我国的可持续水治理[J]. 环境资源法论丛, 2015: 91-115.

[91] 胡德胜, 左其亭. 澳大利亚河湖生态用水量的确定及其启示[J]. 中国水利, 2015（17）: 61-64.

[92] 张建良, 黄德林. 我国页岩气开发水污染防治法制研究——对美国相关法制的借鉴[J]. 中国国土资源经济, 2015（2）: 60-64.

[93] 徐顺青, 高军, 逯元堂, 朱建华. 美国水环境保护融资经验对我国的启示[J]. 中国人口·资源与环境, 2015（S1）: 288-291.

[94] 冯爽, 王圣瑞, 李晓秀, 等. 法国湖泊水环境保护与水污染治理[J]. 水利发展研究, 2015（5）: 66-69.

[95] 马双丽, 李贵宝, 王圣瑞, 等. 俄罗斯湖泊水环境污染治理与保护管理[J]. 中国环境管理干部学院学报, 2015（5）: 33-37.

[96] 刘芳, 王圣瑞, 李贵宝, 等. 韩国湖泊水污染特征与水环境保护管理[J]. 水利发展研究, 2015（6）: 64-68.

[97] 刘芳, 李贵宝, 王圣瑞, 等. 蒙古湖泊水环境保护及管理[J]. 中国环境管理干部学院学报, 2015（6）: 44-47, 74.

[98] 赖金明，李启家. 论我国再生水利用的行政监管模式——以美国加州再生水利用模式为例[J]. 江西理工大学学报，2015（2）：18-22.

[99] 金海，廖四辉，刘蒨，等. 荷兰新《水法》及其对我国的启示[J]. 中国水利，2015（6）：59-61，47.

[100] 孙金华，陈静，朱乾德. 国内外水法规比较研究[J]. 中国水利，2015（2）：46-51.

[101] 池京云，刘伟，吴初国，等. 澳大利亚水资源和水权管理[J]. 国土资源情报，2016（5）：11-17.

[102] 杨朝晖，褚俊英，陈宁，等. 国外典型流域水资源综合管理的经验与启示[J]. 水资源保护，2016（3）：33-37，110.

[103] 徐慧芳，王溯. 国外流域综合管理模式对我国河湖管理模式的借鉴[J]. 水资源保护，2016（6）：51-56.

[104] 王灵波. 论美国水权制度及其与公共信托制度的区别与冲突[J]. 沈阳工程学院学报（社会科学版），2016（2）：186-191.

[105] 贾颖娜，赵柳依，黄燕等. 美国流域水环境治理模式及对中国的启示研究[J]. 环境科学与管理，2016（1）：21-24.

[106] 付实. 美国水权制度和水权金融特点总结及对我国的借鉴[J]. 西南金融，2016（11）：72-76.

[107] 马丽娜，于丹，李慧等. 欧盟水框架指令对我国水环境保护与修复的启示［J］. 城市环境与城市生态，2016（5）：37-41.

[108] 董石桃，艾云杰. 日本水资源管理的运行机制及其借鉴[J]. 中国行政管理，2016（5）：146-151.

[109] 胡德胜，王涛. 中美水质管理制度的比较研究[J]. 中国地质大学学报（社会科学版），2016（5）：12-20，156.

[110] 胡德胜. 我国三条重要国际河流沿岸国之考证[J]. 华北水利水电大学学报（社会科学版），2015（1）：80-83.

[111] 黄锡生，曾彩琳. 国际流域生态系统法律性质的理论探讨[J]. 北京理工大学学报（社会科学版），2015（1）：131-135.

[112] 何艳梅. 联合国国际水道公约生效后的中国策略[J]. 上海政法学院学报（法治论丛），2015（5）：44-57.

[113] 诸文彬. 我国与周边国家水资源合作开发的法律制度研究[J]. 环境保护与循环经济，2015（3）：4-8.

[114] 王建雄. 丝绸之路经济带跨界水资源利用的国际合作研究——基于中亚区域国际水法理论实践困境的反思[J]. 江汉论坛，2015（4）：127-131.

[115] 王卓宇，雷芸. 喜马拉雅地区跨国水域水资源开发国际法问题研究[J]. 中国人口资源与环境，2015（9）：131-137.

[116] 袁捷. 跨国水资源利用中的事先通知义务——以"乌拉圭河纸浆厂"判决为视角[J]. 宁波广播电视大学学报，2015（3）：51-54.

[117] 郑文琳. 国际水道的公司制管理[J]. 暨南学报（哲学社会科学版），2015（6）：61-70，161-162.

[118] 胡德胜. 我国开发境内恒河流域的国际水法问题[J]. 青海社会科学，2016（2）：138-145.

[119] 单婕，周祥林，郝红升，等. 国际水条约对我国西南国际河流开发保护的影响[J]. 人民长江，2016（4）：9-11，16.

[120] 邵莉莉. 中哈跨界水资源开发利用的国际环境法规制[J]. 中共济南市委党校学报，2016（4）：110-113.

[121] 杨珍华. 刍议第三方在跨界水争端解决中的实践与作用[J]. 河北法学，2016（6）：106-118.

[122] 曾彩琳. 国际流域生态受益方补偿的困局与破解[J]. 新疆大学学报（哲学·人文社会科学版），2015（3）：54-58.

[123] 左其亭，郭唯，胡德胜，等. 能-水关联的和谐论解读及和谐发展途径[J]. 西安交通大学学报（社会科学版），2016（3）：100-104.

[124] 胡德胜. 论我国环境违法行为责任追究机制的完善——基于涉水违法行为"违法成本>守法成本"的考察[J]. 甘肃政法学院学报，2016（2）：62-73.

[125] 胡德胜，许胜晴. 能-水关联及我国能源和水资源政策法律的完善[J]. 西安交通大学学报（社会科

版），2015（4）：115–119.

[126] 胡德胜. 最严格水资源管理制度视野下水资源概念探讨[J]. 人民黄河，2015（1）：57–62.

[127] 韩兴旺，肖国兴. 页岩气开发中的水资源法律与政策研究[J]. 西安交通大学学报（社会科学版），2015（4）：120–124.

[128] 胡德胜. 我国水科学知识教育的法律规制研究[J]. 贵州大学学报（社会学版），2015（5）：129–133.

[129] 左其亭. 关于最严格水资源管理制度的再思考[J]. 河海大学学报（哲学社会科学版），2015（4）：60–63，91.

[130] 夏军，石卫. 变化环境下中国水安全问题研究与展望[J]. 水利学报，2016（3）：292–301.

[131] 胡德胜. 关于改进我国水资源区分类体系的探讨——基于水资源管理范围演进的视角[J]. 华北水利水电大学学报（自然科学版），2016（4）：22–26.

[132] 杜群，杜寅. 水保护法律体系的冲突与协调——以入河排污口监督管理为切入点[J]. 武汉大学学报（哲学社会科学版），2016（1）：122–128，封3.

[133] 孙海涛. 水资源管理中的公众参与制度研究[J]. 理论，2016（9）：104–110.

[134] 王莉. 我国地下水一体化管理理论及法律制度研究[J]. 法学杂志，2016（7）：61–69.

[135] 银晓丹，穆怀中. 饮用水源保护区法律制度完善研究——以辽宁省大伙房水库为例[J]. 辽宁大学学报（哲学社会科学版），2016（5）：63–67.

[136] 汪千力. 长江经济带水资源保护综合立法研究[J]. 华北水利水电大学学报（社会科学版），2016（4）：95–98.

[137] 曹璐，陈健，刘小勇. 我国水资源资产管理制度建设的探讨[J]. 人民长江，2016（8）：113–116.

[138] 左其亭，胡德胜，窦明，等. 最严格水资源管理制度研究——基于人水和谐视角[M]. 北京：科学出版社，2016.

本章撰写人员及分工

本章撰写人员名单（按贡献排名）：胡德胜、朱艳丽、何翠敏。具体分工如下表。

节　名	作　者	单　位
8.1 概述	胡德胜、朱艳丽	西安交通大学法学院
8.2 流域管理法律制度研究进展	朱艳丽、胡德胜、何翠敏	西安交通大学法学院
8.3 水权制度研究进展	胡德胜、朱艳丽、何翠敏	西安交通大学法学院
8.4 水环境保护法律制度研究进展	朱艳丽、胡德胜、何翠敏	西安交通大学法学院
8.5 生态环境用水政策法律研究进展	胡德胜、朱艳丽、何翠敏	西安交通大学法学院
8.6 涉水生态补偿机制研究进展	朱艳丽、胡德胜、何翠敏	西安交通大学法学院
8.7 水事纠纷处理机制研究进展	朱艳丽、胡德胜、何翠敏	西安交通大学法学院
8.8 外国水法研究进展	胡德胜、朱艳丽、何翠敏	西安交通大学法学院
8.9 国际水法研究进展	胡德胜、朱艳丽、何翠敏	西安交通大学法学院
8.10 其他方面研究进展	朱艳丽、胡德胜、何翠敏	西安交通大学法学院
8.11 与2013—2014年进展对比分析	胡德胜、朱艳丽	西安交通大学法学院

第9章 水文化研究进展报告

9.1 概述

9.1.1 背景与意义

（1）水是文明之源。在中国，水的这些作用更加明显。中华民族是一个有着五千年灿烂历史的民族。在认识和改造自然的过程中，先民创造了既绚烂多姿又具有独特内涵的中华传统文化。而水，不仅影响了中国文化的产生，而且随着历史的演进，已成为中国文化所阐释的一个重要"对象主体"并使这一文化体系产生一种特异的艺术光彩。中国古代的易学、儒家以及道家等学派的思想中都有着深厚的水文化思想。因此，中国水文化不仅是中华文化的重要组成部分，也是全人类文化宝库中的瑰宝。

（2）新中国成立以来，特别是改革开放30多年来，我国水文化建设取得了更加丰硕的成果。1995年，成立了中国水利文协水文化研究会，现在更名为水文化工作委员会。这是目前唯一的全国性水文化的社团组织。2008年水利部举办了首届中国水文化论坛，2009年成立了中华水文化专家委员会。为了贯彻党的十七大和十七届六中全会的精神，水利部制订并颁布了《水文化建设规划纲要（2011—2020年）》。规划纲要立足水行业，辐射全社会，对水文化建设的必要性、指导思想、原则目标、主要任务、保障措施都作了明确规定；成为全国水文化建设的行动纲领，水行业振兴的精神动力。

（3）社会文明发展到今天，研究水文化，认识水文化，营造水文化，弘扬水文化，有助于人的身心健康，可以给人们提供环境优美宜人的休闲娱乐场所，带来清新自然的浪漫气息，怡养人们的情趣和心境，还能给人以知识、思考、教育和启迪。因此，认识水文化，挖掘水文化，弘扬水文化，对于增强全社会的爱水、亲水、节约水、保护水的意识，转变用水观念和经济增长方式，创新发展模式，形成良好的社会风尚和社会氛围，遵循水的自然规律和社会经济规律，规范人类行为，实现自律式发展，科学地开发利用、节约保护水资源，建设资源节约型、环境友好型社会，从容应对水危机，促进人水和谐，以水资源的可持续利用保证社会经济环境的可持续发展，全面建成小康社会和美丽中国都具有十分重要的现实意义和深远的历史意义。

9.1.2 标志性成果或事件

（1）2015年3月，在韩国光州举行的第22届国际灌排大会暨国际灌溉排水委员会（ICID）第65届国际执行理事会上，浙江丽水通济堰被授牌列入首批世界灌溉工程遗产名录。据悉，此次被列为首批世界灌溉工程遗产名录的共17处，其中，中国共4处，即浙江丽水通济堰、四川乐山东风堰、湖南新化紫鹊界梯田及福建莆田木兰陂。通济堰列入世界灌溉工程遗产名录，将可以更好地保护和利用通济堰灌溉工程，挖掘和宣传灌溉工程文化传统和文明烙印及其对世界文明进程的影响。

（2）2015年4月，由李宗新、李贵宝、肖飞、李文芳四位水文化专家共同主编的《水文化大众读本》是中国水利水电出版社组织编写的《中华水文化书系·教育读本系列丛书》中的一本。本书是以"水文化研究和水文化建设"为主题，向社会各行各业的各级领导和广大人民群众传播水文化基础知识，进行水文化教育的科普读物。为了充分吸收水文化研究的已有成果，取众家之所长，本书邀请了20多位水文化专家和对水文化有较深造诣的作者参加了本书的撰写工作。因此，本书是集体智慧的成果，基本上体现水文化研究和建设的现有水平和发展趋势。《读本》通俗易懂，深入浅出，融思想性、知识性、实践性、可读性、资料性为一体，读本共计30余万字，图文并茂。

（3）2015年4月23日，我国首部讲述水利人故事的电影《爱在青山绿水间》在湖北省委洪山礼堂举行首映式。电影以水利先进典型蒋志刚为人物原型，经过近一年时间的创作打磨，由湖北省委副书记张昌尔同志亲任总策划，湖北省水利厅和孝感市委、市政府，孝昌县委、县政府、陨石文化传媒（北京）有限公司联合出品。电影原型人物蒋志刚现任孝感市孝昌县水务局副局长、高级工程师。参加工作35年来，蒋志刚同志扎根基层、勤学钻研，刚正不阿，献身水利、矢志不渝，曾当选为中共湖北省第九次党代会代表，先后获得"湖北省劳动模范""湖北省优秀共产党员"以及"全国先进工作者"等20多种荣誉称号，共计50多次。2014年以来，水利部党组、湖北省委群众路线教育实践活动领导小组、湖北省委农村工作领导小组先后发文号召向蒋志刚同志学习。

（4）2015年6月17日，由中国水利政研会组织的"水文化学术座谈会"在北京召开。中华水文化专家委员会主任委员、中国水利政研会会长张印忠到会致辞，中华水文化专家委员会副主任委员、中国水利政研会副会长王星主持座谈会。中华水文化专家委员会副主任委员、水利部新闻宣传中心主任郭孟卓，中华水文化专家委员会副主任委员、中国水利文协副主席王经国，以及中华水文化专家委员会成员和相关单位代表近50人参加了座谈会。这次会议的主要任务是总结交流水文化学术思想与成果，研究探讨水文化建设如何在水利工作实践中发挥作用，为水利改革发展提供思想保证和文化支撑。

（7）2015年6月30日晚，日内瓦湖畔的莱蒙剧院里传出时而激昂高亢、时而婉转悠扬的乐曲和歌声，并不时爆发出热烈的掌声，以京杭大运河为主题的中国原创歌剧《运之河》正在上演。为庆祝联合国成立70周年，中国常驻日内瓦代表团与江苏省政府共同举办此次大型演出。

（8）2015年7月"中国–希腊古代文明中的水智慧与成就"国际学术研讨会开幕式7日上午在云南民族大学雨花校区举行。60余名来自国内外的专家学者将围绕"中国和希腊两大文明对水管理的智慧"主题，分3个平行会议进行深入研讨和广泛交流。据了解，此次会议为期3天，旨在贯彻落实去年7月中希两国领导人"深化双方互利合作、加强交流互鉴"的重要讲话精神，促进对两国古代水文明的理解与交流，进一步提升云南民族大学的国际影响力、推动高水平民族大学建设。

（9）为贯彻落实水利部《水文化建设规划纲要（2011—2020年）》，水利部牵头、中国水利水电出版社组织策划实施《中华水文化书系》，在编撰工作领导小组的组织领导下，在各有关部门和单位的鼎力支持下，在所有参与编纂人员的共同努力下，2015 年 4 月至 7 月，《水文化教育读本丛书》《图说中华水文化丛书》《中华水文化专题丛书》构成的《中华水文化书系》正式出版。该书系总计 26 个分册，约 720 万字组成，其中，《水文化教育读本丛书》由《水文化小学生读本（低年级）》《水文化小学生读本（高年级）》《水文化中学生读本（初中版）》《水文化中学生读本（高中版）》《中华水文化通论（水文化大学生读本）》《水文化研究生读本》《水文化大众读本》和《水文化职工培训读本》组成，分别面向小学、中学、大学、研究生和水利职工及社会大众等不同层面的读者群；《图说中华水文化丛书》由《图说治水与中华文明》《图说古代水利工程》《图说水利名人》《图说水与文学艺术》《图说水与风俗礼仪》《图说水与衣食住行》《图说中华水崇拜》《图说水与战争》《图说诸子论水》组成，采用图文并茂形式对水文化治水进行全面梳理；《中华水文化专题丛书》由《水与水工程文化》《水与民风习俗》《水与生态环境》《水与制度文化》《中外水文化比较》《水与文学艺术》《水与治国理政》《水与流域文化》《水与哲学思想》组成，从理论层面分专题对传统水文化进行深刻解读。《中华水文化书系》既有思想性、理论性、学术性，又兼顾了基础性、普及性、可读性，各自特色鲜明又在内容上相互补充，共同构成较为系统的水文化理论研究体系、涵盖大中小学的水文化教材体系和普及社会公众的水文化治水传播体系。

（10）2015 年 12 月 10 日，全国水利风景区建设与管理工作视频会议在北京召开，水利部副部长田学斌出席会议并讲话。水利部总工程师汪洪主持会议。党的十八届五中全会把水资源和水利工作放在更加突出的位置，纳入"十三五"规划建议。一定要紧紧抓住并利用好水利建设的重大战略机遇期，扎实做好水利风景区建设与管理工作，努力开创水利风景区工作的新局面。

（11）2016 年 2 月 29 日，为全面贯彻党的十八大和十八届三中、四中、五中全会精神，深入学习贯彻习近平总书记系列重要讲话精神，紧贴水利中心任务，以培育和践行社会主义核心价值观为主线，全面加强理论武装和思想道德建设，深入开展群众性精神文明创建活动，积极推进水文化繁荣发展，为推动水利改革发展新跨越、保障国家水安全提供坚强的思想保证、强大的精神力量、丰润的道德滋养和良好的文化条件，水利部精神文明办印发《2016 年水利精神文明与水文化建设工作安排》。

（12）2016 年 3 月 22 日是第二十四届"世界水日"，3 月 22—28 日是第二十九届"中国水周"。联合国确定 2016 年"世界水日"的宣传主题是"水与就业"（Water and Jobs）。经研究确定，我国纪念 2016 年"世界水日"和"中国水周"活动的宣传主题为"落实五大发展理念，推进最严格水资源管理"。

（13）2016 年 4 月 16 日，黄河三盛公水文化博物馆属于水利行业性博物馆，其基于博物馆文化和水利工程相结合的理念，依托黄河、水利工程建立，围绕三盛公水利枢纽工程建设、施工、运行，延伸到黄河、河套地区水利发展史，重点展示人类治理黄河、利用黄河、管理黄河活动过程中留下的宝贵经验、历史遗存。博物馆成立实现了爱国主义教育意义，水利精神文化的传播，其无形藏品价值远大于有形藏品价值。博物馆充分发挥社会教育功能，宣传人民群众治水的历史功绩和伟大成就，弘扬水利精神，传承水利文化，普及水利知识，促进水利持续发展，全面提高全民历史遗产的保护意识，推动当地"两个文明"建设发展。博物馆全年免费向社会开放的同时也是三级爱国主义教育基地、内蒙古农大、机电学院实习实践教学基地。

（14）2016年7月8—9日，中国水利政研会在湖北宜昌召开水文化理论与实践教育座谈会，会议讨论了加强水文化理论与实践教育有关问题，研究了新形势下如何在水利职工中开展水文化教育，进一步提升水利队伍的水文化自觉和自信意识，交流了水文化理论与学术有关问题。中国水利政研会副会长王星作书面发言，中国水利政研会副秘书长傅新平主持会议。

（15）2016年11月8日，从泰国清迈传来喜讯，国际灌排委员会第67届国际执行理事会全体会议上公布了2016年入选的世界灌溉工程遗产名单，中国申报的太湖溇港、郑国渠、槎滩陂三个项目全部入选。前两批公布的世界灌溉工程遗产名录中，我国的通济堰、东风堰、紫鹊界梯田、木兰陂、诸暨桔槔井灌、芍陂、它山堰等7个项目也在其中。

（16）2016年11月21日，《中国水利史典》一期工程出版座谈会议暨二期工程推进会议在京召开。水利部部长、编委会主任兼主编陈雷出席会议并讲话。他指出，深入贯彻落实习近平总书记治水兴水重要战略思想，切实保障国家水安全，需要鉴古观今、继往开来。要秉承对历史高度负责的精神，着力抓好《中国水利史典》编撰和运用工作，早日把这一盛世史典完整奉献给读者和社会，让宝贵的水利历史文献活起来、走出来，更好地服务当代治水实践。

9.1.3 本章主要内容介绍

本章是有关水文化研究进展的专题报告，主要内容包括以下几部分。

（1）对水文化研究的背景及意义、有关水文化2015—2016年标志性成果或事件、本章主要内容以及有关说明进行简单概述。

（2）本章从第9.2节开始按照水文化研究内容进行归纳编排，主要内容包括：水文化遗产研究进展、水文化理论研究进展、水文化传播研究进展、旅游水文化研究进展、地域水文化研究进展、水文化学术动态。最后简要归纳2015—2016年进展与2013—2014年进展的对比分析结果。

9.1.4 其他说明

在广泛阅读相关文献的基础上，系统梳理了最近两年对水文化的研究成果。因为相关文献很多，本书只列举最近两年有代表性的文献，且所引用的文献均列入参考文献中。

9.2 水文化遗产研究进展

水文化遗产是我们中华民族宝贵的文化资源，是中华民族五千年来智慧的结晶，加强对水文化遗产的研究和整理，使中华民族宝贵的水文化遗产得到传承和发展。水文化遗产研究借助现代技术方法，从水利工程遗产、水文化遗产保护与开发、水文化非物质文化遗产传承等方面，取得诸多成果。从总体来看，关于理论性、标志性研究的成果较少，主要是物质文化遗产调查和非物质文化遗产传承方面的研究。以下仅列举有代表性的文献仅供参考。

（1）李云鹏等[1]以丽水通济堰为例，在研究灌溉工程遗产构成、历史演变、科技文化价值的基础上，针对灌溉工程现状及发展面临的突出问题，提出遗产保护与发展的策略。对认知灌溉工程遗产特性及价值、总结可持续灌溉的历史经验、促进灌溉工程遗产保护及持续发展提供理论和现实意义。

（2）张剑楠等[2]通过调查分析广西大藤峡水利枢纽移民区文化特点，有针对性地为大藤峡移民提出了五点建议：即延承移民点"干栏式"建筑元素打造特色建筑小镇；以"政府主导，移民主体"模式加强沟通，构建发展共同体；重视新型社区文化设施建设；保护并弘扬以民俗文化为核心的非物质文化遗产；发展以西山茶为品牌的茶文化产业。

（3）黄勇等[3]指出 2009 年 7 月，北京市委、市政府审议通过了《永定河绿色生态发展带建设规划》，2010 年正式启动永定河绿色生态发展带建设，计划用 5 年时间，按照"安全是主线、节水是理念、生态是效果"的新思路，对加强永定河的水土保持具有宏观的指导作用。

（4）杨惠淑[4]介绍北宋为达南粮北运之目的，企图沟通江淮漕运，从南阳开运河通达京师开封，并两度开挖襄汉漕渠引白河水北上，都因方城垭口地势高企，受制于当时的技术力量而最终没能取得成功。但襄汉漕渠的大胆设想和积极尝试，对今天的南水北调有着重要的启发和借鉴意义。

（5）李德幸等[5]通过对都江堰灌区节水改造取得效益和目前存在问题进行分析，提出了下一步灌区建设的思路和对策：加大灌区工程硬件建设、建立灌区维修养护投入机制、加强灌区运行管理人员培训、加强灌区灌溉试验站建设和建立水生态循环处理系统等措施，进一步提高灌区管理水平，建设现代化灌区，为促进区域经济社会发展作出更大贡献。

（6）韦波[6]基于广西水利风景资源调查的主要成果，介绍了广西水利风景资源的种类、数量和分布情况。对水利风景资源进行了评价和开发潜力分析，提出水库水利风景资源开发和城市河流水利风景资源开发是广西水利风景资源开发的主要组成结构，风景资源开发定位为观光型、体验型、休闲养生型三种类型，并提出建设策略。

（7）王瑞平[7]指出中华五千年的文明史其实就是由人们在日常生活中的点点滴滴积累形成的，而民风民俗是这些积累的重要组成部分。中华民族有 56 个民族，每个民族都形成了具有自己民族特色的民风民俗。在 960 万 km^2 的土地上，不同地区又因地理位置形成了不同地域特色的民风民俗。这些不同特点的民风民俗互相交融，形成中华民族凝聚力的核心所在。

（8）龚金星等[8]指出 50 年前，中国林县，10 万英雄儿女，靠一锤、一钎、一双手，苦干 10 个春秋，在万仞壁立、千峰如削的太行山上，斩断 1250 个山头，架设 152 座渡槽，凿通 211 个隧洞，建成了全长 $1500km^2$ 的"人工天河"——红旗渠。这种自强不息、艰苦创业精神闪耀着历久弥新的光芒，成为中华民族一座不朽的精神丰碑。

（9）涂师平[9]指出新时期治水理念应注重水文化创意设计，水文化遗产元素应进一步进入水文化创意设计。在进行水文化创意设计时，应从水文化遗产的分类分级、水文化创意设计的形式选择、水文化创意设计的价值选择等不同维度，选择不同的路径对水文化遗产进行保护、传承、利用。

（10）张建松[10]介绍了河南水文化遗产的价值，河南水文化遗产的挖掘整理、开发利用的具体措施。

（11）周鹏[11]指出，坎儿井作为人类文化遗产，具有很高的历史文化价值，其日益消亡的状况引起社会广泛关注。因此要采取新的方式更好的保护这一水文化遗产，井口砂土冻融破坏试验提供了一种可能。

（12）阮云星[12]以杭州西湖文化景观世界遗产为例，指出可持续的文化遗产保护是一种遗产再生产的过程，文化遗产持有者参与其中的遗产再生产是可持续遗产保护的基础性的重要内容。

（13）蒋锐[13]根据美国国家公园服务处提出的保护区域承载量的概念，采用指标分析法得出了比较完整的白鹤梁水下博物馆游客承载量计算的思路和计算模型，归纳总结了影响白鹤梁水下博物馆游客承载量的要素，并基于当前现状数据对其做出了初步测算，提出相应的调控策略和管理措施。

（14）任紫钰[14]指出，隋唐大运河不仅促进了南北经济、文化的交流，带动了沿岸城镇的发展，还具有政治、军事功能，加强了中央政权对地方的统治、巩固了国家的统一。隋唐大运河沿线的文化遗产在水利资源开发、运河旅游、历史文化研究等方面发挥着相当大的作用。

（15）王长松等[15]北京水文化遗产分为物质类文化遗产和非物质类文化遗产，其中水利工程遗产是水文化遗产的主体内容。北京物质类水文化遗产的空间分布以河流为骨架，主要分为五个遗产集聚区域。在时间分布上，清代最多，次之为明代和元代。

（16）李芸等[16]通过对什刹海地区水文化、水文化遗产的全面梳理，首先概述水文化、水文化遗产的定义，然后将什刹海水文化遗产划分为四大类：河湖水系文化遗产、水利设施文化遗产、园林景观文化遗产以及其他非工程性态的文化遗产。

（17）张缨等[17]通过分析京杭运河德州段的地理水文、河道历史演变和水利工程的重要功能，从防护措施、优化管理、保护水生态与水资源、整合地域文化、开发文化价值和营造运河文化遗产保护氛围等方面提出保护开发德州段运河水文化遗产的措施建议，以保护水利工程文化遗产为切入点，提出相关对策建议。

（18）严波等[18]指出，苏南古桥的建造不仅受水文气候、地形地貌和岩石土壤植被等自然环境要素的影响，而且与交通、人文、经济、审美等社会环境要素密切相关。

9.3　水文化理论研究进展

水利部党组在《关于水利系统培育和践行社会主义核心价值观的实施意见》中指出："进一步深化水文化理论研究，加快构建符合社会主义先进文化前进方向、具有鲜明时代特征和行业特色的水文化体系，充分发挥水文化怡情养志、涵育文明的重要作用。"因此，加强水文化理论研究是弘扬中华优秀传统文化的重要举措，可以为实现"中华民族伟大复兴中国梦"提供智力支持和精神动力。近年来，学术界对水文化理论研究颇为关注。另外，《中国水利报》刊发周魁一[19]、闫彦[20]、郝红暖[21]、高立洪[22]等一系列文章，对水文化研究方法、研究手段、研究路径进行研讨。从总体来看，关于基础理论原创性成果较少，主要是水文化概念、水工程文化、水生态文明建设、水寓言神话、水文学、城市水文化等方面的研究。以下仅列举有代表性的文献以供参考。

（1）科学界定水文化内涵与外延，是水文化理论研究亟待解决的问题之一。李宗新[23]对"水文化学"学科属性进行探讨，并对各种水文化现象的起源、演变、传播、结构、功能、本质及其发展变化规律进行了归纳总结。靳怀堾在《漫谈水文化内涵》[24]一文中，对水文化概念与结构、水利文化与水利行业文化、水文化与水利文化进行详细论述。

（2）李璨等[25]对水文化的内涵进行重新解读，构建了有水可用、有"道"可循、有法可依、严格管理、宣传教育的人水和谐的生态水文明建设体系。

（3）建设水文化资源数据库有助于水文化资源的整合、开发和利用。史鸿文[26]从建设中原水文化数据库的意义、价值、主题来概述水文化研究新视角，然后提出水文化数据库建设必须坚持数据的真实性和丰富性相统一、历史性与当代性相统一、资料性与应用性相统一的原则。郭垚[27]对南水北调工程水文化数据库的建设的可行性、建设步骤和数据库功能进行初步探讨。王岚[28]以华北水利水电大学图书馆为例，在其所具有的地域、资源和高校平台优势上，提出了建设黄河水文化特色数据库的采集原则、数据来源、分类结构、建设平台及建库形式。

（4）闫寿松[29]对古代水文化蕴含的"水善利万物而不争、水志向东、水静如镜"先进文化进行研究，推进现代水利可持续发展必须弘扬"献身、负责、求实"水利行业精神。

（5）苏庆华[30]通过对黔东南苗侗先民在长期的社会实践中养成了爱水、敬水、惜水、护水的传统习惯概述，归纳总结黔东南苗侗水文化内涵，提出黔东南苗侗传统水文化在促进人与自然之间和谐关系方面，在保护少数民族生态环境方面发挥了重要的作用。

（6）张建萍等[31]从越窑青瓷的抽象的水波纹样、具象的水生纹样的造型风格和水生动植物造型的装饰内涵两方面进行分析，提出青瓷的装饰纹样与造型艺术，体现越人千百年来治水、疏水和用水的水元素印记，渗透着水乡的风貌，融和着越人的精神。

（7）楚行军[32]结合国外水文化研究新动向，对我国水文化建设存在的问题进行客观分析，提出我国涉外水文化建设的主体、主题和措施，推动水文化国际交流与合作事业可持续发展。

（8）马宏伟等[33]提出，新时期淮河水文化建设要坚持传承创与新承相结合、基础研究与水利实践相结合、普及传播与社会主义核心价值观相结合的原则，为淮河治理与流域经济社会的健康发展提供强大的思想力量、科学力量和精神力量。

（9）郑大俊等[34]从人与自然、人与水的关系视角，分析了都江堰工程的治水理念、工程方案、综合效益以及其蕴含的哲学观、思想观、发展观、文化观，说明了都江堰水文化的内核要义与当今时代生态文化发展总体要求基本一致，提出了其对现代水文化建设的启示。

（10）肖冬华[35]提出，马斯洛需要层次理论为研究中国传统水文化发展脉络提供了新的方法，其中生理需求和安全需求催生了中华民族古老的畏水文化和敬水文化；社交需求、尊重需求促使治水文化和利水文化产生；在自我实现需求的驱使下，中华水思想上升到了乐水文化。

（11）唐京[36]认为蒙高原的呼伦湖是游牧文化的源头，贝尔湖、额尔古纳河塑造了游牧民族坚毅、豪放、彪悍、能歌善舞、的民族性格，嫩江上的达斡尔族艰险的放排生活，造就了达斡尔人淳朴、果敢、坚韧的性格。

（12）少数民族水文化在神话故事和民俗文化方面呈现出多维度研究。黄龙光[37]认为彝族水神话的创世母题将水祖等同于人祖而共享尊崇，人水同一的血缘关系生成了彝族自古崇水、亲水、爱水、护水的水文化逻辑源头。彝族水神话的灭世母题通过自然（神）与人之间关系的调整，演述了一个关于自然生态和社会生态隐喻的神圣叙事，对当代处于水困境的人类社会生态重建具有重要的现实意义。黄龙光[38]彝族水文化是彝族人民不断创造和传承的以水为载体的各种社会文化现象总和，具有"逐水而徙""缘水而生""崇水而敬""取水而净""治水用水"与"因水而治"等主要内涵。陈启霞[39]认为水文化是傣族文化的重要组成部分。传承傣族的水文化，有助于维系傣族的内在凝聚力，强化本民族的身份认同并加以传承，同时也能让更多民族进一步认识到水的重要性，从而对生态环境保护起到积极的作用。

（13）朱海风[40]结合我国五千年的治水史，从治水经验、治水技术、治水文化等方面初步总结分析我国治水经验和教训，旨在对中华治水文化的传承有所借鉴，对建设和谐水利社会、美丽中国有所启示。

（14）丁加丽等[41]认为江苏南通孕育了丰富的直接性、载体性、派生性水文化元素，建设"生态水利文化馆"，对承继南通水文化历史价值，弘扬现代水利建设方向，具有明确的实践价值和借鉴意义。

（15）周兵等[42]认为中华传统建筑所蕴涵的水文化通过建筑景观、文化表征、意象烘托、生态感受等方式展现了生命、精神、文化层次的意蕴。在现代生态建筑学视阈下，传承中华传统建筑所蕴涵的水文化，具有对建筑区域的水分调节、环境净化、创建和提升水文化景观、避免产生城市内涝和"热辐射病"等功能。

（16）张朝霞[43]认为水文化自觉对鄱阳湖生态经济区建设意义重大，它不仅通过文化创新推动生态经济区经济形态的创新，通过人与自然的和谐引领生态经济区的基本政治导向，而且对于生态经济区精神文化环境的营造以及生态经济区的合理规划也有着重要价值。

（17）对近年来水文化的回顾和展望，为水文化理论研究奠定基础。邓俊等[44]通过对文献资料的整理统计分析，从水文化及相关概念的界定、水和中华文化的关系研究、区域性的水文化研究、民族文化与水文化、水文化的应用问题以及国际水文化研究动态等6个方面进行了综述，并指出了研究的不足和今后应加强研究的问题。贾兵强[45]结合水文化研究的新动态、新形态、新业态，通过全面、系统地收集水文化最新研究成果，从水文化理论研究进展、水文化遗产研究进展、水文化传播研究进展、地域水文化研究进展等方面，对其进行了择要论述，在此基础上，从研究对象、研究范围、研究方向、研究手段等方面，对水文化研究进行展望，以期推进水文化传承创新，不断把中华优秀传统水文化研究持续推向前进。

（18）水文化研究范围扩展到国外，扩宽我国水文化理论研究学术视野。陈军军[46]以柬埔寨的湄公河和洞里萨湖为例，对上述流域的泼水节、送水节等水相关的节庆文化习俗进行介绍。陈军军[47]对缅甸传统节日中的泼水节、浴榕节和赛船节择要概述。

（19）以《诗经》和小说为研究对象，水文学研究取得长足进展。周波[48]对溱水和洧水流域的农业习俗和民间习俗进行描述。李程锦[49]对《国风》中水的抒情意义、《大雅》和《小雅》中水的政治意义和《颂》里祭祀诗中水的民俗意义进行解读，《诗经》中的水文化是其自然属性和人文属性共同作用的产物。李婷[50]认为，汉味小说不仅将水作为小说的背景环境与情感寄托，还讲述与水有关的故事，刻画人物如水的性情。汉味小说中将水的秉性和文化哲思巧妙融入作品底色，使之成为汉味小说独有的地域文化特色。

（20）城市水文化在推进水生态文明城市建设中具重要地位。陈超[51]指出城市水文化在当前城市应对气候变化的重要价值，探讨了传统城市水文化在疏导、调蓄、管理方面独特价值。刘雨[52]认为城市水文化作为我国城市文化的一种，具有历史深远等特点，但人们对城市水文化的保护和利用意识淡薄，导致水文化被严重破坏，阻止了我国水文化的发展。在此基础上，提出城市水文化以及水景观的保护和开发原则和策略。

（21）席景霞等[53]指出古徽州水文化主要包括物质水文化和精神水文化。现代城市水景观建设应遵循自然和生态格局，充分考虑城市自身的自然条件，如水资源、气候特征及生态现状等。

（22）苗润洁等[54]以传世留存和考古发现的秦汉玺印、封泥中涉及水文化史料为研究对象，对秦汉水利职官的演变、城市命名规律以及崇尚水德等方面的秦汉水文化体系进行研究。

（23）蔡萍[55]从社会学的角度阐述水文化社会学研究的基本主题和基本思路，建构水文化—结构—人行动的分析路径，探讨了水文化社会学研究的意义。

（24）姜翠玲等[56]在阐述水文化发展与生态文明建设关系的基础上，将水文化表现形态划分为物质形态、制度形态以及精神形态，简要分析其特征与内涵，着重探讨水文化嵌入生态文明建设的意义及嵌入方式。

（25）车安宁在《人类与水》[57]一书中，论述了自然科学与社会科学两大领域，内容涉及历史、经济、文学、政治、文化、民俗、地质、天文、地理、物理、化学、灾害、水利、生态等诸多学科，讲述了传统的水文化及其演变，并延伸至今天的水利建设和节水环保等。王浩等在《水生态文明建设规划理论与实践》[58]一书中，阐述了水生态文明的概念、内涵、水生态文明建设的总体思路，提出了有防洪减灾体系、供水保障体系、水环境修复体系、水生态保护体系、水文化建设体系和水管理建设体系构成的水生态文明建设规划体系，还以开展了实例研究。

9.4　水文化传播研究进展

水文化重在建设，成在传播。近年有关水文化传播方面的研究成果尽管数量有限，但相比之前已有较大发展。文化传播的功能主要是传承文化，创新文化，享用文化。从总体来看，关于理论方法研究的成果较少，主要是传播媒介的应用研究。以下仅列举有代表性的文献以供参考。

（1）杨发军等[59]从哈罗德·拉斯韦尔"5W"模式出发，分析了中华水文化传播的传播者、传播内容、传播媒介、传播对象的现状等问题，并提出了完善水文化传播机构、增强传播意识等水文化传播策略。

（2）彦橹[60]分析了水文化传播中存在的水文化传播、内容不够丰富、传播渠道有限、传播形式单一等问题，并针对这些问题对水文化传播的问题提出解决意见。

（3）温雪秋[61]分析了水文化与思想政治教育的价值契合，并探讨了水文化对水利院校思想政治教育的价值。温雪秋[62]首先分析了解水文化和水文化教育的基本内涵，研究了教育融入水利高职院校校园文化建设的必然性，最后提出了将水文化教育融入水利高职院校校园文化建设的途径。

（4）蒋涛[63]首先从水文化普适性教育普遍欠缺等几个方面分析了水文化研究和教育工作的背景与现状，探讨了水文化普适性教育的形势与任务，提出在原有水文化普适性教育认识基础上破冰水利发展桎梏的看法。

（5）楚行军[64]从教学目标、教学内容、教学模式和教师素质四个层面，分析英语专业本科生开设《水文化概论》课程的可行性及具体方案。

（6）黄颖[65]分析了巢湖水文化的传播优势，总结和分析了影响力不够强大、内容不够全面、传播渠道不够通畅等巢湖水文化的传播现状及原因，提出了巢湖水文化的传播策略。

（7）倪妍[66]结合水环境设计课程的特点，在分析了水文化教学传播价值的基础上探索其在水环境设计教学中的教学应用，并从课前提炼、课中渗透和课后拓展这三个方面提出具体实践策略。

（8）张颖[67]阐述了珠水文化的涵养特色，通过对润物无声的情感教育、追本溯源的道德教育、注重过程的动态教育三大路径探讨了在思品课堂上培养"有涵养的学生"的措施。

（9）郭佳[68]在归纳水文化的起源、构成和内涵的基础上，分析了高中阶段学生在成长过程中存在的问题，论述了在高中生中开展水文化教育的意义，针对宜昌水文化资源丰富的特点，探讨了在宜昌某重点高中中试点开展水文化教育的可行性和实施方式。

（10）徐炳炎等[69]以江山市—都江小学为例，探讨了如水教育在该校的实施情况以及经验。

（11）岳法家[70]分析了特色水文化教育理论体系传播的受众尤其是大学生群体，并对特色水文化教育体系传播路径体系的构建提出个人建议。

（12）吴怡璇[71]探讨了开展水文化教育的重要意义，分析了当前我国水文化教育中存在的主要问题，在此基础上提出了坚持全民水文化教育的基本原则等我国水文化教育的实施途径的一些建议。

（13）罗敏等[72]阐述了水文化的教育传播现状，从有利于培养学生人水和谐的理念、学生的水利情怀、学生的民族情感等方面分析了水利院校重视水文化教育与传播的必要性，提出了借力新媒体，搭建水文化教育传播平台的具体措施。

（14）李昌彦[73]分析了水文化教育的内涵，探讨了南昌工程学院水文化教育实践现状，从中发掘了南昌工程学院水文化教育实践的问题，并提出提升水文化教育的途径。

（15）詹杏芳[74]分别基于广义水文化和狭义水文化分析了其育人功能。

9.5　旅游水文化研究进展

水利部《水文化建设规划纲要（2011—2020 年）》（水规计〔2011〕604 号）将水利旅游作为发展水文化产业重要抓手之一。因此，以水文化资源为基础的，通过水利风景区游、水文化遗产游、山水游等形式，大力发展水文化旅游，对于保护水资源、弘扬水文化、修复水环境以及发展水产业，对于建设生态水利和发展民生水利、推进生态文明建设都起到了积极而重要的作用。近年来，大理[75]、徐州[76]、湘潭[77]、昆明[78]、濮阳[79]、宁波[80]等地以水文化旅游发展态势良好，尤其是水上飞机游成为航空旅游新模式[81]，主要集中在水文化旅游开发、水利景区规划设计、水生态文明城市建设等方面。以下仅列举有代表性的文献以供参考。

（1）张洁的[82]分析了哈尼梯田水文化旅游开发的优劣势、机遇和挑战，提出了可持续发展的路径：要注重旅游规划制定与实施、建立适宜管理制度和利益分配制度、出台相关保护利用政策制度、开发有水文化内涵的旅游产品和采用适宜的旅游开发模式。

（2）朱伟的[83]探讨了以自行车运动为载体的南京水文化体育旅游既具有丰富的地理资源和丰厚的文化资源优势，同时也存在旅游观念定型、市场开发不足的劣势。提出通过宣传、打造全新品牌、做好专业的规划设计、建立完整的产业链，为南京市体育旅游带来新的发展模式。

（3）程天矫等[84]从水利旅游的视角出发，在认识各种形态水文化的形式和内容并把握其丰富内涵的基础上，探讨了在未来水利旅游中水文化应重视的方向，以期使游人在享受水利旅游的优美景观和宜人环境的同时，得到水文化的熏陶和教育。

（4）杨帆[85]依据环巢湖文化旅游规划基本要求，分析环巢湖水文化资源内涵、水文化资源与旅游融合开发中存在问题，提出把开发湖河亲水健康游、温泉文化游、水乡文化生态游等依水休闲旅游模式作为环巢湖水文化资源与旅游产业融合发展主导方向，并着力精神层面水文化资源的挖掘。

（5）夏日新等[86]湖北水文化资源丰富，应充分发挥长江"黄金水道"的综合优势，推进旅游与水文化的融合，打造水文化特色，对带动沿岸旅游资源的开发，把长江中游培育成黄金旅游带创造了条件，也为将旅游业培育成区域经济新的增长点和重要支撑带来了历史性的机遇。

（6）许培星[87]认为发展低碳绿色水上旅游是减少温室效应、缓解气候变化的重要领域，也是实现可持续发展的内在需求。上海应大力发展邮轮旅游、游船旅游、游艇旅游和区域水上旅游联动的多元化发展水上旅游的格局，加快推进水上旅游资源综合开发，全面发展水系观光旅游，把上海建设成"东方水都"，跻身世界著名滨水旅游城市行列。

（7）黄郸等[88]科学界定旅游水足迹的内涵，提出了旅游水足迹评价的系统边界是以旅游的食、住、行、游、娱、购等六大要素直接相关的旅游活动过程产生的水足迹。在边界范围内从交通、住宿、餐饮、游览、购物五个方面构建了核算框架和核算方法。最后，从旅游产品、企业、行业和区域四个层面分析了旅游水足迹评价的应用价值。

（8）张吉成等[89]从常州市水利风景区存在品牌知名度不均衡和资金人员投入不足等

现状，分析了常州水旅游发展在生态意识、运营管理和旅游规划方面的主导动力，运用SWOT剖析常州水旅游发展的优势、劣势、机遇和威胁，提出常州水旅游要坚持景区系统规划、运营管理体系、品牌建设以及资金投入等方面发展的对策。

（9）王静等[90]通过对秦岭地区分水系、分地区水资源进行统计，然后以国内旅游者的日消耗水量为基础，计算在不同过夜游客比例下的秦岭地区西安段旅游水资源承载力。在开发秦岭旅游过程中，坚持在不破坏现有水资源的前提下进行适度开发，提倡对资源消耗量小、环境破坏程度小的观光旅游、宗教旅游为主体，加速发展生态旅游，推动秦岭旅游业在健康快速发展。

（10）刘艳云[91]从湖州水文化价值角度出发，探讨湖州水文化在推动湖州经济生态化和生态经济化具有重要的导向、凝聚、激励和带动功能，提出湖州水文化建设要从水文化生态旅游空间、创新产业形态、整合水文化形象等方面入手，从而展现湖州"水文化"旅游城市形象，促进湖州水文化与经济文化和谐发展。

（11）李玉林等[92]认为水文化在旅游发展中主要具有孕育功能、教化功能、传承功能和审美功能，以水文化为内涵，集休闲、文化求知为一体的旅游形式将有极大的发展潜力。

（12）吴戈[93]认为水文化是水利旅游重要旅游资源，不仅可以丰富水利旅游的内容和形式，还可以提高水利旅游品质和旅游者的审美情趣。在此基础上，提出了水利旅游规划要突出水文化特色、充分挖掘水文化旅游资源、建设完善的水文化设施和开展丰富的水文化活动等水文化资源的开发策略。

9.6 地域水文化研究进展

所谓"一方水土养一方人"每个地区受自然环境特别是水环境的影响，造就了独具地方特色的地域水文化。地域水文化涉及行政区和流域中，水与政治、水与经济、水与社会、水与城市等多方面内容，包含与水相关的水利社会相关内容。为此，学界对地域水文化进行了很多相关的研究。这里选取最近两年有代表性的成果进行介绍。

（1）在山东省水文化研究方面，任建锋等[94]在分析山东滨州文化背景基础上提出了滨州水生态文明城市水文化体系的建设任务，并从开展水文化教育、水文化活动等方面论述了构建水文化体系的具体建设内容。董兴利等[95]以滨州市博兴县水利工程建设体系为基础，提出发展水文化目标，从人文、生态、旅游等方面探讨水文化发展措施。杜勇华等[96]通过对梁济运河的历史、发展及近年来改造成就的阐述，从建立运河公园发展旅游，运河文化价值发掘等几个方面，归纳了运河水文化建设对济宁经济发展的影响。武慧[97]通过分析泰安市水文化建设现状，阐述了水文化建设对于泰安市水利发展的作用，分析了影响当前水文化建设存在的问题，提出了加强水文化建设的思路与措施。刘守杰的[98]分析了青岛水文文化的特点及建设规律。

（2）在江苏省水文化研究方面，叶帆[99]总结了水文化在泰州城市建设中的发展状况，提出城市建设中融入水文化需注意的问题。顾学明等[100]阐述了引江河水文化建设的思路，分析了引江河水文化的成效，并提出了对水利工程管理单位水文化建设的思考。顾学明[101]在分析泰州引江河水文化建设的条件的基础上，阐述了泰州引江河水文化建设的成果，并提出了泰州引江河水文化创新发展的思路以及对基层水管单位水文化建设的思考。简培龙等[102]介绍了洪泽湖大堤以及其水文化基本情况，提出了对洪泽湖大堤水文化的保护的建议。贾婷华[103]分析了水利遗迹与水文化的关系，归纳了水利遗迹保护意义以及当前水利遗迹保护的现状，并提出了以水利遗迹促水文化发展的对策。叶惠云等[104]从挖掘工程的"治水治太"文化、积极塑造水利工程的景观文化、打造团结治水的管理文化、打造水利工程的品牌文化、创新发展水利工程的特色景区文化几个方面探讨了太浦闸水工程与水文化的融合途径。

（3）在浙江省水文化研究方面，项义华[105]阐明了水环境和水文化的基本内涵和外延，对史前时期浙江水环境与区域文化变迁之间的关系作了较为系统的梳理。孙银莎[106]从钱镠由平民发迹为吴越王的故事入手，着重于分析发迹故事与杭州西湖的发展这两者之间的关系，分析了西湖独特的山水文化精神。孙丽珍[107]分析五水文化的价值内涵，挖掘五水文化的人文生态内涵，总结用五水文化培养浙江地域人才的路径选择。涂师平[108]介绍宁波水神崇拜文化发展演变及治水英雄的水神崇拜，分析宁波水神崇拜的文化特征。邱志荣等[109]通过阐述绍兴是历史时期水利产物，进而阐释了绍兴水文化的主要内容，目前绍兴水文化的研究状况以及在实践中发展和提升绍兴水文化的具体措施。

（4）在河南省水文化研究方面，张建松[110]介绍了河南水文化遗产的价值，河南水文化遗产的挖掘整理、开发利用的具体措施。张建松[111]在分析了河南丰富的鱼稻资源基础上，阐释了河南的鱼稻食用方式。陈超[112]阐释了河南农业水文化的界定、内涵及特征，河南农业水文化的发展现状及策略等问题。陈超[113]分析了河南水文化的特色性及其现实性作用，提出完善水文化建设的具体措施。张青等[114]分别从济水的历史、济渎庙、济水文化、古枋口与五龙分水几个角度阐述了济源水文化的概况。冯晓玲[115]从帝王文化、祭祀文化、堵口文化、英雄文化几个方面分析了黄河嘉应观的水文化。陈晋[116]从南阳城市水文化品质塑造的重要性说起，分析了南阳市水文化建设中存在的问题，在此基础上提出了南阳市水文化建设的建议。刘建谠等[117]简要论及了商丘虞城县的水环境变迁以及由此形成的水文化。

（5）在贵州省和湖北省水文化研究方面，游先启[118]从水源的利用、水源的保护、水源的民间信仰事象，对苗族水文化进行解读。刘宇等[119]根据宜昌市城区水环境的特点和城区水利工作面临的一些问题，提出了水生态、水环境、水文化、水景观建设。李广彦[120]从提升水利在城市建设中的地位，引领治水观念转变，提高水利队伍素质三个方面说明了宜都市先进水文化在引领水利改革发展中的作用。

（6）在河北、湖南以及云南三省水文化研究方面，崔艳丽等[121]围绕行唐县水生态修复阐释了当地水文化内涵以及提升水文化内涵的建议。贾素娜[122]以滹沱河为例，阐述了水文化在石家庄市滹沱河治理中具体表现形式。高文[123]梳理了湘山水文化格局所包含的蛮夷文化、迁谪文化、书院文化、仙道文化等丰富的湖湘地域文化特质。谭平[124]以社会-生态系统恢复力理论为方法，分析了曼远村水文化变迁的原因。黄龙光等[125]在分析云南少数民族传统水环境变迁的基础上，探究了云南少数民族的传统水信仰的变迁、传统水技术的变迁以及传统水制度的变迁。

（7）在安徽、广西、陕西三省的水文化研究方面，席景霞[126]阐述了巢湖水文化形成的历史积淀、人文精神财富、现代延展。席景霞等[127]归纳总结了在客观物质层面、精神层面等方面的徽州水文化，分析徽州水文化所蕴涵的自然生态观以及其对现代城市建设的启示。魏文达等[128]基于对当前正在推进的广西水生态文明试点城市水文化建设的研究，分析存在的问题，提出构建广西水生态文明城市水文化体系的思路。蒋建军[129]围绕西安汉城湖阐述了当地水文化内涵。王平[130]分析了秦岭北麓 72 峪基本概况、秦岭北麓景区现状及存在的问题，在此基础上提出了水景观、水文化规划措施。程圩等[131]从生态系统修复、人文系统重构、产业系统创新、管理系统再造、价值系统重塑五个方面阐释了西安水文化发展的路径。

（8）在重庆、江西、青海、北京、四川、广东六省（直辖市）的水文化研究方面，程得中[132]阐释了重庆的山水资源和水文化底蕴以及水水文在重庆"山水城市"规划中的功用。王自强等[133]分析了水文化在鄱阳湖水资源调配优化中的作用以及水文化创新对促进鄱阳湖人水和谐发展的作用。杨雪莲[134]通过泉里祈雨以及拱北"要雨"两个方面，分析西海固回族求水文化的独特性。王长松等[135]阐释了北京水文化遗产的发展历程、北京水文化遗产的类型和空间分布特征。王建华等[136]从成都因水而立说起，阐释了成都的兴衰发展与水息息相关，以及由此形成的丰富的水文化，最后说明了在丰富成都水文化方面的社会各界应做出的行动。陈伟家[137]从韩江的水历史事件积蓄丰富的人文色彩谈起，进而分析了韩江历史文化的内涵衍生积极的社会影响。陈伟家等[138]在探析韩江水历史的基础上，分析了韩江的水文化品格，研究了韩江水历史和水文化对于当代韩江发展的作用。

9.7　水文化学术动态

近年来，学术界深入贯彻落实党的十八大、十八届三中、四中全会、六中全会和习近平总书记新时期治水思想系列重要讲话精神，坚持"节水优先、空间均衡、系统治理、两手发力"的思路，积极主办、承办、协办、联办和参与国内外学术会议，有利于推动我国国情水情教育和水生态文明建设，推进水文化学科的繁荣发展，而且还大大提高我国水文化研究在国际上的话语权，为把我国建设成为社会主义文化强国做出贡献。以下仅列举有代表性的文献以供参考。

（1）2015 年 6 月 17 日，由中国水利政研会组织的"水文化学术座谈会"在北京召开。[139]中华水文化专家委员会成员和相关单位代表近 50 人参加了座谈会，会议围绕遗产保护与利用、中国古代水文化及其现代意义、文化传播与水利改革发展、城镇化进程中天然水系的保护、水生态文明与水文化关系研究等方面，总结交流了水文化学术思想与研究成果，为水利改革发展提供思想保证和文化支撑。

（2）2015 年 7 月 7—8 日，由云南民族大学与希腊亚里士多德大学联合举办的"中国–希腊古代文明中的水智慧与成就"国际学术研讨会在昆明举行[140]。来自希腊、意大利、法国、越南、泰国等国家以及水利部水情教育中心、中国水利水电科学研究院和国内高校的 60 余名专家学者围绕"中国和希腊两大文明对水管理的智慧"主题，分 3 个平行会议进行深入研讨和广泛交流，有力促进两国古代水文明的理解与交流。

（3）2015 年 8 月 8—9 日，中国水利政研会在郑州召开水文化理论与学术研讨会[141]。与会人员围绕生态文明建设、水文化传承、城市中小河流治理、高校在水文化建设中的责任与担当、水文化的实践意义等主题交流研讨水文化理论与学术相关问题。会议旨在开展水文化理论与学术专题讲座和经验交流，提高水利干部职工的水文化素养，提升水利发展软实力。

（2）2015 年 8 月 23—25 日，由国际历史科学大会主办，中国史学会、山东大学、聊城市人民政府、聊城大学共同承办第 22 届国际历史科学大会聊城卫星会议在山东聊城举行，大会主题是"运河文化和世界遗产保护利用"，这是大会首次在我国举办[142]。与会人员围绕"运河文化的内涵和学术价值""运河遗产保护景观、文化产业""运河工程、河道变迁"三个主题进行了学术交流，总结中国运河开发与城镇变迁的经验教训，多角度分析运河遗产保护利用中亟待解决的问题以及未来发展需要突破的环境。

（3）2015 年 10 月 14—16 日，由中国水利学会与水利部淮河水利委员会主办，中国水利学会淮河研究会承办，2015 年治淮论坛暨淮河研究会第六届学术研讨会在蚌埠召开[143]。与会领导、专家、学者及代表 230 余人围绕"新时期治淮发展战略"会议主题，就治淮规划与重大水利工程建设、水资源节约保护与利用、水旱灾害防治、水生态文明建设、深化水利改革与流域综合管理等议题座谈交流，为未来淮河治理提供了强大的智力支持。

（4）2015 年 10 月 27—28 日，由中国水利水电科学研究院和台湾大学主办，美华水利协会协办，水利部太湖流域管理局承办，同济大学、上海勘测设计研究院有限公司和上海市水利学会支持的第十九届海峡两岸水利科技交流研讨会在上海举行，来自海峡两岸水利主管部门、流域机构、地方水利厅（局）、企事业单位、科研机构和高校的 240 余位代表参加了研讨[144]。本届研讨会议题涉及水管理、水文与水生态、水信息等领域的不同学科方向，并特别设置了海绵城市与新型城镇化议题，结合防洪和生态水利工程的技术参访进行实地交流。

（5）2015 年 11 月 27—28 日，由中国水利学会主办，中国水利学会水利史研究会、绵阳市水务局联合承办的"中国近代水利史学术研讨会"在四川绵阳召开[145]。来自海峡两岸高校、科研单位、流域机构，以及地方水利厅局的 100 余位专家和学者参加了会议。本次会议议题包括抗战时期水利事业及其对现代水利的影响，近现代水利规划、科研及教育起源与变革，以及近代水利工程及水利遗产保护与利用，内容了涵盖民国期间的国家工程、地方工程建设，流域规划制定，水利法规制定，水利思想演变，水利科学探讨以及水利文化遗产保护等诸多方面。

（6）2015 年 12 月 26 日，由中国水利学会水力学专业委员会、中国水利学会水力学专业委员会城市河流学组主办，中国水利水电科学研究院水力学所、北京万方程科技有限公司承办的第九届中国城市河湖综合治理高级研讨会暨首届中国河流奖论坛在京召开[146]。会上，近 300 名专家学者、代表，结合我国城市河湖综合治理工作，围绕水生态文明建设主题，就海绵城市建设、合同水资源管理模式、节水型城市建设、水生态治理 PPP 项目投融资模式等主题进行了交流研讨，展示了国内河流治理与修复的最新成果。

（7）2016 年 3 月 22 日，中国水资源战略研究会成立大会暨全球水伙伴中国委员会第三届伙伴代表大会在北京召开[147]。水利部、发改委、民政部、环保部、中科院、中国气象局等部委的有关司局和单位的负责人、流域机构、相关水利厅局、高等院校、科研院所、规划设计单位和相关企业的负责人、全国水资源相关领域的专家、代表和新闻媒体记者等共计 260 余人出席会议。水利部部长陈雷出席大会开幕式并致辞。陈部长强调，中国水资源战略研究会要准确把握中央重大决策部署和新时期水利工作方针，切实发挥"智囊团"和"思想库"的作用，凝心聚力、开拓进取，谱写中国水资源战略研究新篇章，为加快水利改革发展、全面建成小康社会提供更加有力的支撑和保障。

（8）2016 年 6 月 6 日，由民进中央、全国政协人口资源环境委员会、水利部长江水利委员会主办的 2016 年长江保护与发展论坛在上海开幕[148]。水利部有关司局和长江委、太湖局，民进中央专门委员会、长江流域民进省级组织，上海市有关部门负责人和相关高等院校、科研组织专家学者共 80 余人围绕论坛的"修复长江生态环境，推动长江经济带发展"进行探讨和交流。

（9）2016 年 7 月 27 日至 29 日，由中国水利水电科学研究院、中国水利学会、陕西省水利厅主办，古代灌溉工程现状与保护研讨会在西安召开[149]。来自全国各地灌溉工程文化研究领域的学者、管理者、院校和研究机构专家学者近 100 人参加了会议。本次会议围绕古代灌溉工程现状与保护主题，就灌溉与人类文明发展，灌溉工程、科技、文化史研究，传统灌溉管理制度研究，古代灌溉工程遗产价值评估等议题开展了专题研讨

（10）2016 年 8 月 11 日，青藏高原环境与山水文化学术研讨会在夏都西宁隆重举行，来自北京以及西藏、青海、甘肃、四川、云南五省藏区的 50 余名专家学者参加了此次会议。[150]会议围绕"山水文化与地域历史、信仰和认同""山水文化的实地调查研究及方法""苯教研究中的山水文化""山水文化与环境（文化）保护""文献中的山水文化"等内容对青藏高原山水文化的独特性、青藏高原山水文化对生态环境保护的影响、神山圣水实证研究等议题进行交流讨论。

（11）2016 年 10 月 25—26 日，由中国水利水电科学研究院和中国水利学会主办的"水利的历史与未来"水利史学术研讨会在北京召开。来自国内外的 100 余家单位、机构的 200 余名专家学者参加了研讨会。[151]与会人员就古代水利史与水系环境演变，当代水利史研究，古代水利管理及水利社会，水旱灾害史及传统治水策略与科技，水利文化研究与建设实践等 5 个议题进行分组讨论交流，推动了水利史研究的合作和发展。

（12）2016 年 12 月 3 日，"首届长三角青年学者水文化学术论坛"在浙江水利水电学院举行，来自国内高校、科研院所的 30 多位青年专家、学者和特邀嘉宾参加会议[152]。围绕"区域文化视野下的浙江水利史研究"主题，就水利史、水舆情、水经济、水环境相关议题进行了深入的研讨。

9.8 与 2013—2014 年进展对比分析

（1）总的来说，在本章撰写上，我们对水文化研究的内容延续 2013—2014 年结构体系，分为水文化遗产、水文化理论、水文化传播、旅游水文化、地域水文化和水文化学术动态，补充与之相关的传统水文化、水文学、水哲学、城市水文化、水文化学科建设、水利旅游与水利景区建设、水文化资源开发以及以流域和行政区为主的微观水文化研究等内容。与此同时，2015—2016 年水文化研究进展，我们把新媒体的成果也补充进来。

（2）在水文化遗产研究方面，伴随着世界灌溉工程遗产在我国的深入推进，学术界对灌溉文化遗产关注度很高，但水文化遗产理论的研究还比较少，形不成系统和体系，对水文化遗产资源的保护措施也不到位，对水文化遗产资源开发与利用认识存在不足。

（3）水利部《水文化建设2016—2018年行动计划》明确提出以社会主义核心价值观为核心，以水利行业优良传统为血脉，以水利建设实践为依托，着力构建具有鲜明时代特征和水利行业特色的水文化理论和实践体系，为奋力开创节水治水管水兴水新局面提供文化支撑，因此加强水文化理论研究显得尤为重要。在水文化理论方面，近年来水文化理论研究队伍逐渐在壮大，研究成果涉及水文化内涵、水文学、国外文化、生态水文化、少数民族水文化、城市水文化等，仅仅限于有水文化微观研究，对其基础性理论研究略显不足。究其原因，我们认为学术界对水文化学科属性、水文化学科建设还没有达到共识。

（4）加强水文化教育传播，必须大力拓展水文化传播渠道，丰富传播手段，逐步构建传输快捷、覆盖广泛的水文化传播体系。从一定程度上讲，水文化重在建设，成在传播。因为，没有传播就难以普及，没有普及就难以繁荣，没有繁荣就难以提高。在水文化传播方面，相比之前已有较大发展，但仅仅局限于传播途径和学校教育，创新性的并且能够被普通民众喜闻乐见的传播媒介和手段还鲜见，出现"传而不播"和"自娱自乐"现象。

（5）在旅游水文化研究方面，总体情况来看，2016年旅游水文化无论是发文的数量还是质量都远低于2015年，内容涉及水文化旅游资源开发与案例分析、水利景区的水文化规划与设计、水上旅游安全，但是，对于旅游水文化的理论研究成果较少，对于工程水文化旅游内涵和价值认知不足。目前旅游水文化的研究仅仅限于有关水利研究部门、水利景区、涉水高等院校，旅游水文化开发还仅仅限于感性认识和初步研究，标志性的理论研究成果还很少见。

（6）作为地域文化的一部分，水文化是地域文化研究中重要组成部分。在地域水文化研究方面，研究成果相比之前明显增多。主要是以流域和行政区为主要对象的微观水文化研究，地域水文化理论研究对象、研究任务和学科性质还没有论及。在地域水文化研究成果中，按照行政区化分，与2013—2015年水文化研究成果前三名分别是山东、河南省和江苏省相比，变化为前三位依次是山东、江苏省和浙江，山东依然保存第一的发展势头，浙江奋起直追进入前三，而河南是第4名。

（7）十八大以来，习近平总书记多次强调要传承和弘扬中华优秀传统文化。中共中央关于制定国民经济和社会发展第十三个五年规划提出，要构建中华优秀传统文化传承体系。水利部印发《2015——2016年水利精神文明与水文化建设工作安排》把扎实推进水义化建设放在弘扬中华优秀传统文化突出位置，扩展了水文化学术研究空间。2015—2016年学术界围绕水文化理论、运河文化、治水文化、水管理、水利史、水信息、水生态文明建设、智库建设等举办多学科、多层次的国内外学术研讨，基本反映出水文化研究新态势，不仅为国内学术交流提供平台，而且还加强国际文化交流，在与不同文化的碰撞和交融中彰显力量、丰富内涵、创新发展，大大提高我国水文化研究在国际上的话语权。但是，从历次主办单位和参会人员来看，水文化学术会议主要是水利行业在发挥主力作用，教育行政部门、综合性高校和科研院所参与较少，全国性综合性一级学会和国家级新闻媒体更是关注不足。

参考文献

[1] 李云鹏, 等. 灌溉工程遗产特性、价值及其保护策略探讨——以丽水通济堰为例[J]. 中国水利, 2015 （1）: 61-64.

[2] 张剑楠, 熊中宏.大藤峡水利枢纽工程坝区移民文化调查与思考[J].中国水利, 2015（23）: 43-45, 61.

[3] 黄勇, 张欣欣, 刘波, 陈龙, 李悦.加强永定河水土保持工作的思考[J].中国水利, 2015（22）: 62-64.

[4] 杨惠淑.襄汉漕渠与南水北调[J].中国水利, 2016（2）: 62-64.

[5] 李德幸, 等.都江堰灌区节水改造与灌区现代化建设思路探讨[J].中国水利, 2016（7）: 53-54, 57.

[6] 韦波.广西水利风景资源调查成果浅析及开发展望[J].中国水利, 2015（13）: 58-60, 64.

[7] 王瑞平.水与中华文明——一方水土养一方人[J].河南水利与南水北调, 2015（23）: 8-9.

[8] 龚金星, 任胜利.红旗渠: 不朽的精神丰碑[J].河南水利与南水北调, 2015（7）: 2-3.

[9] 涂师平.论水文化遗产与水文化创意设计[J].浙江水利水电学院学报, 2015（1）: 10-15.

[10] 张建松.河南水文化遗产的价值及其开发利用[J].华北水利水电大学学报 （社会科学版）, 2015（4）: 30-33.

[11] 周鹏, 等.新疆坎儿井井口砂土冻融破坏试验研究[J].工程勘察, 2016（2）: 1-6.

[12] 阮云星.文化遗产的再生产: 杭州西湖文化景观世界遗产保护的市民参与[J].文化遗产, 2016（2）: 36-45.

[13] 蒋锐.白鹤梁水下博物馆游客承载量研究初探[J].中国文化遗产, 2016（3）: 75-81.

[14] 任紫钰.浅谈隋唐大运河的历史价值和现实意义[J].中国文化遗产, 2016（5）: 108-113.

[15] 王长松, 李舒涵, 王亚男.北京水文化遗产的时空分布特征研究[J].城市发展研, 2016（10）: 129-132.

[16] 李芸, 张明顺.什刹海地区水文化遗产的类型及特征探究[J].环境与可持续发, 2016（3）: 148-153.

[17] 张缨, 周家权, 孙振江.水利工程文化遗产的保护与开发探讨——以京杭运河德州段为例[J].中国水利, 2016（6）: 62-64.

[18] 严波, 瞿小佩, 张勇.影响苏南地区古桥遗产形成的要素研究——以常州古桥为例[J].中国文化遗产, 2016（2）: 86-93.

[19] 周魁一.提倡学科交叉融合开展水文化研究[N].中国水利报, 2015-06-25: 第005版.

[20] 闫彦.传承水文化精髓构建水文化体系[N].中国水利报, 2015-08-27: 第005版.彦橹.初论具有鲜明时代特征的水文化[N].中国水利报, 2016-01-28: 第006版.

[21] 郝红暖.淮河流域的水文化历史初探[N].安徽日报, 2015-06-08: 第007版.

[22] 高立洪.传承弘扬水城历史文脉[N].中国水利报, 2016-04-28: 第006版.

[23] 李宗新.对构建水文化理论体系的初步思考[J].中国水文化, 2015（2）: 10-12.

[24] 靳怀堾.漫谈水文化内涵[J].中国水利, 2016（11）: 60-64.

[25] 李璨, 颜恒.基于生态文明理念下的水文化建设框架构建[J].治淮, 2015（12）: 41-43.

[26] 史鸿文.中原水文化资源数据库建设概述[J].华北水利水电大学学报（社会科学版）, 2015（6）: 1-4.

[27] 郭垚.南水北调工程水文化数据库的建设构想[J].华北水利水电大学学报（社会科学版）, 2015（5）: 18-20.

[28] 王岚.高校图书馆黄河水文化特色数据库建设研究——以华北水利水电大学图书馆为例[J].华北水利水电大学学报（社会科学版）, 2016（2）: 155-157.

[29] 闫寿松.古代水文化与水利行业精神建设[J].水利发展研究, 2015（4）: 67-69.

[30] 苏庆华.黔东南苗侗水文化及其现代价值研究[J].学理论, 2015（10）: 189-190.

[31] 张建萍, 许瞳.越窑青瓷艺术的水文化特点探析[J].艺术与设计（理论）, 2015（4）: 115-117.

[32] 楚行军.国际视域下的中国水文化建设——中西方水文化系列研究之三[J].北华大学学报（社会科学版）, 2015（4）: 123-126.

[33] 马宏伟, 殷卫国.淮河水文化建设刍议[J].治淮, 2015（11）: 61-62.

[34] 郑大俊，王炎灿，周婷.基于水生态文明视角的都江堰水文化内涵与启示[J].河海大学学报（哲学社会科学版），2015（5）：79-82，106.

[35] 肖冬华.从马斯洛需要层次理论看中华传统水文化之源[J].长春工程学院学报(社会科学版)，2015（3）：43-47.

[36] 唐京.呼伦贝尔水文化与北方游牧民族性格[J].中国水文化，2015（4）：34-36.

[37] 黄龙光.彝族水神话创世与灭世母题生态叙事[J].广西师范大学学报（哲学社会科学版），2015（6）：104-110.

[38] 黄龙光.试论彝族水文化及其内涵[J].贵州工程应用技术学院学报，2016（4）：26-33.

[39] 陈启霞.傣族水文化的现实意义[J].滇西科技师范学院学报，2016（3）：8-11.

[40] 朱海风.应重视中国治水历史深层次经验教训研究[J].华北水利水电大学学报(社会科学版)，2015（1）：1-6.

[41] 丁加丽，崔延松.南通水生态文明文化元素例考与水文化建设探讨[J].中国水利，2015（12）：58-60，64.

[42] 周兵，韦颖.生态建筑学视阈下中华传统建筑中的水文化[J].中央社会主义学院学报，2015（4）：81-86.

[43] 张朝霞.鄱阳湖生态经济区建设中水文化自觉的价值[J].南昌工程学院学报，2015（5）：11-14.

[44] 邓俊，吕娟，王英华.水文化研究与水文化建设发展综述[J].中国水利，2016（21）：52-54.

[45] 贾兵强.新常态下我国水文化研究综述[J].南水北调与水利科技，2016（6）：201-208.

[46] 陈军军.柬埔寨民俗中的水文化研究[J].旅游纵览（下半月），2016（9）：56.

[47] 陈军军.缅甸节庆中的水文化研究[J].旅游纵览（下半月），2016（09）：291，293.

[48] 周波.溱洧水文化与《诗经》[N].中国水利报，2016-08-25：第006版.

[49] 李程锦.浅论《诗经》中的水文化[J].大众文艺，2016（13）：32-33.

[50] 李婷.汉味小说中的武汉水文化研究[J].武汉职业技术学院学报，2016（3）：5-8.

[51] 陈超.气候变化视野下的中国城市发展与城市水文化[J].城市发展研究，2016（11）：7-9，18.

[52] 刘雨.城市水文化及水景观的保护与开发[J].建材与装饰，2016（43）：60-61.

[53] 席景霞，贾昌娟.古徽州水文化的自然生态观解析[J].浙江水利水电学院学报，2016（3）：10-13.

[54] 苗润洁，后晓荣.秦汉印章封泥中的水文化[J].南昌工程学院学报，2016（5）：21-26.

[55] 蔡萍.环境治理背景下的水文化社会学探究[J].安徽农业科学，2016（6）：266-267，277.

[56] 姜翠玲，等.水文化嵌入生态文明建设的实践与探讨[J].水资源保护，2016（2）：73-76，86.

[57] 车安宁.人类与水[M].北京：中国水利水电出版社，2016.

[58] 王浩，等.水生态文明建设规划理论与实践[M].北京：中国环境科学出版社，2016.

[59] 杨发军，罗倩."5W"模式视角下的中华水文化传播策略研究[J].晋城职业技术学院学报，2015（1）：81-83.

[60] 彦橹.对水文化传播问题的思考[J].中国水文化，2015（6）：11-13.

[61] 温雪秋.价值契合与有效融入：水文化在水利院校思想政治教育中的运用[J].中国水文化，2015（6）：8-11.

[62] 温雪秋.将水文化教育融入水利高职院校校园文化建设的思考[J].广东水利电力职业技术学院学报，2016，（3）：62-65.

[63] 蒋涛.论水文化普适性教育面临的形势与任务[J].长春教育学院学报，2015（3）：135-136.

[64] 楚行军.英语专业本科生《水文化概论》课程建设研究[J].广东水利电力职业技术学院学报，2015（2）：67-71.

[65] 黄颖.试析巢湖水文化的传播优势与传播策略[J].巢湖学院学报，2015（5）：5-11.

[66] 倪妍.水文化在水环境设计教学中的应用[J].内蒙古师范大学学报（教育科学版），2015（5）：116-117.

[67] 张颖.用教育的情怀涵养生命——浅谈在低年级思品教学中渗透"珠水文化·涵养教育"[J].教育观察，2015（28）：119-121.

[68] 郭佳.在高中生中开展水文化教育的探讨——以滨江城市宜昌为例[J].科教导刊（下旬），2015（10）：

124-126.

[69] 徐炳炎，祝日云. 浙江省江山市一都江小学"如水教育"推进校园安全文化构建[J].平安校园，2015（17）：46-48.

[70] 岳法家.高校特色水文化教育传播体系构建研究[J].经营管理者，2016（13）：377.

[71] 吴怡璇.开展水文化教育的思考与实践[J].华北水利水电大学学报（社会科学版），2016（3）：33-36.

[72] 罗敏，李春城.新媒体环境下水利院校水文化教育传播的现状研究[J].华北水利水电大学学报 （社会科学版），2016（3）：37-40.

[73] 李昌彦.南昌工程学院水文化教育实践与思考[J].科技经济市场，2016（11）：128-131.

[74] 詹杏芳.水文化在水利高职院校的育人功能分析[J].长江工程职业技术学院学报，2016（3）：4-7.

[75] 陶永生.大理水上旅游发展初探[J].旅游纵览（下半月），2015（2）：147.

[76] 郑薇.水生态 绿产业 智慧旅游[N].徐州日报，2015-05-23：第001版.

[77] 陈津津.湘潭旅游经济借"水"行舟[N].湘潭日报，2015-08-25：第B01版.

[78] 余兰.昆明旅游做好"水"文章[N].云南经济日报，2015-11-10：第A01版.

[79] 侯科建.濮阳水上文化旅游线路开通[N].濮阳日报，2016-10-01：第001版.

[80] 高立洪.水利生态、文化、旅游融合的魅力[N].中国水利报，2016-10-27：第008版.

[81] 鲁娜.水上飞机游：开辟航空旅游新版图[N].中国文化报，2015-01-17：第006版.

[82] 张洁.水文化视角的梯田旅游可持续发展路径——以红河哈尼梯田为例[J].边疆经济与文化，2015 （12）：14-17.

[83] 朱伟.以自行车运动为载体的水文化体育旅游资源开发分析——以南京秦淮河观光带为例[J].南京工程学院学报（社会科学版），2015（2）：44-48.

[84] 程天矫，白珍.基于水利旅游的水文化探析[J].辽宁广播电视大学学报，2015（2）：86-87.

[85] 杨帆.环巢湖水文化资源与旅游产业融合发展研究[J].齐齐哈尔大学学报（哲学社会科学版），2015 （11）：52-55.

[86] 夏日新，李红.试论水文化与长江中游黄金旅游带建设[J].中华文化论坛，2015（11）：35-39.

[87] 许培星.关于发展低碳绿色水上旅游的思考[J].交通与运输，2015（1）：1-3.

[88] 黄郸，符国基，施润周，等. 旅游水足迹评价初探[J].生态科学，2015（5）：211-218.

[89] 张吉成，陈昌仁. 基于市域旅游产业分析的常州水旅游可持续发展研究[J].江苏水利，2015（12）：44-45，48.

[90] 王静，周庆华.西安段秦岭北麓旅游水资源承载力[J].西北大学学报（自然科学版），2015（6）：996-1000.

[91] 刘艳云.湖州水文化建设与生态旅游开发研究[J].浙江旅游职业学院学报，2015（3）：16-20.

[92] 李玉林，李玲玲.浅析水文化对旅游发展的重要性[J].地下水，2016（1）：120，176.

[93] 吴戈.基于水利旅游的水文化功能及开发[J].长江工程职业技术学院学报，2016（3）：1-3，15.

[94] 任建锋，郝玉伟，李洪卫.滨州市构建水文化体系探讨[J].工程建设，2017（7）：5-6.

[95] 董兴利，马琳，高艳萍.博兴县水文化建设措施[J].山东水利，2015（2）：24-25.

[96] 杜勇华，张海青，杨慧.谈运河水文化建设对济宁经济的推进作用[J].山东水利，2015（3）：49-50.

[97] 武慧.关于加快泰安水文化建设的思考[J].工程管理，2016（1）：47-48.

[98] 刘守杰.青岛水文文化的特点与建设规律[J].文化学刊，2016（4）：111-112.

[99] 叶帆.以水文化推动城市建设新提升——以江苏省泰州市为例[J].商，2015（7）：70，23.

[100] 顾学明，刘军.浅谈水利工程管理单位水文化建设与创新——以江苏省泰州引江河管理处文化实践为例[J].治淮，2016（3）：50-51.

[101] 顾学明.水文化在基层水管单位的实践与创新——以江苏省泰州引江河管理处为例[J].中国水文化，2016（5）.

[102] 简培龙，简丹.浅议洪泽湖大堤水文化的保护与弘扬[J].水利发展研究，2016（3）：75-79.

[103] 贾婷华.以水利遗迹保护促进东台水文化传承之浅见[J].江苏水利，2016（7）：62-64，68.

[104] 叶惠云，李宁. 水工程与水文化的融合与发展——以太浦闸为例[J].水利发展研究，2016（12）：62-64.

[105] 项义华.区域水环境与浙江史前文化变迁[J].浙江学刊，2015（4）：44-52.

[106] 孙银莎.吴越王钱镠与西湖[J].湖北师范学院学报（哲学社会科学版），2015（1）：66-68.

[107] 孙丽珍.浙江五水文化论[J].社会科学战线，2015（4）：129-133.

[108] 涂师平.浙江宁波地域水神崇拜文化考探[J].华北水利水电大学学报（社会科学版），2016（1）：14-18.

[109] 邱志荣，茹静文. 传承文脉 弘扬光大——浙江省绍兴市水文化的理论研究和实践创新[J]. 水利发展研究，2016（11）：67-73.

[110] 张建松.河南水文化遗产的价值及其开发利用[J].华北水利水电大学学报（社会科学版），2015（4）：30-33.

[111] 张建松.河南水文化遗产所反映的鱼稻饮食文化[J].美食研究，2016（3）：11-15.

[112] 陈超.河南农业水文化传承与创新研究[J].华北水利水电大学学报（社会科学版），2016（4）：11-14.

[113] 陈超. 特色水文化建设与河南经济社会发展初探[J]. 华北水利水电大学学报（社会科学版），2016（1）：1-4.

[114] 张青，卢娟. 济源水文化概览[J]. 河南水利与南水北调，2016（7）：4-5.

[115] 冯晓玲. 解析黄河嘉应观的水文化元素[J].中国水文化，2016（3）.

[116] 陈晋.南阳城市水文化品质提升建议[J].现代商贸工业，2016（28）：19-20.

[117] 刘建谠.虞城县水文化探源[N].商丘日报，2016-04-01（005）.

[118] 游先启.黔东南苗族水文化研究[J].华北水利水电大学学报（社会科学版），2015（4）：47-49.

[119] 刘宇，岳汉东，杨少波.宜昌城区水生态水文化建设浅析[J].水利建设与管理，2015（5）：59-60，6.

[120] 李广彦.湖北宜都用先进水文化引领水利改革发展[N].中国水利报，2016-01-28（007）.

[121] 崔艳丽，张玲，周慧欣.行唐县水生态修复激活周边水文化[J].河北水利，2015（6）：27.

[122] 贾素娜.石家庄市水文化建设的实践和探索——以滹沱河为例[J].内蒙古水利，2016（1）：3-4.

[123] 高文.山水文化格局视阈中的湖湘文化特质述略[J].湖南工业大学学报（社会科学版），2015（3）：102-106.

[124] 谭平.社会-生态系统恢复力理论对云南傣族水文化变迁的解读[J].贵州民族研究，2015（7）：58-62.

[125] 黄龙光，杨晖.论社会变迁视域下云南少数民族传统水文化的变迁[J].学术探索，2016（5）：137-142.

[126] 席景霞.巢湖水文化探究与溯源[J].齐齐哈尔大学学报（哲学社会科学版），2015（1）：24-25.

[127] 席景霞，贾昌娟.古徽州水文化的自然生态观解析[J].浙江水利水电学院学报，2016（3）：10-13.

[128] 魏文达，彦橹.广西水生态文明城市水文化体系构建探讨[J].人民珠江，2015（4）：42-44.

[129] 蒋建军.试论西安市汉城湖对汉文化与水文化的传承与创新[J].水利发展研究，2015（11）：81-84.

[130] 王平.秦岭北麓 72 峪水景观与水文化建设构想浅论[J].陕西水利，2016（6）：33-34.

[131] 程圩.重构五大系统 彰显西安水文化新魅力[N].西安日报，2016-04-06（007）.

[132] 程得中.水文化对于建设重庆"山水城市"的功用[J].赤峰学院学报（汉文哲学社会科学版），2015（10）：66-67.

[133] 王自强，李水弟.水文化与鄱阳湖生态经济区建设[J].南昌工程学院学报，2015（5）：6-10.

[134] 杨雪莲.西海固回族求水文化的生态人类学阐述[J].民族论坛，2015（1）：69-73.

[135] 王长松，李舒涵，王亚男.北京水文化遗产的时空分布特征研究[J].城市发展研究，2016（10）：129-132.

[136] 王建华，王进，任心甫.发掘成都水文化内涵 丰富成都城市文化[J].成都行政学院学报，2016（5）：85-89.

[137] 陈伟家.韩江优秀的水文化潜质与积极的社会影响[J].中国水文化，2016（6）.

[138] 陈伟家.试论韩江水历史与岭南水文化的关系[J].中国水文化，2016，（1）.

[139] 金波善.2015 年水文化学术座谈会在京召开[EB/OL].中国水文化网.2015-06-26.http://www.waterculture.net/index.php?m=content&c=index&a=show&catid=12&id=283.

[140] 和金光.60 余海内外专家昆明研讨水文化[EB/OL].中国新闻网.2015-07-07.http://www.chinanews.com/

df/2015/07-07/7390442.shtml.

[141] 金波善.水文化理论与学术研讨会在郑州召开.[EB/OL].中国水文化网.2015-08-11.http：//www.waterculture.net/index.php?m=content&c=index&a=show&catid=156&id=5325.

[142] 左新新.中外专家集聚聊城 为运河遗产保护利用"传经"[EB/OL].齐鲁网，2015-08-24，http：//news.hexun.com/2015-08-24/178569352.html.

[143] 淮水宣.水利部淮河水利委员会[EB/OL].水利部淮委会网，2015-10-27，http：//d.ahwmw.cn/bengbu/hhslwyh/?m=article&a=show&id=297671.

[144] 洪安娜.第十九届海峡两岸水利交流研讨会在上海举行[EB/OL].中国水利网，2015-11-02，http：//www.chinawater.com.cn/newscenter/slyw/201511/t20151102_404828.html.

[145] 陈方舟，谭徐明.中国近代水利史学术研讨会会议在绵阳召开[J].人民珠江，2016（1）：95.

[146] 高立洪.专家研讨水生态文明建设并揭晓首届中国河流奖[EB/OL].中国水利网，2015-12-29，http：//www.chinawater.com.cn/newscenter/slyw/201512/t20151229_433695.html.

[147] 轩玮.中国水资源战略研究会成立大会暨全球水伙伴中国委员会第三届伙伴代表大会在京召开[EB/OL].中华人民共和国水利部网，2016-03-23，http：//www.mwr.gov.cn/slzx/slyw/201603/t20160323_736223.html.

[148] 樊弋滋.2016 长江保护与发展论坛在上海举行[EB/OL].中国水利网，2016-06-09，http：//www.chinawater.com.cn/newscenter/kx/201606/t20160609_442301.html.

[149] 马亮."古代灌溉工程现状与保护"研讨会在西安召开[EB/OL].陕西省泾惠渠管理局网，2016-08-02，http：//www.sxjhj.cn/news/show.asp?id=9653.

[150] 社科处.青藏高原环境与山水文化学术研讨会在西宁召开[EB/OL].青海民族大学网，2016-08-14，http：//www.qhmu.edu.cn/show/19103.html.

[151] 高立洪，吴頔."水利的历史与未来"水利史学术研讨会在京召开[EB/OL].中国水利网，2016-10-27，http：//www.chinawater.com.cn/newscenter/kx/201610/t20161027_450573.html.

[152] 姚文捷.首届长三角青年学者水文化学术论坛在我校举行[EB/OL].浙江水利水电学院网，2016-12-05，http：//www.zjweu.edu.cn/news/cd/fe/c455a52734/page.htm.

本章撰写人员及贡献

本章撰写人员名单（按贡献排名）：王瑞平、贾兵强、陈超。具体分工如下表。

节 名	作 者	单 位
9.1 概述	王瑞平	华北水利水电大学
9.2 水文化遗产研究进展	王瑞平	华北水利水电大学
9.3 水文化理论研究进展	贾兵强	华北水利水电大学
9.4 水文化传播研究进展	陈 超	华北水利水电大学
9.5 旅游水文化研究进展	贾兵强	华北水利水电大学
9.6 地域水文化研究进展	陈 超	华北水利水电大学
9.7 水文化学术动态	贾兵强	华北水利水电大学
9.8 与 2013—2014 年进展对比分析	贾兵强	华北水利水电大学
负责统稿	王瑞平	华北水利水电大学

第 10 章　水信息研究进展报告

10.1　概述

10.1.1　背景与意义

（1）水信息研究是利用现代信息技术与数值模拟、物理模型相结合，监测与挖掘水系统的各种信息，为人类决策提供更多有价值的信息[1]。水信息的研究领域极为广泛，包括各种水信息数据的获取和分析（如数据采集与监视控制系统、遥感、遥测、数据模型、数据管理和数据库技术等）、先进数值分析方法和技术（如一维、二维和三维计算水力、水质和水生态模型、参数估计和过程识别）、控制技术和决策支持（如基于模型控制、不确定性处理、决策支持系统、分布影响评价和决策、Internet 和 Intranet 等）、标准及应用软件开发（如海岸和河口污染物扩散的过程分析、水资源的流域管理、城市给水排水系统等）以及智能科学理论和新技术应用（如人工智能、专家系统、人工神经网络、进化计算、模糊逻辑、数据挖掘技术、数据仓库技术、数据融合技术、并行计算技术、分布和扩散模型、面向对象和代理等）[2]。

（2）2011 年中央一号文件《中共中央　国务院关于加快水利改革发展的决定》的第十五条"强化水文气象和水利科技支撑"中明确指出：推进水利信息化建设，全面实施"金水工程"。加快建设国家防汛抗旱指挥系统和水资源管理信息系统，提高水资源调控、水利管理和工程运行的信息化水平，以水利信息化带动水利现代化。

10.1.2　标志性成果或事件

（1）2015 年 4 月水利部正式印发《水利信息化资源整合共享顶层设计》；2015 年 5 月《长江委信息化顶层设计》印发，统筹规划和推进长江委信息化建设；2015 年 5 月 19 日《黄委信息化建设管理办法》颁布，进一步加强和规范黄委信息化建设；水利信息化资源整合共享龙头项目"水利部水信息基础平台"获得水利部批准；山东省建成水利市场信用信息、建设项目公开和工程交易三大平台，实现建设项目一体化监管。

（2）2015 年 10 月 30 日，水利部与国家基础地理信息局正式签署了"国家测绘地理信息局、水利部地理信息共享合作框架协议"。本着优势互补、互惠互利、互相支持、共同发展的原则，双方将无偿或优惠向对方提供基础更新数据和相关技术服务，为"水利一张图"国家基础地理信息的更新提供了制度性保障。

（3）2015 年 9 月 23 日，水利部在湖北武汉组织召开水利信息化工作会议。会议指出，要切实抓好在推进水利信息化进程中必须解决的五个问题，要在水利信息化服务中心工作、水利信息化资源整合共享、信息新技术在水利中应用、水利网络与信息安全、水利信息化建设与管理上下功夫，紧密围绕水利中心工作和重点任务的要求，真抓实干，进一步提升水利信息化能力和水平。水利信息化工作会议正式发布了"水利一张图"，主要包括国家基础地理数据、水利基础空间数据、水利业务专题数据和水利遥感数据等，是开展水利信息资源整合共享的关键环节，是提高水利业务和政务应用水平和能力的重要支撑，是开展水利业务应用协同的关键措施，对水利信息化和水利现代化的发展具有重大而深远意义。

（4）2015年12月21日，水利部成立水利部网络安全与信息化领导小组，陈雷部长担任组长，刘宁副部长任常务副组长，领导小组办公室设在部水利信息中心。领导小组主要负责贯彻落实中央关于网络安全与信息化工作的方针、政策，组织指导水利网络安全与信息化工作，研究制定水利网络安全和信息化发展战略、宏观规划等，协调解决有关重大问题。

（5）2015年，水利部明确了部水利信息中心为水利信息化技术标准归口管理部门，组织修订完善了水利信息化标准体系，共包括72项标准，其中16项获批纳入《水利技术标准体系表》，2015年共颁布信息化技术标准9项。

（6）2015年水利高分遥感业务应用示范系统（一期）深入应用。完成16项关键技术研究、28项软件模块研发和25种专题产品研制工作，三个业务子系统开发项目通过了验收，并在科研单位进行了安装部署和应用，项目通过了高分办组织的第二次中期检查，其成果已在水资源监测评价和管理业务、水旱灾害监测业务、水土保持监测和评价业务中得到应用。

（7）水利信息化多项成果获2015年大禹水利科学技术奖。由武汉大学和部水利信息中心合作完成的"水利应急响应遥感智能服务平台"获一等奖；由北京市水务信息管理中心、中国水利水电科学研究院合作完成的"城市水资源精细化动态管理方法及立体监测技术研究与示范"和山东省水利信息中心完成的"基于云计算的水利物联网集成在山东的应用研究"获二等奖；由江苏省水文水资源勘测局、部南京水利水文自动化研究所、国网电力科学研究院合作完成的"水文自动测报系统集成整合关键技术研究与应用"获三等奖。

（8）2016年4月5日，水利部召开网络安全与信息化领导小组第一次全体会议，安排部署水利网络安全与信息化重点工作。4月6日审议通过了《全国水利信息化"十三五"规划》《水利部信息化建设与管理办法》，以及水利部网络安全与信息化领导小组工作制度和2016年工作要点。水利部于2016年5月正式印发了《水利信息化发展"十三五"规划》，成为指导"十三五"时期水利信息化发展的纲领性文件；7个流域机构均已完成水利信息化"十三五"专项规划委内审查流程；黑龙江、上海、福建、广西、贵州、甘肃、宁夏、宁波、深圳等水行政主管部门正式印发本单位专项规划。

（9）2016年6月24日，水利部召开全国水利网络安全和信息化工作视频会议，水利部部长陈雷强调，要紧紧围绕"十三五"水利改革发展目标任务，以创新为动力，以需求为导向，以整合为手段，以应用为核心，以安全为保障，推进水利业务与信息技术深度融合，深化水利信息资源开发利用与共享，在全国范围内建成协同智能的水利业务应用体系、有序共享的水利信息资源体系、集约完善的水利信息化基础设施体系、安全可控的水利网络安全体系、优化健全的水利信息化保障体系。要坚持围绕中心、服务大局，坚持统筹规划、协同推进，坚持融合创新，整合共享，坚持安全优先，防范风险，按照水利部印发的《水利信息化发展"十三五"规划》，着力抓好"十三五"水利网信工作。

（10）2016 年 11 月 27 日《水利网络安全顶层设计》通过水利部审查。顶层设计确立了"十三五"期间建立"管理严格、责任明确、预警及时、防御有效、响应快捷、督查有力"的水利网络安全总体目标，设立了"统一安全策略，健全组织管理，提升监测预警、纵深防御、应急响应三大能力，强化监督检查"的网络安全总体框架。顶层设计对全面推进水利网络安全建设、管理和运行，促进水利行业安全防护能力提升，促进水利网络安全和信息化同步发展具有重要指导作用。

（11）2016 年 12 月 5 日，水利部网信办组织召开了水利信息化资源整合共享试点总结会，全面总结了长江委、江苏等单位在整合共享顶层设计完善、平台架构搭建、技术标准编制、规章制度保障、应用融合强化等方面的整合共享试点经验，发布了水利一张图、一个库、一朵云、一门户、一目录等试点系列成果，部署了下一阶段整合共享工作。水利一张图在全行业得到大规模应用，构建了"水利一张图+业务应用"新模式，有效保障了多个重点水利信息化项目和水土保持、农村水利、水政执法等多项日常工作的地理信息服务以及遥感数据资源需求。水利部水信息基础平台项目建设顺利推进；第二批流域机构（黄委、淮委）资源整合共享项目获得立项批复。

（12）2016 年 12 月 27 日经国务院同意，国家发展改革委、水利部、住房城乡建设部联合印发了《水利改革发展"十三五"规划》，在第十章《全面强化依法治水、科技兴水》第三节强化水利科技创新部分，提出推进水利信息化建设。主要内容是：结合网络强国战略、"互联网+"行动计划、国家大数据战略等，全面提升水利信息化水平，以水利信息化带动水利现代化。完成水资源监控管理系统建设，建立覆盖城镇和规模以上工业用水户、大中型灌区的取水计量设施和在线实时监测体系。加快推进国家防汛抗旱指挥系统、山洪灾害监测预警系统、大型水库大坝安全监测监督平台、覆盖大中小微水利工程管理信息系统和水利数据中心等应用系统建设，提高水利综合决策和管理能力。大力推进水利信息化资源整合与共享，建立国家水信息基础平台，提升水利信息的社会服务水平。加强水利信息网络安全建设，构建安全可控的水利网络与信息安全体系。

（13）高分重大专项（民用部分）水利高分遥感业务应用示范系统（一期）顺利推进。完成对 16 项关键技术、26 个软件模块和 18 个专题产品生产规范的专家评审，以及对水资源监测评价和管理、水旱灾害监测、水土保持监测和评价等子系统科研和示范应用科研项目验收，完成了对高分平台和业务子系统三次第三方测试工作，完成了在示范区开展的地表水源地水体范围监测、地表蓄水量估算、土壤含水量反演、灌溉面积监测、三个水质参数反演和主要江河湖库水体分布等 8 个产品监测示范应用，完成项目验收准备工作。

（14）2016 年黄河水利委员会以资源整合共享为核心，围绕"一张图""一个库""一个门户""一个监管平台""一张网""统一管理"等"六个一"信息化重点工作进行部署，扎实推进信息化与治黄主业进一步融合，为"十三五"期间初步实现黄河治理体系现代化和治理能力现代化提供强有力的技术支撑奠定了基础。

（15）2016 年广东省水利厅提出《广东省"互联网+现代水利"行动计划》。《广东省

"互联网+现代水利"行动计划》提出了以"互联网＋"为抓手，推动网信新技术、新模式、新理念与水利业务深度融合，提供全方位高效率的数字化、网络化、智能化的水利业务应用，驱动广东水利现代化的发展目标。

（16）2016 年，颁布了《水利部信息化建设与管理办法》《关于进一步加强水利信息化建设与管理的指导意见》《水利部网络安全与信息化领导小组工作制度》《关于加快推进卫星遥感在水利业务应用的通知》和《关于开展水利数据资源调查的通知》等文件，进一步加强水利信息化建设与管理工作。

（17）2016 年，颁布了国家标准《水资源管理信息对象代码编制规范》，组织完成了《湖泊代码》和《水资源监控管理数据库表结构及标识符》国标审定；组织完成了 16 项新增纳入《水利技术标准体系表》信息化技术标准项目建议书和申报书的修改，启动了 12 项水利信息化标准制修订工作。

（18）水利信息化应用多项成果获 2016 年科研奖励。由水利部水利信息中心等完成的"全国水利一张图建设与应用"获 2016 年国家测绘科技进步特等奖；由水利部水利信息中心编制完成的"第一次全国水利普查图集"获 2016 年度优秀地图作品裴秀奖金奖；由水利部水利信息中心等单位合作完成的"水利资源和地理空间基础信息库构建与应用"和"中小河流突发性洪水监测预报预警关键技术及应用"均获得 2016 年大禹水利科学技术二等奖；由上海市水务局完成的"智能苏州河综合信息服务平台"获 2016 上海市智慧城市建设优秀实践成果奖；由江西省水利规划设计院和江西省水利科学研究院合作完成的"鄱阳湖地理信息系统研究"获 2016 年大禹水利科学技术三等奖。

10.1.3 本章主要内容介绍

本章是有关水信息研究进展的专题报告，主要内容包括以下几部分。

对水信息研究的学科范畴、有关水信息 2015—2016 年标志性成果或事件、本章主要内容以及有关说明进行简单概述。

本章从 10.2 节开始按照水信息研究内容进行归纳编排，主要包括：基于遥感、传感器和地理信息系统（GIS）的水信息研究、基于 GIS 水信息系统开发以及数字水利等相关研究进展。

10.1.4 有关说明

本章主要是在中国学术文献网络出版总库中检索 2015—2016 年中关于水信息研究的相关进展，然后对所获相关文献进行分析与归类，在此基础上介绍水信息研究的相关进展，所引用文献均列入参考文献中。

10.2 基于遥感的水信息研究进展

遥感是以电磁波与地球表面物质相互作用为基础，探测、分析与研究地球资源与环境，揭示地球表面各要素的空间分布特征与时空变化规律的一门科学技术。遥感提供了大面积快速获取水信息的途径，已经成为水信息提取与挖掘的重要手段。研究内容涉及土壤水分遥感反演、河流与岸线变化、湿地变化、水资源调查、水环境监测以及植被含水量等多个方面。

10.2.1　在土壤水分遥感反演研究方面

　　土壤水分（湿度、含水量）是联系地表水与地下水的纽带，在全球水循环运动中扮演着重要角色，是水文、气象、生态和农业模型中的重要参数。自然环境中土壤水分的时空变异性较大，很难在大范围内进行连续精确测量，遥感就成为监测区域尺度上土壤湿度状况时空变化的有效途径。土壤水分特征在不同传感器和不同波段有不同的反应特征，因此可以根据土壤的物理性质和辐射特征，利用可见光、近红外、热红外、微波等不同波段的遥感信息，以及分析其与环境因素的关系来监测土壤水分。本文将土壤水分的遥感监测研究进展分为土壤水分监测进展综合评述、可见光-红外反演方法、热红外遥感监测方法、微波土壤水分监测方法、水分传感器、植被生长状态监测和基于能量平衡的遥感监测方法等方面进行综述。

　　（1）在土壤水分遥感反演综述方面。唐国强等[3]系统综述了国际前沿的全球水循环遥感卫星技术、遥感参数反演及其在水文中的潜在应用等，重点介绍了降水、土壤湿度、蒸散、地下水、水面高程、冰川、云和大气水等遥感技术，同时探讨全球水循环观测卫星的研发和功能，分析数据同化、遥感反演参数不确定性方面的技术瓶颈及未来展望。周磊等[4]总结了目前广泛应用的气象监测模型和基于遥感数据的干旱监测模型，将遥感监测方法分为植被状态监测方法、微波土壤水分监测方法、热红外遥感监测方法和基于能量平衡的遥感监测方法进行了综述，深入分析了基于遥感数据的监测方法的特点、适用条件和存在的问题。通过综述基于多源数据的干旱综合监测模型，对未来干旱监测方法的发展方向进行研究和探讨，指出集成多源数据的干旱综合监测模型是解决复杂的干旱监测问题的新方法。李俐等[5]首先对可用于土壤水分反演的 SAR 传感器进行总结；然后，分别对裸露地表和植被覆盖地表的微波散射模型进行了介绍；在讨论影响土壤水分监测因素的基础上，分析了主要影响因素的校正方法，并探讨了当前合成孔径雷达反演土壤水分的主要方法；最后总结了土壤水分反演中存在的问题，同时对未来的发展方向进行了展望。占车生等[6]综述了基于水文模型的蒸散发数据同化研究，阐述了蒸散发作为非状态变量构建数据同化演算关系的难点和瓶颈，并分析了利用当前各种通用水文模型进行蒸散发同化的可行性。基于此，尝试提出了一种易于操作且具有水循环物理机制的蒸散发同化新方案，该方案利用具有蒸散发—土壤湿度非线性时间响应关系的分布式时变增益模型（DTVGM），并进一步完善 DTVGM 蒸散发机理，构建了基于 DTVGM 水文模型的蒸散发数据同化系统。兰鑫宇等[7]利用数据同化方法反演大规模高精度土壤湿度数据，结合国内外土壤湿度遥感估算研究现状，总结了土壤水分同化算法主要应用进程，梳理了目前实现土壤水分反演且应用广泛的陆面过程模型，如 Noah 模型、通用陆面过程模型 CLM、简单生物圈模型 SiB2、北方生产力模拟模型 BEPS，介绍了大范围卫星土壤水分数据集，包括陆面同化系统数据集、ASCAT 数据集、AMSR-E 数据集及 SMOS 数据集，最后探讨了遥感土壤水分同化过程中存在的问题及发展方向。汪伟等[8]指出，通过同化遥感观测数据改善水文模型模拟结果已成为遥感数据在水文应用中的热点，然而遥感观测仍存在不确定性较高、时空尺度问题、瞬时观测、难以获取深层土壤信息等问题需要克服，如何在水文模型中充分利用不同来源、不同尺度的观测数据将是未来水文学研究的一个重要方向。

（2）在可见光-红外遥感反演土壤水分方面。可见光-红外遥感反演土壤水分是在地物波谱特征分析和遥感成像机理的基础上，直接对遥感数据进行简单数值运算，从而获得可以指示地表水分信息的各种遥感指数，它作为一种简便有效的方法，被国内外广泛采用。虞文丹等[9]基于 MODIS 数据和站点气象数据，利用蒸散发双层模型和考虑土壤水分可供率的改进双层模型分别计算实际蒸散发量，利用 Penman-Monteith 模型计算区域潜在蒸散发量，获得了作物缺水指数（Crop Water Stress Index，CWSI），并与 2010 年 7 月和 11 月的土壤相对含水量实测数据分别进行回归分析建模，得到了土壤含水量分布图。曹雷等[10]以艾比湖湿地为研究区，利用 2003 年 5 月和 2013 年 5 月 Landsat 遥感影像，提取了地表温度（Ts）和植被指数（NDVI）反演温度植被干旱指数（TVDI），并构建特征空间，分析了土壤水分的时空变化。刘婕等[11]以新疆精河流域绿洲为研究区，基于 LandsatTM 和 ETM+影像，借助修正后的温度植被干旱指数（TVDIm），进而反演了研究区 2002 年和 2011 年春、夏、秋季的表层土壤水分。武彬等[12]通过使用 MODIS/AVHRR 的后继 VIIRS 产品，依其每日地表反射率产品（GIGTO-VI1-5BO）计算 NDVI，结合每日陆表温度产品（GMTCO-VLSTO），计算新疆农七师 125 团 2015 年 6 月 29 日至 7 月 10 日的 TVDI，并利用同期地面实测土壤含水率进行了验证。王娇等[13]以 Ts-NDVI 特征空间为理论基础，以新疆渭干河-库车河三角洲绿洲为研究靶区，选择典型干湿季节下 Landsat8 遥感影像，在传统温度-植被干旱指数（TVDI）算法基础上，考虑大尺度研究区下垫面异质性（植被覆被、地形起伏）对辐射能量平衡的影响，分别采用植被水分指数（VWIs）、加入大气温度（Ta）和 DEM 校正后的地表温度（Ts）与 NDVI 相结合，构建了植被干旱指数（VDI）和改进型温度-植被干旱指数（iTVDI），并结合同期实测土壤水分数据对 3 种算法进行了比较。王丽娟等[14]利用一次陇东黄土高原卫星—地面准同步的观测数据，以垂直干旱指数（Perpendicular Drought Index，PDI）为例，研究了不同植被盖度下混合像元对 PDI 监测表层含水量能力的影响，提出了一个考虑混合像元的表层含水量（SMsur），并在此基础上建立了表层含水量的遥感监测模型。苏永荣等[15]基于能量平衡方程和 TVDI，研究提出了一种定量干湿边选取方法和改进的 TVDI 模型——定量温度植被指数（Temperature Vegetation Quantitative Index，TVQI），以 MODIS 遥感数据为基础，实现了定量干湿边真实土壤水分的遥感估算。夏燕秋等[16]利用 2013 年 4 月的 Landsat7ETM+影像，采用温度植被干旱指数法，构建 Ts-NDVI 特征空间，结合野外 88 个实测样点土壤水分数据，建立 0~60cm 土壤深度范围内 3 个单层（0~20cm，20~40cm，40~60cm）及 2 个平均层（0~40cm，0~60cm）的土壤水分遥感反演回归模型。郑小坡等[17]构建了归一化光谱斜率吸收指数（Normalized Spectral Slope and Absorption Index，NSSAI），用于削弱土壤类型对土壤水分反演影响。孔金玲等[18]利用 Radarsat-2 雷达数据与 TM 光学数据，对旱区稀疏植被覆盖地表土壤水分反演进行研究。利用 TM 数据，分别选取 NDVI 和 NDWI 指数对植被含水量进行反演，通过水云模型消除植被层对土壤后向散射系数的影响；在此基础上，根据研究区地表植被特性，提出了一种基于 AIEM 模型的反演土壤水分的改进算法，反演了不同粗糙度参数、不同极化（VV 极化和 HH 极化）条件下的研究区土壤水分。王战等[19]利用 TM8 数据获得归一化植被指数 NDVI，利用大气传输方程法反演地表温度 Ts，构成 Ts-NDVI 特征空间，利用温度植被干旱指数 TVDI 对研究区表层土壤含水量进行了估算。张月等[20]基于 LandsatTM 影像，利用研究区不同深度的土壤湿度实测数据，对两种可以反映地表湿度的指标归一化差异湿度指数（Normalized Difference Moisture Index，NDMI）和缨帽变换的湿度分量（Tasseled Cap Wetness，TCW）在西藏低植被覆盖区土壤湿度的监测结果进行精度验证与对比分析。阿多等[21]利用中分辨率的 TM 遥感影像反演湿地土壤水分，建立了地表温度（Ts）与归一化植被指数（NDVI）之间的二维特征空间，用 IDL 编程在特征空间内提取对应的特征点，拟合了温度植被干旱指数（TVDI）法需要的干湿边方程，反演了野鸭湖湿地的土壤水分情况。李晨等[22]基于滨海盐土 5 个试验点的土壤含水量和室内土壤表面高光谱反射率，综合分析了 350~2500nm 波段范围内土壤含水量与土壤光谱之间的关系，基于比值光谱指数（RSI）、归一化光谱指数（NDSI）和差值光谱指数（DI）确定了光谱参数，进而构建了土壤含水量估测定量模型。张俊华等[23]以不同含水量的宁夏典型龟裂碱土为研究对象，系统分析了土壤光谱与土壤含水量的相关性，并建立了含水量预测模型。向红英等[24]采用自主设计的不同土层取样方法，同步获取了棉花冠层高光谱数据和不同深度土壤的水分含量数据以及棉花冠层水分含量数据，分析了棉花冠层含水量与土壤含水量之间的关系、棉花冠层高光谱数据与土壤水分量之间的相关性，构建了基于棉花冠层高光谱数据的土壤水分含量反演模型。

（3）在可见光-红外遥感的蒸散发计算方面。蒸散发（Evapo-Transpiration，ET）作为陆面过程中地气相互作用的重要过程之一，在地球的大气圈-水圈-生物圈中发挥重要作用。ET 的准确估算对于农业干旱和水文干旱监测、水资源分布及利用、农业生产管理和全球气候变化评估等具有重要的参考价值。由于可见光、近红外和热红外波段等遥感数据可以为蒸散的计算模型提供大范围的特征参数和热信息，使得遥感成为区域蒸发散计算的主要手段。这里仅列举代表性的文献。王凯霖等[25]基于 MODIS 数据和 GLDAS 数据，应用表观热惯量法对 GLDAS 地表 0~10cm 土壤湿度数据降尺度处理，估算了柴达木盆地平原区 2014 年间 6—9 月的月均土壤湿度，并结合归一化植被指数（NDVI）和实测土壤湿度数据对反演结果进行验证；利用地表能量平衡系统（SEBS）模型对平原区 9 个子流域的日均蒸散量进行计算，分析了土壤湿度与日均蒸散量之间的关系。程帅等[26]通过回顾蒸散发估算理论及方法的发展历程，系统总结了区域蒸散发遥感估算方法与模型；以地表能量平衡类遥感蒸散发估算模型为例，阐述了利用遥感数据进行蒸散发估算的基本原理，论述了其在灌溉水资源优化配置与管理中的应用；分析了基于遥感技术进行蒸散发估算存在的问题并展望了其发展趋势。夏浩铭等[27]围绕如何解决遥感反演蒸散发时间尺度拓展问题，系统介绍了遥感反演蒸散发时间尺度拓展方法，总结了每种方法的基本原理、优缺点、适用性和误差来源，对比了不同时间尺度拓展方法估算精度，并给出选取合适时间尺度拓展方法的可量化意见，简要分析了遥感反演蒸散发模型应用中的地表参数、时间尺度拓展方法本身算法、方法验证及适用性的不确定性，最后对遥感反演蒸散发时间尺度拓展方法的发展趋势进行了探讨。王军等[28]利用遥感技术计算区域尺度蒸散发，总结遥感蒸散发模型国内外研究现状，根据各模型建模理念、内在机理等，对基于遥感技术的区域蒸散发计算方法进行了梳理。并结合目前研究现状，对遥感蒸散发模型当前研究的热点问题进行了总结和归纳，认为时空尺度转换、下垫面特征参数反演、模型结果检验等仍是当前遥感蒸散发研究领域亟待突破的攻坚点。模拟了 SPAC 系统中能量、物质交换过程，指出利用遥感技术建立地表关键参数的区域蒸散数值模型将是今后的发展方向之一。尚松浩等[29]总结了遥感蒸散发模型、瞬时蒸散发升尺度方法、日蒸散发插值方法、作物分布识别方法及作物估产模型的研究进展，评述了遥感蒸散发及作物估产结果在灌区灌溉水利用效率及作物水分利用效率评价中的应用情况。提出了相关领域需要进一步研究的问题，包括适合非均匀下垫面特点且具有较强物理基础的灌区遥感蒸散发模型、日蒸散发插值中灌溉或降雨引起土壤含水量突变情况的处理、农田蒸散发中灌溉水有效消耗量的准确估算、能适应复杂种植结构并且适用于多年的作物分布遥感识别模型以及精度较高且可操作性强的遥感估产模型等。刘莹等[30]基于 2003 —2007 年千烟洲涡度相关通量塔观测的气象数据和蒸散发数据，评价了蒸散发模型模拟森林生态系统蒸散发的适用性，主要包括 Priestly-Taylor、Blaney-Criddle、Hargreaves-Samani、Jensen-Haise、Hamon、Turc、Makkink 和 Thornthwaite 模型。位贺杰等[31]基于流域水量平衡法，利用水文数据和气象数据对渭河流域 MOD16-ET（实际蒸散发）数据进行精度验证；利用 2000 —2012 年 MOD16-ET 数据和 GIS 技术定量分析了渭河流域（分为干流、泾河、北洛河 3 个子流域）地表实际蒸散发年际和年内的时空变化特征。粟晓玲等[32]根据泾惠渠灌区 4 个气象站 1961—2011 年逐日气象资料，采用 Penman-Monteith 公式计算日 ET_0，应用 Mann-Kendall 趋势检验方法研究气象因子变化趋势，采用无量纲的相对敏感系数分析 ET_0 对 4 个主要气象因子的敏感性，结合气象因子的多年变化定量分析 ET_0 的变化成因。刘珂等[33]利用美国普林斯顿大学高分辨率的全球陆面同化数据集和美国国家环境预测中心的辐射再分析数据，根据 Thornthwaite 和 Penman-Monteith 公式分别计算了 1948 —2008 年中国区域潜在蒸散发量；而后，使用降水和两套潜在蒸散发数据分别计算得到标准化降水蒸散发指数 SPEI（Standardized Precipitation Evapotranspiration Index），并以此研究了 1949 — 2008 年中国区域干湿变化时空特征以及两种 SPEI 结果之间的差异；并给出了两种 SPEI 在中国的适用区域。郭淑海等[34]利用 3 个小型蒸渗仪观测了阿克苏河上游科其喀尔冰川综合考察站附近山区的高寒草甸的实际蒸散量，并尝试利用最小二乘支持向量机（LS-SVM）估算了实际蒸散发。马亮等[35]以新疆塔里木盆地西缘的阿克苏地区为例，以 PM 模型计算值为标准，评价了 H-S、P-T 与 McCloud 模型在研究区的适用性。黄健熙等[36]为了提高区域耕地质量监测信息的获取效率，构建了一种基于遥感蒸散发的耕地灌溉保证能力评价方法。以 MODIS 蒸散发产品（MOD16）为数据基础，在水量平衡原理的基础上，利用降雨量、MOD16A2 产品中的实际蒸散发参量，计算年度有效灌溉量；利用地面气象站点计算的参考作物需水量和 MOD16A2 月合成产品中潜在蒸散发参量，建立回归方程，得到空间连续的参考作物需水量；采用作物系数法结合区域作物类型分布图计算年度作物需水量，并在此基础进一步计算年度灌溉需水量；将有效灌溉量与灌溉需水量之间的比值作为灌溉保证能力评价的基础，利用多年的灌溉保证能力评价指标，监测和评价耕地灌溉保证能力。张宝忠等[37]系统评述了多尺度蒸散发监测方法和估算模型，指出了其适用的尺度、适宜的应用条件及其优缺点，评述了现有蒸散发多时空尺度拓展方法，表明量化作物对多因子的协同耦合响应机制，研究多方法、多时空尺度下多源蒸散发监测数据融合技术，构建不同时空尺度间的蒸散发拓展模式，建立将时空尺度二维耦合、水-热-碳耦合纳入统一系统的蒸散发转换体系将成为未来的研究热点。王帅兵等[38]基于 Budyko 水热耦合方程推算单作物系数，在单作物系数和基于遥感方法的叶面积指数（LAI）之间进行统计回归，建立计算 LAI 的模式，实现了 Budyko 方程进行区域 ET 估算的空间分辨率提升。童瑞等[39]基于黄河流域 1500 个 0.25°×0.25° 网格，应用可变下渗能力模型 VIC-3L 计算 1961—2012 年黄河流域水文过程，获得日尺度的实际蒸散发量和潜在蒸散发量数据。运用 Mann-Kendall 趋势检验方法和 Budyko 水分能量平衡公式，分析了实际蒸散发量、潜在蒸散发量、蒸散发率和干燥指数的时空变化趋势及蒸散发受水分能量供应条件限制情况。喻元等[40]基于新型 MOD16 遥感数据集，在产品数据精度验证的基础上，利用 GIS 与 RS 技术统计分析关中地区 2000 —2012 年间实际蒸散发（ET）时空演变特征及不同土地利用类型蒸散差异。夏婷等[41]基于参照干湿限的遥感蒸散发模型（REDRAW）反演了黄河中游河龙区间 5 个典型子流域 2000 — 2010 年的蒸散发，结合归一化植被指数（NDVI）分析了区域蒸散发的年内和年际特征。刘丽芳等[42]基于点尺度蒸散发观测试验与机理研究，对 HIMS（Hydro-Informatic Modelling System）日过程模型蒸散发模块进行改进，考虑流域内植被空间分布和生长变化特性及灌溉措施的影响，利用分类汇总和分段单值作物系数法计算了流域实际蒸散发，并在海河流域进行验证分析。高云飞等[43]根据野外气象站观测资料，利用 Penman、FAO-Penman、FAO-Penman-Monteith、Priestley-Taylor 和 FAORadiation 等 5 个蒸散发模型模拟了黑河上游天老池流域草地日尺度和小时尺度的蒸散发。杨秀芹等[44]一文中基于 GLEAM（Global Land Evaporation Amsterdam Model）遥感蒸散发模型，进行了 GLEAM 产品在站点尺度和流域尺度的精度验证以及中国地表蒸散发时空变化特征的研究。王宁等[45]利用非参数化方法估算了黑河流域不同下垫面的蒸散发，并利用地面观测数据进行了验证，分析了非参数化方法在不同下垫面和不同季节的适用性。董晴晴等[46]基于 MOD16 遥感蒸散发产品，利用降雨径流资料和全球陆面蒸散发估算数据集（MTE）进行精度评价，通过空间建模、趋势分析、标准差法分析了渭河流域 2000—2013 年实际蒸散发（ET）的年际和年内时空格局变化，探讨了不同土地利用类型下实际蒸散发的差异性变化特征。高冠龙等[47]针对近年来在蒸散发模拟过程中得到广泛应用的 Shuttleworth-Wallace 双源模型，详细介绍了其模型结构及阻力参数，并对各阻力参数的计算方法进行了归纳总结，从模型结构、参数数量以及参数获取难易程度等方面进行了对比分析。张彩霞等[48]基于 Penman-Monteith 方程式计算了河西地区的潜在蒸散发量，应用气候倾斜率分析了主要气候因子的变化趋势，并基于湿润指数对河西地区地表干湿状况的时空变化特征进行了分析，基于情境假设法评估了潜在蒸散发量对各气象因子的敏感性。刘蓉等[49]利用架设在黄河源若尔盖地区的涡动相关系统观测的 2010 年全年的蒸散发资料进行分析，对欧洲中心提供的 ERA-interim 和美国国家环境预报中心（NCEP）提供地表变量再分析数据集进行了局地适用性评估，并依据再分析蒸散数据集，基于统计学方法分析了 1979 — 2014 年黄河源区蒸散发量的时空分布及变化特征。蹇东南等[50]基于 1961 — 2013 年塔里木河流域 26 个气象站逐日观测资料及阿克苏河流域与和田河流域水文站逐日径流资料，采用基于互补相关理论的平流-干旱（Advection-Aridity，AA）模型，计算并分析塔里木河流域实际蒸散发（ET_a）时空变化特征，研究 ET_a 与下垫面供水及气象要素的关系，探讨塔里木河流域 ET_a 变化的可能原因。唐英敏[51]将双源蒸散发模型及 P-M 公式计算得到的蒸散发量与流域内息县水文站实测蒸发皿蒸发量的相关性进行对比分析，为定量分析 P-M 公式和双源蒸散发模型在淮河流域上游地区的适用性及计算精度，并定量分析不同蒸散发输入对水文模拟精度的影响。陈芸芸等[52]通过将考虑植被叶面积指数动态变化对蒸散发影响的双源蒸散发模型与新安江模型集成，改进了新安江模型的蒸散发计算模块，并以淮河息县水文站以上流域为研究区，以日为时间尺度，基于地形、土地利用、气象及水文资料对息县以上流域 2000—2008 年降雨径流过程进行了模拟。王东[53]应用地理信息技术结合区域数字高程数据，将区域离散成 1km×1km 的单元网格，应用双源蒸散发模型构建基于栅格尺度的蒸散发模型，进行区域蒸散发时空模拟研究，并和区域内的实测蒸发皿蒸发进行对比分析。张小琳等[54]采用 HBV 模型模拟得到逐日实际蒸散发量，再利用三种模型分别估算该流域的逐日实际蒸散发量，并对计算结果进行初步分析比较，而后以 HBV 模型计算结果为标准进行原始参数的率定，最后在不同的时间尺度上对三种模型的实际蒸散发计算结果进行对比评价。于岚岚[55]以淮河上游息县水文站以上为研究区域，基于研究区域的数字高程数据、土地利用数据以及研究区内外附近 8 个气象站点 2000—2010 气象要素数据，运用分布式双源蒸散发模型实现了研究流域蒸散发的时空全过程模拟。李玫等[56]基于四川若尔盖湿地 1980—2007 年的月值气象数据，利用单因子分析法，并结合 DAAG 共线性诊断、残差标准差、F 检验和 t 检验，对影响该地区参照蒸散发的气象因子的敏感性进行了分析，运用多元线性逐步回归法，建立了由各气象因子构成的参照蒸散发的优化计算模型。于兵等[57]以内蒙古河套灌区中西部 4 县（旗、区）为例，通过建立基于遥感蒸散发的灌溉地-非灌溉地水、盐平衡模型，分析了灌溉地与非灌溉地间的水、盐迁移。柳烨等[58]针对大面积灌区作物蒸发蒸腾量（ET_0）分布式监测所需参数较多的问题，利用人工神经网络技术建立基于温、湿度的 ET_0 月份估算模型，对作物蒸发蒸腾量进行了估算；在此基础上，针对 ET_0 的季节性特征，将估算模型由月份尺度拓展到季节尺度；最后运用陕西省 6 个基本站点的气象数据对该优化模型进行普适性分析。

（4）在基于微波遥感的土壤水分反演方面。微波遥感反演土壤水分方法具有较好的物理基础，土壤的介电特性和土壤的水分含量之间有着密切的关系，介电常数随着土壤水分的增加而迅速增大。根据方式不同，可以分为被动微波遥感和主动微波遥感两种方法。微波遥感监测土壤水分具有全天时全天候的特点，对土壤水分敏感，对地表植被具有一定的穿透能力，是大区域土壤水分监测的有效手段。万曙静等[59]针对利用微波反演裸露地表土壤含水量和植被覆盖地表土壤含水量的问题，比较了相关研究在反演模型、反演技术流程方面的改进和不足，分析了反演问题的关键环节，结合微波和光学联合反演地表土壤含水量的研究进展，指出了微波遥感反演土壤水分研究的发展趋势。李彪等[60]以河套灌区沙壕渠试验站土壤水分雷达监测为案例，利用 BP 神经网络技术，建立了雷达后向散射系数反演土壤水分的人工智能模型。徐智等[61]基于 RADARSAT-2 数据土壤水分提取的技术与方法，选择 AIEM 模型作为研究区裸露地表土壤水分反演模型的基础，建立了适合河套灌区裸露地表土壤水分微波散射的经验模型。孔金玲等[62]以风沙滩地区为研究区，利用 AIEM 模型模拟雷达后向散射系数与粗糙度、土壤水分之间的关系，提出一种新的组合粗糙度参数 S_3/L，以法向菲涅尔反射系数代替土壤水分，建立了雷达后向散射系数与组合粗糙度、法向菲涅尔反射系数 Γ_0 的经验关系，利用 Radarsat-2C 波段双极化（VV、HH）数据构建了土壤水分反演模型。马红章等[63]基于土壤 L 波段微波散射辐射模拟数据集，通过对比分析主被动微波数据对土壤水分含量和粗糙度 2 个参数的敏感性，提出了基于 L 波段主被动协同的裸土土壤水分反演算法，利用 SMAPVEX12 实验数据集中部分稀疏植被采样点的观测数据对算法进行验证。李新等[64]提出一种不依赖地面土壤水分同步观测数据的主、被动微波协同反演逐日高空间分辨率的土壤水分观测新方法。该方法将补偿后的 AMSR-E 土壤水分作为"高时间分辨率土壤水分观测控制值"，以此计算逐日土壤水分变化量，并结合 ASAR 交替极化模式数据，反演高空间分辨率的土壤水分基准日期值，然后基于两者建立了土壤水分协同反演模型。何连等[65]结合基于变化检测的 Alpha 近似模型，利用 Sentinel-1 卫星获取的多时相 C 波段合成孔径雷达（Synthetic Aperture Radar，SAR）数据，实现了农田地表土壤水分的反演。冯徽徽等[66]采用 AMSR-E 土壤水分数据，从流域、子流域及地表覆被等不同的空间尺度，阐明了鄱阳湖流域 2003—2009 年土壤水分的年际与年内变化特征。郑兴明等[67]以欧洲太空局 1978—2010 年微波遥感土壤水分产品、2013 年 SMOSMIRASL3 级土壤水分产品和气象站点的月降水数据为基础，结合土壤水分距平指数和土壤水分异常指数，分析了 2013 年东北地区春涝影响范围和严重程度。魏宝成等[68]基于 AMSR-2 观测亮温、SPOT-NDVI 数据，利用微波辐射传输模型及粗糙地表发射率 Qp 模型，构建适合蒙古高原的土壤水分反演方程，同时将模型应用于 2013 年蒙古高原植被生长期土壤水分反演。在此基础上，结合 TRMM3B43 降雨量及气象站点气温数据，探讨了蒙古高原土壤水分对气象因子及植被的响应特性。

（5）在基于传感器的土壤水分监测方面。贾志峰等[69]通过对土壤水分传感器性能、结构、测量尺度、安装和应用中的问题及解决方法进行探究，总结了目前传感器技术在土壤水分监测中的应用。何修道等[70]以烘干法测定数据为基准值，采用回归分析方法建立 ECH₂OEC-5 水分传感器测定沙地土壤含水率的校正方程，并用独立的样本进行了验证。蔡坤等[71]设计了一种基于 LVDS 差分传输线延时检测技术的土壤含水率传感器。该传感器将高频振荡信号分路为两通道 LVDS 差分信号，一个通道用于测试土壤含水率，另一个通道用于提供参考信号。以 LVDS 总线阻抗值均方误差最小化为目标，构建了线宽和线间距的最优化计算模型，并通过遗传算法求解出了最优线宽为 0.1789mm 和最优线间距为 0.2238mm。高中灵等[72]研究发现在红光与近红外（NIR-RED）特征空间中，存在一个中间角度变量 θ，利用光谱反射率与土壤水分之间的经验关系式模型以及混合像元分解公式证明该变量能够表征土壤湿度情况，而不受植被覆盖度的影响，因此利用该原理构建了一种新型土壤水分遥感监测模型 ADI（Angle Dryness Index）方法。

（6）基于多源数据和多种方法的土壤水分反演方面。李相等[73]以 ASD 光谱仪测定的研究区植被高光谱数据和环境卫星 HSI 高光谱影像数据为基础数据计算得到 26 种光谱植被指数，通过灰度关联分析法对不同深度（0~10，>10~30，>30~50cm）土壤含水量与实测光谱指数和影像光谱指数进行分析和筛选，确定了与土壤含水量相关性较高的 5 个光谱植被指数，采用多元线性回归法分别构建了基于实测数据和影像数据的高光谱植被指数土壤含水量反演模型，并用实测高光谱植被指数模型对 HSI 影像植被指数模型进行校正。赵昕等[74]提出了一种基于 Radarsat 2 与 Landsat8 数据协同反演植被覆盖地表土壤水分的半经验耦合模型，并利用地面测量数据对模型进行验证。胡蝶等[75]以黄土高原半干旱区定西为试验区，利用 Radarsat-2/SAR 和 MODIS 数据，将由 MODIS NDVI 估算的植被含水量（VWC）应用到微波散射 Water-Cloud 模型中校正植被的影响，采用交叉极化（VV/VH）组合方案对植被覆盖下土壤水分的反演进行了初步探讨。辛强等[76]利用 MODIS 温度产品 MOD11A2 和归一化植被指数产品 MOD13A3 构建了月时间尺度下的温度植被干旱指数（TVDI）；利用温度植被干旱指数 TVDI 和土壤水分之间的线性负相关关系，对 AMSR-E 三级土壤水分反演产品进行了空间降尺度研究，获取 2003 年连续月时间尺度下空间分辨率为 1km 的土壤水分反演结果，并利用地面实测土壤水分数据对反演结果进行了验证。陈鹤[77]指出陆面过程模型是连续模拟土壤水分的有效工具，然而输入数据及模型结构本身的不确定性会导致模拟误差在模型运行过程中不断积累。数据同化技术可以考虑模型不确定性，实时修正模型状态变量，进而提高土壤水分的模拟精度。研究构建了集合卡尔曼滤波（EnKF，Ensemble Kalman Filter）数据同化方法，将其集成到水文强化陆面过程模型 HELP（Hydrologically-Enhanced Land Process）中，对模型中土壤水分及表面温度等状态变量进行了优化。胡丹娟等[78]以 Matlab 为平台建立 BP 神经网络，通过改进 BP 神经网络的权值、阈值和网络结构，对该算法进行了优化；在研究区范围，分别利用积分方程模型 IEM(Integral Equation Model)、Oh 模型、Shi 模型生成模拟数据，训练改进的 BP 神经网络，构建裸露地表土壤水分反演模型，并用野外实测土壤水分数据对模型进行了验证。王维等[79]以关中平原为研究区域，以冬小麦为研究对象，基于 2007—2008 年 TM 遥感数据反演的和 CERES-Wheat 模型模拟的生物量和叶面积指数，将由离散积分思想计算的日均分摊系数和由冬小麦各生育阶段生长特点划分的分段蒸腾系数引入土壤水分平衡方程，建立土壤水分供给量反演模型。万曙静等[80]利用 MODIS 数据获取地表反照率，利用站点观测数据获取最大温差，建立了一种遥感和站点观测结合反演土壤水分的方法。李得勤等[81]使用一种复杂洗牌算法（SCE-UA，Shuffled Complex Evolution Algorithm）对 Noah 陆面模式中的参数进行敏感性分析和优化，其中水文参数采取直接优化和优化土壤成分的形式，侧重于研究两种水文参数给出方法对土壤湿度和土壤温度模拟的敏感性。许坤鹏等[82]应用水平土柱法测定了杨凌地区典型粘壤土的水分扩散率，利用土壤水分扩散率的单对数模型和双对数模型对其进行了拟合，建立了土壤水分扩散率单一参数模型，基于主成分分析建立了单一参数模型中参数 B 的 BP 神经网络模型。彭翔等[83]通过对 11 组不同含盐量土壤室内蒸发过程连续监测，获取相关反射率光谱和水分、盐分的变化数据，利用外部参数正交化方法 EPO（External Parameter Orthogonalisation）预处理土壤光谱，滤除盐分的影响，建立了经过 EPO 预处理后的偏最小二乘（Partial Least Squares regression after EPO pre-processing，EPO-PLS）土壤水分预测模型。金慧凝等[84]以黑土作为研究对象，测定实验室光谱反射率，利用去包络线方法提取反射光谱特征指标，建立了土壤水分含量高光谱预测模型。于雷等[85]通过在室内设计 SMC 梯度试验，测定土壤高光谱反射率，经 Savitzky-Golay 平滑（Savitzky-Golay smoothing，SG）和连续统去除（Continuum Removal，CR）预处理后，基于竞争适应重加权采样（Competitive Adaptive Reweighted Sampling，CARS）方法分别优选出土壤在全部 SMC 的水分敏感波长变量，确定了适用于土壤在全部 SMC 的共性波长变量，以其为优选变量集，采用偏最小二乘回归方法建立了模型并进行验证。魏宝成等[86]以 AMSR-2 亮温数据，SPOT 归一化植被指数为数据源，采用 ω-模型和基于 Qp 模型的双通道反演算法，建立适用于蒙古高原表层土壤水分的反演模型。

10.2.2　在水体边线及面积变化信息提取方面

水体边线是遥感影像上重要的线特征。水体边线信息的提取对河道及水域面积计算、岸线演变、水资源演变、沿岸工程等研究均有重要意义。相关学术性研究集中在遥感影像水体边线提取方法以及利用多时像遥感图像研究不同类型水体岸线的演变等方面。这里仅列举有代表性的文献。

（1）在水体自动提取方法方面。杨树文等[87]构建了一种新的水体提取方法。该方法以水体的遥感图像本底值研究为基础，通过构建能够同向增强的水体指数及多指数集成计算模型，实现水体灰度值的极化，在此基础上利用改进的阈值自动选取算法、数学形态学滤波及细化等算法，实现了水体的高精度自动提取。

李艳华等[88]在总结前人选择最优分割尺度的基础上，考虑了各层权重信息，针对某一特定地物，提出了指示最优分割尺度的指标——改进的与邻域绝对均值差分方差比（MRMAS），并由此获取了影像上细小水体的最优分割尺度。其次，为区分水体和山体阴影，构建阴影水体指数 SWI=B1+B2-B4，成功剔除了绝大部分阴影信息。最后，利用形态学膨胀滤波及 Pavlidis 异步细化算法对提取的细小水体进行后处理，最终得到细小河流的矢量化水系图。

吉红霞等[89]以鄱阳湖湖区为研究对象，利用 ALOS 遥感影像，以 2.5m 高分辨率全色波段融合影像非监督分类（ISODATA）得到的水体面积为参考值，分别使用归一化水体指数（NDWI）法、NDWI ISODATA 法和基于近红外（NIR）的 ISODATA 法提取了 10m 分辨率的水体分布，分析了不同方法提取结果之间的差异性及产生原因。

陈文倩等[90]基于高分一号遥感影像，利用单波段阈值法、NDWI 与多波段法进行特克斯河流域水体信息提取，通过分析 3 种水体提取方法的利弊，提出了单波段阈值法与构建的阴影水体指数 SWI=B1+B2-B4 相结合的决策树水体信息提取方法，用结合实地采样得到的混淆矩阵对水体区域的整体提取结果进行精度验证对比分析。

孟令奎等[91]引入拓扑自适应动态轮廓（T-Snake）模型并进行了改进，设计了合适的能量函数，提出了目标内部岛状空洞引起的拓扑冲突的检测与处理机制，实现了包含河中岛的复杂河流边界的精确提取，利用影像分形维数最小值获取水体内部区域并实现轮廓自动初始化。

陈鹏等[92]选取中国最大的内陆淡水湖-博斯腾湖为研究区，FY3A/MERSI 影像为数据源，利用监督分类法从 LandsatETM+影像提取水体，提取结果作为 FY3A/MERSI 影像水体提取精度验证的底图。采用单波段阈值法、基于阈值的多波段谱间关系法和基于阈值的水体指数法从 FY3A/MERSI 影像提取研究区水体，基于混淆矩阵法，提取结果分别与 LandsatETM+影像底图作对比分析。

段秋亚等[93]针对 GF-1 卫星影像数据的特点，分别采用归一化差分水体指数(Normalized Difference Water Index，NDWI) 阈值法、支持向量机（Support Vector Machine，SVM）和面向对象等方法对鄱阳湖区的 GF-1 影像进行了水体信息提取实验。

张浩彬等[94]以 MODIS 地表反射率数据为数据源，首先统计大量 MODIS 地表反射率影像第 6 波段的水陆分割阈值的范围作为先验阈值范围；然后将历史存档的研究区水体边界矢量叠加到图像上，并且将矢量边界向外扩大一倍，使得扩大后的范围内的水体和陆地面积相当；最后统计扩大后区域的第 6 波段的灰度直方图，并寻找先验阈值范围内的最小值作为最佳的水陆分割阈值进行水体提取。

方刚[95]以 Landsat8 卫星 OLI 影像的 Coastalaerosol、Red、NearInfrared（NIR）和 SWIR1 四个波段推导出一种适用于 Landsat8 卫星 OLI 影像水体信息的提取公式（即 LBV 中的 B 变换公式），在此基础上构建新的水体信息提取模型：KT3+B-OLIRed-OLINIR+DN>0，并利用此模型分别提取淮南市周边地区和五河县周边地区的水体信息。

杨甲等[96]以柬埔寨吴哥窟西北部为研究对象，开展了基于 SPOT-5 影像的水体信息提取方法研究。通过分析研究区内的地物光谱特征信息，发现各地物在绿色波段和短波红外波段虽然都有下降趋势，但是水体的变化程度最大。利用这个信息建立决策树的一种水体提取模型：Band3/Band4>1.73 并且 Band1>Band4。通过与 NDWI 法、决策树模型提取精度进行对比，证明该模型提取精度有较大提高，可有效地消除水田对提取精度的影响。

王嘉芃等[97]首先，利用灾中第一时间获取的 COSMO-SkyMed 雷达影像，采用面向对象的方法提取出洪灾发生时的水域空间信息；其次，利用灾前 SPOT-5 高分辨率光学影像，采用多光谱影像波段运算和决策树分类提取出常态下的水域空间信息；最后，对灾中雷达影像 COSMO-SkyMed 提取的水体和灾前光学影像 SPOT-5 提取的水体进行空间差值运算，得到洪水淹没范围信息，并利用洪水当天拍摄的无人机遥感影像对结果进行了精度评价。

眭海刚等[98]提出了一种 GIS 数据辅助下的可见光遥感影像水体自动提取方法，其核心是将影像分割、配准和变化检测集成为一体化处理流程检测水体。利用水体在遥感影像上的显著特性，首先提出了基于多尺度视觉注意模型的疑似水体区域检测；然后对影像显著区域进行水平集分割处理，通过迭代的分割和配准一体化处理不断优化直至获得最优的分割和配准结果，其中改进的形状曲线相似度特征用于约束分割结果与 GIS 水体对象的匹配；最后，利用基于缓冲区的变化检测方法获取变化和未变化的水体对象，同时利用已知水体辐射特征与 GIS 地物的空间位置关系剔除非水体对象。

邓滢等[99]基于面向对象的思想，提出一种极化 SAR（PolarimetricSAR，PolSAR）水体提取方法。此方法首先对极化 SAR 图像进行分割，再结合纹理与极化分解特征，对分割区域进行投票，识别水体区域。利用 Radarsat-2 数据和 TerraSAR-X 数据开展实验，并将提出方法与基于单一纹理和基于极化分解等水体提取方法进行对比。

周小莉等[100]利用陆地成像仪（OLI）遥感影像，通过对图像进行辐射定标、大气校正获得影像的地表反射率值；然后通过分析典型水体指数的构建方法及地物的主分量空间特征，构建了一种主成分水体指数（PCWI）。

蒲莉莉等[101]利用 LBV 变换能显著突出地物信息的这一特征，以环境卫星为数据源探讨 LBV 变换方法。在分析 L、V、B3 类分量的基础上，以 V-B 及 L-B 为特征空间，结合波段阈值、二维散点分布与回归拟合方法，识别了研究区的水域分布信息。

张毅等[102]以鄱阳湖为例，通过选用丰水期和枯水期代表性 LandsatETM+遥感影像，采用最邻近法（NN）和像元聚合法（PA）两种重采样方法，分别获取分辨率逐渐降低的不同分辨率的影像数据，结合归一化差异水指数法研究水域面积随遥感影像分辨率降低的变化趋势及其误差变化特征，同时深入分析不同影响因素对水体提取精度的差异。

（2）在水域面积变化方面。刘英等[103]基于近红外和红光波段反射率数据，在土壤湿度监测指数（Soil Moisture Monitoring Index，SMMI）基础上，构建一种水体提取方法——尺度化 SMMI（Scaled SMMI，即 S-SMMI），将红光波段纳入水体提取中，扩展了水体提取的波段范围，丰富了水体提取方法。孙爱民等[104]利用 Landsat 影像计算 1988—2014 年博斯腾湖面积，监测并分析湖水面积年际变化及空间变化趋势，探讨博斯腾湖流域年降水量、年均气温变化和人类活动对湖水面积的影响，并将监测结果与 MODIS 数据计算的 2000—2014 年湖水面积以及 1987—2011 年实测水位数据进行了对比验证。臧菁菁等[105]以 1975 年、1980 年和 1985 年的 LandsatMSS 影像、1990 年、1995 年、2000 年和 2010 年的 LandsatTM 影像、2005 年的 LandsatETM+影像、2014 年的 LandsatOLI 影像为数据源，根据水体的光谱特征，利用波段比值法（绿波段/短波红外波段），进行水体信息提取，得到了 9 个时期的巴尔喀什湖水体面积及其变化趋势。孙伟富等[106]根据 1979 年、1990 年、2000 年和 2010 年的 4 期共 102 景多时相遥感影像数据，利用遥感和地理信息系统等方法对我国大陆海岸潟湖进行了遥感监测，首次调查统计了我国大陆海岸潟湖的名称、数量、分布、岸线长度和面积信息，并对近 31 年来我国大陆海岸潟湖的变迁状况进行了分析。成晨等[107]通过获取 1978 年 MSS、1989 年 TM、1998 年 TM 及 2010 年 ETM 的同季相 4 期遥感图像数据，人工解译提取中亚地区 7 个湖泊信息，获得近 30 年的湖泊面积变化；利用 T/P 和 Envisat 雷达高度计提取 1992—2012 年的湖泊水位信息；基于湖泊面积和水位的时空变化特征分析了湖泊变化的影响因素。

10.2.3　在湿地遥感监测方面

湿地是水陆相互作用形成的独特生态系统，是重要的生存环境和自然界最富有生物多样性的生态景观之一，有稳定环境、物种基因保护及资源利用等功能。湿地遥感主要是以遥感数据为主要信息源，辅以必要的专题信息，结合野外调查，综合利用 3S 技术，提取和监测不同时期湿地状况，或者研究某个时段湿地的变化特征。这里仅列举有代表性文献。

（1）在湿地信息提取与演变研究方面。陈云海等[108]基于 Landsat 卫星遥感影像，将一种新的水体自动提取指数（AWEI_nsh/AWEI_sh）运用于湿地信息提取，并通过箱型图统计方法自动获取了 12 种相关变量的阈值范围。张艳红等[109]以扎龙湿地龙泡子为研究对象，利用 58 个实测水深数据和季相最接近的 QuickBird 数据，建立了湖泊水深的多种反演模型。李建国等[110]通过野外实地调研与遥感影像解译相结合的方式，研究了 1977—2014 年（1977

年、1984 年、2000 年、2007 年和 2014 年）江苏中部滩涂湿地演化与围垦空间演变的规律。陈建龙等[111]运用面向对象分类与 DEM 数据相结合的方法，对资源卫星一号 02C 卫星遥感影像进行湿地提取。刘伟乐等[112]以东洞庭湖为研究区，2 期 GF-1 遥感影像为研究对象，在数据预处理的基础上，将研究区分为芦苇、苔草、辣蓼与泥蒿、水体、泥滩地等 6 种类型。研究引进了 NDVI 植被指数波段与第一主分量波段（PC1）对传统的图像差值算法进行改进，提取出两期影像的变化信息，并与支持向量机的多时相影像分类后检测算法相比较。胡佳等[113]以东洞庭湖为研究区，以高分一号卫（GF-1）卫星影像为研究对象，探索不同湿地类型的最优分割尺度。利用 GF-1 全色和多光谱融合后影像，采用归一化后方差均值与 Moran'I 指数构建全局评分指数，得到不同湿地类型的最优分割尺度。洪佳等[114]以 Landsat 卫星 1973—2013 年 40 年的 9 期影像为数据源，利用人工目视解译方法构建研究区景观数据库，在分析研究区景观特征的基础上，通过主客观相结合的方法，构建了能够反映黄河三角洲地区景观湿地化和人工化状态的表面湿地-人工状态指数（SWCSI）。结合黄河入海水沙、区域降水以及地方生产总值（GDP）、水产品产量和原盐产量，分别从区域尺度和像元尺度上，定量分析了过去 40 年黄河三角洲湿地景观演变的驱动力及其空间差异。卢晓宁等[115]利用 1973—2013 年 9 期 Landsat 卫星影像，构建了黄河三角洲湿地景观数据库。阐述了黄河三角洲湿地景观组成现状、分布规律和阶段特征，并结合黄河入海水沙及社会经济数据，探讨了景观变化驱动力。满卫东等[116]选取乌苏里江中下游干流 50km 缓冲区为研究区，以 1989 年、2000 年和 2013 年的 LandsatTM、OLI 遥感影像为数据源，利用面向对象的分类方法获取了湿地信息；在 GIS 技术支持下，选取斑块类别面积（CA）、面积所占比例（PLAND）、最大斑块面积指数（LPI）、平均斑块面积（AREA-MN）、斑块数（NP）、斑块密度（PD）等景观格局指数，分析了研究区 1989—2013 年湿地的景观格局动态特征。李杰等[117]以无常规水文监测高寒湿地纳帕海为例，基于流域产汇流的时滞效应，建立了湿地区气候因子（日累计降水量）与水文因子（湿地明水量）之间的经验关联模型，以模拟湿地水文情势的波动。通过对 1990—2011 年不同时相的 48 期纳帕海湿地 LandsatTM/ETM+遥感数据进行解译，提取明水景观变化信息；再利用研究区 1988—2011 年逐日降水数据经过统计计算后生成的不同时间步长日累计降水量与 48 期明水面积序列进行回归分析，筛选出最佳时间步长日累计降水量并获得其与明水面积之间的经验关联模型；进而借助纳帕海湿地明水面积与明水量之间的经验方程建立湿地明水量-最佳日累计降水量关联模型。宫宁等[118]以 4 期（1978 年、1990 年、2000 年、2008 年）中国湿地遥感制图数据和 3 期（1990 年、2000 年、2005 年）土地利用数据为基础，同时考虑对湿地变化的影响程度和数据的可获取性，选取 12 个影响因子（平均温度、平均湿度、累计降水量、人口数量、地区生产总值、农林牧渔产值、耕地面积、粮食产量、有效灌溉面积、水库库容、除涝面积、治碱面积）研究了 1978—2008 年这 30 年间中国湿地变化的驱动机制。方朝阳等[119]以高分一号影像为数据源，综合运用数字高程模型（DEM）、归一化植被指数（NDVI）、归一化水体指数（NDWI）等辅助数据，采用面向对象分类方法，对鄱阳湖南矶湿地景观信息进行了提取研究。毛德华等[120]以 LandsatTM/ETM+/OLI 和国产环境卫星影像为数据源，重建了 1990 年、2000 年和 2013 年 3 期东北地区湿地生态系统分布格局；

通过将东北地区划分为六大重要湿地分布区，探讨了区域天然湿地与人工湿地的分布和动态空间差异性及其驱动因素。易凤佳等[121]基于面向对象分类方法建立了汉江流域 2000 年、2005 年和 2010 年湿地景观数据库；运用湿地景观动态变化指数、强度指数及多度指数等方法分析了近 10 年来汉江流域湿地景观变化的时空分异特征及空间趋向性。

（2）在湿地生态系统监测与评估方面。王莉雯等[122]采用能够提取植被氮吸收特征细微变化的高光谱遥感技术，基于 3 个时相的野外实验测量数据和 HJ-1AHSI 高光谱遥感数据，在叶片、冠层和景观 3 种尺度上，研究湿地芦苇的高光谱特征对滨海河口水体氮素浓度变化的时空响应特性。尹占娥等[123]利用 1987 年、2000 年和 2007 年的 Landsat 遥感影像，利用遥感和地理空间分析方法，结合野外调查及研究区相关资料，监测了 1987—2007 年上海市湿地资源的变动情况，并借助生态系统服务价值理论，估算了研究区 1987—2007 年湿地资源的生态服务价值变化。陈强等[124]在生态系统质量的理论框架指导下，结合 GIS 综合指数法，利用遥感数据和土地覆被数据，对 2001—2010 年洞庭湖区域各生态系统类型进行生态系统质量综合评价和变化分析。以 NPP 年均值和变异系数构建生态系统生产能力指数（EPI）和稳定性指数（ESI），结合 PSR 模型和 AHP 层次分析法构建生态系统承载力指数（EBCI），并基于熵值权重法，构建生态系统质量遥感综合评价模型，实现对生态系统生产能力、稳定性和承载力三方面的综合评价。江波等[125]在分析湖泊湿地生态系统服务监测必要性的基础上，探讨了湖泊湿地生态系统服务监测指标选取的原则和思路，并初步构建了适宜于我国湖泊湿地生态系统服务动态评估、权衡分析和生态生产函数构建的最终服务和生态特征监测指标体系。最终服务是与人类效益有直接关联的生态功能量，生态特征指标是产生生态系统最终服务的关键指标，主要包括生态结构、生态过程和生态功能指标。供给服务和文化服务一般是最终服务，而调节服务既可以是中间服务（生态功能）又可以是最终服务，支持服务是中间服务（生态过程）。针对调节服务和文化服务评估的困难性及调节服务的重复计算问题，本研究提出通过宏观监测（3S 技术监测）和典型湖泊湿地定位监测相结合的多尺度湖泊湿地生态系统服务监测方法，构建湿地监测项目开展生态系统最终服务和生态特征指标数据监测。对构建生态生产函数、开展湖泊湿地生态系统服务动态评估和权衡分析具有重要意义，是生态系统服务从认知走向管理实践的重要基础。梁晨等[126]根据中国科学院遥感应用研究所国家重点实验室完成的 2008 年湿地遥感数据，对中国滨海湿地保护现状进行综合评价。基于滨海湿地生态地理分类体系构建的湿地类型、保护状况和目标保护物种分布，综合考虑国民生产总值和人口密度等社会、经济因素，以滨海湿地生物多样性保护为目标，运用系统保护规划的理论和方法，以 Marxan 软件作为空间优化模型，构建中国滨海湿地保护优先格局。杨朝辉等[127]利用 Landsat8 遥感影像数据，快速提取道路、水体、植物和建设用地等反映湿地景观健康状况的景观要素，并生成评价指标，构建由指标优化函数和综合评定函数组成的湿地景观健康评价模型，实现对苏州市湿地的景观健康评价。侯西勇等[128]利用遥感技术，获取了 2000 年、2005 年和 2010 年的中国沿海（未包括其中的海南省、钓鱼岛、南海诸岛和台湾省）土地利用数据；以湿地为重点，分析了土地利用时空动态特征，针对 2020 年和 2030 年进行了多情景分析和模拟。程乾等[129]以杭州湾河口湿地植物为研究对象，利用地面实测数据，采用植物物种丰富度指数和 Simpson 指数分析了该湿地植物物种多样性水平。结合高分 1 号卫星影像，运用半变异函数对该区域植物物种多样性进行了空间异质性分析，探讨了高分 1 号卫星归一化植被指数（NDVI）用于湿地植物物种多样性监测的最佳遥感尺度，分析该植被指数与植物物种多样性指数的相关性，构建了杭州湾河口湿地植物物种多样性遥感监测模型。曾朝平等[130]以郑州黄河湿地为研究区，选取归一化植被指数、景观多样性指数、景观形状指数、斑块密度指数、聚合度指数、平均弹性度、水体面积等 7 个评价指标，建立了生态系统健康评价模型，对其健康状况进行了评价。陆颖等[131]通过对湿地生态系统碳过程模型和遥感反演模型的构建，数据库技术和地理信息系统（GIS）软件的二次开发完成了"滨海湿地碳源/汇模拟系统"软件的开发。在此基础上，以区域遥感卫片、野外湿地监测和气象观测数据为主要驱动变量，模拟了崇明东滩湿地潮间带芦苇群落和旱生芦苇群落的碳收支时空格局动态。

10.2.4 在植被含水量估算方面

植被含水量不仅反映植被的生长状况，而且对生态环境和生态安全具有重要的指示意义。利用遥感手段提取植被含水率的主要方法有基于植被反射光谱法、基于植被指数法和基于耦合辐射传输模型法等三类[132]。这里仅列举有代表性的文献。

（1）芦新建等[133]介绍了 AWRA-L（Australian Water Resources Assessment-Landscape）模型，并利用 GI_ASSLAI 遥感数据结合浸水法获得的林冠持水量，使用该模型对试验点白桦（*Betula platyphylla Suk.*）天然次生林 2013 年的林冠截留进行模拟。

（2）胡珍珠等[134]以"温 185"核桃叶片为研究对象，利用 UniSpec-SC 便携式光谱仪测定核桃果实不同生育时期的叶片光谱反射率，以水分指数（WI）、水分波段指数（WBI）、归一化水分指数（NDWI）、比值指数（WI/NDWI）、中心波长比值指数（Ratio975）和光化/生理反射（PRI）6 种光谱水分指数为自变量，分别采用一元线性回归（MLR）、多元线性逐步回归（SMLR）、主成分回归（PCR）和偏最小二乘回归（SPLR）构建了"温 185"核桃果实坐果期、速生生长期、硬核期、脂化期和近成熟期叶片含水量的光谱估算模型，并利用独立样本对模型精度进行检验和评价。

（3）沙莎等[135]结合地面观测及 Landsat 8 OLI 传感器遥感影像，对平凉地区的植被含水量进行了遥感估算模型研究。

（4）刘璇等[136]提出了基于双倒高斯模型的光谱吸收峰特征参数提取方法。根据植被光谱吸收峰特征建立了双倒高斯模型，利用地面试验数据及真实的 Hyperion 高光谱遥感数据对模型进行了验证。

（5）闻熠等[137]基于 2012 年黑河生态水文遥感试验期间获得的 6 景 ASTER 遥感数据和同步观测的研究区生物量观测数据集，选取 NDVI、RVI、SAVI 和 MSAVI4 种植被指数分别与单位面积内植被含水量的关系进行比较分析，建立了不同植被指数的植被含水量反演模型。

（6）吴见等[138]对北京怀柔县 EO-1Hyperion 高光谱数据进行波段筛选和植被含水量指数计算，采用耦合叶片与冠层辐射传输模型对水分指数（WI）、归一化差值水分指数（NDWI）、归一化植被指数（NDVI）、水应力指数（MSI）、归一化差值近红外指数（NDII）

和冠层结构（CSI）的玉米冠层含水量估测能力进行分析，在不同理化参数的敏感性分析的基础上，将 MCARII 和 NDWI 进行整合，以完成玉米冠层含水量估测。

10.3　基于传感器的水信息研究进展

基于传感器的水信息研究集中在水信息采集传感器的设计、水环境监测传感器设计与系统开发以及基于无线传感器的精准灌溉系统设计与应用等方面。这里仅列举有代表性的文献。

10.3.1　在水位信息监测方面

（1）贾建科[139]为实现河流水位信息的实时远程监控，提出基于 GPRS 和 Internet 的河流水情实时远程监测系统解决方案。以 STC12C5A60S2 单片机作为系统控制中心，控制水位传感器进行河流水位信息的采集和处理，并控制 GPRS 通信模块进行数据传输。选用 LC-SW1 型水位传感器测量水位，使用 SIM900A 无线通信模块作为 GPRS 通信模块。监控通信网络通过具有公网 IP 的服务器建立，网络连接方式为 TCP，将远程监测端的数据和监控端连接。

（2）陈翠等[140]为满足水尺量测水位自动化和实时性的需求，提出通过图像处理技术实现对水尺图像自动提取水位信息的技术方法。通过对水尺图像进行图像增强、二值化、边缘检测和去除噪声等处理定位出水尺，然后根据水尺上字符的特征实现字符分割，采用模板匹配法实现字符识别，并运用最长等差数列法对识别结果进行优化校正，最后根据识别结果，分不同情况计算出水尺读数。

（3）林天佑等[141]采用压力硅传感器采集水位信息，激光测距传感器获得报警水位高度，CC2530 具有的 8051 微控制器采集和处理数据，选用 TI/Chipcon 公司的 CC2530 硬件解决方案和 Z-Stack 协议栈来实现一种 ZigBee 无线传感器网络将水位信息发送给监控中心。

10.3.2　在水环境监测方面

（1）杨少春等[142]针对我国水资源现状，提出"四监一控"的智能水质监测与节水管理系统方案，通过传感器采集水信息对应的电信号，上传至数据控制器，经处理后用无线通讯上传至数据中心服务器平台，将有关信息通过 GSM 网用短信发送给用户手机，以便及时到现场实地检查予以解决，经实际运行，效果达到设计要求。

（2）陈红等[143]为了消除低功耗自适应集簇分层型协议算法因为簇头节点分布不均衡所造成的能量空洞，基于通信距离和节点的残余能量及网络簇划分，优化了簇头节点选择，确定了整个网络的簇头，提出了一种改进的低功耗自适应集簇分层型协议节点拓扑控制算法。

（3）罗勇钢等[144]参考浊度测量相关标准，结合常规中低浊度场合测量特点，设计了一种 90° 散射原理的在线式浊度传感器，并介绍了传感器的测量原理、光路设计、结构设计和测控电路设计。

10.3.3　在精准灌溉系统管理方面

（1）张振伟等[145]建立了作物实时非充分灌溉制度模型，提出了短期作物系数取值的确定方法。针对已有灌溉管理系统存在的共享性、实时性差问题，文中采用 B/S 结构模式，以 Java 为开发语言，采用 Struts、Spring 和 Hibernate 框架，基于实时的气象与田间土壤墒情监测数据，应用作物实时非充分灌溉制度模型，研发了冬小麦实时在线灌溉管理系统，并在华北水利水电大学节水灌溉实验场进行了调试和应用。

（2）阮俊瑾等[146]描述了灌溉施肥系统的装置结构、自动控制系统、上位机软件设计，研究了配肥子系统特点和控制算法。根据不同作物的不同需要，对营养液的 EC 值（电导率间接反映营养液的浓度）和 pH 值（酸碱度）进行精确控制和实时调节，并利用嵌入式技术、变频技术、自动控制技术以及计算机信息技术开发灌溉施肥自动控制系统，实现了灌区的自动灌溉施肥。

（3）陶佳等[147]针对坝上干旱地区所面临的水资源不足问题，设计了基于 ZigBee 无线传感网络技术的精准灌溉系统；在阐述系统整体构架的基础上，着重进行了上位机、无线网关和传感器节点硬件和软件设计；引入迭代学习控制算法，以输出值和期望值之间的差值对控制信号进行实时调整，有效提升了灌溉精度。

10.4　基于 GIS 的水信息研究进展

地理信息系统（GIS）是空间数据管理和空间信息分析的计算机系统，其具有的空间数据和属性数据共同管理和空间分析功能，成为水信息数据挖掘的主要手段。相关学术性文献较多，研究主要集中在信息建模、山洪灾害风险分析、水资源评价、水环境与水生态分析等方面。这里仅列举有代表性的文献。

10.4.1　在水信息建模与数据挖掘方面

（1）史铮铮等[148]设计并构建了一个面向水文数据整合的实验模型，通过对水文数据库的解释和转化，使水文数据以一种更理想、更符合人的认知习惯的方式呈现给用户，有效实现了水文数据的定向提取、管理、表达和分析，为基于水文数据的人机交互和统计分析奠定了重要基础。

（2）武建等[149]以大数据为切入点，归纳该技术在水利信息化建设中的可行性，并联系水利信息化发展现状，深入探讨了大数据技术的诸多注意事项、技术难点及其解决方案等，认为大数据技术将为水利行业信息化应用提供强有力的技术支撑。

（3）曾楷等[150]根据水文数据服务的发展现状，研究了工作流原理及其参考模型，结合工作流技术分析了水文数据服务的工作流程，提出了一种高效率的水文数据索引模型，建立了水文数据服务工作流模型。利用双缓存技术、水文数据动态加载技术和 AJAX 技术等技术方法，实现了高效性、可靠性的水文数据自动化服务系统。

（4）李海涛等[151]利用传统蒸散量计算公式 penman-monteith 公式和张掖地区高台气象的监测数据，进行了蒸散量计算。对比分析了基于恒定蒸发比和基于 penman-monteith 公式的蒸散量计算结果，并通过插值技术计算了年度区域蒸散量。

（5）罗明明等[152]提出了岩溶水资源调蓄资源量和调蓄系数的概念和评价方法，拓展了岩溶水资源评价的内容。基于水均衡原理，通过估算月度蒸散发量，求取参与调蓄的地下水月度储存量或释放量。选取了中国香溪河流域和清江流域，以及美国 Meramec 河流域，探讨对比了三个流域径流转化能力与调蓄资源量的差异；以 Meramec 泉和雾龙洞为例，分析了岩溶含水系统的调蓄作用。

（6）傅长锋等[153]基于生态水文理念来研究流域水资源规划方法，可实现区域可持续发展。以子牙河流域为例，从流域降雨着手，剖析大气降水、蓝水和绿水转化过程，构建基于生态水文理念下的流域水资源规划模型。通过调整种植结构、节水灌溉制度、产业结构、居民生活用水、养殖业用水等方案，以及南水北调中线配套工程措施，利用构建的流域水资源规划模型，对各项规划措施进行模拟。

（7）江培福等[154]在分析我国大中型灌区用水监控现状的基础上，建立了大中型灌区用水效率监控体系，主要包括用水计量监测体系（用水计量监测管理制度和用水信息统计制度）、用水效率评价体系（评价指标体系和评价方法）、信息反馈机制（奖惩机制和调控措施）。

（8）王文胜等[155]利用水信息学技术以及数据库构建方法，实现了矿区地下水水文空间数据库的构建，并与 GIS 云平台耦合，建立地下水统一调控平台，形成地下水资源动态调控的技术方法与理论体系，为有效解决地下水资源的动态调控难题提供新思路和理论依据。

（9）杭程光等[156]在分析果园用水信息化发展现状的基础上，结合果园高效用水发展的需求，探讨了果园高效用水信息化的技术体系，重点分析了果园基础信息监测技术与共享平台、果树需水信息评价与检测方法、果园输配水系统，旨在为提高果园用水信息化水平提供决策依据。

10.4.2　在山洪灾害风险分析方面

（1）刘义花等[157]采用德国 Gemo 公司研发的 Floodarea 水文动力模型，基于气象和灾情资料，模拟强降水导致的山洪情景下逐小时淹没预警点的动态结果，通过淹没深度与累积雨量的拟合，划分了羊智沟山洪灾害不同淹没深度下的临界雨量阈值。

（2）王春华等[158]以 GIS 信息为基础，联合 GPS 详查定位，为山洪灾害调查工作提供了强有力的技术支持。

（3）黄国如等[159]基于 GIS 技术和层次分析法建立山洪灾害风险评价模型，制作山洪灾害危险性、易损性和风险区划图，对该流域山洪灾害进行风险评价。

（4）岳琦等[160]以多年降水均值、土壤类型、坡度、高程、最长汇流路径长度、最长汇流路径比降、糙率、稳定下渗率、人口密度、地均 GDP、土地利用状况和植被覆盖度 12 项因子，通过层次分析法与德尔菲法结合确定权重，进行空间叠加分析，完成闽江上游山洪灾害危险评价图、易损性图和山洪灾害风险区划图。

（5）莫建飞等[161]在 GIS 技术支持下，以 DEM、水系、山洪灾害隐患点等地理信息为基础数据，依据流域划分原理与方法，提取广西溪河洪水山洪沟边界，根据山洪沟流域面积、主沟长度、河床比降等流域属性特征，划分溪河洪水山洪沟类型，基于行政区域、地形地貌类型、已发生灾害次数，分析广西溪河洪水型山洪沟空间分布特征。

（6）许小华等[162]基于 DEM 数据在传统山洪灾害风险等级划分研究的基础上，将土地利用作为一个风险评估的新因子，充分考虑了土地利用的植被类型、植被覆盖度、人类活动等因素。利用 GIS 空间分析方法和 AHP 权重分析方法得出山洪灾害风险等级划分。

（7）陈小雷等[163]利用三维 GIS 技术和网络计算技术，无缝集成气象数据、地理信息数据、气象三维模型等，建立了河北省山洪灾害汇流模拟分析系统。

（8）关丽等[164]以北京市山区为例，基于山区小流域分布数据、水系数据、高程数据、行政区划数据等基础地理数据，依据风险区划评估模型对山区流域进行防洪风险等级的初步划分。

（9）王姗等[165]以小流域为基本单元，采用灰色关联及统计分析方法，结合地理空间技术识别了岷江上游不同植被类型及覆盖度与山洪灾害的关系特征。

（10）李磊[166]结合河北省山洪灾害分析评价项目危险区图的绘制经验，以 GIS 软件为依托，提出了山洪灾害危险区图的制图流程及绘图技术。

10.4.3 在水资源评价方面

（1）周兴全等[167]以德阳市为例，阐述了利用 GIS 进行水资源评价的方法，包括获取评价区域水系、面积和河流长度等特征信息，快速准确地计算出各行政区内水资源分区的组成，完成了评价区域径流深等值线图的绘制，采用等值线面积加权平均法计算了水文站未控区间水资源量等。

（2）钱程等[168]在总结近年来国内外大量相关研究成果的基础上，从基于 GIS 的地下水资源评价、地下水资源管理、地面沉降、地下水水质评价及污染物分析、水文地质调查、地下水保护，以及 GIS 与数值模拟技术的结合等方面介绍了地理信息系统在水文地质领域的最新应用，提出了 GIS 在水文地质领域应用存在的问题，并对今后 GIS 在水文地质领域的应用进行了展望。指出，今后应加强 GIS 与地下水模型及分布式水文模型的集成、基于 GIS 的地下水系统仿真三维或四维可视化、网络 GIS 技术的应用，以及流域水资源综合管理评价系统的建立等方面的研究。

10.4.4 在水环境研究方面

（1）刘瑶等[169]利用 3S 技术，通过 SWAT 模型对 1983 年与 2012 年昌江流域的水量和水质模拟，分析了土地利用时空变化，结合氨氮、总磷模拟数据，定量分析了土地利用变化下该流域的水环境污染负荷。

（2）李玉凤等[170]利用干扰邻近度的概念设计移动窗口算法，分析了周边人为干扰对公园内部影响的特点；计算水环境健康指数，辨识了周边人为干扰对湿地公园水环境健康的影响。

（3）梁文秀等[171]通过与 Landsat8OLI 和 HJ-1CCD 对比，从辐射、光谱和空间 3 个方面客观评价了 GF-1WFV 的数据特征，并分析其在内陆水环境监测应用中的优缺点。

（4）刘小玲等[172]为了获取珠三角地区在水环境劣化困境及过程机理方面的现实信息，从根本上破解该区域水环境治理实践困局，选取影响区域水环境的主要社会经济指标，利用主成分分析法综合评价各城市水环境状况。

（5）周凯等[173]利用河南省环境状况公报水质监测数据，参考水质评价标准《地表水环境质量标准》（GB 3838—2002）和《地下水环境质量标准》（GB/T 14848—93），评价了河南省 18 个省辖市和 10 个省直管县（市）地表水、城市地下水、集中式饮用水源地及水库水质的环境质量。

（6）王晓锋等[174]综述了水敏性城市设计（Water Sensitive Urban Design， WSUD）理论内涵、设计原则、技术体系以及隐含在其中的生态学思想，提出当前 WSUD 理论发展需要进一步完善的技术体系，整合生态学思想以及建立科学的效益评估方法，并与传统生态智慧关联，为 WSUD 在我国的发展和研究提供科学参考。

（7）孙一鸣等[175]基于水文地貌法，通过选取区域受城市化影响小、生态系统结构与功能接近于自然湿地的湿地作为参考湿地，利用遥感和 GIS 的手段以及野外实地调查方法，从湿地水环境功能角度，对南京仙林区域内典型城市湿地的水环境特征与功能进行了评估。

（8）李涛等[176]以水环境保护规划为研究对象，对其实施效果进行了初步评估，评估认为规划执行情况不理想。通过不同来源途径的资料和数据相互印证和对比，全面评估了我国水环境质量状况，结果显示没有确切的证据表明我国的水环境质量得到了明显改善；基于国家环保部统计数据和基于水平衡模型计算的数据存在较大偏差，没有确切的证据表明点源污染排放得到有效控制。

（9）杨清可等[177]基于水环境保护与区域开发的相互关系，考虑水陆空间联系及水环境承载能力对区域产业布局的限制，构建由水环境容量和压力两方面要素为基础的水环境约束分区指标体系。以产业集聚发达、水网密集但水环境敏感性强的江苏省太湖流域为例，探索小流域评价单元划分、约束指标选择与空间叠置分析等技术。对区域水环境容量和压力进行约束分区，划分为高压低容、低压低容、高压高容和低压高容等 4 种类型区。

（10）李纪人[178]阐述了水利遥感在洪涝灾害、旱情监测、地质灾害监测评估、洪水预报预警等方面应用；分析了水利遥感应用研究的发展方向，认为水利遥感的发展必须以应用需求为驱动，以实现为业务工作提供服务为发展目标，加强遥感技术在水利业务工作中的推广应用是水利遥感发展的必由之路。

（11）马建行等[179]利用 HJ-1A 卫星 CCD 数据和 MODIS 日反射率产品（MOD09GA），以 2012 年 9 月吉林省石头口门水库、二龙湖、查干湖、月亮泡等地的实测透明度为基础，根据灰色关联度选取构建模型的波段组合，建立了水体透明度反演模型。

10.4.5　在水生态研究方面

（1）高喆等[180]指出水生态功能分区是流域水资源管理、水环境保护、水生态恢复的基础，尤其是与人类活动紧密相连而又矛盾重重的湖泊流域，其水生态功能分区是实现流域可持续发展的必要条件，而如何科学合理地对湖泊流域进行水生态功能分区，成为流域综合管理过程中亟需解决的问题。

（2）焦雯珺等[181]基于生态系统服务的生态足迹（ESEF）方法，提出水生态承载力评估方法，构建了基于 ESEF 的水生态足迹与承载力模型，实现了足迹方法对水生态系统承载能力的有效表征；并建立了太湖流域水生态足迹与承载力模型，以流域上游城市常州市为例，评估了现状发展水平下水生态系统所能承载的人口与经济规模。

（3）陆志翔等[182]通过梳理近几十年来有关学者对西北干旱区典型内陆河流域——黑河流域过去 2000 年的水环境、人类活动、生态环境演变及其耦合研究等方面的成果，发现单个方面的研究均已较为普遍和成熟，并且积累了大量的素材和数据，但是缺乏以流域为单元，从长时间尺度综合考虑人-水-生态相互作用，定量分析人-水-生态协同演化过程的研究成果。未来，一是应当着重于数据挖掘方法的探索，对已有成果进一步挖掘并进行对比和校正，构建一套长时间序列的可靠的人类活动、水文和生态数据集；二是应当着重于动力学模型的构建，增加生态-水文系统与人类活动的互馈机制描述，刻画人-水-生态的协同演化过程，从而达到通过揭示流域过去 2000 年的人-水-生态协同演化过程，为流域当前和未来的管理提供历史镜鉴，为国内外的其他类似流域提供参考。

（4）金小伟等[183]根据文献资料，分析了推导此类化合物水生态基准时的关键科学问题，包括繁殖/生殖毒性类化合物 MOA，毒性数据类型，受试物种选择，以及不同生命阶段、多代毒性测试和测试终点的判别和选择。并用所收集的壬基酚数据，尝试推导了基于水生生物生殖毒性的水生态基准值。

（5）蒋艳等[184]提出了反映水生态系统空间分布规律和特征差异的水生态分区方案，并与国家现有的水资源分区、生态功能区划、水功能区划等相关区划成果相互衔接，为水资源综合利用、流域生态保护和经济社会发展规划提供实用的自然基础。以我国自然地理特征的空间变异与地域关联为依据，以流域为基本单元，进行水生态区划的初步研究，提出了分区的指标体系、步骤和区划方法，形成了两级的全国水生态分区体系。

（6）焦珂伟等[185]构建了基于水质与生物指标两个方面的水生态系统健康评价指标体系，并辅以综合污染指数法计算出各样点的健康评价得分，对松花江流域的水生态系统健康进行综合评价。

（7）阴琨等[186]采用生物完整性指数（IBI）法评价松花江流域的水生态环境质量。对25 个候选生物参数进行敏感度分析、Pearson 相关性分析，最终筛选出由总分类单元数、EPT 分类单元数、EPT 密度、敏感种分类单元比例、敏感物种数量、Hilsenhoff 生物指数（HBI）6 个核心参数构成的 IBI 评价指标。

（8）王西琴等[187]基于水生态承载力的概念，构建了区域水生态承载力指标体系，建立了区域水生态承载力多目标优化模型，采用模糊方法进行求解，并采用遗传投影寻踪方法对方案进行优选。以浙江省湖州市为例进行实证分析，以污染物环境容量利用率作为情景方案设定的依据，分别设定了双指标（COD_{Cr}、NH_3-N）、三指标（COD_{Cr}、NH_3-N、TN）、四指标（COD_{Cr}、NH_3-N、TN、TP）3 种控制方案。

（9）闫人华等[188]以遥感图像、气象水文资料和实地水生态状况调查数据为基础，利用构建的评价指标体系对太湖流域圩区的水生态系统服务功能进行了评价，并分析了其空间差异性。

（10）孟伟等[189]针对我国流域水生态系统健康现状，确立了流域生态文明的概念和内涵，提出了流域生态文明建设的基本框架和主要任务。以保障流域自然生态系统的完整性、流域经济社会系统发展的可持续性、人居环境的生态性为内涵，构建流域水生态-经济社会复合生态系统的动态平衡是流域生态文明建设的基本框架。

（11）翁异静等[190]基于承载力理论和复合生态系统理论，构建了赣江流域水生态承载力系统的概念模型、主导结构模型和系统动力学模型。

（12）左其亭等[191]在对淮河中上游 10 个断面水体理化指标、浮游植物、浮游动物、底栖动物及栖息地状况等实地调查和监测的基础上，结合提出的河流水生态健康定义，采用频度统计法和相关性分析法对评价指标进行筛选，并用熵权法确定指标权重，构建水生态健康评价指标体系和健康评价标准体系；运用水生态健康综合指数法和水体水质综合污染指数对河流水生态健康状况进行了评价。

（13）胡金等[192]基于河流物理化学和生物指标，构建了适合沙颍河流域的水生态健康评价综合指标体系，该体系包括河岸带状态、河流形态、营养盐、氧平衡、着生藻类、大型底栖无脊椎动物 6 个方面共计 19 项指标，体现了流域水生态系统的物理完整性、化学完整性和生物完整性。

（14）罗增良等[193]为了实现水生态文明理念与水利工程建设的结合，从水利工程建设的主要领域（防洪抗旱、供水、农田水利、水力发电、水资源保护与水生态修复）出发，从规划、设计、建设、管理四个环节入手，在总结分析水生态文明概念、内涵和建设现状的基础上，提出水生态文明的主要理念，制定判断具体水利工作与水生态文明理念符合程度的判别标准，并研究具体水利工作与水生态文明理念的差距。

（15）王云涛等[194]基于太子河流域 3 个水生态区，于 2010 年 8 月调查了全流域 53 个采样点的鱼类群落分布及水体理化环境因子，利用 F–IBI（鱼类完整性指数）对河流健康进行评价。

（16）焦雯珺等[195]采用生态系统服务的生态足迹（ESEF）为基础的水生态承载力评估方法，综合考虑了水量支撑、水质限定和水生态稳定三方面特征，实现了足迹方法对水生态系统承载能力的有效表征。然而，如何界定水产品、水资源和水污染足迹以及承载力之间的关系，是目前研究的重点和难点。

（17）刘芳等[196]整合了水生态文明建设的社会属性和自然属性，探究了水生态文明建设中系统要素的类型、存在形式及其传导机理，构建了包括水安全、水生态、水环境、水利用、水管理、水文化六大要素的水生态文明建设系统要素体系模型。

（18）尚文绣等[197]提出了水生态保护的红线框架体系：水量红线、空间红线和水质红线，阐释了三条红线间的相互关系及其内涵。综合生态需水、淹没面积、生态健康评价方法，嵌入我国生态环境保护相关规范，提出了兼顾自然和社会属性的水生态红线分级方法，建立了水生态红线指标体系。

（19）任俊霖等[198]按水生态、水经济和水社会三大系统，从水生态、水工程、水经济、水管理和水文化等方面筛选了 18 项指标构建了水生态文明城市建设评价指标体系，并应用主成分分析法对长江经济带 11 个省会城市的水生态文明建设水平进行测度分析。

（20）张远等[199]以流域为对象，对水生态安全内涵进行了阐释，并对流域水生态安全评估指标进行了系统分析。基于"压力、状态、功能、风险"四要素，构建了"目标层–方案层–要素层–指标层"的评估体系，其中方案层包括水生态压力、水生态状况、水生态功能和水生态风险 4 个方面，涵盖土地利用、水资源利用、污染物排放、栖息地状态、水生态质量、水产品供给、休闲娱乐、水环境净化、重金属风险等 9 个评估要素 18 个评估指标，并详尽表述了各评估指标的内涵及其计算方法。

10.5 基于 GIS 的水信息系统开发研究进展

地理信息系统是空间数据管理和空间信息分析的计算机系统，其具有的空间数据和属性数据共同管理功能，使之成为水信息系统开发的主要手段。相关的文献较多，但理论研究较少，多侧重于应用。主要集中在洪水预报、水资源与水环境管理系统等方面。这里仅列举有代表性的文献。

10.5.1 在洪水预报系统开发方面

（1）孙平等[200]以凤滩水库短期洪水预报系统为例，分析了水库洪水预报系统的业务需求，基于 VisualStudio 开发平台，设计了系统的功能结构体系，阐述了系统开发中数据库管理、洪水预报模型和信息查询等核心功能模块的设计思路。最后介绍了系统在凤滩水库洪水预报中的应用。

（2）李匡等[201]利用 Microsoft Visual Studio 2010 平台的 vb.net 开发环境，结合 Microsoft SQL Server 数据库开发了清江流域洪水预报系统，介绍了系统的技术路线、基本功能、逻辑结构及清江流域洪水预报系统的具体应用。

（3）王伟杰等[202]针对传统 C/S 模式洪水预报系统存在的缺点及横山水库洪水预报系统的总体开发目标，介绍了基于 B/S 模式的洪水预报系统，阐述开发环境中采用的关键技术，提出了水库洪水预报系统的总体结构。基于 B/S 模式的洪水预报系统，在分析了洪水预报功能模块设计、数据操作类及图形交互操作、跨域访问策略和系统安全性等核心问题的解决方法的基础上，实现了横山水库洪水预报系统的各项功能。

（4）丁海蛟等[203]结合四川省自贡市某水文站实测的流量数据，应用 LS-SVM 智能算法建立了单输入单输出（流量—流量）洪水预报模型，并应用数据误差处理方法中改进的拉依达准则法（3σ）和肖维勒准则法（Chauvenet）来处理样本数据里存在的一些误差数据。

（5）辛帅[204]采用 B/S 架构，依托大连市水利普查成果，采用数据库、Silverlight、ArcGIS、WebGIS 和 3D 地形渲染等技术，完成了空间数据与属性数据的交互管理，实现了水系结构构建、信息查询浏览、空间分析、统计分析、二三维联动、地图操作、数据管理、打印输出等功能，为水利普查成果的应用提供了统一的平台。

10.5.2 在水资源管理系统开发方面

（1）潘崇伦等[205]为了解决水资源数据无序离散、管理标准不统一及信息资源孤岛等问题，提出并实践将上海水资源管理系统进行云化的方案，即搭建"水之云"云计算服务平台，提供基础、业务及监测等服务，实现原有业务系统孤岛化模式向全局资源整合模式的转变。

（2）谢泽林等[206]从 IAAS（基础架构服务层面）、PAAS（平台服务层面）和 SAAS（软件服务层面）三个层面来论述搭建江西省水资源管理系统开发运维一体化云平台的可操作性，并对搭建后的云平台进行展望。

（3）陈义忠等[207]针对水资源管理系统的不确定性和复杂性，引入区间参数表达系统中的不确定信息，建立了反映水资源管理者和使用者之间层次关系的区间双层规划模型，并以北京市丰台区水资源管理系统为例进行实证研究。

（4）符伟杰等[208]针对省级水资源管理系统设计和建设的实际需要，从总体架构、数据交换方式和交换流程等方面，详细分析和探讨省级水资源管理系统数据共享与交换的实现方法，为同类系统的设计和建设提供借鉴。

（5）符伟杰等[209]探讨省级水资源管理系统两种典型的监测数据传输方案，从传输接收方式、物理线路等方面对两种方案进行详细的分析比较，明确了两种方案的优缺点。

（6）田银霞等[210]指出为了优化水资源管理系统，实现水资源最大程度地有效利用，可以将 GIS 与水资源管理系统有机结合，科学、有效地管理水资源，实现水资源的可持续发展，促进我国社会经济的进步。

（7）刘瑜等[211]通过水资源利用途径分析和水量估算，得出雨水和再生水资源的可利用量完全可以满足滨海河口适宜生态需水量，并提出了滨海河口生态补水的措施。

（8）陶锋等[212]重点介绍应急管理系统架构和功能设计，并结合水污染事件实例介绍应急管理系统的数据及其业务处理流程。

10.5.3　在水环境管理系统开发方面

（1）林巧莺等[213]提出通过无缝集成 SWAT 分布式水文模型和开源的 WebGIS–Geoserver 构建流域水环境管理系统的方案，并以九龙江流域为试验流域，实现了点源污染排放的水环境模拟、非点源污染管理措施的环境效应评估及水环境信息的网上发布。

（2）廖国威等[214]以"河长制"河流水环境管理新模式为出发点，采用 B/S 架构，前端用 Flex 进行 RIA 开发，后端由 ArcGISServer 提供 GIS 服务支持，使用超文本预处理器（PHP）脚本进行数据库交互与用户身份验证，将地形图、卫星图进行切片化处理加快地图浏览，通过 ArcGIS 提供的 API 在 Flex 中获取要素集并经后续处理实现多种查询方式，嵌入统计算法代码并结合图表展现形式实现数据的统计分析，开拓信息录入更新和发布渠道，利用多种事件派发和侦听机制来增强用户交互体验，结合管理需求完善河长的信息管理和考核评分过程。

（3）刘骁远等[215]基于 GIS 系统的三级数据架构体系，开发设计了南宁市邕江流域水环境管理决策支持系统，并模拟计算了 2013 年南宁市邕江及其 18 条支流各监测点的水量、水质指标值。

（4）焦帅等[216]提出了一种将 ReST（Representational State Transfer）架构与工作流技术应用到渭河水环境管理办公平台的解决方案。该方案利用 ArcGIS Server 中 ReST 架构将空间操作返回的地图要素以字符串的形式表达以及工作流任务管理平台可传递字符串这一特点，对工作流任务管理应用进行二次开发，使其与 ArcGIS Server ReST 架构结合，并应用于整个办公系统，以提高水环境管理中多用户协同工作的时效性，解决数据共享与数据交互的限制问题。

（5）陈岩等[217]通过研究水环境管理中的数据库或数据平台的规范建设模式，提出了基于 EAM 的水环境数据平台建设方法，采取 EAM 方法设计了分层数据库，引入了数据集市对业务模板分类管理，构建了多数据库兼容技术和算法生成模块，综合建设出一套适合大数据管理要求的水环境数据平台。

（6）刘宝玲等[218]根据松花江流域风险源现状，以及对风险源分类的需求，研发了基于 GIS 的松花江水环境风险源信息管理系统。构建风险源空间数据库，实现对空间数据中风险源的管理和查询。同时采用基于典型行业和敏感目标方法对研究区域内风险源进行识别。根据风险源分类模型，实现松花江流域风险源的分类，可以为环境保护部门提供数据支持和管理工具。

（7）张艳军等[219]根据"平战结合"的平台建设思路，提出了基于面向服务（SOA）可扩展的架构、Webservice 数据服务调用模式和模块化功能的平台构建技术，集成了地方环保业务系统的成果，设计和实施了一个体系、一张网、一张图、一张表、一个流程的"五个一"平台工程，研发了集污染源风险识别、环境预警监控、模拟预测、应急评估处置和信息发布 5 项功能为一体的三峡水环境风险评估与预警平台，并在重庆市环保部门实现了业务化运行应用。

10.6 数字水利工程研究进展

数字水利是指以可持续发展理念为指导，以人水和谐作为终极目标，采用以信息技术为核心的一系列高新技术手段，对水利行业进行技术升级和改造以全面提升水事活动效率和效能的发展战略和发展过程。相关的学术性文献不多，这里仅列举有代表性的文献。

10.6.1 在数字水利基础理论研究方面

（1）钟登华等[220]首先回顾了水利工程大坝建设的发展进程，阐述了数字大坝概念与其研究成果；指出了目前数字大坝研究在对海量数据进行智能深度分析方面，现场监测、仿真分析与智能控制融合程度方面等存在的不足；诠释了数字大坝与智慧大坝在理念上的不同；智慧大坝是以数字大坝为基础框架，以物联网、智能技术、云计算与大数据等新一代信息技术为基本手段，建立动态精细化的可感知、可分析、可控制的智能化大坝建设与运行管理体系；其次，该体系具有整体性、协同性、融合可拓展性、自主性和鲁棒性的特点。同时作者还论述了智慧大坝的信息实时感知模块、联通化实时传输模块、智能化实时分析模块与智能化实时管理决策系统等基本架构；分析了智慧大坝与数字大坝相比在信息自主采集、智能重构分析、智能决策、集成可视化等方面的跨越。最后探讨了智慧大坝在基础理论、关键技术与管理运行体系上的重点研究方向。

（2）李婷等[221]运用 ISM 方法对水利信息化影响因素进行建模分析，得到水利信息化影响因素的结构模型，从而区分出了表层基础因素、中间层动力因素、相关层动力因素以及导向层动力因素。

（3）杨畅等[222]针对数字水利 GIS 展示系统中，实时动态水面仿真和展示尚无普适性方法的问题，结合 GIS 应用逐步从单机向网络过渡的趋势，利用 WebGL 强大的渲染优势，研究了 Web 环境下动态水面的仿真方法。

（4）王百新等[223]针对水利水电行业的特点，阐述了 BIM 技术的应用方向。实施 BIM 技术，通过专业协同设计，可以优化设计流程，提高工作效率。通过 BIM 技术，实现虚拟仿真，对于提高行业整体效率和管理水平具有重要意义。

（5）张一鸣等[224]以 TOE（Technology-Organization-Environment）理论框架为基础，结合智慧水务建设的具体情况，构建了影响智慧水务建设的 TOE 框架，并分别分析技术维度、组织维度和环境维度下各因素对智慧水务的建设和发展的影响，其中技术维度因素包括技术的优越性、复杂性、兼容性、可察性；组织维度因素包括建设的必要性、需求的迫切性、建设的可行性；环境维度因素包括支撑保障体系、标准规范体系、信息安全保障。

10.6.2　在数字水利工程应用研究方面

（1）赵继伟等[225]基于 BIM（Building Information Modeling）理念，在深入分析 BIM 建模软件和水利水电工程特殊性的基础上，以基于特征的现有参数化设计软件为系统工具，以参数化模板库和构件库为系统资源，以子模型装配和构件装配为主要过程的水利工程信息模型快速建模的理论方法体系为基础建立了水利工程信息模型，将此模型应用于可视化仿真查询系统中，实现工程各部位的精准定位和信息实时查询。

（2）吴新新等[226]设计了以无线传感器网络技术为核心的水库闸门控制系统，精确采集水库闸门开度、闸前水位、闸后水深等多项水情数据，通过无线传感器网络、通用分组无线服务技术（General Packet Radio Service，GPRS）和互联网进行数据的传输，保证了传输的实时性和远程性，实现了对水库水情的实时监控；同时，远程服务器和网站上都对水库水位阈值进行了设定，当库水位超过了阈值，服务器或者网站就会自动发送相关命令对相应的电磁阀进行控制，实现双向控制。

（3）李冰等[227]以黄河海勃湾水利枢纽工程为例，结合 Quest3D 技术开发了一个水利工程的漫游展示系统。通过项目总体工程文字性概况、视频点播、相机自动漫游，手动寻径、主体性工程场景切换等交互功能的使用，实现了海勃湾水利枢纽工程的虚拟性纵览。

10.7　与 2013—2014 年进展对比分析

（1）在基于遥感的水信息挖掘研究方面，利用遥感信息反演土壤水分和植被含水量是比较活跃的研究领域，每年都有大量的文献出现，但主要是经典方法的区域应用和改进，缺乏创新性成果。

（2）在基于传感器的水信息研究方面，没有明显变化，主要体现在用于水位、水环境和水生态监测的传感器的设计与管理系统设计，侧重于相关技术的应用，缺乏创新性的学术成果。

（3）在基于 GIS 的水信息研究方面，每年都涌现出大量的研究成果，但研究内容和研究深度与前两年相比没有明显加深，这说明 GIS 作为水信息数据挖掘和制图表达已经比较成熟。

（4）在基于 GIS 的水信息系统开发方面，主要是一些工程应用的分析与介绍，理论方法研究文献较少，鲜有较大创新。

（5）在数字水利方面，主要侧重于信息技术在水利工程建设和管理中的应用，理论方法研究文献较少，鲜有创新。

参考文献

[1] 左其亭. 水科学的学科体系及研究框架探讨[J].南水北调与水利科技，2011（1）：113–117，129.

[2] 顾正华，唐洪武，李云，等. 水信息学与智能水力学[J]. 河海大学学报（自然科学版），2003（5）：518–521.

[3] 唐国强，龙笛，万玮，等. 全球水遥感技术及其应用研究的综述与展望[J].中国科学:技术科学，2015（10）：1013–1023.

[4] 周磊，武建军，张洁. 以遥感为基础的干旱监测方法研究进展[J].地理科学，2015（5）：630–636.

[5] 李俐，王荻，王鹏新，等. 合成孔径雷达土壤水分反演研究进展[J]. 资源科学，2015（10）：1929–1940.

[6] 占车生，董晴晴，叶文，等. 基于水文模型的蒸散发数据同化研究进展[J]. 地理学报，2015（5）：809–818.

[7] 兰鑫宇，郭子祺，田野，等. 土壤湿度遥感估算同化研究综述[J]. 地球科学进展，2015（6）：668–679.

[8] 汪伟，卢麾. 遥感数据在水文模拟中的应用研究进展[J].遥感技术与应用，2015（6）：1042–1050.

[9] 虞文丹，张友静，郑淑倩. 基于作物缺水指数的土壤含水量估算方法[J]. 国土资源遥感，2015（3）：77–83.

[10] 曹雷，丁建丽，牛增懿. 基于TVDI的艾比湖地区土壤水分时空变化分析[J]. 水土保持研究，2016（3）：43–47.

[11] 刘健，王明霞，毋兆鹏. 遥感模型支持下的精河流域绿洲表层土壤水分时空分布特征[J]. 水土保持研究，2016（3）：95–99.

[12] 武彬，张清，李希灿，等. VIIRS-TVDI法反演旱区农田土壤湿度[J]. 干旱区地理，2016(4)：861–867.

[13] 王娇，丁建丽，袁泽，等. 基于T_s-NDVI特征空间的绿洲土壤水分监测算法改进[J]. 中国沙漠，2016（6）：1606–1612.

[14] 王丽娟，郭铌，沙莎，等. 混合像元对遥感干旱指数监测能力的影响[J]. 干旱气象，2016（5）：772–778.

[15] 苏永荣，宫阿都，吕潇然，等. 基于改进温度植被干旱指数的农田土壤水分反演方法[J]. 遥感信息，2015（6）：96–101.

[16] 夏燕秋，马金辉，屈创，等. 基于Landsat ETM+数据的白龙江流域土壤水分反演[J]. 干旱气象，2015（2）：213–219.

[17] 郑小坡，孙越君，秦其明，等. 基于可见光–短波红外波谱反射率的裸土土壤含水量反演建模[J].光谱学与光谱分析，2015（8）：2113–2118.

[18] 孔金玲，李菁菁，甄珮珮，等. 微波与光学遥感协同反演旱区地表土壤水分研究[J]. 地球信息科学学报，2016（6）：857–863.

[19] 王战，李向全，高明. 青海省鱼卡–大柴旦盆地绿洲地下水位埋深遥感反演[J]. 水资源与水工程学报，2015（1）：81–85.

[20] 张月，王鸿斌，韩兴，等.NDMI与TCW在西藏低植被区土壤湿度监测中的比较[J]. 土壤通报，2016（3）：543–550.

[21] 阿多，赵文吉，程立海，等. 基于中分辨率遥感影像的湿地土壤水分提取方法[J]. 湖北农业科学，2015（5）：1066–1072.

[22] 李晨，张国伟，周治国，等. 滨海盐土土壤水分的高光谱参数及估测模型[J]. 应用生态学报，2016（2）：525–531.

[23] 张俊华，贾科利. 典型龟裂碱土土壤水分光谱特征及预测[J]. 应用生态学报，2015（3）：884–890.

[24] 向红英，牛建龙，彭杰，等. 棉田土壤水分的高光谱定量遥感模型[J]. 土壤通报，2016（2）：272–277.

[25] 王凯霖，金晓媚，郭任宏，等. 柴达木盆地土壤湿度的遥感反演及对蒸散发的影响[J]. 现代地质，2016（4）：834–841.

[26] 程帅, 张兴宇, 李华朋, 等. 遥感估算蒸散发应用于灌溉水资源管理研究进展[J]. 核农学报, 2015（10）: 2040-2047.

[27] 夏浩铭, 李爱农, 赵伟, 等. 遥感反演蒸散发时间尺度拓展方法研究进展[J]. 农业工程学报, 2015（24）: 162-173.

[28] 王军, 李和平, 鹿海员. 基于遥感技术的区域蒸散发计算方法综述[J].节水灌溉, 2016（8）: 195-199.

[29] 尚松浩, 蒋磊, 杨雨亭. 基于遥感的农业用水效率评价方法研究进展[J]. 农业机械学报, 2015（10）: 81-92.

[30] 刘莹, 陈报章, 陈婧, 等. 千烟洲森林生态系统蒸散发模拟模型的适用性[J]. 植物学报, 2016（2）: 226-234.

[31] 位贺杰, 张艳芳, 朱妮, 等. 基于 MOD16 数据的渭河流域地表实际蒸散发时空特征[J]. 中国沙漠, 2015（2）: 414-422.

[32] 粟晓玲, 宋悦, 牛纪苹, 等. 泾惠渠灌区潜在蒸散发量的敏感性及变化成因[J]. 自然资源学报, 2015（1）: 115-123.

[33] 刘珂, 姜大膀. 基于两种潜在蒸散发算法的 SPEI 对中国干湿变化的分析[J]. 大气科学, 2015（1）: 23-36.

[34] 郭淑海, 杨国靖, 李清峰, 等. 新疆阿克苏河上游高寒草甸蒸散发观测与估算[J]. 冰川冻土, 2015（1）: 241-248.

[35] 马亮, 魏光辉. 新疆塔里木盆地西缘参考作物蒸散发模型的适用性评价[J]. 干旱区资源与环境, 2015（8）: 132-137.

[36] 黄健熙, 李荔, 张超, 等. 基于遥感蒸散发数据的耕地灌溉保证能力评价方法[J]. 农业工程学报, 2015（5）: 100-106.

[37] 张宝忠, 许迪, 刘钰, 等. 多尺度蒸散发估测与时空尺度拓展方法研究进展[J]. 农业工程学报, 2015（6）: 8-16.

[38] 王帅兵, 李常斌, 杨林山, 等.Budyko 方程和单作物系数法在区域蒸散发估算中的耦合及应用[J]. 中国沙漠, 2015（3）: 683-689.

[39] 童瑞, 杨肖丽, 任立良, 等. 黄河流域 1961—2012 年蒸散发时空变化特征及影响因素分析[J]. 水资源保护, 2015（3）: 16-21.

[40] 喻元, 白建军, 王建博, 等. 基于 MOD16 的关中地区实际蒸散发时空特征分析[J]. 干旱地区农业研究, 2015（3）: 245-253.

[41] 夏婷, 王忠静, 罗琳, 等. 基于 REDRAW 模型的黄河河龙间近年蒸散发特性研究[J]. 水利学报, 2015（7）: 811-818.

[42] 刘丽芳, 刘昌明, 王中根, 等.HIMS 模型蒸散发模块的改进及在海河流域的应用[J]. 中国生态农业学报, 2015（10）: 1339-1347.

[43] 高云飞, 赵传燕, 彭守璋, 等. 黑河上游天涝池流域草地蒸散发模拟及其敏感性分析[J]. 中国沙漠, 2015（5）: 1338-1345.

[44] 杨秀芹, 王国杰, 潘欣, 等. 基于 GLEAM 遥感模型的中国 1980-2011 年地表蒸散发时空变化[J]. 农业工程学报, 2015（21）: 132-141.

[45] 王宁, 贾立, 李占胜, 等. 非参数化蒸散发估算方法在黑河流域的适用性分析[J]. 高原气象, 2016（1）: 118-128.

[46] 董晴晴, 占车生, 王会肖, 等. 2000 年以来的渭河流域实际蒸散发时空格局分析[J]. 干旱区地理, 2016（2）: 327-335.

[47] 高冠龙, 张小由, 鱼腾飞, 等. Shuttleworth-Wallace 双源蒸散发模型阻力参数的确定[J]. 冰川冻土, 2016（1）: 170-177.

[48] 张彩霞, 花婷, 郎丽丽. 河西地区潜在蒸散发量变化及其敏感性分析[J]. 水土保持研究, 2016（4）: 357-362.

[49] 刘蓉，文军，王欣. 黄河源区蒸散发量时空变化趋势及突变分析[J]. 气候与环境研究，2016（5）：503–511.

[50] 蹇东南，李修仓，陶辉，等. 基于互补相关理论的塔里木河流域实际蒸散发时空变化及影响因素分析[J]. 冰川冻土，2016（3）：750–760.

[51] 唐英敏. P–M 公式与双源蒸散发模型在淮河流域上游地区的适用性及对比研究[J]. 水电能源科学，2016（1）：15–18.

[52] 陈芸芸，王烨，陆国宾，等. 基于双源蒸散发的新安江模型在淮河上游的应用[J]. 中国农村水利水电，2016（3）：43–46.

[53] 王东. 栅格蒸散发模型在区域蒸散发时空分布模拟中的应用研究[J]. 水利技术监督，2016（2）：53–55.

[54] 张小琳，王卫光，陈曙光，等. 基于 HBV 模型的实际蒸散发估算模型评估[J]. 水电能源科学，2015（2）：15–18，41.

[55] 于岚岚. 分布式双源蒸散发模型的构建与运用研究[J]. 东北水利水电，2015（1）：35–37，72.

[56] 李玫，邱诚，周洋，等. 基于气象因子敏感性的参照蒸散发简化计算模型[J]. 人民长江，2015（11）：18–20.

[57] 于兵，蒋磊，尚松浩. 基于遥感蒸散发的河套灌区旱排作用分析[J]. 农业工程学报，2016（18）：1–8.

[58] 柳烨，赵文刚，杨珮珮，等. 基于温湿度的 ET_0 估算模型应用研究[J]. 灌溉排水学报，2016（2）：35–39.

[59] 万曙静，张承明，马靖. 微波遥感反演地表土壤含水量的方法研究[J]. 山东农业大学学报（自然科学版），2015（2）：221–227.

[60] 李彪，王耀强. 寒旱灌区含盐土壤水分雷达反演技术研究[J]. 江苏农业科学，2015（2）：347–350.

[61] 徐智，李彪. 基于极化雷达的裸露地表土壤水分反演研究[J]. 长江科学院院报，2015（11）：125–129，140.

[62] 孔金玲，甄珮珮，李菁菁，等. 基于新的组合粗糙度参数的土壤水分微波遥感反演[J]. 地理与地理信息科学，2016（3）：34–38.

[63] 马红章，刘素美，彭爱华，等.L 波段主被动微波协同反演裸土土壤水分[J]. 农业工程学报，2016（19）：133–138.

[64] 李新，曾琪明，王心逸，等. 一种基于 AMSR–E 和 ASAR 数据的土壤水分协同反演方法[J]. 北京大学学报（自然科学版），2016（5）：902–910.

[65] 何连，秦其明，任华忠，等. 利用多时相 Sentinel–1 SAR 数据反演农田地表土壤水分[J]. 农业工程学报，2016（3）：142–148.

[66] 冯徽徽，刘元波.2003—2009 年鄱阳湖流域土壤水分时空变化特征及影响因素[J]. 长江流域资源与环境，2015（2）：241–250.

[67] 郑兴明，赵凯，李晓峰，等. 利用微波遥感土壤水分产品监测东北地区春涝范围和程度[J]. 地理科学，2015（3）：334–339.

[68] 魏宝成，玉山，贾旭，等. 基于 AMSR–2 蒙古高原土壤水分反演及对气象因子响应分析[J]. 中国生态农业学报，2016（6）：837–845.

[69] 贾志峰，朱红艳，王建莹，等. 基于介电法原理的传感器技术在土壤水分监测领域应用探究[J]. 中国农学通报，2015（32）：246–252.

[70] 何修道，王立，党宏忠，等.ECH_2O EC–5 水分传感器测定沙地土壤含水率的可靠性[J]. 水土保持通报，2016（4）：68–71，77.

[71] 蔡坤，徐兴，俞龙，等. 基于 LVDS 传输线延时检测技术的土壤含水率传感器[J]. 农业机械学报，2016（12）：315–322.

[72] 高中灵，王建华，郑小坡，等.ADI 土壤水分反演方法[J]. 光谱学与光谱分析，2016（5）：1378–1381.

[73] 李相，丁建丽. 基于实测高光谱指数与 HSI 影像指数的土壤含水量监测[J]. 农业工程学报，2015（19）：68–75.

[74] 赵昕，黄妮，宋现锋，等. 基于 Radarsat2 与 Landsat8 协同反演植被覆盖地表土壤水分的一种新方法 [J]. 红外与毫米波学报，2016（5）：609–616.

[75] 胡蝶，郭铌，沙莎，等. Radarsat-2/SAR 和 MODIS 数据联合反演黄土高原地区植被覆盖下土壤水分研究[J]. 遥感技术与应用，2015（5）：860–867.

[76] 辛强，李兆富，李瑞娟，等. 基于温度植被干旱指数的华东地区 AMSR-E 土壤水分数据的空间降尺度研究[J]. 农业现代化研究，2016（5）：956–963.

[77] 陈鹤，杨大文，刘钰，等. 集合卡尔曼滤波数据同化方法改进土壤水分模拟效果[J]. 农业工程学报，2016（2）：99–104.

[78] 胡丹娟，蒋金豹，陈绪慧，等. 基于改进的 BP 神经网络裸露地表土壤水分反演模型对比[J]. 国土资源遥感，2016（1）：72–77.

[79] 王维，王鹏新，解毅，等. 基于 CERES-Wheat 和遥感数据的土壤水分供给量反演[J]. 农业机械学报，2015（9）：282–288.

[80] 万曙静，马靖，张承明，等. 一种遥感和站点观测结合反演土壤水分的方法[J]. 山东农业大学学报（自然科学版），2016（2）：198–201.

[81] 李得勤，段云霞，张述文，等. 土壤湿度和土壤温度模拟中的参数敏感性分析和优化[J]. 大气科学，2015（5）：991–1010.

[82] 许坤鹏，武世亮，马孝义，等. 基于主成分分析土壤水分扩散率单一参数模型的 BP 神经网络模型[J]. 干旱区地理，2015（1）：76–82.

[83] 彭翔，胡丹，曾文治，等. 基于 EPO-PLS 回归模型的盐渍化土壤含水率高光谱反演[J]. 农业工程学报，2016（11）：167–173.

[84] 金慧凝，张新乐，刘焕军，等. 基于光谱吸收特征的土壤含水量预测模型研究[J]. 土壤学报，2016（3）：627–635.

[85] 于雷，朱亚星，洪永胜，等. 高光谱技术结合 CARS 算法预测土壤水分含量[J]. 农业工程学报，2016（22）：138–145.

[86] 魏宝成，银山，贾旭，等. 蒙古高原植物生长期土壤水分时空变化特征[J]. 干旱区研究，2016（3）：467–475.

[87] 杨树文，李轶鲲，刘涛，等. 基于 SPOT5 影像自动提取水体的新方法[J]. 武汉大学学报（信息科学版），2015（3）：308–314.

[88] 李艳华，丁建丽，闫人华. 基于国产 GF-1 遥感影像的山区细小水体提取方法研究[J]. 资源科学，2015（2）：408–416.

[89] 吉红霞，范兴旺，吴桂平，等. 离散型湖泊水体提取方法精度对比分析[J]. 湖泊科学，2015（2）：327–334.

[90] 陈文倩，丁建丽，李艳华，等. 基于国产 GF-1 遥感影像的水体提取方法[J]. 资源科学，2015（6）：1166–1172.

[91] 孟令奎，吕琪菲. 复杂水体边界提取的改进正交 T-Snake 模型[J]. 测绘学报，2015（6）：670–677.

[92] 陈鹏，张青，李倩. 基于 FY3A/MERSI 影像的几种常用水体提取方法的比较分析[J]. 干旱区地理，2015（4）：770–778.

[93] 段秋亚，孟令奎，樊志伟，等. GF-1 卫星影像水体信息提取方法的适用性研究[J]. 国土资源遥感，2015（4）：79–84.

[94] 张浩彬，李俊生，向南平，等. 基于 MODIS 地表反射率数据的水体自动提取研究[J]. 遥感技术与应用，2015（6）：1160–1167.

[95] 方刚. Landsat8 卫星 OLI 影像水体信息的自动提取研究[J]. 土壤通报，2015（6）：1284–1288.

[96] 杨甲，张珂，刘丽，等. 基于 SPOT-5 影像的吴哥地区水体提取方法研究[J]. 测绘工程，2016（3）：51–55.

[97] 王嘉芃，刘婷，俞志强，等. 基于 COSMO-SkyMed 和 SPOT-5 的城镇洪水淹没信息快速提取研究[J]. 遥

感技术与应用，2016（3）：564–571.

[98] 眭海刚，陈光，胡传文，等. 光学遥感影像与 GIS 数据一体化的水体分割、配准与提取方法[J]. 武汉大学学报（信息科学版），2016（9）：1145–1150.

[99] 邓滢，张红，王超，等. 结合纹理与极化分解的面向对象极化 SAR 水体提取方法[J]. 遥感技术与应用，2016（4）：714–723.

[100] 周小莉，郭加伟，刘锟铭. 基于陆地成像仪影像和主成分分析的水体信息提取——以鄱阳湖区为例[J]. 激光与光电子学进展，2016（8）：83–90.

[101] 蒲莉莉，刘斌. 一种结合特征拟合的水域信息提取方法[J]. 测绘科学，2016（10）：165–169.

[102] 张毅，陈成忠，吴桂平，等. 遥感影像空间分辨率变化对湖泊水体提取精度的影响[J]. 湖泊科学，2015（2）：335–342.

[103] 刘英，吴立新，岳辉. 基于 Landsat 和 HJ 卫星影像的红碱淖面积变化趋势分析[J]. 地理与地理信息科学，2015（5）：60–64.

[104] 孙爱民，冯钟葵，葛小青，等. 利用长时间序列 Landsat 分析博斯腾湖面积变化[J]. 中国图象图形学报，2015（8）：1122–1132.

[105] 臧菁菁，李国柱，宋开山，等. 1975—2014 年巴尔喀什湖水体面积的变化[J]. 湿地科学，2016（3）：368–375.

[106] 孙伟富，张杰，马毅，等. 1979—2010 年我国大陆海岸潟湖变迁的多时相遥感分析[J]. 海洋学报，2015（3）：54–69.

[107] 成晨，傅文学，胡召玲，等. 基于遥感技术的近 30 年中亚地区主要湖泊变化[J]. 国土资源遥感，2015（1）：146–152.

[108] 陈云海，穆亚超，颉耀文. 基于 Landsat 遥感影像的黑河干流中游湿地信息提取[J]. 兰州大学学报（自然科学版），2016（5）：587–592，598.

[109] 张艳红，李丽丽，郭花利，等. 基于多光谱遥感的扎龙湿地湖泡水深反演研究[J]. 湿地科学，2016（4）：477–483.

[110] 李建国，濮励杰，徐彩瑶，等. 1977–2014 年江苏中部滨海湿地演化与围垦空间演变趋势[J]. 地理学报，2015（1）：17–28.

[111] 陈建龙，王语檬，侯淑涛，等. 面向对象和 DEM 的 ZY-102C 影像湿地提取研究[J]. 地球信息科学学报，2015（9）：1103–1109.

[112] 刘伟乐，林辉，孙华. 基于 GF-1 遥感影像湿地变化信息检测算法分析[J]. 中南林业科技大学学报，2015（11）：16–20.

[113] 胡佳，林辉，孙华，等. 湿地类型遥感影像分割最优尺度选择[J]. 中南林业科技大学学报，2015（11）：32–37.

[114] 洪佳，卢晓宁，王玲玲. 1973—2013 年黄河三角洲湿地景观演变驱动力[J]. 生态学报，2016（4）：924–935.

[115] 卢晓宁，张静怡，洪佳，等. 基于遥感影像的黄河三角洲湿地景观演变及驱动因素分析[J]. 农业工程学报，2016（S1）：214–223.

[116] 满卫东，李春景，王宗明，等. 基于面向对象分类方法的乌苏里江流域中俄跨境区域湿地景观动态研究[J]. 遥感技术与应用，2016（2）：378–387.

[117] 李杰，胡金明，张洪，等. 无常规水文监测高寒湿地纳帕海水量波动模拟分析[J]. 自然资源学报，2015（2）：340–349.

[118] 宫宁，牛振国，齐伟，等. 中国湿地变化的驱动力分析[J]. 遥感学报，2016（2）：172–183.

[119] 方朝阳，邬浩，陶长华，等. 鄱阳湖南矶湿地景观信息高分辨率遥感提取[J]. 地球信息科学学报，2016（6）：847–856.

[120] 毛德华，王宗明，罗玲，等. 1990—2013 年中国东北地区湿地生态系统格局演变遥感监测分析[J]. 自然资源学报，2016（8）：1253–1263.

[121] 易凤佳，李仁东，常变蓉，等. 2000—2010 年汉江流域湿地动态变化及其空间趋向性[J]. 长江流域资源与环境，2016（9）： 1412–1420.

[122] 王莉雯，卫亚星. 湿地芦苇光谱对富营养化响应的多尺度高光谱遥感研究[J]. 自然资源学报，2015（11）：1910–1921.

[123] 尹占娥，田娜，殷杰，等. 基于遥感的上海市湿地资源与生态服务价值研究[J]. 长江流域资源与环境，2015（6）：925–930.

[124] 陈强，陈云浩，王萌杰，等. 2001—2010 年洞庭湖生态系统质量遥感综合评价与变化分析[J]. 生态学报，2015（13）：4347–4356.

[125] 江波，C.P.WONG，陈媛媛，等. 湖泊湿地生态服务监测指标与监测方法[J]. 生态学杂志，2015（10）：2956–2964.

[126] 梁晨，李晓文，崔保山，等. 中国滨海湿地优先保护格局构建[J]. 湿地科学，2015（6）： 660–666.

[127] 杨朝辉，苏群，朱铮宇，等. 利用 Landsat8 遥感影像的苏州市湿地景观健康初步评价[J]. 湿地科学，2016（5）：628–634.

[128] 侯西勇，徐新良，毋亭，等. 中国沿海湿地变化特征及情景分析[J]. 湿地科学，2016（5）： 597–606.

[129] 程乾，陈奕霏，李顺达，等. 基于高分 1 号卫星和地面实测数据的杭州湾河口湿地植物物种多样性研究[J]. 自然资源学报，2016（11）：1938–1948.

[130] 曾朝平，付翔，代翔宇，等. 基于 GIS 和 RS 的郑州黄河湿地生态健康评价[J]. 测绘与空间地理信息，2016（5）：189–191.

[131] 陆颖，仲启铖，王璐，等. 滨海湿地碳源/汇模拟系统的构建与应用[J]. 计算机应用与软件，2015（3）：69–74，96.

[132] 潘佩芬，杨武年，简季，等. 基于光谱指数的植被含水率遥感反演模型研究——以岷江上游毛尔盖地区为例[J]. 遥感信息，2013（3）：69–73.

[133] 芦新建，贺康宁，王辉，等. AWRA–L 模型估算区域林冠降雨截留量[J]. 农业工程学报，2015（7）：137–144.

[134] 胡珍珠，潘存德，潘鑫，等. 基于光谱水分指数的核桃叶片含水量估算模型[J]. 林业科学，2016（12）：39–49.

[135] 沙莎，胡蝶，王丽娟，等. 基于 Landsat 8 OLI 数据的黄土高原植被含水量的估算模型研究[J]. 遥感技术与应用，2016（3）：558–563.

[136] 刘璇，张晔，滕艺丹，等. 基于双倒高斯模型的高光谱数据植被光谱诊断性特征分析及水分反演[J]. 遥感技术与应用，2016（6）：1075–1082.

[137] 闻熠，黄春林，卢玲，等. 基于 ASTER 数据黑河中游植被含水量反演研究[J]. 遥感技术与应用，2015（5）：876–883.

[138] 吴见，谭靖，邓凯，等. 基于优化指数的玉米冠层含水量遥感估测[J]. 湖南农业大学学报（自然科学版），2015（6）：685–690.

[139] 贾建科. 基于 GPRS 和 Internet 的河流水情实时远程监测系统研究[J]. 现代电子技术，2016（6）：132–135.

[140] 邸国辉，李冬平，陈翠婵. 水利监测总体解决方案的研究[J]. 地理空间信息，2015（2）： 4–5，8，10.

[141] 林天佑，叶旭灿，黄建波，等. 基于 ZigBee 的变电站设备灾害期水位监测报警装置[J]. 四川电力技术，2015（2）：59–62.

[142] 杨少春，李郁丰. 基于无线传感器网络的智能水质监测与节水管理系统的设计[J]. 武汉职业技术学院学报，2016（3）：73–75，79.

[143] 陈红，杨玉霞. 面向湿地水环境监测的无线传感器网络拓扑控制[J]. 西安工业大学学报，2016（2）：161–166.

[144] 罗勇钢，程鸿雨，邹君，等. 一种散射式浊度传感器设计[J]. 传感器与微系统，2015（6）： 67–69.

[145] 张振伟，马建琴，李英，等. 基于 B/S 模式的北方冬小麦实时在线非充分灌溉管理研究及应用[J]. 干旱区资源与环境，2015（2）：120-125.

[146] 阮俊瑾，赵伟时，董晨，等. 球混式精准灌溉施肥系统的设计与试验[J]. 农业工程学报，2015（S2）：131-136.

[147] 陶佳，黄润华. 基于无线传感网络与迭代算法的精准灌溉系统[J]. 湖北农业科学，2016（4）：1016-1020.

[148] 史铮铮，陈雅莉，张文，等. 面向水文数据的自动化信息整合与分析[J]. 水文，2015（6）：42-49.

[149] 武建，高峰，朱庆利. 大数据技术在我国水利信息化中的应用及前景展望[J]. 中国水利，2015，17）：45-48.

[150] 曾楷，陈雅莉，张文，等. 基于工作流的水文数据自动化服务机制研究与实现[J]. 水文，2015（5）：46-53.

[151] 李海涛，陈伟涛，陈邦松，等. 基于恒定蒸发比的区域蒸散量计算研究[J]. 水文地质工程地质，2015（6）：12-17.

[152] 罗明明，陈植华，周宏，等. 岩溶流域地下水调蓄资源量评价[J]. 水文地质工程地质，2016（6）：14-20.

[153] 傅长锋，李发文，于京要. 基于生态水文理念的流域水资源规划研究——以子牙河为例[J]. 中国生态农业学报，2016（12）：1722-1731.

[154] 江培福，晏清洪，任贺靖. 我国大中型灌区用水效率监控体系研究[J]. 中国水利，2015（3）：17-20.

[155] 王文胜，张峰，薛惠锋，等. 基于水信息学的榆神矿区水文地质空间数据库及调控平台的构建[J]. 电子设计工程，2015（8）：1-4.

[156] 杭程光，祝清震，韩文霆，等. 果园用水信息化发展及其技术体系探讨[J]. 林业科技，2015（6）：54-59.

[157] 刘义花，鲁延荣，周强，等. 基于 GIS 栅格数据的青海省羊智沟洪水动态模拟[J]. 中国农业大学学报，2015（3）：169-174.

[158] 王春华，王全益. GIS 技术在山洪灾害调查评价工作中的应用[J]. 中国水利，2015（11）：45-46.

[159] 黄国如，冼卓雁，成国栋，等. 基于 GIS 的清远市瑶安小流域山洪灾害风险评价[J]. 水电能源科学，2015（6）：43-47.

[160] 岳琦，张林波，刘成程，等. 基于 GIS 的福建闽江上游山洪灾害风险区划[J]. 环境工程技术学报，2015（4）：293-298.

[161] 莫建飞，钟仕全，罗永明，等. 基于 GIS 的广西溪河洪水型山洪沟空间分布特征[J]. 气象研究与应用，2015（2）：96-99.

[162] 许小华，何雯. 基于土地利用分析的山洪灾害危险等级划分研究[J]. 江西水利科技，2015（4）：283-290.

[163] 陈小雷，彭相瑜，陈莎. 基于三维 GIS 的山洪灾害汇流模拟分析系统[J]. 中国水利，2016（15）：25-27.

[164] 关丽，陈品祥，闫宁，等. 基于 GIS 的北京市山区防洪灾害风险区划技术探讨[J]. 城市勘测，2016（4）：18-23.

[165] 王珊，彭培好，刘勤，等. 基于 GIS 的易灾地区小流域植被减洪能力初探——以岷江上游为例[J]. 灾害学，2016（4）：210-214.

[166] 李磊. 基于 GIS 的山洪灾害危险区图绘制技术探究[J]. 中国防汛抗旱，2017（2）：1-4.

[167] 周兴全，徐焕斌，田越. GIS 在德阳市地表水资源评价中的应用[J]. 四川水利，2016（1）：46-49.

[168] 钱程，武雄，穆文平，等. GIS 技术在水文地质领域的应用进展[J]. 南水北调与水利科技，2016（3）：115-122，131.

[169] 刘瑶，江辉，方玉杰，等. 基于 SWAT 模型的昌江流域土地利用变化对水环境的影响研究[J]. 长江流域资源与环境，2015（6）：937-942.

[170] 李玉凤，刘红玉，蔡春晓，等. 城市湿地公园周边干扰对其水环境健康的影响——以西溪国家湿地公园为例[J]. 地理研究，2015（5）：851-860.

[171] 梁文秀，李俊生，周德民，等. 面向内陆水环境监测的 GF-1 卫星 WFV 数据特征评价[J]. 遥感技术

与应用, 2015 (4): 810-818.

[172] 刘小玲, 甘建文. 珠三角地区水环境空间分异及其优化对策研究[J]. 中国农业资源与区划, 2015 (4): 1-9.

[173] 周凯, 张毅川, 王智芳, 等. 河南省水环境质量评价[J]. 生态环境学报, 2015 (10): 1676-1681.

[174] 王晓锋, 刘红, 袁兴中, 等. 基于水敏性城市设计的城市水环境污染控制体系研究[J]. 生态学报, 2016 (1): 30-43.

[175] 孙一鸣, 刘红玉, 李玉凤, 等. 基于水文地貌法模型的城市湿地水环境功能评估——以南京仙林典型湿地为例[J]. 生态学报, 2016 (10): 3032-3041.

[176] 李涛, 翟秋敏, 陈志凡, 等. 中国水环境保护规划实施效果评估[J]. 干旱区资源与环境, 2016 (9): 25-31.

[177] 杨清可, 段学军, 王磊. 基于水环境约束分区的产业优化调整——以江苏省太湖流域为例[J]. 地理科学, 2016 (10): 1539-1545.

[178] 李纪人. 与时俱进的水利遥感[J]. 水利学报, 2016 (3): 436-442.

[179] 马建行, 宋开山, 邵田田, 等. 基于 HJ-CCD 和 MODIS 的吉林省中西部湖泊透明度反演对比[J]. 湖泊科学, 2016 (3): 661-668.

[180] 高喆, 曹晓峰, 黄艺, 等. 滇池流域水生态功能一二级分区研究[J]. 湖泊科学, 2015 (1): 175-182.

[181] 焦雯珺, 闵庆文, 李文华, 等. 基于 ESEF 的水生态承载力:理论、模型与应用[J]. 应用生态学报, 2015 (4): 1041-1048.

[182] 陆志翔, 肖洪浪, W. Yongping, 等. 黑河流域近两千年人—水—生态演变研究进展[J]. 地球科学进展, 2015 (3): 396-406.

[183] 金小伟, 王子健, 王业耀, 等. 淡水水生态基准方法学研究:繁殖/生殖毒性类化合物水生态基准探讨[J]. 生态毒理学报, 2015 (1): 31-39.

[184] 蒋艳, 曾肇京, 张建永. 基于基尼系数的中国水生态分区研究[J]. 生态学报, 2015 (7): 2177-2183.

[185] 焦珂伟, 周启星. 基于水质与生物指标的松花江流域水生态健康评价[J]. 生态学杂志, 2015 (6): 1731-1737.

[186] 阴琨, 李中宇, 赵然, 等. 松花江流域水生态环境质量评价研究[J]. 中国环境监测, 2015 (4): 26-34.

[187] 王西琴, 高伟, 张家瑞. 区域水生态承载力多目标优化方法与例证[J]. 环境科学研究, 2015 (9): 1487-1494.

[188] 闫人华, 高俊峰, 黄琪, 等. 太湖流域圩区水生态系统服务功能价值[J]. 生态学报, 2015 (15): 5197-5206.

[189] 孟伟, 范俊韬, 张远. 流域水生态系统健康与生态文明建设[J]. 环境科学研究, 2015 (10): 1495-1500.

[190] 翁异静, 邓群钊, 杜磊, 等. 基于系统仿真的提升赣江流域水生态承载力的方案设计[J]. 环境科学学报, 2015 (10): 3353-3366.

[191] 左其亭, 陈豪, 张永勇. 淮河中上游水生态健康影响因子及其健康评价[J]. 水利学报, 2015 (9): 1019-1027.

[192] 胡金, 万云, 洪涛, 等. 基于河流物理化学和生物指数的沙颍河流域水生态健康评价[J]. 应用与环境生物学报, 2015 (5): 783-790.

[193] 罗增良, 左其亭, 赵钟楠, 等. 水生态文明建设判别标准及差距分析[J]. 生态经济, 2015 (12): 159-163.

[194] 王云涛, 张远, 高欣, 等. 太子河流域不同水生态区鱼类群落分布与环境因子的关联性[J]. 环境科学研究, 2016 (2): 192-201.

[195] 焦雯珺, 闵庆文, 李文华, 等. 基于 ESEF 的水生态承载力评估——以太湖流域湖州市为例[J]. 长江流域资源与环境, 2016 (1): 147-155.

[196] 刘芳, 苗旺. 水生态文明建设系统要素的体系模型构建研究[J]. 中国人口·资源与环境, 2016 (5): 117-122.

[197] 尚文绣, 王忠静, 赵钟楠, 等. 水生态红线框架体系和划定方法研究[J]. 水利学报, 2016（7）: 934–941.

[198] 任俊霖, 李浩, 伍新木, 等. 基于主成分分析法的长江经济带省会城市水生态文明评价[J]. 长江流域资源与环境, 2016（10）: 1537–1544.

[199] 张远, 高欣, 林佳宁, 等. 流域水生态安全评估方法[J]. 环境科学研究, 2016（10）: 1393–1399.

[200] 孙平, 王丽萍, 蒋志强, 等. 基于 Visual Studio 的洪水预报系统开发与应用[J]. 中国农村水利水电, 2015（2）: 126–128, 131.

[201] 李匡, 马安国, 赵明浩. 清江流域洪水预报系统[J]. 水电与新能源, 2015（12）: 12–15.

[202] 王伟杰, 杨军. B/S 模式横山水库洪水预报调度系统研究[J]. 江苏水利, 2016（4）: 50–55.

[203] 丁海蛟, 车文刚. 数据误差处理方法在洪水预报中的应用[J]. 安徽农业科学, 2016（10）: 257–260.

[204] 辛帅. 基于 WED-3D GIS 的大连市水信息平台建设研究[J]. 水资源开发与管理, 2016（2）: 15–19.

[205] 潘崇伦, 张弛. 上海水资源管理系统云化的探索及实践[J]. 水利信息化, 2016（1）: 14–19.

[206] 谢泽林. 江西省水资源管理系统开发运维一体化云服务平台的研究与实现[J]. 水利发展研究, 2016（4）: 32–36, 55.

[207] 陈义忠, 卢宏玮, 李晶, 等. 基于不确定性的水资源配置双层模型及其实证研究[J]. 环境科学学报, 2016（6）: 2252–2261.

[208] 符伟杰, 冯永勤, 周晓峰, 等. 省级水资源管理系统数据共享与交换实现方法分析[J]. 水利信息化, 2015（2）: 31–34.

[209] 符伟杰, 冯永勤, 李万祥, 等. 省级水资源管理系统监测数据的传输方案[J]. 水利信息化, 2015（3）: 22–25.

[210] 田银霞, 韩迪. 基于 GIS 的水资源管理系统设计及应用[J]. 中国科技信息, 2016（23）: 18, 20.

[211] 刘瑜, 杨慧, 李银, 等. 天津市用于滨海河口生态补水的非常规水资源估算[J]. 南水北调与水利科技, 2016（3）: 62–66.

[212] 陶锋, 朱光军, 余梦, 等. 基于三层架构的湖北水资源应急管理系统建设研究[J]. 水利信息化, 2016（6）: 67–72.

[213] 林巧莺, 李子蓉. 流域水环境管理系统设计及其原型实现[J]. 水电能源科学, 2015（11）: 159–163.

[214] 廖国威, 谢林伸. 基于 GIS 和 Flex 的水环境管理系统设计与实现[J]. 地理空间信息, 2015（6）: 93–95, 99, 13–14.

[215] 刘骁远, 王鹏, 王船海, 等. 基于 GIS 的南宁市邕江流域水环境管理决策支持系统的开发和应用[J]. 水电能源科学, 2016（4）: 170–173.

[216] 焦帅, 余洁, 王晓燕. REST 架构与工作流技术在 WebGIS 中的应用——以渭河水环境管理办公平台为例[J]. 测绘学报, 2015（S1）: 62–67.

[217] 陈岩, 赵翠平, 马鹏程, 等. 基于 EAM 的水环境数据平台的设计与实现[J]. 环境保护科学, 2016（5）: 26–30, 44.

[218] 刘宝玲, 李刚, 尤宏. 基于 GIS 的松花江水环境风险信息管理系统开发[J]. 测绘工程, 2015（10）: 45–50.

[219] 张艳军, 秦延文, 张云怀, 等. 三峡库区水环境风险评估与预警平台总体设计与应用[J]. 环境科学研究, 2016（3）: 391–396.

[220] 钟登华, 王飞, 吴斌平, 等. 从数字大坝到智慧大坝[J]. 水力发电学报, 2015（10）: 1–13.

[221] 李婷, 郑垂勇. 基于 ISM 方法的水利信息化影响因素分析[J]. 中国农业资源与区划, 2015（7）: 25–32.

[222] 杨畅, 胡北. 基于 WebGL 的动态水面仿真方法[J]. 地理空间信息, 2015（5）: 53–55, 8.

[223] 王百新. 水利工程应用 BIM 技术的思考[J]. 中国水能及电气化, 2016（11）: 66–70.

[224] 张一鸣, 田雨, 蒋云钟. 基于 TOE 框架的智慧水务建设影响因素评价[J]. 南水北调与水利科技, 2015（5）: 980–984.

[225] 赵继伟, 魏群, 张国新. 水利工程信息模型的构建及其应用[J]. 水利水电技术, 2016（4）: 29–33.

[226] 吴新新. 基于无线传感网的水库闸门双向通信和控制系统[J]. 云南水力发电, 2016（3）: 112–114,

118.

[227] 李冰. 虚拟现实技术在黄河海勃湾水利枢纽工程中的应用[J]. 中国水运（下半月），2015（10）：144-146.

本章撰写人员及分工

本章撰写人员名单（按贡献排名）：宋轩、李冬锋。分工如下表。

节　名	作　者	单　位
负责统稿	宋　轩	郑州大学水利与环境学院
10.1 概述	宋　轩	华北水利水电大学
10.2 基于遥感的水信息研究进展	宋　轩	郑州大学水利与环境学院
10.3 基于传感器的水信息研究进展	宋　轩	郑州大学水利与环境学院
10.4 基于 GIS 的水信息研究进展	宋　轩	郑州大学水利与环境学院
10.5 基于 GIS 的水信息系统开发研究进展	宋　轩 李冬锋	郑州大学水利与环境学院 华北水利水电大学
10.6 数字水利研究进展	宋　轩 李冬锋	郑州大学水利与环境学院 华北水利水电大学

第 11 章　水教育研究进展

11.1　概述

11.1.1　背景与意义

（1）2011 年中央一号文件《中共中央　国务院关于加快水利改革发展的决定》，这是新中国成立后第一个关于部署水利全面工作的中央文件。强调水是生命之源、生产之要、生态之基，加快水利改革发展，不仅事关农业农村发展，而且事关经济社会发展全局。不仅关系到防洪安全、供水安全、粮食安全，而且关系到经济安全、生态安全、国家安全。从这个角度说，治水重要，治教同样重要，治水需要人才，更需要水利教育。

（2）纵览我国几千年水利发展史，中国历代统治者大都高度重视治水，并且设置了较为完善的治水机构，明确规定了水官的具体职责，但对治水人才的培养并没有引起统治阶层足够的重视，也因此长期缺乏专门的水利人才培养机构，更谈不上有专业的水利教师，人们只能从书本中学习水利知识，通过父子相传或师徒相传在实践中掌握水利技术。

随着生产的不断发展，水利的重要性日益凸显，开始出现由官府组织的教育教授水利技能。我国古代的文献典籍中关于水利专业技术培训的记载可以春秋战国时期。《管子》中就有"除五害之说，以水为始。请为置水官，令习水者为吏"的记载，建议由学习过水利工程的专业技术人员任水官。这显示出早在战国时期水利教育已初见端倪。北宋中期，"苏湖教法"的创始人胡瑗在学校中设"经义""治事"两斋，前者学习研究经学基本理论，后者则以学习农田、水利、军事、天文、历算等实学知识为主。他强调"治事则一人各治一事，又兼摄一事。如治民以安其生，讲武以御其寇，堰水以利田，算历以明数"。也就是把治事分为治民、讲武、堰水（水利）和历算等科，这不仅开创了我国分科教学之先河，也开创了水利教育的先河，对后世产生了深远影响。在清代，国子监主要分经义科和治事科。其中治事科主要教授河渠、兵刑、天官、乐律。《清史稿·选举制·学校一》称："其治事者，如历代典礼、赋役、律令、边防、水利、天官、河渠、算法之类，或专治一事，或兼治数事务穷究其源流利弊。"清初思想家、教育家颜元主持的漳南书院的"艺能斋"传授兵农、钱谷、水火、工虞之事。其实用教学内容包括经史、天文、地理、水学、火学、工学、农学等。沈百先评论这一点认为，"其水学一科，乃水利教育之创始"。正是这种长时期丰厚的历史积淀，为我国水利高等教育的萌芽与产生奠定了坚实的基础。

（3）中国有组织地实施水利教育始于 19 世纪末 20 世纪初。中国近代工程教育始于晚清洋务派兴办的各种西式学堂，中国水利高等教育就在这些专门学堂得到了孕育和发展。1895 年，光绪皇帝御批正式建立北洋中西学堂，并于 1902 年更名为北洋大学堂，这是我国近代第一所工科大学，也是中国近代高等教育分级设学的开端。头等学堂设有工程学、电学、矿务学、机器学、律例学五个专门学，其中工程学科就开设的课程与水利有关的包括测量地学、汽水学、水利机器学等。1896 年，清末名臣孙家鼐在《议覆开办京师大学堂折》中明确提出在农学中开设水利学科。1900 年，京师大学堂在工学科的土木学门开设了河海工学等课程。1904 年，清政府颁布的《奏定大学堂章程》中规定，大学堂内设农科、工科等分科大学。工科大学设 9 个工学门，各工学门设有主课水力学、水力机、水利工学、河海工、测量、施工法等。1915 年，张謇在南京创建了河海工程专门学校，这是中国第一所专门培养水利工程技术人才的学校，也开创了水利高等教育先河。截至 1949 年，全国有 22 所高等学校设立水利系（组）。

（4）新中国成立后，特别是改革开放以后，我国迎来水利事业的春天，但水利工程人才的匮乏成为制约我国水利事业发展的主要障碍，在这样的形势下，国家大力发展水利高等教育事业，不断提升办学层次，高等水利院校如雨后春笋般的涌现，为我国水利教育事业与水利事业注入了强大动力。据统计，截至 2015 年，全国共有 79 所招收水利类研究生的院校和科研院所，其中 52 所培养机构招收水利工程专业学位硕士。全国共有 127 所高等院校开设水利类本科专业。

（5）2011 年 7 月 8—9 日，中央水利工作会议在北京举行，这是新中国成立以来首次以中共中央名义召开的水利工作会议，对事关经济社会发展全局的重大水利问题进行了全面部署，会议要求科学治水、依法管水，必须建设一支高素质人才队伍，突出加强基层水利人才队伍建设，加大急需紧缺专业技术人才培养力度。这给水利类高校人才培养提出了明确的要求，也为水利类高校发展提供了一个千载难逢的战略机遇。

（6）2016 年 12 月，经国务院同意，国家发展改革委、水利部、住房城乡建设部联合印发了《水利改革发展"十三五"规划》，顺利实施这份规划，离不开水利教育和水利人才的培养。

（7）关于水教育的研究，无论是水利高等教育、水利职业教育、水利继续教育、水情教育，还是更广泛的有关水科学的教育工作，目前不仅研究者寥寥，研究团队匮乏，更缺乏一以贯之有深度的研究者，而且研究方法简单，研究成果有限，即便有一些关于水教育研究方面的文章，也大都是经验之谈，浅尝辄止，很少能够上升到理论高度，更不要说理论创新了。可以说，提高水利教育教学质量亟须水教育研究水平的提高和指导，只有高质量的水教育研究成果，才能有力地促进了水利教育健康快速的发展。

11.1.2　标志性成果和事件

（1）河海大学庆祝建校 100 周年暨中国水利高等教育 100 年。2015 年 10 月 27 日，河海大学热烈庆祝建校 100 周年暨中国水利高等教育 100 年，中央政治局委员、国务院副总理刘延东发来贺信指出，1915 年，河海大学在实业救国的时代大潮中应运而生，开创了中国水利高等教育之先河。建校 100 年来，学校秉持"爱国爱水，务实重行"的传统，在治水报国的奋斗历史中发展壮大，成为水利高层次人才培养的摇篮和水利科技创新的重要基地，为国家高等教育事业发展与百年水利建设做出了贡献。

（2）举办中国水利高等教育 100 年论坛。2015 年 10 月 25 日，中国水利高等教育 100 年论坛在河海大学隆重举行，来自全国 80 家水利行业单位、高等院校的 120 多位专家学者及河海大学师生代表参加了本次论坛。河海大学校长徐辉教授作了"中国水利高等教育 100 年"主题报告。该论坛总结回顾水利高等教育百年发展成就和典型经验，对水利高等教育未来发展和进一步服务水利进行思考研究，提出意见建议。

（3）河海大学出版百年河海系列丛书。2015 年 10 月，为了隆重纪念河海大学百年校庆，河海大学出版社出版了《百年河海发展史》《河海大学百年专业发展史》《河海大学百年科技发展》《河海大学百年育人巡礼》《河海大学百年教育纵览》《图说河海》《话说河海》《河海大学名师录》《河海大学校友风采》系列丛书，全面展现了河海大学百年教育成果，也从一个侧面展示了水利高等教育一百年来取得的辉煌成就。

（4）《中国水利高等教育 100 年》出版。2015 年 10 月，为了纪念中国水利高等教育肇始 100 年，中国水利教育协会以及河海大学等涉水高校共同编著了《中国水利高等教育 100 年》，水利部部长陈雷以《恢弘的历史画卷》为题为该书作序。该书集中展示了中国水利院校蹒跚起步、沧桑变迁、扬帆奋进的历史画卷，对水利高等教育改革发展具有重要参考借鉴价值和现实指导意义。

（5）《全国水情教育规划（2015—2020 年）》正式颁布。2015 年 5 月 18 日，水利部中宣部教育部共青团中央关于印发《全国水情教育规划（2015—2020 年）》的通知，强调严格遵循"节水优先、空间均衡、系统治理、两手发力"的新时期治水方针，积极发挥政府主导作用，凝聚社会各方力量，因地制宜，分类施教，引导公众不断加深对我国水情的认知，增强公众水安全、水忧患、水道德意识，为构建"人人参与、人人受益"的全民水情教育体系，促进形成全民知水、节水、护水、亲水的良好社会风尚和人水和谐的社会秩序打下坚实基础。

（6）首批国家水情教育基地正式公布。2016 年 5 月 17 日，根据《国家水情教育基地设立及管理办法》，经按程序严格审议，水利部批准北京节水展馆、天津节水科技馆、河道总督府（清晏园）、中国水利博物馆、华北水利水电大学、深圳水土保持科技示范园、重庆白鹤梁水下博物馆、陕西水利博物馆等 8 家单位为首批国家水情教育基地。

（7）举办第四届全国大学生水利创新设计大赛决赛。2015 年 7 月，为引导学生关注水利、提升创新能力，以"高效用水"为主题，在重庆交通大学举办第四届全国大学生水利创新设计大赛决赛，69 所水利院校的 600 余名学生参赛，175 件作品入选，评出特等奖 18 项、一等奖 35 项。

（8）完成《高等职业学校专业目录》修订。2015 年，根据教育部要求，中国水利教育协会组织水利高职院校，对高职学校水利类专业目录修改完善。经多次与教育部主管部门协商，保留水利为独立大类，有利于水利人才培养和现代水利职业教育体系建设。

（9）《中国水利教育协会 20 年》正式出版。该书 2015 年 10 月由中国水利水电出版社出版，以较为丰富的资料、图文并茂的形式展现了中国水利教育协会 20 年的发展历程、重点工作和取得的成就，并收录了部分回忆、纪念文章，为广大水利教育与人才培养工作者研究水利教育改革发展、了解中国水利教育协会提供了资料，具有参考借鉴作用。

（10）举办第九届、第十届全国水利高等职业院校技能大赛。2015 年 11 月，来自全国 20 所水利类高等职业院校的 267 名选手分别参加了工程测量工、制图员、水利工程造价、坝工与土料试验工、工业产品创新设计与 3D 快速成型等 5 个项目的竞赛。2016 年 11 月成功举办 "第十届全国水利高等职业院校浙江围海杯技能大赛"，26 所水利高职院校选派 296 名选手参加 5 个工种（项目）决赛。

（11）举办第二届 "河海杯" 水利行业现代数字教学资源大赛。为推进水利行业优质数字教育资源共建共享，中国水利教育协会于 2016 年 8—11 月组织举办水利行业数字教学资源大赛，发掘了一批教学质量较好、适用于基层职工学习培训的优质教学资源，经过网络投票、专家评审和复审，最终评选出课程类作品特等奖 1 项，一等奖 1 项，二等奖 1 项；评选出素材类作品特等奖 2 项，一等奖 6 项，二等奖 8 项在提升教师数字教育资源开发水平的同时，为进一步推进行业网络教学资源建设奠定了基础。

（12）举办首届水利职业教育与产业对话活动。2016 年 9 月 20 日，为进一步贯彻落实全国职业教育工作会议精神和《国务院关于加快发展现代职业教育的决定》，中国水利教育协会联合全国水利职业教育教学指导委员会在广州成功举办中国水利职业教育集团第三届理事会暨 2016 年水利职业教育与产业对话活动。60 多个水利部门、企事业单位与职业院校直接对话，促进产教深度融合，汇编产教融合典型案例，集中展示水利职业教育在合作育人、合作就业、合作发展中的成效。

（13）启动水利行业 "十三五" 规划教材建设。2016 年，中国水利教育协会组织编制 "十三五" 水利类专业教材建设规划，经申报立项、分类筛选、专家评审，遴选出普通高等教育、职业技术教育、职工培训共 154 本教材为行业 "十三五" 规划教材，公布《全国水利行业 "十三五" 规划教材名单》，并编辑、出版了一批教材。

（14）开展水利职业教育专业试点评估。2016 年，为加强水利职业院校核心专业建设，中国水利教育协会选择水利水电建筑工程等 3 个专业制定评估方案和评估指标体系，在黄河水利职业技术学院等 3 所水利高职院校进行试点评估，经自评、专家评审，评估结果均为优秀，试点评估对水利核心专业建设起到示范和引导作用，为专业评估工作积累了经验。

（15）开展水利职业院校专业带头人评选。2016 年，为加强水利职业院校专业带头人培养，建立一支能起示范引领作用的高水平专业带头人队伍，中国水利教育协会首次面向全国水利职业院校开展专业带头人评选活动。经校内自评、职教分会初审、组织专家评选，评出水利类专业带头人 14 名，为培育水利行业职业教育专家队伍奠定基础。

11.1.3　本章主要内容介绍

本章是有关水教育研究进展的专题报告，主要内容包括以下几部分。

（1）对水教育研究的背景及意义、有关水教育 2015—2016 年标志性成果或事件、本章主要内容以及有关说明进行简单概述。

（2）本章从 11.2 节开始按照水教育内容进行归纳编排，主要内容包括：水利高等教育研究进展、水利职业教育研究进展、水利继续教育研究进展、水情教育研究进展。

11.1.4　有关说明

本章是在广泛阅读 2015—2016 年相关文献的基础上，系统介绍有关水教育的研究进展。因为相关文献较多，本书只列举最近两年有代表性的文献，且所引用的文献均列入参考文献中。

11.2 水利高等教育研究进展

1915 年，河海工程专门学校的建立，标志着水利高等教育的正式诞生。一百年来，我国水利高等教育从无到有、从小到大、从弱到强，走过一条不寻常的发展道路。经历了漫长的孕育过程，也历经了曲折和动荡。改革开放后，我国水利高等教育实现了跨越式发展，不断走向繁荣。但水利高等教育研究仍然比较薄弱，当前有限的水利高等教育研究，主要集中在水利高等教育发展史、水利高等教育理论、水利高等教育教学等几个方面。

11.2.1 在水利高等教育发展史研究方面

水利高等教育史是一门教育学、水利史的交叉学科，老一代除了姚汉源、田园等中国水利史研究者曾经有所涉及并招收了中国第一批水利史研究生外，近来已鲜有人研究。值得一提的是，近年以华北水利水电大学宋孝忠、山东大学袁博为代表的一批学人，深刻认识到水利高等教育史研究的重要意义，开始以此为研究方向，集结学术力量，在浩如烟海的资料中进行收集、整理，取得了一些初步研究成果。

（1）刘学坤[1]指出，我国的水利高等教育事业始于晚清时期，民国时期开启了艰苦的探索进程，新中国成立后，水利高等教育事业获得了历史性发展，为中国特色社会主义建设事业做出了重要贡献。目前，我国水利高等教育体系由研究型水利特色高校、综合性大学水利学科和应用型水利高校组成。这是水利高等教育百年伟大实践的成果。

（2）汪倩秋等[2]通过对河海百年办学历程的梳理，提出了河海大学校史馆设计建设的理念：记录河海大学百年求索的历史轨迹，展示河海人自强不息的精神风采，宣传河海百年建设发展的辉煌成就，多层次再现河海大学百年与中国水利高等教育百年的生动历史。

（3）刘学坤等[3]认为，治水利民情怀教育和勤勉耐劳等为内容的品格教育，在实践中磨炼，这些是水利高等教育起源和探索时期德育的特点。党委领导、全员参与、系统化德育课程、专门德育队伍和协同化德育体制机制保障等是新中国成立以来水利特色高校德育的突出特征。

（4）袁博[4]认为，民国初年，在蔡元培的号召与带领下中国进行了教育改革，颁布了壬子癸丑学制，水利教育得到确立。隶属于实业教育的水利教育，不仅在工业实业学校、工程专门学校中有相关课程、学系的设置，而且在大学体系中也设有工程学系，教授关于水利学的相关知识与技能。尽管在民初十年，近代水利教育得到确立和发展，但仍有诸多弊端和发展空间，为以后水利教育的发展奠定了基础。

11.2.2 在水利高等教育理论研究方面

高等教育理论研究是高等教育科学研究的一个重要范畴，与高等教育实践关系的问题是高等教育理论研究中一个基本问题，也是一个至今仍然没有得到很好解决的问题。当前的水利高等教育理论研究也是这样，研究团队需要建立，研究范围需要拓宽，研究内容需要拓展，研究问题需要深入，研究方法需要科学。

（1）王炎灿[5]认为，中国水利高等教育发展至今已达百年，未来向什么方向发展，是涉水高校需要研究和问答的问题，是水利界和高等教育领域所十分关注的问题。通过河海大学的例子，以水利需求发展变化对涉水高校办学影响的趋势性分析为主线，说明在学科内涵和服务领域上中国水利高等教育将从"小水"向"大水"、"水工程"向"水科学"、"河"向"海"和国内向国际进行拓展和提升。

（2）王炎灿[6]认为，在国家经济社会发展和高等教育发展新形势下，许多行业性重点高校相继提出了学校的发展定位与目标，其共同点在于走特色研究型大学的新的发展道路：特色研究型大学是一种重要的独特大学形态；建设特色研究型大学是新形势下原行业性重点高校必要而且可行的战略选择；在建设特色研究型大学的过程中，应当遵循研究型大学发展的一般规律，同时也应当继续发展原行业性重点高校的办学特色。

（3）周爱群等[7]认为，基于区域文化多样性的理论，对水利工程移民管理中的基础教育问题，提出了传承移民区域原有文化，并将移民区域原有文化与安置区域原有文化进行融合的观点，进而从教育制度、教学计划、校本教材、家长学校、教师角色、学生交流、社区环境等方面展开论述，提出了针对性的建议。

（4）姜光辉、郭芳[8]认为，通过在广西田林县俄外屯开展水利科普教育试验发现，推广乡村水利教育，对促使村民自觉爱护和参与管理水利具有重要意义。

（5）温雪秋[9]认为，思想政治教育是构建在人的基础上的以解决人的思想、立场观点为核心的一种实践活动。而人是文化的人，任何人的成长都在一定的文化中进行，并且必须依靠文化的作用。因此，探讨水文化融入院校思想政治教育教学，以提高大学生理想信念教育的吸引力、感染力应成为新时期水利院校思想政治教育的重要任务。

（6）姜海波、金瑾、李淼[10]认为，工程教育认证对于推进我国高等工程教育教学改革、加强专业课程体系建设具有积极的借鉴意义，因此要构建适应国际工程教育认证的以"以学生为中心""以目标为导向"和"坚持持续改进"的水利水电工程专业体系，培养具有国际化视野的创新型工程技术人员。

11.2.3　在水利高等教育教学研究方面

高等教育教学研究就是运用科学的理论和方法，有目的、有意识地对高等学校教学领域中的现象进行研究，以探索和认识教学规律，提高教学质量，主要涉及教学方法研究、课程建设研究、实践实验教学研究、专业发展研究等诸多方面。当前高等水利教学研究是水利高等教育研究的一个重要方面，参与者主要是一线的专业课教师，因此研究基本上是教学经验的总结，对水利高等教学有一定参考作用，由于基本上是就教学论教学，从整体看缺乏理论深度。

（1）陈文波等[11]认为，实践教学是普通高等教育的重要环节，对提高教学实习的质量，培养学生对专业知识的感性认识有着重要的作用。在总结"卓越工程师教育培养计划"人才培养要求的基础上，以江西农业大学农业水利工程专业为例，构建了实践教学体系，突出专业人才培养特色，具有一定的示范意义与推广价值。

（2）许健[12]认为，当前国内高校水利水电工程实践教学中存在许多问题，结合新形势下人才培养的标准，探讨了"产学研"相结合教育模式下水利水电工程实践教学基地建设的思路与方法，建立了水利水电工程专业设计、施工、监理及管理为一体的综合实践教学体系，为更好地提高水利水电工程实践教学水平提供有益尝试。

（3）沈超等[13]认为，鉴于信息技术的飞速发展，以及实验教学改革和实验室管理科学化的迫切需要，信息化建设已成为实验室建设发展的必要环节。以水利港口实验室为例，探索实验教学管理信息平台的建设。通过对平台的清晰定位，运用先进的信息技术构建实验教学、仪器设备、规章制度、学习互动等 8 个模块，促进了实验资源的开放共享，推动了实验教学和实验教学管理模式的改革，取得了显著的应用成效。

（4）钟亮[14]认为，实践教学体系的合理构建是实现卓越工程人才培养目标的关键。基于"卓越工程师教育培养计划"的总体目标要求，分析了水利专业传统实践教学体系现状，提出了卓越水利人才培养"基础实践+综合实践+创新实践+社会实践"的 4 层次递进式实践教学体系，阐述了各层次实践教学的模块组成与环节内容，探讨了卓越水利人才培养实践教学体系的衔接模式，以期实现卓越水利人才的培养目标。

（5）姚宇等[15]认为，毕业设计是在大学教学过程中培养学生综合运用所学知识进行科学研究和工程设计的重要环节，也是衡量高等院校教学质量和办学水平的重要尺度。借鉴国外知名高校先进的教学管理经验，从选题、导师队伍建设及毕业设计监督和审查 3 个方面探讨我国水利工程类本科生毕业设计教学管理体系改革，并提出相应的措施。

（6）李全起等[16]认为，为提高水利工程领域专业学位研究生培养质量，实现硕士研究生教育的内涵式发展，需要建立一批校内外实践教学基地。在水利工程领域专业学位研究生实践基地建设方面，探索校内依托省部级科研平台，校外与企事业单位联合建立研究类、设计类、施工类和管理类等实践基地。学校应在资金争取、校企共建、建设和管理等方面继续加强对实践教学基地的投入和管理。

（7）崔丽君[17]认为，工程实践能力的培养是开放大学本科教学至关重要的一个环节，是学生毕业后从事水利及相关专业工作的坚实基础。目前开放教育的教学理念都是以理论教学为主，实践教学是理论教学的一个环节。这样的教学理念导致学生的实践能力有限，教学效果不理想。为提高开放教育水利专业学生的工程实践能力，为水利现代化建设提供高素质技能型人才，进行教学模式研究十分必要。

（8）厉莎等[18]认为，将目前国际上教育改革的最前沿理念 CDIO 融于工程过程，是水利工程造价课程改革的一次创新。改革倡导学生主动学习，实践性学习，提升学生的综合应用能力，为学生后续课程的学习和将来的发展打下坚实基础。

（9）赵志涵等[19]认为，近年来，河海大学水利类专业学位研究生教育在实践中不断改进、创新，继 2010 年建立"1+1"（1 年校内培养+1 年基地培养）培养模式后，又于 2014 年开始探索"三段式"培养模式，即"0.5 年校内培养+1 年基地培养+0.5 年校内培养"的培养模式，从培养理念、培养目标、培养方案等方面进行系统阐释，以期能为兄弟院校的专业学位研究生教育改革提供借鉴。

（10）李娟等[20]认为，在水利类院校，围绕水利产业链构建专业群是实现专业与产业协同发展的基本保障，也是提升水利类院校内涵、实现资源效用最大化的重要途径之一。从协同资源水利产业发展的视角出发，系统进行专业群人才培养模式、课程体系、实践教学条件、教学团队和协同发展机制等方面的改革，可保证专业群建设的质量和效益。通过调整专业结构与布局、构建专业群和设置专业群内专业的三个基本路径，实现专业群建设对接资源水利产业发展。在围绕水利产业转型升级逐步展开建设专业群时，应加强以专业群聚集效应为评价重点的专业动态调整机制建设、以专业群为单元的教学管理机制建设和专业快速适应产业发展机制建设。

（11）张修宇等[21]认为，针对新时期水利改革发展与现代农业的专业人才培养需求，华北水利水电大学本硕博农业水利人才培养平台，不断开展培养方案修订、课程体系优化、人才培养模式和课堂教学方法创新、实践性教学环节强化，对教学内容、教学方法、教学管理和教学基础设施的建设等方面进行改革和完善，将最新的水利改革与发展理念和农业现代化思想融入到专业综合改革工作中，构建农业水利人才一体化培养体系，为培养创新型人才提供参考。

（12）戚玉彬等[22]认为，通过专业调研和人才需求分析，明晰了水利工程专业定位和人才培养目标，并以水利工程的周年生产为当期，将职业素质和职业技能融合，构建了"素能间作，校企轮作"人才培养模式，推行"四学段八小学期"教学组织形式，开发了基于岗位实际工作需要的"岗课贯通"的区域特色课程体系，实践表明：该人才培养模式适应地方水利行业特点对人才的需要，对服务区域经济和缓解人才瓶颈具有积极意义。

（13）梁士奎[23]认为，实践教学是专业人才培养的重要环节。当前的水利类本科专业实践教学存在教学理念偏差、课程结构不合理、教学效果难以评价的问题，结合国内三所高校水利类本科专业人才培养计划，从培养目标和课程体系设置方面对比分析了其教学实践体系，提出在新时期的水利类本科专业实践教学体系建设中，应更新教学理念、改善实践教学条件、创新实践教学管理模式，不断优化实践教学体系。

（14）严鹏[24]认为，生产实习是水利水电工程专业教学中的重要一环，是理论联系实际，将知识转化为能力的关键步骤。现阶段高等院校水利水电工程专业学生在施工实习的过程中，在实习工程选择、实习安全和实习经费三个方面存在问题。要解决这些问题，必须采取完善校企合作机制、依靠校友多方筹措实习经费等措施。

（15）张旭东等[25]从系统工程科学的特点与主要任务出发，分析了系统工程基础教学中存在的问题，并结合教学实践从目标定位、教学方法的应用、规划求解软件的推广、多媒体课件的运用、教学效果的影响因素等方面提出了改进系统工程基础教学的策略。

（16）高彦婷等[26]认为，实践教学在应用性很强的水利工程类专业教学中显得尤为重要。为了提高实践教学质量，在对水利工程类专业实践教学研究和实践的基础上，针对"三层次、五模块"的实践教学体系，构建 PDCI 实践教学质量监控体系。

11.3　水利职业教育研究进展

水利职业教育是水教育的重要组成部分。2006 年，水利部印发《关于大力发展水利职业教育的若干意见》，并将水利职业教育纳入十一五、十二五水利人才发展规划。2011 年国家出台了《关于加快水利改革发展的决定》，召开了中央水利工作会议，对加快水利改革发展作出全面部署，提出要大力培养专业技术人才、高技能人才，支持大专院校、中等职业学校水利类专业建设，加大基层水利职工在职教育和培训力度。2013 年，水利部和教育部联合印发《关于进一步推进水利职业教育改革发展的意见》，进一步明确了水利职业教育改革发展的目标和措施任务。这些标志着我国水利职业教育改革发展迎来了重大战略机遇期，当前水利职业教育发展正当其时，水利职业教育的理论研究和教学研究理应顺应时代发展需要，聚焦水利职业教育实践，不断提高研究质量，服务水利职业教育实践。

11.3.1 在水利职业教育理论研究方面

（1）李兴旺[27]认为，水利高等职业教育的百年发展伴随着我国近百年水利事业的发展，历经孕育萌动期、初始发展期、调整发展期、快速发展期四个阶段，改革发展卓有成效：发挥示范引领、提升整体水平；依托行业企业、创新体制机制；优化专业结构、改革培养模式；坚持理实融合、深化课程改革；坚持五位一体、强化实训基地；坚持双师要求、优化教学团队；坚持产学结合、增强服务能力；突出行业内涵、形成鲜明特色。

（2）刘文胜等[28]结合全国水利职业教育示范院校建设实践，从人才培养模式改革、课程体系与教学内容改革、师资队伍建设、教学实验实训条件建设、社会服务能力建设、专业群建设等方面介绍了机电一体化技术专业（群）的建设情况。

（3）温雪秋[29]认为，水利高职院校应建设以水文化为特色的校园文化，进行水文化教育。在理解水文化和水文化教育基本内涵的基础上，充分认识水文化教育融入水利高职院校校园文化建设的必然性，将物质水文化、精神水文化和校园活动作为水文化教育的重要内容，注重培养学生献身水利的精神，为水利事业发展培育更多的一线技能人才。

（4）罗迈钦等[30]认为，教育是水生态文明建设中的重要环节，加强水生态文明宣传教育，对全面贯彻落实水生态文明建设具有重要意义。通过构建常态化的水生态文明教育机制，建设水生态教育资源和水生态文明教育场所，开展水生态文明主题宣传活动，营造与创新水文化氛围，传播与弘扬水文化，培养受教育者以及社会公众的水生态意识，促进全社会节水、惜水、爱水，与水和谐共生。

（5）刘咏梅[31]认为，水利产业转型升级改变了行业人才的就业现状，影响水利类高职人才培养的专业定位、专业设置和专业建设，要从对接产业集群构建专业群角度，从水利类专业设置、人才培养规格的调整、课程体系的重构、信息化教育教学管理机制等方面入手，思考培养适应产业转型升级要求的高素质人才。

（6）赵景芬[32]认为，产教融合是高职教育突出的特点，是解决技术技能人才短缺的需要，是促进区域经济和水利行业发展的需要。以辽宁水利职业学院为例，构建了产教融合下的高职水利人才培养体系。该体系包括水利专业人才培养的内容体系、方法体系、制度体系和评价体系。

（7）吴汉生[33]对连续举办九届全国水利高等职业院校技能大赛所取得的成效进行回顾，对存在的学生参赛面不大、大赛水平不稳定和大赛影响力不足等问题进行分析，并提出改进策略和建议。

11.3.2 在水利职业教学研究方面

（1）张海文等[34]认为，高职水利工程施工课程的特点和现状，要求水利工程施工课程实施理实一体化教学改革，通过设定教学任务和教学目标，让师生双方边教、边学、边做，突出了学生动手能力和专业技能的培养，顺应了水利工程施工课程实践性强、综合性强的特点。

（2）余世江等[35]通过行业英语的社会需求调查，分析了水利行业用人单位对高职毕业生英语能力的要求。结合社会需求和高职英语教学实际提出了高职行业英语课程教学改革的若干建议。

（3）付文艺等[36]认为，针对高职院校学生的特点及水利工程制图教学中存在的教师不能因材施教、教学内容滞后工程实际、教师缺乏一线工程经验等问题，提出了高职院校水利工程制图教学要因地制宜，因材施教；团队教学，分组教学；创建社团，组织竞赛；结合实际，走入一线。

（4）李祖亮等[37]认为，中职水利土建类专业数学课要实现有效教学，必须根据学生的特点和专业特色，对课堂教学进行改革，以全面提高中职学生的综合素质，为社会培养出更多应用型技能人才。针对中职水利土建类专业数学课教学问题，在经过教学实践的基础上，主要探讨中职如何提升数学课堂教学有效性的问题，并提出相应的对策与建议。

（5）张寅等[38]认为，工程制图是建筑类工科院校必修的专业基础课，以培养应用型人才为宗旨，指出了高职水利工程制图教学过程中存在的问题，并从教学内容、教学方法、实践教学方面论述了我院高职水利工程制图教学改革的方向。

（6）刘咏梅[39]认为，《水工建筑物》是水利类专业的一门主干课程，以就业为导向，以培养学生职业能力及职业素养为目标，课程组在课程教学内容、教学方法、课程资源建设等方面进行了改革探索，为同类院校《水工建筑物》课程建设及改革提供参考。

（7）张佳丽等[40]认为，《力学与结构基础》是水利水电专业一门基础课程，该课程在少学时的教学安排中表现出了一定特点，结合教学实践经验和不足而提出该课程在少学时教学中的建议。

11.4　水利继续教育研究进展

继续教育是面向学校教育之后所有社会成员特别是成人的教育活动，是终身学习体系的重要组成部分。继续教育实践领域不断发展，研究范畴也在不断扩大和深入，特别是终身教育、终身学习思想已经为越来越多的人所接受，对继续教育在经济、社会中的地位、作用、方法等都有一定的初步认识和实践，继续教育科学研究也有了重大发展。就水利继续教育而言，当前的水利职工培训越来越受到重视，中国水利工程协会建立了继续教育平台，个人可根据需要进行资格类别选择，进行网络继续教育课程学习。但遗憾的是，水利继续教育研究基本上集中在水利职工培训上，研究的范围比较小，研究成果质量也不高。

11.4.1　在水利职工培训研究方面

水利职工培训是提高水利职工整体素质的重要一环，也是水利继续教育的重要组成部分，不仅有助于水利职工在技能上、思想上的提高，也有助于引导水利人树立终身学习理念，进而形成全民学习、终身学习的学习型社会。

（1）卓汉文等[41]认为，农村水利是农业和农村经济发展的基础，为适应农村水利事业的发展，满足农村水利技术与政策需求，农村水利培训工作应围绕农村水利重点工作，针对不同的目标人群，举办不同层次的培训班，提高农村水利项目管理人员和工程技术人员的工作能力和业务水平，为全面建设小康社会、建设社会主义新农村和资源节约型社会建设提供技术支撑。

（2）陈晨[142]介绍了水利科研单位开展干部网络自主选学的基本情况和特点，分析了主要做法和取得的成效，指出当前干部网络自主选学存在的问题，从加强组织统筹、推进分级分类培训、统筹优化培训资源、提高培训管理和服务水平等方面提出了对策与建议。

（3）赵秀兰[143]认为，职工的教育培训工作是人力资源工作的一项重要内容。而水务系统的职工队伍更是有着专业性强、知识需要不断更新的特点，当前水利培训还存在重视程度不够、方法比较单一、内容比较僵化、机制亟待加强等问题，要创新观念，树立人才优先发展的工作意识；创新方法，丰富职工教育培训工作的内容；完善机制，为职工教育培训工作创造有利条件。

（4）罗洁[144]认为，企业员工培训是企业提高员工素质、增强企业核心竞争力的重要手段。目前水利水电施工企业员工培训还存在一些问题，解决这些问题需要高度重视企业员工培训，保障培训经费；调整企业员工人力资源结构，建立完善的培训管理体系；完善企业员工培训激励机制，充分调动员工的积极性。

（5）蒋长明[145]围绕沟通原理，运用科学的研究方法分析农村水利培训工作的特点，并针对不同情况对农村水利员进行培训；同时对农村水利工作的保障措施和存在的问题进行了探讨。

（6）李珊珊[146]在生态视角下进行反思性学习培训的实证研究，旨在探讨生态化反思性学习培训模型的可行性及必要性。实证研究证明生态化反思性学习培训能够促进构建和谐的生态外语学习环境，帮助教师因材施教，提高学生的反思性学习能力及英语学习水平。

（7）孙高振[147]认为，提高水利干部队伍素质，水利部结合调研情况，针对水利干部职工教育培训工作中存在的问题，突出在增强培训针对性、拓展培训资源、完善考核评价、健全激励约束机制等方面加大力度，在全面贯彻《干部教育培训工作条例》，推进中央"大规模培训干部、大幅度提高干部队伍素质"战略部署有效落实方面进行了实践探索。

（8）李安峰[148]认为，水利技术人员是水利建设与管理的依靠力量，也是水利发展的助推力之一。新中国成立初期，全国水利技术力量薄弱，技术人员的缺乏成为制约水利发展的主要因素，作为西南地区的贵州省表现尤甚，而短期内通过培训组建一批水利技术人员队伍成为该时期解决此问题的主要途径。由此，贵州省迅速建立起了一支由水利技术干部、水利辅导员和农民水利技术员组成的水利队伍，缓解了水利技术力量匮乏的问题，推动了全省水利的发展。

（9）常全利等[149]认为，水利人才培训是贫困地区精准扶贫目标实现的重要抓手之一。贫困地区水利人才培训工作面临诸多挑战，如培训瞄准机制不完善、精准扶贫对基层人员的能力要求在不断提高等。推进贫困地区水利人才培训，要精准识别培训对象，结合实际确定培训内容、培训方式，强化学用结合，严格培训考核，保障培训经费足额到位等，以促进水利精准扶贫工作。

（10）晏洋[150]认为，目前，水利部正在大力实施《全国水利人才队伍建设"十三五"规划》和深入学习贯彻《干部教育培训工作条例》。在这一背景下，如何推进"互联网+水利教育培训"深度融合发展不仅意义重大而且日益紧迫。为在新形势下做好这一工作，以"互联网+"为视角、以中国水利教育培训网为例，着重分析了水利网络教育培训的现状，并就其未来的发展方向进行了探索研究。

（11）李春成等[51]认为，近年来水利人才队伍建设取得了显著成就，一系列文件和制度为水利人才工作提供了坚强的组织保障和制度保障，同时也使得水利职工培训中的思想政治工作在新形势下具有新的内容。新形势下水利职工培训中的思想政治工作还存在重视教育、缺乏积累；重视说教、缺乏关怀；重视形式、缺乏实践等问题，提出新时期职工培训思想政治工作要创新途径，使得职工能够更加积极投身于水利事业建设当中。

（12）李俊[52]认为，水利职工教育培训需求量很大，矛盾也较为突出，当前水利单位职工培训教育培训意识模糊，职工培训需求的功利性、实用性突出，培训方案落后，培训经费短缺，因此要强化培训认识，建立培训长效机制，量身打造方案，专项经费专管，进一步探索促进培训需求和院校资源无缝对接的有效方案。

11.4.2　在其他水利继续教育研究方面

除了水利职工培训研究外，近两年出现一些关于水利行业继续教育的零星探讨，也具有一定的借鉴和启发意义。

（1）魏冬青[53]认为，从战略高度重视专业技术人才的继续教育，对人才队伍建设具有十分重要的意义。从工作实践来看，水利继续教育存在着理念有待更新、工学矛盾突出、学习热情不高、资金投入不足等问题，有必要转变观念，切实提高专业技术人员继续教育的思想认识；统筹兼顾，切实做好专业技术人员继续教育需求分析；多措并举，切实推进专业技术人员继续教育有效实施。

（2）程樊启等[54]以河海大学为例，从分析当前行业特色高校开展行业教育的发展机遇和挑战入手，对行业高校继续教育发展原则进行阐述，在此基础上，探讨新时期水利行业高校继续教育发展模式：坚持特色发展，主动服务国家和行业发展需要；实施行业协同，打造行业高校继续教育精品项目；建强三支队伍，提升行业高校继续教育发展水平。

（3）邢芳[55]以水利行业继续教育需求为背景，分析了水利行业院校数字化学习资源开发与应用中亟待解决的问题。针对行业继续教育对学习资源建设需求，提出了水利行业继续教育数字化学习资源的四种建设和共享模式，在实际应用中可根据不同资源类型来综合判定和选择相对合适的学习资源开发模式，具有一定的实践意义。

（4）谭宪军[56]认为，行业继续教育特色的数字学习资源较传统学习资源具有多样性、共享性、互动性、扩展性、再生性等特点，建立有效的数字资源知识产权管理制度，能够保障行业继续教育、终身教育持久开放和健康发展。结合水利行业继续教育特色，研究了不同类型数字学习资源的知识产权归属、授权许可方式、使用方式和保护措施，同时在实际案例中制定了知识产权协议等相关文件。

（5）阮富坚等[57]认为，着眼于水利改革发展是水利基层职工学历函授教育的时代特征，服务于水利改革发展是成人学历函授教育的历史任务，因此要提高水利行业成人教育的便利性和实用性，主动适应水利改革的新形势进行成人函授学历教育的教学改革，积极探讨成人函授学历教育的学分累积、弹性学制、不同类型学习成果的互认和衔接制度。

（6）李贵宝等[58]认为，以水利类工程教育认证为契机，推进水利专业技术人员职业资格认证或认定具有必要性和可行性，剖析了水利人才和职业资格制度建设的现状，提出了推进水利专业技术人员职业资格认证的设想和建议。

11.5　水情教育研究进展

近年来，水情教育逐渐进入我们的视野，自从 2011 年中国水利报记者高立洪发表《让水情教育融进校园社区》后，这一研究课题引起人们的关注并得到国家水利主管部门的大力支持。特别是《全国水情教育规划（2015—2020 年）》的颁布实施，水情教育已成为水教育研究的新热点。

（1）王亚华等[59]综述了国际上水情教育的发展过程和未来趋势，选取具有典型意义的美国、法国、英国、日本等 7 个国家，从教育对象、手段、内容和典型项目 4 个方面对其实践经验进行总结，归纳出各国水情教育模式，揭示水情教育一般性规律，参考相关国际经验，提出我国水情教育应制定阶段性战略规划、培育专业人才队伍、重视基础平台及传播体系建设并打造多主体合作的典型项目，以适应国家的战略需求。

（2）温胜芳等[60]认为，在水危机日益严峻的背景下，水需求侧管理已成为国际共识。作为实施水需求侧管理的重要方式，水情教育越来越受重视。从水情教育的效果、水情教育影响用水量的作用机制、如何更好开展水情教育三个方面，对国际上的相关研究进行了述评。研究表明，水情教育在提升水情认知、改变用水态度和行为、实现节水目标上发挥了锶一定的作用，其活动设计的合理性、精细化程度以及公众参与程度是影响水情教育效果的关键因素。要实现高效持久的节水目标，水情教育必须与用水限制、水价控制、节水设备推广等措施协同作用。

（3）陈欢等[61]认为，大学生对水情的认知程度既影响着当今学校和社区的节水工作，也与我国社会的水资源可持续利用息息相关。开展水情教育，大学生是重要突破口，是未来节水型社会建设的中坚力量通过走访武汉和黄石两地的部分高校和社区，调查研究了几所高校的大学生对水情的了解情况及节水意识。结合高校大学生教育的特点，从学校、教师及学生社团多个层面探讨分析了推进高校水情教育，增强大学生水情教育效果的有效途径。

（4）吴卿凤等[62]认为，江苏既是水利大省，又是教育大省。当前，水情教育的实践活动往往是以政府作为主要实施主体。梳理总结了江苏省范围内政府水情教育的主要形式和实践成果，分析了进一步加强水情教育的重要意义，并从保障措施方面提出意见建议。

（5）史传春[63]认为，为从根本上解决制约郑州经济社会发展瓶颈问题，郑州市从促进中部崛起的战略高度推进水生态文明建设，自觉地把加强水情教育作为重点工作来抓，在改善水生态环境的同时，不断增强全民爱水、亲水、护水、节水的意识，帮助和引导人民群众改掉各种对保护水生态和水资源有害的生活习惯、生产方式等，为推进水生态文明建设营造良好氛围，打下坚实的思想基础。

（6）楚行军[64]认为，昆士兰州"学习生命之水"教育项目"1 课程设计"系统全面，在澳大利亚学前儿童 2 水教育课程建设中颇具代表性。其学前阶段的课程设计在教学主题选择和学习领域拓展方面能够适应学前儿童心理发育的特点和认知发展的需要；在教育情景的创造方面较好体现了昆士兰教育研究会推出的《学龄前儿童教学指导》提出的要求。它的很多成功做法对国内同等层次水教育的开展具有很大借鉴意义。

（7）楚行军[65]认为，"全球水供给课程"是一项具有鲜明美国文化特色的水教育项目，主要面向中小学生。该教育项目提供的教学材料包括小学层次、初中层次、高中层次和附加教学资源四个部分，内容涵盖水循环、全球水危机、水资源保护和水利科技等，对青少年水文化教育的开展起到了很好的示范和指导作用。其成功做法对我国正在大力开展的水文化教育具有重要启示作用，值得我们在今后工作中加以借鉴。

11.6　与 2013—2014 年进展对比分析

（1）在水利高等教育研究方面，总体来看，水利高等教育史研究依旧寥寥，值得欣慰的是，袁博在其硕士论文《近代中国水文化的历史考察》对中国近代水教育的发展历程进行了深入探讨，具有较强的学术价值；在水利高等教育理论研究方面，不仅少有人进行研究，而且研究成果的质量也比较一般；在水利高等教育教学方面，无论是课程建设、专业建设、还是教学方法、实践教学，都是水利高等教育研究最为庞大的一部分，但整体研究质量仍然是为教学研究而教学研究，缺乏理论的升华。

（2）在水利职业教育方面，水利职业教育的理论研究和教学研究基本立足于时代发展或教育教学需要，聚焦水利职业教育和教学实践，对服务水利职业教育实践具有一定作用。但与水利高等教育研究一样，也是存在理论研究薄弱、教学研究"繁荣"的现象，急需提高整体研究质量和研究水平。

（3）在水利继续教育方面，水利职工培训依然是水利继续教育研究的热点和重点，相对 2013 —1014 年，不再是就培训论培训，关于"互联网+"视阈下水利网络教育培训可持续发展研究、贫困地区水利人才精准扶贫培训研究、生态视角下的反思性学习培训实证研究等理论文章深度有所提高。不仅如此，这一时期，从终身教育、终身学习视角关于水利行业继续教育数字化学习资源建设和共享、推进水利专业技术人员职业资格认证等方面的研究也开始受到关注。

（4）水情教育研究在这一时期受到高度关注且渐有成为研究热点的趋势，特别是《全国水情教育规划（2015—2020 年）》的颁布实施，水情教育理论和实践研究必然会有所加强，从这一时期所刊发的论文看，主要涉及水情教育国际经验研究、区域水情教育研究等方面，研究的起点较高，质量也较好。

参考文献

[1]刘学坤.我国水利高等教育的百年发展史研究[J].安徽水利水电职业技术学院学报，2016（1）:1-4.

[2]汪倩秋，等.回望百年河海感悟大学精神[J].兰台世界，2016（16）:89-92.

[3]刘学坤，孙其昂.我国水利特色高校德育的百年历史考察[J].安徽水利水电职业技术学院学报，2016

（2）:1–5.

[4]袁博.民国初年壬子癸丑学制下的水利教育（1912—1922）[J].重庆第二师范学院学报，2012（2）:134–138.

[5]王炎灿.中国水利高等教育未来发展方向刍议--以河海大学为例[J].文教资料，2015（22）：114–116.

[6]王炎灿.试论建设特色研究型大学的几个基本问题——以河海大学为例[J].教育教学论坛，2015（45）：7–10.

[7]周爱群，等.水利工程移民管理中的基础教育问题：基于区域文化多样性的研究[J].市场周刊，2015（11）：97–99.

[8]姜光辉，郭芳.推进乡村水利公益教育的实践与思考[J].中国水利，2015（10）：60–61.

[9]温雪秋.价值契合与有效融入:水文化在水利院校思想政治教育中的运用[J].中国水文化，2015（6）：8–11.

[10]姜海波，金瑾，李淼.国际工程教育认证背景下水利水电工程专业体系研究[J].教育教学论坛，2016（26）：223–225.

[11]陈文波，李保同.基于"卓越计划"视角的农业水利工程实践教学体系构建[J].高等农业教育，2015（11）：61–64.

[12]许健.水利水电工程专业本科教育实践教学体系建设[J].兰州文理学院学报（自然科学版），2015（2）：125–128.

[13]沈超，等.水利港口实验教学管理信息化平台的建设探索[J].实验技术与管理，2016（3）：251–254.

[14]钟亮.卓越水利人才培养实践教学体系构建研究[J].教学研究，2016（4）：100–104.

[15]姚宇，袁万成，杜睿超.水利工程类本科生毕业设计教学改革探讨[J].当代教育理论与实践，2016（4）：72–74.

[16]李全起，等.水利工程领域专业学位研究生实践教学基地建设研究[J]. 教育教学论坛，2016（33）：229–230.

[17]崔丽君.开放教育水利专业工程实践教学模式研究[J].辽宁广播电视大学学报，2016（4）：77–78.

[18]厉莎，曾瑜.CDIO 视域下基于工作过程的水利工程造价课程改革与实践[J].教育与职业，2015（13）：111–112.

[19]赵志涵，肖洋.构建"三段式"水利类专业学位研究生培养模式——河海大学专业学位研究生培养模式的改进与创新[J].研究生教育研究，2015（4）：81–85.

[20]李娟，李付亮.协同资源水利产业发展的专业群建设内容、路径及策略[J].职教通讯，2016（12）：18–20.

[21]张修宇，徐建新，张巍巍.新时期农业水利人才一体化培养体系构建及专业综合改革的研究与实践[J].河南教育，2016（6）：139–142.

[22]戚玉彬，张月云.基于地方特色的水利工程专业人才培养研究[J].山西建筑，2016（31）：229–230.

[23]梁士奎.水利类本科专业实践教学体系探讨[J].大学教育，2016（11）：129–131.

[24]严鹏.新形势下水利水电工程专业实践教育改革和探索[J].大学教育，2016（10）：140–142.

[25]张旭东，孙仕军，付玉娟.农业院校水利类专业系统工程基础教学实践探索[J]. 黑龙江教育（高教研究与评估），2015（2）：28–30.

[26]高彦婷，等.水利工程类专业实践教学研究与实践[J].中国现代教育装备，2015（4）：128–129.

[27]李兴旺.改革发展中的中国水利高等职业教育[J].安徽水利水电职业技术学院学报，2016（3）：1–4.

[28]刘文胜，卢俊，李丰.全国水利职业教育示范院校重点专业建设的研究与实践[J].机械职业教育，2015（10）：57–59.

[29]温雪秋.将水文化教育融入水利高职院校校园文化建设的思考[J].广东水利电力职业技术学院学报，2016（3）：62–65.

[30]罗迈钦，周召梅.水利职业教育与水生态文明教育有效融合的路径研究[J].湖南水利水电，2016（4）：115–117.

[31]刘咏梅.湖南职业教育水利类人才培养对策研究[J].中国水利，2015（23）：62–64.

[32]赵景芬.基于产教融合的高职水利人才培养体系研究——以辽宁水利职业学院为例[J].辽宁高职学报，2016（9）：5–7.

[33]吴汉生.全国水利高等职业院校技能大赛的回顾与反思[J].中国职业技术教育，2016（28）：73-77.

[34]张海文，吴小苏，高秀清.基于理实一体化的高职水利工程施工课程教学改革探索[J].中国现代教育装备，2015（3）：104-106.

[35]余世江，魏纯雅.社会需求分析视角下高职水利行业英语课程教学与改革探析[J].河北能源职业技术学院学报，2015（3）：73-76.

[36]付文艺，陈达波.高职院校水利工程制图课程教学的探讨[J].[J].安徽水利水电职业技术学院学报，2015（3）：69-72.

[37]李祖亮，田军.中职水利土建类专业数学课有效教学的实践探索[J].中国教育学刊，2015（S2）：191-192.

[38]张寅，孙明海.高职水利工程制图教学改革[J].教育现代化，2016（10）：29-31.

[39]刘咏梅.基于高职水利人才培养需求视角下水工建筑物课程教学研究[J].教育教学论坛，2016（39）：268-269.

[40]张佳丽，杨林林.高职水利专业中少学时<力学与结构基础>课程教学初探[J].中国校外教育，2016（30）：147-151.

[41]卓汉文，李端明.农村水利技术培训探索[J].中国农村水利水电，2015（12）：61-63.

[42]陈晨.水利科研单位干部网络自主选学的实践与思考——以"中国水利教育培训网"学习实践为例[J].水利发展研究，，2015（22）：88-90.

[43]赵秀兰.浅析水利职工教育培训工作中的问题及对策[J].中国集体经济，2015（15）：153-154.

[44]罗洁.浅析水利水电施工企业员工的教育培训[J].四川水力发电，2015（6）：45-47.

[45]蒋长明.加强农村农民水利技术员培训工作研究与实践[J].甘肃科技，2015（16）：79-81.

[46]李珊珊.生态视角下的反思性学习培训实证研究——以广东水利电力职业技术学院为例[J].广东水利电力职业技术学院学报，2015（4）：56-61.

[47]孙高振.提升水利干部教育培训成效的探索与思考[J].中国水利，2016（13）：54-56.

[48]李安峰.浅析建国初期水利技术人员的培训——以贵州省为例[J].山西档案，2016（1）：144-147.

[49]常全利，蔡萌生.贫困地区水利人才精准扶贫培训研究——以国家级贫困县 QY 县为例[J].中国水利，2016（8）：48-50.

[50]晏洋."互联网+"视阈下水利网络教育培训可持续发展探索研究——以中国水利教育培训网为例[J].水利发展研究，2016（11）：64-66，73.

[51]李春成，刘锐.水利职工培训中的思想政治工作探微——以四川为例[J].中国培训，2016（10）：228-229，232.

[52]李俊.水利单位职工培训教育现状及对策分析[J].长江工程职业技术学院学报，2016（3）：36-37，41.

[53]魏冬青.对水利系统专业技术人员继续教育的几点思考[J].甘肃水利水电技术，2016（9）：51-53.

[54]程樊启，崔相宝.行业特色高校继续教育模式研究[J].内江科技，2016（3）：150-151.

[55]邢芳.水利行业继续教育数字化学习资源建设和共享研究[J].科技创新导报，2015（29）：227-228.

[56]谭宪军.行业继续教育数字化学习资源的知识产权管理研究[J].科技创新导报，2015（30）：193-194.

[57]阮富坚，张志秀.基于水利改革发展的广西水利行业基层职工成人学历教育研究[J].广西教育，2016（8）：181-182.

[58]李贵宝 李建国.李赞堂在《以水利类工程教育认证为契机推进水利专业技术人员职业资格认证[J].社会管理工作研究，2016（1）：60-64.

[59]王亚华，吴佳喆，倪广恒.水情教育国际经验与对我国的启示[J].中国水利，2016（16）：4-8，17.

[60]温胜芳，王亚华，倪广恒在《水情教育研究的国际动态分析[J].中国水利，2016（3）：7-9.

[61]陈欢，李坤.大学生水情教育调查研究及浅析[J].教育教学论坛，2015（37）：46-47.

[62]吴卿凤，姚吟月，程瀛.江苏水情教育实践探索[J].江苏水利，2016（6）：57-59，72.

[63]史传春.为水生态文明建设奠定思想基础——河南郑州市水情教育工作综述[J].河北水利，2015（9）：19.

[64]楚行军.澳大利亚学前儿童水教育述评——以昆士兰州"学习生命之水"教育项目为例[J].大庆师范学

院学报，2015（5）：138-141.

[65]楚行军.美国中小学水教育对我国水文化教育的启发——以"全球水供给课程"教育项目为例[J].现代中小学教育，2015（9）：119-121.

本章撰写人员

宋孝忠

第12章 关于水科学方面的学术著作介绍

12.1 概述

（1）水科学涉及学科多，研究内容丰富，每年出版大量的学术著作，对水科学研究及学术交流起到重要作用。

（2）本章主要介绍国内出版水科学有一定影响的出版社以及有关水科学方面的纯学术性著作或参考书籍。内容涉及书的作者、书名、出版社、出版时间以及内容摘要。本章所列内容均引自相关网站，可能会因部分书籍没有宣传或者我们没有注意到，所列书籍可能不全；也可能会因为网站介绍内容有误导致本章介绍的内容有些不准确。

12.2 科学出版社

科学出版社是中国最大的综合性科技出版机构，由前中国科学院编译局与 30 年代创建的有较大影响的龙门联合书局合并，于 1954 年 8 月成立，是一个历史悠久、力量雄厚，以出版学术书刊为主的开放式出版社。近年来，科学出版社为适应社会主义市场经济的需要，在组织结构、选题结构、市场结构、经营管理机制等方面进行大幅度的调整，形成了以科学（S）、技术（T）、医学（M）、教育（E）、社科（H）为主要出版领域战略架构与规模。科学出版社 2015—2016 年出版有关水科学的学术著作见表12.1。

表 12.1 科学出版社 2015—2016 年出版有关水科学的学术著作一览表

作者，书名，出版时间	内 容 摘 要
左长清等著，《红壤坡地水土资源保育与调控》，2015 年 1 月	研究了南方红壤坡地水土流失过程，揭示了南方红壤坡地降雨-产流-产沙过程的主要影响因素及其作用机制，建立了南方红壤区降雨侵蚀力简易算法，分析了近 60 年的降雨侵蚀力时空变化；针对不同下垫面条件下坡地产流、产沙规律，建立了红壤坡地自然降雨条件下的产流数值模型；构建了南方红壤丘陵区坡地水土流失预测预报统计模型，并研究了 WEPP 等物理模型的适用性；研究了红壤坡度水分运移过程和规律；评价了不同治理措施的调水减沙效应；最后提出了一整套南方红壤坡地水土流失诊断、治理的技术体系

作者，书名，出版时间	内 容 摘 要
曹广晶、王俊主编，《长江三峡工程水文泥沙观测与研究》，2015 年 2 月	内容主要有：水利水电工程水文泥沙原型观测、泥沙研究、水文分析计算、水情自动测报、水文预报、水环境监测等
刘登峰、田富强著，《塔里木河下游河岸生态水文演化模型》，2015 年 2 月	介绍了生态水文模型的发展，阐述了塔里木河下游河岸植被生态水文演化模型的原理和结构，分析了生态输水的生态水文效应，构建了概念性流域生态水文模型，讲解了该模型的基本特性，阐述了多重定态现象出现的原因和现实意义
蔡新、郭兴文、徐锦才著，《农村水电站安全风险评价》，2015 年 2 月	提出了我国农村水电站工程结构和设备安全风险及致灾后果预测分析模型和方法；提出了我国农村水电站工程结构和设备的安全评价方法，建立了科学合理的安全评价标准和相应的指标体系；提出了我国农村水电站安全风险控制方法和措施、电站除险加固和技术改造排序方法以及相应的成套技术
胡洪营、黄晶晶、孙艳、吴乾元等著，《水质研究方法》，2015 年 3 月	针对常规水质指标、有机组分特征、有毒有害化学和生物污染物、水质安全性和稳定性指标，阐述了指标的含义和意义、典型条件下的指标取值范围和水质要求、测定方法和典型研究案例；总结了面向处理工艺选择的污水处理特性评价方法和消毒研究方法；介绍了水质研究思路、实验设计方法、数据获取方法、数据解析和解读方法以及表征方法等
顾大钊等著，《晋陕蒙接壤区大型煤炭基地地下水保护利用与生态修复》，2015 年 3 月	研究了煤炭现代开采地下水和地表生态系统响应及保护关键技术，揭示了煤炭开采"三类地下水"的运移规律，分析了地表水、地下水和矿井水的转化关系，建立了水资源优化利用调控模型，提出了地表生态损伤控制、裂缝分类治理、植物筛选配置、菌根修复、土壤改良与保水等关键技术
冯起主编，《黑河下游生态水需求与生态水量调控》，2015 年 3 月	主要介绍了黑河下游生态环境状况、不同时期的绿洲规模及其变化、入境水量和东居延海水量变化；探讨了黑河下游天然植被生长与地下水位埋深的关系；论证了黑河下游生态需水的关键期；计算了黑河下游目标年、分水前和现状年的生态需水量；基于生态恢复目标，对黑河下游生态需水进行预测；确定了生态水量调度的控制指标，提出了生态水量调度方案等
余新晓等编著，《生态水文学前沿》，2015 年 3 月	主要介绍了区域环境变化的水文生态响应、湿地生态系统水文生态过程、河流生态系统水文生态过程、森林植被对流域径流的影响等 10 个方面的内容，阐述了当今生态水文学的新方法、新技术等
陈仁升等编著，《寒区水文野外观测方法》，2015 年 3 月	主要描述了寒区气象、冰川水文、积雪水文、冻土水文、寒漠带水文、高寒灌丛水文、森林水文、河川径流和地下水等的野外试验及观测方法，阐述了寒区野外安全工作注意事项，介绍了寒区水文研究的重要性及其对野外观测数据的迫切需求

作者，书名，出版时间	内　容　摘　要
赵勇胜编著，《地下水污染场地的控制与修复》，2015 年 3 月	介绍了污染场地的控制与修复理论和方法，侧重地下水污染方面，包括包气带和含水层的污染。研究包括污染场地的调查、风险评价、污染场地风险管理策略、污染的控制与修复方法及应用等，并从污染场地的调查到最终的修复进行了论述，介绍了污染地下水的控制和修复理论、方法和应用等
许月萍等著，《气候变化对水文过程的影响评估及其不确定性》，2015 年 3 月	介绍了气候变化对水文过程的影响评估及不确定性分析方法，运用统计学、水文学、气象学等多学科知识，揭示了钱塘江流域过去几十年的气候变化和水资源变化规律，分析评估了气候变化对钱塘江流域水文过程的影响，探讨了气候变化下极端水文事件发生的概率和强度变化趋势
杨忠超、陈明著，《船闸水动力学数值模拟与工程应用研究》，2015 年 3 月	主要进行了船闸阀门三维水动力特性和体型优化研究；研究了带格栅消能室的环绕短廊道输水系统的三维非恒定水力特性，并提出了适用于船闸输水系统水力设计中重要的水力指标；研究了格栅消能室的消能特性及单明沟、双明沟和三明沟的消能特性，对比分析了明沟和盖板的消能特性；开发研究了一套闸室船舶系缆力数值模拟的并行计算程序；研究了船闸引航道水动力特性
刘文兆等著，《侵蚀和干旱逆境下黄土高原水土资源时空过程及其调控》，2015 年 3 月	阐述了黄土高原土壤物质组成、土壤环境演变、土壤碳库以及土壤微生物等的影响因素与驱动机制；分析与评述了就水蚀风蚀交错区、层状土壤与非均质土壤、生物炭添加、退耕地生物结皮等条件下的土壤水文过程与特征及其对农业生产与植被建设的影响，描述了黄土塬区土壤水分的深剖面分布及其补给地下水过程；评价了区域水土环境的影响过程、水土资源保持与有效利用的调控机制及技术措施
张明亮著，《近海及河流环境水动力数值模拟方法与应用》，2015 年 3 月	主要内容包括：近海、河流水动力及水质方程的离散和计算方法；河网、河流、水库的水动力及水质数值模拟；溃坝波引起的洪水入侵和泥沙冲龄模型的构建与应用；河口海域平面二维隐格式、显格式潮流、波浪联合作用数值模式的建立与预报；波浪在植物场传播和变形的数值计算
王圣瑞主编，《滇池水环境》，2015 年 4 月	分析梳理了水环境、流域发展与治理及环境政策措施三个主要问题及三者间关系，剖析了滇池水环境特征及其演变；总结了流域发展演变及对滇池水环境影响；梳理了滇池水污染治理历程及其环境政策等
王文川著，《水电系统预报、优化及多目标决策方法及应用》，2015 年 4 月	探讨了水电系统预报、优化、调度及多目标决策等相关问题的关键技术，分析了人工智能技术在中长期径流预报中的应用、水文模型参数的优选及不确定性分析及其应用、马斯京根参数优化及其在河道洪水预报中的应用、基于判别分析法的泥石流预报技术及其应用、人工智能优化技术在水电站水库（群）优化调度中的应用和基于多目标可变模糊优选技术的水库正常蓄水位的确定等

作者，书名，出版时间	内 容 摘 要
潘晶著，《污水地下渗滤系统研究》，2015 年 4 月	主要内容包括：地下渗滤系统填充基质优化研究，地下渗滤模拟系统构建、启动周期及运行参数研究，地下渗滤系统土壤基质中微生物和酶活性变化规律及其与净化效果的相关性研究，地下渗滤系统强化脱氮研究，地下渗滤系统去除环境激素类物质效能研究，地下渗滤系统基质堵塞机制研究，地下渗滤系统预防与控制基质堵塞研究，地下渗滤系统的实际工程案例
王圣瑞等编著，《世界湖泊水环境保护概论》，2015 年 5 月	总结了世界湖泊水环境现状、问题及管理与治理措施，梳理和分析了国际湖泊水环境和水资源保护与管理等方面的措施及效果，分析了世界湖泊水环境保护
孟伟、张远、李国刚等著，《流域水质目标管理理论与方法学导论》，2015 年 5 月	提出了我国流域水质目标管理模式，阐述了以水生态系统健康保护为目标的流域水质目标管理的关键技术及其管理原则
崔远来、刘路广著，《灌区水文模型构建与灌溉用水评价》，2015 年 6 月	主要内容包括：考虑回归水重复利用的灌溉用水评价新指标体系及节水潜力计算新方法；适合灌区特性的改进 SWAT 模型开发；基于改进 SWAT 模型与MODFLOW 模型的灌区地表水-地下水耦合模型构建；基于 SWAP 模型开展灌区适宜灌溉下限标准和适宜地下水埋深范围研究以及田间尺度SWAP模型向灌区尺度的扩展方法；基于分布式水文模拟开展柳园口灌区适宜井渠灌溉比和井渠结合灌溉时间研究；柳园口灌区不同灌溉模式及用水模式下灌溉用水效率及效益指标变化规律及其原因分析；不同节水措施下节水潜力变化规律及其原因分析；不同节水措施下灌溉用水效率阈值及节水潜力分析；漳河灌区基于蒸散发管理及排水重复利用的节水潜力对比研究；漳河灌区不同环节灌溉用水效率及节水潜力研究
殷淑燕等著，《历史时期以来汉江上游极端性气候水文事件及其社会影响研究》，2015 年 6 月	对比分析了古土壤、古洪水滞流层沉积物研究成果，并与现代气候与水文观测记录相对照，分析了汉江上游历史时期以来极端性气候水文事件及其产生的社会影响
任世芳著，《汾河流域水资源与水安全》，2015 年 6 月	分析了不同历史阶段水安全问题发生发展的时空分布规律、影响因素和变化趋势，总结了其中存在的共性问题，提出了对现有大中型水利枢纽进行改扩建等具体工程措施以及对流域未来水安全远景的科学预测

作者，书名，出版时间	内 容 摘 要
徐宗学、刘浏、刘兆飞著，《气候变化影响下的流域水循环》，2015 年 6 月	主要内容包含：气候要素长期变化趋势分析与突变检验，大气环流模式（GCM）适应性评估，降尺度模型构建，流域水文过程的分布式模拟，基于陆-气耦合的流域水循环对气候变化的响应等
韩行瑞著，《岩溶水文地质学》，2015 年 6 月	内容包括：岩溶水文地质学研究内容、发展现状，岩溶发生与发育基本特征，岩溶地下水的赋存，岩溶地下水运动规律，岩溶水系统，岩溶水动力及水化学特征，岩溶水系统模型化研究，岩溶水资源开发及保护、可持续利用等
张兆吉等著，《区域地下水污染调查评价技术方法》，2015 年 6 月	探讨了区域地下水污染调查方法、地下水污染调查评价信息系统建设方法、地下水质量评价方法、地下水污染评价方法、地下水有机污染健康风险评价方法和地下水污染防治区划方法；论述了地下水污染调查和评价的关键科学问题，提出了地下水污染调查和采样方法、地下水污染样品质量控制方法、地下水有机污染物评价检出限、单因子综合评价方法，对比了地下水污染评价方法，并进行了地下水污染防治区划等
吴丰昌等编著，《湖泊水环境质量演变与水环境基准研究》，2015 年 7 月	分析了太湖等湖泊水体污染、水动力、水生态系统结构及演变、人群暴露参数和社会经济特征，总结了近几十年来湖泊水化学、生态系统结构及典型污染物的区域差异和演变规律；提出了水环境基准测试生物名录；探索了水动力对湖泊污染物输移转化作用机理和营养盐基准的影响，研究了水动力对水环境质量演变及水质基准的关系模型；提出了湖泊饮用水体中的优控污染物清单，并建立重点污染物和新型污染物的健康毒性效应及风险评估模型；揭示了富营养化水体中有机质与多种污染物的相互作用机理，以及特征污染物的生物有效性和复合污染的生态毒理效应；构建了水环境基准理论体系框架和基准制订技术规范等
曾维华等著，《水代谢、水再生与水环境承载力（第二版）》，2015 年 7 月	论述了海河流域水资源、经济、社会、生态、环境五个维度各自和相互之间可持续发展目标下的协调与整体调控决策过程和决策方法；提出了高强度人类活动影响下的海河流域多维整体临界调控的知识理论体系和海河流域多维临界调控理论框架、调控准则和调控方法；分析提炼了多维调控的表征体系及关键指标，形成了流域水循环多维临界整体调控阈值分析计算方法，评估了各关键指标的理想点和阈值，提出了流域水循环多维临界整体调控阈值分析计算方法；提出了水循环系统五维三层次递进方案设置技术与方案集，及海河流域水循环多维临界整体调控的水资源高效利用与管理模式；创建了五维临界调控的决策机制，提出了流域综合效益平衡下的总量控制指标，预测了南水北调工程通水后海河流域生态环境效应

续表

作者，书名，出版时间	内 容 摘 要
方红卫、何国建、郑邦民编著，《水沙输移数学模型》，2015年7月	描述了一维水沙输移数学模型，包括泥沙输移过程中的基本原理、方程构建、边界条件及主要参数的选用等。描述了平面二维水沙输移数学模型，并讨论了河道展宽的数值模拟。描述三维水沙输移数学模型，讨论了各类紊流模式的基础上，介绍了常用的几种三维水沙输移数学模型
孟万忠著，《汾河流域人水关系的变迁》，2015年7月	主要内容有：历史流域学基本理论，汾河流域政区变迁与文明演变，流域文化空间解构和整合再生，流域城镇变迁与城镇化，流域聚落演变与古村落保护，流域经济发展与空间开发，流域人水关系变迁，流域水资源与水安全，流域生态环境变化及质量评估，流域自然灾害与防灾减灾
刘家宏等著，《海河流域土壤水监测数据集成及土壤水效用评价》，2015年7月	阐述了土壤水研究的意义和回顾土壤水研究的历史沿革，总结了不同尺度土壤墒情监测的主要方法及其原理，提出了田间尺度、网格尺度以及区域尺度上土壤水监测的方案及其适应性分析，探索了多源、多尺度土壤墒情数据采集和数据集成技术的应用前景，分析了海河流域土壤水分布的宏观格局和时空演变规律
王焱、贺亮、胡蓉著，《若尔盖湿地沙化的生态水文过程研究初探》，2015年7月	定量研究了从生态水文学角度对若尔盖湿地沙化的机理，构建了若尔盖湿地沙化的生态水文模型，研究了若尔盖湿地不同地类的生态水文过程，揭示了若尔盖湿地沙化成因
王建华、王浩、秦大庸等著，《海河流域二元水循环模式与水资源演变机理》，2015年8月	提出了流域二元水循环理论模式、驱动机理，构建了二元水循环概念性模型，分析了海河流域水循环演变历程和变化规律，提出了海河流域城市、农业等典型单元水循环过程、水资源演变机理及其调控途径，并指出了进一步深入研究的科学技术问题
黄强等著，《塔里木内陆河流域水资源合理配置》，2015年9月	针对塔里木河流域开发利用中的关键技术问题，统筹兼顾天然植被生态用水与社会经济发展用水，科学调配行政区域间用水总量权值，合理分配不同行业间用水，探讨了有限水资源合理配置模式
赵建世、杨元月著，《黄淮海流域水资源配置模型研究》，2015年9月	介绍了水资源配置模型的基本理论方法与研究进展，构建了水资源系统整体模型，分析了东中西三条线路对水资源配置格局的影响

续表

作者，书名，出版时间	内　容　摘　要
雷廷武、蔡国强等著，《流域水土流失模拟方法》，2015 年 9 月	主要内容包括：国内外主要水土流失模型的概述和归纳，流域水沙关系模型，黄土丘陵沟壑区流域水土流失经验模型，流域水土流失干旱指数主控因子模型，流域次暴雨产流与产沙无量纲模型，流域水土流失过程统计模型，流域水土流失过程物理模型
周孝德、吴巍著，《资源性缺水地区水环境承载力研究及应用》，2015 年 11 月	针对我国北方资源性缺水地区普遍存在的问题，面向生态文明制度建设需求，以水资源、水环境科学技术领域内"资源环境承载能力评估预测"为突破点，综合考虑资源性缺水地区水资源数量与质量的关系，兼顾理论研究与实际应用，构建了区域水环境承载力量化模式
李丽娟、李九一等著，《澜沧江流域水资源与水环境研究》，2015 年 11 月	收集了大量数据，建立了水资源与水环境状况对比调查数据集；制作了澜沧江流域中下游及大香格里拉地区水资源分布图和水环境变化数据集
郑丙辉、李开明、秦延文等著，《流域水环境风险管理与实践》，2015 年 11 月	介绍了国家重大专项项目"流域水环境风险评估与预警技术研究与示范"的研究成果，建立了完善流域水环境管理技术体系，为构建国家/流域水环境管理决策平台、提高水环境管理水平以及促进水环境管理机制转变提供科技支撑
杨志峰、董世魁、易雨君等著，《水坝工程生态风险模拟及安全调控》，2015 年 11 月	介绍了全球和中国的水坝建设现状，阐述了水坝工程生态风险的概念与内涵，总结了水坝工程生态风险研究进展；提出了水坝工程生态风险的理论框架；论述了水坝工程生态风险源识别、生态风险受体识别和生态风险终点确定；介绍了建坝河流生态水文过程的模拟方法，模拟了流域水沙分布及流域水文过程与景观格局变化；论述了建坝河流生态水动力模型；介绍了建坝河流水动力过程模拟及鱼类栖息地适宜度模型构建；阐述了基于水环境、生物完整性、格局与过程的水坝工程生态风险评价；论述了基于河流生态流量、水库库容优化设计及水库发电量优化的生态安全综合调控模式
陆垂裕等著，《面向对象模块化的水文模拟模型——MODCYCLE 设计与应用》，2015 年 11 月	第 1 篇介绍了当前水文科学的发展历程，解析了水文/水循环模型的基础框架和建模理念，明晰了水文/水循环模型建模的要求和重点；第 2 篇介绍了水循环模型 MODCYCLE 的主要特点和计算原理；第 3 篇以邯郸市、通辽市、海河流域等为例展开实例分析，论述了模型的应用成果
叶属峰等编著，《河口水域环境质量检测与评价方法研究及应用》，2015 年 11 月	以长江口海域的环境监测评价与保护管理为目标，解决各行业的管理交叉矛盾，建立了适合于长江河口区水环境特点的监测评价体系，为污染物排放的海陆统筹、以海定陆提供依据

作者, 书名, 出版时间	内 容 摘 要
秦大军著,《海河流域地下水年龄测定与水文地质过程分析》, 2015 年 11 月	介绍了同位素水文地质学原理和应用, 总结了国内外同位素水文地质学研究的新进展, 讲述了北京平原区第四系孔隙水和岩溶水补径排条件和水文地质过程、同位素组成及在地下水路径示踪方面的应用, 分析了地下水测年及地下水流场属性、地下水可更新能力, 并开展了实例分析, 论述了模型的应用成果
封国林等著,《中国汛期降水动力-统计预测研究》, 2015 年 11 月	研究了全球变暖背景下中国东部地区夏季三类雨型预测概念模型的构建、季节变化对全球变暖的响应及其在气候预测中的应用、天气系统的气候效应、动力-统计预测原理及方案构建、2009—2014 年汛期预测及总结、动力与统计集成的季节气候预测系统（FODAS）的推广和应用等
徐雪红主编,《太湖流域水资源保护与经济社会关系分析》, 2015 年 12 月	确定了流域水资源保护的内涵外延, 分析了太湖流域水资源保护相关要素及影响因素, 还分析了太湖功能特点与问题治理
陈曦著,《宋代长江中游的环境与社会研究: 以水利、民间信仰、族群为中心》, 2015 年 12 月	主要内容有: 宋代长江中游水利工程的发展, 信仰与地方社会, 宋朝羁縻州治理理念的变化, 新资料与宋代长江中游研究
张国兴、何慧爽、郑淑耀著,《水资源经济与可持续发展研究》, 2015 年 12 月	主要内容有: 水资源需求、水资源供给、水资源配置、水权水价与水资源市场、水资源绩效评价、水资源管理、水资源环境保护和水资源安全战略等
周祖昊等编著,《中国城镇化、工业化进程中农业用水保障对策研究》, 2016 年 1 月	总结了国内外农业用水保障的经验和启示, 分析了近 20 年城镇化、工业化快速发展进程与农业用水变化之间的关系, 剖析了城镇化、工业化发展对农业用水的影响原因, 预测了未来农业用水变化的趋势。此外, 还分析未来城镇化、工业化进程对农业用水保障形成的挑战, 提出我国城镇化、工业化进程中农业用水保障的机制框架、政策建议和保障措施
郭纯青等著,《中国西南岩溶区旱涝灾害演变机理及水安全》, 2016 年 1 月	研究了岩溶旱涝灾害形成演变机理及岩溶地下河水资源安全利用模式, 探索了典型岩溶地下河流域内旱涝灾害成灾的内外因, 确定了岩溶旱涝灾害的"源""流""场""效应"和"灾情"的链式规律的内外关联性, 总结了西南严重缺水地区地下水赋存规律和开发利用条件的经验, 提出了中国西南岩溶地下水资源开发利用的有效模式

续表

作者, 书名, 出版时间	内　容　摘　要
余新晓等著,《森林植被-土壤-大气连续体水分传输过程与机制》, 2016 年 2 月	研究了植被-土壤系统对降水的动态响应机制,揭示了植物水对各层土壤水变化的响应规律;定量区分了不同土层对森林植被生长所需水分的贡献,构建了森林植被对土壤水分利用的主要模式,并解释了水分利用策略等
刘卉芳、曹文洪、孙中峰著,《黄土区水土保持的水沙效应》, 2016 年 3 月	研究了不同时空尺度水沙运移规律;分析了径流产生和发展的物理过程,建立了降雨—入渗—径流的综合模型;分析了流域内土地利用/覆被变化的演变过程,调整与优化了区域土地利用结构;并研究了植被和工程对径流和泥沙的影响等
胡彦华等著,《现代水利信息科学发展研究》, 2016 年 3 月	探讨了水利信息化推进措施、应用技术、基础应用、工程实践、顶层设计等内容,总结了推进水利信息化发展进程中的方法措施、关键技术和专题方案,体现了基于物联网、视联网、云计算、大数据为基础的未来水利信息化发展思路、技术路线、建设任务、实施方案、保障措施等研究成果
陈小华、康丽娟、付融冰、孙从军著,《河道大型底栖动物监测与水质评价技术手册》, 2016 年 3 月	主要内容包含监测方案制定、采样方法和流程、采样仪器和设备日常保养、资料查询方法、采样点的空间定位方法、生物样品处理方法、物种简单鉴定方法、数据记录与处理、采样点环境评估方法、水质生物学评价方法与指数、常规水质指标测定方法、数据管理与交流、志愿者培训计划、安全保障措施等
中国科学院著,《水利科学与工程》, 2016 年 3 月	判断和预测了水利学科发展战略研究的未来发展方向和趋势;指导了学术界和科研机构把握学科发展方向;提供了科研管理部门决策咨询意见等
唐宏等著,《绿洲城市发展与水资源利用模式选择》, 2016 年 3 月	提出了城市发展与水资源利用相互关系的研究框架,分析了绿洲城市发展与水资源利用的动态演变过程,构建了综合测度体系与评价模型,探讨了城市发展与水资源开发利用的交互耦合关系与相互影响机理。此外,还构建了系统仿真模型,模拟了城市发展的水资源需求情景,探讨了水资源总量控制下的城市发展,并对城市发展模式与水资源开发利用模式进行优化选择
许崇正等著,《水资源保护与经济协调发展——淮河沿海支流通榆河》, 2016 年 4 月	主要研究了工业污水处理技术,提出了臭氧、生物炭水质处理技术、污水尾水深度处理技术、纳滤处理重污染废水技术以及示范工程技术,对沿河村镇生活污水、养殖污染物综合控制技术开展研究;构建了通榆河水质-水量调度模型,评价了水资源回用对水环境的影响,提出通榆河流域水资源环境与经济协调发展模型,并分析其应用结果,提出了相应的综合对策
李国敏、董艳辉等著,《甘肃北山区域-盆地-岩体多尺度地下水数值模拟研究》, 2016 年 4 月	主要讨论了干旱气候条件下多山地带区域地下水流动模式,探索了数值法划分不同级次地下水流动系统,研究了地下水的运动规律等

续表

作者, 书名, 出版时间	内 容 摘 要
于革等著, 郑州市文物考古研究院编, 《郑州地区湖泊水系沉积与环境演化研究》, 2016年5月	主要研究了郑州地区典型古湖泊、古水系形成演化的特征、过程和空间分布, 分析了其演变的动力机制
张玲玲等著, 《区域用水结构演变与调控研究》, 科学出版社, 2016年6月	以江苏省为研究区域, 编制考虑用水水平的区域投入产出表, 建立产业用水变动驱动因素识别方法, 构建基于投入产出分析的区域用水结构动态优化调控模型, 探析区域产业用水与国民经济发展的相互作用机理; 分析用水结构的演变及其与经济增长在空间分布上的关联等内容
郑国臣、张静波、冯玉杰等著, 《黑龙江省典型河湖水生态监测、评价与修复关键技术》, 2016年6月	主要内容包括: 水生生物监测方法及规程、黑龙江省典型湖库水生态监测、黑龙江省典型河流水生生物监测、嫩江流域典型区域水生态风险评估、尼尔基水库水环境保护对策、水体中叶绿素a测定方法比较研究、微污染水源生物菌剂的构建及其应用和黑龙江省水生态文明建设研究
莫兴国等著, 《气候变化对北方农业区水文水资源的影响》, 2016年6月	介绍了生态系统生态水文过程和水碳通量的观测方法、数据处理, 生态水文过程的模拟方法、参数反演, 机理模型的尺度扩展, 模型与遥感信息的同化方法及其在区域蒸发、植被生产力时空格局演变机制研究中的应用, 基于VIP生态水文模型的气候变化响应研究; 阐述了农田生态系统水循环、生产力对气候变化的响应机理, 评估了未来气候变化情景对农业生态系统的影响及其对水资源和粮食安全的影响
杨涛、王超著, 《高寒江河源区水文多要素变化特征与模拟研究》, 2016年6月	分析了重力卫星观测反演的黄河源区陆面水储量的年内和年际变化特征, 以及空间分布特征; 探讨了降水、蒸散发、径流以及冻土变化与陆面水储量变化的关系, 揭示了源区冻土变化和蒸散发变化对径流过程的影响机制, 并分析了前面提出的径流变化的主要影响因素及作用机理假设的合理性等
杨晓华、夏星辉著, 《气候变化背景下流域水资源系统脆弱性评价与调控管理》, 2016年7月	提出了降低气候变化背景下水资源系统脆弱性的调控对策, 提出了气候变化下流域水资源脆弱性多属性评价理论和系统动力学理论, 建立了气候变化下流域水资源脆弱性评价指标体系、评价标准、评价模型和四维流域水资源供需系统动力学模型, 模拟了未来RCPs情景下流域降雨、蒸发、径流量的变化, 分析了黄淮海各流域水资源脆弱性时空分布特征, 揭示了气候变化下流域水资源脆弱性变化规律, 并给出了气候变化下黄淮海各流域水资源系统脆弱性评价的结果和调控措施

作者，书名，出版时间	内 容 摘 要
陈晓宏等编著，《变化环境下南方湿润区水资源系统规划体系研究》，2016 年 7 月	提出了水资源可持续利用的分阶段目标，制定了流域和区域水资源配置格局及总量控制性指标，明确了重大水资源配置工程总体布局及管理措施，制定了重点领域和区域水资源可持续利用对策，提出了下游区域对流域入境水的水资源量和质的要求以及重点跨流域或区域调水方案，提出了运用典型年型水资源配置结果反映不同来水频率下的水资源配置情况的方法等
杨永刚、秦作栋、薛占金著，《汾河流域水文水资源集成研究》，2016 年 7 月	分区、分方法、分层次阐释了汾河流域水文系统破坏过程、污染过程，并从水资源调控思路、体系、水源、路径、对策等方面提出了汾河流域水资源联合调控的总体框架等
高俊峰、蔡永久、夏霆等著，《巢湖流域水生态健康研究》，2016 年 7 月	探讨了流域人类活动变化对水生态系统影响的主要因子，建立了水生态健康评估指标体系与评估方法，建立了适合巢湖流域的河流、湖泊水生态健康评估指标体系等
张静波、郑国臣、昌盛等著，《嫩江流域典型区水生态风险监控系统研究》，2016 年 7 月	主要从水质、排污、监控、预警、决策多方位多监督进行水生态风险监控与评估，提出了合理的水生态风险管理方案成为实现流域管理、缓解流域内水资源水生态风险等
吴炳方、胡明罡、刘钰著，《基于区域蒸散的北京市水资源管理》，2016 年 7 月	论述了遥感模型建立、地面观测与验证、ET 成果应用三个方面的内容，展示了 ET 监测技术用于北京市耗水管理中的丰富成果，并介绍了 GEF 项目中的北京市耗水监测系统目前的运行和应用情况等
王慧敏、刘高峰、陶飞飞等著，《非常规突发水灾害应急合作管理与决策》，2016 年 7 月	主要内容有：非常规突发水灾害应急管理理论分析；非常规突发水灾害应急管理的系统建模方法；非常规突发水灾害应急合作研讨决策支持系统；应用案例
水利部水利信息中心编著，《中小河流洪水预警指标确定与预报技术研究》，2016 年 8 月	主要内容有：山洪预警指标体系及确定方法；山洪预警预报模型与方法选择；湿润地区山洪预报模型应用研究；半湿润半干旱地区山洪预报模型应用研究；干旱地区山洪预报模型应用研究；分布式水文物理模型 GBHM 在山洪预报中的应用研究；分布式水文物理模型 TOPKAPI 在山洪预报中的应用研究；基于地貌单位线的山洪经验预报方法

续表

作者，书名，出版时间	内 容 摘 要
夏军、李原园等著，《气候变化影响下中国水资源的脆弱性与适应对策》，2016年8月	主要内容有：研究气候变化情景下水资源影响与水资源供需耦合响应关系，分区评价水资源的脆弱性及其阈值，提出气候变化对我国东部季风区重点流域水资源供需态势影响及脆弱性的系列成果图；分析气候变化对南水北调重大调水工程的影响和对区域水资源安全的影响评估，提出应对气候变化影响的适应性对策；研究气候变化下水资源影响适应性管理对策；评估我国目前应对气候变化适应性措施的适应效能，分析实施适应性措施的成本收益与制约因素，探讨气候变化下水资源适应性管理的制度、模式及保障途径
刘元波等著，《水文遥感》，2016年8月	概述了水文遥感的基本概念和发展过程及趋势，阐述了水文变量的物理基础、定量遥感反演方法、地面验证方法和反演产品及其应用案例，并从流域水循环角度，对水文遥感的发展前景进行了展望
万芳、吴泽宁著，《滦河流域水库群联合供水调度与预警系统研究》，2016年8月	分析了水库径流规律、水库间丰枯补偿及水资源供需水，建立了水库群供水优化调度模型，研究了能够提高计算效率与计算精度的模型求解方法；研究和计算滦河下游水库群的中长期供水调度和实时调度、水库群供水预警系统，建立水库供水预警系统，确定水库群供水调度的风险程度及采取的应变措施，制定不同利益趋势和风险偏好下的最佳供水调度策略，并对此预警系统的风险和准确度进行计算分析和评估
王浩等著，《海河流域水循环演变机理与水资源高效利用丛书（25分册）》，2016年8月	主要内容：海河流域水资源问题诊断、"自然-人工"水循环模式与水资源系统演变机理、水循环演化驱动下的流域水生态与环境演变机理、海河流域水循环及其伴生过程综合模型系统构建、海河流域水资源系统评价及其演变规律研究、海河流域水生态与环境演变规律与评价、基于均衡理论的海河流域水循环综合调控模式、水资源利用效率评价方法与海河流域用水效率度量、海河流域农业高效用水原理与节水模式、海河流域城市节水减排机制与高效利用、海河流域水资源与环境综合管理与红线制定、海河流域"水资源-生态-环境"综合调控建议
潘争伟、吴成国、金菊良著，《水资源系统评价与预测的集对分析方法》，2016年9月	论述了系统评价与预测方法论，集对分析方法的基础理论、集对分析的扩展和集对分析评价与预测方法论；提出了基于集对指数势的影响因子分析方法，基于模糊数的集对分析系统评价方法和基于联系函数的系统评价方法等；阐述了基于模糊集对分析的系统评价方法、基于集对分析的相似预测方法、基于集对分析的聚类预测方法和基于集对分析的自组织预测方法等，并应用于水资源评价与预测中；开展一系列理论与应用研究，并结合学科特点和应用要求对其进行了完善和发展，构建基于集对分析的水资源系统评价与预测的理论方法体系等

作者, 书名, 出版时间	内　容　摘　要
左其亭、胡德胜、窦明、张翔等著,《最严格水资源管理制度研究——基于人水和谐视角》, 2016年9月	主要内容:(1)技术标准体系研究。构建了严格水资源管理制度"三条红线"指标体系与评价标准,提出了水资源管理绩效评估方法和绩效考核保障措施体系;(2)行政管理体系研究。研究了适应严格水资源管理制度的取水许可审批机制、水权分配机制、水权交易机制、排污权交易机制;(3)政策法律体系研究。研究了水科学知识教育的法律规制、生态环境用水保障机制、"违法成本>守法成本"机制、水资源管理中的公众参与保障机制、政府责任机制等政策法律体系
曹连海著,《基于水足迹理论的灌区农业节水潜力研究:以河套灌区为例》, 2016年9月	主要内容:提出了农业节水潜力理论框架体系和计算方法;在分析农业节水潜力科学内涵基础上,提出了农业生产水足迹控制标准阈值区间,建立了农业节水潜力计算模型,给出了计算流程。以河套灌区为研究对象,计算了保证粮食安全、合理种植结构和水资源约束三种情形模式下的农业节水潜力等
杨涛、刘鹏著,《变化环境下干旱区水文情势及水资源优化调配》, 2016年9月	主要内容有:探索新疆山区水库-平原水库调节与反调节关键技术,解析气候变化对叶尔羌河流域山区冰雪径流及衍生灾害、下游平原水库的蒸发渗漏及其旱情的影响,提出文化粒子群混沌算法和大系统协调分解算法框架,构建适应气候变化的山区水库调节-平原水库反调节优化调度模型。建立了变化环境下干旱区水库群调度模型的风险分析方法,完善了不确定条件下水库联合调度模型,构建了流域水库调度风险分析技术等
张建锋著,《汉长安城地区城市水利设施和水利系统的考古学研究》, 2016年9月	主要内容有:综合考察各项城市水利设施以及由此组成的水利系统,探讨当时城市水利建设的特点和规律,分析城市水利与自然、社会各要素的辩证关系;并通过对比,总结西汉长安地区城市水利建设的经验与教训
吴朋飞著,《历史水文地理学的理论与实践——基于涑水河流域的个案研究》, 2016年11月	主要研究了流域河道变迁、水文特征、洪水灾害以及出现的环境问题,最后检讨了历史水资源环境研究范式和方法
王根绪、张寅生等著,《寒区生态水文学理论与实践》, 2016年11月	主要阐述了寒区大气-植被-积雪-土壤间的能水交换与传输过程,坡面尺度不同植被覆盖下的产流过程,以及集水单元流域产流过程。并论述了冻融循环对于寒区流域径流形成与汇流过程的作用,开发了寒区产流机制模型和流域生态水文模型

作者，书名，出版时间	内 容 摘 要
戴会超、毛劲乔、蒋定国等著，《水利水电工程生态环境效应与多维调控技术及应用》，2016年11月	主要建立了水利工程影响下水文水质实时监控、营养状态智能判别等方法和技术，构建了多维、多场耦合的全过程模拟系统；发明了综合考虑水位变幅、水流垂向紊动等因素的河道型水库水华预警与调控新技术；研发了基于物联网的特有鱼类产卵栖息地监测技术，建立了面向重要水生生物产卵栖息地的生境评价体系、产卵场适合度模型；发明了适合四大家鱼和自然繁殖需求的水库生态调控方法；发明了复杂江湖交汇水系水环境质量监测站点的优化布置方法，构建了江湖一体化水情动态模拟系列技术；研发了江湖两利的重大水库群联控联调系统及方法，提出了保障长江中游通江湖泊供水安全的调控技术
李新荣等著，《中国沙区生态重建与恢复的生态水文学基础》，2016年11月	论述了生态重建与恢复中存在的主要科学问题和实践需求；阐述了沙区人工固沙植被对土壤水文过程的长期影响和适应，以及水文过程的改变对固沙植被演替的驱动机理；解释了沙区生态过程和水文过程互馈互调的作用机理，解析了植物对水分胁迫的适应策略；研究了沙区土壤生境的变化对植被—土壤系统水量平衡和固沙植被可持续性的影响；探讨了植被格局与分布、土壤水分的植被承载力、沙地水量平衡对人工植被稳定性维持的重要意义；提出并分析了生态水文阈值对固沙植被稳定性维持等生态系统管理和对未来植被建设的重要性
郭翔、佘廉、张凯著，《水污染公共安全事件预警信息管理》，2016年11月	通过研究水污染公共安全事件，探寻其发生发展的机理，建立相应的信息管理系统
滕应、陈梦舫等著，《稀土尾矿区地下水污染风险评估与防控修复研究》，2016年12月	分别介绍我国稀土金属冶选尾矿库区的生态环境问题、包钢稀土尾矿库的污染特征与生态环境调查、包钢稀土尾矿库周边地下水中污染物的迁移过程、包钢稀土尾矿库周边地下水污染对生物体的遗传损伤、生物监测方法及生态风险评价、包钢稀土尾矿库渗漏的污染防控及预警、包钢稀土尾矿库污染地下水的修复技术以及包钢稀土尾矿库区环境管理策略等
许崇正等著，《水资源保护与水质管理控制—淮河沿海支流通榆河》，2016年12月	主要研究了工业污水处理技术，提出了臭氧、生物炭水质处理技术、污水尾水深度处理技术、纳滤处理重污染废水技术以及示范工程技术，构建通榆河水质-水量调度模型，评价水资源回用对水环境的影响
于宏兵、周启星、郑力燕主编，《松花江流域水生态功能分区研究》，2016年12月	主要分析了自然和人为因素复合作用下的演变过程，研究了流域生态系统过程之间相互影响和作用形成的生态环境以及空间分异格局和特点，论述了松花江流域自然环境、社会、经济特征的空间异质性以及陆地生态与水生态关系，研究了水资源、水环境、大型底栖动物、水生植物、鱼类和藻类等水生态系统的时空演化规律，辨识了松花江流域水生态功能的主要驱动因子，构建了松花江流域水生态功能分区的指标体系，评估了流域四级水生态系统功能分区并作了功能验证和安全性

作者，书名，出版时间	内 容 摘 要
李畅游、孙标、张生等著，《呼伦湖水量动态演化特征及水文数值模拟研究》，2016 年 12 月	主要内容包括：小波理论水文序列复杂性分析，混沌理论的水文时间序列预测分析，水面变化及水深反演模型研究，水量平衡动态分析，水文数值模拟，未来气候下的水文特征预测等研究

12.3 中国水利水电出版社

中国水利水电出版社是水利部直属的中央一级专业科技出版社。其前身是 1956 年元旦成立的水利出版社。1958 年 3 月，根据水利电力部的决定，水利出版社与电力工业出版社合并为水利电力出版社。1979 年 8 月，水利部和电力部决定将水利电力出版社分为水利和电力两个出版社。1982 年 4 月，这两家出版社又合并为水利电力出版社。1994 年 1 月，水利电力出版社再次一分为二；次年 4 月 3 日，中国水利水电出版社正式挂牌成立。

目前，中国水利水电出版社已发展成为一家以水利电力专业为基础、兼顾其他学科和门类，以纸质书刊为主、兼顾电子音像和网络出版的综合性出版单位，每年出版各种出版物（书、盘、带）约 1500 种。中国水利水电出版社 2015—2016 年出版有关水科学的学术著作见表 12.2。

表 12.2 中国水利水电出版社 2015—2016 年出版有关水科学的学术著作一览表

作者，书名，出版时间	内 容 摘 要
于建华、杨胜勇主编，《水文信息采集与处理》，2015 年 1 月	主要内容包括：测站的布设、降水观测及数据处理、水面蒸发观测及数据处理、水位观测及数据处理、流量的测验、泥沙测验及数据处理、冰凌观测、误差理论与水文测验误差分析
王建华、赵勇、桑学锋等著，《苦咸水高含沙水利用与能源基地水资源配置关键技术及示范》，2015 年 1 月	主要内容包括：能源基地开发的水资源约束；能源基地水资源与产业发展协同调控方法；分布式水资源多质集合评价；苦咸水开发利用技术与中试研究；高含沙河流开发利用技术与应用；能源基地水资源需求管理技术及应用；分布式水资源配置理论方法与模型系统开发；面向用户的分布式水资源配置应用研究；能源基地开发水土资源保护技术与应用；能源基地干旱管理研究等
张永明、侯慧敏、何玉琛编著，《石羊河流域行业取耗水总量控制与水资源保障方案研究》，2015 年 1 月	在论述石羊河流域水资源开发利用现状和水权制度建设框架意见的基础上，拟定了初始水权界定方法，制定了流域初始水权分配方案，确定在新的水循环条件下，流域行业取耗水总量控制指标；完善了地下水资源评价方法，并提出把流域地下水按照控制开采区、保护开采区、调蓄开采区、限制开采区等四区管理，开展分区取水管理，最后有针对性地提出了流域地下水超采区管理方案和水资源保障方案等

续表

作者，书名，出版时间	内 容 摘 要
汪宝会、郑丽娟、郭振有主编，《节水灌溉实用技术》，2015 年 1 月	介绍了节水灌溉技术与工程实践，主要内容包括：地面科学灌溉、田间混凝土衬砌渠道、水泵及机泵测改、水资源供需分析、低压管道输水灌溉、喷灌技术、微灌技术、节水新技术、城市园林绿地节水灌溉
郑丽娟、汪宝会、郭鑫宇主编，《雨水利用技术与管理》，2015 年 1 月	主要内容包括：雨水利用概论、雨水集蓄利用、农村集雨工程技术、农村雨水净化存蓄管理、城市雨水利用与管理、屋面雨水收集利用、操场雨水收集利用、雨水入渗与屋顶绿化、硬化地面与道路雨水利用、雨水蓄存排放与回用管理、雨水利用工程实例等
张雷、金旭浩编著，《高效节水系列新技术应用与实践》，2015 年 1 月	从高效节水灌溉、灌区节水改造、生态河道建设及农村饮水安全等四个重点方向，组织开展了十余项新技术的集成与示范，为节水型灌区建设提供了新技术保障
水利部水利水电规划设计总院主编，《水库汛期水位动态控制方案编制关键技术研究》，2015 年 3 月	主要内容包括分期洪水及防洪调度研究、水库汛期水位动态控制风险评估指标及可接受风险研究和水库汛期水位动态控制洪水预报信息可利用性研究
刘建林著，《跨流域调水工程补偿机制研究》，2015 年 3 月	在分析及借鉴国内外水资源生态修复和生态保护补偿经验的基础上，研究国家相关公共政策与法规，提出了适应南水北调（中线）工程商洛水源地丹江流域的生态修复模式，并提出了南水北调（中线）工程应给予商洛水源地保护和补偿的科学依据，以及保护和补偿的方式、方法、内容与资金筹措、管理运行模式等，构建了跨流域调水工程水源地水资源补偿的长效机制
徐鹤、张有发、高一等编著，《大型调水工程受水区水价理论研究》，2015 年 3 月	针对多水源供水制定合理水价这一问题，基于水资源价值理论，对受水区多水源的综合水价制定原则与方法进行了研究，为各用水户的水价制定提供了重要依据，并以 A 市为例，测算了调水后的各用水户的合理水价
刘勇毅、傅维香、彭学军编著，《现代水利法治体系构建》，2015 年 3 月	主要内容包括：水利法治的历史渊源，水利法治的基本内涵，水利法治的主体框架，水利法治的法规体系，水利法治的保障体系，水利法治的执行手段及附录
李向新主编，和红强副主编，《HEC-HMS 水文建模系统原理·方法·应用》，2015 年 3 月	从水文建模原理、方法与应用三个方面，讲述了美国陆军工程师团水文工程中心（HEC）开发的新一代水文建模计算机程序 HECHMS。全书由 3 篇组成，第 1 篇阐述了 HECHMS 水文建模原理；第 2 篇叙述了基于 HECHMS 的工程水文学研究；第 3 篇论述了 HECHMS 程序应用指南

作者，书名，出版时间	内　容　摘　要
蒋静著，《咸水灌溉对作物及土壤水盐环境影响研究》，2015 年 4 月	第 1 章介绍了石羊河流域的概况、研究的目的、意义、国内外研究进展、研究内容；第 2 章介绍了研究方法，包括试验方案、观测项目与测定、计算的方法；第 3 章介绍了咸水灌溉对作物生长及耗水规律的影响；第 4 章介绍了咸水灌溉对农田土壤水盐变化规律的影响；第 5 章介绍了基于 SWAP 模型的咸水灌溉模拟研究
李福林、杜贞栋、史同广等著，《黄河三角洲水资源适应性管理技术》，2015 年 4 月	以黄河三角洲为研究区域，在水资源时空演变特征分析、水资源脆弱性评价、水资源承载力计算的基础上，提出黄河三角洲水资源的适应性管理模式。从开源、节流、生态环境保护等层面构建了水资源系统适应性管理技术体系，对水系联网、水资源优化配置与调度、农业综合节水、非常规水综合利用、水生态修复、水资源监测与评估等多项关键适应性技术进行深入研究，开发了面向三角洲地区水资源适应性管理的信息系统
左其亭主编，陈隆文、贾兵强等副主编，《水文化职工培训读本》，2015 年 4 月	主要内容：（1）对水文化基础知识、自然水系孕育的水文化、社会变迁中的水文化等相关知识的总结和介绍。（2）对水利工作中六方面重点内容中水文化知识的详细介绍，分别包括水利建设、城市建设、农业发展、旅游发展、防灾减灾、生态保护中的水文化。（3）介绍了水文化传播与交流，包括水文化传播的主要途径及核心价值体系、水文化交流平台及相关要求
李宗新、李贵宝主编，肖飞、李文芳副主编，《水文化大众读本》，2015 年 4 月	介绍了大力加强水文化建设的重要意义、总体要求、主要任务及保障措施，简要对比了中外水文化的异同，并提出了建设水文化强国的目标
曾越、刘青娥编著，《干旱灾害及供水危机应急管理技术》，2015 年 5 月	（1）分析了干旱及干旱灾害，提出干旱灾害的管理措施，对干旱灾害危机事件的风险分析、事前预防、抗旱减灾、灾后恢复进行了全面的阐述。（2）从分析城市供水危机的内涵与分类着手，介绍了城市供水危机管理的措施及应急管理技术。（3）针对真实案例进行了深度剖析
刘孝盈、毛继新、吴保生等编著，《水库有效库容保持》，2015 年 5 月	在分析总结水资源状况、水库建设、水库淤积状况及其对水库功能影响的基础上，初步提出了泥沙淤积对水库功能影响评价指标，建立了评价体系和泥沙淤积对水库功能影响评价框架模型（REsFIE-1），并对官厅水库、小浪底水库、丹江口水库、三门峡水库和闹德海水库等典型水库进行了评价研究
周亚岐、于京要、刘艳民编著，《河北省北部山区水土资源协调利用技术研究》，2015 年 5 月	对河北省北部山区水资源、土壤资源、水土保持等作用机理进行了理论分析和评价，提出了适用于北部山区水土资源协调利用与经济发展、资源与环境保护、发挥综合效益等研究目标，为该区水土资源的科学利用提供技术支撑和宏观指导作用

续表

作者,书名,出版时间	内 容 摘 要
贾军、田海军编著,《海滦河流域下游治理技术与对策》,2015年5月	探讨了流域内人类活动对水资源的交互影响,城市经济、农业发展、社会活动等高度依赖流域水系提供的防洪、供水、排水等功能,以及解决水资源与生态环境问题的途径
王俊、熊明等著,《水文监测体系创新及关键技术研究》,2015年5月	提出了对水文监测体系创新的探讨,阐述了通过水文测验方法和技术手段,构建适应新的水文测验管理体系的水文测验服务体系和技术支撑体系,包括水文测验服务体系需求、水文测验管理体系、流量测验方法创新、水文应急监测实用技术、水文测验精度控制技术、水文资料整编新技术以及水文测验技术标准适应性研究等内容
郭文献、付意成、王鸿翔著,《区域水资源优化调控理论与实践》,2015年5月	开展了河北省南水北调供水区水资源可持续利用评价及合理配置研究,提出了区域水资源可持续利用评价指标体系与评价方法,构建了区域水资源合理配置模拟优化模型,定量评价了现状年区域水资源可持续利用状况,提出了区域水资源合理配置方案,并对配置方案进行了综合评价
何新林、杨广、王振华等著,《准噶尔盆地南缘水资源合理配置及高效利用技术研究》,2015年5月	分析了准噶尔盆地南缘自然植被和绿洲防护林的生态需水量,探索了区域自然植被保育和人工植被建植水分调控的方法,研究了利用非常规水资源生态恢复与重建的高效利用技术,建立了非常规水资源安全性评价指标体系,确定了天然水循环通量和人工水循环通量的基本比例,优化了区域水资源的合理配置
代堂刚著,《区域水资源水环境保护理论与实践》,2015年6月	结合区域自然地理、人类活动、社会经济状况,针对水资源水环境保护中存在的问题,从水资源的科学利用防洪减灾、水资源水环境的保护与治理等方面进行分析研究,是为解决区域内水资源水环境保护等方面的问题开展的工作和研究
左其亭主编,《中国水科学研究进展报告2013—2014》,2015年6月	首先阐述了水科学学科体系及2013—2014年研究进展综合报告;接着分别介绍了水文学、水资源、水环境、水安全、水工程、水经济、水法律、水文化、水信息和水教育共10个方面的研究进展;最后介绍了水科学方面的学术交流、学术著作,并统计分析了全书所引用的文献
代堂刚、任继周、舒远华等著,《渔洞水库水资源保护研究与应用》,2015年6月	分析和预测了渔洞水库水源区水文情势,评价了水源区水环境现状,计算了水源区各入库河流与水库水体的逐月环境容量,利用 SWAT 模型模拟了变化环境下水源区水文响应机理,基于 AHP 模糊综合评价模型评价了水源区的脆弱性,提出了水源区及水库相关的水资源水环境保护与治理措施
李可可编著,《水文化研究生读本》,2015年6月	第1篇"文化与水文化":文化的概念与本质,水文化的概念与本质,水文化的研究方法、内容与途径。第2篇"我国的水利历史与文化":大禹治水及其文化价值,长江流域水利开发及其文化意义,我国古代水利工程及其水文化展现的具体实例。第3篇"近现代水利与水文化":我国近现代水利与水文化,国外近现代水利与水文化,现代水利与水文化英文研究成果选读

作者，书名，出版时间	内　容　摘　要
邱林、王文川主编，《水资源优化配置与调度》，2015 年 6 月	主要内容包括：水资源优化配置与调度的理论与技术，水资源优化配置与调度的量化分析，水资源优化配置模型，水资源优化配置的智能算法，基于模糊模式识别理论的水资源优化配置模型，基于可变模糊集合理论的水资源优化调度模型
张兵著，《作物精量灌溉智能控制技术》，2015 年 6 月	提出了单（多）作物优化灌溉模型，并通过灌区的试验数据对模型进行求解，该模型能对有限的灌水资源在不同作物及作物的不同生长期内进行优化分配；通过改进算法神经网络，利用天气环境参数对作物在特定生长阶段的需水量进行了预测；通过模糊决策技术，对作物的需水量和土壤湿度状况以及作物的生长阶段等因素来模拟决策作物的灌水量
陈文龙、杨芳、胡晓张等编著，《珠三角城镇水生态修复理论与技术实践》，2015 年 6 月	主要内容包括：珠三角城镇水系基本情况、水生态典型问题、水生态系统构建与修复技术体系、河湖健康评估指标体系、水生态系统构建常用技术、水生态多过程耦合数学模型、典型案例介绍
杨继富、丁昆仑、刘文朝等编著，《农村安全供水技术研究》，2015 年 7 月	主要内容包括：我国农村供水发展现状与科技需求；农村安全供水技术研究进展；农村安全供水新挑战与科技支撑；贫水区找水与取水工程技术；劣质地下水处理技术与设备；微污染水净化技术与装置；雨水安全集蓄与利用技术及装置；农村饮用水安全消毒技术与设备；农村供水水质检测技术及设备；农村供水管网优化设计与标准化、信息化集成技术研究；农村饮用水源保护与生活排水处理技术；农村安全供水技术模式
李道西、张亮著，《北方井渠结合灌区地表水地下水联合调度研究与示范》，2015 年 8 月	主要内容包括：井渠结合灌区结构与功能分析、灌区地表水地下水联合调度模型、地表水地下水联合调度软件研制、地表水地下水联合调度软件在石津灌区的应用
王森、李慧敏著，《水生态文明城市投融资与建设管理》，2015 年 8 月	介绍了许昌水生态文明的建设规划方案，分析了水生态文明城市工程建设特点及业主方管理方式的设计，给出了工程项目管理模式决策准则；设计了 BT 项目投融资体系和建设管理组织体系及参加各方的职责；分析了施工管理过程
张志强、李海涛、武鹏林等著，《三川河流域河道信息系统管理技术开发与研究》，2015 年 8 月	建立了满足 GIS 设计要求的河道地理信息数据库，实现了河道地理信息的采集、存储、分析、查询、管理、输出，建立了河道资源数据库；通过分析、管理，逐步修正和完善数据库中的数据，提高数据精度和工作效率

续表

作者，书名，出版时间	内　容　摘　要
邹君著，《湖南生态水资源系统脆弱性评价及其可持续利用研究》，2015年8月	主要内容包括：湖南水资源开发利用现状及问题，生态水资源系统脆弱性理论分析，湖南生态水资源系统脆弱性评价实证研究，变化环境下的湖南生态水资源系统脆弱性分析，循环经济理念下的湖南水资源开发利用对策，虚拟水战略背景下的湖南水资源可持续利用对策
彭世彰、罗玉峰、王卫光编著，《水稻节水高产控制灌溉实用技术》，2015年9月	介绍了水稻控制灌溉技术特点、原理和实际操作要点，绘制了水稻控制灌溉技术模式图，并就实际运用中常见问题进行了问答形式的总结。内容包括：水稻控制灌溉的技术简介、特点、优点、基本原理、技术模式、分区技术模式以及技术问答
卢建利、郭睎尧编著，《生产建设项目水土流失防治技术》，2015年9月	主要内容包括：生产建设项目水土流失防治措施；生产建设项目水土保持工程措施；生产建设项目水土保持植物措施；临时防护措施等
张兴义、回莉君编著，《水土流失综合治理成效》，2015年9月	重点介绍了东北黑土区概况，人口、自然资源开发尤其是农业开发历程，生态和水土流失现状，新中国成立以来的水土流失治理进程，所形成的单项水土流失防治技术和综合防治技术体系以及形成的成功模式，对防治成效和治理经验进行了系统总结，并提出今后综合防治策略建议
李永中、庹世华、侯慧敏编著，《黑河流域张掖市水资源合理配置及水权交易效应研究》，2015年9月	论述了黑河流域张掖市水资源开发利用现状，预测了不同水平年的供水和需水，进行了水量平衡计算，制定了水资源合理配置方案，分析了水权交易建设的现实价值，定义了水权交易制度建设七个"统一"的科学内涵，提出了将水权流转分为区域间、行业间、农民用水户间的水权流转三种类型，阐述了不同类型的水权交易制度体系建设的内容
戴长雷、付强、杜新强等编著，《地下水开发与利用》，2015年10月	主要内容包括贫水区地下水勘查技术总论，咸淡水共存地区寻找淡水体地球物理勘查技术，基岩山区地下水勘查技术，薄层含水层勘查技术，新型抗淤堵滤水材料试验研究，傍河取水技术与辐射井技术概述，傍河取水辐射井工程技术研究与设备研制，人工含水层辐射井工程技术研究等
张静、郭彬斌、郑震等著，《变化环境下妫水河流域生态水文过程模拟》，2015年10月	以北京市妫水河流域为研究对象，从揭示流域水文过程的角度出发，基于流域最新的水文气象数据，运用3种水文模型（HSPF、SWAT和MIKE SHE）对妫水河流域进行模拟，并对妫水河流域水文模拟的不确定性以及人类活动和气候变化的影响进行了分析研究
徐存东著，《高扬程灌区水盐运移监测与模拟》，2015年10月	采用有害盐量指标评价灌区积脱盐的状况；诠释了水土盐量5个指标的时空分布规律和演化互动效应；描述了非盐渍化土和地下淡水的分布状况；模拟计算了多套引水配水的方案等

续表

作者，书名，出版时间	内 容 摘 要
李铁、王海丽、詹小米著，《农业节水补偿理论、方法与实践》，2015 年 10 月	提出了农业节水补偿机制的指导思想、指导原则、投入机制、水价确定理论和方法、交易方式、操作模式、政策保障措施等，建立了农业节水支持工业发展、城市建设和生态环境，获益后反哺农业节水的有效激励机制，反映了我国农业水权转换的前沿研究动态和最新成果
齐春三、郑良勇编著，《水系生态建设关键技术研究与应用》，2015 年 10 月	在分析自然经济、社会经济概况、水系生态现状及其制约因素基础上，通过水系生态系统健康评价技术研究、水系生态建设理论研究、生态河道治理技术和模式研究、水土流失防治技术和模式研究、雨洪水资源利用技术和模式研究、水系连通及调度利用技术和模式研究、半岛湿地生态功能修复技术和模式研究以及海陆界面水系生态治理技术和模式研究，总结了水系生态系统建设的关键技术
水利部海河水利委员会漳河上游管理局、河北工程大学编著，《遥感技术在水环境评价中的应用》，2015 年 10 月	主要介绍了水环境评价的内容与方法、遥感技术提取水体信息的方法、基于高光谱的历史样本非线性提取模型、数据处理及其应用，最后利用遥感技术分析了典型流域下垫面变化
顾颖、倪深海、戴星等著，《中国干旱特征变化规律及抗旱情势》，2015 年 11 月	论述了 1950 年以来中国干旱灾害的特点及时空演变规律，分析了全国当前农业干旱、因旱人畜饮水困难的主要特征，讨论了中国的城市干旱缺水状况和应急能力；分析评价了中国农业和区域抗旱能力大小及分布，点出了各地抗旱能力存在的弱项所在，并通过对中国现有水利工程和应急备用水源工程的建设情况，工程供水对国民经济发展对水需求的满足状况的分析，指出抗旱工作所面临的严峻形势和挑战，提出了中国抗旱减灾的战略对策
张穗、杨平富、李喆等著，《大型灌区信息化建设与实践》，2015 年 11 月	概述了我国大型灌区信息化的发展概况、主要内容和管理现状，并以湖北省漳河灌区建设实践为基础，从信息采集传输发布、基础地理信息平台、工程建设管理、用水决策支持和防汛抗旱联合调度等方面阐述了我国大型灌区信息化建设的总体思路和主要实践过程
穆振侠、姜卉芳著，《高寒山区降水规律及融雪径流模拟》，2015 年 11 月	主要内容包括：天山山区的概况、水文气象要素时空变化规律、积雪消融规律、降水垂直分布规律等，并探讨了高寒山区融雪径流模拟方法
胡彩虹、王纪军、王民等著，《流域水文过程对极端气候事件敏感性研究》，2015 年 11 月	构筑了极端气候事件及其造成的水文过程分析方法体系，分析了极端气候事件对水文过程的影响。内容包括极端天气气候事件、基于 DEM 流域特征信息提取及其地貌参数量化方法、极端水文事件概念内涵及其与极端气候事件关系识别、干旱形成机理及不同类型干旱间的关系、流域水文过程对极端降雨事件的响应等内容

续表

作者，书名，出版时间	内 容 摘 要
刘卫林、刘丽娜著，《基于智能计算技术的水资源配置系统预测、评价与决策》，2015 年 12 月	针对传统系统分析理论、数学模拟技术和系统优化方法等在解决水资源配置系统中各类高维、非线性、不确定性等复杂问题上的局限性，以南水北调河北省受水区为研究对象，以水资源配置为主线，对混沌理论、前馈神经网络、支持向量机、遗传算法、粒子群算法、多目标粒子群算法及其混合系统等现代智能技术在水资源配置系统中的应用进行了研究和探索
徐冬梅、王文川、袁秀忠等著，《潘、大、桃水库群防洪调度与洪水资源相关问题研究及应用》，2015 年 12 月	研究了洪水的退水规律、汛期的变化规律及水库群防洪优化调度等理论问题，在保证工程和下游防洪区安全的前提下，提出了该水库群联合防洪调度方式，通过采用提前预泄、超蓄等调度措施，实现了洪水资源化的目标，并开展了实际应用研究
李卫平著，《典型湖泊水环境污染与水文模拟研究》，2015 年 12 月	内容包括：内蒙古典型湖泊的现状、特点及研究进展；湖泊水体中生源要素的地球化学循环过程；低温及冰封条件下湖泊营养盐的分布规律及冰生长过程中污染物的迁移机理；内蒙古典型湖泊沉积物中生源要素的地球化学循环；湖泊沉积物中重金属的分布特征及污染现状评价；不同模型在湖泊水体研究中的应用等
唐克旺、谭乃元、谭大书等编著，《丽江黑龙潭泉群保护理论与实践》，2015 年 12 月	分析了黑龙潭泉域水文地质条件，研究了泉群动态变化规律；概化了地下水蓄水构造模型，进行了岩溶地下水示踪试验，探索了岩溶地下水系统的连通性及地下水运移规律；分析了岩溶地下水的补给排泄条件，探明了黑龙潭断流的原因，提出了古城景观用水需求及泉水的高、中、低保护目标，制定了实现古城用水安全的保泉供水综合方案，并介绍了黑白水引水工程的技术经济及环境可行性
黑亮、范群芳等编著，《珠江河口关键水问题研究》，2015 年 12 月	主要内容有：珠江河口概况；珠江河口水文条件；珠江河口水资源管理；珠江河口洪潮风险；珠江河口咸潮治理；珠江河口水环境健康风险；珠江河口滩涂资源开发利用与保护；珠江河口开发治理的影响
夏自强、黄峰、郭利丹等著，《额尔齐斯河流域水文地理特征分析及人类活动影响研究》，2015 年 12 月	主要介绍了额尔齐斯河的自然地理特征、气候变化特征、水资源特征、水资源开发利用现状与规划、人类活动的影响等内容，涵盖流域水系分布、行政区划及人口、经济发展现状与规划、水文地理与生态特征、气温与降水变化特征、水利工程建设与规划、径流演变特征及人类活动的影响、水资源与生态问题等方面
郭廷辅、段巧甫著，《水土保持经济与生态文明建设》，2015 年 12 月	诠释了水土保持经济的内涵与外延、发展历程与前景，阐述了生态观与经济观统一的水土保持具有强大的活力，阐明了水土保持经济与生态文明建设的内在联系及其制约因素

作者，书名，出版时间	内　容　摘　要
魏永富、张瑞强、李振刚等编著，《干旱半干旱牧区饲草料作物高效用水技术研究与实践》，2015 年 12 月	主要内容包括：牧区自然条件及发展问题、相关技术发展状况、典型牧区自然生态特征分析、饲草料作物需水规律和水肥关系、饲草料地节水灌溉工程技术、饲草料地高效用水技术的集成示范、人工草地建设对生态的影响和灌溉饲草料地遥感 ET 监测等
赵雪花著，《河川径流时间序列研究方法及应用》，2015 年 12 月	介绍了河川径流时间序列变化规律分析及预测的理论方法和应用方面的最新研究成果，总结了河川径流时间序列年内、年际分析指标和径流序列正态性、丰枯性、平稳性、趋势性及长程相关性的研究方法，研究了河川径流序列的突变特征和周期变化特性，提出了基于经验模态分解的多种耦合预测模型，并给出了大量实例说明理论方法的应用
于福亮、李传哲、赵娜娜等著，《土壤水分动态变化与径流响应机理研究》，2015 年 12 月	阐述了降雨产流机制、影响因素以及土壤水分变化与降雨径流的关系；分析了不同下垫面条件下降雨产流变化规律，降雨条件下土壤水分实时动态演变过程以及土壤水分与降雨产流的响应关系与机理；分析了进行自然降雨条件下不同尺度坡面径流场的降雨径流关系及土壤水分变化过程，探讨了小流域尺度的土壤水分与降雨径流的动态响应关系；改进了集总式水文模型（SIMHYD Model）
和继军著，《北方土石山区水土流失综合治理范式及环境效应研究》，2015 年 12 月	阐述了水土流失综合治理范式的含义及基本理论框架，建立了北方土石山区重点区域水土流失治理的范式，分析了该范式下的结构功能及生态环境的响应，总结了北方土石山区坡耕地不同坡度范围内水土保持措施配置体系
冯峰著，《黄河流域典型区域目标蒸散发的确定及优化配置研究》，2016 年 1 月	介绍了目标蒸散发研究的国内外发展概况，及目标蒸散发的定义、内涵和分项指标体系；阐述了目标蒸散发的定量计算、评估和优化配置方法；分析了黄河流域典型区域的二期水权转让模式，并确定了转让标准；提出了基于径流与蒸散发融合的水资源管理模式，以及实现这种模式管理的保障措施
缪纶、王冠华、陈煜等著，《水利专业软件云服务平台关键技术研究与实践》，2016 年 1 月	提出了将水利专业软件与云计算技术相结合的方法，借助云计算这种新的基于互联网、面向大众的服务计算模式，建立面向全行业的水利专业软件云服务平台，阐述了水利专业软件云服务平台的特点、体系架构、关键技术、安全保障体系、运维管理体系等
苑希民、田福昌编著，《宁夏黄河防洪保护区洪水分析与风险图编制研究》，2016 年 1 月	内容包括：洪水分析与风险图编制研究方法、宁夏黄河洪水特点分析研究、宁夏黄河干堤溃口设置分析研究、防洪保护区洪水计算方案、洪水计算模型建立与率定、防洪保护区洪水分析计算、防洪保护区洪水风险图绘制

作者，书名，出版时间	内 容 摘 要
傅长锋、李发文著，《生态水资源规划》，2016 年 1 月	主要内容：子牙河流域生态环境现状分析、流域降雨与蒸发分析、子牙河流域需水分析、基于生态水文循环的"三水"转化、基于 ET 的流域水资源评价、流域社会经济需水量规划、流域生态修复规划、流域水资源协调度综合评价
王文圣、金菊良、丁晶著编著，《随机水文学（第三版）》，2016 年 1 月	主要介绍了随机水文学的基本理论、分析方法、模拟技术和主要各种随机模型，讲述了随机模拟技术随机模型和随机模型随机模拟技术在水文与水资源、水环境系统中的实际应用
陈传友、陈根富著，《江河连通：构建我国水资源调配新格局》，2016 年 2 月	提出了解决我国北方水资源短缺的战略出路：以长江三峡水库为水资源调节中心，以南水北调中线及其延长至三峡水库的输水道为调水链，根据我国对水资源的实际需要，可不断使之向南、北延伸，相继把海河、黄河、淮河、长江、澜沧江、怒江、雅鲁藏布江七大江河串联起来，逐步形成总体调水格局
倪红珍、王浩、李继峰等著，《供水价格体系研究》，2016 年 2 月	提出了供水价格体系的理论框架；构建了合理供水价格体系的模拟分析模型和计算方法，定量评估了该体系在促进节水、促进产业结构调整和经济方式转变的作用；提出了供水价格体系合理性验证的判别准则及构建合理供水价格体系目前改革方向、目标和重点应优先关注的相关政策和保障措施建议；诠释了科学制定供水价格在水资源管理中的价值
郭克贞、王金魁、刘虎等编著，《新疆牧区灌溉人工草地需水量与灌溉制度优化》，2016 年 2 月	主要内容包括：新疆牧区自然地理概况、人工草地需水规律与节水灌溉技术研究进展，新疆牧区人工草地潜在腾发量、不同典型区人工草地需水量与需水规律、人工草地作物系数与需水量等值线图，人工草地灌溉制度与灌溉水的优化管理等内容
钟玉秀等著，《灌区水权流转制度建设与管理模式研究——以宁夏中部干旱带扬黄灌区与补灌区为例》，2016 年 3 月	提出了宁夏中部干旱带扬黄灌区水权流转制度建设的总体思路，围绕转让水的取得、在水权转让活动和行为（过程）管理、水权转让中的保障机制和利益保护机制等方面开展了研究，设计提出了宁夏中部干旱带水权转让技术方案、水权转让费用构成和确定方法等，并探讨了延伸区补灌工程管理体制、运行机制、管理制度、供水工程水价机制等
唐金忠著，《城市内涝治理方略》，2016 年 3 月	阐述了城市内涝治理的方法和策略，介绍了自主研发、具有独立知识产权的二项新技术；不占用河道、不占用绿地；自动蓄水、自动排放，构建了城市内涝治理的理论和方法
张士锋、陈俊旭、廖强编著，《北京市水资源研究》，2016 年 3 月	主要内容包括：水量平衡模式、降雨径流、水资源供用耗排、水资源供需关系、水风险、水管理等内容

作者，书名，出版时间	内 容 摘 要
李仰斌、谢崇宝、张国华等著，《村镇饮用水源保护和污染防控技术》，2016 年 3 月	提出了村镇各类饮用水源地的水质监测方案、水质监测技术和设备；分析了村镇饮用水源地的潜在威胁和影响；研究了养殖场、种植区和小流域等三类潜在污染源，提出了具有实用价值的防控集成模式
侍克斌、严新军、陈亮亮著，《内陆干旱区平原水库节水及周边土壤盐渍化防治》，2016 年 3 月	针对内陆干旱区的年降水量小，年蒸发量大，农业生产主要靠人工灌溉等基本特征，提出了要采用标准化沟畦灌、膜上灌、喷灌、微灌、膜下滴灌和化学、生物节水技术，并提倡采用不同形式的防渗明渠、暗渠和管道输水技术
赵文举、樊新建、范严伟著，《工程水文学与水利计算》，2016 年 4 月	内容包括：水文循环及径流形成、水文观测与处理、水文统计、径流计算、设计洪水推求、产汇流计算、水文预报、兴利调节计算、防洪调节计算、水能计算等
全国洪水风险图项目组编，《洪水风险图编制管理与应用》，2016 年 4 月	收集了有代表性的各地洪水风险图编制管理与应用中积累的经验和研究成果，展示了各地水利工作者的在洪水风险图编制中的技术应用
车安宁著，《人类与水》，2016 年 5 月	内容涉及历史、经济、文学、政治、文化、民俗、地质、天文、地理、物理、化学、灾害、水利、生态等诸多学科，讲述了传统的水文化及其演变，并延伸至今天的水利建设和节水环保等
王栋、吴吉春等著，《云模型与 Copula 函数等不确定性分析理论在水系统中的研究与应用》，2016 年 5 月	论述了综合运用云模型、Copula 函数、信息熵、随机数学、工程模糊集、人工智能等理论构建的多种不确定性分析模型，包括水文序列展延、预测和多变量分析、地下水模型与参数的不确定性分析、水资源短缺风险评价、城市水灾害风险评估、海咸水入侵数值模拟、水体富营养化评价、大型水利工程对河流生态水文条件的不确定性量化评估、流域污染物生态和健康风险评价
刘东、王大伟、王俊等著，《三江平原农业水土资源系统复杂性测度理论与方法——熵、分形、混沌》，2016 年 5 月	以区域农业水土资源系统复杂性特征为出发点，开展了熵理论、分形理论、混沌理论等系统复杂性测度方法的研究与应用，分析了区域关键农业水文要素复杂性和土地资源系统要素复杂性，阐述了水土资源复合系统复杂性特征，构建了复杂性视角下的水土资源优化配置模型
付强、郎景波、李铁男著，《三江平原水资源开发环境效应及调控机理研究》，2016 年 5 月	分析了三江平原水资源开发利用现状，研究了降水量、地表水、地下水和水资源总量的时空分布规律；提出了农业灌溉需水规律和灌溉用水特征；分析了水资源供需平衡，提出了三江平原水资源调配工程优化布局模式和水土资源优化配置模式，评价其水土资源承载力，实现了区域水安全的综合评价和仿真，分析了水资源开发对生态环境的影响和人类活动对区域地下水资源系统的影响，提出了三江平原水资源生态补偿机制

续表

作者，书名，出版时间	内 容 摘 要
张豫、丛沛桐著，《东江干流（惠州段）生态系统健康评价》，2016年5月	以东江干流惠州段为研究对象，介绍了东江干流的生物完整性、多样性、水质状况和关键物种，调查了东江干流的鱼类、藻类等动植物，评价了东江干流的水质状况
马超、田贵良著，《虚拟水贸易与区域经济增长》，2016年5月	以虚拟水理论为指导，研究了我国缺水地区虚拟水贸易与区域经济增长的交互影响，多维度分析了虚拟水贸易实施的影响因素，建立了比较优势理论框架，阐释了虚拟水贸易对区域经济结构的影响机理，构建了区域经济系统的水资源 I-O 分析框架，选择北京地区进行实验，进而给出虚拟水贸易对区域经经济结构影响的研究范式
何为民编著，《城市河流防洪生态整治关键技术研究》，2016年5月	从理论和实践双角度研究了城市河流生态破坏的影响及生态修复情况
耿进强、杨元月、张璐等著，《基于工程资源不同属性下的资源均衡优化研究》，2016年6月	主要内容包括：绪论、工程资源均衡优化的理论与方法、资源流动量弱化的可更新型资源均衡优化、资源集中度弱化的不可更新型资源均衡优化、多资源均衡优化问题的求解、结论与展望
王冠军、柳长顺、周晓花等著，《水利工程管理体制改革评估及深化改革研究》，2016年6月	评估了大中型水利工程管理体制改革任务完成情况，分析了小型水利工程管理体制现状，明确了深化改革的原则和目标，提出了深化改革的基本思路，论证设计了深化改革的重点任务，跟踪与分析深化水利工程管理体制改革进展
柳长顺、杨彦明、戴向前等著，《西北内陆河水权交易制度研究》，2016年7月	梳理了西北内陆河地区社会经济、水资源开发利用、水权交易制度现状和交易制度的基本框架，提出了西北内陆河地区的水权交易制度体系，设计了交易示范方案，并提出了扩大试点的具体建议
黄虎著，《河南省城镇区域雨水利用研究》，2016年8月	主要内容包括：城市雨水利用基本理论、河南省及信阳市雨水资源概况、信阳市阳都小区雨水资源分析、信阳市阳都小区雨水资源利用模式探讨、雨水收集及水质保证措施
覃光华、李红霞编著，《四川省山区河流径流中长期预测研究》，2016年8月	第1、第2章为研究区域基本情况介绍，重点分析四川省山区河流径流特性；第3、第4章为径流中长期预测研究概况；第5至第11章分别介绍自回归、门限回归、集对、人工神经网络、小波、混沌和水文相似等方法在径流中长期预测中的模型及应用实例；第12章对全文进行了总结和展望

作者，书名，出版时间	内　容　摘　要
水利部水土保持监测中心编著，《高分遥感水土保持应用研究》，2016 年 9 月	基于 GF-1、GF-2 遥感数据以及其他辅助遥感数据，开展高分遥感在水土保持领域中土壤侵蚀、水土保持综合治理、生产建设项目水土保持等方面应用的关键技术研究，以期建立一套高分辨率遥感应用技术体系，推动高分遥感水土保持业务化、工程化应用，形成基于高分辨率对地观测系统的水土保持业务应用的综合信息服务能力
郑通汉著，《中国合同节水管理》，2016 年 9 月	论述了我国节水事业发展的现状、合同节水管理的理论基础、顶层设计、实践探索、推行合同节水管理需要解决的重大理论与实践问题、政策建议等一系列推行合同节水管理的、促进节水服务产业发展的重大问题
黄英、段琪彩、梁忠民等编著，《云南旱灾演变规律及风险评估》，2016 年 9 月	主要内容包括：云南干旱灾害概况和国内外干旱灾害研究进展，干旱、旱情、旱灾和旱灾风险的基本概念，云南干旱灾害的时空分布规律，旱灾风险定性、定量评估的方法步骤，云南旱灾风险评估指标体系构建和云南干旱区划、旱灾风险评估，云南旱灾风险管理系统研发及该系统在南盘江上游的示范应用
傅春、刘杰平等编著，《河湖健康与水生态文明实践》，2016 年 10 月	总结和介绍了我国水生态文明建设的主要内容与试点建设的类型；阐述了河湖健康与水生态文明建设的评价指标，分析评价了南昌城镇化发展对河湖连通性的影响；对比分析了我国南北地区水生态文明城市建设的评价标准；总结和详细分析了河湖健康保护与水生态修复的国内外行动与重大实践，提出了国内河流水生态保护与修复的现状思考；归纳和剖析了各地水生态文明城市或乡镇建设的成功案例，总结了国内外水生态文明城市建设的经验与启示；最后提出了河湖健康保护与水生态文明建设的新思考和对策
李杰、马志鹏等著，《直饮水调水工程研究》，2016 年 10 月	主要内容包括：流域基本情况介绍；直饮水的需求、规模、布局及管理模式论证；并从水资源、生态环境、社会经济等方面给出新丰江直饮水工程的影响分析
杨继富、贾燕南、赵翠等编著，《农村供水消毒技术及设备选择与应用》，2016 年 11 月	本书共 8 章，第 1 章介绍了农村供水消毒的意义、作用、现状问题与对策；第 2 章介绍了国内外饮用水消毒技术发展历程和常用消毒技术；第 3、第 4 章介绍了适宜农村供水消毒技术和设备及其选择方法；第 5、第 6 章介绍了农村供水消毒设备运行管理与监测评价方法；第 7 章总结形成了适宜农村供水消毒技术模式；第 8 章为结论与展望
曹永潇著，《跨流域调水工程中的水权水市场研究》，2016 年 12 月	提出了跨流域调水工程水市场的框架构成，从跨流域调水工程水市场的参与主体、跨流域调水工程水市场的初始水权配置、跨流域调水工程水市场的水权交易形式及价格、跨流域调水工程水市场的运作及监管等方面研究了我国跨流域调水工程水市场的培育工作；结合我国南水北调东线工程实践，探讨了南水北调东线工程水市场的构建问题

作者，书名，出版时间	内　容　摘　要
吴剑疆、赵雪峰、茅泽育著，《江河冰凌数学模型研究》，2016年12月	总结和分析了国内外冰塞形成演变机理的研究成果，建立了描述冰塞形成演变的动态数值模型，建立垂向二维絮流数值模型来模拟敞露河道中水内冰的输运，提出了纵向冰缝形成位置的计算方法，提出了以河道纵向冰缝处冰层残余抗剪强度为基础的边壁阻力判别准则等
闫成璞、刘群义、刘森等著，《洪水的控制、管理与经营：以大庆地区为例》，2016年12月	主要内容包括滞洪区洪水调度规律和防洪能力分析、防洪工程减灾效益分析、洪水风险管理和洪灾损失评估、洪水资源化利用的有效途径和兴利调度方法研究、洪水利用的利益相关者及其权属划分等，概括梳理并提出洪水综合利用的五大管理模式

12.4　黄河水利出版社

　　黄河水利出版社是由水利部黄河水利委员会主管、主办的以出版黄河治理开发与管理科技图书，流域自然地理、环境、人文、历史等普及性读物及水利水电、土木建筑类科技图书和教材为主的专业性出版机构。黄河水利出版社 2015—2016 年出版的有关水科学的学术著作见表 12.3。

表 12.3　黄河水利出版社 2015—2016 年出版有关水科学的学术著作一览表

作者，书名，出版时间	内　容　摘　要
杨勤科等著，《区域水土流失监测与评价》，2015年1月	第 1 篇尝试总结和讨论区域水土流失监测与评价的理论基础，包括区域水土流失的过程与格局、区域水土流失监测的若干理论问题。第 2 篇讨论区域水土流失主要影响因子的提取和分析方法，包括地形因子、土壤因子、综合评价的数据基础。第 3 篇讨论区域水土流失定量评价、制图的方法，包括区域水土保持信息系统、区域水土流失模型和区域水土流失调查与制图
董洁、刁艳芳、张庆华等著，《南四湖流域水资源供需格局与对策研究》，2015年5月	主要内容包括：南四湖流域概况、流域供水与用水现状分析、流域水资源调查评价、需水量预测、流域水资源供需平衡分析、流域水资源供需格局分析、流域水资源调控能力的提高途径等
曹淑敏、周志芳、郭潇等主编，《山前平原区地表水与地下水交互机理与耦合模拟研究——以滦河冲积平原滦县段为例》，2015年5月	主要分析了河道不同季节水污染对浅层地下水的影响，研究了河道水体与地下税种主要污染物质相互关系，并分析其对山前平原区地带水环境的影响，研究防治污染物向地下水运移扩散的方法，提出控制河道污染水体对地下水影响的建议

作者，书名，出版时间	内 容 摘 要
张攀、王金花、孙维营等编著，《水土保持综合治理对小流域水沙变化的影响定量分析》，2015 年 6 月	总结了黄河中游水沙变化研究成果，通过系统分析黄河中游近期水沙变化特点，改进减水减沙效益计算方法，定量研究黄土高原水土保持综合治理对小流域水沙变化的影响，分析了水土保持治理措施对减少入黄径流和泥沙的作用
刘洪波著，《水资源工程社会责任研究》，2015 年 12 月	主要内容有：水资源工程社会责任评价理论研究、水资源工程社会责任评价体系框架、水资源工程社会责任评价指标、水资源工程社会责任评价方法与模型
王煜、李海荣、安催花等著，《黄河水沙调控体系建设规划关键技术研究》，2016 年 1 月	主要分析了黄河水沙情势及河道冲淤演变特性，定量预估了未来 150 年流域不同河段冲淤和主槽演变及控制断面水沙变化过程，构建了黄河水沙联合调控的约束性和指导性指标体系，提出了水沙调控体系联合调控模式，创建了适应复杂水沙条件、多水库、多目标的基于 GIS 水沙调控体系模拟系统，评价了黄河水沙调控体系联合运用效果，论证了黄河水沙调控体系待建工程的开发次序和建设时机等
吴泽宁、管新建、岳利军等著，《中原城市群水资源承载能力及调控研究》，2016 年 2 月	主要分析了中原城市群现状水资源开发利用和水资源系统情况；预测分析了中原城市群规划水平年的供需水；构建了中原城市群水资源系统网络图和中原城市群水资源优化配置模型；建立了水资源承载能力评价指标体系和综合评价模型；提出了可行的水资源承载能力调控方案，并对各种不同调控方案进行了效果评价，最后针对提高水资源承载能力提出了一些合理性建议
刘登伟著，《京津冀都市（规划）圈水资源供需分析及其承载力研究》，2016 年 3 月	分析了该区的供水、需水、供需平衡状况，计算了该区的水资源承载力，提出了"分布式"水资源承载力的研究路线，建立了基于"互逆式"的水资源承载力研究模型，开发了京津冀都市圈水资源承载力的计算系统
周鸿文、李其江等著，《青海省农业灌区耗水系数监测试验与模拟研究》，2016 年 5 月	主要介绍了流域农业耗水系数研究的理论和方法，开展了农业灌溉耗水研究，揭示了不同空间尺度上农业灌溉水循环机制和演变规律，率定了不同水源、不同下垫面条件下的青海省农业灌区耗水系数，并对影响灌区耗水系数的关键因素进行了分析评价等
李新建主编，《广西节水灌溉理论与技术研究》，2016 年 6 月	收集整编了 1956—2012 年桂林灌溉试验站、南宁灌溉试验站、北海灌溉试验站、玉林灌溉试验站、梧州灌溉试验站、百色灌溉试验站等 19 个灌溉试验站资料，通过对资料进行整编和分析，提出了各种作物的灌溉理论及其应用的综合技术

续表

作者，书名，出版时间	内 容 摘 要
水利部新闻宣传中心编，《水之问》，2016年6月	主要从自然地理、治理开发、历史文化、社会经济4方面，向关注水、水文化、水环境与水资源的广大读者全面介绍江河的有关知识
许卓首、虞航等著，《黄河流域山洪灾害预警管理系统设计与实现》，2016年7月	主要阐述了黄河流域的地貌特征、暴雨及洪水特性、山洪灾害的国内外研究现状、黄河流域山洪灾害的防治任务和原则及总体规划，分析了黄河流域山洪灾害防治设计；数据的审核、汇集及共享，分析了黄河流域山洪灾害共享软件的开发设计，预警信息管理等
吴世勇、申满斌、熊开智著，《数字流域理论方法与实践——雅砻江流域数字化平台建设及示范应用》，2016年8月	研究了流域径流信息的数字化监测、预报以及优化调度，工程安全信息的数字化监测，分析、预警和管理；建设了相关信息管理系统，丰富和完善了流域信息采集和管理利用功能，并进行了雅砻江流域数字化平台集成和示范应用
王国重、李中原、左其亭等编著，《丹江口水库水源区农业面源污染研究及防治措施》，2016年9月	主要内容包括：研究区概况、农田面源污染特征试验研究、研究区水系分形特征、研究区农业面源污染物调查、分形理论在农业面源污染负荷计算中的应用、研究区农业面源污染防治措施及其效益分析
水利部综合事业局、甘肃省水文水资源局、河海大学著，《疏勒河灌区地下水演变规律及评价方法》，2016年9月	分析了水化学特征，揭示了疏勒河灌区地下水循环演变规律，定量分析了疏勒河灌区水资源均衡要素间的相互制约和转化关系，建立了基于水资源系统和地下水系统双重约束的地下水资源均衡方程，评价了灌区地下水资源等

12.5 中国环境科学出版社

中国环境科学出版社成立于 1980 年，是环境保护部直属事业单位，也是目前国内唯一一家以环境科学书刊为主要出版对象的专业出版社。它以环境保护基本国策和党在出版方面的方针、政策为导向，坚持环境效益、经济效益和社会效益相统一的原则，努力提高全民族的环境意识，促进环境保护与经济建设和我国环保事业的发展，主要从事编辑、出版、发行环境领域各类科技书刊及音像制品。中国环境科学出版社 2015—2016 年出版有关水科学的学术著作见表 12.4。

表 12.4　中国环境科学出版社 2015—2016 年出版有关水科学的学术著作一览表

作者，书名，出版时间	内　容　摘　要
张素青主编，《水污染控制》，2015 年 3 月	主要内容包括：污废水处理分析、预处理污废水、物理法处理污废水、化学法处理污废水、生化法处理污废水、污泥处理、物理化学法处理污废水、污水处理厂设计与运行管理
沈渭寿等著，《西藏地区生态承载力与可持续发展模式研究》，2015 年 3 月	分别介绍了西藏自治区概况、西藏地区草地生态系统承载能力及其时空变化、西藏地区农田生态系统生产能力及其开发潜力及雅鲁藏布大峡谷森林生态系统生态安全保障能力。分别进行了高寒脆弱区矿产资源开发生态适宜性评价、雅江源区草地资源可持续利用及其生态补偿研究和拉萨河流域水资源适度开发及其调控研究。叙述了西藏地区经济社会发展优化与调控、西藏地区重点产业发展优化研究和西藏地区重点地区优化调控研究
张旭、周睿、郝秀珍等著，《污染地下水修复技术筛选与评估方法》，2015 年 11 月	主要研究内容：污染地下水修复技术筛选研究现状与体系框架；典型场地污染地下水特征及指标分析；污染地下水修复技术现状及技术特征分析；污染地下水修复技术筛选与评估方法；地下水修复技术筛选与评估方法案例研究
周德民、高常军等著，《三江平原洪河湿地景观变化过程及其水生态效应研究》，2016 年 1 月	分析了区域景观结构变化特征；建立了多元回归湿地退化驱动力模型，揭示了自然环境与社会经济各种因素对自然湿地变化的综合作用与影响；分析了自然沼泽湿地生态健康的时空变化特征，评价其健康状况转变过程，确定了其与社会经济系统的交互影响作用定量特征。最后，分析了洪河湿地景观变化过程中的水生态效应，并估算了洪河湿地自然保护区的生态系统服务功能的经济价值
耿雷华著，《用水效率驱动因子分析及动态调控关键技术》，2016 年 8 月	定量分析了用水效率关键驱动因子的贡献率，建立了用水效率驱动因子诊断体系；揭示了用水效率时空变化规律，提出了基于用水效率的农业和工业用水效率区划技术和成果体系；创建了用水效率动态评估方法，构建用水效率评估与调控模型；提出了用水效率控制红线动态调控目标及提高用水效率的应对策略
徐宗学等著，《辽河流域环境要素与生态格局演变及其水生态效应》，2016 年 8 月	第 1 部分包括区域环境要素与水生态系统，环境要素空间异质性分析，流域水生态系统要素分析，水生态一、二级分区技术框架，辽河流域水生态一级分区生态水文特征等内容。第 2 部分是在水生态初步分区基础上，关于区域环境要素对水生态系统的影响研究。内容包括浑太河流域不同尺度景观格局分析、不同尺度景观格局的水质响应关系、浑太河流域水生态响应显著的环境要素变化等内容，最后是结论与展望
王浩、黄勇、谢新民等著，《水生态文明建设规划理论与实践》，2016 年 8 月	阐述了水生态文明的概念、内涵、水生态文明建设的总体思路，提出了有防洪减灾体系、供水保障体系、水环境修复体系、水生态保护体系、水文化建设体系和水管理建设体系构成的水生态文明建设规划体系，还以开展了实例研究

12.6 其他出版社

除以上几个出版社外，国内外还有很多出版社热衷于出版有关水科学方面的书籍，以下列举部分代表性出版社，包括中国建筑工业出版社、中国农业出版社、中国农业科学技术出版社、化学工业出版社、气象出版社、社会科学文献出版社、中国社会科学出版社、电子工业出版社、海洋出版社、冶金工业出版社、经济管理出版社、人民出版社、清华大学出版社、山东大学出版社、武汉大学出版社、河海大学出版社、中国地质大学出版社、浙江大学出版社、中山大学出版社、华中师范大学出版社、东南大学出版社、复旦大学出版社、合肥工业大学出版社、湖南大学出版社等。表 12.5 列出了 2015—2016 年其他部分出版社出版的有关水科学的学术著作。

表 12.5 其他部分出版社 2015—2016 年出版有关水科学的学术著作一览表

作者，书名，出版社，出版时间	内 容 摘 要
王志坚著，《水霸权、安全秩序与制度构建：国际河流水政治复合体研究》，社会科学文献出版社，2015 年 1 月	主要内容：分析国际河流水政治复合体权力结构，找出国际河流制度形成和运行的动力，探索实现国际河流流域和谐秩序的现实路径；通过对国际河流水政治复合体理论和实践的评析，分析我国国际河流的现状和困境，提出可能的对策等
和卫国著，《治水政治：清代国家与钱塘江海塘工程研究》，中国社会科学出版社，2015 年 2 月	梳理了清代钱塘江海塘修筑历史，审视清朝政府的治水活动，通过政治史的视角，系统考察政府治水理念、政府政策及治水行为的调整演变，深入分析政府治水职能和角色的发展变迁等
叶春明、李永林著，《城市供水系统风险评估模型研究》，复旦大学出版社，2015 年 2 月	介绍城市供水系统风险评估和风险管理的理论和现状；介绍城市供水系统内部风险评估的内容；研究将供水系统的风险由内部风险延展到社会风险的方法
胡继连、靳雪、黄红光著，《水权银行与灌溉农业发展机制研究》，中国农业出版社，2015 年 3 月	主要内容有：定义了水权银行的内涵和外延，论述了水权银行的建设与管理理论，并研究了构建黄河水权银行、南水北调水权银行和地下水水权银行。考察了我国灌溉农业发展的现实状况，分析了产权和组织制度对灌溉农业发展的影响，提出了相应的推进机制
姬鹏程、张璐琴著，《珍惜生命之水.构建生态文明-供水价格系研究》，北京科学技术出版社，2015 年 5 月	主要内容有：研究供水价格间的比价差价关系，分析不同水源、不同用户、不同地区、不同水量等供水价格的内部结构，通过确定合理的供水价格内部结构，来充分发挥价格杠杆作用，体现价格信号的节约用水、资源配置、公共政策和环境保护效应，增强政府对水价的系统性、整体性、协同性管理能力

作者，书名，出版社，出版时间	内　容　摘　要
张兴照著，《商代水利研究》，中国社会科学出版社，2015 年 5 月	考察了商代水利问题，耦合了文献资料与甲骨文相关史料以及考古发掘收获，推进了水文环境、防洪、水运、农田灌溉、城邑水利等多方面的学术前进，也丰富了中国水利史增添了丰厚的素材
曾霞著，《适应气候变化影响的水资源管理：湖北省用水定额合理性评估》，华中科技大学出版社，2015 年 6 月	综合运用典型调查法、类比法、经验法、统计分析法等方法，在大量实地考察调研搜集的资料成果的基础上，选取了湖北省四个重点工业行业用水定额和生活用水定额，分别从代表性、合理性、先进性与实用性方面进行了评估，针对评估结果提出了具体的用水定额修订建议
李爱国、李积铭、宋聪敏主编，《河北省低平原区旱作节水农业技术》，中国农业科学技术出版社，2015 年 7 月	立足河北省低平原区的自然气候及生态条件，汇集了项目研究中获得了最新研究成果，同时借鉴吸收了目前国内外在农业节水技术方面所取得的新技术、新成果编写而成
叶正伟著，《淮河沿海地区水循环与洪涝灾害》，东南大学出版社，2015 年 7 月	应用 GIS 技术、时间序列检验、等级分析、小波分析和大气环流场分析等方法，围绕水循环过程、要素变异及洪涝成灾机制链分析等关键问题，从检测分析、响应过程、影响因子、驱动机制四个层面，分析了降水的多时间尺度变化规律，探讨了洪涝的响应特征，阐明了水循环变异的大气环流配置形势，揭示了洪涝灾害成灾机制
梁龙豹等编著，《豫西山区盆地地下水研究》，中国地质大学出版社，2015 年 7 月	通过对栾川盆地地下水的形成条件、水文地质条件、地下水的水量水质分析评价、地下水的开采分析等研究，试图找出其规律
陈昆仑著，《自然·空间·社会：广州城市水体的人文地理学研究》，中国地质大学出版社，2015 年 8 月	解析了更高层次的社会、经济、政治等人文驱动因素，总结了其作用机制，把握了快速城市化背景下广州城市河流水体的环境变化和人文因素动力，分析了人—地关系，提出了政府的主导作用和城市内部新的人—地平衡建立的关键——环保基础设施
郑晓云著，《水文化与水历史探索》，中国社会科学出版社，2015 年 9 月	本书内容包括：水历史与水文化理论的探讨、中国古代城市水治理问题、边疆地区水环境治理问题、少数民族水文化问题研究等广泛领域
戴星翼等著，《城市水务产业发展战略研究》，复旦大学出版社，2015 年 10 月	内容包括：分析我国城市水务产业发展面临的核心问题，确定我国水务产业发展目标，并在此基础上，参考其他国家城市水务改革的经验教训及水务产业政策架构，构建和完善我国城市水务产业的制度架构和政策体系支撑
马云、李晶等编著，《牡丹江水质保障关键技术及工程示范研究》，化学工业出版社，2015 年 11 月	解析了水环境问题，研发了底泥疏浚及处置关键技术、疏浚后河道水体生态修复强化技术、引水工程运行与水质保障耦合技术、水栉霉控制环境风险防控关键技术等，并研究了牡丹江流域梯级开发的水环境和水生生态效应；最终构建了牡丹江水质保障集成技术示范工程，保障了松花江流域的水质安全，为北方寒冷地区河流型和湖库型水体水污染防治提供了技术借鉴

续表

作者，书名，出版社，出版时间	内 容 摘 要
吴兆丹著，《中国水足迹地区间比较——基于"生产-消费"视角》，清华大学出版社，2015 年 11 月	主要内容为：分析了我国地区水足迹差异及其成因，提出了合理高效降低我国水足迹的建议，构建生产水足迹强度和工业生产水足迹废弃率分析指标等
张仁贡著，《水电站动态不确定优化调度模型及决策系统研究与应用》，浙江大学出版社，2015 年 11 月	主要内容为：水电站水轮机组动力特性分析与研究、水电站动态不确定优化调度模型研究、水电站动态不确定优化调度算法研究、抽水蓄能电站动态不确定优化调度研究、水电站动态不确定智能调度决策系统设计与应用等
陈贺、冯程、杨林、邢宝秀等编著，《水能资源开发适宜性评价》，化学工业出版社，2015 年 12 月	基于水能资源开发过程中生态环境保护和管理的需求，通过基础水文、环境、生态调查，辨识水能资源开发对水生态系统的影响，量化生态成本，建立基于生态成本的水能资源开发适宜性评价方法
刘海龙主编，《国际城市雨洪管理与景观水文学术前沿——多维解读与解决策略》，清华大学出版社，2015 年 12 月	主要内容为：将国内外水文、水利、给排水、水环境等科学与工程应用研究与分析的前沿发展，与风景园林、城市规划、建筑设计研究与实践相结合，探讨在平衡城市自然 - 人工二元水循环、解决城市雨洪问题的同时，营造安全、健康、和谐、优美的人居环境的多学科融合策略
张胜利著，《秦岭山地森林理水功能研究》，西北农林科技大学出版社，2015 年 12 月	主要内容包括：引言、研究区域试验地概况、森林生态系统对径流的影响、森林生态系统不同层次对水质的影响、森林水质季节性变化特征、森林水质年际变化及趋势等
刘世庆、巨栋、刘立彬、郭时君著，《中国水权制度建设考察报告》，社会科学文献出版社，2015 年 12 月	阐述了中国水情和水权制度建设的战略意义，分析了世界若干国家水权制度经验及借鉴，总结了我国水权建设典型案例和实践经验，梳理了中国水权制度建设进程和特点，研究了中国水权制度建设的原则和任务，并对中国水权制度的未来发展提出思考和展望
张宁、董宏纪著，《中国农村水利市场化管理困境及其出路选择》，浙江大学出版社，2015 年 12 月	研究了利益相关者、组织激励与空间差异三个部分，揭示了中国农村水利市场化管理中的利益相关者博弈及政府声誉缺失的深层原因；提出了水利市场化管理实施保障体系及出路选择，为政府和相关机构提供政策建议和方法支持；探索了中国农村水利管理效率的空间变化趋势及其影响因素，阐明了我国不同区域农村水利市场化管理创新的差异性，并结合浙江省水利科技项目市场推广的案例研究，提出了相关的政策建议与保障体系
杨利国等编著，《洛阳盆地地下水研究》，中国地质大学出版社，2015 年 12 月	研究了洛阳盆地地下水形成的自然条件、水文地质条件、地下水资源量、水质及评价、地下水的开采现状等，重新核实、评价了盆地内地下水的资源量，探讨了今后的地下水开采潜力

作者，书名，出版社，出版时间	内　容　摘　要
张虹鸥、温美丽、林建平等著，《新丰江水库水质生态保护研究》，中山大学出版社，2015 年 12 月	在对新丰江水库及流域生态环境现状进行综合监测与评估的基础上，从水库、库区到流域三个层面，针对该地植被质量不高、水土流失加重、面源污染增加等直接和间接影响水质的问题，提出适宜上游地区水库的生态保护和修复技术，包括公路边坡滑坡体生态治理技术、公路填方裸露边坡生态治理技术、水库消涨带植被护坡技术等，同时根据示范结果对上述技术进行了评价
任华堂著，《水环境数值模型导论》，海洋出版社，2016 年 3 月	内容包括物质扩散方程、对流方程、一维水流水质模型、二维水流水质模型、三维水流水质模型、岸线弥合模型和生态动力学模型
中国发展研究基金会著，《中国城市水效管理地方实践与启示》，中国发展出版社，2016 年 4 月	采用案例形式，汇集了北京、济南、西安、广州、合肥等典型城市提高城市水效的实践探索，提出了运用价格机制、城市污水资源化、污水处理回用等提高城市水效的可行办法，对其他城市有参考意义
董利民著，《江汉平原水资源环境保护与利用研究》，华中师范大学出版社，2016 年 4 月	通过实地调查江汉平原水资源环境保护与利用的现状，分析其存在的问题，挖掘其开发利用潜力；在借鉴国内外水资源环境保护与利用的经验教训的基础上，探索与市场经济相适应的水资源环境保护与利用的运行机制及其保障体系，进而合理利用水资源，加强水资源环境保护，积极发展生态化特色湿地农业，努力实现江汉平原区域经济社会又好又快发展
冯炼著，《大型通江湖泊水沙时空动态遥感研究——以鄱阳湖为例》，武汉大学出版社，2016 年 5 月	研究了包括湖面范围、水体混浊度、湖底地形、水量收支动态等要素的遥感获取方法，分析了不同水环境要素时空格局的动态特征，探讨了自然条件和人为因素的影响，形成了一套高动态通江湖泊水沙时空动态遥感分析方法体系
王勇著，《完全消耗口径的中国水资源核算问题研究》，中国社会科学出版社，2016 年 6 月	提出了"完全消耗口径水资源"的概念，分析了完全消耗口径的中国水资源，构建了中国水资源投入产出表和水资源投入产出模型，还对完全消耗口径的中国水资源的测算、影响因素、行业间转移及区域间转移等方面进行了全景挖掘
侯景伟、孙久林著，《水资源空间优化配置》，宁夏人民出版社，2016 年 6 月	主要内容为：水资源供需矛盾、水资源配置与空间优化的概念和研究意义，水资源空间优化配置的基础理论，方法论基础，水资源需求现状，水资源需求预测分析，水资源优化配置模型，水资源优化配置模型求解
王禹浪著，《东北流域文明研究》，社会科学文献出版社，2016 年 7 月	论述了黑龙江流域及其组成部分的历史与文化，介绍了各流域的地理环境、古族、古城、古国和各种文化遗存等

作者，书名，出版社，出版时间	内 容 摘 要
胡冉著，《非饱和土水力全耦合模型与数值模拟方法研究》，武汉大学出版社，2016年7月	开展了非饱和土水–力全耦合本构模型、数值模拟与应用方面的研究，建立了非饱和土水力全耦合模型，揭示了土体湿陷/膨胀等变形与非饱和渗流的耦合机制，发展了非饱和土弹塑性本构积分的隐式–折返算法，研发了水/气渗流–弹塑性变形全耦合分析软件并进行了算例验证，研究了土质边坡在降雨入渗过程中剪切带萌生、形成、发展直至贯通的全过程，揭示了暴雨诱发滑坡的渐进破坏机制
王宾、于法稳著，《饮水安全与环境卫生可持续管理》，社会科学文献出版社，2016年8月	研究了水资源管理、饮水安全和环境卫生，并评估了其发展现状
辛宝贵、侯贵生著，《生态文明导向的沿海灌区水价优化研究》，经济科学出版社，2016年8月	以生态文明为导向，将水价优化问题归结为的一个三层次多目标规划问题，即实现生态效益、社会效益和经济效益三个层次顺次实现优化，促进生态效益、社会效益和经济效益的协调发展，有利于激励利益相关者节水、治污和开源，有利于合理配置水资源、提高用水效率，有利于实现生态、社会和经济三大效益协调统一的总用水效益优，有利于促进沿海灌区生态环境和经济社会的协调发展
吴普特、王玉宝、赵西宁著，《2014中国粮食生产水足迹与区域虚拟水流动报告》，中国农业出版社，2016年9月	阐述了不同空间尺度粮食生产、粮食生产水足迹及粮食虚拟水流动的变化状况，并与2012年进行了对比分析。揭示了中国粮食的生产、粮食生产用水效率、粮食虚拟水流动的空间分异特征和变化情况，还阐述了不同区域及空间尺度粮食生产与消费、粮食生产用水效率与用水量、粮食调运及虚拟水流动情况
吴丹著，《我国水权配置前沿问题研究》，河海大学出版社，2016年9月	集结了作者近年来有关我国水权配置问题的主要研究成果，涉及水资源使用权配置体系研究、水污染排放权配置体系研究、二维水权配置体系研究三方面内容
马永喜著，《水资源跨区转移的利益增值与利益补偿研究》，中国农业出版社，2016年10月	分析了水资源总体短缺与区域供需失衡以及水资源区域转移需求与利益矛盾，对水资源跨区转移的增值与利益补偿做了细致的分析，并结合案例给出了具体的补偿计算方式，得出了政策启示与对策建议
陈坤著，《长三角地区水事法律法规比较分析》，化学工业出版社，2016年10月	试图通过着重梳理长三角地区水事法律法规间的异同，提出协调解决长三角地区水事法律法规的相关对策；通过一系列的方案设计，推动长三角地区跨界水污染治理模式改革，为治理长三角地区跨界水污染创造一个良好的法制环境，改善长三角地区跨界水污染治理状况，实现长三角地区水资源的可持续利用

续表

作者，书名，出版社，出版时间	内 容 摘 要
李开明、张英民、卢文洲等著，《农村生活源水污染风险管理》，电子工业出版社，2016年12月	主要内容包括国内外农村水污染治理概况、我国农村生活污水与散养畜禽污水现状、农村生活源水污染风险管理的立法导向、技术政策、监管政策及农村生活源水污染风险分类管理优化模式、应用案例和展望
张祚著，《面向"东方水都"目标的武汉市水环境问题与风险管理研究》，中国地质大学出版社，2016年12月	研究如何加强武汉市水环境风险管理，面向实现武汉市经济社会以"绿色低碳模式"可持续发展的目标，进一步探索武汉市水环境风险管理战略目标、定位及具体措施是关系到如何有效降低和控制水生态环境安全风险，为经济、社会可持续发展提供支撑保障并传承和发扬城市水文化的重要课题，兼具理论和现实意义
徐光来、许有鹏著，《城镇化背景下平原水系变化及其水文效应》，武汉大学出版社，2016年12月	以杭嘉湖平原河网区为研究区域，应用GIS空间分析、水文时间序列分析以及多种水系特征参数比较分析等技术和方法，研究了不同阶段水系结构/格局特征、近代人类活动干扰下水系变化规律、水系变化对特征水位的影响、水系与水位变化对区域水量调蓄和连通的影响等，为区域水系管理、修复、规划和变化环境下的防洪排涝等区域可持续发展战略措施提供理论研究参考和数据支持

本章撰写人员及贡献

　　本章撰写人：史树洁、王妍、杜卫长。本章所列内容均引自相关网站，均为公开资料，特此说明，在此一并感谢。

第 13 章　引用文献统计分析

13.1　概述

（1）从本书以上章节的介绍可以看出，水科学研究成果多，作者多，单位多。为了从一个侧面横向反映水科学研究的力量，本章对《中国水科学研究进展报告》自 2011 年以来引用的文献数量按照第一作者姓名和单位进行统计。

（2）需要说明的是，本章的统计只是基于《中国水科学研究进展报告》2011 年以来引用的文献，而不是发表的全部中文文献，不全面，可能不具代表性，也没有区分论文水平和期刊（著作）质量，只从数量上进行统计；特别是很多单位的目标定位在面向高水平期刊甚至是国外高水平 SCI 期刊，所以仅从引用的中文文献数量上无法真实反映一些单位的学术水平，本章统计结果仅供参考。

（3）在统计的时候，引用学术论文、著作分开统计，两者之和即为引用文献总次数。学术论文按照水文学、水资源、水环境、水安全、水工程、水经济、水法律、水文化、水信息、水教育 10 个分类进行统计。总次数包括多章重复引用情况，也就是一篇文章如果在两章中引用就算 2 次引用，以此类推。

（4）本章首先介绍了《中国水科学研究进展报告》2015—2016 年的引用文献统计结果（按第一作者姓名统计、按单位统计），接着简要分析最近 6 年每两年的变化情况。需要补充说明的是，《中国水科学研究进展报告 2011—2012》中没有介绍水工程、水教育研究进展，所以，没有对这两方面进行统计比较。另外，著作作者所在的单位不一定准确，有个别无法确定的就没有统计。

13.2　《中国水科学研究进展报告 2015—2016》引用文献统计结果

13.2.1　按作者姓名统计

按照第一作者姓名拼音顺序排列，先统计各分类引用文献次数，再汇总总次数。分类编号代表的含义分别为：1-水文学、2-水资源、3-水环境、4-水安全、5-水工程、6-水经济、7-水法律、8-水文化、9-水信息、10-水教育、11-著作；括号中"次数"为本类中引用文献的次数。其中，分类编号 1～10 括号中数值为引用的学术论文文献数，分类编号 11 括号中数值为引用的著作数。各个分类次数之和即为引用文献总次数。因为涉及人员较多，逐个列表所占篇幅过大，就没有把此表列出来，只介绍统计结果。

从统计结果来看，《中国水科学研究进展报告 2015—2016》引用文献总计 3264 次，涉及第一作者 2536 人，一人最多引用文献 18 次，绝大多数人员引用文献 1 次，引用文献超过 3 次（含 3 次）的只有 124 人，仅占到所涉及的全部作者总数的 3.8%。

13.2.2　按单位统计

把同一单位中的所有第一作者引用文献总次数加起来，就为该单位的引用文献总次数。从统计结果来看，《中国水科学研究进展报告 2015—2016》引用文献总计 3264 次，第一作者单位涉及 867 个，一个单位最多引用文献 228 次。其中排名前 20 的单位依次是：河海大学（228 次）、中国水利水电科学研究院（88 次）、武汉大学（82 次）、清华大学（57 次）、华北水利水电大学（57 次）、北京师范大学（53 次）、中国科学院地理科学与资源研究所（49 次）、西安理工大学（46 次）、郑州大学（39 次）、南京大学（38 次）、四川大学（38 次）、天津大学（34 次）、长江科学院（34 次）、水利部发展研究中心（31 次）、中国科学院寒区旱区环境与工程研究所（29 次）、兰州大学（29 次）、中国环境科学研究院（29 次）、西北农林科技大学（28 次）、新疆大学（26 次）、中山大学（26 次）。如表 13.1，按照第一作者单位的拼音顺序排列，仅列出引用文献总次数超过 10 次（含 10 次）的单位，共计 50 个，仅占到所涉及全部单位总数的 5.8%，见表 13.1。

表 13.1　《中国水科学研究进展报告 2015—2016》引用文献按单位统计部分结果

序号	单位	次数
1	北京大学	16
2	北京师范大学	53
3	长安大学	23
4	长江科学院	34
5	成都理工大学	12
6	重庆交通大学	15
7	大连理工大学	25
8	东北农业大学	11
9	合肥工业大学	15
10	河海大学	228
11	华北水利水电大学	57
12	华中科技大学	16
13	黄河勘测规划设计有限公司	10
14	黄河水利委员会	19
15	吉林大学	17
16	兰州大学	29
17	辽宁师范大学	12
18	南京大学	38

序号	单位	次数
19	南京水利科学研究院	24
20	南京信息工程大学	15
21	内蒙古农业大学水利与土木建筑工程学院	21
22	清华大学	57
23	三峡大学	18
24	陕西师范大学	14
25	石河子大学	13
26	首都师范大学	13
27	水利部发展研究中心	31
28	水利部水利水电规划设计总院	13
29	四川大学	38
30	太原理工大学	13
31	天津大学	34
32	武汉大学	82
33	西安交通大学法学院	14
34	西安理工大学	46
35	西北农林科技大学	28
36	西北师范大学	14
37	新疆大学	26
38	新疆农业大学	16
39	云南农业大学	11
40	浙江大学	18
41	郑州大学	39
42	中国地质科学院	10
43	中国环境科学研究院	29
44	中国科学院地理科学与资源研究所	49
45	中国科学院寒区旱区环境与工程研究所	29
46	中国农业大学	19
47	中国气象局兰州干旱气象研究所	18

序号	单位	次数
48	中国人民大学	11
49	中国水利水电科学研究院	88
50	中山大学	26

注　按照第一作者单位的拼音顺序排列。

13.3　引用文献数量变化分析

　　为了反映引用文献数量的变化情况，按照 10 个论文分类和 1 个著作类别共 11 个分类，统计了历年引用文献数量，见表 13.2。2011—2012 年报告中没有介绍水工程、水教育研究进展，未统计。从表 13.2 可以看出：①划分的 10 个方面，其研究队伍规模存在比较大的差异，其中水文学、水资源、水环境引用的文献较多，研究队伍规模可能较多（引用文献多只是判断的一个因素，不能绝对化）；②涉及的研究人员多、研究单位多，2 次统计的涉及第一作者总人数分别为 2278、2536，绝大多数人员引用文献仅 1 次，涉及第一作者单位总个数分别为 791、867；③引用的文献数量总体比较平稳，但也由于作者撰写时的详细程度不同，选择的文献数量出现比较大的差异，人为影响因素比较大，这是本书编撰的一个难以控制的因素，希望以后稳定编撰队伍，在实践中不断摸索经验，尽量保持引用文献的纵向可比性。

表 13.2　引用文献数量变化一览表

分项	2011—2012 年	2013—2014 年	2015—2016 年
"1–水文学"引用文献总次数	646	528	592
"2–水资源"引用文献总次数	323	577	574
"3–水环境"引用文献总次数	549	511	340
"4–水安全"引用文献总次数	367	378	348
"5–水工程"引用文献总次数	—	249	437
"6–水经济"引用文献总次数	142	148	149
"7–水法律"引用文献总次数	85	147	138
"8–水文化"引用文献总次数	53	154	150
"9–水信息"引用文献总次数	147	340	227
"10–水教育"引用文献总次数	—	70	65
"11–著作"引用文献总次数	330	348	244
引用文献合计总次数	2642	3254	3264
涉及第一作者总人数	2278	2701	2536

续表

分项	2011—2012 年	2013—2014 年	2015—2016 年
一个人最多引用文献次数	11	14	18
引用文献超过 3 次（含 3 次）的个人数	65	99	124
涉及第一作者单位总个数	791	831	867
一个单位最多引用文献次数	127	196	228
引用文献超过 10 次（含 10 次）的单位个数	49	66	50

仅按照本书引用文献数量大小，列出了排名前 20 的单位，见表 13.3，仅供大家对比参考。在今后的每两年一次的进展报告中，我们还将继续按单位进行排名。在本章的最后，再一次重申，本章的统计只是基于《中国水科学研究进展报告》2011 年以来引用的文献，而不是发表的全部中文文献，可能不具代表性，也没有区分论文水平和期刊（著作）质量，只从数量上进行统计；特别是很多单位的目标定位在面向高水平期刊甚至是国外高水平 SCI 期刊，所以仅从引用的中文文献数量上无法真实反映一些单位的学术水平，本章统计结果仅供参考（引自 13.1 节）。

表 13.3 根据引用文献数量排名前 20 名的单位一览表

排名名称	2011—2012 年	2013—2014 年	2015—2016 年
1	河海大学	河海大学	河海大学
2	武汉大学	中国水利水电科学研究院	中国水利水电科学研究院
3	中国水利水电科学研究院	武汉大学	武汉大学
4	北京师范大学	郑州大学	清华大学
5	西安理工大学	西安理工大学	华北水利水电大学
6	中国科学院地理科学与资源研究所	清华大学	北京师范大学
7	清华大学	北京师范大学	中国科学院地理科学与资源研究所
8	华北水利水电大学	华北水利水电大学	西安理工大学
9	西北农林科技大学	南京水利科学研究院	郑州大学
10	中国科学院寒区旱区环境与工程研究所	南京大学	南京大学
11	郑州大学	中国科学院地理科学与资源研究所	四川大学

排名名称	2011—2012 年	2013—2014 年	2015—2016 年
12	中山大学	西北农林科技大学	天津大学
13	南京水利科学研究院	中国地质大学	长江科学院
14	天津大学	中国环境科学研究院	水利部发展研究中心
15	兰州大学	天津大学	中国科学院寒区旱区环境与工程研究所
16	中国科学院新疆生态与地理研究所	中国科学院寒区旱区环境与工程研究所	兰州大学
17	南京大学	大连理工大学	中国环境科学研究院
18	西北师范大学	吉林大学	西北农林科技大学
19	长安大学	南京信息工程大学	新疆大学
20	大连理工大学	兰州大学、中山大学	中山大学

本章撰写人员及分工

本章撰写人：纪璎芯、郝林钢、王豪杰、王鑫。